進化する
自然・環境保護と空間計画
― ドイツの実践, EUの役割 ―

水原 渉　訳・共著
Wataru Mizuhara

Johann Köppel / Wolfgang Peters / Wolfgang Wende

**Eingriffsregelung, Umweltverträglichkeitsprüfung,
FFH-Verträglichkeitsprüfung**

技報堂出版

Johann Köppel / Wolfgang Peters / Wolfgang Wende

Eingriffsregelung, Umweltverträglichkeitsprüfung, FFH-Verträglichkeitsprüfung

©2004 Eugen Ulmer GmbH & Co., Stuttgart, Germany

Japanese translation rights arranged
with Eugen Ulmer KG, Stuttgart, Germany
through Tuttle-Mori Agency, Inc., Tokyo

ケルン市土地利用計画図の総合的分析・検討

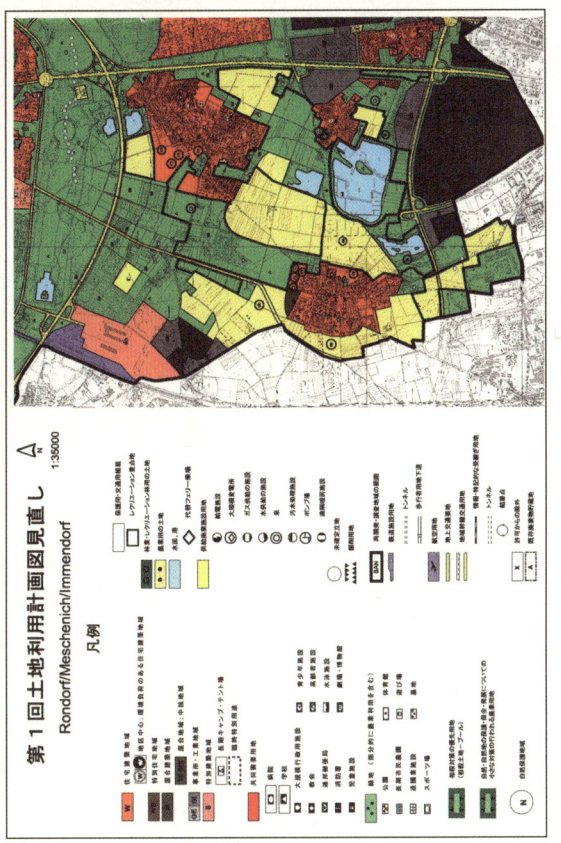

第1回土地利用計画図見直し
Rondorf/Meschenich/Immendorf
1:35000
凡例

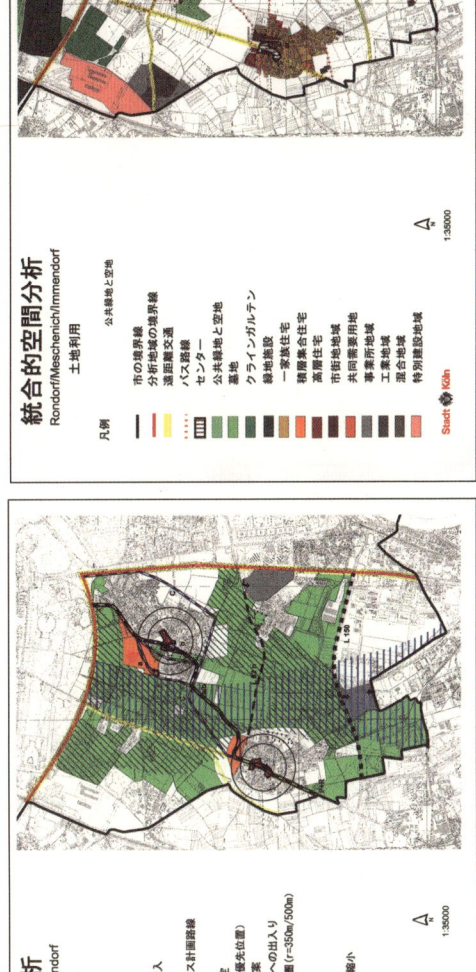

統合的空間分析
Rondorf/Meschenich/Immendorf
土地利用
1:35000
凡例

統合的空間分析
Rondorf/Meschenich/Immendorf
全体結果
1:35000
凡例

ケルン市ではロンドルフ／メシェニッヒ／インメンドルフ地区で統合的空間分析が行われた。これに当たって1994年に全市的ビオトープ地図作成を行い、その他既存データを合わせてエコロジー的評価が行われた。これは1996年に市の都市発展委員会によって決議され、これを受けて土地利用計画の見直しが行われている。この中には相殺地プールも指定されている。

(参考：Deutscher Bundestag Drucksache 14/3652、2000年6月19日；図はケルン市提供)

図-4.2 a

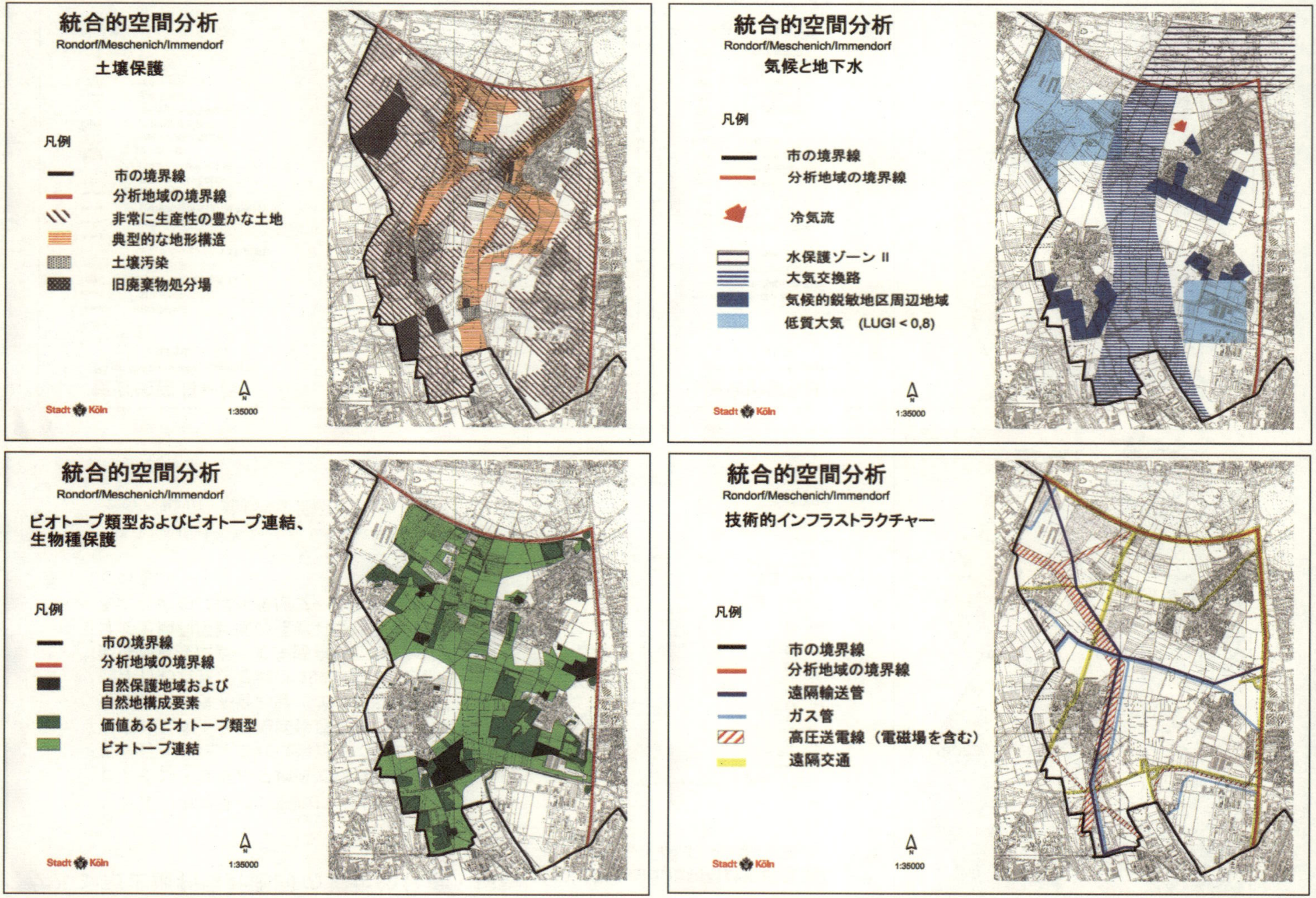

統合的空間分析
Rondorf/Meschenich/Immendorf
土壌保護

凡例
- 市の境界線
- 分析地域の境界線
- 非常に生産性の豊かな土地
- 典型的な地形構造
- 土壌汚染
- 旧廃棄物処分場

1:35000

統合的空間分析
Rondorf/Meschenich/Immendorf
ビオトープ類型およびビオトープ連結、生物種保護

凡例
- 市の境界線
- 分析地域の境界線
- 自然保護地域および自然地域構成要素
- 価値あるビオトープ類型
- ビオトープ連結

1:35000

統合的空間分析
Rondorf/Meschenich/Immendorf
気候と地下水

凡例
- 市の境界線
- 分析地域の境界線
- 冷気流
- 水保護ゾーン Ⅱ
- 大気交換路
- 気候的に敏感地区周辺地域
- 低質大気 (LUGI < 0.8)

1:35000

統合的空間分析
Rondorf/Meschenich/Immendorf
技術的インフラストラクチャー

凡例
- 市の境界線
- 分析地域の境界線
- 遠隔輸送管
- ガス管
- 高圧送電線（電磁場を含む）
- 遠隔交通

1:35000

図-4.2 b

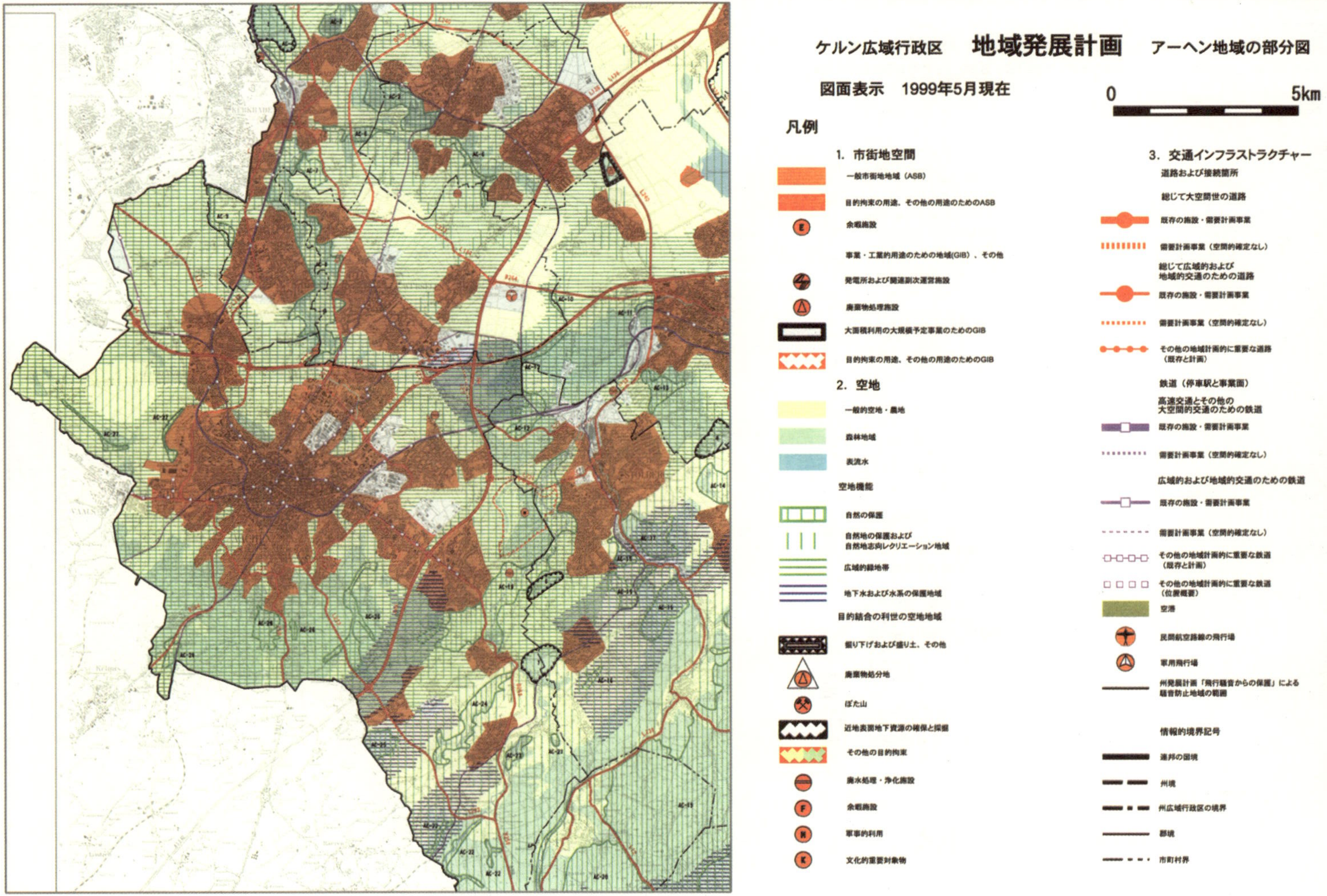

ケルン広域行政区　地域発展計画

アーヘン地域の部分図

図面表示　1999年5月現在

凡例

1. 市街地空間
- 一般市街地地域
- 目的家の用途、その他の用途のためのASB
- 保養施設
- 事業・工業的用途のための地域(GIB)
- 発電家用施設及び保全事業
- 地域地区施設
- 大量採所その他大規模事業事業のためのGIB
- 目的家の用途、その他の用途のためのGIB

2. 空地
- 一般的空間・農地
- 森林地域
- 流水
- 空地機能
- 自然の保護
- 自然的用途及びレクリエーション地域
- 広域的保養
- 地下水及び地上水の確保地域
- 目的農森の利害が優先、その他の空地地域
- 堀り下げによる水源の利用、その他
- 廃棄物処分地
- 近郊家畜下翼等の優先と制限
- その他の目的利用
- 廃石処理・海汀廃棄
- 保養施設
- 軍事的利用
- 文化的重要建造物

3. 交通インフラストラクチャー

道路および建設箇所
- 幹線市空間の道路
- 既存の施設・整備計画事業
- 将来計画事業（空間的確定なし）
- 続いて広域的および地域的交通のための道路
- 既存の施設・整備計画事業
- 将来計画事業（空間的確定なし）
- その他の地域的物所に重要な道路（選定と計画）

鉄道（停車駅と事業面）
- 高速交通とその他の大量旅客交通のための鉄道
- 既存の施設・整備計画事業
- 将来計画事業（空間的確定なし）
- 広域的および地域的交通のための鉄道
- 既存の施設・整備計画事業
- 将来計画事業（空間的確定なし）
- その他の地域的物所に重要な鉄道（選定と計画）（他省略線）

空港
- 民間航空機の飛行場
- 軍用飛行場
- 所在計画、飛行騒音からの保護と、離発着ルートの範囲による

情報的地方記号
- 連邦の境界
- 州境
- 州外広域計画の地帯
- 郡境
- 市町村界

図-6.2

アーヘン市土地利用計画図

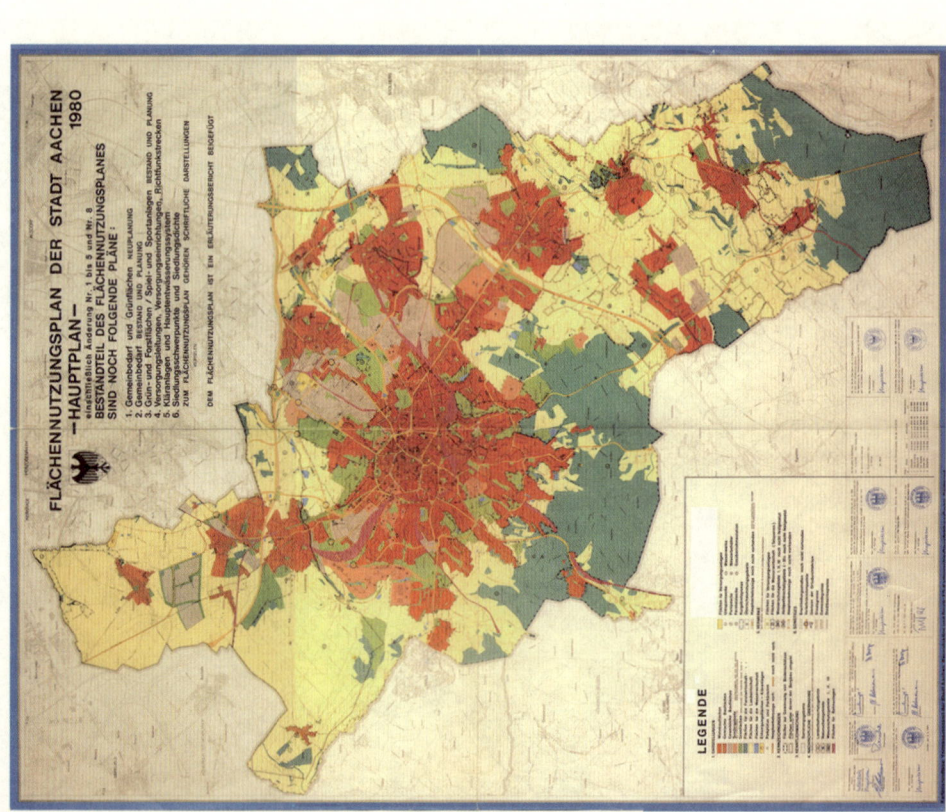

凡例

0 1 2 km

1. 表示
- 住宅建設地
- 混合建設地
- 事業所建設地
- 特別建設地
- 緑地
- 営林用地
- 農業用地
- 水経済用地
- 廃棄関連用地－汚水処理場
- 駐車場
- 幹線道路（既設）　幹線道路（未設）

2. 特記
- 地下資源の採取のための土地
- 地下に坑道がある土地

3. 識別表示
- 再開発地域

4. 情報的受継ぎ
他の法的規則に基づいて確定された計画と用途規定
- 自然地保護地域
- 自然保護地域
- 水保護地域 I, II, III
- 鉄道施設用地
- 供給施設用地
- 変電所　水力発電所
- ポンプ場　貯水槽
- 遠隔熱供給施設　ガス基地
- 保養地域の境界
- 洪水危険地域
- まだ存在しない幹線道路

5. 注記
他の法的規則に基づいて確定の見通しがあるもの
- 供給施設用地
- 水経済用地
- まだ確定していない水保護地域 I, II, III
- まだ確定していない温泉源保護地域 I－IIIc
- まだ存在しない幹線道路

6. その他
- 開発道路がまだ存在しない
- 交通結節点
- 通過交通の制限
- 国境
- 市境
- 市の区境

Kartengrundlage: Vermessungsamt der Stadt Aachen
Reproduktion: Gerd Gerino, Aachen

PLANUNGSAMT DER STADT AACHEN · APRIL 1979

なお、FHH-地域として3時方向の森林地域が全域指定されている（水原）

図-6.3

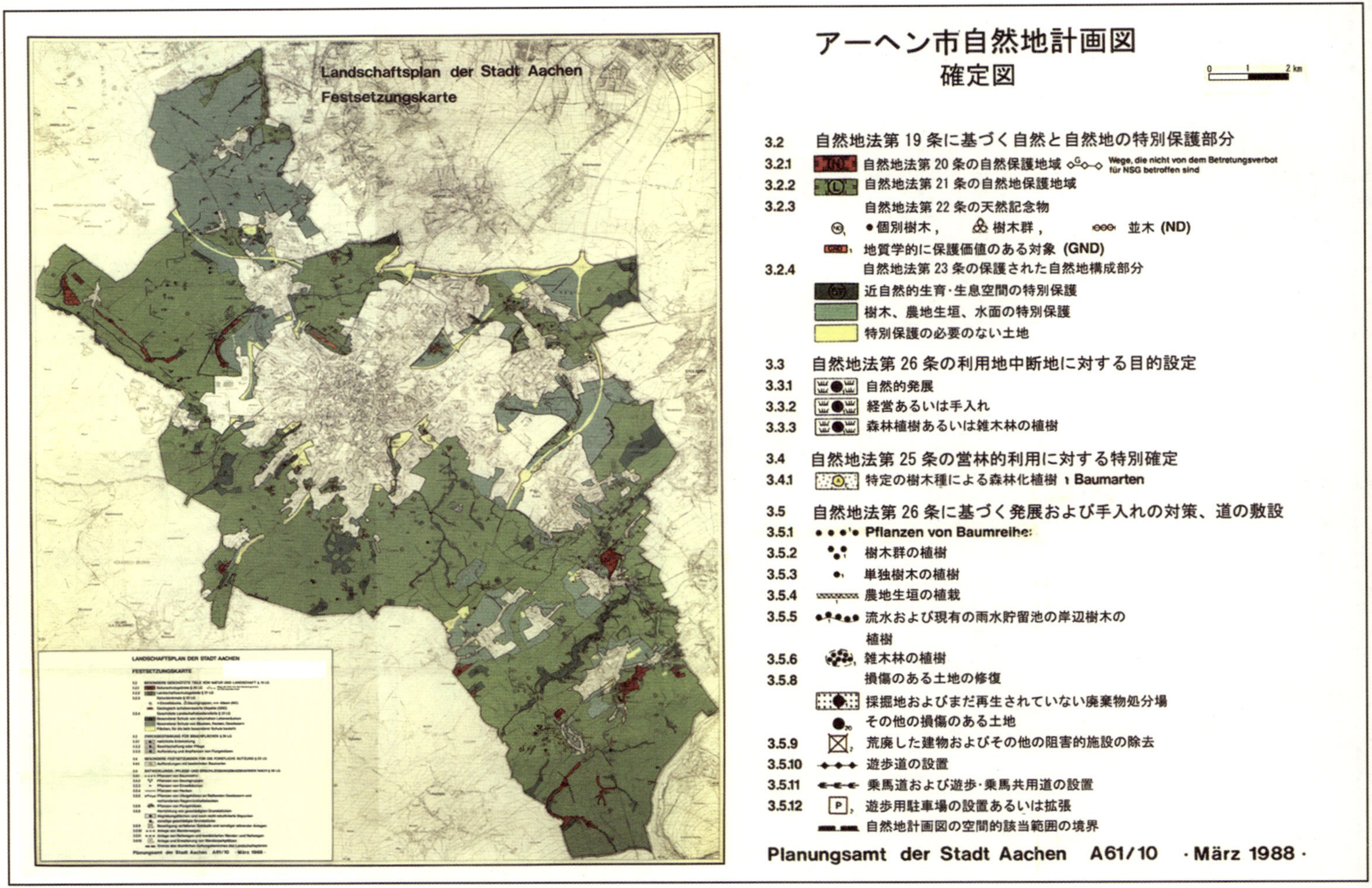

Landschaftsplan der Stadt Aachen
Festsetzungskarte
アーヘン市自然地計画図
確定図
0 1 2 km
3.2 自然地法第 19 条に基づく自然と自然地の特別保護部分
3.2.1 自然地法第 20 条の自然保護地域
Wege, die nicht von dem Betretungsverbot für NSG betroffen sind
3.2.2 自然地法第 21 条の自然地保護地域
3.2.3 自然地法第 22 条の天然記念物
●個別樹木， 樹木群， 並木 (ND)
地質学的に保護価値のある対象 (GND)
3.2.4 自然地法第 23 条の保護された自然地構成部分
近自然的生育・生息空間の特別保護
樹木、農地生垣、水面の特別保護
特別保護の必要のない土地
3.3 自然地法第 26 条の利用地中断地に対する目的設定
3.3.1 自然的発展
3.3.2 経営あるいは手入れ
3.3.3 森林植樹あるいは雑木林の植樹
3.4 自然地法第 25 条の営林的利用に対する特別確定
3.4.1 特定の樹木種による森林化植樹 1 Baumarten
3.5 自然地法第 26 条に基づく発展および手入れの対策、道の敷設
3.5.1 Pflanzen von Baumreihe:
3.5.2 樹木群の植樹
3.5.3 単独樹木の植樹
3.5.4 農地生垣の植栽
3.5.5 流水および現有の雨水貯留池の岸辺樹木の植樹
3.5.6 雑木林の植樹
3.5.8 損傷のある土地の修復
採掘地およびまだ再生されていない廃棄物処分場
その他の損傷のある土地
3.5.9 荒廃した建物およびその他の阻害的施設の除去
3.5.10 遊歩道の設置
3.5.11 乗馬道および遊歩・乗馬共用道の設置
3.5.12 遊歩用駐車場の設置あるいは拡張
自然地計画図の空間的該当範囲の境界
Planungsamt der Stadt Aachen A61/10 · März 1988 ·

図-6.4

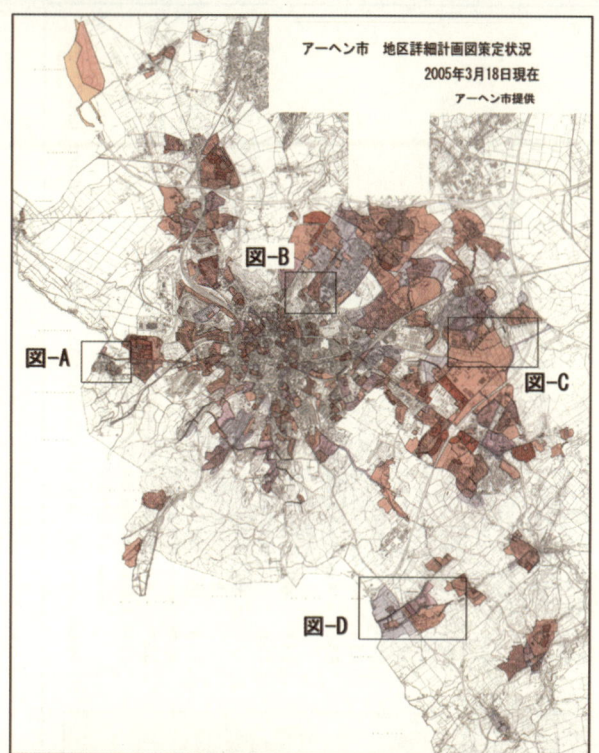

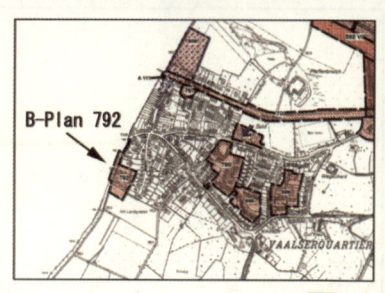

図-A

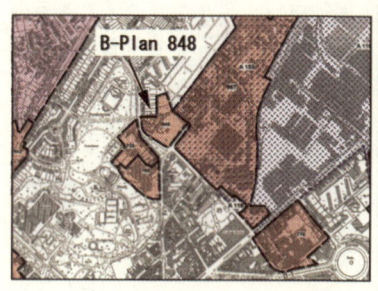

図-B

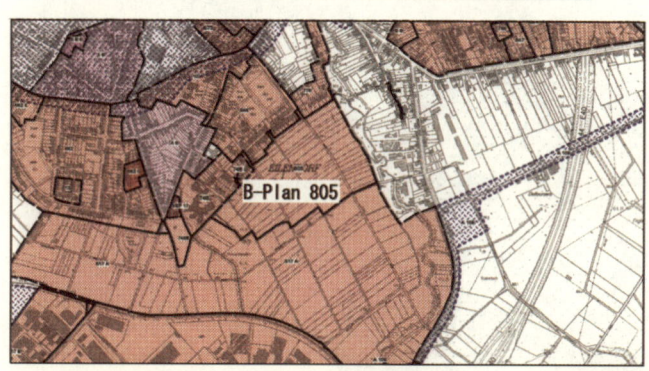

図-C

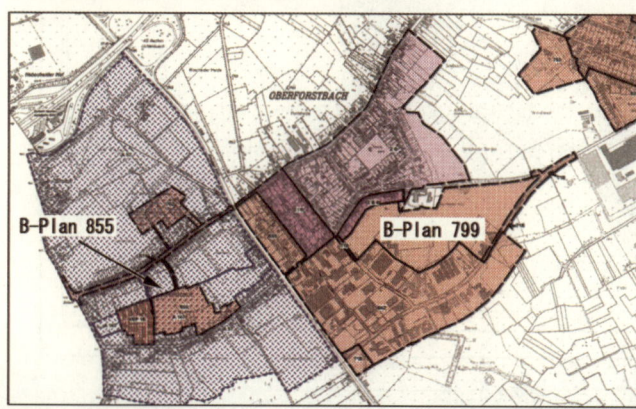

図-D

図-6.5

ドイツ語版の前書きと謝辞

　環境・自然保護の手法のヨーロッパ化がますます進んでいるという印象のもとで，ドイツでの自然地計画と環境計画は長期的安定と継続的発展の段階に至っている．この状況は，例えば2001年の環境親和性検査法と2002年の連邦自然保護法の改定によって，更に発展した．新しい刺激は，戦略的環境検査についてのヨーロッパの指令と結びついたものである．本書によって，完全とは言えないが，対象としている手法について，広範な概観ができる．

　この本の内容的，素材的骨格は，ベルリン工科大学の講義など，そして，これらのテーマについての研究開発プロジェクト，更に計画実務に対する方法的手引きと対処用ガイダンスから成り立っている．2.1節（自然保護法規的介入規則）は，本書と同様にウルマー出版社から出された「介入規則の実践：Praxis der Eingriffsregelung」(Köppel et al.) を最新の状況に合わせ，精緻に見直した改訂版と言える．

　まず，オイゲン・ウルマー出版社に対し，そして多大な助言と有効な意見を頂いたナージャ・クナイスラー博士およびフリーデリク・ヒュープナー博士に感謝したい．第2章の介入規則の原稿はヴィルヘルム・ブロイアー氏（ニーダーザクセン州エコロジー局）に，第3章の環境親和性検査についてはトーマス・ブンゲ博士（連邦環境局）に，そしてFFH-親和性検査についてはディートマー・ヴァイリッヒ氏（ザクセン・アンハルト州環境保護局）とハイマー・ランブレヒト氏（計画グループ エコロジー＋環境）によって批判的に通読して頂いた．ここで扱っている手法に関してのこの方々の長年の経験によって信頼できる細部の正確さが得られたことに感謝したい．

　いくつかの章については，学生および研究室の同僚からアイデアや作業援助を得た：ブリッタ・ダイヴィックさんは2.2節（建設誘導計画図の場合の介入規則）と介入規則の歴史について，ゾーニャ・ポブロートさんとアンドレア・フリッチェさんは環境親和性検査について，アレクサンドラ・ランゲンフェルトさんは戦略的環境検査

について，ステファニー・ゾンマーさんは FFH-親和性検査について，エルケ・ブルンスさんは介入規則の文章に目を通して表 2.14 を作成してくれた．「計画グループエコロジー＋環境」のハイナー・ランブレヒト氏には同様の意味で，表 1.1, 2.1 の作成に感謝したい．マライケ・シュミットさんとザビーネ・ディシェフ教授（博士）は 2.1.9.3 項に批判的に目を通してくれた．ブリギッテ・テフェケリディスさんは自己の能力を発揮し，忍耐を持って図を作成してくれた．ゲラ刷りの修正では，学生のヤーナ・リッペルトさん，ホルガー・オーレンブルクさん，ユリア・ケラーさん，マーヤ・ベトケさんに助けてもらった．

更に，計画事務所と官庁，事業者からの多数の専門家に感謝したい．この人達のおかげで，一連の代償対策の事例を収集することができた．これについては特に「ハイマーとヘルプシュトライト環境計画事務所」，BPR ハンノファー，シルツ教授，廃棄物・排水研究所（有限会社），ならびにキール自然地エコロジー研究所に謝意を表する．以下の官庁と事業者は我々を支援して下さった：すなわち，DEGES, PBDE/ドイツ銀行(株)，ミュンヒェン都市事業所，ブレーメン交通事業所，ケルン広域行政区，ラインヘッセン・ファルツ広域行政区，ヴェーザー・エムス広域行政区，自由・ハンザ都市ハンブルク建築法規局，ロシュトック州環境・自然局，ハレとテュービンゲンの広域行政区長官庁，シュヴァーベン広域行政区，そして最後に東部ドイツ水・水運管理統括所である．特に，ザクセン州環境・農業省のエルケ・ヴェルナー氏，ロタール・ホルン氏（ドイツ鉄道プロジェクト建設有限会社南東支社），ヤン・シェーファー氏（フィフェンディ・ドイツ有限会社）に感謝したい．

この書物の執筆という挑戦は，一連の研究と開発プロジェクトでの重要な機関や重要な人たちの働きかけがなければ生まれてこなかった．このことは，まず第一に連邦自然保護局，特にライプツィヒ支所，そして連邦環境局，連邦環境・自然保護・原子炉安全省，ドイツ環境連邦財団，バイエルン州州発展・環境問題省，ザクセン州環境・農業省，ザクセン州環境・地質学局，ならびにベルリン州・ブランデンブルク州共同州計画部に当てはまる．

同様に，我々は，当該の大学教育活動に，批判的に参加し，意見を出してくれたベルリン工科大学の学生君に感謝したい．

2003 年秋，ベルリンにて．
Johann Köppel, Wolfgang Peters, Wolfgang Wende
（ヨハン・ケッペル，ヴォルフガンク・ペータース，ヴォルフガンク・ヴェンデ）

拡大日本語版へのまえがき

　これまでの経済発展の中で，我々は自然資源を，ほぼ限界まで，自らの用のために消費してきた．自然資源消費は経済的に有用な原料の消費だけでなく，人間にとって多面的に重要な意味を持ち，人間の共同生活者，つまり動植物の生活が展開している自然的な土地の開発，改変も含まれる．地域の自然的オープンスペースの保全は極めて現実的な課題である．全く同様に生物の多様性，そして非生物的な土地，水，大気，気候についても保護しなければならない．

　我々が改変してきた，その土地や環境のもとで我々も後続の世代も生活していかなくてはならないことを考えると，改変の抑制，状況の改善を可能にする社会的仕組みの転換が求められている．そのために我々は方向転換する必要がある．

　現在の我々の持っている手段で，まず，できることは進めていかなければならない．幸い我々は空間計画システムにおいては，開発による自然機能の喪失に対して，一定，対処できる手法を，そしてまた，そのシステムの中で環境影響を評価し，計画レベルでも一定の対応がとれるまでの仕組みをつくりあげることができたし，これからも更に良き方向を目指している．

　日本も同様の事情にあると推測するが，我々のドイツ語版原著の拡大日本語版によって，日本での環境計画の課題解決に助けになるかも知れないドイツの経験を伝えていけるなら非常に光栄である．水原教授の翻訳と補完的論文によって，日本の読者にとってもドイツの状況を理解し深めやすくなったと思う．この本は，更に，同教授によってドイツでも極めて新しいテーマである戦略的環境検査について最新の状況に合わせられている．

　水原教授の建設誘導計画的の具体的な事例の紹介により，読者にとっての本書の価値は更に高められた．したがって，同教授の研究的作業に対して大きく感謝しなければならない．日本語版の出版を引き受けて下さった技報堂出版にも，そしてこの日本に向けての橋渡しの共同作業を励ましてくれたドイツのウルマー出版社にも

感謝したい．

2006 年春，ベルリンにて．
Johann Köppel, Wolfgang Peters, Wolfgang Wende
（ヨハン・ケッペル，ヴォルフガンク・ペータース，ヴォルフガンク・ヴェンデ）

日本語版訳者・共著者まえがき

　本書は，2004年に発行されたヨハン・ケッペル教授，ヴォルフガンク・ヴェンデ博士，ヴォルフガンク・ペータース博士の共著になる原題「介入規則　環境親和性検査　FFH-親和性検査」(Eingriffsregelung Umweltverträglichkeitsprüfung FHH-Verträglichkeitsprüfung）の翻訳と，それに関わる拙稿からなっている．追加論文の内容も含め，書名は「進化する自然・環境保護と空間計画－ドイツの実践そしてEUの役割」とした．

　第2章の介入規則はドイツ独自の自然環境破壊に対する手法で，制度としては70年代半ばに制定された連邦自然保護法で設けられたものである．これは道路，鉄道計画など専門法による計画，更には住宅建設などあらゆる開発に対して適用されており，本書では，その考え方，手法がいくつかの事例とともに詳細に解説されている．現在では地区詳細計画図の作成時にも適用しており，その手法の詳細について，そして新しい手法であるエコ口座などについても触れられている．

　第3章では日本の環境影響評価に当たる環境親和性検査について詳細に触れている．ここでは州計画などの環境アセスメントについても扱っており，ドイツの計画システムに応じた幅の広さが知らされる．実はこの環境アセスメント制度はEU（あるいはEG；英EC）の影響によって設けられたものである．ドイツでは，当初は，上記の自然地計画の規則や介入規則によってドイツ的な環境アセスメントを進めていこうとしていたようである．確かに例えば自然地計画図では大気の改善についても対象になっている．しかし，騒音については対象となっていないなど評価対象に幅の狭さがあり，この点をどう扱おうとしていたのだろうか（環境法典の議論では，この自然地計画図の発展型として，環境誘導計画図も検討されている）．

　2004年にEUからの戦略的環境検査の指令を受けて改定された環境アセスメントの基幹法である環境親和性検査や都市計画の根拠法である建設法典などの改定については第4章で扱っている．

環境親和性検査についてはドイツでは 2004 年以降は EU 指令によって戦略的（計画・プログラム）環境アセスメントも実施されるようになった．同国ではこれまで多くの自治体ですでに都市計画レベルで環境検査が実施されていた．そのような自治体とっては何ら大きな変化ではなく，また，そうでない自治体でも建設誘導計画図（土地利用計画図，地区詳細計画図）など都市計画図作成手続の中では環境の視点も含めた比較衡量が行われ環境影響も考慮しなくてはならず，そのためには計画がもつ環境影響を充分に把握しておかねばならないので，都市計画レベルでの環境アセスメントに類似したことは行われていたと推察できる．国のレベルでの事象以上に基底部では環境対策が進んでいる（日本の環境影響評価法の場合がそうであったが）．

環境検査の結果は地区詳細計画図の確定などの形で，環境悪影響の削減の方法を具体的に定める．比較衡量手続で，必ずしもすべて実施ということにはならない可能性はあるが，第 6 章での地区詳細計画の具体例では，ほとんどそのまま受け入れて計画決定がされている．

第 5 章の FFH-親和性検査は EU レベルで貴重な動植物を保護していこうとする規則で，これも介入規則と同様に日本にとってなじみの少ない規則であるかも知れない．しかし，EU レベルでの貴重な動植物を保護していくために，遵守は非常に厳しいようである．ちなみにこの FFH-親和性検査はラムサール条約（1971 年），移動性の動物種の保護のボン条約（1982 年），ヨーロッパの生物多様性についてのベルン条約（1982 年）など国際的，ヨーロッパ的な条約（協約）を基礎に欧州共同体（当時）レベルでの共通の生物種保護の統合規則として設けたものとされている．

第 6 章では以前からすでに実施されていた都市計画での，環境検査と介入規則の実際を中心に具体的な事例を紹介している．

ドイツでは原則的に開発には土地利用計画から展開される地区詳細計画が基本的前提となっている．日本ではかつてこの仕組みから「計画なくして開発なし」という原則を読みとっていた．現在，土地利用計画にもこの地区詳細計画にも環境アセスメントが課せられたことで「計画なくして環境保護なし」という原則も重ね合わせて理解すべき段階となった．本当に環境影響評価を行おうとすれば，しっかりとした計画体制が必要だと言うことである．

これらで扱われている計画環境アセスメントや介入規則，国際的な自然保護については日本では実施していない規則だが，原理的，本来的には行わなくてはならないものである．個々の技術はドイツが特に進んでいるとは考えないが，それらの技術がどのような厚みをもって，どのように広範に生かされているかという点ではかなり違いがあるようにみえる．

ここで対象としているドイツでは，それを成り立たせるまでに社会が成熟していると言える．また，そこにはそれを求めているこれまで傷つけられてきたし傷つけられつつある国土があるのだが，この点は日本も同じのはずである．
　地区詳細計画図は地区の総合的な空間計画と言えるが，これも環境保護，自然保護に大きな役割を果たしている．ドイツ旅行などで建築現場を目にしたら，その後ろには，この地区詳細計画図が隠れており，本書で扱っている計画環境アセスメントが実施され介入規則も適用されていると考えてよい．
　しかし，このように進んだ段階で，それなりに悩ましい状況もあるようだ．これは開拓者の常にもつ問題で，我々は本書でそれを少し共有できる．しかし，それだけに留まりたくはない．
　本書の内容はドイツの空間計画システムに大きく関わるもので，それをまず念頭に置いて読み進めていくことが好ましいと思う．第6章の6.1節とそこにある図-6.1を理解しておいていただくとありがたい．
　このドイツ語の原書をドイツのある小さな書店で手にしたとき，自分の知りたいことのいくつかについて触れているので購入したが，そのときにはこのように翻訳するなどとは思ってもいなかった．しかし，目を通して行くうちに理論的とともに実務的な内容も多く含んでおり，これを翻訳することで，ドイツの自然・環境保護の考え方や，空間計画とも結合させた実践について，かなり実際に迫って伝えられると考えた．本書が出版されて後，建設法典と国土計画法で計画・プログラム環境検査のEU指令が国内法化されたことや，都市計画などでの環境検査の姿がこれまでの実践ですでに基本的に理解できるので，これら2点について追加することにした（第4章と第6章）．
　本書の関連分野は自然保護，そしてランドスケープ，造園，環境アセスメント，更に都市計画，地域計画にわたっている．これらを有機的に関連づけて環境・自然保護に対応している姿を示してくれている．本書は，環境行政や自然保護行政に従事する人々，そして自然も含む環境について調査，研究に携わる人々，空間計画と環境保護との関わりに関心を持つ研究者，また環境問題に関心を持ちこれからの日本のあるべき姿を求めようとする学生の皆さんにとっても有益な示唆を与えてくれるものと考える（環境アセスメントの部分では基本的解説もあり学習にも役立つと思う）．
　この本の出版に当たって，訪独時に，ベルリンの工科大学を訪問し，追加で章を加えることに快諾をいただき，編集上のことなどについて話し合った．ケッペル教授はちょうど試験（口頭試問）の最中で，挨拶を交わした程度で，ヴェンデさんとペータースさんとの話が中心になった．その途中に試験が終わった学生がやってき

て，授業で使った図と比べ，この翻訳書の原書の相応する図と相違があると指摘をしにきた．これは，その学生の指摘が正しかったが，その学生を見て，やがて本書に関わる分野での実践を支え，発展させていくことになる人材が育ちつつあるのだということを実感した．本書はその学生の指摘に従っている．

　なお，最後になったが，本書の出版にあたり技報堂出版株式会社編集部の天野重雄氏にお世話になった．ここで謝意を表したい．

滋賀県立大学環境科学部
環境建築デザイン学科
教授　水　原　渉

- 翻訳部分では，原文に加えていくつかの箇所で［　］，「　」を用いて重要と思われる，あるいはニュアンスを残しておきたい原語や，簡単な解説，補足，強調などを示している．
- 文中の太字は，重要用語，概念を示したものである．

目 次

1 導入 1
  1.1 事業と連結した自然地計画と環境計画 1
  1.2 手法の概観 4
      理解確認問題 7
      導入のための文献と出典 7

2 介入規則－開発による自然破壊に対する回避・代償規則 9
  2.1 部門別計画における介入規則（連邦自然保護法による） 10
    2.1.1 自然・自然地への介入 11
        理解確認問題 26
    2.1.2 事業記述と影響要素 26
        理解確認問題 31
    2.1.3 自然収支の現況把握と現況評価 31
        理解確認問題 53
    2.1.4 侵害の予測 53
        理解確認問題 60
    2.1.5 侵害の回避と低減 60
        理解確認問題 65
    2.1.6 相殺対策と代替対策 65
        理解確認問題 74
    2.1.7 代償規模の決定 74
        理解確認問題 92
    2.1.8 代替支払 92

| 理解確認問題 95
    2.1.9 代償対策の計画と保障 95
          理解確認問題 105
  2.2 建設誘導計画における介入規則（建設法典による）..................... 105
    2.2.1 建設誘導計画における介入規則の基礎 106
          理解確認問題 115
    2.2.2 相殺に向けての土地と対策のコンセプトと保障 115
          理解確認問題 127
    2.2.3 土地・対策プール 127
          理解確認問題 142
          介入規則のための文献と出典 142

3 環境親和性検査 159
  3.1 環境親和性検査の構造への導入 159
    3.1.1 発生史 159
    3.1.2 環境親和性検査の目的と目標 162
    3.1.3 ヨーロッパ連合における環境親和性検査の法的基礎 163
    3.1.4 ドイツにおける環境親和性検査の法的基礎 164
    3.1.5 事業実施者手続 169
    3.1.6 建設誘導計画における環境親和性検査 169
    3.1.7 環境親和性検査のいくつかのレベル 172
    3.1.8 保護財 174
    3.1.9 環境親和性検査の過程 178
          理解確認問題 178
  3.2 環境親和性検査検討の必要な事業 178
    3.2.1 適用範囲 179
    3.2.2 実施における件数と種別構成 188
          理解確認問題 189
  3.3 事前に提出すべき資料の教示（スコーピング）....................... 190
    3.3.1 スコーピングの概念と目的 190
    3.3.2 スコーピングの流れと形式 192
    3.3.3 スコーピングの参加者 194
    3.3.4 スコーピングの内容 196

　　　　理解確認問題 198
3.4　環境親和性探査と環境親和性調査 198
　　3.4.1　環境親和性探査/調査の目的（UVU/UVS） 198
　　3.4.2　探査の内容についての法的要請 199
　　3.4.3　探査の内容についての専門的要請：事業記述からまとめまで 201
　　3.4.4　環境親和性調査における GIS 導入 232
　　　　理解確認問題 234
3.5　官庁の参加と公衆の引込み 234
　　3.5.1　官庁と公益主体の参加 234
　　3.5.2　公衆の引込み 238
　　3.5.3　越境的参加 244
　　　　理解確認問題 244
3.6　官庁による環境影響の総括表示と評価 245
　　3.6.1　総括表示 245
　　3.6.2　環境影響の評価 246
　　　　理解確認問題 252
3.7　官庁による決定 254
　　3.7.1　環境予防に向けての州計画的判定の組立てと規制可能性 254
　　3.7.2　環境予防に向けての計画確定決議と規制可能性 257
　　　　理解確認問題 262
3.8　戦略的環境検査 (SUP) 262
　　3.8.1　特定の計画とプログラムの環境影響の検査についての EU 指令 ... 262
　　3.8.2　適用事例：スウェーデンの自治体総合計画 271
　　3.8.3　適用事例：オランダでの戦略的環境検査と E-テスト 273
　　3.8.4　実用性／実行可能性および多重検査回避 274
　　　　理解確認問題 275
　　　　環境親和性検査　文献および出典 275

4　戦略的環境アセスメント制度の導入
　　―環境親和性検査法／建設法典／国土計画法 293
4.1　環境関連の EU 指令がドイツ都市計画制度に対して与えた影響 293
4.2　ヨーロッパ連合の戦略的（計画・プログラム）環境検査-指令が
　　　求めているもの 297

4.3 EU指令の国内法化－環境親和性検査法および建設法典,国土計画法 .. 304
   4.3.1 環境親和性検査法への戦略的環境検査の組込み 304
   4.3.2 建設法典での対応 311
   4.3.3 国土計画での対応 322
   4.3.4 国土計画手続の環境検査の意味 324
4.4 おわりに 325

5 動植物相-ハビタット [FFH]-親和性検査 333

5.1 "ナトゥラ-2000"の考え方 335
   5.1.1 FFH-指令と鳥類保護指令に沿う法規基礎 335
   5.1.2 通知手続と地域申告の状況 336
      理解確認問題 339
5.2 FFH-親和性検査の手続過程 340
   5.2.1 FFH-親和性検査法的規定 340
   5.2.2 FFH-親和性検査の手続過程の概観 341
      理解確認問題 342
5.3 FFH-親和性検査の必要性の検査（前検査／FFH-スクリーニング） ... 343
   5.3.1 原則的に検査義務があるプロジェクト・計画タイプ 343
   5.3.2 原則的に検査義務がある地域タイプ 346
   5.3.3 甚大な侵害の具体的可能性 349
      理解確認問題 352
5.4 FFH-親和性検査の実施 352
   5.4.1 調査範囲の協議と確定（スコーピング） 352
   5.4.2 FFH-親和性調査書の作成 354
   5.4.3 官庁による侵害の評価と親和性の検査 374
      理解確認問題 376
5.5 例外手続 376
   5.5.1 選択肢案の比較 377
   5.5.2 例外理由の検査 [Abprüfung] 382
   5.5.3 ナトゥラ-2000の相互関連性の確保に向けての対策の確定 386
      理解確認問題 390
      FFH-親和性検査　文献および出典 390

6 地区詳細計画図作成での介入規則と環境アセスメントの適用 ... 397

- 6.1 はじめに ... 397
- 6.2 アーヘン市の概況 ... 401
- 6.3 小さな住宅地開発の計画事例－アム・ラントグラーベン地区の事例 .. 402
  - 6.3.1 当該地区の一般的状況と上位計画での扱い ... 402
  - 6.3.2 計画の内容 ... 404
  - 6.3.3 自然地への介入に対する開発代償 ... 406
- 6.4 市街地内部の小さな再開発（住宅・事業所地区）の計画事例
  －グート-レームキュルヒェンの計画事例 ... 406
  - 6.4.1 当地区の一般的状況と上位計画での扱い ... 406
  - 6.4.2 計画内容 ... 408
  - 6.4.3 環境親和性検査の結果（地区詳細計画図理由文書による） ... 412
  - 6.4.4 自然地への介入に対する相殺対策（環境親和性検査の報告書による） ... 412
- 6.5 中規模の住宅地開発の事例
  －ブランダー通・ブライトベンデン通の計画事例 ... 414
  - 6.5.1 当該地区の一般的状況と上位計画での扱い ... 414
  - 6.5.2 計画の内容 ... 416
  - 6.5.3 地区詳細計画図作成手続の流れと市民・公益主体の参加 ... 418
  - 6.5.4 環境親和性検査 ... 420
  - 6.5.5 自然地への介入に対する開発代償 ... 420
- 6.6 郊外でのコンパクトな市街地の形成の計画事例 ... 422
  - A. "リヒテンブッシュ-内部地域"の計画事例 ... 424
  - B. "パスカル通事業所地域"の計画事例 ... 432
- 6.7 おわりに ... 440

資料-1 公式の市民参加（計画縦覧）での提出意見と公益主体の見解
－ブランダー通・ブライトベンデン通の住宅地の場合 ... 446

資料-2 地区詳細計画図による外部相殺の確定－ハンノファー市の例 ... 461

図版出典 ... 464
索　引 ... 465

1 導入

　本書［ドイツ語版］は，ドイツとヨーロッパの環境予防と事業最適化に向けて互いに関係深い3つの手法について書かれたものである．その3手法とは，建設法規に根づいた規則も含む自然保護法規的な介入規則 [Eingriffsregelung]，ならびに計画とプログラムの新しい環境検査を有するプロジェクトの環境親和性検査 [Umweltverträglichkeitsprüfung]，ヨーロッパ連合 [EU] の植物相-動物相-ハビタット-指令 [Flora-Fauna-Habitat-Richtlinie：以下，FFH-指令] によるプロジェクトと計画の親和性検査である．これら規則のすべてで，まず，それぞれの環境結果を可能な限り早期に明確にすることが問題になる．例えば，道路あるいは風力発電の風の公園，都市建設的な事業の計画と許可の段階では，これら事業を可能な限り慎重に実現していくことが必要である．最後には，自然と自然地あるいはヨーロッパの保護地域の侵害を除去することも扱っている．

1.1 事業と連結した自然地計画と環境計画

　新規事業の許可の内容は，この手法の適用によって大幅に修正されることがある．しかし，環境親和性検査あるいは自然地維持的随伴計画図 [Lasndschaftspflegericher Begleitplan：LBP]，FFH-親和性調査 [Verträglichkeitsstudie] の結果が事業の不許可に結びつくのは，いくつかの事例においてでしかない．事業の妥当性についての社会的決定に取って代わることをこの手法から期待することも，過剰な要求であろう．これらは，むしろ，環境保護と自然保護の視点のもとで計画過程と決定過程を責任ある形に創りあげていくことに貢献し，また，プロジェクトと計画の環境（親和性）検査の場合のように，公衆参加の保証に向けても役立てられる．

　計画選択肢案や計画変種案は，検査され比較検討する必要があろう．自然と環境に優しい技術的な事業修正は進めていかなければならないし，尊重される必要がある．相殺・代替対策 [Ausgleichs- und Erstatzmaßnahmen] あるいは相互関連性保障

対策 [Kohärenzsicherungs-] は，計画し実現していかなければならない．しかし，個別には，扱われている環境保護手法と自然保護手法は，法的効果において区別される．FFH-親和性検査では比較的に明確な拒否選択肢を有しているし，介入規則では，その事業実施者のもとで，事例に応じた代償 [Kompensation] 義務が生まれてくる．

つまり，以下の章で扱われている手法は，多くの場合は，相互に結びついているし，いくつかの場合には分離している（BREUER 2000）．

自然地維持的随伴計画図，あるいは環境親和性調査，FFH-親和性探査 [-untersuchung] の報告書の作成の場合には，どのように進められるのだろうか？ 言っておく必要があるものに，例えば一つに，扱われている計画・決定手続に根ざしている固有の作業段階がある．その際には，自然と環境の状態が記述され，評価される．その場合の問いは次のようになる．特に価値ある，あるいは実行力と機能能力のある自然・自然地の要素も関わっている可能性があるのか？ 調査空間の環境状態にどの程度の負荷がすでにかかっている可能性があるのか？ ある事業のどの影響要素 [Wirkfaktoren] が自然・自然地に対する甚大な影響の原因となることが予想されるのか？ どのようにして，そのような影響が最大限に回避できるのか？ どのような代償対策を考えておく必要があるのか？

個々の手法の重点に沿って，以下に，現況調査と専門的評価に際し，何が必要かが述べられている．例えば，介入規則の場合にはどのような専門的内容に注意する必要があるのか，そしてまた，環境親和性検査の場合にどのような保護財が大きな意味を持つのかが示される．最後に特殊な検討対象である FFH-親和性検査がある．環境および自然・自然地，ならびにナトゥラ [NATURA]-2000-保護地域に対して，ある事業が持ち得る影響をどのように予測できるのかも示される．介入の結果の回避 [Vermeidung] 戦略対策と低減対策に向けて，あるいは相殺・代替対策として，どのようなものが可能なのか？ その場合，計画家の専門的寄与の過程においてすでに方向転換が頻繁に行われ，そういう形で事業に関する決定の際に環境利益が実際に考慮されるので，この人たちの役割には，いつも特別の責任が伴っている．

しかし，介入規則と環境親和性検査，FFH-親和性検査は，単なる事実情報の選別作業を大きく超えるものである．これらの手法は，計画されている事業の形式的決定手続の中に組み込まれており，公衆あるいは他の官庁の参加に関する問題とも結びついている．例えば，計画が関わり得る地域住民は，計画に対する声をどのように聴いてもらえるのか？ 加えて，均衡がとれて，幅広い利害を考慮した決定を行うために，担当官庁が，何についてはあらゆる点に注意を払うべきなのかが記されている．これは，手法の手続的性格について述べられていても，同様である．

つまり非常に多くの主体が計画・決定手続に関わっているということである：多

1.1 事業と連結した自然地計画と環境計画

表-1.1 事業の介入規則および環境親和性検査，FFH-親和性検査の比較
(GÜNNEWIG 1999, BERNOTAT & HERBERT 2001, EISENBAHNBUNDESAMT 2002 による)

連邦自然保護法第18条「自然と自然地への介入」以降の条項による介入規則	環境親和性検査法による環境(親和性)検査	連邦自然保護法第34条「事業の親和性と不認可，例外」によるプロジェクトのFFH-親和性検査
目標		
自然収支の実行・機能能力ならびに自然地景観の多様性と個性，美しさの保全	ある事業の環境影響の早期で広範な把握による効果的環境予防，ならびに官庁的認可決定における可能な限り早期の考慮	ヨーロッパNATURA-2000-ネットの関連性，とりわけ共同体的に重要な地域とヨーロッパ鳥類保護地域(NATURA-2000-地域)の保護
適用範囲		
自然収支の実行・機能能力ならびに自然地景観に甚大な侵害となる，地表面の形状または用途の変更あるいは活性土壌層と結びついている地下水面の改変	事業は環境親和性検査法第3条付録1(環境親和性検査義務のある事業)あるいは同2(個別検査)に記載されているもの個別法の評価基準による環境に対する甚大な影響	事業および(連邦環境侵害防止法による許可の必要な施設から発生する)物質負荷で，個別に，または他のプロジェクトや施設との共動で，NATURA-2000-地域の，保全目標あるいは保護目的に基準を与える構成要素を大きく侵害する効果を持っているもの
保護財		
自然収支の実行・機能能力ならびに自然地景観	人間(の健康と快適性)および動・植物，土地・土壌，水，大気，気候自然地，文化財，その他の物財，ならびに保護財の間の相互作用	NATURA-2000-地域に出現する生育生息空間と生物種(FFH-指令の付録Iの生育生息空間および付録IIの生物種，鳥類保護指令の付録Iの鳥類種とその生育生息空間)
法的効果		
もし侵害が回避あるいは，相殺，その他の方法で代償できず，そして自然保護と自然地維持の利益が優先されるなら，その介入は禁止される；厳格に保護された動植物の，代用のきかないビオトープを破壊する介入は，重要な公共の利益によるやむを得ない理由で正当化される場合にのみ認可される．	直接的な法的効果はない；環境親和性検査の枠内では，回避および低減，相殺・代替対策についての言及は，むしろ，ある事業の実施によってどのような種の結果が起こるかということを明確にするための宣言的な性格を持っている．	NATURA-2000-地域の甚大な侵害に結びつくプロジェクトは禁止される；プロジェクトが重要な公共の利益によるやむを得ない理由で必要とされ，適切な選択肢案がない場合に限り例外となる；ヨーロッパエコロジーネットであるNATURA-2000の相互関連性の確保に向けての対策
部門別寄与(一部抽出)		
連邦自然保護法第20条「手続」の第4項による自然地維持的随伴計画図(LBP)	環境親和性検査法第6条の意味での環境親和性調査(UVS)あるいは環境親和性探査(UVU)(事業実施者の資料)	連邦自然保護法第34条1項のFFH-親和性調査あるいはFFH-親和性探査

くの主体というのは，事業実施者および計画事務所と鑑定事務所，公衆，専門事務所，認可官庁のことである．この本は，したがって，大学卒業後，ランドスケープ計画事務所や環境計画事務所で働きたいと考えているか，あるいはすでに働いている人たちにだけ目を向けているのではない．簡単で，重点を押さえ，しかも広範に，対象としている手法の基本の叙述を試みることは，すべての参加主体に対して利点となるはずだ．

介入規則，および環境（親和性）検査，FFH-親和性検査 FFH-親和性探査に対しては，すべての内容および手続に類似性があるのに，確立した上位概念はない．大面積的-予防的な手法と区別する形で，**事業連結の自然地・環境計画**ということができる．

1.2 手法の概観

介入規則（第2章）と**環境親和性検査**（第3章）は原因者原理に基づいており，計画されている事業の結果が両者の手法で判定され，それを原因とする環境および自然収支 [Naturhaushalt]，自然地景観の侵害が評価される．環境親和性検査は，関連する EU 指令のドイツへの転換の形で制定された「環境親和性検査についての法律」（環境親和性検査法）に規定されているのに対して，介入規則は「連邦自然保護法」と「建設法典」に根拠を持っている．したがって，設定目標が類似しているにもかかわらず，これらはいくつかの異なりをもっている．このことは，詳細には，**目標と適用範囲**，あるいは，対象となる事業，検討されるべき**保護財**，段階的な手続過程および結果の拘束性，特に**法的効果**に関して示されている（表-1.1）．

介入規則と環境親和性検査は，それぞれ異なる応用原理から出発している．介入規則は，事業によって引き起こされ得る自然収支の実行・機能能力 [Leistungs- und Funktionsfähigkeit] と自然地景観の**甚大な侵害の出現**を基礎としている．その際には，この事業は特に地表面の形状と用途の変更と関わるものでなければならない．これに対して，環境親和性検査の実施に向けての義務はそれぞれの事業の種類と結びついている．環境親和性検査義務があるのは，環境親和性検査法第3条「適用範囲」の付録で扱われている，あるいは個別検査が必要とされている**事業**のみである．このことは他の法的規則による"背負いシステム"[Huckepack-System] の形で実施される（事業実施者手続）．確かに基本的には，環境親和性検査は行われるが介入規則が適用されない事業も，その反対の場合もある．しかし，事業タイプの過半数に両者の手法が課されている．したがって，実際には環境親和性探査も自然地維持的随伴計画も必要とされるのがしばしばである．将来的には，計画とプログラムのための環境検査，すなわちいわゆる戦略的環境検査が重要な役割を果すであろう．［こ

れについては 3.8 節および 4 章を参照]

　介入規則の内容は，特に事業の決定基礎として，**自然・自然地**の予想される侵害を明確に把握することである．その際に検討すべき調査対象は，連邦自然保護法（第1条「自然保護と自然地維持の目標」）と各州の州法から導き出される．連邦自然保護法第1条は，**自然収支の実行・機能能力**ならびに自然財の利用可能性，動植物界，**自然地の多様性と個性，美しさ**に関わっている．環境親和性検査の課題は，事業の環境影響を，事業に関する決定基礎として明確に把握し，記述し，評価することにある．その際に，事業影響の調査の対象は，**保護財**である人間および動植物，土地/土壌，水，大気，気候，自然地，文化・事物財で，また，それらの間の相互作用もそれに含まれる．つまり，例えば，環境親和性検査は保護財である**人間**および**文化・事物財**を含むことで介入規則の内容を超えている：計画された道路沿いの住民に対して予期される騒音負荷は，まず第一に，環境親和性検査の検討対象となる．

　しかしながら，両者の手法に対しては，重要な**作業段階**に関して，つまり：
- 現況把握と現況評価，
- 影響予測，
- 自然と環境の侵害の把握と評価，
- 甚大性の決定，
- 回避に向けて，あるいは損害抑制に向けての予防措置の計画，
- 代償対策の計画，

という形の大幅な一致が見られる．

　したがって，実際には，場合に応じて環境親和性調査 (Umweltverträglichekeitsstudie：UVS) と自然地維持的随伴計画が密接に調整されながら作成されることは通例となっている．例えば，自然地維持的随伴計画は，環境親和性検査の素材を関連づけることでのみ適正なものになる（GESSNER et al. 2003, 連邦自然保護法第 20 条「手続」の第 5 項を参照）．これは，両者の作業に必要とされるすべての情報を一度だけ収集し加工すればよいということを意味する．決定的なのは，遅くとも事業の認可の時点までに，環境親和性検査と介入規則からのすべての要請が総体として満たされているということである．

　結果的に，環境親和性検査によって，ある事業の予想される環境影響の，事業実施者の専門的見積 [Einschätzung] に基づいた官庁による評価が出されるが，その事業実施に関する決定は行われない．環境親和性検査の結果は，事業認可の決定のための準備に役立てられるだけである．つまり，環境親和性検査からは事業と官庁に対して強制力をもった**法的効果**が生まれるものではない．これに対して介入規則から引き出される義務は，環境親和性検査の効果を超える．侵害の回避に関する検査結果の

みならず，回避不可能な侵害に対する相殺・代替対策についての内容は，事業にとって**法的拘束力のある**構成要素となる．環境親和性検査と介入規則は相互に補完する．"環境親和性検査についての法律の施行に向けての一般的行政規則"（UVPVwV：以下，環境親和性検査-行政規則）では，介入規則が環境親和性検査に対しての専門法規的評価尺度とされており，このような形で両者の手法の関係を具体化している．環境親和性検査-行政規則の付則では，指針と介入規則に関し，提出が予想される資料についての指示が行われている．

　ある事業あるいは計画によって，NATURA-2000-地域の保全目標と保護目的に対して基準となる構成要素［以下，基準構成要素］が甚大な侵害を受ける可能性がある場合，連邦自然保護法第34条「プロジェクトの親和性と認可，例外」と35条「計画図」による**FFH-親和性検査**を実施することとされている（第4章）．その場合の観点は地域結合であり，FFH-親和性検査はエコロジーネットNATURA-2000のFFH-地域と鳥類保護地域だけに関係し，その視点で環境影響を及ぼす事業が対象とされる．介入規則は，これに対して，面的に広がった要求を持ち出し，環境親和性検査のように主にプロジェクト・事業関連の視点から展開される（GÜNNEWIG 1999, BERNOTAT & HERBERT 2001；しかしながら戦略的環境検査:3.8節，および図-1.1を参照）．FFH-親和性検査で検討される保護財は，介入規則と環境親和性検査の諸々の

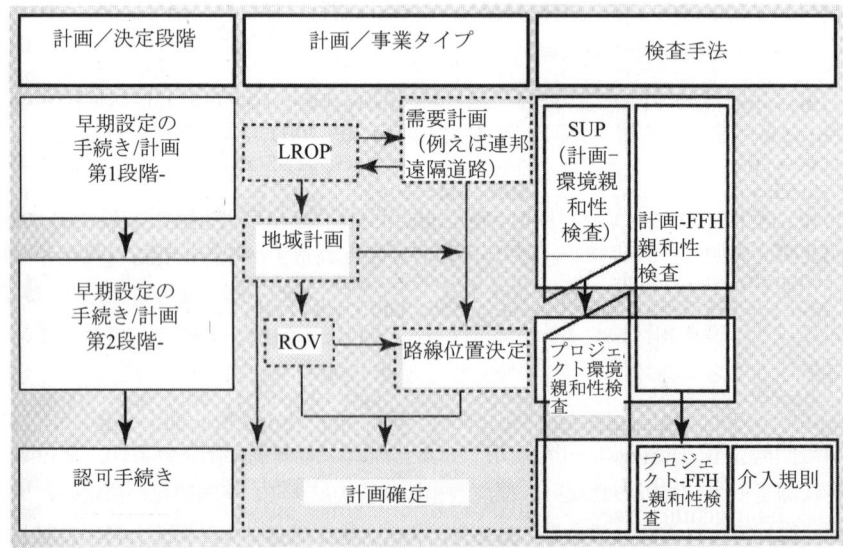

図-1.1 事業結合の自然地・環境計画の手法；連邦遠隔道路の手続段階（LAMBRECHT）LROP=州国土計画プログラム；ROV=国土計画手続；SUP=戦略的環境検査

保護財の部分であって，ヨーロッパ FFH-指令ならびに鳥類保護-指令についての付録に見られる全生育生息空間と生物種を含んでいる．

FFH-親和性検査の評価尺度として役立つ NATURA-2000-地域の保全目標は，生物種と生育生息空間の**良好な保全状態**の再生あるいは**発展**も含んでいる．その結果，FFH-親和性検査は，広範な素材的-法規的効果を展開している．連邦自然保護法第 34 条によって NATURA-2000-地域の甚大な侵害に結びつく可能性のあるプロジェクトは**認可されない**．例外は，重要な公共の利益のやむを得ない理由からでしか，そして侵害が少なくて妥当と考えられる**選択肢案**が存在しない場合でしか可能とはならない．親和的な選択肢案がないことの証明義務は，介入規則と環境親和性検査と比べた場合の，FFH-親和性検査の**最も厳しい**とみられる**法的効果**の一例である（BERNOTAT & HERBERT 2001）．これには，場合によって NATURA-2000-ネットの関連性を確保するための対策を実施する義務も加えられる．この場合，内容的には介入規則の相殺対策に似て，侵害される保全目標とそのような**関連性確保対策**[Kohärenzsicherungsmaßnahme] との間に密接な機能的つながりがある．

理解確認問題
- 事業結合の自然地・環境計画は，どのような手法を含んでいるか？
- どのように，介入規則と環境親和性検査，FFH 親和性検査の目標および適用範囲，保護財，法的帰結が区別されるか？

導入のための文献と出典

BERNOTAT, D., HERBERT, M. (2001): Verhältnis der Prüfung nach §§ 19c, 19d BNatSchG zur Umweltverträglichkeitsprüfung und zur Eingriffsregelung. UVP-report 15 (2): 75–80.

BREUER, W. (2000): Das Verhältnis der Prüfung von Projekten und Plänen nach § 19 c BNatSchG zu Eingriffsregelung und Umweltverträglichkeitsprüfung. Inform.d. Naturschutz Niedersachs. 20, 3/2000, 168–171.

Eisenbahnbundesamt (2002, Hrsg.): Umwelt-Leitfaden zur eisenbahnrechtlichen Planfeststellung und Plangenehmigung sowie für Magnetschwebebahnen. Themen: Umweltverträglichkeitsprüfung, naturschutzrechtliche Eingriffsregelung, Beachtung des § 19c BNatSchG. 3. Fassung, Stand Juli 2002.

GASSNER, E., BENDOMIR-KAHLO, G., SCHMIDT-RÄNTSCH, A., SCHMIDT-RÄNTSCH, J. (2003): Bundesnaturschutzgesetz. Kommentar. 2. Aufl., C. H. Beck: München. 1300 S.

GÜNNEWIG, D. (1999): UVP – FFH-Verträglichkeitsprüfung – Eingriffsregelung: Vergleich hinsichtlich der verfahrensmäßigen und rechtlichen Anforderungen. Skript der Redebeiträge für die Tagung „Neue Anforderungen an die UVP" am 18./19. Mai 1999 in Eching bei München, ANL, Laufen/Salzach, 31–39.

2　介入規則－開発による自然破壊に対する回避・代償規則

　介入規則は，自然・自然地への介入がある場合，その予防の戦略と結果克服を統一しようとするものである．その歴史は1976年の連邦自然保護法に設けられるより遙か前に始まっている（DEIWICK 2002）．すでにエルンスト・ルドルフ [Ernst Rudolf] は19世紀末に自然・自然地に横断的にまたがる保護を追求し，介入から自然・自然地を護ろうとした（GASSNER 1995）．回避思想は比較的に古く，1902年のプロイセン醜悪化法によって，自然地景観が市街地と集落の外部の広告看板による景観悪化から護られるべきとなっていた．

　帝国自然保護法（1935年）によって，少なくとも部分的には優先的に美的方向づけが行われたが，介入には，広がりのある自然地 [freie Landschaft] の改変が該当した．改変は自然地景観のみに関わるのではなく，動植物共同体の改変にも関連づけられた．しかしながら，自然収支はまだその全体において検討されてはいなかった．広がった自然地の大きな改変につながる可能性のあるすべての工事や計画に際しては，自然保護官庁は適時に参加する必要があった．非常に強く自然地景観に焦点を合わせていたのは，アウトバーンに審美的視点を結付けるために参加した自然地顧問 [Landschaftsanwälte] の作業が示している．基本思想は，"自然に近い状態は……，どの場合でも，技術的により完全で，長期にわたって唯一経済的なものである"ということであった（SEIFERT 1937, RUNGE 1998 より引用）．

　再生整備 [Wiedergutmachung] の起源は [褐炭露天掘りなどの] 採掘地域の再生開発 [Rekultivierung] と関わっている．プロイセン湿原法（Das Preußische Moorgesetz；1923年）およびノルトライン・ヴェストファーレン州の鉱業法（Bergrecht）(1950) では，[褐炭の露天掘りの際の] 自然地での損傷を可能な限り回避し，発生した損傷を回復させようとする最初の試みが行われている．耕地整理法は1953年に発効となったが，これによって土地形状および自然保護，自然地維持の要求を考慮すべきこととされた．耕地整理に対して最初の自然地維持的随伴計画が作成された（RUNGE

1998).今日の形での介入規則に道を示したものは,1966年のラインラント・ファルツ州の州計画法だったと見ることができる.この法律は,自然収支あるいは自然地形状の重大な改変に結びつく介入定義を行っている.すべての公的な団体および施設,財団は,自然収支および自然地の重大な侵害を相殺する義務を持たせられた.

連邦段階では,ドイツ土地保全審議会 [Deutscher Rat für Landespflege] が 1967 年に"土地保全の分野での法的対策のための指針"を出版した."ドイツ自然保護の輪"[Deutscher Naturschutzring] も 1970 年に"自然保護と自然地維持のための連邦法"の法案を公表した.侵害の回避と相殺も目標として法文化されていた."自然保護の輪"の法案の規則は,後の 1976 年の連邦自然保護法のように,非市街化地域も既成市街地も対象とするものであった.1971 年の自然地維持と自然保護のための連邦法のシュタイン法案は最終的に介入規則に道を設ける準備をした(連邦憲法裁判所判事のシュタインを長とした作業グループによって作成された):"もし,土地所有者あるいは利用権者が,利用の仕方によって自然収支の機能能力に影響を与える,あるいは自然地景観を後遺的に改変するのであれば,その結果の相殺または除去について-それに必要な出費が介入と一般利益の甚大性を考慮した上で妥当である場合-,その者が,それを行うこととする(第6条)".

帝国自然保護法は,1958 年の連邦憲法裁判所の決定以降,州法規として継続していった.独自の州自然保護法が制定できるという権限の行使について,州はなかなか足を踏み出そうとはしなかった.1970 年,当時の連邦のめざましい法制定の努力のもとで,状況は一変した.この中で設けられた州の自然保護法は,基準として,シュタイン法案とラインラント・ファルツ州の州計画法を基礎に置いたものであった.それらすべてで,自然収支総体および自然地景観との関連づけがされていた.1975 年に制定されたバーデン・ウュルテンベルク州自然保護法は,検査・運営の指針となる**段階的決定進行**[Entscheidungskaskade] を導入した.つまり,連邦での統一規則の制定に関して審議された時,介入規則の基本要素は,すでに諸州の州自然保護法において,そして帝国自然保護法によって成文化されていた.しかしなお,介入規則は自然保護法規における最も重要な革新と見なされた(BURMEISTER 1988).

2.1 部門別計画における介入規則(連邦自然保護法による)

最終的に,1976 年の連邦自然保護法 (Bundesnaturschutzgesetz:BNatSchG) に介入規則が導入されたことによって,保護地域の外部でも適用されるという,自然・自然地保護に向けての広範な手法が実現された(同法第8条「自然と自然地への介入」).大面積の自然地計画とは反対に,この手法は介入結果の回避と代償を,自然保護と自然地保全に対する原因者の義務的な寄与として扱っている.この寄与は,当

該の許可手続の枠内では，自然地維持的随伴計画図として，もしくは建設誘導計画における地区詳細計画図，そして場合によっては緑地整備計画図の形で頻繁に行われる．最近では，地域的あるいは広域的な自然地計画図，ならびに非公式の計画手法も，そして中でも，介入規則のために明確な構想に基づいてつくり上げた，いわゆる土地プールやエコ口座が重要となっている（2.2.3項を比較）．**2002年の連邦自然保護法の改定**によって，介入規則の法的基礎は継続している．

介入規則によって，特別保護地域以外での，自然収支の実行・機能能力について自然地が持つ役割が評価される．どのような意味がこの規則に持たせられているかは，例えば道路建設あるいは建築地の開発による土地消費の多くが，大きく広がり，自然度あるいは美しさに比較的に劣る地域で行われていることを考えれば，明確である．保護地域では，通例，強い要求が適用される；例えば，自然保護地域での介入規則の場合には，まず，保護地域令が介入規則に関する決定の基準となる．

2.1.1 自然・自然地への介入

連邦自然保護法第18条「自然と自然地への介入」1項にそって，自然収支の実行・機能能力を，あるいは自然景観をかなり侵害する可能性のある自然・自然地のすべての侵害は，自然・自然地における介入に該当する．ある事業の実施者にとって，自然・自然地の**現在の状態**を保全するために，回避可能な侵害は停止し，そして，回避不可能な侵害は，優先的に相殺するか代償する義務がある（第19条「原因者義務，介入の不認可」）．その場合の侵害からの予防を，自然保護と自然地保全の対策の形で，事後の再生よりも優先しているのは，第19条1項の**回避命令**から結果することである．事業実施者に対して，まず，自然・自然地の甚大な侵害は可能な限り少なく保つという義務がある；事後での修正は，それが自然的に相殺・代償対策の形（第19条2項）であっても，あるいは州法規的に規則づけられる代替支払（第19条4項）であっても，もし前もって回避のすべての可能性が使い尽くされていなかったというのであれば，介入規則の基本原理に違反している．

介入の**原因者**，つまり事業実施者は，その結果の費用も負担する必要がある．つまり，必要とされる回避・相殺・代替対策の計画と実行，資金を保障しなければならない当事者なのである；事業実施者には，自然地維持的随伴計画図のような，必要資料を用意する義務がある．連邦行政裁判所の判例によれば，原因者の回避義務のみならず，相殺義務も強制的規則なのである．別の言い方をすれば，原因者は，自分に帰する結果についてだけ責任をとればよい；自然・自然地の状態の全般的な改善は原因者に求めることはできない．

介入規則の手法が適用されるにはどのような条件がなければならないのか？この

問題の解明は**介入決定**と言われており，これによって初めて連邦自然保護法第19条に沿う段階的決定［Entscheidungskaskade］が開始される．同法第18条1項によれば，これについて，2つの視点が**同時に**満たされなければならない．つまり：

- 事業が，地表面の形状または利用の変更，あるいは活性土壌層と結びついている地下水面の改変が結びついていなければならず，そして，
- この改変が自然収支の実行・機能能力あるいは自然地景観に甚大な侵害となる可能性がなければならない，

ということである．

　更に，介入規則の法的効果について，つまり侵害の回避および相殺に向けての義務は，他の条件と結びつけられている（第20条「手続」）：法的効果は，他の規則で官庁による承認，または許可，計画確定，あるいは少なくとも官庁への届出 [Anzeige] が定められているか，もしくは官庁が自ら介入を行う場合にのみ生まれてくる（第20条1項）．つまり，介入規則は独自の行政的手続ではなく，"**背負いシステム**"（GASSNER 1995）の形で実施される．例えば，鉄道敷きの新設あるいは拡幅に対して，対応する部門別法規，つまりこの場合には一般鉄道法 [Allgemeine Eisenbahngesetz]（AEG）が該当する．そこでは鉄道の建設と運営に対して，他の法規が関わらない限りで，計画確定が求められている；詳細な点は独自の計画確定要綱に更に定められている．この事業によって連邦自然保護法第19条の意味での介入が起こるのであれば，自然地維持的随伴計画を作成する必要があり，そうなると，これは－技術的計画と合わせて－鉄道のための部門別計画全体あるいは許可計画全体の中の構成要素となる．

　掘割の掘削，あるいは生垣やまだ森になっていない小さな林の除去，緑地の改変のような，甚大性が少ない介入も考慮できるようにするために，多くの州法規が，連邦法規のこれに対応する州規則を制定している（GASSNER 1995；相補的な許可義務あるいは届出義務；GASSNER et al. 2003）．ブランデンブルク州自然保護法は自然・自然地の甚大な侵害を有す介入で，認可あるいは届出の必要のないものに対して，下位の自然保護官庁による許可義務を定めている（BbgNatSchG 第17条3項）．このことは，例えば，自転車道の計画に際して調べる必要があり得るということを意味する（MSWV 2000）．そこで，場合によれば自然保護官庁は，回避と相殺に向けて必要とされる対策に関しても決定する．

　介入規則適用の一般的な場合は，上記の介入定義とともに始まる．もっともこの定義は，具体的個別事例の判定に必要となる柔軟性を守るために**未確定の法概念**としてしか述べられていない．形状，あるいは用途，地表面，自然収支の実行・機能能力，あるいは甚大性のような概念は，解釈の余地を残している．したがって諸州は，

2.1 部門別計画における介入規則（連邦自然保護法による）

通例は介入に対する前提が該当する場合の実態（第18条4項）をいわゆる**ポジティブリスト**の形で載せている．ポジティブリストは，介入として扱える事例に対する一般的予想を提示している；例えば，ザクセン州のポジティブリストは $5\,000\,m^2$ を超える土地での長期に維持されていた草緑地から農地への利用転換，あるいは湿地の排水につながる工事をそのような事業として述べている．これに対して，ほとんど広がっていない**ネガティブリスト**は，名の示すとおり，そこに挙げられている事業が介入状況に合わせて更に検査されることを通例は要求しない（Lana 1996 を参照）．しかもなお，第18条4項に示されているポジティブリストにない，他のあらゆる事業も，法的な介入定義を満たすだけで，自然・自然地への介入を起こす可能性がある．その場合，個別の事例の慎重な検査が不可欠である．

　地表面の形状の概念は，どのように観察者に視覚的印象として映るかという，自然地の外見的な現れ方と見るべきである．土地形態学的な [geomorphologisch] 予件と並んで，地表面の形状についてこれを特徴づける生育生息形態をもつ更なる自然地構造が含まれる；これには植物全体（森林，典型的な個別樹木，草地）ならびに湖，小川も数えられる．地表面の形状の**改変**のもとでは，事業によって起こり得る，目に見えるあらゆる異質性 [Anderartigkeit]，つまり，例えば小高く盛り上がった地形の除去あるいは平坦地での道路用の土盛り，しかし湿地林 [Bruchwald] の混合林への改変も含まれると理解される；その際には，改変が直接に事業によって起こるのか，あるいは（地下水位の低下による植生変化のような）エコロジー的な影響連鎖によって起こるのかは問題ではない（Lana 1996）．ある土地の当該の形状が自然的な発展（自然林）によって生まれたのか，あるいは人間の関与（粗放的利用の草地）によってなのかは問題とならない．

　地表面の利用の概念では，まず第一に，ある目的を狙った利用と理解する必要があるが，その際には，利用によって経済的な利益を目指しているのかどうかは重要でない．したがって，経営されている土地と並んで，長期の非利用地および乾性芝地，岸辺，湿地，水面のような，そのままに放置された地表面も利用と理解する必要がある（同上）．このことから，これまでの特徴を与えていた利用が他のもので置き換えられる場合でも，利用変更があることになる（Gassner 1995）．決定的なのは，利用が，甚大な侵害が起こり得るように変更されるかどうかである（Gassner et al. 2003）．2002年の法改正によって，連邦自然保護法に"活性土壌層と結びついている**地下水面**の改変"という介入状況が取込まれたことで，明確性が与えられ，拡大された [同法第18条1項；前頁参照]（Breuer 2002, Louis 2002, Gassner et al. 2003）．

　事業と結びついた侵害の評価を可能とするために，自然収支の実行・機能能力が

記述される必要がある．この場合，**自然収支**は，すべての自然的要素，つまり，土地・土壌および水，大気，気候，動植物のような，無生物的および生物的な要素の複合的作用構造 [Wirkungsgefüge] と見なされる．LESER & KLINK（1988）は自然収支の実行能力を，空間的-物的構造と機能，動態から，そして物質とエネルギー，自然地的エコシステムのプロセスから定義している．PLACHTER（1990）は，**自然収支の機能能力**の概念をエコシステムあるいは自然地での自己制御メカニズムに対する尺度と見なしている．この解釈は，すでに機能能力の大方の理解に非常に近い．

しかしそれでも，介入規則における抽象的な実行・機能能力の概念は操作性に劣るので（ARGE Eingriffsregelung 1988），検討には自然収支の適切な部分要素が必要とされる．ここでは，まず第一に，特に環境親和性検査の導入以降，いくつかの保護財と称されるものが用いられている．動植物および土地/土壌，水，気候/大気，自然地景観という保護財のその都度の現況特徴あるいは予測的特徴を用いることで，自然収支の実行・機能能力を操作可能にするよう試みられている．

それとともに，介入規則を充分に実行するためにも，作業をすべての自然的保護財と自然地景観に拡大する必然性が生まれてくる；長い間，介入規則の場合には動植物あるいはビオトープのみが問題となるのでは全くないというコンセンサスが広がっている．しかし，介入の度合いが少ない場合には，いわゆる**類型レベル**[Typsebene]（つまり特にビオトープ類型あるいはエコシステム類型）に基づいて作業することで充分である（KIEMSTEDT et al. 1996）．

もちろん個々の保護財の判定は一括しては行えない；その代わりにそれを更に適切な**機能**（例えば特定の動物グループのためのハビタットの生育生息空間機能，ARGE Eingriffsregelung 1995 参照）の形で，あるいは更に捕捉パラメーター [Erfassungsparameter] の形で細分構成をする必要がある．そこで例えば，機能概念は，2002年の連邦自然保護法へのその組み込みの前に，すでに個々の州法ならびに法律の下位にある規則の中で扱われている．機能としては，実態レベルにおける特定状態の保全あるいは発展の視点での，自然・自然地の個々の部分の課題または役割と理解される（RASSMUS et al. 2003 による）．最後に（自然収支，自然地景観の）**機能と価値**という対概念に触れるなら，加えて，保護財あるいはその個々の特徴の**自然保護の専門的意味**が強調される．価値は，社会的に定義された尺度に沿った，特に保全価値のある，あるいは保護価値のあるものとしての自然・自然地の構成要素を特徴づける（同上）．例えば，消滅の危機下のオサムシ [Laufkäfer] 種の出現は，そのエコロジー的機能（例えば熱帯的システムにおけるそれ）がむしろ少ないと見られる場合にも，介入規則の形で検討する必要がある．その価値と機能の把握を通してのみ，自然収支と自然地景観が全体としてそしてその影響相互関連の中で認識され，計画的

に活用できるようになる．そのようにして，価値と機能は，連邦自然保護法の意味での自然収支の実行・機能能力を構成する．もっとも，エコシステムの相互作用を操作可能なように計画に移し替えることに対する事例は，介入規則の実務においてもほとんどなく，これまでのところは，せいぜい，重要な，選択された影響連鎖が追求でき，その実行の中に取り込むことができるくらいである（RASSMUS et al. 2003 を参照）．

自然地景観の概念は，感覚的に認知できる自然・自然地の外観と理解できる（LOUIS et al. 2000）．それは，構造的-客観的および美的-主観的要素によって構成される（GASSNER et al. 2003）．自然地景観の侵害については，（大きな範囲での認知の仕方の場合に）形状あるいは利用の変更の見え方が"感受力や判断力が充分にある [aufgeschlossen] 平均的観察者"によって阻害的と受け止められる場合に，それがあるとされる（LOUIS et al. 2000）．しかし自然地景観の概念は，例えば，臭気あるいは騒音もしくは騒音からの解放といった，センサーで認知できるものも含む；自然地のレクリエーション価値も問題となる（GASSNER et al. 2003）．

形状と用途の変更は，介入決定の前提としての事業の**種類**（例えば，堤防建設，土手の盛土）を内容としている．**甚大な**という概念は，侵害の量的，質的な次元を示す．甚大な侵害に対する疑義あるいは侵害の**可能性**しかない場合でも，介入規則は適用する必要がある；このことは，連邦自然保護法の**可能**-規定 [Kann-Formulierung] から起こってくる．甚大性の観点での侵害判定に対しては，正確な尺度は全くない．これによって，この場合，裁量余地も残されている（ARGE Eingriffsregelung 1995）．したがって，概念内容は，甚大の閾値を超えているかどうか，少なくとも個別に決定できるまでに具体化することが大切である．（連邦自然保護法の意味での）秩序にかなった農業的および林業，漁業的な土地利用は，どの場合でも自然・自然地への介入とはならない．これによって，農業，漁業，林業は特別に優遇されている．ドイツの約 3/4 の土地が農業か林業で利用されていることを考えたとき，介入規則がこうむる制約ははっきりしている．もっとも，**農業条項**（第18条2項，3項）が全くないとしたら，ブナ林の伐採も，事後に再植樹される場合ですら，自然・自然地への介入として扱われなければならないことになる；そうであれば，同様に，農業的利用地での殺虫剤あるいは肥料の使用も介入構成要件 [Eingriffstatberstand] の可能性の視点で検査しなければならなくなる．この間に，第18条2項の農業条項は，次のように書き換えられた："農業的，および林業，漁業的土地利用は，その際に，自然保護と自然地維持の目標と原則が考慮されているのであれば，介入と見なすべきでない．第5条4項から6項までの要請および**良好な専門的実践**の基準 [Regel] に（……）適った農業的および林業，漁業的土地利用は，通例，第1文に述べられ

ている原則と矛盾しない".

2.1.1.1 法的な段階的決定進行

介入規則に対しては，連邦自然保護法第 19 条で，決定に至る明確な流れが示されている；それは段階づけされた制御規範 [Regelungskanon] で，介入があるときには，回避（第 1 項）から，相殺・代替対策（第 2 項），比較衡量（第 3 項）を経て，代替支払にまで至る．人はしたがって**段階的決定**[Entscheidungskaskade]（PEITHMANN 1995）とも称しているが，その中では以下に示す歩みで進めていく必要がある（図-2.1）．GASSNER（1995）は，介入規則の法的基礎について詳細な概観を提示したが，LUIS et al. (2000) あるいは GASSNER et al. (2003) のような関係コメンタールも，介入規則の法的に定められている進め方をきめ細かに説明している．

介入事実があると，最初，**回避**について検査される．介入の原因者は，自然・自然地の回避可能な侵害を止める義務を持っている．したがって，介入者には，一方での回避と他方での相殺・代替対策の間で選択できるという可能性もない．回避対策の実行に向けての義務には，プロジェクト実施者に対し，認可あるいは許可手続の中で，適切な条件か付帯義務を課すことができる．回避不可能な侵害は，自然保護と自然地保全の対策によって**優先的に相殺する**（相殺対策），あるいはその他の方法で代償する（代替対策）．相殺対策は，特に，侵害された自然収支と自然地景観の機能と価値と**密接な機能的・時間的な関連性**によって特徴づけられる．侵害が連邦自然保護法の意味で相殺されたというのは，侵害された自然収支機能が再生され，自然地景観が自然地にふさわしく再生されるか新しく形成される場合であり，その時点である．しかしながら，立法家は，相殺ということをもって，自然科学的に介入以前にあったと同じような状態は想定していない；むしろ実際にできること，つまり人間ができる範囲で侵害を再び償うことが大切である．したがって，最終的には近似的な代償しか行えない（GASSNER 1995）．"相殺が介入の場所で行われない場合，より大きな枠組を明確にする必要があるが，それは依然として実態的-機能的な相殺を可能とするものでなければならない"（**空間的関連性**：GASSNER et al. 2003, 352）．

自然収支の侵害された機能が**等価的な**方法で代替されたとき，あるいは自然地景観が自然地にふさわしく新たに形成されたときには，「その他の方法」で侵害が代償されたことになる．これに対応しているのが「優先的な相殺対策」である．**代替対策**は，2002 年の連邦自然保護法の改定法で初めて連邦法的に定義された；この概念のもとで理解すべきものは，それまでは個々の州法の規定のみを根拠としていた（BALLA & HERBERG 2000）．そこで色々な概念定義が使用されていたにもかかわらず，GASSNER（1995）によると，すべての州法は，代替対策が自然・自然地に対する介入結果を等価で代償しなければならないということを前提としていた．しか

2.1 部門別計画における介入規則（連邦自然保護法による）

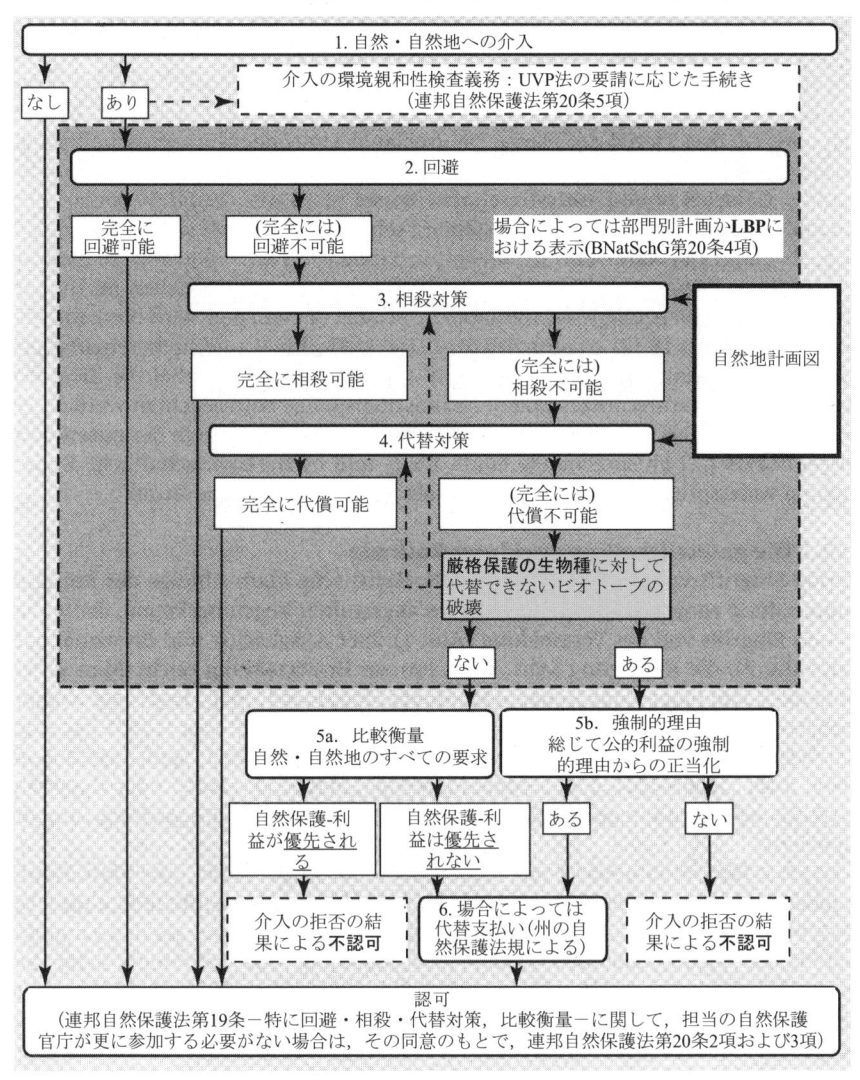

図-2.1 連邦自然保護法第18条以降に基づく介入規則の検査プログラム（段階的決定進行）
※ UVP：環境親和性検査，LBP：自然地維持の随伴計画

し，相殺対策に対して，代替対策は，自然・自然地の侵害された機能と価値についての**機能的関連の緩和**が認められる．代替対策によっては，可能な限り類似した機能と価値しか達成できない（ARG Eingriffsregelung 1995）．

諸州は，連邦自然保護法第18条5項に基づき，対策の実施不足に対して立法的

に対処するため，相殺対策と代替対策の実行を担保する規則を制定する必要がある（BREUER 2002, 2.1.9項）．相殺対策と代替対策の種類と規模の確定に際しては，連邦自然保護法第15条「自然地プログラムと自然地枠組計画図」と16条「自然地計画図」に沿って，広域的および地域的な自然地計画を考慮する必要がある．2002年の改正法で新しく自然保護法に導入された第19条2項の内容 [Passus] によって，面的な自然地計画と介入規則が明確に結合された．

回避不可能な侵害を必要な規模で適切な期間内に相殺する，あるいはその他の方法で代償することができないなら，介入を認定してはならないか，介入をしてはならない－もし，自然保護と自然地保全の利益を**比較衡量**する際に，自然・自然地に対するすべての要請が他の利益より優先されるのであれば（第19条3項）．この場合，認可官庁は示された利益の間で比較衡量する必要がある；これは，公共の福祉 [Allgemeinwohl] にとって，あるいは個人にとっての事業の重要性を自然収支と自然地景観の重要性に対置させるということである（LANA 1996）．連邦自然保護法第21条「建設法規との関係」あるいは建設法典による建設誘導計画における介入規則は例外となっている．そこでは自然保護法規的比較衡量は，建設法典第1条「建設法典の課題と概念，原則」の第6項の建設法規的な比較衡量に吸収されている．

介入規則の段階的決定進行での比較衡量の位置は，2002年に改定された連邦自然保護法によって決定的な革新を見せている．それ以降，比較衡量は，侵害が相殺もできずその他の方法で代償もできないときに，初めて行われる（第19条3項1文）．このことは，立法家によって，特に，次のように理由づけられた；つまり，比較衡量の実施決定の前に，相殺対策と代替対策の代償構成内容の検査をまとめて行うことで，受入れ姿勢が改善され，かなり実施が容易になるからということであった．BREUER（2001a）は，それまで，1976年以来定められていた段階的決定過程と比較して，この変更を批判している．相殺対策と代替対策の優先性は確保されてはいる．しかし，結果として，BREUERは，これからは，むしろ"代償の何かある形"（"自然保護のための何かが，どこかで"）を予期している．介入規則が，介入結果克服に向けての手法としてでなく，単なる資金と土地の調達手法として見られるようになる傾向は，まだ強くなる危険性があるだろう（BREUER 2001a, b）．しかしながら，代替対策もほとんどいつも可能となっており，このようにしていけば，本当の比較衡量はほとんどないのと同様になるとも言われている．

もっとも，介入は，その結果として**厳しく保護された**そこの野生の動植物にとって代替のきかないビオトープが－不可逆的に－破壊される場合には，圧倒的な公的利益によるやむを得ない理由だけでしか正当化されず，認可されない；単なる侵害は，この場合，拒否理由としては充分でない（BREUER 2002）．しかしながら，この

第19条3項の規定は，それぞれの介入に際して，どの程度に特別保護がされた生物種が該当し得るのかという点が解明されなければならないので（2.1.3項を参照)，いくらかの重要性は持っている（ALBIG et al. 2003)．厳しく保護された生物種は：
　　－政令 (EG) Nr.338/97（EG種保護令）の付録A，あるいは，
　　－ FFH 指令 92/43/EWG の付録 IV，
　　－連邦自然保護法第52条「管轄」2項による政令
において挙げられている，特別に保護されたものである．

　しかしながら，厳しく保護された生物種の生育生息空間に限定することは－これらにはすでに以前から，レッドブックによって危機下のあるいは少なくとも高度に危機にあるとされる生物種のすべてが含まれてはいないので－充分ではない (BREUER 2002)．例えば，"コガモ [Krickente] およびマミジロノビタキ [Braunkehlchen]，クロノビタキ [Schwarzkehlchen]，エゾヤマドリ [Haselhuhn] およびクロライチョウ [Birkhuhn] のような非常に希少な鳥類が厳格保護の生物種とはなっていない"．他方で，厳しく保護されている生物種の中に，非常に厳しい認可条件でも（まだ）不適切と思われるようなもの（例えば，チョウゲンボウ [Turmfalke]，ノスリ [Mäusebussard]，モリフクロウ [Waldkauz]）がある（同上，103)．つまり，改定法は，主要には捕獲および売買，飼育に合わせた特別な種保護の規則を介入規則と結びつけているのであり，充分に意味のある結果とはならないかも知れない．

　連邦自然保護法第19条4項は，最終的に州に対し，更なる規則を制定することを可能にしている；特に，州は**代償対策の追加**についての条件を設けて，（認可された介入の場合）相殺不可能な，またはその他の方法で代償できない侵害に対して，金銭の形で代替を行うこと（**代替支払**）を定めることができる．すでに2002年改定法以前にも，いくつかの州では，代償対策がどうしても実施できないと判断された場合に対して，金銭支払の形の相殺支払が定められていた（2.1.8項を参照)．いつそのような場合として考えるかについて，明解で広く認知されているような規則は，実際には欠けている．代替支払は，つまり，元のとおりに生成できない身体の傷害の場合の慰謝料に似て，介入規則の段階的決定進行における最後の可能性（**最後の手段**[ultima ratio]）となる．該当する州法規的規則には，金銭を州に支払うこと，それも，多くは最高の自然保護官庁 [州の官庁] あるいは公法的財団として設けられた自然保護基金に支払うべきこととなっている点で共通している．この支払金は目的と結びついており，多くは空間連結的にも，つまり介入が関係する自然地空間や自然空間において利用することとされている．

　そこで，介入規則に伴って段階的な意思決定が必要となってくる．示された個々の段階（図-2.1）の法的に与えられた順序は守らなければならない．以下で－実際

によく用いられているように－**代償対策**という用語が使用される場合，段階的決定過程の中で相殺対策と代替対策の異なる位置を見誤ることはないようにしながらも，両者の代わりに，それをまとめた概念として用いている．

連邦自然保護法の規則では，介入規則のための枠組しか提示されていない；連邦法規を基に，より詳細に規則を設けているのはそれぞれの**州自然保護法**（http://www.naturschutzrecht.net 参照）あるいは州法規的規則や規定においてである．それぞれの州ではこの規則制定の自由余地の利用度合いが異なるにもかかわらず，介入規則について提示されたいくつかの柱については，どの州でも，与えられた順番で個々のものが盛り込まれている．法律的な前提と並んで，州が回状あるいは政令，要綱を通して公表している**法律の下位の規則**も介入規則の扱いに影響を及ぼしている．その場合の規則の領域は非常に様々で，特定の事業タイプ（道路建設，耕地整理のような）を扱うものがあったり，また，介入規則の個々の要素（例えば代替支払）の実施を定めているものがあったりする．

PETERS et al. (2003) は，ヨーロッパとアメリカでの，介入規則の回避対策および低減，代償による結果克服に向けての基本的考え方を調査した．そのような考え方は，法的には，通例，各国の環境親和性検査についての法律あるいは政令に根ざしてはいる．しかし，これらがどの程度，実践において，ドイツの介入規則の枠組におけるのと同じような，広範な法的効果につながってくるかは不明である．環境親和性検査の中での対応規則が事業最適化を求めている場合は多いが，中でも，厳しい代償対策というものは規則が示しているよりもむしろ例外的である．ヨーロッパではスイス（自然・郷土保護法，FARLÄNDER 1994）およびオーストリアで最も早くから類似の法的構成物［Rechtskonstrukt］が知られており，**オランダ**では特にアウトバーン建設の実践の中で確立された代償対策原理がある（CUPERUS et al. 1999）．スウェーデンではヘルシングボルク[Helsingborg]およびルント[Lund]，マルメ[Malmö]の都市で建設誘導計画において，ドイツを手本にした介入規則のモデル的適用が開始した（BJÖRNSDOTTER et al. 2003）．

アメリカ合州国では，しかしながら，非常に似通った手法が**湿地ミティゲーション**（BEST 2001, BUTZKE et al. 2002, KOPKASH 2003）によって進められている．"正味損失なし [No Net Loss]" という目標設定のもとに，湿地あるいは水圏生育生息空間での介入に際して回避あるいは低減，相殺・代替対策が行われなければならないが「正味損なし政策」，湿性地域での実質的な損失は阻止されなければならない．湿地ミティゲーションでは，ドイツの介入規則のように段階的決定手法が定められており，それはアメリカの介入規則の中核をなしている（BUTZKE et al. 2000）．カナダでも湿地の保護の際には結果克服に向けての方法論をもっている（Canadian Wildlife

Service1996）．

2.1.1.2 介入規則の実施レベル

　連邦自然保護法第 18 条から 21 条までの介入規則の拘束的な実施，特に相殺・代替対策の法的拘束の確定は，例えば計画確定手続の枠内で（あるいは拘束的建設誘導計画の枠内で；2.2 節参照），事業の**許可**または認可のレベルで行われる；つまり，ある事業の計画法規的認可は，その都度の部門別計画法規（例えば，水管理法 WHG）に基づいて取得される [erwirkt]．基本においては，必要な場合，介入規則の実施は**早期の手続**[vorgelagerter Verfahren] の形で準備される（Köppel et al. 1998）．特定のインフラストラクチャー事業についての部門別計画に対しては，いくつかの州ではすでに明確に**国土計画手続**[Raumordnungsverfahren；本書 4.3.4 項参照] において，環境親和性検査の形で早期の考慮が行われることになっている．すでにこの計画段階では，介入規則に重要な事実状態を準備的に扱うことができる．事業の認可の過程でやっと回避・相殺・代替対策の法的拘束力のある決定が行われる（Eisenbahnbundesamt 2002, Hoppenstedt 2002）．

　計画確定手続はしばしば特定の公的計画プロジェクトの実現の前提となっている．ある事業が**計画確定**を必要としているかどうかは，それぞれの**専門的法律**で定められている．その場合，特に交通路の計画も，例えば遠隔道路法（FStrG）あるいは一般鉄道法（AEG）によって，計画確定が関わる事業に数えられる．計画確定の目的はすべての必要な許可あるいは関連する規則や権利（例えば他の専門的法律からの，または他の公益主体の）を考慮し比較衡量することである；このことから計画確定手続の**集中化効果**[konzentrierende Wirkung] とも言われている．計画確定手続の間に**官庁参加**と計画図の縦覧 [Auslegung] が行われる．計画が関わる私人は，その際には，異議を唱えることができる；計画確定決議に対抗して訴訟を起こせる．しかしながら，多くの事業 [Maßnahmen]（例えば，耕地整理法）の場合，計画確定を行う義務はない．計画確定の中で，すべての重要な利益を法的に瑕疵のないように比較衡量するには，介入規則の充分な考慮が重要である．

　計画確定決議に代わって，第三者の権利が全くか大きくは侵害されない場合，あるいは関係者の文書による同意表明が行われており，公的利益が影響を受けないか公益主体の了承が得られている場合には**計画許可**を与えることができる．計画許可の場合にも自然保護法による介入規則の実施に向けての素材的-法的な利益が守られる．

　建設誘導計画において介入規則を実際に適用する場合も，同様に多段階的に進められる（2.2 節参照）．自治体の**自然地計画図**では，準備的建設誘導計画 [つまり，土地利用計画] のレベルでの介入規則の考慮について，可能な代償用地をその発展目標とともに示す必要がある；この表示は自治体の土地利用計画図で行うことができる．

自然保護と自然地保全の地域化された目標（主導像）も，自然地計画図をもって自然収支の実行能力と自然地景観の質の現状を判定できるように，同図に示す必要がある．法的効力は，拘束的建設誘導計画 [つまり，地区詳細計画] のレベルでの確定によって得られる；建設誘導計画実施者が，場合によって，作成する必要のある**緑地整備計画図**[Grünordnungsplan] は，**地区詳細計画図**の「緑の兄弟」となる．もっとも，緑地整備計画図は，自然地維持的随伴計画図の意味での課題に限定されるべきではない (HERBERG 2002)．建設誘導計画の枠内で実行される介入規則は，建設法典の規定のもとで行われる；両者の介入規則の法的基礎の要には，2002 年の連邦自然保護法における（旧連邦自然保護法第 8a 条に該当する）連邦自然保護法第 21 条「建設法規との関係」が位置している．

2.1.1.3 自然地維持的随伴計画

連邦自然保護法（第 20 条 4 項）に，公法的に定められた部門別計画を根拠にして行われる介入の場合の自然地維持的随伴計画が導入された．この介入規則の計画的手法をもって，介入前に存在している自然収支の実行・機能能力の確保や再生，そして当該の自然地景観の保全や再生，[自然地適合的] 新規形成が実現される必要がある．この目的のために，部門別計画あるいは**自然地維持的随伴計画 (LBP)** で，回避あるいは相殺に向けて，あるいは，その他の方法（代替対策）での代償に向けて，必要とされる対策を，文章および図面の形で表示することとされている．

事業・計画実施者は，通例，自然地維持的随伴計画の作成を計画事務所に委託する；結果的に発生する回避および相殺・代替対策の費用は，同様に事業実施者が引き受ける．自然地維持的随伴計画は，例えば連邦遠隔道路法や航空法 [Luftverkehrgesetz]，一般的鉄道法のような**部門別計画の構成部分**である．自然地維持的随伴計画の内容は部門別計画によって**法的拘束力を得て**，訴訟可能にもなる．事業の認可に向けては，当該事業の資料に加えて，法的拘束のある回避および相殺・代替対策と関わる，自然地維持的随伴計画の関連部分の内容がとりまとめられる．その他の記述，例えば現況調査結果や自然保護専門的評価についてのものは，情報として使用されるだけである．

しかし，自然地維持的随伴計画の代わりに連邦自然保護法第 20 条 4 項によって**部門別計画**それ自身を用いることも可能である．多くの連邦州は，計画確定義務のある計画による介入に対し，自然地維持的随伴計画を用意している．連邦自然保護法の意味での公的-法的に定められた部門別計画の概念には，GASSNER et al.（2003）によると：

- VwVfG（行政手続法 [Verwaltungsverfahrensgesetz]）第 74 条による計画確定決議，
- 道路・水面計画（耕地整理法 [Flurbereinigungsgesetz]：FlurbG）第 41 条による

2.1 部門別計画における介入規則（連邦自然保護法による）

自然地維持的随伴計画をもって行われる），
- BBergG（連邦鉱業法）第 55 条 2 項と 2a 項による枠組事業計画図，

が該当する．

もっとも，自然地維持的随伴計画の重要性は，特に規範化された事例に限定されない（同上）．

調査範囲と調査地域に関して，事業実施者および専門的法律による認可官庁，担当自然保護官庁，その他の参加すべき官庁が早期に理解しておくことは強く推薦される．多くの州では，個々の事業タイプに関して，自然地維持的随伴計画あるいは部門別計画の作成に際しての**指針**，例えばバーデン・ビュルテンベルク州でのアウトバーン事業のための指針（MRL & LfU 1998）あるいはブランデンブルク州での道路建設事業に際しての指針（MSWV 2000）を考慮する必要がある．自然地維持的随伴計画のための多種の作業は「建築家および技術者の報酬規則」（Honorarordnung für Architekten und Ingenieure：**HOAI**，2001）の第 49 条「自然地維持的随伴計画の報酬区分」に記述されている．そこでは自然地維持的随伴計画の課題種に介入規則の個々の要素がどのように位置しているかも分かる．

当然ながら，まず，調査空間に対して，計画に重要で利用可能なあらゆる資料を収集する必要がある．既存資料と個別事例からの要請とのすり合わせによって，場合によっては，一般の調査枠組，つまり HOAI の該当作業を超える（植物相深化調査のような）**特別作業**も決定できる．**現況調査**の枠内で，介入前の自然・自然地の状態が記述される．場合によっては，これに加えて，既存の情報を評価することも，独自調査を実施することも必要となる．HOAI に沿って，引き続き行われる専門的**評価**（2.1.3 項）により，自然収支の実行・機能能力および自然地景観の質を判定する必要がある．

そのようにして，事業から発生する影響（2.1.4 項）が，評価された既存状況と重ね合わせられ，それから結果する侵害が，いわゆる**予想侵害分析**の中で予測される．侵害は可能な限り回避しなければならない；予期される侵害を**回避させる**あるいは低減させるための解決策を考え出す必要がある（2.1.5 項）．回避不可能な，残っている介入結果に対しては，それに適した**相殺・代替対策**を考える必要がある [vorsehen]．このことは種類および位置，規模，時間的流れに従って計画し，文章の形で解説し，図面で表示する必要がある．最終的に，比較的な対照のかたちで，自然保護と自然地保全の対策によって，侵害される機能と価値が相殺されるか代替されるという証明をしなければならない（2.1.7 項）．計画された対策に対して，しばしば**費用見積**（2.1.7 項）が作成される．

自然地維持的随伴計画の**報酬算定**に対しては，HOAI 第 6 条「時間報酬」の時間

報酬が推薦される．時間報酬は，作業を行う事務所の時間数を基礎に，通例，必要時間の事前評価によって，固定金額あるいは最高額として計算される．これに対して，第 45b 条「土地利用計画図の縮尺での業務」および第 45a 条「地区詳細計画図の縮尺での業務」による報酬算定の場合には，計画の縮尺と並んで，計画の困難度および調査空間の規模や特徴が決定的な影響要因となっている．

　全貌が分かるように作成された図面表現は，個々の自然地維持的随伴計画の中核であり掲示用図面として使える．図面による視覚情報がいかに重要かは，多くの場合，技術的計画家との調整打合せあるいは公衆との協議の際になってようやく理解される．全貌が見渡せる現況図あるいは予想侵害図［Konfliktplan］は，どんな侵害を考慮に入れ，どの程度まで回避対策が成果を約束するか，あるいは相殺・代替対策が必要となるかを素早く認識させる．自然地維持的随伴計画には少なくとも：
● 現況図，
● 予想侵害図（予期できる侵害の表示），
● 対策全体図（自然地維持的対策の全体概要図），
● 対策図（自然地維持的対策の詳細位置図），
が属するものである（Köppel et al. 1998）.

　これらの図面の内容および表示方法を定めた，標準化規則集は基本的に大きな助けとなる．そのような意味で，道路建設での"自然地維持的随伴計画のための**標準図面**"（BMV 1998）の存在も，当該の作成図面の統一化要請の方向で，一つの前進となっている．**現況・予想侵害図**に対しては，1/5 000 の縮尺が推薦される．適用する縮尺の選定の際には，特に，大空間的な関係－例えば，鳥の渡りの飛行路あるいは哺乳動物の移動経路，または眺望の結びつきの侵害－が表示されるべきなのかどうか，あるいはプロジェクト周辺の現況表示が行われる必要があるかどうかが考慮されなければならない．もっとも，現況調査および評価，予期される侵害の結果を一枚の図に非常に接近させて表示することは，自然保護の専門的視点から一般的にほとんど充分でない．**対策地図**はこれに対していつも大縮尺で表現する必要がある；この場合は大体 1/1 000 の縮尺で作業されている．相殺対策と代替対策の配分を概要で示す対策概観地図はその目的より，より小縮尺を使用することができる；標準地図では 1/5 000 が推薦されている．

　位置判断や詳細な場所決定には図面内に地形的**基礎情報**が含まれていることが不可欠である．相殺対策と代替対策の表示に際しては，自然地維持的対策に必要とされる土地が一義的に見いだせる土地台帳情報も必要である．測量からのデジタルのデータ基礎および航空写真評価も，事業実施者によって地形的基礎資料としてよく利用される．事業の技術的計画も今日ではかなり**電子情報処理支援**で行われているの

2.1 部門別計画における介入規則（連邦自然保護法による）

で，自然地維持的随伴計画の図面をデジタルで－しばしば，**地理情報システム**（GIS）の活用によって－作成することがますます一般的となっている．

現況図では，すべての自然収支の重要な価値・機能要素，ならびに土地の用途，既存負荷を整理しておく必要がある．その場合，ビオトープ地図は基本的な位置を占める．しかし動物相情報も，地図で表現する必要がある．この場合にはまとめて表示することが適切である：色別指定およびコード番号を用いて明確にされたビオトープ類型の上に，線・矢印記号を用いて，動物相的機能空間や移動経路などが表示できる．ビオトープ類型-動物相を一緒に示すことで，空間において個々のビオトープが動物相，およびその機能関係に対してどのような役割を果たしているがすぐに分かる．部分的には，現況図の中で生物種リストを記載することもできる；そうすれば，そこで，特に**重要な生物種**のために特別に指示をすることができる．

非常に異なるのは，**無生物的保護財**についての情報の表示の扱いである．独自の地図化なしに－まだ通例として行われている場合が多い－土地・土壌，水，気候／大気についての情報が，多くの場合，中間的な縮尺のデータ地図から引き出されている．**自然地景観**[Landschaftbild]についての現況表示は，自然地景観に特徴を与える構造を示し，それに応じて並木道・生垣・樹木のような要素を含むが，ここでは植栽構造が他の視点で検討され，眺望関係のような基準が重要となるので，同様に，ビオトープ類型地図と同一のものとはならない．しばしば，現況表示に，**自然保護専門的な評価**も組み合わされ，特に，順序的な価値段階が，例えば，ビオトープ類型あるいは土地／土壌類型に対応させられる．しかしながら，このことが図面の過剰記載につながるのであれば，独自の**評価図面**が作成されるべきである．同様のことは，法的に確定された保護地域の（自然保護地域，水保護地域など）表示に対して該当する．

予想侵害図は自然収支と自然地景観の機能・価値要素の甚大な侵害を示すものである．これについては現況に**技術計画図**を重ね合わせ，介入結果が分かるようにすることが必要である．ここではもっぱら表示された予想侵害のための解説的機能を持つ現況図は，図面の形で，背景情報として認識しやすくでき，そうすることで侵害を浮かび上がらせる，あるいは彩色を施し明瞭にすることができる．残念ながら，そのような情報の過剰で図面の読みやすさが損なわれることがまれではない．その場合には，人は侵害予想図で部分情報の記載に留めるが，むしろ凡例で詳細に説明できる略語かシンボルを使用すべきであろう（BMV 1998）．広範な予想侵害の記述は自然地維持的随伴計画の文章部分で行われ，その際には，更に特徴づけを記述し，図面や文章の中で関連づけが行われなければならない．最終的に，自然地維持的随伴計画によって，**比較衡量に重要な情報**が示される必要がある（2.1.1.1 項を参照）．

基礎情報として，**対策地図**には，最低，対策地の地形と出発点状況がビオトープ地図作成に対応する形で取り込まれなければならない．加えて周辺地域の状況が表示されるのであれば，対策コンセプトをもって追求される空間的関連も検討する者にとって明確なものとなる．その場合，相殺・代替対策は**計画確定資料の構成部分**であるので，計画は更に耕地区画番号のある耕地登記図も含む必要があるであろう．個々の相殺・代替対策についての内容的な表示は，しばしば，対策用地の**文章枠**として表記され，通例は：

- 対策の種類（例えば，1.5 ha の土地での粗放的利用方法の発展），
- 相殺・代替対策が行われる予想侵害の表示（予想侵害番号），
- 対策の簡単な記述（例えば，肥料と殺虫剤の投入の停止による利用の粗放化，晩夏の一度の草刈り），

が盛り込まれる．

同様に対策目録に取り込まれるのは，特に道路建設における，建造物自体の緑化対策である．そのようないわゆる**形成対策**[Gestaltungsmaßnahmen] は，特に道路建設物による視覚的侵害の緩和に役立つ（BMV 1998, MSWV 2000）．侵害と同様に，個々の対策にも通し番号をつける必要がある．自然地維持的随伴計画図の文章部では，そうすることで，特に，いわゆる対策シートの形で，更に指示が行われる（2.1.6項）．例えば，道路での両生類用通路のような，プロジェクトの建築的変更を伴う**回避・低減対策**は，建設物の**技術的設計**に組み込み，その中で連邦自然保護法第 19 条による対策として指定する必要がある；しかしながら，この対策は，自然地維持的随伴計画の中で表示されることもよくある．

理解確認問題
- どのようなルーツ [Wurzel] と理念 [Leitbilder] によって 1976 年連邦自然保護法での介入規則が設けられたのか？
- どのような段階的決定過程が連邦自然保護法による介入規則の流れを特徴づけているか？
- どのような計画レベルと計画手法が自然保護法規の介入規則によって影響を受けるか？
- どのような図面表示から自然地維持的随伴計画は構成されているか？

2.1.2 事業記述と影響要素

技術的計画あるいは**事業記述**は，自然地維持的随伴計画の，以降に続く段階の基礎となる．道路建設事業の場合，例えば，認可資料または計画確定資料に，通例：
- 事業を個々の要素について広範に記述する**解説報告書**，
- 経路 [Streckenführung] を概要的に示す**全体図**，
- すべての建設的対策のリストを含む**建設工事一覧表**，

2.1 部門別計画における介入規則（連邦自然保護法による）

- **工事部分断面**[Ausbauquerschnitt]（場合によっては特別の断面を用いる），
- **配置図**（道路位置を詳細に示すもの），
- **高低図**（道路の高さを示すもの），
- **配管図**，
- **土地取得図**（一時的に必要とされる土地（例えば工事用道路および工事用広場），および買収する土地を個別土地が分かる精度で示すもの），
- **水法規的**および**騒音技術的にみた実態**の規制に関する資料，

が含まれる．

　事業記述においては，考えられる（建設）**変種案**もすでに扱われるべきである．個々の土木建設物（例えば橋梁）の空間的工事範囲あるいは**小空間的な**位置変更と並んで，そこでは，ピロティ柱脚[Aufständerung]のような，土手建設やトンネル手法に代わる更なる（工事）変種案が選択的に示される必要がある（Oberste Naturschutzbehörden Neue Bundesländer und Bayern & BfN 1993 参照）．**大空間的な**変種案の検査は多くは早期の手続の中ですでに行われる；例えば，自然地維持的随伴計画は，通例，選択された変種案に対してだけ作成される．理想タイプとしての計画過程は，技術的計画および環境親和性検査資料，自然地維持的随伴計画，そして場合によればFFH親和性検査も加えた，双方向的に，最適化を進めていく協働作用を意図するものである（Eisenbahnbundesamt 2002）．技術的プロジェクト記述を評価するに当たっては，最初，活用できるか，請求すべき**プロジェクト情報**（表-2.1）から介入決定にとって重要なデータを引出し，更には調査地区の範囲設定，自然・自然地の予期される侵害の予測，可能な回避対策の早期の導入に対して重要なデータを抽出することを目指す必要がある．例えば，［風力発電用の］風の公園によって起こり得る自然地景観の侵害の判定を可能とするために，それが審美的影響を及ぼす特徴において知っておく必要がある；これには，例えば，支柱高さや，支柱の構造と色彩，風車の直径，風の公園の規模，風の公園での施設数，取付け道路が挙げられる（同上）．

　プロジェクト情報を得ることで，例えば，地面遮蔽のような事業に起因する影響要素を挙げることができる．いくつかの**影響要素**によって，最終的に，自然収支と自然地景観の侵害を条件づける事業が有す影響規模が示される；これらは一方での事業の，他方での自然収支と自然地景観に対する計画手法的な接点を形づくるものである．つまり，影響要素は，自然・自然地において，個々のあるいは共動的な改変や影響を引き起こす事業の特徴である（Rassmus et al. 2003）．これについては，実務において，非常に多様な表現が用いられているが，当該の原因-影響-鎖の形で個々の視点を概念的に明確にするように努めることは意義あることである．

　影響要素およびそれによって起こる介入結果は，実務ではしばしば，建設工事的

表-2.1 道路，鉄道，水路の事業タイプに対する重要なプロジェクト情報（Oberste Naturschutzbehörden Neue Bundesländer und Bayern, BfN 1993）

道路	鉄道	水路
交通予測（乗用車/貨物車割合，余暇交通，レクリエーション交通）	交通予測（運行数，人員/貨物交通）	詳細で根拠をもった複数位の交通予測，船舶等級（例えば内陸水運組船 [Schubverbände]）
網，路線開発機能，負荷軽減機能の形での交通変換 [Verlagerung]		
標準横断面，設計速度，路線設計，設計詳細部分要素の関係づけ [Trassierungelementefolge]	運営プログラム，輸送能力，設計速度	位置と高さによる路線表示，縦断面と横断面；港湾，閘門，閘門港
位置と高さによる路線表示，断面		建設位置に条件付けられた堀込み，土手，交差・橋梁工作物
路線長，結節点の位置と施工内容		護岸固定，護岸壁，航行誘導設備 [Leitwerke]，堤防，土手など
建設位置に条件付けられた堀込み，ならびに土手，交差・橋梁工作物，自由通行路，トンネル		建設現場施設，物置場，建設工程（場合によれば工事変種案），工事現場交通，建材，自然物を利用した自然的護岸 [Lebendverbau]，土手と類似施設の基礎
建設工事の期間と時点		建設工事の期間と時点
排水施設，雨水遊水池		水の流入・流出，埋設管化
保全業務の形での資材の投入		搬出物と掘削物の置き場：洗い場，置き場，搬出場

に，そして施設的，運営的に条件づけられる形で分類される（図-2.2）：

- **建設工事によって引き起こされる影響要素**は，建設の局面で，多くの場合，一時的にだけ現れる影響要素である．建設条件的影響要素の典型的な例として，工事用設営施設および工事用道路，ならびに一時的な地下水位低下や，例えば工事現場の交通による騒音や汚染物質の被害がある．
- **施設によって引き起こされる影響要素**は，施設それ自身によって（そして建設工事と運営によらない）特定的に条件づけられる，事業から発生するすべての効果である．この場合，通例，長期に現れる影響要素が問題となる．典型的な例として，非透水の地面遮蔽および土地分断，土砂除去，流水の埋設管化が挙げられる．
- **運営によって引き起こされる影響要素**とは，施設の（長期）運営に関する原因で発生する影響要素である．運営で条件づけられた典型的な影響要素は，有害物質・騒音被害，交通手段との動物の衝突危険性，送電線位置，風力発電施設である．影響要素（例えば非透水地面遮蔽化）の**質**の他に，**空間的広がり**（m または ha）と**強度**（dB(A)）を区別する必要があり，可能な限り個別事例的に表す必要がある．枠-2.1 では道路と鉄道，高圧送電架線，船舶航行水路の事業類型に対する，施設と運営

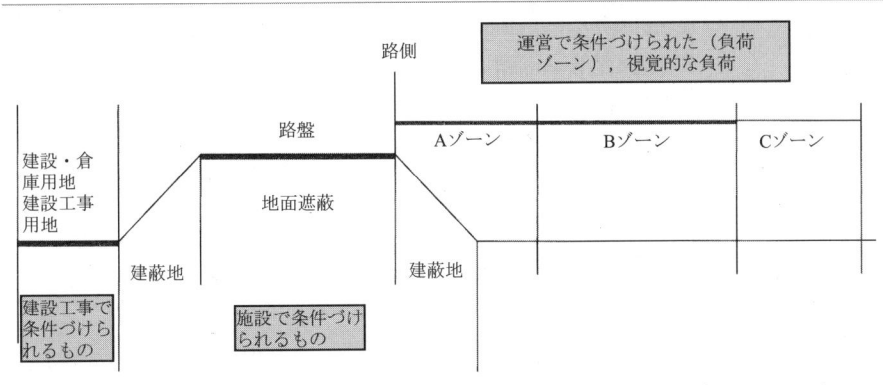

2.1 部門別計画における介入規則（連邦自然保護法による）

図-2.2 建設工事・施設・運営によって引き起こされる影響要素の到達範囲（MCWV 2000）

枠-2.1 道路、鉄道、送電線、水路の事業タイプに対する重要な影響要素（Oberste Naturschutzbehörden Neue Bundesländer und Bayern、BfN 1993）

- 地面遮蔽，土地転換，植栽の除去
- 土壌の搬出と堆積，土壌の踏固め，土壌の水収支の改変
- 掘り下げ，盛土，残土集積 [Deponie]
- 分断化（分離効果，生育生息空間の孤島化）
- 地下水位の低下，流水方向と新規生成率の減少，地下水滞留
- 水面拡大，水面移設，水面の横断，流水の地下埋設管化
- 排水路建設；震動，負荷消失
- 環境侵害（物質的汚染，震動，騒音，光，電磁場），苛立ち
- 動物の自動車衝突，列車，長区間送電線（特に，鳥の衝突，感電死）
- 土地改変による中域・局地気候の改変，冷気流の遮断
- 騒音侵害（建築工事・運営の段階で），動物に対する追放効果
- 自然地景観の阻害

で条件づけられる影響要素をまとめている．影響要素の記述は，自然・自然地に引き起こされる侵害をきめ細かく把握するために，それぞれの**実態次元**[Sachdimension]で可能な限り詳細に示す必要がある．したがって，基本尺度による段階づけの記述を順序尺度の記述に優先させ，そして，これをまた名義尺度の記述に優先させることになる（3.4.3.2項参照）．つまり，可能な場合には，影響規模を可能な限り高度の**尺度水準**で記述する必要があるだろう．

調査空間は，自然収支と自然地景観の実行・機能能力に対する甚大な侵害のすべてが，そこに含まれているように範囲設定をする必要がある（ARGE介入規則1995）．これによって，まず，**事業現場**，つまり，直接に事業によって用いられた用地が，調査空間に含まれる．しかし，侵害，それも特に建設工事と運営によって条件づけられた侵害は，通例は直接的な，つまり，施設に条件づけられた利用地を超える．したがって，侵害が甚大な**介入空間**も調査空間の一部となる．人は前もって，どこで事

表-2.2 様々な尺度水準の形での影響要素の強度表示の事例

影響要素	基本的 [kardinal]	順序的 [ordinal]	名義的 [nominal]
騒音公害	90 dB(A) 80 dB(A) 50 dB(A) 30 dB(A) 0 dB(A)	高位 中位 低位 なし	ある ない
地下水位低下	70 cm 10 cm	強い わずか	ある
分断	計測不可能	強い 弱い 全くない	ある ない

業影響が甚大性の閾値を超えるか知らないので，プロジェクトから発生する影響要素が及ぶ領域内にあるすべての土地を取り込む必要がある（**影響空間**[Wirkraum］）．現況調査のための調査空間では，予期される侵害を相殺か代替できると考えられる空間（**代償空間**[Kompensationsraum]）も取り込まれているべきだろう．

実現したプロジェクトの数が多いために充分な経験がある事業タイプ（道路については例えば MBWN 2000 参照）の場合には，調査空間の暫定的な範囲設定のためのヒントや事例が存在する．ある事業の**最小判定空間**に対する協定提案 [Konventionsvorschläge] は，いわゆる LANA-鑑定書の執筆者によって示されている（LANA 1996）；これは例えば：

- 事業によって改変された地表面（土壌あるいは植生の改変などを伴う非透水遮蔽），
- 運営で条件づけられた（そして甚大となることが予想される）汚染で潜在的に負荷が掛かっている土地（例えば新規建設の場合の連邦道の両側約 250 m；もっと小さな道路や道路拡幅では更に少なくなる），
- わずかであっても，影響を受けている可能性のある動物種のビオトープあるいはハビタット（例えば，分断・断片化効果，送電線による危険性，抱卵地の考慮，動物の行動半径），
- 介入物の高さに関連した美的影響空間（少なくとも対象物の高さの 30 倍の半径の内部），

である．

事業または影響の特性に関わる視点と並んで**保護財関連**の視点を調査空間の範囲設定に際して考慮する必要がある；例えば，**動物相**と**自然地景観**の甚大な侵害は，事業の場所から何 km も離れたところで発生する可能性がある．これについては両生類の陸上および水中生活域の間の移動も関わっている．起こり得る分断化効果の調

査に向けて，例えば，ヨーロッパヒキガエル [Erdkröte] およびナタージャックヒキガエル [Kreuzkröte] の発生の場合は約 2 km を選択する必要があるのに対して，ワライガエル [Seefrosch] とトノサマガエル [Teigfrosch] の場合には 250 m までの移動路 [Korridore] で充分とすることができる（FROELICHT & SPORBECK 1996）．特に広範な影響をもつ事業の例は**風力発電施設**と**電波塔**[Sendemasten] である．これらの施設には部分的には，ミッテルゲビルゲ地方の尾根地帯（電波塔）あるいは海岸の砂丘の広々とした空間の沖合（風力発電施設）のような，見晴らしがきわめて重要な，目立つ場所が利用されている．事業実施者に，例えば，数百 km² の範囲で自然地景観をきめ細かく判定させることは，不相応だろう（LANA 1996）．そのような場合には，調査を，自然地景観の重要な，つまり後の決定に際して重要となり得る侵害が起こる空間に限定し効果的にすることが求められる．

理解確認問題
- 例えば交通路について，説明能力のある記述には，最低，どのような要素を含める必要があるか？
- 介入規則の脈略では，影響要素をどのように理解するか？
- どのような基準に従って，自然地維持的随伴計画図における調査空間の範囲設定が行われるか？

2.1.3 自然収支の現況把握と現況評価

予定されている事業の建設工事と施設，運営がどのように影響を及ぼすかは，実態に即した現況調査を助けとしてのみ把握できる．自然・自然地での介入規則の判定に対する基礎は，したがって，当該の自然収支の実行・機能能力および現況の自然地景観の質である．現況把握によって自然保護専門的評価と介入結果の予測あるいは見積のための基礎が設けられる．事実に即した**現況調査**の方法的，内容的深化に対しては，一般的に通用する示唆は行えない．どのような集中度で，何を調査しなければならないかは，個別の事情に応じて決定され，事業実施者および関係の自然保護官庁と調整をとる必要がある．これに対しては，プロジェクト情報と影響要素を有す事業，および特殊な自然空間の装備が，決定されるべき重要対象 [Grössen] になる．例えば，内陸部に風の公園を建設する際には，草地抱卵性鳥類の生息空間喪失の可能性や，鳥の風力エネルギー施設との衝突の危険性，飛行経路，そして自然地景観に特別の注意を払うことになる．そこから，人は，目標を定めた現況調査の，**影響要素に結びつけた展開**［Ableitung：導出］という表現もしている．

連邦自然保護法と州の法律に定められているように，把握されるべき実態に対する前提基準として，**目標と原則**が役立つ．そこでは**自然収支**が―つまり，その実行・

機能能力，および自然財の持続的利用可能性，生育生息空間を含む植物界と動物界がー対象となる．自然収支は，またもや個々の保護財の特徴，およびその相互作用によって決定される．自然収支と並んで**自然地景観**と自然地のレクリエーション価値を扱わねばならない．したがって，現況調査においては**すべての保護財**を考慮する必要がある．ビオトープ類型にだけ狙いを向けた検討方法では足りない．相殺・代替用地についても，その発展可能性を示すため，そして自然保護専門的な出発点の状況を確定するためには，同じように調査する必要がある．同様に，自然・自然地の現況把握には，例えばすでに起こっている地下水位低下のような既存負荷も含めた現況での土地利用を把握することも含められる．

介入規則に伴う作業が進行していく中で求められる実態把握の必要な規模について，すでに裁判所は取り組んでいる（GASSNER et al. 2003）．これに対応する［自然・自然地への介入の判定に必要な全資料の］**提示義務**も，州の自然保護法において具体化されている（同上）．

2.1.3.1　ビオトープ類型地図

ビオトープ類型地図は，いわば後続の保護財関連調査の背骨 [Rückgrat] として，自然収支機能の（簡易化された）記述と分類の中心的基礎にできる．存在するビオトープ（類型）地図の評価と並んで，利用に適した最近の航空写真素材の利用がある．場合によっては，そのために飛行撮影が必要となることもある．**写真評価**，特にカラー-赤外線-[Color-Infrarot-] (CIR-) 航空写真は，ビオトープ・用途類型を比較的に迅速かつ大面積で把握することを可能とする；しかし，例えばブランデンブルク州ビオトープ類型-地図作成手引書（LUNA 1995）やバーデン－ビュルテンブルク州のそれのように（LfU 1995），州ごとに特殊性を持つ**ビオトープ地図作成手法**で多く義務づけているほどには，充分な詳細度が実現できていないことがしばしばある．（概要調査のための）航空写真解法と（詳細調査のための）地図解法 [Kartierschlüssel] の結合は，ここでは，個別事例において助けとなる．WIEGLEB et al. (2002) は，自然地計画のためのビオトープ（類型）地図についての標準化指針を含んでいるが，これは介入規則に対しても参考にできる．

2.1.3.2　保護財関連の把握内容

介入規則に対しても，自然収支の実行・機能能力が保護財のエコシステム的な機能の助けを借りて，計画的に操作できるという，大幅な意見の一致がみられる（ARG Eingriffsregelung 1995, LANA 1996）．これには，例えば自然地部分の生物種・生育生息空間機能（ビオトープ，ハビタット），ならびに土地・土壌の生産・調節・記録機能，溢水調整・地下水新形成機能，ビオ気候的調整機能，体験・レクリエーション機能（GERHARDS 2002）が数えられる．しかし，そのような機能は通例は直接的に写

しとることができないので，土壌種，腐植土内容，土壌深度のような適切な**捕捉パラメーター**（指標）を採用することが必要である．地図やその他の情報源から，あるいは敷地で直接的に収集できるこれらの指標データは現況把握の目標規模を表し，以降に続く評価段階と侵害予測に対する基礎となる（Oberste Naturschutzbehörden Neue Bundesländer und Bayern & BfN 1993, ARG Eingriffsregelung 1995, Köppel et al. 1998）．

生物的自然収支機能に対してザクセン州で自然地維持的随伴計画のために推薦されている調査枠組を表-2.3 に例示している．それは，重要な把握基準と情報基礎，自然保護法的指示を含んでいる．特に指摘したいのは，統一的な業務の内容を明確にし，動植物エコロジー的現況調査のための報酬基礎を設けようとして職業団体が努力

表-2.3a 保護財「生物種とビオトープ」の調査枠組（Brunst et al. 2003）（ザクセン州の介入の評価と対照比較に向けての操作推薦）

生物種とビオトープ
調査需要
● 原則的にビオトープ地図化を行うものとする． ● 既存のデータを基礎にしては現況の充分な記述が不可能である場合，専門鑑定的な現況判定の枠内で，動植物界の定期的な具体的把握が必要となる．このことは，危機下にあり，事業の影響に対して（特別に）敏感な動植物種が検討対象となる場合には，適切と言える．
把握の基準
● ビオトープ類型とビオトープ複合体 ● 厳格に保護された生物種の生育生息場所 ● 植物社会 [Vegetationsgesellschaften] ● 動物相：（標準 [Leit-] あるいは指標）生物種とその生活共同体の（重要な）出現 ● 生物種と生育生息共同体の生育生息空間諸条件 ● 動物相的機能と（相方向）活動空間 ● 実際の利用：利用の種類／利用の強度，手入れ状態 ● 阻害する利用と汚染源 ● 年齢と発展状態；構造特徴
情報基礎
● 地形図（1:10 000）および航空写真（特に CIP-航空写真） ● 州全域のビオトープ類型地図（LfUG 1994） ● 選択的ビオトープ地図（LfUG 2002） ● 営林航空写真地図（1:5 000，営林局） ● 自然保護法規による保護地域の地図（SMLU 2002） ● ザクセン州ビオトープ連結計画の地図（作業担当部所） ● ザクセン州のシダ・種子植物地図（LfUG 2000） ● 活用できるすべての最新のレッド・リスト ● ザクセン州の潜在的自然植生（1:20 万の地図あり）（LfUG 2002） ● ザクセン州歴史的"平板測量図"[1:2 500 の地形図のこと]（州ドレスデン測量局） ● 現況データと自然地計画の目標コンセプト（緑地整備計画図，自然地計画図，存在し適切な場合には地域計画に向けての関連資料） ● 保護地域についての保護設定鑑定書（現況データ，保護価値，発展目標） ● 他の事業での，植生社会学的／花卉植物学的および動物学的な地図化

表-2.3a 保護財「生物種とビオトープ」の調査枠組（Brunst et al. 2003）（ザクセン州の介入の評価と対照比較に向けての扱い推薦）

継承情報
- ザクセン州自然保護法 [SächsNatSchG] 第 16 条による保護指示（既有，計画中），その都度の保護目標と保護対策についての記述も含む（SGK－ザクセン州における保護地域の地図とリスト；自然保護法規に基づく保護地域の地図，SMUL 2002
  - 国立公園（SächsNatSchG 第 17 条）
  - 自然保護地域（SächsNatSchG 第 16 条）
  - 自然地保護地域（SächsNatSchG 第 19 条）
  - 天然記念物（SächsNatSchG 第 21 条）
  - 保護された自然地構成要素（SächsNatSchG 第 22 条）
  - 生物圏保留地（SächsNatSchG 第 18 条）
  - 自然公園（SächsNatSchG 第 20 条）
  - 特定ビオトープの保護（SächsNatSchG 第 26 条）
- EU 認定地域－その都度の保護目標と保護対策，特に FFH 指令の保全目標と連邦自然保護法第 32 条「と 33 条を含む（届出地域の地図；SPA 地域および IBA 地域）
- 州・地域計画の計画カテゴリー，例えば：
  - 自然・自然地の優先地域と留保地域
  - エコロジー的空地連結
  - 森林の優先地域と留保地域
- 保護林（ザクセン州森林法 [SachsWaldG] 第 29 条 3 項 2 番と第 30 条）

している点である．例えば，ドイツ生物学者連盟の自由業的生物学者専門部（VdBiol 1995），ならびにバーデン-ビュルテンベルク自然地生態学者職業連盟（Trautner 1992），ドイツ環境科学職業連盟（VUBD 1999）の作業が挙げられるだろう．

　動物界の現況調査の際には，**生物種**と**生息生育空間**（ハビタット）と並んで，**移動のプロセス**も中心的な位置を占める．四季に合わせて異なった部分生育生息空間を求める生物種にとって，その移動路の分断は，生息生育空間喪失そのものと全く同様に深刻な影響を及ぼす．例えばコウモリでは，多くの種において，営巣地 [Quartierstandorte] と狩猟地域 [Jagtgebiete] は農地生垣や樹木列のような線状の構造に沿って，何 km 以上ものびる可能性がある，特徴的な飛行路によって連結されている．そのような飛行路が分断されると，多くの種の誘導構造 [Leitstruktur] では，20 m でも，これが欠落すればもはや乗り越えることができないので，そのことが狩猟地域の喪失と営巣地の放棄という結果を引き起こす可能性がある（Köppel et al. 1998）．

　相当性命令に応じて，**動植物界**の調査費用は，主に個別事例の問題強度に合わせる必要があるという制約がある．現況把握の前に，地域の精通者や自然保護官庁には，すでに存在するデータ素材と地域的に重要な生物種の出現，あるいは発展ポテンシャルに関して，絶えず問い合わせる必要がある．Kaiser et al. (2002) は，自然保護における植物相的および**植生学的な**－介入規則に際しても利用できうる－データの活用についての概要を提供している．指標的に適切な動物種グループを**生育生息空間**

と事業の特性に応じて選択すること，ならびに状況に合わせた**動物エコロジー的**なデータの活用は，それに関して BERNOTAT et al. (2002) が行った整理作業結果を用いることで可能となるはずである．これらの指摘は，計画に重要な，早期の動物エコロジー的作業と全く同様に，自然地維持的随伴計画に対する動物相調査の構想にも利用できる：FINK et al. (1992), TRAUTNER（1992），RECK（1992），ドイツ鳥類学協会 [Deutsche Ornithologische Gesellschaft]（1995）．ROTT & DEMUTH（1996）は自然地維持的随伴計画に向けての生物学的専門調査報告書の作成作業のために慎重なチェックリストを考案した．更に，計画に重要な動物種グループに関する SCHLUMPRECHT（2002）の概観，ならびに BRINKMANN（1998）は質の高い作業補助となることを強調しておく．

　2002年連邦自然保護法の新規則により，**厳格保護の生物種**が出現する場合に対して，比較衡量のために，介入の認可の特別な前提が定められた（連邦自然保護法第19条3項，2.1.1.1項を参照）．これによって，認可の検査のために，生物種保護に重要な視点の実態に適した表示が求められている；このことはビオトープ地図化を超える把握によってのみ保証される（BRUNS et al. 2003）．厳格保護の生物種が該当する事例では，そのビオトープの代替可能性が検査され，場合によっては，特殊な代替対策が示されなければならない（ALBIG et al. 2003）．問題となる生物種の分布証明の評価に続いて，特に，調査空間におけるこの生物種の生息生育空間と場が検査されなければならない．将来的には，良く扱われる生物種（表-2.3b 参照）には属さない生物グループ [Organismengruppen] からの生物種も重要となる可能性がある（例えばいくつかの蛾類と甲虫類，ならびに蜘蛛類，甲殻類）．

　保護財である動植物に対して，充分だと算定される調査期間として，少なくとも年間の**植物成長期**[Vegetationsperiode] の期間を用いる必要がある（Oberste Naturschutzbehörden Neue Bundesländer und Bayern BfN 1993, ARG Eingriffsregelung 1995）－そして，実務でもそのように行われている．しかしながら，植物成長期は，特に動物相調査に対して，少なくとも大規模の事業の調査期間としては本来的に充分でない．多くの動物種は－特に，無脊椎動物，しかし，両生類や小哺乳動物も－年ごとに個体数の変動を明瞭に示し，一年限りの調査にはいつも高い不確実要素がつきまとっている．生物種グループを設定課題に最適に合わせた**時点**で調査し，調査**期間**を充分に見ておくという要請は，ほぼ当然と思える．FROELICH & SPORBECK（1996; KÖPPEL et al. 参照）は，線的な事業（道路など）から一定の間隔を置いた重要な調査空間に対する指針枠組を重要動物グループに対して考え出した．移動性哺乳動物と渡り鳥のためには，渡りをする渉禽 [Watvögel] やガン，ツルの休息場所に対して，あるいは群れて休息することが知られている水鳥がいる水面のような，特定の土地の網状

2 介入規則

表-2.3b 動物種の調査枠組（標準生物種グループ；Bruns et al. 2003, MSWV 2000, Trautner 1992, VHÖ 1996, VUBD 1999, FGSV 2001）（ザクセン州の介入の評価と対照比較に向けての扱い推薦）

動物種グループ	活動半径（ネットワーク距離）	ビオトープリストによるビオトープグループ										
		01	02	03	04	05	06	07	08	09	10	A	11
両生類	600 m まで，いくつかの生物種では 1000 m（ダルマチアアカガエル，マダラファイアサラマンダー），ヨーロッパヒキガエルは 2200 m まで，ナタージャックヒキガエルは 2000 m まで			※	※	☆		※					
爬虫類	トカゲは 250 m まで，ヨーロッパクサリヘビは 1000 m までヤマカガシは 2000 m まで				※		※	☆	☆	※	※		
鳥類	営巣地を起点とする採餌のための主要活動空間中位値：例えばミソサザイのような小型鳥類／鳴き鳥，スゲヨシキリ，ヨーロッパヨシキリ，ヌマヨシキリ，ノドジロムシクイなどは 150 m，シュバシコウは 5 km まで，ナベコウは 10 km まで，アオサギ，トビは 10 km から；ワシミミズクは 5 km	※	※		※		※	※	※		※		
トンボ	250 m まで			※		※		☆	☆				
バッタ	250 m まで						※	※		※			
チョウ，マダラガ科	1000 m まで，これを超える距離もあり得る（キアゲハ，ヨーロッパタイマイは 1000 m を超える）			※			※	※		☆			

記号	1994 年ビオトープ類型地図による番号
※ 生物種グループとしてうまく適している；通例は指標生物種あるいは危機下の生物種の個体数が多い	01 森林と辺縁部
☆ ビオトープ類型によって良好，条件つきで良好，あるいはあまり良好でない生物種	02 藪，生垣，雑木林
※ 条件つきで適した生物種グループ：通例は，いくつかの指標生物種あるいは危機下の生物種	03 河川
	04 湖沼
	05 湿原，沼地
	06 草緑地
	07 多年生植物地と辺縁部
	08 荒野と貧栄養芝地
	09 岩・岩石・粗土壌 [Rohboden]
	10 造園および特別な経営緑地
	A 耕地
	11 インフラストラクチャー施設および工業施設

化に重要な機能を検査する必要がある．

表-2.4 は，動物種グループごとに，例としてザクセン州の様々なビオトープ類型を結びつけて，例示的に**動物相のための把握指針**を示している．同様に，**土地/土壌**および**地下水**，**表流水**，**気候/大気**の自然収支機能の把握に対して，表-2.5 から表-2.8 で

表-2.4 動物種の調査枠組－把握，標準調査に対する要求（特別調査：Bruns et al. 2003 による）（ザクセン州の介入の評価と対照比較に向けての扱い推薦）

標準調査	
両生類	● 大規模面積の産卵場所地図および産卵池地図 ● これに続くシステム的な産卵場所での調査；湖沼タイプごとに少なくとも 3 回の踏査（早期産卵グループの夜間，後期産卵グループの日中，後期産卵の夜間の調査） ● 産卵場所での聞き取り調査；タモ網での採取（抽出調査）；目による観察 ● 水面タイプごとの特殊化 　a) 静止水面の場合：地域に重要な全個体の場合，3 月から 7 月までの 3 回の現地調査（再生産証明に重点） 　b) 流水水面：3 月から 7 月までの 2 回の調査 　c) 一時的な水面，特に岩壁ビオトープ，石切場と結びついているもの（キバラスズガエル [Gelbbauchunke]，ナタージャックヒキガエル [Kreuzkröte]）：4 月から 7 月の間に 3 回の現地調査
爬虫類	● 朝の時間帯のシステム的，静かに行う調査（暖め場），特に春（3 月から 6 月）には一定の設定調査場所で（選択されたビオトープ類型）；秋：再生産の結果
鳥類	● 夕方の 3, 4 回の現地調査の結果を大面積的に地図化する（線状・点状地図およびラスター地図），休息場所の分析／冬鳥全個体調査
トンボ	● 4 月から 9 月まで，飛行経路観察，水面近辺での網による捕獲，脱皮のぬけ殻 [Imagines]，ヤゴの網による捕獲，抜け殻の収集による証明 　a) 静止水面：4～6 回の現地調査 　b) 流水水面および湿地帯：6～8 回の現地調査
バッタ	● 移動経路観察（網による捕獲，聞き取り調査，[聴音機の] BAT-Detector による野外録音，区画分け手法 [Transektmethode]）および地点観察（叩き傘手法） ● 試行調査地の現地調査：4/5 月から 6 月の期間に 1 回，7 月から 9 月の間に 3 回の現地調査．ヨーロッパクロコオロギ [Feldgrille] あるいは夜間活動種の存在する場合：夜間現地調査を 1 回加える．
チョウ，マダラガ科	● 飛行経路観察，網による捕獲，目による観察，餌による捕獲；試行調査地（約 1 ha）での卵・幼虫探し ● 4 月から 9 月までの最低 5 回の現地調査（産卵場所，幼虫ビオトープ，採餌場所，交尾場所などのような，調査されたビオトープの機能の特別な配慮のもとでの個体生態学的 [autökologisch] な機能） 　a) 貧栄養芝地，乾性芝地，温暖性藪，森林辺縁部，湿地帯，粗放的草地，湿性高多性草本，湿性草地，ヘリ [ザウム] 群落 [Saumgesellschaft]：6 回の現地調査 　b) 中位の立地の草地の場合：4 回現地調査；集約的草地：3 回の現地調査

典型的な調査枠組を再録している（Bruns et al. 2003）．**自然地景観の把握**（表-2.9）に向けては，**自然地美的-空間単位**を設定することが推薦される（Nohl 1998）．この概念のもとでは個々の単一的な表出像を有す体験空間と理解すべきである（美的機能空間）．その空間は実際的な理由から，場合によっては，計画地域で同パターンでの繰返しも可能なように，中位の規模とする必要がある．例として，草地の緩傾斜谷 [Wiesentäler]，散在果樹草地，うねり状耕地 [welliges Ackerland]，山頂林 [bewaldete Kuppe]，水溜まりのある草地，灌木が生育する休閑地などがある．加えて，この規

表-2.5 保護財：土地/土壌の調査枠組（Bruns et al. 2003）（ザクセン州の介入の評価と対照比較に向けての扱い推薦）

土壌
調査需要
● 情報取得は，通例，既存の専門的情報あるいは図面の評価によって行われる
● 特殊な専門的鑑定は，充分な根拠がある場合（例えば，データ基礎が不充分な場合，特に保護価値のある土壌機能についての指示がある場合）には必要である
把握基準
● 土壌形態（土壌タイプ，心土）；腐葉土形態，湿潤度，
● 層準状態 [Horizontfolge] と層構成 [Schichtung]
● 断面厚 [Profilmächtigkeit]
● 土壌反応と吸水能力
● 地下水依存（GW-地下水層間隔，表-2.6 参照）
● 浸食危険性（水，風）
● これ以外の土壌パラメーター
● 地質学的状況 [Geologie] と基盤岩石 [Ausgangsgestein]
● 地形学的，発生学的に重要な形態（ジオトープ [Geotop]），例えば，段階地形，谷，その他の典型的な地形形成の形でのくぼみ形態，地質学的な露出状態，岩壁形成，砂丘原や終堆石のような氷河・氷河周辺の形成状況，
● 巨石墳墓，丘状墳墓，ならびに新石器時代の集落祉と単体発掘祉のような文化史的に重要な発掘地点，
● 利用形態と人為的影響，地面遮蔽度，既存負荷（土壌汚染，元廃棄物処分地など）
情報基礎
● 土壌地図
－土壌評価 [Bodenschätzung]（縮尺 1:2 000～1:5 000）
－営林地図 [Forstliche Standortserkundigung]（FSK 1:10 000）
－そこから作成されたデジタル化森林土壌地図（WBK25 1:25 000）
－デジタル中縮尺農地立地図（MMK 1:25 000）
－現況土壌調査の土壌地図 [Bodenkarte]（BK50 1:50 000）
－再開発された褐炭露天掘り地区の埋戻し土砂地図 [Kippsubstratkarte]（KSK10 1:10 000）
－都市土壌地図（存在する場合）
● 地面遮蔽データ
● 介入評価の枠内でのその他の調査の更なる土壌関連の情報
● 自然地計画の情報（自然地計画図，地域計画図における自然地計画的寄与）
● 森林機能図（土壌保護林；土壌保護機能のある森林）
● 農業構造的前計画の地図
● 地形図
● 気候データ
情報的受継ぎ
● SächSABG[ザクセン州廃棄物および土壌保護に関する法律] 第 9 条による土壌計画地域
● 土壌汚染，廃棄物処分された土地（土壌汚染地図）
● 州計画，地域計画，建設誘導計画の計画カテゴリー
注
MMK（1:25 000）と営林地図（1:10 000）は LfUG[ザクセン州環境・地質研究所；sächsisches Anstalt für Umwelt und Geologie] においてまとめられた BKkonz[土壌コンセプト地図] として 1:25 000 の縮尺の広域的なものがある．BKkonz は古いデータによる暫定的な地図である．BK50 は，将来的にはザクセン自由州の行政土壌地図を表現することになっているが，土壌学的土調査において新しく地図化されるもので，現在の所はザクセン州のいくつかの部分地域に対してしか用意されていない．

2.1　部門別計画における介入規則（連邦自然保護法による）

表-2.6　保護財「地下水」の調査枠組（Bruns et al. 2003）（ザクセン州の介入の評価と対照比較に向けての扱い推薦）

地下水
調査需要
● 通例，特殊な専門的鑑定は必要でない．データ基礎が不充分で，保護価値のある地下水機能が特に関わっている場合は例外となる可能性がある（特に保護財のビオトープあるいは動植物との関係で）．この場合には，多くは，特別な水経済的な調査が必要となる．
把握基準
● 水文学 [Hydrologie] 　－地下水位および地下水層間隔 　－地下水流状態および地下水分水境界 　－表流水および半陸性 [semiterrestrisch] 土壌に対する地下水の関係 ● 水文地質学 [Hydrogeologie] 　－地下水脈および地下水滞留域（種類，構造，強度） 　－地下水上部地層 [-deckschichten] ● 地下水性質 ● 地下水利用 ● 特殊土壌性質（土壌種，有効堆積厚，腐植土内容など） ● 気候条件 ● 既存負荷と現有潜在危険度（例えば，地下水に近い，浸透性の高い場所での土壌汚染；集約耕作）
情報基礎
● 自然地計画の情報（緑地整備計画図，自然地計画図，地域計画図における自然地計画的寄与） ● ザクセン州水文地質図（HK50；縮尺 1:50 000） ● 専門官庁の地質学的-水文学的見解 ● 中縮尺の農地地図（MMk）1:100 000，記録冊子を含む ● 営林地図（1:10 000） ● 飲料水保護地帯地 ● 土壌汚染地図
情報的受継ぎ
● 水保護地域（水管理法 [WSG] 第 19 条による） ● 温泉源保護地域 ● 州・地域計画の計画カテゴリーで例えば： 　－水経済-飲料水の優先地域，留保地域 　－（森林の優先地域，留保地域） ● 森林機能地図による水保護林 ● 保護林（ザクセン州森林法第 29 条 2 項）

模水準では，これらが容易に同定でき，そして，そのために独自性を持つ自然地景観を呈し（同上．Nohl 2001 を参照）．

　Krause & Klöppel（1996）は，まず自然地と，その形成の特徴の個性的な表出を示そうとしている．このために，自然地景観のきめ細かな記述と地図による再現が可能で，非常に綿密に考えられた作業カタログが考案された．自然地維持的随伴計画に向けての通例の項目別報酬単価 [Honoraransätze] の形では，もっとも，そのようにきめ細かな自然地景観分析を読みとることはできない．この場合，恐らく，簡

表-2.7 保護財「表流水」の調査枠組（Bruns et al. 2003）（ザクセン州の介入の評価と対照比較に向けての扱い推薦）

表流水
調査需要
● 通例，機能の判定についての基準は，既存のデータと地図類によって調べる必要がある．
● 水面が特別な生物エコロジー的機能を満たし，与えられた把握基準の元で [u.g.] 直接的に影響を受ける場合，あるいは，道路の雨水を表流水に流すことによって特に水面動植物共同体 [Biozönose] への好ましくない影響があり，水管理行政に最新の完全なデータが充分にない場合には，特別調査が適切である可能性がある．この場合には，多くは，特別の水経済的調査も必要である．
把握基準
● 流路，形状，水底，改造状態，岸辺帯，その他の構造パラメーター（エコ形態学的状態，水面構造の質）
● 流出状況（特に渇水と高水，流出量，流速，流れの状態，水深）
● 水質（生物エコロジー的質決定，腐生菌の調査，化学的-物理的質決定，栄養段階，地域に適した水面に典型的な質パラメーター）
● 氾濫原地帯，帯水地域，緩傾斜の岸辺地帯
● 水域ビオツェノーゼ
● 水面の，あるいはその周りの用途，人為的影響
情報基礎
● 自然地計画の情報（緑地整備計画図，自然地計画図，地域計画図における自然地計画的寄与）
● 地形図（1:10 000）
● 水域図　縮尺 1:200 000（GewK[水域図]200；基礎測定網の地下水位を含む GewK200(P)，堰止め湖，貯水池，遊水池を含む Gewk200(T)）
● 自由州ザクセン州の水質地図（GGK[水質地図]400；縮尺 1:400 000）
● 水系構造報告書 [Gewässerstrukturbericht]
● ビオトープ類型地図
● その他の，水管理の専門官庁のデータ
情報的受継ぎ
● 氾濫原地域（WHG 第 32 条）
● 水保護地域
● 州・地域計画の計画カテゴリー，例えば：
－飲料水の優先地域，留保地域
－高水保護地域の優先地
● 保護林（ザクセン州森林法第 29 条 2 項）

易化が，更にこれを支援していくことになるだろう．最初，自然地の**組立て原理**が記述され，その上に積み上げる形で個々の自然地（景観）要素が特徴づけられる－例えば，起伏形態，集落要素，土地利用，樹林あるいは個別樹木も挙げられる．自然地景観の構造・造形把握のためには，3つの重要な礎石，つまり：

● **自然地景観単位**の指定と自然地（像）要素の様々な尺度領域での配置，
● 自然地（景観）要素の**配置モデル**[Anordnungsmuster] の図による把握と表示（例えば，不規則あるいは規則的，列，グループあるいは連結 [Verband]），
● 自然地（景観）要素の**把握**に向けての指示（**形態特徴**[Gestaltungsmerkmale] と形

表-2.8 保護財「気候」の調査枠組（Bruns et al. 2003）（ザクセン州の介入の評価と対照比較に向けての扱い推薦）

気候
調査需要
● 特に分断作用とバリアー作用によって，特別な機能が影響を受ける場合，専門的鑑定書の作成は適切な場合がある．この関連では，土地気候モデル（測量行政および土地登記行政のデジタル土地モデル（ATKIS）からのデータの活用のもとで）が必要となる可能性がある．
把握基準
● 土地形態学（例えば，斜面，丘の円頂，谷，窪地）
● 植生構造か利用構造，もしくはビオトープ類型およびそのフィルター作用
● 建設されたあるいは固定舗装された土地（地面遮蔽度）
● 土壌水収支（地下水位）
● 自然的および構築物による物的障害
● 汚染源
● （卓越の）風況と天候状態についての気象学的データ
情報基礎
● 自然地計画の情報（緑地整備計画図，自然地計画図，地域計画図における自然地計画的寄与）
● 地形図（1:10 000）
● ビオトープ類型地図
● DDR 地域に対する気候アトラス
● ドイツ測候サービスの気候データ
● ザクセン州大気観測網の汚染データ（LfUG の FIS[専門情報システム]"大気オンライン"）
情報的受継ぎ
● 連邦汚染防止法第 44 条および 49 条 1 項，2 項に基づく地域
● 連邦森林法第 12 条に基づく連邦環境侵害防止林
● 州・地域計画の計画カテゴリー，例えば：
－（自然・自然地の優先地域，留保地域，緑地による分節箇所 [Grünzäsur]）
－森林の優先地域，留保地域
－冷気生成および冷気供給 [-abflus] の地域
● 森林機能地図に基づく特別の保護・保全機能を有す地域
● 保護林（SächsWaldG 第 29 条 2 項 3 番）
● 場合によっては，SächsWaldG 第 32 条に基づく汚染に侵された森林

態形成要素 [Formenschatz]；例えば，土地起伏カタログ，水面形態の特徴，植生形態カタログ，集落構造の段階づけの特徴が含まれている），がある．

自然地計画における自然地景観の把握と評価のための，扱いやすい手法は，Köhler & Preiß（2000）が示している；概観は Roth（2000）でも示されているが，介入規則の特殊な要求には立ち入っていない．

2 介入規則

表-2.9 保護財：自然地景観と自然地関連のレクリエーション気候の調査枠組（Bruns et al. 2003）（ザクセン州の介入の評価と対照比較に向けての扱い推薦）

自然地景観と自然地関連のレクリエーション

調査需要
- 自然地景観は，土地調査の枠内で把握できる．写真記録は大いに助けとなる．特に保護価値のある自然地景観への特別に深刻な介入，あるいは柱状物の介入の場合には，写真・ビデオシミュレーションのための特殊な撮影技術が適切であろう．自然地景観の把握と記述の際には，"平均的観察者"を基準にする必要がある．

把握基準
- 自然地景観あるいは自然地単位（例えば，開かれた自然地，農地生垣景観）
- 自然地（景観）を特徴づける要素
  - 地形的外観（山岳・窪地形状，谷，など）
  - 水文学的外観（例えば湖，河川，河岸，水際地帯，岸辺低地）
  - 自然あるいは文化に条件づけられた植物形態（樹木グループ，並木道，灌木林，荒野，など）
  - 自然空間特徴のある，あるいは文化史的に重要な土地利用形態あるいは要素（例えば，並木道，粗放的な草緑地利用，果樹栽培，風車，領主館）
- 起伏状況
- 利用形態，利用実態（耕地構造，道の配置，営農方向性）
- 特徴的な集落形態
- 眺望点，視野関係
- レクリエーション重点，遊歩道
- 負荷
- 自然地景観に負の効果を与える人工的要素
- 自然地への近づき，立ち入りを妨げる障害
- 汚染源（特に，騒音と臭気）

情報基礎
- 自然地計画の情報（自然地計画図，地域計画の中での自然地維持的随伴計画図，州発展計画図に向けての自然地維持的随伴計画図）
- ビオトープ類型地図
- 地勢図
- CIR-航空写真
- ザクセン州自然空間現況記録書 [Naturraumbeschreibung Sächsens]
- 地形図
- 代表的な写真と画像記録集の評価

情報的受け継ぎ
- ザクセン州自然保護法 [SächsNatSchG] 第16条以降による保護指定（既存，計画中），それぞれの保護目標と保護対策を含む
  - 州の国立公園（ザクセン州自然保護法第17条）
  - 自然保護地域（同第16条）
  - 自然地保護地域（同第19条）
  - 天然記念物（同第21条）
  - 保護された自然地構成要素（同第22条）
  - ビオ圏保留地（同第18条）
  - 自然公園（同第20条）
- 歴史的文化自然地（連邦自然保護法第2条1項13番）

- 州計画と地域計画による，計画カテゴリー，例えば：
  - －優先地域および留保地域「自然と自然地」，緑の分節地
  - －優先地域および留保地域「森林」
  - －留保地域「外来観光/レクリエーション」
- ザクセン森林法 [SächsWaldG] 第 29 条による保護地域，ならびに森林機能図に基づく特別な保護・保全機能（中でもレクリエーション機能）
- ザクセン森林法第 31 条に基づくレクリエーション林
- 記念建造物

2.1.3.3 類型レベルでの評価基準

　自然収支の特定の機能要素の喪失は，その自然保護専門的に重要であればあるほど，より深刻なものとなる．これに関して，実際の自然収支の実行・機能能力と自然地景観の**評価**には，当然ながら，特に重要な機能・価値要素が事業によって失われないようにするために，一定の**誘導機能**が加わっている（ARG Eingriffsregelung 1995）．更に，事業が自然・自然地に対して引き起こす侵害が，どのように**甚大である**かが評価されなくてはならない．そのようにして最終的に介入規則にとって重要な結論を引出せる，つまり，目標に合わせた回避提案が提示でき，場合によっては相殺対策および**等価性**をもった代替対策が決定できる．

　自然収支の評価に向けては，連邦自然保護法第 1 条「自然保護と自然地維持の目標」と 2 条「自然保護と自然地維持の原則」に述べられている自然保護と自然地保全の目標と原則の幅広い解釈が必要とされる．その際には，**自然保護と自然地保全のプログラム**（例えば自然地プログラム，自然地枠組計画図，自然地計画図）に注意しなければならない．また絶えず既存の法規的および計画的カテゴリーを考慮する必要がある（表-2.4 から表-2.10 を参照）．

　その場合，特に注意を喚起する必要があるのは，連邦自然保護法第 30 条「法的に保護されたビオトープ」（もしくはこれに相応する州規則）に沿った法的保護，つまり特別ビオトープ保護のもとに置かれるビオトープ類型である．このことは，同様に，連邦自然保護法第 32 条「ヨーロッパネットワーク"ナトゥラ 2000"」以降の規則による，ヨーロッパ自然保護ネットワークである NATURA-2000 の生育生息空間に対しても該当する（第 5 章参照）．

　質的に適格な自然地計画図が存在するところではすべて，これが自然保護の部門別計画として，介入規則の実施に重要となる場合がある．この「自然地計画図」と「介入規則」という，自然保護法規の 2 つの中心的手法は，より強く相互に関係を持たせなければならない；したがって，**自然地計画**には，介入規則の重要視点のための基礎を設ける必要があるだろう（LANA 1996）．これには，自然収支の実行・機

能能力の判定尺度としての主導像と目標が加わるが，しかし，適切な代償用地と代償対策の決定に対する [自然地状況の] 発展提案も同様である（同上）．

評価基準を「ビオトープ類型関連」と「保護財関連」の2つに分割することは，実務上では効果があることがはっきりしている．以下では，まず，類型レベルでの最重要の評価基準について解説する（Usher & Erz 1994）．その際には，エコロジーシステムとしてのビオトープ類型は，個々の保護財の構造とプロセスの特徴的な基本結合体と理解される（**一般的な意味**の機能をもったもの．2.1.7.2項および2.1.7.4項），つまり植生単位と動物の生息空間としてだけ理解されるものでは全くない．調査されるのは，その場合，ビオトープの類型的，立地適合の特徴であり，図面化は，土地状況のよく分かる [bodenreferenziert] 航空写真を基礎にして行われる場合が多い．当然ながら，類型レベルでは介入規則を扱う上で，重要な保護財のすべての機能と特徴を取り上げることはできない．したがって，続いて，**特に**重要な機能の評価に向けて，**保護財に特殊な**評価基準に言及する必要がある．介入規則の最新の実践についての充実した概観と，計画に重要な自然地エコロジー的評価基準の批判的議論は，例えば，Wulf（2001）で見られる．

自然性の度合いは，多くは，人間の影響の規模（Hemerobie）で決められる；この代わりに，潜在自然植生 [Potenzielle Natürliche Vegetation]（PNV）からの乖離度が採用できる．希少性は，自然保護での評価に頻繁に用いられる基準で，実用上，しばしば**危機度** [Gefährdung] と同じに扱われている（LANA 1996）．希少性の確定には**関連空間** [Bezugsraum] は非常に重要である．"ドイツ連邦共和国の危機下のビオトープのレッドリスト"（Riecken et al. 1994）は，我々の生育生息空間の危機状況について連邦全域の概要を提示している．そのようなビオトープ類型は，利用と立地の視点に加えて，その本質的な部分が植生学的な分類に根ざしているので，植物群落のレッドリストもここでは示しておく必要があるだろう．植物社会のレッドリストとビオトープ類型のまとめ合せとすり合わせは，Jedicke（1997）で行われている．多様性は，生育生息空間あるいは生物種のレベルで決定することができる．類型関連の**種の多様性**の把握には様々な手がかりがあり，これらによって生物種数の確定がよく行われてはいる（Usher & Erz 1994）．もっとも，その際に考えておかねばならないのは，価値あると見なされるビオトープのすべてが高い種の多様性を示すものではない；植物相的にはむしろ貧種であるのは，例えば，ブナ林やヨシ原，高層湿原である．

ある地域の**面積**の拡大とともに，その土地の生物種・ビオトープ保護に対する価値は一般的に高まる．このことは特に，人間の影響が及んでいるがまだ近自然的あるいは半自然的な地域が分断されて残されている中央ヨーロッパ地域で当てはまる．

これに対して，外部からの［生物種の］移入がある場合，面積の大小間の差異は無視できる（更には AMLER et al. 1999 参照）．**最小生育生息空間**の土地規模を下回る場合には，自然保護専門的意味は急激に低下するかも知れない．しかしながら，この場合，ほとんどの評価に，大きな不確実性が伴っている（JEDICKE 1994）．**最小個体数規模**の考え方においては，死滅割合あるいは同種交配の発生学的な結果が問題となる．

代替可能性（世代更新能力，生成可能性）の概念のもとでは，RIECKEN et al.（1994）によると，侵害後の自立的世代更新のみならず，人間の誘導的な関与による再発展の可能性とも理解されている．時間的な生成可能性は，しばしば，成熟したビオトープ類型の平均年齢を通しておおよそ理解される（**発展期間**）；つまり，最適なエコシステムを新しく発展させる，あるいはそれが新たに発展するのに必要な期間である［相殺の時間的関連性］．**立地**の視点では，生成可能性との関わりでのビオトープ類型の段階づけは，他の場所で同様の立地要素を実現するに必要とされ得るような費用によって行われる．これには生物学的（再）定着可能性 [Besiedelbarkeit] が関わってくる．

ザクセン州用の暫定的ビオトープ類型リストの自然保護専門的段階づけ（BRUNS et al. 2003）：ザクセン州での介入規則の適用に対して，暫定的ビオトープ類型リストを基礎にして，自然保護専門的な評価枠組が考え出された．自然収支と自然地景観それぞれの機能要素と価値要素が現れてくる場合は，保護財の特徴に合わせてそれらが深められる（2.1.7.2 項参照）．段階づけに向けては，当該のビオトープの"相殺可能性"（ARGE NRW 1994 によると生成可能性，発展期間）と同様に，州全域の危機度評価（ザクセン州レッドリスト，LfUG 1999）を，考慮する必要がある．見なし基本尺度的な [quasi-kardinal] 等級づけは 30 段階を含み，その場合，等級 0 は非透水の地面遮蔽に与えられ，これに対して，自然的な森林および近自然的河川，沼地，湿性草地，乾性芝地は最高値を獲得する（表-2.20 参照）．個別事例で根拠がある場合，もしくは，ビオトープ類型の特殊な特徴を強く地域的特徴にしようとする場合にはなおさら，提案されている評価段階から外れることはあり得る．評価は，実際の状況に焦点を合わせて行われる；発展ポテンシャルの評価は，更に，無生物的な自然収支機能を通して可能である（例えば，耕土の下の希少な土壌）．

実態に即した地域化と個別事例適用を優先するということは，この場合，評価幅を与えることで解決できる．これに対する需要があることは明白である；例えば，半乾性芝地は，特に種豊富でもなく，取り立てて言うほどの危機種も存在せず，また，

非常に早い生成もあり得る．他方では，特に古い道路沿いでは半乾性芝地および別の保護対象のビオトープが出現する可能性があり，この場合には，一まとめに"沿道緑地"というビオトープ類型として段階づけることはできない．

2.1.3.4 保護財関連の評価基準

関連のレッドリストによる生物種の（地場的，地域的，広域的な）**危機度**は，実際上，動植物に対する重要な評価基準となる．例えば，特定の土地が，特殊な生物種の保全に対して，どのような意味を持つかが表される．基準としての**希少性**を頻繁に使用することによって，「ある生物種を保護価値があると段階づけるためには，そもそも希少でなければならない」という誤った理解につながっていくことが時々ある（USHER & ERZ 1994）．草緑地地域では抱卵鳥集団が墓地よりも生物種的に貧困な可能性があるが，例えば，この草緑地地域のように，むしろ**生物種数と全個体**が少ないことで特徴づけられるものの，自然保護視点からは価値の高い地域も存在することがしばしば見過ごされている．そこでなお，実用的な評価の手がかりを得るためには，まず第一に，質的な基準が大きな助けとなる（KÖPPEL et al. 1998．他に，生物的な評価基準に批判的な FLADE 1994，SCHERNER 1994 も参照）：

- **立地典型的な生物種スペクトルに対する関係での種の多様性**：確定された生物種スペクトルは，個々のビオトープ類型（ハビタット）において予想される種の多様性に関連させて判定する必要があるだろう．この場合には，種数の充足度はあまり重要でなく，むしろ，立地に対して特に典型的と見なせる，出現条件の困難な誘導種の出現の方が大切である．
- **地域的な危機，希少性，分布**：危機状況は，連邦域あるいは州域のレッドリストだけから読みとれるのではない．生物種の希少性は，多くの種が大空間的に非常に不均質に広がっているから，いつでも地域化して検討する必要がある．
- **地域の機能的意味**：動物の通年生息空間あるいは一時的生息空間としての地域の意味，ならびにこれらの生息空間の相互関係は，動物エコロジー的機能関係を前面に出すので，特に重要である．
- **エコロジー的な要求の特徴**：高度の特殊性により，あるいは高度のエコロジー的要求によって特徴づけられ，したがって，その出現が特定の立地タイプに限定される生物種（狭域性生物種 [stenotope Arten]）は，自然保護の意味で特に価値を付与するものと見なされなければならない．このことは，全生物種グループ，いわゆるエコロジー的ギルドに対しても該当する．
- **空間需要，全個体数規模**：このもとでは，どの程度，特別価値を付与する生物種の全個体数が中期，長期的に生き延びられるかという検討が必要である．このための手頃な手法として，例えば，いわゆる迅速予測 [Schnellprognose]（VOGEL et al.

2.1 部門別計画における介入規則（連邦自然保護法による）

表-2.10 自然地計画における動物生息空間の評価に対する枠組（BRINKMANN 1998；RECK 1996 年に依拠している）

価値段階	各尺度区分の定義
1. 重要度が非常に高い	● 平均以上のストック規模における，絶滅の危機に脅かされている動物種の存在，あるいは強度の危機にあるいくつかの動物種の存在，あるいは， ● 平均以上のストック規模における，多数の危機下の動物種の出現，または， ● 地域あるいは州全体で強度に危機にさらされている FFH 指令付録 II の動物種の出現． ● 非常に強度の危機にさらされている生育生息空間に適応している，わずかな類似ハビタットにしか現れない [stenotop] 生物種の出現
2. 重要度が高い	● 強度の危機にある動物種の出現，あるいは， ● 平均以上のストック規模における，危機下にある数種の生物種の出現，あるいは， ● 地域あるいは州全体で危機にさらされている FFH 指令付録 II の動物種の出現． ● 強度の危機にさらされている生育生息空間に適応している，わずかな類似ハビタットにしか現れない [stenotop] 生物種の出現
3. 重要度が中位	● 危機下の動物種の出現，あるいは，ビオトープ特有の期待値からみて多くの動物種数． ● 強度の危機にさらされている生育生息空間に適応している，わずかな類似ハビタットにしか現れない生物種の出現
4. 重要度が低い	● 危機下の動物種はなく，そして， ● ビオトープ特有の期待値に関して大幅に平均を下回る動物種数．
5. 重要度が非常に低い	● 高度の条件を要する動物種は出現していない
無脊椎動物グループに対しては，ストック規模について，わずかの場合にしかデータを挙げることができない．そのようなデータは，方法的な困難により，豊富な存在の決定に際しては，示唆的にしか評価できない，あるいは，データは，当該年にしか該当しない．変動の理由で，全個体数規模は，短期間で急激に大幅に減少したり増加する可能性がある．	

1996）が適しているが，そこには孤島化度 [Verinselungsgrad] および必要装備消失，再生産達成，土地利用のような要素が，ハビタット要求の関係で取込まれる．予想される介入が個体生息数の消滅につながるかも知れないほどに，すでに特定の現存種が強度に衰弱しているという結果となるかも知れない（2.1.4 項参照）．

質的な評価基準には，それぞれの状況に応じ，生物種グループや地域的特色，そして問題に関わって必要とされる事柄に関して，生態学的に高度なレベルの理解が求められる．その際には，作業者には，自然保護専門的論証と評価結果を**同意が得やすい表現**にしていくための高度な能力求められることになる（ROTT & DEMUTH 1996）．SCHREINER（1994）は，保護財である植物と動物に対して高レベルの内容の概観と土地関連の評価の方法論を示している．BRINKMANN（1998）は RECK（1996）をよりどころに，自然地計画における動物生育生息空間の評価のための一般的枠組を示している（表-2.10）．

地面非透水遮蔽や地形の改変 [Überformung]，有害物質負荷が増加してきたことによって，**土地/土壌**は，過去何年かの間に，自然保護と環境保護の視点に大きく入ってきた（LANA 1998 参照）．これに対するデータ・情報の基礎は，第一に，直接的に敷地で把握できる土壌特徴（例えば土壌種，土壌タイプ）と，導き出された土地/土壌特徴（例えば，利用可能な圃場容水量 [Feldkapazität]；LESER & KLINK 1988）とに区別できる．土壌評価数値 [Bodenschätzungszahlen] は，すでに，主要な土壌特徴の評価が，利用に重点を置いて行われていたことを示している（帝国土壌評価 [Reichsbodenschätzung]）．自然保護専門的に特に重要なのは，特別立地状況（乾燥している/湿っている，貧栄養），および人為的な改変がないかわずかしかない土地/土壌である（BOSCH 1994 の"自然土壌のレッドリスト"の試みを参照）．土壌機能に対して，特に MARKS et al. (1992) あるいは AG Bodenkunde (1994) が評価の手がかりを提供している（SCHÜRER 2002）．自然保護および自然地維持，レクリエーションのための州作業共同体 (LANA) ならびに土地/土壌保護-連邦/州作業共同体（LABO）は，自然地計画と介入規則の枠内での土地/土壌保護についての見解を出している（LANA/LABO 2000）．

特別な価値と機能の存在を指摘する際には，大縮尺の土壌評価地図の解析が必要となることもある．土壌学的専門部局のデータとその情報システム（表-2.5）に依拠しながら，自然保護専門的な視点からは，自然的機能を持った（あるいは近自然的な表出の）土地/土壌，そして記録機能を持った土地/土壌（枠-2.2，BBodSchG 第2条2項を参照）を優先して表示する必要がある；**希少で危機下の土地/土壌**はこのことから，以下のような，"特別な意味をもつ価値・機能要素"に該当する（BRUNS et al. 2003）：

- 高い自然的な豊穣性をもつ土地/土壌（水収支と物質収支における実行能力），
- 記録機能を持った土地/土壌（自然・文化史の記録），
- 例えば近自然的，改変些少の土地/土壌（例えば，森林地，排水されていないか，それがわずかな高層湿原地および低層湿原地），
- 河岸湿地，
- 例えば，特別の経営方式を理由として生まれた土地/土壌，
- **その他の希少土地/土壌**（自然的大区分域 [Naturgroßlandschaft] と土壌的大区分域 [Bodengroslandschaft] における割合が1%を下回る），
- **特別な場所特性**のある土地/土壌（非常に貧栄養，非常に湿潤，非常に乾燥）．

侵害の甚大性の判定に向けて，更に，以下の，機能実行能力の消滅の危機にあるか，それが侵害された土地/土壌を把握し表示することが必要となる可能性がある（BRUNS et al. 2003）：

2.1 部門別計画における介入規則（連邦自然保護法による） 49

枠-2.2 ザクセン州における記録機能を有する土地／土壌（SMUL 2003 による；Bruns et al. 2003 より引用）

- 寒冷トゥルバーテ [Kryoturbate] の寒冷標準土壌 [Frostmusterboden]（ブローデル土壌，氷クサビ疑似土壌 [Eiskeilpseudomorphosen]，シュタインリンク土壌），
- シローゼム，岩石腐葉土，ランカー，レンジナ，緩みシローゼム [Lockersyrosem]，レゴソル，およびパラレンジナ（特に，自然に生成したもの）
- 希少土壌基体（例：蛇紋岩）
- 黒土，灰土 [Griserde]
- 化石構造土 [Fossile Böden]，化石土壌形成 [fossile Bodenbildung] 一般（例えばテラーエ・フスカル [Terrae fuscar]，フェルジアル岩 [Fersiallite]）
- オルトシュタインかオルトアイゼン形成を有する，あるいは大きな発達深度のあるポドゾル，停滞性ポドソル [Staupodosol]，化石ポドゾル
- 湿性地疑似グライ土 [Anmoorpseudogley]，岸辺粗土壌 [Auenrohboden]（ランブラ [Rambla]，パテルニア [Paternia]），岸辺黒土（Tschernitza）
- 湿性地グライ [Anmoorgley]，湿原グライ土 [Moorgley]
- 極端な特徴のグライ土（青色グライ土，ラトグライ [Oxigley]，斜面グライ土，湧水源グライ土）
- 低層湿原あるいは過渡的湿原，高層湿原

- [例えば低層湿原の泥炭の] 分解と沈降の危険のある土地/土壌，
- 風と水による土壌浸食の危険性のある土地/土壌，
- 圧密の危険性のある土地/土壌，
- 質の低下した土地/土壌．

地下水収支の情報は，地下水文学的な地図から引き出せる（表-2.6）．特に**地下水新形成**の視点で**特別な価値・機能要素**を有する地域として，以下のものが特徴づけられる：

- 多くの地下水新形成がある，あるいは/そして地下水の高度保護が行われている地域，
- 飲料水保護地帯および保養温泉源泉．

地下水収支を更に評価するために，長期的状態の判定（地下水深度 [Grundwasserflurabstand]）のみならず，短期的な変動（変動振幅，地下水位動態 [Pegelweg]）も可能とする判定基準が利用できる（Mayer et al. 1991）．**地下水が影響を受けている場所**は，そこに特別に適応した多数の動植物種のための生育生息空間として大きな意味を持っている．例えば，DVWK（1996a）によって示された"地下水から大きく影響を受けた植生タイプの分類"は，そのエコロジー的変動幅について詳細に記述している（中度の変動振幅，および中度の地下水状態，乾期後の極端な低水位，湿潤期後の最高水位，ならびに関連する植物群落の氾濫依存性あるいは氾濫許容性）．

河川のための重要な指針となるものは，近自然的な河川形態学 [Gewässermorphologie]，ならびに河畔湿地の地下水収支と密接な水理学的相互関係 [Kommunikation] を含む流水現象，近自然的な水質の保全と再生で，これは静止水面についても当てはまる．この場合の評価の作業の補助として，Mayer et al. (1991)，Scherle (1996)，

表-2.11 沈水植物性の大型底生殖物および水質化学的パラメーターを利用した河川の栄養物質負荷の評価；低地バイエルン地域のドナウ川の支流（HARLACHER et al. 1989；KÖPPEL et al. 1989 より引用）

段階	栄養物質負荷
無負荷から軽度の負荷	● 貧栄養 [oligotraphent] 生物種のみ ● リンはごくわずかしかない（最大 $10\,\mu g\,PO_4^{3-}$ リン$/l$） ● 通例，アンモニアはない
軽度の負荷	● もっぱら貧・中栄養生物種 ● 燐は $35\,\mu g\,PO_4^{3-}$ リン$/l$ を下回る
中度の負荷	● 中・富栄養生物種，多くは生物種は豊富 ● リンは 35 から $100\,\mu g\,PO_4^{3-}$ リン$/l$ の間にある
重度の負荷	● もっぱら富栄養生物種で，多くは貧種，時々は単一生物種状態が形成され，一時的には繊維性の緑藻が大量に発生する． ● リンは 100 から $500\,\mu g\,PO_4^{3-}$ リン$/l$ の間にある ● しばしばアンモニア含有量が増える（$<1\,\mu g\,NH_4^+$-チッソ$/l$）
過度の負荷	● 結果として，水中大型植物の腐敗 [Verödung] ● リンは $\leq 500\,\mu g\,PO_4^{3-}$ リン$/l$ ● 通例はアンモニアの値が高い（$>1\,\mu g\,NH_4^+$-チッソ$/l$）

GUNKEL（1996），DVWK（1996b），KÖPPEL et al.（1998，1996b）が参考となる（表-2.11）．ヨーロッパ水枠組指令 [Wasserrahmenrichtlinie] を根拠にして，この間に，河川湖沼の生物的評価が，より重視されるようになってきた（FOLLNER 2003）．物質滞留と**水滞留**[Stoff- und Wassereretention] の観点で，特別な価値・機能要素をもつ地域として，以下の特徴的なものがあげられている（BRUNS et al. 2003）：

- 近自然的な河川（の部分区域），
- 氾濫地域（持続植生を有す），
- 持続植生を有す山の円頂と斜面，
- 岸辺地域（特に耕作地域において），
- 持続植生を有す高度な地下水新形成の地域，
- 湿地帯および沼．

　機能エコロジー的な視点から，計画空間は，少なくとも負荷空間と相殺空間とで構成される必要がある．その際に，**気候的状況**の評価に当たって特に注意する必要があるのは，冷気流あるいは冷気流路をもつ冷気生成地域（斜面傾斜，面積，用途あるいは植生類型，そして負荷空間あるいは影響空間に依存する形で）である．発生する冷気は気候エコロジー的な相殺機能を持っているが，これは負荷空間の方向に流れる場合にのみ言えることである（MAYER et al. 1994）．気候的効果のある構造の把握は，地形図からの情報，およびビオトープ地図，卓越の天候状態，風向などの

評価によって行われる（表-2.8）．MOSIMANN et al.（1999）は，自然地計画の気候・汚染エコロジー的内容の作業について，基礎づけがしっかりとした概観を与えてくれている．**気候的な相殺・更新機能**に関して特別な価値・機能要素をもつ地域として，以下のものが該当する（BRUNS et al. 2003）．
- 大気交換経路（河岸低地や谷，空地のような地形的要素），
- 新鮮空気発生地域（塵埃濾過），
- 冷気発生地域，
- 汚染防止効果のある地域．

自然地景観は，**美的な機能**（多様性，あるいは個性，美しさ），ならびに**レクリエーション機能**（NOHL 2002）に関して検討される．美的な特徴からみて特に重要な地域の把握と表示は，自然地景観を特徴づける構造と要素を基に行われる（表-2.9）．以下の特徴は**特に自然地美的に重要な地域**の存在についての示唆を与えるものである：
- 自然地景観を特色づけるビオトープあるいは自然空間に典型的な自然地要素の高い割合，
- 自然地を特徴づける，自然的な地表形態の存在，
- 歴史的な文化的自然地と歴史的土地利用形態，
- 文化史的に重要な市街地・建築形態．

更に，侵害の判定には，自然地の人為的あるいは技術的な形状改変の度合いを表すことが必要となる場合がある（除去，単調化，技術的建築物の過剰な表出，悪臭と騒音による侵害）．

自然地美的独自価値の把握に向けての基準は，NOHL（1998）によれば：
- 多様性（情報を求める美的要求のための表現として），
- 近自然的状況（自由を求める美的要求のための表現として），
- 個性（郷土性［Heimat］を求める美的要求のための表現として），ならびに，
- 場合によっては，騒音あるいは／そして汚染，

を採用できる（NOHL 2001 では，より詳細に扱われている）．

例えば，ある空間単位での美的な独自価値は，そこでの自然地が多様で近自然的であればあるほど，しかしまた，個性の喪失が少なければ少ないほど，より大きくなる．自然地景観の場合，多様性は，個性の機能としてみる必要がある（Oberste Naturschutzbehörden Neue Bundesländer und Bayern & BfN 1993）．これによって自然地的な多様性は，例えば中部山岳地域でのように，自然地の独自性を特徴づけている事例でのみ評価基準として重要となる．大空間的に一様で，変化に乏しくて，単調性にむしろ個性がある自然地では－例えば，北海沿岸の肥沃低地 [Marsch] や乾燥砂地 [Geest] の地域－多様性をポジティブな特徴として評価することはほとんど

できない．

自然地美的な空間単位の個性が把握できるように，**美的に効果のある自然地要素**に関して，Nohl（1998）に従って記述し把握する必要がある．基本的には以下の要素グループが関連している：

- **自然地の基本要素**：これには耕地，草緑地，森林，農地生垣，樹木，小川，ため池，建築物，道路などが挙げられる．これらは自然地景観の基礎となり，自然地美的機能空間における多様性と近自然性の度合いを，全体性の形で決定する．
- **構成化する自然地要素**：これは，特に空間における配置を根拠として，直接的に目に入り込んでくるものである，つまり観察者の注目を必要とする．
- **特徴的な要素**：これは，ある自然地美的空間単位の特性のある個性に関わっている．これは特別な自然与件と利用史から説明でき，他の自然地空間から視覚的に明確に区別される要素である：古い森林，近自然的河川湖沼，農地生垣システム，段丘状の土地，岩塊頂，高所耕作地，切通し，石積み壁，要塞，古い教会．

新しくとりこまれた要素は，個性的，典型的では全くなく，それらはまだ自然空間には含まれていない（Nohl 1998）；したがって，**参照期間**[Referenzzeitraum] としては，新しくともせいぜい人間の 2 世代前とし，それよりも前から存在していたような自然地状態を出発点とすべきである．今日の自然地での要素とその配置が，参照自然地より良好に一致していればいるほど，より明確にその自然地の個性が保持されている．非典型的な自然地要素は，しばしば大型技術的-建築的な性格を持っており，そこにふさわしい自然空間の各種要素には含まれないものである．自然地美的な視点（例えば，郷土とのつながり）からは，50 年から 60 年以上もの期間にわたって維持されている自然地空間に存在している技術的要素は，典型的装備に数えられ，それによって個性的要素となり得る．非典型的な自然地要素は，時として，その美的な独自価値から，例えば，優美な橋梁構造のように，極めて強い印象を与えることがある．そのような要素は，慣れの時期を経て，自然地の個性に属する（同上）．

自然地体験と自然地結合**レクリエーション**に対して特に重要な地域の把握と表現は，レクリエーションに効果的な構造と要素を基礎にして，現地での地図作成，および地形図や余暇用地図，土地利用計画図からの情報の取得を通して行われる．特殊な個別事例では，利用者に合わせたデータ取得方法（質問調査）が必要となる場合がある（Bruns et al. 2003）．**特に重要な地域**として，自然地結合のレクリエーションに対するインフラストラクチャー施設装備（自転車道路網，散策路網，ベンチ，道標）が良好な地域を示す必要がある．価値を決めるものとして，更に，空間の**非分断状態**ならびに有害環境負荷が非常に少ない状態がある（同上）．騒音・汚染負荷も自然地美的な体験を侵害する．したがって，比較的にまだ騒音や汚染の少ない自然

地的地域が把握され，表示される必要がある（NOHL 1998）．

理解確認問題
- 介入規則の枠内では，どのような把握基準をもって，自然収支と自然地景観の機能が操作できるか？
- 介入規則の段階的決定進行では，どのような段階が評価を必要としているか？
- 自然収支と自然地景観の実行・機能能力の適切な操作に向けて，重要な評価基準は何か？

2.1.4 侵害の予測

介入規則の実施とともに，自然・自然地の回避可能な侵害が停止され，**甚大な侵害は優先的に相殺され**，あるいは最終的にその他の方法で代償（代替）される必要がある．これには，まず，事業から発生する可能性のある自然・自然地に対する介入結果を，種類と規模に応じて表示することが大切である．これらは，計画段階で予測しなければならない：その事業が，自然収支の実行・機能能力と自然地景観に対して，どのような影響を及ぼす可能性があるのか？

2.1.4.1 影響予測

侵害予測に向けて，事業から発する種類と強度や空間的広がりからみた影響要素，そして，現況調査で収集された保護財の特徴が活用される．影響要素と自然収支の機能・価値要素を文章と図面によって対照させることは，結果として起こる**侵害**の見積に役立つ．この介入結果の実態に即した記述を可能とするために，これらの保護財に関連づけて，そして必要な場合には**建設**および**施設**，**運営**の事業側面に従って把握し，記述することが必要である（図-2.2）．

結果として起こる侵害を，個々の影響要素と結びつけて，その**質**（例えば地下水低下），および**強度**（例えば，1.5 m の低下），**空間的規模**（例えば，2 ha の面積で），そして場合によっては**時間的継続**（例えば，建設期間中）に従って記述する必要がある．よく現れてくる影響要素-侵害連鎖（Oberste Naturschutzbehörden Neue Bundesländer und Bayern & BfN 1993）の整理は KÖPPEL et al.（1998）が行っており，また，例えば，鉄道連邦局の環境の手引き [Umweltleitfaden des Eisenbahnbundeamtes]（2002）で，鉄道・リニアモーターカーによる甚大な侵害について保護財関連で収集したものが扱われている．

実態レベルでの介入結果の詳細記述は，以降の段階での説得性を保障するが，実際には**質的に**しか記述できない場合が多い．そのため，侵害の強度とその面的範囲は，おおよそでしか見積もることができない．道路建設の進む中で，例えば，局所気候の変化についての詳細なデータは，不相応に高い出費でしか得られないかも知れない－しかしながら，変化が起こることについては，議論の余地はない．多くの

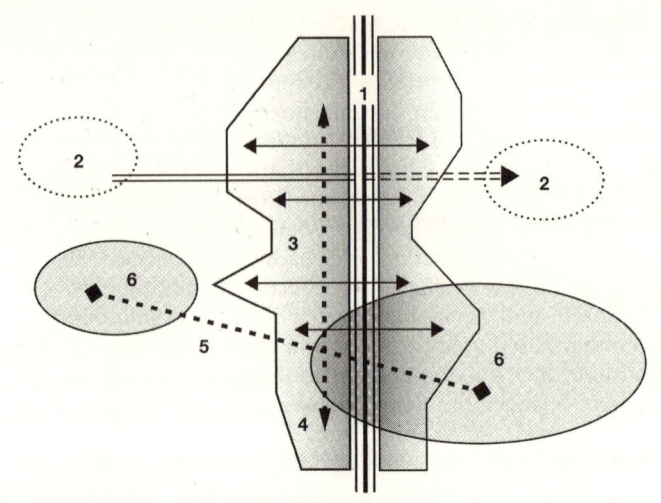

以下の場所に関する影響の構造／影響空間
1：土地の利用，2：水・大気の流れの改変，3：環境侵害，感じ取れる刺激，
4：連結，運搬，5：死亡率，阻害，6：全個体の変動
図-2.3 交通路沿いの影響構造と影響空間（図式的，Rassmus et al. 2003）

場合は，最もうまくいっても，侵害強度の序列的な評価しか行えない．通例は，**アナログ的な解決方法**の助けを借りている，つまり，すでに実施された事業からの経験あるいはサンプル調査がその都度の設定課題に対して応用されている．

介入規則における影響予測を Rassmus et al.（2003）は広範に取り扱っているが，もっとも，交通路（道路）にも重点を置いている．ちょうど，道路建設の分野から多数の調査が出されてきており，それらは汚染による周辺への侵害や，水収支の改変，動物相に対する阻害とも取り組んでいる．運営に条件づけられた道路周辺の侵害に対して，**標準化された侵害要素**の提案が絶えず出されている（例えば，MSVW 2000）．

個々の生育生息空間への影響は，複合影響要素によって，多くの場合，多層的に引き起こされる（表-2.1）．**交通路**に対しては，Rassmus et al.（2003）によって，以下の影響要素グループおよび介入結果の広がりが区別できる（図-2.3）．

土地の利用：特に地下水新形成率の低減化，および地面遮蔽と浸食による土壌消失，ならびに生育生息共同体の消失と改変は，土壌搬入によって侵害された地表水面と貧栄養ビオトープの形ででも，考慮する必要がある．土壌浸食の予測に対しては，標準評価手続（一般的土壌-搬出-均衡）が参考にできる．

水流と大気流の改変：地表形態あるいは地下の改変は，例えば，地表面近くの大気交換および雨水の地表流，地下水動態 [Bewegung] に影響を及ぼす．例えば，道路位

置は地表近くの地下水流の阻害状況を作り，地下水位の変動につながる可能性があるが，切通しを設けることで新しく流水路ができあがる可能性もある．地下水位の改変に対して，自然・自然地への大規模な介入の際には，初期データとして地盤断面と地下水-層-間隔 [Grundwasser-Flur-Abstände] を利用した，実践上有効なモデルシステムが利用できる．地下水依存の生育生息空間の改変については，多くの場合，動植物もしくは植物群落の立地要求に関する充分な知見が存在する．更に，例えば，気候的な負荷空間での新鮮大気供給に対する侵害を考慮する必要がある．介入事業において冷気流が実態的に重要な場合，その量的把握には計算手法が存在する．

有害影響放出／被害，感受され得る [wahrnehmbar] 刺激：道路の運営と保全によって，物質（塵埃，および栄養物質，有害物質），ならびに感知され得る刺激（例えば，光の反射，騒音）が放出される．当該の被害の強度は，発生源からの距離の増加とともに低下するが，その際には到達距離は，地形と風向のような，その場の要素にも依存している．大気の清浄性は自然保護・自然地維持の一つの目標で，介入規則の枠内で，大気汚染によって野生の動植物の生活条件が悪化するかどうかも検査する必要がある．有害物質の濃縮の評価に対しては，経験値とモデルが活用できる；もっとも，動植物界への大気汚染物質の甚大な影響は，交通路の規模レベルではほとんど信頼性を得ることができず，評価できない．大気からも栄養物質と有害物質が地上に到達し（土壌のもつ，有害物質に対する低減機能），移動性物質は浸透水とともに地下水に入っていく．道路敷きの近くの部分では，有害物質と栄養物質が頻繁に確認されている；例えば，道路際では，通例，良好な栄養物質供給がみられる．融雪塩の影響範囲は路盤を超えて約 40 m までに達し，その場合，道路際の 20 m の範囲内には残留量の 90% が残存する．重金属の中でも，沿道の鉛汚染は段々と低下しているのに対して，カドミウムは融雪塩とほぼ同じの到達範囲の拡散性が見られる．

人間の認知できる自然地の印象は，介入規則では自然地景観の概念のもとで扱われている．動物が感受できる刺激は，例えば昆虫が光源に引きつけられて死んでいくように，一方では誘引効果を引き起こす．しかしながら，刺激は，しばしば，動物界に対して行動変化を引き起こす阻害条件として働き，特に，侵害が起こった際に休息鳥 [Rastvogel] が見せるような逃避反応，あるいは道路近辺での鳥の生息密度 [Revierdichte] の減少を引き起こす．多くの鳥類は騒音に対して明確な反応を示すので，鳥は騒音影響分析のために特に適した動物グループのようにみえる（表-2.12，Reck et al. 2001）．音の伝播に対しては，特に道路による騒音被害に対して実務で頻繁に応用されている標準方式があり，これが採用できる．

生物の拡散と運搬 [Verschleppung]：道路の一部（例えば，繁み，路肩帯，側溝）

表-2.12 聴覚的阻害による抱卵鳥の生息空間消失

騒音値	生息空間適性の減少
> 47 dB(A)	25 (10〜40)%
> 54 dB(A)	40 (約 30〜50)%
> 59 dB(A)	55 (40〜70)%
> 70 dB(A)	85 (70〜100)%
> 90 dB(A)	100%

は，その構造的形態を理由として，また特殊な立地要素によって，特定の動植物種のための拡散軸として役立つ；個体は自動車によって運び去られることもある．このような拡散・放逐過程は，道路に直接に接し，改造された部分で起こる．

事故死と障害（バリアー）：自動車自身によるのと同様に，道路沿いの土手や地面遮蔽，動物進入防止柵などによって，動物の空間利用が妨げられる．これは，驚愕効果や，実際の物理的な障害のみならず，道路を横切ろうとする際の傷害や死亡に因るものである．それまで結びついていた生息空間が分断され，必要な最小生息空間規模を下回る可能性がある．部分個体群の間の移動は妨げられるか困難となるが，これは群の消滅に結びつく可能性がある．HELS & BUCHWALD（2001）は両生類と小脊椎動物のために，道路での事故死の算定についての数式を考え出した（大型脊椎動物に対しては，VAN LANGEFELDE & JAARSMA 1997）．この関連で決定的なのは，回避・相殺対策の慎重な検査である．しばしば，道路下の通路あるいは緑橋[Grünbrücke]の形での横断補助が必要となる．

動物の個体群の変動：動物個体群のハビタットが，部分的にしか，事業に特有の影響要素にさらされていないとしても，その複合的な空間利用によって，事業が甚大な影響を及ぼす可能性がある．動物個体群の変動と生残り確率についての予測のためには，特に最小限生息地域[Minimumareale]の下回りと部分個体群の空間的連結が重要である（メタ個体群変動[Metapopulationsdynamik]）．これについて，RASSMUS et al.（2003）は，継続生存可能な最小個体群（MVP）あるいは最小地域の決定に結びつく，個体群-危機分析（PVA）を提示している（AMLER et al. 1999を参照）．近隣の個体群との距離（およびその規模）に従属する形の，ハビタットの定住確率の密接な相関関係を多数の調査が示している（RASSMUS et al. 2003）．メタ個体群危機分析[-gefährdungsanalyse]（もっとも，非常にやっかいなものであるが）の助けによって，様々な計画変種案（例えば，様々な道路位置）の影響が比較できる．VOEGEL et al.（1996）および AMLER et al.（1999）は，個体群の危機についてのおおよその見積を可能とする，いわゆる迅速予測を考えだした．それは，大まかな規則あるい

は定式化された思考モデルで，介入規則の実務においては当該の生物種とそれぞれ関連する個体群規模のハビタット要求の知識は，むしろまだ不足しており，その充分な知識が必要とされている．

2.1.4.2 自然地景観の侵害

自然地景観の事業起因の侵害に対して，KRAUSE & KLÖPPEL（1996）の場合，連邦アウトバーンを例に，形態視点と事業標準要素 [Vorhabensmuster]（例えば土手，壁，高架）ならびに自然地景観関連の影響要素を提示している（例えば，線強調あるいは線・網分断；風力発電施設に対しては KRAUSE 2000）．表-2.13（NOHL 2001）に，自然地景観に対し広がっている侵害が述べられている．自然地景観は，介入事業自体（例えば建築物の建設，地面遮蔽，土手の斜面，土手による）によって，そして／あるいは，介入事業から**自然地景観**に及ぼす遠隔効果によって侵害を受ける可能性がある（NOHL 1998 による）．

したがって，判定空間は，**事業の土地**自身と，**視覚的影響空間**，つまり事業の構造物が認知できる土地から構成されなければならない．視覚的影響空間に対しては，事業構造物の高さに従属する形で，視覚的影響空間を更に細かくすることができる．柱状の対象物（アンテナ支持塔，風力発電施設，高圧送電架線）は，縦に長細い形態

表-2.13 広がりをもった自然地美に与える侵害効果（NOHL 2001）

侵害効果	概念説明
多様性喪失	集約的利用の土地（例えば大規模の耕地 [Ackerlagen] は直接的に，そして大技術的要素（例えば広幅員導路，支柱）は心理的に，自然地的多様性の低下に結びついていく．
近自然性喪失	類似の仕方で，そのような要素と土地は，観察者に対し，当該の自然地において自然的体験の低減に影響を及ぼす．
構造破壊／阻害	侵害する要素が，前から存在する自然地的秩序・特徴構造を消失させ，上に被さり，異化する [entfremden]．
空間分断	すべての技術的脈絡要素（架線，道路など）によって個々の区域 [Kompartiment] の認知可能空間が細分化される．
尺度喪失	大型の技術的要素は，その高さ，規模，集合化によって，多くの場合，そこに位置する地域の自然空間的に与えられた規模・尺度（視覚的"地表面素材構成 [Körnigkeit]"）を破壊する．
独自性喪失	侵害する要素と空間は，その非典型的な材料，形態，色彩，配列，躯体構成のために，典型的な自然地特性を失わせてしまう．
地平線負荷	特に侵害となる要素は，地平線上に優越的に突き出る（例えば高層建築）．
視界遮断	視界にある点的あるいは線的，面的な要素が，眺望を妨げる（例えば，アウトバーンの長軸方向の山並みの体験）．
騒音／悪臭負荷	侵害となる要素と結びついた機能が，騒音と悪臭を発生する（道路上の交通，下水処理場の運転）．

のために，その高さについては別の扱いをする必要がある．視覚的影響ゾーンでは介入事業が認知できる土地と，そうでない土地が区別されないので，それぞれの視覚的影響ゾーンにおける介入事業の，実際の視覚的影響領域を決定する必要がある．その際には，高い自然地要素によって視線が遮られる土地も同様だが，森と高密の市街地のすべてを，現実の介入領域には加えないということが前提とされる（同上）．

建築物自体が高ければ高いほど，そして敷地上での位置が高いところであればあるほど，また高い土地からよく見えれば見えるほど，それは，より大きな視覚的距離効果として自然地に広がっていく．その場合，侵害と距離との間には，線形的な関連は全くない．むしろ，侵害は，離れるにつれて，急激に低下し，5 000 m（例外的には 10 000 m）を超えるともう大きくはなくなる．この認知心理学的な関係で適正とするためには，**認知係数**[Wahrnehmungskoeffizienten] を視覚的影響ゾーンに対応させることができる．しかし，自然地美の享受の強度の侵害は，個々の空間単位でも，運営に条件づけられた介入事業の**騒音**および／あるいは**汚染**によって引き起こされる可能性がある．騒音が離れた所からの大きな影響を持つ場合はまれではない．例えば，まとまった森林内では，遠距離からの視覚的影響は小さいが，聴覚的[auditiv] には非常に大きな影響を持つ場合がよくある（同上）．

美的な侵害の効果の予測を可能とするために，まず**侵害強度**が把握されなければならない．これは，直接的に，事業が美的に影響を及ぼす形態特徴をもとに，例えば規模や高さ，形態的特徴 [Formgebung]，地表面状態，空間的位置によって行われる．しかし，それは，ある空間単位において，事業に条件づけられた自然地美的な独自価値の損失を確定することを通じても把握できる．これは，多様性および近自然性，独自性，静けさ/低汚染という基準が，例えば，既存の 10 段階の尺度で建設事業の実施前後の評価が行われ，最終的に美的な独自価値へとまとめられる形で可能である．そうして，両方の独自価値の差を，一つの美的空間単位における**独自価値損失**の大きさとみなすことができる（同上）．

2.1.4.3　予測の確実性

自然・自然地の予想される侵害に関する**予測不確実性**は絶えず起こってくるものであるが，それにもかかわらず，見積はしておかねばならない．影響予測の弱点は，その場合，事業に特殊な影響プロフィール（表-2.13）の [把握の] 欠如よりも，むしろ**影響予測の検証**に関する事後のデータ状況 [ex-post-Datenlage] の不備にある．このことは，相当性原則を理由として，重大な実態 [Sachverhalt] がある場合にのみ問題になる．広範な調査は少ないが，その内では，動物の侵害のための調査が，ハンブルクーベルリン間の鉄道拡充の過程で行われている（ARSU 1998）．北海の大干潟地域を通るヨーロパイプの天然ガスパイプラインの敷設も，環境影響が予測され，

続いて実際に起こった影響がエコロジー的随伴調査によって把握されたプロジェクトとして挙げられる（Schuchardt & Grann 1999）．

例えば**風力エネルギー施設に対する鳥**の回避反応についての知識についても，研究からのアプローチは多くあるにもかかわらず，単純には判断できない（Fritsche & Köppel 2002, Herbert 2002）．Reichenbach（2002, Ketzenberg et al. 2002 を参照）は北西ドイツの 7 箇所の「風の公園」で，様々な草地鳥類種に及ぼす，それらの影響を調査した．特に Bach et al.（1999）が報告しているような，「風の公園」近くの土地の積極的忌避に対する指摘はほとんど見つけることができなかった．生息鳥類の空間的分布は様々な影響要素のもとに置かれているが，草地鳥類に対しては特に農業が指摘できる．春季渡り [Frühlingszug] の間は内陸で過ごすタゲリ [Kiebitze] に対しては，またしても，Bregen（2002）が事前-事後-比較調査の形で風力エネルギー施設に対する回避行動を証明した．Reichenbach（2003）は，内陸部と海岸での風力エネルギー施設に対する鳥類の種類ごとの敏感度について，一覧的な概観を提示した．沖合域に対しては，同様に，広範な調査が進行している（Forschungszentrum Jülich, Hrsg., 2002）．

しかしながら，これらすべての計測不可能性 [Unwägbarkeit] があるもとで，立法家が侵害の証明を求めていないということは，連邦自然保護法第 18 条 1 項による介入定義の「可能」[Kann] 表現から出てくる．侵害の発生に対し充分とは言えないが**蓋然性**[Wahrscheinlichkeit] でしかない場合，あるいは一定の根拠はあるが推測でしかない場合には，介入規則は適用する必要がある（Oberste Naturschutzbehörden Neue Bundesländer und Bayern & BfN 1993, Gassner 1995, ARGE Eingriffsregelung 1995）．この規則は介入規則の予防の性格を強調しており，同時に，多様な相互作用をもつ自然収支が示すような高度の複合的システムには，決定の確かさを保障するような高度の要求はほとんど設定できないということを示している（ARGE Eingriffsregelung 1995）．

侵害が，**甚大性**の閾値を超えているかどうかを判定するためには，種類と強度，規模によって，すべての把握可能な侵害を示すことがまず必要である．甚大な侵害に対して一般的に認知された評価尺度はほとんどなく，ここでも個別事例に関わる**算定自由余地**[Bemessungsspielraum] が残されている．この場合，侵害の段階づけの甚大性の判定を，自然収支の実行・機能能力あるいは**保護財**の改変状態に沿って行うことは当然である．その場合，甚大性の判定に対して，空間的規模と特に侵害の強度が決定的である．例えば工事用道路や資材置き場の施設や使用の結果として起

こってくる一時的な侵害は，動物生息空間として重要でない土地にこれらが設置される場合，あるいは，大空間的な動物生息空間に位置し，全生息空間のわずかな部分が期限つきでしか影響を受けない場合には，些細なものに該当する場合がよくある（耕地，集約的草緑地）．

理解確認問題
- どの影響要素（の複合）が，道路のための自然地維持的随伴計画に重要か？
- どのように影響要素（の複合）を質的に適格なものとして把握できるか（影響要素-侵害複合およびその規模）？

2.1.5 侵害の回避と低減

連邦自然保護は，介入の原因者に対して自然・自然地の回避可能な侵害を禁止する義務を課している（連邦自然保護法第19条1項）．この義務は，介入規則の，第一の段階で行われ，そして最も重要な関心事であり，介入規則の予防としての性格が強く現れてきている．自然収支の実行・機能能力ならびに自然地景観の侵害は，それが発生する前に，すでに阻止されるべきである．抽象的に考えれば，介入が中止される形で，介入と結びついた侵害がすべて回避される必要があるのかも知れない．しかしながら，この回避可能な侵害の禁止は，一括して行われるのではなく，介入の具体的な実施内容に対して該当する－介入は，結果的に要件が満たされれば認可できる（GASSNER 1995）．それぞれの事業で狙われている目標を妨げることなく，侵害を停止できるのであれば，回避可能である（BREUER 1991）．"それは事業の禁止を問題とするのでなくて，**より慎重な立地と範囲の検討**，あるいは介入の場でのプロジェクトの**より慎重な変種案の検討**に関わるものである"（GASSNER et al. 2003, 346頁）．

回避命令は**厳格な規則**である．つまり，回避に向けての可能性は，相殺・代替対策の検討に対して，無条件の優先性を持っている；この法律はこれらの間の選択可能性を認めていない．しかし，**介入結果**を可能な限り低くするために回避対策が追求されるので，そこには，必要な代償範囲を小さく保つ手段も与えられている；侵害が全く発生しない場合には，相殺・代替対策も全く必要としない．このことは，侵害のある場合に必要とされる代償対策の費用の節約にもつながる．より効果的な回避義務の実施は，しばしば，介入規則全体の改善に向けての最重要点であると見られている（例えばLANA 1996参照）．同様に重要なのは，自然地維持的随伴計画で当該の回避・低減対策を明確に表示することである；この視点で自然保護官庁が行う**検査**は，通例，提案された代償対策の判定と同じ意味を持つはずだからである．

回避義務は，侵害の**低減**の義務も包含している（Oberste Naturschutzbehörden Neue

Bundesländer und Bayern & BfN 1993)．侵害の部分的な回避は，低減と言われている；侵害の回避対策が初めから自然・自然地の侵害を全く発生させないのに対して，低減対策は侵害をより少ない規模に押さえるものとされている．回避と低減の分離は，多くの場合，困難である；したがって，実際上，**回避-低減**という対概念は，しばしば類義語として用いられている (LANA 1996)．回避対策と低減対策を，自然保護専門的な事業最適化という意味で，まとめて扱うことが適切かも知れない．

回避対策の**相当性原則**に関しては，具体的個別事例において決定しなければならない．相当性原理に抵触する可能性があるのは，非常に高い回避出費で実施しなければならないのに，他方では自然・自然地に対してわずかな利点しか得られない場合である（例えば，侵害回避が適切な利点をもたらさない，トンネルの形での道路建設）．しかし，自然保護専門的に有意な解決のための高額の費用は，一般的には，回避対策の取りやめの決定的な理由とはならない．GASSNER (2003) は，これについて，"「……であればあるほど，より……になる」という表現形式 [Je-desto-Formel]" を用いているが，これによると，介入結果が深刻であればあるほど，回避費用は，その分，高くなって良いとされる．技術的に実行可能であるにもかかわらず，回避に向けての予防策が考えられていない場合，いずれにせよ，それに対する決定的理由を示さなければならない (Oberste Naturschutzbehörden Neue Bundesländer und Bayern & BfN 1993)．

回避戦略と回避対策については，特に，環境親和性検査あるいは戦略的環境検査における**早期の計画段階**で，すでに検討作業をしておく必要がある（第3章を参照）．道路位置の選択肢案 [Trassenalternative]（問題の少ない経路の選択など．HOPPENSTEDT 2002）以外に，早期の計画段階において，拡幅の度合いを落とすこと，あるいは修正計画が可能かどうか検査する必要がある．これには，例えば，道路建設の場合では，技術的建築物および掘削位置，側壁位置の移動が含まれる．

建設設計案とともに，事業が，建築技術的な低減対策が行える可能性があるかどうかという問題意識を持って，細部で更に最適化される必要がある．例えば，4車線の連邦アウトバーンの計画に対する設計速度 [Bemessungsgeschwindigkeit] の 110（〜80 まで）km/時から 100（〜70 まで）km/時への引下げは，基準断面 [Regelquerschnitt] の 3.5 m 分の減少（RG29.5 の代わりに RQ26）を意味し，土地需要を 12％削減する (LAMBRECHT 1998)．自然保護法的回避命令は，この計画レベルでは，特に，介入の場での事業の技術的-専門的最適化に向けての義務として現れてくる（同上）．早期の手続が行われないときには，回避対策としての空間関連変種案の検査が，計画確定/許可の過程で実施されるべきである (Oberste Naturschutzbehörden Neue Bundesländer und Bayern & BfN 1993)．

2.1.5.1 回避・低減対策

回避・低減対策では，しばしば，自然収支の極めて特定の機能と価値－例えば，カワウソ [Fischotter] の移動－を，侵害から保護する，あるいは，これを可能な限り小さくするという目標が追求される．回避・低減化対策は，したがって，**保護財に関連しており**，場合によっては，事業の個々の段階（建設，施設，経営）に応じて計画し，実施する必要がある．道路建設における保護財関連の回避の対策は，"ブランデンブルク州における道路建設事業の際の自然地維持的随伴計画ためのハンドブック"で詳細に扱っている（MSWV 2000）．最後に，特定の侵害の回避と低減という予防措置は，新しい侵害を引き起こす可能性があることも指摘しておく必要がある：野生動物通行橋 [Wildbrücke] の建設は，例えば，更に土地消費につながり，自然地景観を侵害する可能性がある－そこで，個別事例においては，それでも予防措置がとられる必要があるのかどうか，検討しなければならない．

以下の概要は，例示的に，計画実践からの典型的な回避対策を選び出したものである（LAMBRECHT 1998．表-2.14 を参照）：

表-2.14 ブランデンブルク州でのアウトバーン拡充工事プロジェクトの回避対策（交通プロジェクト「ドイツ統一」；NOTHDORF 1999 によるまとめ）

回避対策	A2	A2	A2/10	A9	A10	A10	A10
工事用材料の保管と扱いの付帯条件	●						
工事段階での樹木ストックの保護	●	●	●	●	●	●	●
抱卵期以外の伐採作業				●			
部分工区の 11 月から 3 月にかけての工期の制限							●
部分工区の作業範囲の縮減							●
車両通行路面の水の回収と浄化	●	●					
部分工区での有害物質の蓄積能力のある土壌づくり			●				
土地使用の削減のための擁壁の建設	●						
建設工事施設と作業用地の部分の砕土	●						
建設工事による土壌・水への有害物質混入の回避対策			●	●			
カワウソのための保護柵の設置			●				
3 本の橋梁の拡幅	●	●					
通過可能性の改善のための通路の拡幅			●	●	●		
沈殿槽と地下浸透槽の自然地に適正な形態				●			
開墾段階での森林前部の植栽(太陽光保護, 汚染防止)				●		●	
旧駐車場の縮小工事と再自然化				●			
騒音防止壁のツル性植物による緑化					●		
両生類の誘導施設の建設					●	●	
道路敷きの両側の野生動物保護柵の設置					●	●	●

- 建築物の適正規模化（例えば道路敷断面，沿道施設と管理地の縮小，あるいは施設の高さの低減も），
- 作業場の幅 [Arbetisbreite] の縮小（例えば，"一方向進行建設方式" [vor-Kopf-Bauweise：鉄道建設などで建設地以外に作業所，資材置き場などを設けない方法]），
- 土地使用の削減のための建設技術的対策（例えば，土手の代わりの擁壁あるいは柱支持），
- 土地の使用を制限する対策，
- 特定の建築資材と建設技術の選択（例えば，リサイクル資材の使用，あるいは地下水位低下を起こさない基礎），
- 大きな価値をもつビオトープの保護のための地下道（非開削推進工法 [Unterpressung] あるいはトンネル，上部横断），
- 湿性依存の植生の保護のための水収支対策，
- 土壌圧密の低減化のための対策（例えば，鉱物繊維性マットを敷いた工事用道路の設置），
- 保護柵と誘導設備の設置（両生類，カワウソ），
- 「緑の橋」の建設，
- 動物の通行可能性改善のための通路管あるいは橋の幅拡大，
- 高圧送電架線との鳥の衝突回避のための技術的対策（例えば，特別の碍子および鉄塔での接近防止棒 [Abstandstange]，飛来防止の施設），
- 目隠し植物，
- パッシブとアクティブな騒音防止施設，
- 交通誘導の対策（例えば，速度制限），
- 水面保護対策．

美的な侵害の場合には，介入物についての技術的-形態的な対策だけでなく，介入物の立地と周辺に関わる対策も問題となる（NOHL 1998）．例えば，市町村道の位置を地形上目立つ場所からそうでない場所に変えることは典型的な回避・低減対策であろう（同上）．KRAUSE & KLÖPPEL（1996）によると，事業は侵害される自然地景観地域の自然地要素，つまり，そこでの配置パターンと形態特徴を基に考えていく必要がある．これによって，特に，自然地を適正に形成するために，地域の基本形態を反映させることができる．

－平坦形に対しては平坦形で（例えば，線的事業施設の地表面に近い勾配），
－立体形態に対しては立体形態で（例えば，氷河期の断面形状または堤防を連続させていく），
－輪郭に対しては輪郭で（例えば，低い波形のレリーフ状地域に合わせた柔らかい，

a) パイツァー池 B79 のカワウソ乾性地下通路管
（写真：Andreas Hahn）

b) リュッベナウ地域 A15 のカワウソトンネル

図-2.4

曖昧な形態の灌木の設置）．

> 図-2.4 は，カワウソ保護のための道路建造物の場合の分断効果を低減化するための対策を示している（カワウソ乾式通路管とカワウソトンネル．HAHN & BUTZECK 2000）．カワウソの死骸は，道路が橋によって河川を横断する場所で頻繁に見つかる．可能な対策は，高すぎる橋脚の前の犬走り状の石積み，および浮き橋，道路の盛土の下の乾式管と幅広い歩行路と充分な通行高さのトンネルによる，組合せ野生動物・カワウソ通路である．加えて，これらの対策箇所にカワウソを誘導するための柵を道路に沿って設置することである．適切に行われた場合の対策の効果は，すでに証明ずみである（同上）．

> そのような，動物通路，およびトンネルや緑の橋，ランドスケープ橋のような高価な建設技術的回避対策は，しばしば，相当性原則を留保しながら激しく議論されている（LAMBRECHT 1998）．"特に問題なのは，その際に，費用のより少ない代償対策に合わせた選択肢案－中でも代替対策－に狙いが定められることである"（同上）．このことは法的に与えられている介入規則の段階的進め方，あるいは厳格な規則としての回避命令の適格性に抵触する（同上）．

> KÖPPEL et al.（1999a）は，1992 年度連邦道路計画で計画され，この間にかなり事業が進んでいる 53 件の道路プロジェクトについて，実際の回避・低減費用と代償費用に関しての抽出調査を行った．回避費用は，形態・騒音防止対策の支出のみならず，自然保護専門的な指向をした保護対策と技術建設物（例えば，両生類通路，トンネルの追加費用，橋梁拡幅や緑の橋の追加費用）も含む．平均的に，

総費用の4%が回避・低減化の目的で，そして総費用のほぼ6%が代償対策のために見積もられたか，支出されている．

理解確認問題
- 自然保護法規的な介入規則の回避命令によって，どの程度，実際の対策が広がりを得てきたか？
- どの回避・低減化対策が，自然地維持的随伴計画の対照となり得るか？

2.1.6　相殺対策と代替対策

　侵害の回避についてのすべての可能性を追求し尽くした後では，まず，残されている甚大な侵害が相殺可能かどうかを検査する必要がある；この場合には，優先的に当該の**相殺対策**を確定し実施しなければならない（連邦自然保護法第19条2項）．**代替対策**は，それ以上の相殺が不可能であるときに，その他の代償として検討される．法の意味での侵害が相殺不可能かその他の方法で代償できないなら，第19条3項に沿って，事業の禁止につながる可能性もある**比較衡量**が続く．この場合の前提は，具体的な比較衡量事例において，自然保護・自然地保全の利益 [Belange] が自然・自然地に対する他の要求より優先されることである．

　2002年連邦自然保護法による介入規則の改正を巡って，1976年連邦自然保護法以来，それまで第8条で定められていた段階的決定進行も，専門科学的視点から別の改革が望まれていた（BALLA & HERBERG 2000）：その際に提案されたのは，環境法典についての委員会法案（BMU 1998．第260条以降）の原則においても推奨されていた考え方であった．回避対策の検査と明確化の直後に自然保護法規的な比較衡量を行うようにしていれば，その比重が大きくなり，回避命令も強化はされたのだろう．しかし，充分な相殺・代替対策の明確化は，法的に確かなその実施を保証するために，更に最終的な全体比較衡量においても必要とされただろう．恐らく，事業の禁止に関して，自然保護法規的な比較衡量の意味は，過大評価もされている．国土計画手続と路線位置決定手続の形で，事業の原則的な環境親和性がすでに早期に確定されているのだから（第3章参照），自然・自然地の重大な侵害は，以降の認可レベルでの介入規則の実施の際に，異なる評価につなげるために見過ごされてしまうこともあるのかも知れない．

2.1.6.1　相殺・代替対策の考え方

　介入は，自然収支の侵害された機能が再生されたなら，その時点で相殺されたことになる（連邦自然保護法第19条2項）．相殺対策は，介入があった自然収支と自然地景観の機能と価値の同種の [gleichartig] 再生が，**緊密な実態的-機能的関連性**の

中で行われることを必要とする（Gassner et al. 2003）。考え方としては自然収支の機能と自然地景観を侵害する介入結果を出発点とすべきであるが，同種性は相殺概念から出てきているようにみえる（同上）。しかしながら，これによって同一の [identisch] 再生が要求されているのではない，というのは，再生それ自体，自然収支の複雑なシステムの中でほとんど達成できるものでなく，証明するのも困難だからである。第一の重要な相殺対策は，同一のビオトープ，あるいは，例えば水収支の同一の特性の再生ではある；だが，相殺が意図するところは強制的に同一の要素の再生を求めているのではなく，自然地が満たしていた重要な機能が再生できることを保証する状態である（LANA 1996）。

相殺可能性の決定については，**空間的関連構成**[-gefüge] が検討されなければならない；相殺の場所は自由に選択できない。ある住宅地域に対する冷気流あるいは新鮮大気流は，他の任意の場所での冷気流路が新しく設けられることでは相殺できない。空間的視点から見た相殺は，**その効果を持つ場所**でしかあり得ない；動物個体群の侵害は，相殺対策によっては，それが直接的に当該の動物個体群とその生息空間に利点のある場合にしか，十全に対応できない。両生類用の水面の新設は，当該の種が新生息空間にもう到達できないほどに介入場所から離れて行われる場合には，それが生息していた小水面の消失の相殺にはならない。しかしながら，相殺対策がいつも介入地で行われなければならないと要求することは，表面的すぎる（ARGE Eingriffsregelung 1995）。両生類の生息空間を新しい道路のすぐ近くに設置することは，その道路建設でその空間が消失したわけだが，意味のないことである。したがって，その対策は，その道路から充分な距離にあるが，まだ，当該の生息空間連結においての充分な全個体エコロジー的な [populationsökologisch] 効果のある形で実現していく必要がある。そのため，相殺対策の場所的確定は，その際には，一方で自然収支と自然地景観に対してもたらすはずの実行力の機能を通して，他方では必要性の空間的具体化を通して決定される（LfU Baden-Württemberg 1992）。

介入結果の相殺可能性の**時間的な関連性**に関しては，広範な専門家の間での意見一致が得られているように見える。というのは，**25 年から 30 年以内に**効果的に"介入前の質"への発展が可能な，侵害された機能と価値だけが相殺可能に該当するとされているからである（Kiemstedt et al. 1996）。その場合，人間の一世代という時間幅が議論の背景となっている；自然収支と自然地景観は，後続の世代に，少なくとも同質の形で，残されるべきである。相殺対策は，自然・自然地の侵害された機能と価値が素早く再び効果的になるように，いつでも，可能な限り介入に近い時点で，実施するように努める必要がある。最適の場合には，このことは，そもそも具体的に介入が始まる前に，相殺対策が実現され完全に機能を果たしている状態を意

味するのであろう（LfU Baden-Württenberg 1992）．しかしながら，このことは，自然保護法規的介入規則の実践ではほとんど見られない．

このようにして，ビオトープの**発展期間は**，時間的な相殺可能性について取りあえずの見積のために重要な規模を表す．荒れ地，耕地野草，富栄養を好む高多年草の野原 [Flur] のようなビオトープは，短期間内に発展し，したがって相殺可能に該当する．これに対して成熟した森林ストックは25から30年を遙かに超える発展期間を必要とし，いつも相殺可能と判定することはできない．もっとも，不確実性や当該の再生期間に関する見解の相違も存在する．例えば，ある研究プロジェクトによって，石膏・石灰質の立地では，「保護価値がある」と段階づけるべき半乾燥芝は，比較的に少ない年数で（2から8年）発展可能であることが明らかにされている（例えば TRÄNKLE 2000, SCHWAB et al. 2002）．しかしながら，それ以外では，半乾燥芝に対しては，明らかに25から30年を超える発展期間が前提とされている（KÖPPEL et al. 1998）．

自然保護立法は，**自然地景観への介入**がある場合には，自然地景観の新形成と再生を行うことを前提としている（NÖHL 1998）：自然地に適正な**再生**とは，**相殺対策**の実施後に当該の美的な空間単位が当初の自然地美的独自性を再び獲得していること，そして，それが，美的な特徴において，密接な関連性をもつ周辺の自然地単位，あるいは同様の自然空間における類似の自然地単位に適合していること，相殺の空間的関連性が求められていることを意味する．自然地に適正な**新規形成**の場合でも，（相殺対策あるいは）代替対策の実施後，当初の自然地美的な機能と価値が再び存在していなくてはならない；しかし，この場合，出発点状況に対して明白な視覚的変化も，基本的な自然地の性格が確保されている限り，可能とされる．連邦自然保護法で自然地適正な新形成も相殺対策に位置づけられていることは，BREUER（2002）によれば立法家の見過ごしとされている．新規形成は，連邦行政裁判所の判例によれば，形成された空間領域 [Bereich] が，自然保護・自然地維持の利益に関心を持つ平均的観察者によって自然地での異質体 [Fremdkörper] とは感じられない時に，**自然地に適正**となる（同上）．

代替対策は，回避・低減・相殺対策がとられるにもかかわらず，まだかなりの甚大な侵害が残る場合にいつも検討対象となる．相殺対策が侵害を受けた機能と価値に対して機能的および時間的に密接な関連を示さねばならないのに対して，代替対策に向けての要請は，度合いがゆるめられた形でしか出されない（LANA 1996）．しかし，それでもなお，代替対策の場合にも自然・自然地のもつ自然収支の実行・機能能力を可能な限り同様にし，そして，全体的には**等価**の再生を行うために，相殺可能性の基準に可能な限り大幅に近づけるように努める必要がある（同上）．これら

「その他の代償対策」の等価性の視点は，今や，連邦法によっても統一的に与えられている．このことは，自然保護専門的意味を適切に表現するために，これに対応する手がかりを見つけだしていかなければならないことを意味する（2.1.7 項を参照）が，この点も重要である．

大切なこととして，自然地計画の助けを用いて，自然・自然地のための**全体空間的発展構想**に結びつけられた代償対策が実現されることを保障すべき点がある．自然地計画は，そのような目標構想を作りだすという法的使命をもっている．"もし，それがこれまで充分な規模で，そして特に介入規則と結びついて有効に働いていなかったのなら，今がそれを変える潮時である"（KIEMSTEDT 1995）．しかし，諸々の代償対策によってつくり出された機能は，機能が連邦自然保護法第 15 条「自然地プログラムと自然地枠組計画図」と 16 条「自然地計画図」に基づくプログラムと計画で発展目標として示されている場合，［それは独自の課題であり］そのためにすでに等価とは言えなくなり，そして発展目標はまた，特に介入結果の展開と関連させて位置づけられていなければならない（BREUER 2002, 2 頁）．同時に，例えば，集約的利用の耕地は自然収支的価値が低いためそれを同様の地面遮蔽を行う場合のように，図式的すぎる相殺対策の計画は，目標に結びついていかない；単なる再生は，自然保護視点から見ると，何の意味も生み出さない．80％を草緑地として利用している計画空間では，具体的な事業で森林が失われていなくても，森林の割合を引き上げることが大きな意味を持つ場合がある(LANA 1996)．機能的な関連性が緩和されている等価の代替対策に対しては，地域的，広域的な自然地計画の設定目標(連邦自然保護法第 19 条「原因者義務，介入の不認可」2 項)への結びつけが特に重要である．

STEFFEN (2000) は，州の自然保護法で数多く行われている代替対策の地域化 [Lokalisierung] のための，自然空間概念の幅広い解釈に賛成している（**空間的柔軟性**，密接な機能的結合）．連邦自然保護法は，2002 年の新条文で，州に対しても，代償備蓄対策への事後の**算入**に対する規則を設ける権限も与えた（第 19 条 4 項．2.2.3 項を参照）．

実務では，代償対策の計画に際して，通例は，自然保護官庁への問い合わせも行われる．相殺対策と代替対策の選択の際には，**立地エコロジー的**および**拡散生物学的**な視点からも，それらが望まれる結果につながっていくように絶えず注意していく必要がある（FEICKERT & KÖPPEL 1993）：例えばオオスゲ [Großseggenried] あるいは半乾燥芝地の発展に向けての考え方は，アナログ解法や発展シナリオに根ざしており，総じて立地エコロジー的および植物学的に導き出された遷移の推測の上に築かれ，自然地建設的および技術エコロジー的な幅広い操作手法によって補完される．発展ポテンシャルの見通しの失敗はあり得るが，それは部分的には立地の知識の不

2.1 部門別計画における介入規則（連邦自然保護法による）

表-2.15 "ドイツの統一"交通プロジェクトにおけるアウトバーン建設事業（選択）での相殺・代替対策

対策タイプ	土地割合
広葉・混合林の新設	42.2%
森林と森林辺縁部の価値向上	22.6%
様々な目的での遷移地の指定	15.4%
滞湿状態から水気保有状態の立地の創出あるいは価値向上の対策	5.1%
地面透水化対策	4.9%
沿道地での植生地の創出と遷移地の発展	4.8%
生垣および樹林帯、樹木の植樹	1.1%
水面の創出と価値向上	0.9%

足に基づいている．そのために，問題となる代償用地とその周辺での現況調査が重要である．例えば，比較的小さな代償地で，望まれる意味で水収支を停止すること（再湿性化）は，周辺でこれと逆の進展（排水の継続）があれば，いつも困難となる．

最終的に達成するべきものは，個々の保護財を総体的に包含する**目標－エコシステム**である（表-2.15）．つまり，最初の一歩においてはビオトープ類型指向的であって，また実用的なこの手法の方法論は，自然構造を形成する植物界のための新しい生育空間の実現だけでなく，自然収支の無生物的および動物的な機能・価値要素を同様に含んでいる．しばしば，事業によって侵害された自然収支の機能と価値の広範な代償が，**類型レベル**ですでに明確になることがある．しかし，いつもすべての保護財がこの方法では充分に考慮できるわけではない；固有の**保護財関連の**相殺・代替対策の必要性があるからである．このことは，例えば，事前に重要な生育空間を見つけだすことなく（例えば，低層湿原土壌上でのトウモロコシ畑），重要な土壌機能が地面遮蔽によって失われる場合に該当する．強調しなくてはならないのは，自然地収支の機能・価値要素の新規実現に役立つ対策が，人間の感性・体験世界に関わる自然地景観の場合には，必ずしもその質向上に結びつかないので，上記と同様のことが自然地景観にも当てはまるということである（GASSNER 1995）．

GERHARDS (2002) は，保護財と機能の特殊な侵害の代償に対して適切と考えられる模範的な代償対策をまとめている（表-2.16）．保護財に特殊な相殺・代替対策のカタログは，例えば，「ブランデンブルク州の道路建設事業に際しての自然地維持的随伴計画のためのハンドブック」(MSWV 2000)，あるいは，鉄道連邦局の環境親和性検査と自然保護法規的介入規則，FFH-親和性検査についての環境マニュアル (Eisenbahnbundesamt 2002) でも見ることができる．

ビオトープの再生と創出についての対策と費用との，つまり**自然地維持的実施計画**との接点課題に関しては，2.1.9項で述べている．自然地維持的随伴計画での地図表示を補う形で，相殺・代替対策の計画の詳細な情報が伝えられるために，文章の形

表-2.16 自然・自然地の保護財と機能の侵害のための代償対策（GERHARD 2002 のまとめ；概要）

保護財	潜在的影響	考えられる代償対策
生物種とビオトープ	植生や生物，他の自然地的要素の消失	● ビオトープの新設 ● 既存ビオトープの補完 ● 全個体に関連したハビタットの発展
	生育生息空間の分断化／遮断	● 網状化ビオトープの新設（例えば，飛び石，回廊）
	有害・栄養物質の移入	● 既存ビオトープの周辺に緩衝地帯を設ける ● 農業利用の粗放化 ● 河川湖沼の自浄能力の改善対策 ● 隣接する用途に対する緩衝地帯としての河岸・湖岸地帯[-streifen]の設置
	水収支の変化（例えば，地下水面低下）	● ビオトープの無生物的立地要素（例えば，地面開放，湿性化による） ● 適正立地の獲得 ● かっての湿性ビオトープの再湿性化 ● 特に，粗放化と関連づけた，構造の豊かな湿地の新設置 ● 非近自然的河川の価値向上 ● 近自然的に形成された河川湖沼の新設
土地／土壌	特殊な独自性のある土壌の喪失	● 地面開放 ● 土壌浸食防止（例えば，土の上に永続的な地被植栽） ● 農業的利用の粗放化 ● 排水や施肥，石灰やりの抑制 [Rucknahme]
	土壌構造／土壌構成の改変	● 地面開放 ● 例えば砕土による，土壌の活性化（機械的あるいは深く根を張る植物 [Tiefwurzler] による） ● 土壌浸食防止（浸食の危険性がある立地での生垣植栽，耕地から森林への転換，樹林地，遷移地，粗放的草緑地）
	有害・栄養物質の移入	● フィルター・緩衝能力の向上（例えば，腐植土保全，土壌改良的対策による） ● 農業的利用の粗放化 ● 汚染された土壌の改善 [Sanierung] ● 汚染物質移入の減少化
水	雨水濾過機能の消失（低下）	● 河川の流水 [Wasserführung] の安定化 ● 地面開放と植物による地表流水の減少化 ● 雨水のための貯留施設・地面開放による地下水涵養
	地形状態改変による高水抑制効果の消失（低下）	● 堤防移設による遊水地域の再生 ● 河川の近自然化（例えば，断面拡大）
気候／大気	微気候・中気候の与条件の改変	● 気候に重要な地表面形態の再生 ● 蒸発の活発な構造の実現（樹林，水面，草緑地） ● 冷気と新鮮大気，大気交換のための機能をもつ気候活性の土地の促進 ● 地面開放 ● 防風植栽
	冷気・新鮮大気流の遮断あるいは減少	● 新鮮大気流路および大気貫流路の実現あるいは再開放

2.1 部門別計画における介入規則（連邦自然保護法による）

表-2.16 自然・自然地の保護財と機能の侵害のための代償対策（GERHARD 2002 のまとめ；概要）

保護財	潜在的影響	考えられる代償対策
自然地景観	自然地景観空間の改変：植物および／あるいはその他の自然地景観要素による －完全消失あるいは部分消失（縮小） －過剰表出／改変（添加も含む）	● 自然地関連のレクリエーションのための近自然的森林の緑化などの形態的対策による，これまで魅力に劣る空間の価値向上 ● 自然地を阻害する要素の除去 ● 自然空間に典型的な自然地要素の再生 ● レクリエーションと自然体験の用地の実現 ● 並木や樹木列のような文化史的に証明された要素の設置 ● 樹林や自然地典型の野生芝播種，自然遷移による緑へのはめ込み [eingrünung] ● 視覚的に効果のある大型樹木の植樹
	視線関連の分断／改変	● 視線関連が阻害されない限りでの，植樹対策による建築物と集落周辺部の連結 ● 自然空間典型の自然地要素の再生 ● 建築的施設と空地の地元典型の形成 ● 重要な視線連結の強調，および分断の場合の新目標点の実現
	レクリエーションの重要な道路連結の分断／阻害	● 道路関連の再生および／あるいは新しい道路関連性を設けること

で**対策シート**を作成することが推薦される（表-2.17, 図-2.5）．代償対策の計画の際の典型的な不足については，ARGE Eingrifsregelung[介入規則]（1995）が指摘している．特に注意すべきなのは，代償用地の位置が所有権的な基準からだけでは決まらないということである（例えば，ある事業の残余地での相殺・代替対策）；自然・自然地の既存部分を単に保全することも，全く代償行為に該当しない（同上）．

自然収支と自然地景観の様々な侵害のために，個々にどのような相殺・代替対策を考え出していくべきかの決定は，したがって，自由に選択できない．それは，むしろ，以下の機能性，空間的な視点，つまり：

● 自然収支と自然地景観の**侵害された機能と価値**,
● 自然収支と自然地景観の個々の**空間的発展目標**,
● 対策の実施についての詳細な**立地の可能性**,

に合わせていく必要がある．

自然地景観の場合の**相殺対策**は，自然地要素の，阻害された秩序原理と形態質の機能的な再生を目指している（KRAUSE & KLÖPPEL 1996）：「修復を基礎とした相殺」の概念は，出発点状況の再生と理解すべきである．この相殺形態に対する事例に，土砂・岩石採取場の再生整備 [Rekultivierung] がある：土砂や岩石での埋め戻し，そして従前の土地形状の生成 [Herstellung]，それまでの植生装備や土地経営形態の再導入が行われる．構造的・統合的基礎のうえに行われる相殺は，そこで支配的な自

表-2.17 対策シート－自然地計画（段階 II）の対策目録土地新整備"緑の紐帯 [Band]I"（トリーベル町 [Gemeinde Triebel]）フェイレバッハの対策（Heimer & Herbstreit：Umweltplanung, 2002）

対策番号：516-01		位置：ファイルバッハ	
対策			
河岸領域での，耕地から粗放利用の草緑地への転換			
介入の判定，問題状況			
BO1　地面遮蔽が加わることによる土壌機能の損失		面積	12 220 m^2
WA1　地面遮蔽による浸透地の損失		面積	12 220 m^2
AB1　価値の高いビオトープ構造の使用による生育生息空間の消失			
あるいは甚大な制約			
● その他の湿性草緑地（06130）		面積	210 m^2
● 集約的利用の長期草緑地（06320）		面積	945 m^2
● 集約的利用の耕地（10120）		面積	3 190 m^2
● 道路用地，部分的地面遮蔽，植栽の多くの欠落		面積	2 430 m^2
対策の種類	相殺対策		代替対策
対策理由，設定目標			
● 土壌・水収支の侵害の軽減 ● 開がった土地 [Offenland] での，利用度の低いビオトープ構造の実現 ● ファイレバッハ川に沿ったビオトープ連結機能の最適化 ● 自然地に適正な新形成			
現在の利用			
集約的利用の耕地			
対策の実施			
収穫済みの耕地の牧草地への転換．種子をつけた植物の除去，あるいは立地に適した牧草地用の混合播種（ザクセンの草緑地用の高質混合種）． 種子植物の利用の際には，生物種内容および立地要素に関して対策地との類似性を示す牧草地の手前にある土地を採種地として選定する必要がある．これは，時期を 3 段階に分けて，成長期の間に刈取り，刈取った草は対策用地に移し，そこでの初期緑化 [Initialbegrünung] として，採種地の 4 から 8 倍の土地に振分けるものとする．追加的に行う河岸灌木（いくつかの部分に分けて）の平坦化 [Abflachung] によって，多様な小地形変化を設ける必要がある．			
土地需要		面積	約 4 000 m^2
保全のための手入れに対する示唆			
年間 1 から 2 回の草刈り（6 月半ばより前には開始しない，あるいは担当自然保護官庁との同意の基で行う），あらゆる施肥の停止，放牧の停止			
費用見積			

項目	面積	単位当たり費用	総費用
牧草播種，あるいは種子植物の部分播種，部分的な河岸灌木の平坦化	4 000 m^2	0.50 €	2 000.00 €

利用制限
保全のための手入れに対する指示を参照
実施者
農村新整備参加者共同体－緑の紐帯 I

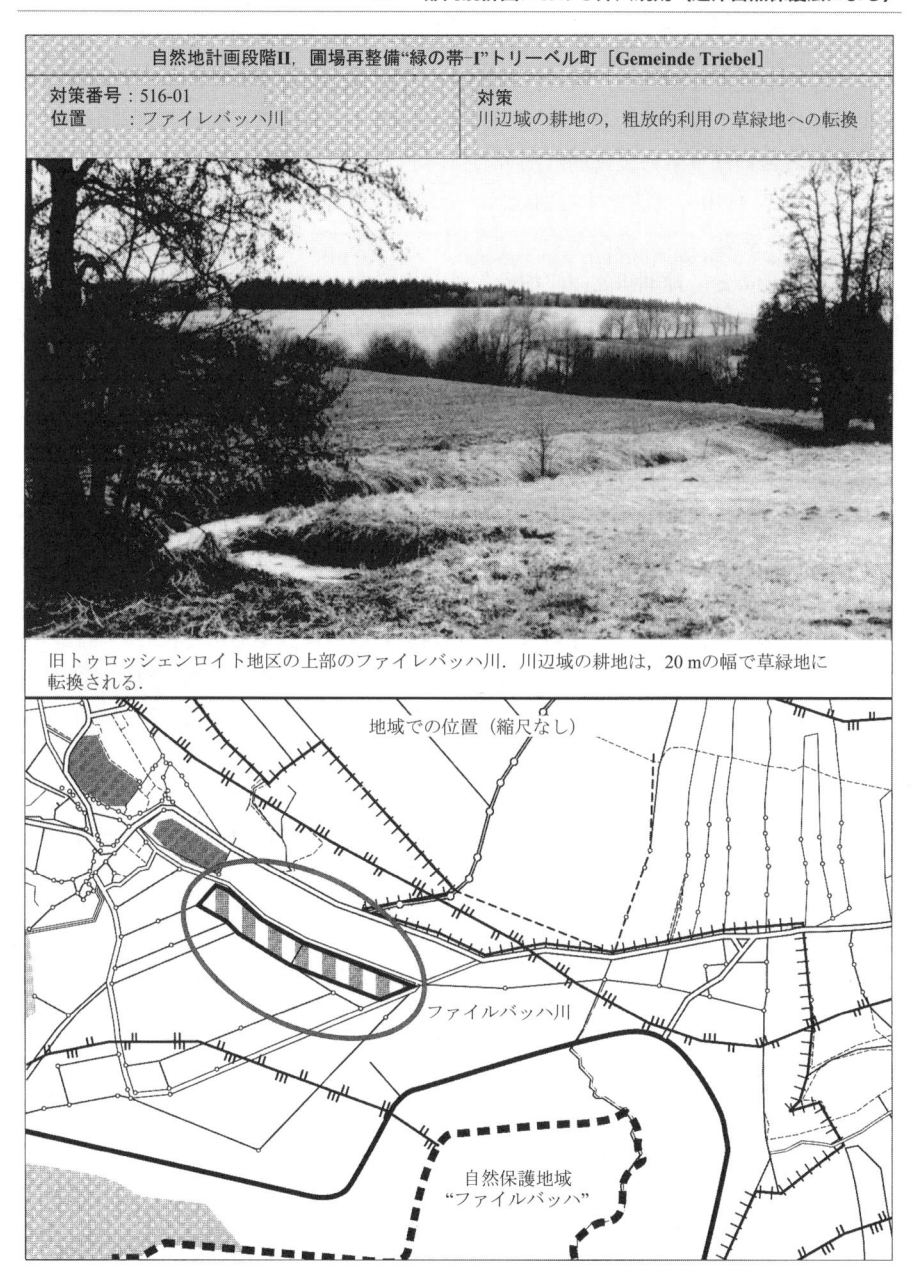

2.1 部門別計画における介入規則（連邦自然保護法による）

自然地計画段階II，圃場再整備"緑の帯-I"トリーベル町 [Gemeinde Triebel]	
対策番号：516-01 位置　　：ファイレバッハ川	対策 川辺域の耕地の，粗放的利用の草緑地への転換

旧トゥロッシェンロイト地区の上部のファイレバッハ川．川辺域の耕地は，20 mの幅で草緑地に転換される．

図-2.5　ファイレバッハ川 [Feilebach] の対策（表-2.17 および表-2.18 を参照）

然地の配列モデルへの事業の結びつけ，および，自然地要素の形態特徴への適合を意味する．支配的な配列モデルは，継続される必要がある（例えば，建設地区への並木の延長の形での入れ込み）．配置モデルの意味で，介入地に備わる要素が補完できるし，あるいは事業の侵害的な部分の目隠しも実施できる（例えば，道路の路肩の密生植樹）．代用を基礎とする相殺は，全自然地景観の中で，景観価値の損失と豊富化の間の，相殺による均衡をつくりだすこと意味する．例として，除去された樹木列の補充，あるいは網状配置生垣の欠落部の閉鎖，ならびに直線化され負荷の掛かった河川の近自然的な後退工事 [Rückbau] を挙げることができる．自然地特徴のある配置モデルや豊富に存在する形態要素を阻害する施設の除去や土地経営形態の廃止もこれに加えられる（同上）．

　自然地景観に対する**代替対策**として，KRAUSE & KLÖPPEL(1996) は，一方で事業の影響範囲の狭小化あるいは覆い隠し―**視覚的隠蔽 [Verschattung] も**―の対策を挙げているが，これを代替対策として扱っているのは，これらが構造的改変の根本的な除去には役立たず，立地依存の眺めに限定しているからである．BREURER（2001c）は，そのような対策も回避対策として位置づけることが可能だとしている．他方で，KRAUSE & KLÖPPEL（同上）によれば，代替対策としては，すでに存在し，当該の事業とは無関係の侵害の除去も採用できるとすべしとしている．自然地個性の再生に向けては，一つには，例えばどこか別の同様事業タイプによる侵害の除去があり得るが，しかしまた，別の介入タイプに属する自然地（像）要素の配置モデルや形態特徴の侵害の除去も可能である．これらの第2カテゴリーの代替対策は，事業の視覚的関連性において，あるいはその視覚的侵害範囲の中で位置づける必要がある．

理解確認問題
- 相殺対策と代替対策とは何であり，どのような形で区別されるか？
- 相殺対策と代替対策の構想においては，どのような視点が考慮されるか？
- 介入規則に対して，地域的，広域的な自然地計画は，どんな役割を果たすか？
- 保護財に特殊な代償対策に対する例を挙げよ！

2.1.7　代償規模の決定

　回避不可能な侵害の代償に向けての相殺・代替対策に必要な規模の確定は，特別な問題性を含んでいる．対策の実施に対する費用，そして必要な代償用地の所有権的担保のための費用は，民間のあるいは公的な事業実施者の負担になる．遅くともこの時点では，介入規則の**素材的法的効果**は明確となっている．すでに，経済的な対応，あるいは公的財源の節約的な扱いの理由で，事業実施者は"自然・自然地に対する損害賠償"（Köppel et al. 1998）の支払を可能な限り低く押さえようとするだ

ろう−例えばこのように考えられていることは理解できる．適切な回避対策が行われながらも，この必要費用を低く抑えるための刺激策については，すでに，論議されている．

2.1.7.1 代償規模の影響要素

　個々の事業が与える影響要素の種類と強度，および空間的範囲を含む当該の自然・自然地の機能・価値要素，自然保護と自然地保全の重要な目標，ならびにビオトープに必要な発展期間と発展上の危険性は，必要代償規模の設定の際に考慮する必要がある．現在のところ，それ用の多くの**(評価)手続**が並列的に使用されている．甚大な侵害を受けた機能と価値を優先的に同種性の内容で相殺するか等価性のある形で代替するために，どのような対策をどこの土地で行うかについては，いくつかの事例では，総じて**口頭で論議し決められている**．多くの場合には，実務上で，必要な代償規模を確定するために，**定式化された手続**が採用されている．その場合には，いわゆるビオトープ価値手続，あるいは代償要素が活用されている．例えば，建設誘導計画での介入規則の扱いに向けて最近に現れてきた作業支援書の多くも，定式化された手続を記載している（2.2.1.5項参照）．

　手法の**調和**を進め連邦統一規則の制定を行おうとする動きはあるが，これまで，主に，州への自然保護権限の配分の点で，そして最適手続に関する意見の相違によって，更に，実施に対して権限を持っているのは自然保護官庁それ自身でなく，事業実施者あるいは最終的に認可官庁である事実によって，失敗している（SCHWEPPE-KRAFT 1994）．このことは，今日まで，類似した介入状況に対して，結果的に異なる結論が出てくることと結びついている；もっとも，最初から介入規則の法的概念が不明確であることは，本来的に，事例ごとに効果的な検討の自由余地をもたらしている．

　必要とされる相殺・代替対策の規模は，事業による自然収支と自然地景観の**機能・価値損失**と，計画されている対策によって予想される**機能・価値増加**との対照から出てくる．ある事業の介入結果は，代償地で新しく生まれてくると考えられる機能と価値と比較される．ここで関わっているのは，自然収支の実行・機能能力を全体として大きく侵害することなしに行える，個々の機能と価値の（条件づき）交換可能性である（LANA 1996）．この原則は，アメリカの湿地に対する介入規則において"**正味損失なし政策**[No Net Loss Policy]"とうまく表現されている（BUTZKE et al. 2002）．

　事業によって，どれほどの規模で自然収支の機能と価値が侵害されるのか，あるいは失われるのかを判定するには，介入規模として，介入前の自然収支の状態，ならびにその保護財と機能，そして**侵害の強度と空間的規模**が検討されなければならない．介入前の自然収支と自然地景観の状態は，個々の資源に対する現況調査と評

価を通して把握する必要がある．なぜなら，**実際の**自然収支の**実行・機能能力**，ならびに自然地の多様性および独自性，美しさのみが，法的相殺義務を基礎としているからである．しかしながら，自然保護の視点から将来的な発展ポテンシャルについても配慮することが強く望まれるが，これに対しては法的基礎が欠けているように見える（LANA 1996．これと違う見解は Louis et al. 2000）．

侵害強度の場合は，介入前の状態に対して，どの程度，ある土地が機能・価値を失うのかが検討される．このことは，地面遮蔽が行われる場所の周辺では，例えば，完全な生育生息空間の喪失がない代わりに水収支の変化が起こってくるのに対して，地面遮蔽の場所では完全に生育生息空間の喪失があるという形で侵害強度が極めて大きくなる．更に，施設・運営によって引き起こされる永続的影響要素と並んで，期限つき，一時的な自然収支の侵害も起こってくる．例えば，事業の建設工事中に，通行や建設活動から，鳥類を侵害する視覚的・聴覚的な悪影響が発生する可能性がある．純建築工事期間を超えて，事後にそのような効果がどれだけ長く続くかによって，回避・低減対策のみならず，場合によっては，代償対策も必要とする甚大な侵害ともなる可能性がある．

相殺・代替対策の実施に対して選定された土地での自然・自然地の機能と価値の代償的強化は，出発点状況に，そして代償地の大きさ，追求発展目標の達成に必要な期間に関係し，更に，考えられている対策が－見通しのきく期間内で－望まれる成果には結びつかないという危険性に大きく左右される．実際に土地の出発点状況を超える**機能・価値上昇**のみが最終的に代償対策としての認知を得ることができる．

計画されている対策の目標達成に向けての**発展期間**には，必要な代償範囲の確定に際し，本質的な役割が与えられなければならないのかも知れない．事業によって侵害された機能は，介入 [Eingriff] の終了までに，空間的関連性をもたせる，つまり介入の場に近い場所で再生されていることが理想的なのだろう；そのようにしてこそ，例えば当該土地の個体群が新設の生育生息空間に難を避けることができるのだろう．しかしながら，そのような過程は，実際には，事業計画が介入の数年前にしか知ることができない点と，多くの生育生息空間の発展期間が長いという点で，ほとんど実行できていない．このようにして，ある事業によって自然収支から取り去られた機能と価値が，一定の時間的遅れをもって再生される（タイムラグ効果）．しかしながら，このことがどのように考慮できるという方法に関しては，意見は分かれている；そのため，このことが，実務上，この効果に目を向けない場合が多いという結果をもたらしている．一つの道は，必要な代償対策の面積を，その分について増加させるということである．KIEMSTEDT et al.（1996）は，タイムラグ効果を帳消しにするために，それぞれの相殺対策にかかる費用に利子掛けをして計算され

る金銭的方法に賛同している（2.1.7.2 項参照）．

　個々の相殺対策と代替対策の**発展期間**に関する予測よりもまだ困難なのは，対策が期待される成果に結びつかない**危険性**を把握することである．ビオトープ発展の追求も，例えば，相殺・代替用地に，望まれている主要生物種集団 [Leitartenkollektiv] の移入が全く見られなくなるということで失敗する可能性がある．それでも，相殺対策と代替対策の実際の目標達成の危険性を充分に評価するために，一貫した**成果管理**による道が残されている（2.1.9.3 項を参照）．そのような成果管理の中で，予測された機能・価値上昇が期待したほどには現れてこないことが分かった場合，適切な追加改善要請が出てくる．手続技術的には，そのような規則は，例えば，計画確定の決議の中ですでに選択肢として確保する形で，実行できる．

　それぞれの自然地維持的随伴計画あるいは当該部門別計画では，個々の介入結果を，考えられている相殺・代替対策と照合することが最終的に必要である．この**対照均衡化**[Bilanzierung] によって，回避不可能な侵害が事前に相殺でき，そして/あるいは代替できるという証明をする必要がある．この対照は，保護財に関連させて行われなければならない（表-2.18）；その際には，場合によって，補完的，特殊的な対策を示す必要がある．このことは，様々な保護財の侵害の代償にはいつも特殊な相殺対策と代替対策がなければならないということを意味してはいない．相殺対策と代替対策に対しては，まず例えば多機能性の原理が適用される（類型レベルでの代償；2.1.6.1 項参照）．

2.1.7.2 代償規模の決定に向けての手続

　相殺・代替対策に向けて必要な規模がどのように確定できるのかは，市民権を得ている方法を選んで，それを基に分かりやすくする必要がある．その際には，周知の基本モデル [-muster] に従って様々な手がかり要素を分類していく（KÖPPEL et al. 1998）．この手続には，色々に定式化された操作方法 [Handlungsanweisung] があるという特徴はある；しかし，相互に容易に移行はできる．そのようにみると，正しい手続を巡っての論争は少し表面的議論であることがはっきりする．この手続か，あの手続かの選択が重要ではないかも知れない－むしろ，個々の事例で選んだ手続を，慎重で，実態に即して運用していくことの方が大切である．

　定式化された手続も，枠組的な前提として理解すべきで，口頭論議決定的な [verbal-argumentativ] 進め方に似て，個々の事例に対して充分な形成・裁量余地まだ残されているはずであろう．これらの方法のいずれもが，他のものより無制限に優位にあると認めることはできない．すべてのものが，個別事例と基礎的考え方に応じて計画側に効果のある長所と短所を示している．したがって，ごく最近まで，代償確定の際の具体的な与条件を示すことで，事業実施者に対する計画安定性も，自然保護

表 2.18 地新整備 "緑の紐帯 [Band] I"（トリーベル町 [Gemeinde Triebel]）フェイレンバッハへの対策の対照からの一部流出［対策タイプ］（HEIMER & HERBSTREIT：Umweltplanung, 2002；表-2.17, 図-2.5 を参照）

道路建設対策	介入の特徴	介入状況／問題		自然保護法規的介入規則の意味での対策			
		1. 出発点状況 2. 介入の内容	侵害／機能消失；規模	コード／位置／特徴	代償の種類	1. 目標 2. 代償機能	価値上昇度，規模
保護財 土地／土壌							
116-01 ff.	BO1 地面遮蔽追加による土壌機能喪失	1. 集約利用の農地での中位から高位の収穫能力のある陸性 [terrestrisch] 土壌 2. 自然的土壌機能の喪失（生育生息空間機能，保水・調整機能，文化機能）	機能喪失 面積：約 12 220 m²	516-01 ーファイレバッハ川 河岸部での粗放利用の草縁地への農地の転換（幅 20 m）	代替対策	1. 利用粗放化による土壌機能の改善（物質移入の減少，まとまった植生被覆の確保，その他） 2. この対策は，不完全な機能的再生となり，相殺対策ではなく，同価の代替対策となる	中度から高度 面積：約 4000 m²（全体で約 4000 m²のうち）
保護財 水							
116-01 ff.	WA1 地面遮蔽による地下水浸透の消失，あるいは自然的河川流入の増加	1. 地下水層上の地層は総じて透水性が低い．したがって地下水汚染の危険性は「低い」から「適度」の段階にある． 2. 地下浸透性の消失による地下水新形成の低下，地面遮蔽部分の地表水流の増加	機能喪失 面積：約 12 220 m²	516-01 ーファイレバッハ川 河辺域での粗放利用の草縁地への農地の転換（幅 20 m）	代替対策	1. 利用粗放化による土壌，特にその水・物質循環，土壌構造および空隙浸透の改良 2. 立地改善対策は，不十分な機能再生のために，相殺対策でなく，同価の代替対策	中度から高度面積：約 4000 m²（全体で約 4000 m²のうち）
保護財 生物種とビオトープ							
116-12 116-68	AB1 生育生息空間機能の喪失あるいはかなりの削約な湿性草縁地 (06130)	1. 湿性牧草あるいは記鳶原芝の割合が高い草縁地，個々にはスゲ，トウダイグサ，高多年性草木も見られる 2. 生育生息空間の部分的除去，喪失	機能喪失 面積：約 210 m²	516-01 ーファイレバッハ川 河岸部での粗放利用の草縁地への農地の転換（幅 20 m）	相殺対策	1. 農業利用の耕地での同価の生育生息空間の再生 2. その他の湿性草縁地への機能的，おおよび空間的関連性を，短期・中期的再生可能性を根拠にした，介入に対する相殺機能	高度 面積 約 410 m²（全体で約 4000 m²のうち）

官庁の視点からの質の確保と実施の確実性についても改善する努力が行われている（BRUNS et al. 2003 を参照）．同じ方法でも様々な場所での異なる受入れ度合いを見せていることがあるが，これに対しては，個々の州での異なる扱いに責任がある点は指摘しておきたい．

口頭論議決定的な代償査定は，最も定式化の度合いの低い評価手法を代表している．この"口頭論議決定的手法は，定式化された作業補助というモデュールシステムを基にした記述的評価を基礎にしている"（KNOSPE 1998）．そのような進め方も，ルールが全くないのであれば，実現しない．

しかしながら，広範囲に達する集積効果は断念され，代償要求が質的なレベルと価値尺度の活用のもとで論議を通じて導き出される．複雑な実態と個別状況は，非常にうまく考慮される．具体的な介入事例についての鑑定的作業の口頭論議決定的手続は，最も大きな自由度を持っているので，それを扱った操作推薦書は手法的-専門的進行のみの概要を表している．特に，強度に定式化された手順で行われるような，計算による侵害と代償の比較対照は退けられる．しかしながら，この方法でも，同種性をもつ，あるいは等価性のある相殺対策・代替対策が，自然収支・自然地景観の侵害された機能・価値に対し，分かりやすい導出という形で示されなければならない．加えて，相殺・代替対策の面積的規模が－特に強く定式化された評価手続は，これと強い関連を持っているのだが－正しい対策と正しい場所の選択よりも重要でない場合がよくある．重要な実態について，数値転換などを行わない，直接的な話し合いは，決定の分かりやすさに役立つが，これは代償範囲（例えば，ビオトープ類型「褐色土」，植物群落「ブナ林」，オオヤマコウモリとコヤマコウモリ [Großer und Kleiner Abendsegler] など）を導き出してくる場合も同じである．

連邦遠隔道路建設における代償対策の基準値[Richtwerte]：よく用いられているのは，例えば，鑑定書"連邦遠隔道路建設における代償対策のための基準値 [Richtwerte für Kompensationsmaßnahmen im Bundesfernstraßenbau]"（Planungsgruppe Ökologie + Umwelt 1995）に見られるような手続方法である．そこには相殺・代替対策の規模の確定についての粗い操作枠組しか与えられていない．そのため計画家には大きな査定の自由余地が与えられているのだが，個別事例ごとに改めて事業実施者および認可・自然保護官庁の賛同を得なければならない．保護財である植物と動物ならびに生育生息空間の侵害に対しては，枠-2.3 に示した代償規模の決定についての指示が与えられている．特に，対策の発展期間の考慮と代償地の出発点状況の意味の検討は，代償規模の算定の際には，まだ行われていない；解決方法として，協約を行うことが推薦される．

2 介入規則

枠-2.3 連邦遠隔道路建設における植物と動物，生育生息空間の侵害に対する代償範囲の確定についての指摘（計画グループエコロジー＋環境，1995 年）

- 新設のビオトープ地は，破壊されたビオトープ地の機能が満たせる規模でなくてはならず，通例は，侵害された土地よりも大きい．
- 代償対策の面積規模は，対策の内容検討の中では，正しい対策の選択と位置決定よりも重要性において低い場合があるが，これは特に空間-機能的および時間的-機能的な関連の面で言えることである．
- 代償地での発展の過程で起こってくる代償欠損のためには，自然的上乗せ対策を優先的に考えておく必要がある．
- 代償対策が行われる土地の保有価値は，規模の決定に関して考慮する必要がある；通例，面積は大きくなる．
- 回避・代替ビオトープは，阻害された生育生息空間機能が代償されるに充分な規模でなければならない．必要とされる面積は空間的-機能的な要請と可能性に従って決定する必要がある．

　口頭論議決定的な評価手続が可能な限り計算を避けようとするのに対して，強度に定式化された手続では，まさにこの手段が用いられる．そこでは，代償範囲の決定が，ビオトープ類型の－そして部分的には個別の保護財の－自然保護専門的な分類と序列的段階づけの上に築かれている点を中核としている．**ビオトープ価値手続**によって，計画されている介入の前の現況評価結果と，事業の実現後の自然・自然地の状況の予測結果，および再度の評価結果とが対照比較される．この手続は，その場合，序列的な（例えば，見なし基本尺度的な [quasi-kardinal]．3.4.3.2 項を参照）ビオトープ価値と当該の基本尺度的面積とを計算的に連結する．その結果は次元なしの指数 [Indiz] であり，介入の前後のその差から必要代償範囲が確認される．このやり方でも，動物相に関する詳細な状況あるいは無生物的保護財，ならびに自然地景観が口頭論議決定的に扱われることは頻繁にある．いくつかの"ビオトープ類型指向の手続"（MARTICKE 1996）の相互比較によって，「注意すべき評価基準」と「ビオトープ類型の序列的段階づけ」に関しては，幅広い意見一致が見られていることが分かる（同上）．しかしながら，ビオトープ類型 X は，ビオトープ類型 Y より何倍価値があるとする基本尺度的段階づけに関しての合意はない．つまり，これらの手続の基礎に置かれている基本的図式は，以下の特徴を示す：

- **ビオトープ類型**（あるいは**保護財**）は，通例は，**順序的価値段階**に配置され，対応リストから読みとれるものとなっている．
- この評価は，予想される介入の**前**と**後**の状態に対して行われる．
- ビオトープ類型（あるいは保護財）の価値段階には，それぞれ当該の**面積**を掛ける．
- そのようにして算定された無次元の**指数**（点数，代償同等値 [-äquivalenz]）の比較から，**機能・価値減少**が確定されるが，その際には，算定された差は同時に必要な代償需要を表す．

- 予期される侵害は，代償地で追求される**機能・価値上昇**と比較対照される；これに向けては目標ビオトープも同様に評価され，起こってくる機能・価値損失と比較される（**対照均衡化**）．

ザクセン州での介入／相殺評価についての操作の手引き（Bruns et al. 2003）：一つの介入／相殺評価手法がザクセン州の全域で適用されているが，これは，主に，あるビオトープ価値手続に基づいている．この相殺手引き書を使用することによって，代償規模の査定に当たって手続方法を統一的で分かりやすくすることが求められている．ザクセン州の自然保護行政の参加の下で一つの手続案が作成されたが，これは，特に道路・鉱業官庁ならびに計画事務所とともに，扱いやすさと個々の公正性の視点で，シミュレーションの形で検証され修正されたものである．例えばある耕地整理の枠内で行われた初めての試行事例（Heimer & Herbstreit Umweltplanung 2002）では扱いやすく確実であることが示された．

自然・自然地の把握と評価：**一般的意味をもつ機能**が該当する場合，介入判定は，通例，ビオトープ類型地図によって行われる．ビオトープ類型は，様々な生物的および無生物的機能の特徴に関する解明を与え，これらを一定の度合いまで映し出す，高度に集積した指標として機能する（2.1.7.4 項参照）．自然地景観についても，更に別の地形的特徴を合わせることで，ビオトープ類型を用いた大まかな判定ができる．**特別意味を持つ機能**が該当している場合（表-2.19），補足したり掘下げたりしながら，どの機能を介入判定の基礎として把握すべきか検証する必要がある．ここでは，一般的意味の機能が該当する場合の進め方だけに限って，以下に概観する．

ビオトープ類型地図：既存のビオトープ地図や CIR-航空写真評価，ザクセン州ビオトープリスト（LfUG 1994），ならびに場合によってはそれ以前の計画段階に作成された地図を利用することによって，ビオトープ類型地図を作製する必要がある．内容の最新化が必要な場合は現地調査で対応することが求められる．必要とされるビオトープ地図の基礎は，暫定ザクセン州ビオトープ類型リストである（表-2.20）．これを用いて 0 から 30 までの段階で与えられている価値段階への配置が行える（2.1.3.3 項参照）．個別には，対象地域の特徴の調査結果に応じて，処理された価値段階づけから外れることは可能である．価値減少の原因として，例えば，強度の利用に条件づけられた侵害が問題になるし，価値増加の原因として，例えば，優れたネットワーク化機能があり得る．ザクセン州自然保護法第 26 条によると，保護されたビオトープと危機下のビオトープは掘り下げて記述する必要がある．

表-2.19 重要な意味を持つ機能と価値（Bruns et al. 2003；Lana 1996, 2002；Gerhards 2002）
（ザクセン州における自然・自然地での介入の評価と均衡化に対する取扱い推薦）

保護財　生物種とビオトープ　　　　　　　　　　　　　　　生活機能，ビオトープ連結機能

- 生物種と生活共同体の特殊な多様性をもつ自然的および近自然的な生育生息空間（危機にある動物種が自分のライフサイクルにおける移動に必要とされる空間を含む）
- 存亡の危機にある生物種あるいは（連邦域で，あるいは州域，地域，地元で）希少な生物種の（移動のための空間を含む）生育生息空間，ならびに厳しく保護された生物種の生育生息空間
- 述べられている生育生息空間の発展に特によく適しており，種の多様性の長期的保証に必要とされる土地（例えば，潜在的ビオトープ-ネットワーク化用地）
- 発展に 25 年を超える期間を必要とするビオトープ
- ザクセン州自然保護法第 26 条により保護されたビオトープ，ならびにその発展に良好な前提を提供してくれる立地
- 関連する生物種保護協約に挙げられている生物種（例えば，FFH-指令の付録 IV あるいは，連邦自然保護令，ラムサール条約によって保護されている生物種）
- 用途のないあるいは粗放的利用のみの近自然的な表流水および水系
- 高い水質の河川湖沼
- 地下水層の浅い（＜2 m）地域

保護財　自然地景観　　　　　　　　　　　　　　　　　　　美的機能，レクリエーション機能

- 自然地典型で，独自性を決定づける自然地的要素が大きな割合を占める自然地空間
  - 特徴が際だった土地形状（例えば，起伏，傾斜地の稜線，火山岩尖 [Vulkankegel]，丘陵）
  - 地学的に興味深い露出岩石 [Aufschlussse]，漂石 [Findling]，内陸砂丘，岩壁形状
  - 形態や種類，生育生息空間の面で特殊な特徴をもった自然的および近自然的な生育生息空間（例えば，近自然的森林や河川湖沼，およびその周辺，生垣／樹木グループのような特徴的な樹林構造を持つ広がった土地 [Offenland]）
  - 四季の交代とともに個性的な表出を示す植生状況（例えば果樹の開花）
  - 利用の種類・形態の小空間的な変化 [Wechsel] のある地域
  - 近自然的な地表流水および元の自然状態の河川の豊かな形状 [fluviatile Formenschatz] を残した水系
  - 自然地空間に対して，"郷土"の意味での特別の感情価値，思い出価値をもった，その他の構造（かつての利用形態と価値；"継承された価値"）
- 文化史的に重要な自然地および自然地部分，自然地構成要素（例えば，伝統的な土地利用形態あるいは集落形態）
- 特別な視覚関連を可能にする空間要素を持つ自然地空間；視覚的誘導線およびランドマーク
- レクリエーションに対して特別な意味を持つ場合，平均以上の静けさの，あるいは有害物質負荷が少ない自然地空間
- 自然地と結びついたレクリエーションのためのレクリエーション重点地；歩道，ハイキング道
- ザクセン森林法第 31 条による保養林
- 歴史的公園・庭園施設

保護財　土地／土壌　　　　　　　　　　　　　　　生物生産機能，記録機能，ビオトープ発展機能

- 自然的および文化史的に重要な土地／土壌（記録機能）
- 地質科学的あるいは地質形態的に重要な土地／土壌
- 州域であるいは自然空間的に貴重か，危機下にあるビオトープ類型
- 土地／土壌の人為性な改変がないか少ない領域．例えば：
  - 伝統的にわずかしか土地／土壌を改変しない利用（近自然的ビオトープ類型および用途類型）がされている領域
  - 自然的な土壌の肥沃度の変化のない，あるいはわずかしか変化しない地域
  - 調整機能（例えば，地下水の汚染防止）の変化のない，あるいはわずかしか変化しない地域
- 特別な立地特性（極度立地 [Extremstandort]）およびビオトープの発展にとって高度な適性をもっている領域
- 地下水深度の浅いあるいは透水性の高い領域

2.1 部門別計画における介入規則（連邦自然保護法による）　83

- 土壌保護森林

保護財　水　　　　　　　　　　　　　　　　　　　　保水機能，地下水保護機能
- 地表水
  - 近自然的な地表水と水系（自然的あるいは事実上の氾濫源を含む）で，利用がされていない，あるいは利用がわずかな粗放的利用
  - 平均以上の水の状態の地表水
- 地下水
  - 平均以上の水質や水量の地下水の存在
  - 高度の地下水生成があり，同時に高度の保護がなされている地域（保護掛け地域 [Überdeckung]）
  - 飲料水地帯 I，II；療養温泉源と鉱水泉
- 泉源／泉源地域

保護財　気候　　　　　　　　　　　　　　　　　　　生物気候的調整機能，汚染防止機能
- 市街地と結びついた位置での，低汚染負荷の大気の地域
- 大気交換経路，特に負荷地域と無負荷地域の間の経路
- 大気改善効果のある地域（例えば，塵埃濾過，気候調節）
- 立地に特殊な日射状況のある地域（例えば，冷気生成；日照斜面 [Exposition]）

表-2.20　ビオトープ価値と計画価値によるザクセン州暫定ビオトープ類型リスト（Bruns et al. 2000 から抜粋）

1 CIR番号	2 略号	3 名称	4 1994年ビオトープリスト	5 保護の位置	6 ザクセン州要綱	7 ビオトープ価値	8 相殺可能性	9 計画価値
4		草緑地，砂礫性河岸	06					
4 1	−	経営草緑地	−					
4 1 200		中度湿性 [mesophil] の草緑地，フェット草地，放牧地，山間丘陵芝地	−	(§)	−	20-27	−	18-24
−	GB	丘陵芝地	06230	§	2	27	B	24
4 1 300	−	種子草，貧種，散種草緑地	06330	−		6	A	6
−	−	集約的利用の，湿性立地の長期草緑地	06310	−		12	A	10
−	−	集約的利用の，中湿性立地の長期草緑地	06320	−		10		9
4 1 400	GF	湿性草緑地（粗放的）	06100	(§)	2	25-30	B	22-26
−	GFS	湿潤草地	06110	§	2	30	C	25
−	GFP	フイリカリヤス草地	06120	§	1	30	C	25
−	GFF	スゲ，イグサの豊富な湿性牧草地および高水芝地	06130	§	2	30	C	26
−	GFY	その他の湿性草緑地（種は豊富）	−	−	3	25	B	22
−	GM+GB	中位湿性の立地の草緑地（粗放的）	06200	§	2	25	A	22
−	GMM	貧栄養の中湿性草地	06210	§	1	30	B	25

1 CIR番号	2 略号	3 名称	4 1994年ビオトープリスト	5 保護の位置	6 ザクセン州要綱	7 ビオトープ価値	8 相殺可能性	9 計画価値
−	GMY	その他の粗放的利用の中湿性草地	06220	§	3	25	A	22
8		耕地，造園	10					
8 1		耕地	10100	−	−	5-12	A	8-10
−	UA	粗放的利用の耕地	10110	−	1	12	A	10
−		集約的利用の耕地	10120			5	A	−
8 1 100	−	休耕地	10130			10	A	8
82		特別な構造	−			−	−	−
82 100	−	経営造園	10500			5	A	5
8 2 110	−	屋外花壇施設	−			5	A	5
8 2 120	−	経営造園 温床・温室・ビニールハウス施設	10510			5	A	5
8 2 130	−	植木畑	10520			5	A	5
8 2 200	−	果樹栽培	10210			8	A	8
−		イチゴ栽培	10220			8	A	8
8 2 300	−	ブドウ園／ブドウ栽培施設	10400	−	−	10-25	A	10-22
8 2 310	−	集約的利用のブドウ園	10420	−	−	10	A	10
8 2 320	UR	粗放的利用のブドウ園	10410	(§)	2	25	A	22

列 1：CIR-コード番号
 数字コードは CIR 地図単位による（LfUG 1994）：
ビオトープ類型評価について，およびレッド-リスト-ビオトープ類型についての記述，法的保護ビオトープ類型，選択的ビオトープ地図ビオトープ類型については，CIR-コードの単位を，資料あるいは／および地図を補完的に評価することによって，詳細化すること．

列 2：選択的ビオトープ地図作製；第 1, 第 2 次作業 [Durchgang]（LfUG 1998)
 WZB　選択的ビオトープ地図作製の地図単位による文字コード

列 3：地図単位の名称
 名称は CIR 地図コード [Kartenschlussel] に従っている．これが不充分な所では，様々なビオトープ地図作成コードのビオトープ類型名が補完された（例えば，上記）．

列 4：ビオトープ地図作製によるビオトープコード（LfUG 1994）

列 5：ザクセン州自然保護法 [SächsNatSchG] 第 26 条による保護位置
 §　SächsNatSchG 第 26 条によって保護されたビオトープ
 (§) ビオトープ類型の一定の特徴のみが保護される（行政令ビオトープ保護を参照）．

列 6：ザクセン州レッドリストによる危機度（LfUG 1999）
 示されているのは，それぞれ州全域の危機度評価である；地域的な差異（地域的な危機度は低地，丘陵地，山岳部によって細分化されている）については LfUG 1999 を参照．
数字は以下のように意味する：
1=完全な消滅に脅かされている　　?=危機度評価は疑わしい
2=強度の危機にある　　　　　　　*=現在のところ，恐らく危機にはない
3=危機にある

2.1 部門別計画における介入規則（連邦自然保護法による）

列 7：ビオトープ価値
　ビオトープ類型は 0～30 の価値段階で評価されている．これらはビオトープ価値を表している．

列 8：ビオトープの相殺可能性（ARGE NRW 1994 によっている）
A　相殺可能；時間的な再生可能性／発展期間 < 25 年
B　条件つきで相殺可能；以下の基準によって，個別に決定：
　－発展上の危険（特殊な立地前提条件，発展の制御可能性）および／あるいは，
　－現況樹木の年齢と構造，および／あるいは
　－近自然的な構造の割合．
C　相殺不可能；時間的な再生可能性／発展期間 > 25 年
　　（LANA 2002 を参照）

列 9：計画価値
　計画価値は，代償の計画された状態の分について加算ができる，ビオトープ類型のための価値段階を表す．計画価値は，関連するビオトープ類型に対して，生成・発展の危険性が大きければ大きいほど，そのビオトープ価値から大きく外れる．

　　一般的意味をもつ価値要素と機能要素の侵害：侵害された土地部分の機能喪失ならびに機能低下が（特に，低い価値点のビオトープへの転換によって）把握され，これに介入後のビオトープ状態のビオトープ価値点が掛け合わされる．価値減少の無次元数は，面積が掛け合わされた介入前状態と介入後状態の間の差から出てくる．

　　一般的意味をもつ価値と機能の代償：ビオトープの再生に際して，自然収支の全般的な価値と機能は，通例，代償対策の多機能性によって同様に価値向上させることができるという考え方を前提としている．ビオトープ価値損失の相殺は，従来と同様のビオトープ類型の改善や発展に向けての対策によって，もしくは－水・栄養収支に対して似かよった要求をもつ－類似のビオトープ類型グループのうちの一つのビオトープ類型の発展・改善対策によって可能である．25 年を超える発展期間を要するビオトープ類型の消失は，相殺不可能と評価される；そこで代替が問題となる．すべてのビオトープ類型の，これに関した事前評価には，同様に，暫定ビオトープ類型リストに含まれている．

　　加算可能な価値上昇：介入前の出発点状態はビオトープ価値点を用いて，そして，予測された代償後の状態は計画価値点（単位計画価値×面積）によって評価される．差は，加算可能な価値上昇を示す．単位計画価値は通例は単位ビオトープ価値よりも低い．これによって，場合により，ビオトープの目標状態の達成までには部分的に長い発展期間を考慮すべきであること，そして，状況によって，期待されている予測状態の実際達成度に関する最適状態を下回る発展前提と不確実性が存在することが計算に入れられている．確定された価値減少に対して，相殺・代替対策による価値上昇が照らし合わされる．

　　地面開放／逆建設：全土壌機能の完全喪失がビオトープ発展の対策によって万

全には代償されないので，地面遮蔽による侵害は，少なくとも同規模での地面開放によって相殺される必要がある（SCHÜRER 2002）．地面開放は，生育可能な地表面の生成を含んでいなければならない．これについての相殺の優先的検討からの例外は，地面開放の費用が自然保護専門的効果に対して不対応の関係にあるときには，可能である．地面開放が不可能な場合，代わりに他の場所での土壌機能の改善を調べる必要がある．このことは，特に，同機能によって相殺できない土壌の記録機能の喪失に当てはまる（同上）．

相殺・代替対策についての必要な規模を第一次近似で算定するための更なる可能性は，定義された介入状況に対する**代償要素**の確定で得られる．そのための指針的枠組は，多くの場合，必要代償に対する侵害された土地の関係値として表現される（例えば，1:1.5）．そのようなやり方は，時には，特定の事業タイプに対して，あるいは建設誘導計画での介入規則の実施に際して採用される．例えとして，バイエルン州内務省の最高建設官庁とバイエルン州の州発展および道路建設事業環境問題省との間の協定（Oberste Baubehörde & BayStMLU 1993；KÖPPEL et al. 1998 を参照）とメックレンブルク-フォアポンメルン州の介入規則に対する指示（LfUNG 1999），そして鉄道のための，鉄道連邦局の手引き書（Eisenbahnbundesant 2002）が挙げられるだろう．この種の確定は，これらの場合，一見して受ける印象よりも，もっとビオトープ価値手続に近いものである．代償範囲に影響を及ぼす当初の状態がまだ認識できるのは限られた度合いでしかないか，あるいはすでに認識できなくなっている場合もあるという事実は，それでもなお，独自の検討を必要とする根拠となる．この手続に際しても，相殺・代替用地の出発点状況の考慮のように，数多くの未解決の詳細問題が残されている．

いわゆる**生成費用を基礎とする手法**は，最初，自然保護法規的な相殺支払金の計算に対しての基礎として考え出された（FEICKERT & KÖPPEL 1993）．相殺・代替対策のための，架空の，あるいは計算上の費用は，介入規則の最後の手段［ウルティマ・ラティオ］，つまり金銭支払の徴収の場合に重要な計算基礎となるはずである（2.1.8項を参照）．というのは，この間に，例えば農地生垣あるいは貧栄養性芝地，小河川の設置の費用に関して，貴重な経験の蓄積が存在しているからである．「架空の」という表現によって，平均的で，個々の具体例と結びついてはいない生成費用が計算基礎として役立つということを意味している．介入規則の方法的統一化に向けてのLANA鑑定書（LANA 1996；2.1.7.4項を参照）では，生成費用手法は，代替支払の算定に対してだけ考えられているのではなく，介入規則の段階的決定過程における

表-2.21 架空の相殺対策の等価費用 [Kostenäquivalent] を用いた代替対策の計算（LANA 1996）

介入に対する代償として，2.5 ha の半乾燥芝地を設ける必要があるかも知れない．半乾燥芝地での介入は，相殺不可能なものに当てはまる（発展期間は 25 から 30 年を超える）．これによって適切な代替対策，およびその規模の決定が必要となる．	
本来的に必要な相殺の費用の計算	
耕地から 2.5 ha の半乾燥芝地の創出	87 500 €
計画費用	5 500 €
手入れ費用（25 年間）	13 750 €
総費用＝等価費用	106 750 €
規模決定のための代替の費用計算（ha 当たり）	
耕地からの散在果樹草地の創出（ha 当たり）	13 750 €
計画費用（ha 当たり）	1 900 €
手入れ費用（25 年間，ha 当たり）	22 500 €
総費用（ha 当たり）	38 150 €
土地取得と手入れを含む代償義務	
等価費用	106 750 €
代替対策の費用（ha 当たり）	38 150 €
計算された代替対策の規模：	2.8 ha
2.8 ha の散在果樹草地を創出し，25 年間にわたって専門的な手入れを行うものとする．	

中心的地位に置かれている：自然的に行うべき代償対策の規模は－部分的には相殺対策の規模も－金銭的な方法で算定する必要がある．というのは，金銭は社会が理解できる言語だからである（KIEMSTEDT 1995）．生成費用手続の場合，特にビオトープ手続を用いる必要がないことが期待されている；原理的には，つまり，その基礎である「面積×価値段階」が「面積×生成費用」で置き換えられる（表-2.21）．生成費用を基礎とする手法に対しては，ビオトープの再生に向けて求められるような費用が必要となる：該当する対策と費用の事例の収集についてはすでに経験調査が行われている（KÖPPEL et al. 1998）．自然保護と自然地手入れの対策のための関係費用データと異なり（JEDICKE et al. 1993），架空の生成費用の算定の場合は，個々の作業段階の費用加算だけでなく，最終的に目指しているビオトープ生成を保証すべきすべての個別費用の総額が問題となる．個々の専門官庁では，部分的には，そのような費用データの蓄積を活用している（例えば，道路建設行政；2.1.9 項を参照）．

扱いやすくて確実で，統一的な対処方法あるいは評価手続を確立することは，自然収支に対してはすでに充分に困難であるが，このことはなおさら**自然地景観**に対して当てはまる．この場合，専門的議論では 2 つの重要な作業方向がみられる．一方は，口頭論議決定的手法に近い，むしろ質的，記述的なアプローチの方法をとるものである．他の方法は，強く形式化された手続の伝統に根ざしている（特にビオトープ価値手続）．最初の作業方向は KRAUSE（KRAUSE & KLÖPPEL 1996，KRAUSE 2000）の論文で代表される；第 2 の方向に対しては，特に NOHL の考え方がその立場をとっ

ている（ADAM et al. 1986，ARG NRW 1994，NOHL 1998；ヘッセン州のダルムシュタット州行政区庁 [Regierungspräsidium Darmstadt]1998 を参照）．介入規則の中で，自然地景観の確実でしかも実際的で，容易に扱えるということで推薦できる手続は，実際のところ今日まで見つかっていない．自然地景観の場合の代替対策の規模は，BREUER（2001c）によると，ほとんど正確に導き出すことはできず，実用的で比較的な最低基準を基礎にしてしか算定できない．BREUER は，例えば風力発電施設に対して，甚大な侵害を受けた空間の面積（施設高さの 15 倍の半径の円）に対する一定割合の代替対策用土地需要を確定することを推薦している．この需要は，自然地景観にとって重要な意味を持つ場合，風力発電施設（KWA）1 台に対して，少なくとも 0.4%（そして，風の公園においては加えて WKA 1 台ごとに 0.12%）とし，自然地景観が低い意味の場合でも最低 0.1%（そして，更なる WKA 1 台ごとに 0.03%）とする必要があるとしている（同上）．

2.1.7.3 手続の長所と短所

つまり，一方では，特に，必要な相殺・代替規模の決定に向けての具体的な基準が少ししかない口頭論議を根拠にする方法論があるように見える；他方には，定式的であるために計画余地が狭くなることを特徴とする再生費用を根拠にするもの，そしてビオトープ価値を根拠にするもの，協約によって合意された代償要素を根拠にするものが存在する．それにもかかわらず，これらの手続の間の単純な両極化は表面的過ぎるかも知れない．というのは，いかなる口頭論議決定的な代償査定も，個々に定式化あるいは**協約形成**[Konventionsbildung] なしには成り立たないからである．これとは反対に，ビオトープ評価手続にも，そして特定の介入状況に対する代償要素を提示する手続にも，口頭論議決定的要素が存在する；このことは，それらの手続で，特に，動物，そして水，土地/土壌，気候/大気という保護財の侵害の扱いに対して見られる．標準化 [が行われる] 手続に対する批判を GASSNER（GASSNER et al. 2003）は最終的には説得力のないものとしている．"標準化された基準は，評価の最終点でなく，出発点としてその長所が展開できる"（同上，340 頁）；個々の事例の特別な点に対しては，いつも余地は残されている．

口頭論議決定的な代償査定の場合，例えば，いつも，その時々の状況と設定課題に合わせた視野を持つことができると，全般的にポジティブに評価されている（BREUER 1991, Planungsgruppe Ökologie + Umwelt 1995）．定式化の度合いが低いので，大きな裁量余地が残されている．特に，自然収支において，そして自然地景観の場合に，空間的・機能的な関連性を慎重に考慮することに成功している．これとは反対に，その都度の代償範囲は，比較可能な事例をもっては，ほとんど相対化あるいは検証ができないし，等価性のある代替対策の証明も容易には提示できない．その際，自

2.1 部門別計画における介入規則（連邦自然保護法による）

然地維持的随伴計画（あるいは部門別計画）の作成者に－したがって事業実施者から計画受託者に－かなりの裁量余地が与えられているために，代償範囲が裁量余地範囲の中でいつも低い最終結果で確定されてしまうようになる可能性がある（MARTICKE 1994）．この方法は，自然保護官庁の作業担当者においては，一部，非常に評価されているのに対して，事業実施者および介入行政の担当者がそれに対してはむしろ懐疑的である場合が多い；というのは，意識的に定式化を行わないため，評価過程の複雑さが減少されないからである（枠-2.4）．

枠-2.4 代償範囲の決定に向けての手続の長所と短所

長所	短所
口頭議論決定的手続	
・高度な柔軟性と個別事例での適合性 ・自然収支のすべての重要機能とその機能的関連性の考慮が保障される ・侵害と代償の間の良好な機能的導出関係性が生まれる ・方法的に問題視されている評価方法の使用を与件として設定しない ・もっともな，それ自体，理に適った表示が保障されている	・議論の構造化が不充分な場合，分かりやすさに欠ける危険性がある ・方法的な規範がない場合には，作業に負担が多く掛かる ・標準化効果に劣る；比較的自由度が高いために，不公平な扱いの危険性がある ・行政にとって，合意を得るあるいは検査するための労力が大きい ・専門的基準に基づいて実施する責任は計画家にある
ビオトープ価値手続	
・大きな法的安全性 ・広範な受け入れ（専門的内容と定式的-方法的な批判にもかかわらず） ・複雑性の低減と，それによる理解のしやすさ	・ビオトープ価値に自然収支を限ってしまうことは，不充分と見なされている；これによって機能的・空間的関連性の考慮が不足する ・土地規模（間隔尺度的数値）によるビオトープ価値（順位的段階づけ）の（方法的に疑問のある）計算
代償要素確定による手続	
・強度の標準化効果と複雑性の低減 ・原因者に対する高度の計画的確実性	・個別事例に結びつけた検討のためには自由度が少ない． ・代償要素の専門的根拠づけが不足している． ・費用と面積に絞っているので，機能関連でおろそかになる．
再生（生成）費用を基礎とする手法	
・対策の計画と実施に際しての高度の柔軟性が可能 ・"ビオトープ価値×面積規模"という問題ある結びつけを避けることができる；代償する面積規模は費用等価 [Kostenäquivalent] によって算定される．	・自然の代替対策の計算に向けての適用の場合，法的安定性が不明確である． ・評価をビオトープ類型と関連づけない場合，方法的な欠陥が発生する．

ビオトープ価値手続は，介入の代償確定と対照均衡化に向けて，比較的に直線的な方法となっている．この場合に行われる介入要素の（半）量的把握は，事業実施者にも大きな明瞭性を保障する．同様に，このビオトープ価値を手掛かりにした手法によって，等価性のある代替対策の規模決定と，代償地での当初価値の把握とを簡単な方法で行うことができる．それでも，ビオトープ価値手続が，実際上，類型レベルで用いられる限りで，つまり，ビオトープ類型のみで比較対照される場合，そのような手続は，きめ細かな空間的・機能的な関連性（例えばネットワーク的関連性）を視野に入れていないことになる．全体価値の査定（例えば，機能の個別評価の加重，非加重の加算，およびその平均値の算定）を想定している手続は，最終的にはリンゴをナシとして計算しているという批判を招いている（ベルリン市からの委託により作成された AUHAGEN & PARTNER 1994 のように）．これとは異なり，全体価値査定を行わず，個々の自然収支機能に対する代償需要を個別に導き出す手続は，同様に，高度な複雑性が特徴となっている（例えば，ブレーメン市のために作成された IFN & Planungsbüro Mitschang 1999）．それでもなお，代償確定に向けて更に多くの自然収支機能を広げ，これらの均衡化を可能とする基礎を設けることで，少なくともビオトープ類型指向の手法を補完することが必要とされる（BIERHALS 2000）．等級化された価値段階に基本尺度としての面積を掛け合わせることは，厳密に数学的，統計的にみると認められないものである；しかしながら，等級化された価値段階は，通例，見なし-基本尺度的に表現することもできる（DVWK 1996 a）．他方で，介入規則の実践では，ビオトープ価値手続は，大きく広がった一般的なもの [Konventionen：慣習] となっている－定式的-方法的に問題があることを知りながら．

特定の介入状況に対する**代償要素**を少なくとも指針的に記載することで，代償対策の規模の決定に向けての道筋が扱いやすく，理解しやすいものになる．このようなやり方は，面積的におおよそどのような代償対策を考慮すべきかすでに早期に見通せるので，自治体の高度の計画高権を保証する．しかしながら，代償要素の確定を固め過ぎると，個々の特殊な検討に対する余地が少なくなる；したがって，これまでは，介入状況のすべてが検討対象とされていない．自然収支の当初価値を考慮することも，ほとんど実行されていない．むしろ，必要な面積規模が前面に出てくる．これらの要素は，通例，ほとんど科学的に根拠づけられ得ないもので，交渉の過程の結果，特に原因者にとって妥当な費用に関しての交渉の結果を示している．その場合，政治的に意図された決着としての代償確定結果は，多くの場合，充分な跡づけが難しい．

失われるものの価格は，**生成費用を基礎とする手法の場合**には分かりやすい．これは，費用と面積規模を用いて代償要求を分かりやすく示すことができるという，明

証性の点で納得させるものである．SCHWEPPE-KRAFT（1998a）は，しかし，ビオトープの生成費用とその自然保護専門的意味は，粗くしか関連づけられないと述べている．生成費用を基礎とする手法の場合は，それ以外の評価関連の視点が用いられないのなら，介入規則のもつ回避機能が危険にさらされる（例えば，自然保護専門的に重要だが，安価に再生できるビオトープ類型の消失）．つまり，純粋に金銭的な生成費用を基礎に置いた手法を側面的に援護するような要素が必要とされている．金額等価の基準によって算定された面積規模は，相殺・代替対策の最小規模の決定と検証についての指針枠組でしかなく，最終的に，介入規則の設定目標の意味で，機能的関連性を根拠づける必要性がまだ残されている．

2.1.7.4 介入規則の調和化

介入規則の調和化に努められているが，その発端は，KIEMSTEDT（1995）によれば，州と自治体において用いられている方法が反生産的な影響を与えているほどに多様化されている点にある．介入規則に対する**協約的合意形成**に対して－これは毎度のことであるが－州と連邦の自然保護局の介入規則作業グループが重要な貢献を行っている（ARGE Eingriffsregelung）．それは：

- 介入規則の実行についての推薦（1988年），
- 介入規則の実行についての推薦第 II 部，把握と評価についての内容的-方法的要求（1995年），
- 風力発電利用の拡充に際しての自然保護と自然地保全の利益の配慮についての推薦（1996年），
- 自然保護行政における相殺・代替対策台帳の拡充についての推薦（1997年），
- 建設誘導計画における相殺に向けての土地と対策の備蓄（AMMERMANN et al. 1998. 2.3.3 項を参照）である．

「自然保護と自然地保全，レクリエーションのための州作業共同体」（LANA）は，介入規則の遂行における諸問題が，介入の行われ方と介入評価および相殺算定の大きな相違に起因しているとし，介入規則の方法についての鑑定報告書を委託した．**LANA 鑑定書**の目標は，介入規則の方法論的基礎の改善と，相互比較が可能で実務の面を考慮した，その方法と手続の統一化の準備であった．そのような試みは，いつも，法的確実性と実用性，専門的有効性という魔法の三角形の極の間を揺れ動かざるを得ないだろう．LANA 鑑定書は，不明確な法的概念の専門的定義と**協約の提案**を含んでいる（LANA 1996）．例えば，LANA 鑑定書は，判定深度と介入強度の決定について，一般的意味の機能と特別意味の機能の区分を取り上げている（同上．LANA 2002 参照）．"これに応じて，将来的には，次のものを区別する必要がある：

1. 総じて**一般的意味を持つ機能**のみが侵害され得る土地．このような土地に対

しては，自然収支機能と介入結果の判定の指標として，通例，ビオトープ類型で充分である．

2. **特別な意味を持った機能**が関わり得る事例．ここでは，ビオトープ類型は判定に対して充分ではない．"実際的な意味から，このことを GASSNER も妥当であるとしている（GASSNER et al. 2003）．

どの程度の影響を協約提案が州に実際に及ぼしたかを判断するのは，非常に困難である（DEIWICK 2002）．いくつかの州は，LANA 鑑定書によって比較的簡単な連邦全域に対する評価手続が提案されるものと期待していたが，それ以外の州は，むしろそのような期待には応えてくれないと当初から考えていた．執筆者は，それぞれの分析部分で，特にビオトープ価値手続を強く批判していた．KIEMSTEDT et al. (1996) は，これに代わって，介入規模の決定に向けて相殺対策の**架空費用**を基礎に置くことを提案した（生成費用を基礎においた手法．2.1.7.2 項参照）．「自然保護と自然地保全，レクリエーションのための州作業共同体」は，1996 年にこの鑑定書を了承し，公表に同意している．

連邦自然保護法第 18 条から 21 条に基づく**介入規則の新基本文書案**（LANA 2002）は，諸州によって共同で作成されたが，新しい法規状況の州規則への転換に際して，諸州に指針を与えるという目標を持っていることは重要である．というのは，それが改正連邦自然保護法の新規則を考慮し，－部門別法規と建設法規に基づく全手続に対する－介入規則の実行についての要請と推薦を定式化しているからである．連邦全体にわたる統一的評価方法は，改めては議論のテーマにはならなかった．相殺・代替対策に必要とされる規模の決定は，最初は，口頭論議決定的に導き出してくる必要があると推薦はされている．しかし，加えて，定式化モデルも取り込むことになるのかも知れない．

理解確認問題
- 個々の事例で必要となる相殺・代替対策規模の算定のために，どのような手続が存在するか？ これらが，どの程度，定式化の度合において区別されるか？
- どのような長所と短所を，個々の手続は持っているか？ あなたにとって，どの手続が最適と考えられるか？ それはなぜか？
- 介入規則に対する調和化と協約合意形成に向けて，どのような出発点基礎を，貴方は知っているか？

2.1.8 代替支払

連邦自然保護法第 19 条 4 項に沿って，州は，相殺不可能か，金銭以外の方法では代償できない侵害に対して，金銭による代替を可能とする規則を設けることがで

きる．これによって，代替支払はウルティマ-ラティオ，つまり回避および相殺，その他の代償（代替対策）の可能な余地がもうなくなった場合になって初めて適用される最後の手段となる．代替支払（相殺納付金，相殺支払とも言う）は，時として，介入規則実施の簡易化に向けての実用的な手段であるとも見られている（BALLA & HERBERG 2000）．と言うのは，介入規則の適用問題は，しばしば，介入事業の近辺で利用できる代償用地が不足していることや，近自然的な相殺・代替対策を自ら実行しようとする動機が事業実施者に欠けることに起因するからである（同上）．

具体的な**資金の利用**については，州ごとに独自に規則が設けられている；目的拘束として挙げられるのは，例えば「自然保護の対策」あるいは「自然保護目標の実現」に向けての対策である．基本的にすべての州の自然保護法は，連邦自然保護法の目標の意味での支払金の目的拘束を定めている．代替支払によって，その他の環境保護目標の実現を進めていくことは，法的に適正ではない．しかしながら，自然保護基金であっても，相殺納付金によって積立てられる場合，自然保護に不利な形で，**予算の組替え**が行われる可能性がある．近自然的な相殺・代替対策の場合，この危険は少ない．同時に，基金が近自然的発展対策に対してだけ使用できるということが定められていない限り，それが例えば人件費のような自然保護の一般的目的に対して転用されるという危険がある．代替支払は，政治的利害の球技用ボールになり得るし，必要な額で決定されない可能性がある（SCHWEPPE-KRAFT 1998b, BURMEISTER 2002）．

代替支払の手法の具体的な内容は，自然的な代償対策とその計算基準についてみると，州法規的には非常に異なっている．必要とされる代替支払の算定について州で使用されている方法では，ほとんど内容を同じくする介入においてさえ，過度に異なる結果につながる（SCHWEPPE-KRAFT 1998a と b）．州法間の調和化は推薦する値打ちがある；その場合，自然収支の実行力の保全を求めるという介入規則の要求に応えるために，代替支払は**自然的な相殺・代替対策の費用**を基礎にして導き出されるべきであろう（同上．2.1.7.2 項を参照）．

2.1.8.1 代替支払の形態と計算

BURMEISTER（1988）および SCHWEPPE-KRAFT（1998b）によると，様々な州法での代替支払をいくつかの主要な規則形態に区分できる．ほとんどの州で適用されている**補助的な［金銭による］代替支払**は，代償対策の実施の優先を前提とし，代替対策が不可能か，意味がない，あるいは事業実施者によって実行不可能であるときに，やっと導入される．ヘッセン州では，原因者が適切な代替対策を示してこない場合に，自然的代替対策の代わりに**別選択肢としての代替支払**が行える．この方向では，バイエルン州で，自然保護目標が"よりよく実現できる"場合に，原因者か

ら代替支払を要求できるという可能性が与えられている（BayNatSchG[バイエルン州自然保護法] 第 6a 条 3 項）．この**疑似的 [unechte] 代替支払**は，もし原因者が当該の対策を自ら実施できなくて，**原因者の負担で**州がそれを実施する場合には（代替早期支払 [Ersatzvornahme]：例えば，特にニーダーゼクセン州で），管轄団体に対する代替対策の資金準備に役立てられる．これらの補助的および別選択的な相殺支払の金額は，法律に定めている**基準**に従って直接に計算されるか，あるいは－政令権限があって，政令化されているのなら－当該の政令の決定に基づいて行われる．

テューリンゲン州では，通例，相殺納付金の額は，実現不可能な代替対策の**実施見積費用**，あるいは代替対策が不足する場合の侵害されたビオトープの**生成見積費用**を基にして算定される．予想される事後対策や手入れ対策，そして，これらの対策の継続的保証のための費用も，相殺納付金の決定に際して考慮することが強調されている．代替支払の額は，ザクセン－アンハルト州では実施残の相殺・代替対策に対する費用を基準にし，ノルトライン－ヴェストファーレン州では必要な代償用地を含む代替対策に対する費用に基づく代替金を基準にしている．バイエルンおよびメックレンブルク－フォアポンメルン，ブレーメン，シュレスヴィッヒーホルシュタイン，ハンブルク，ブランデンブルクの州では，計算基準として，同様に（特に）未実施の代替対策の費用を挙げている．

ヘッセン州の法律で定めている納付金決定の規則は，他の州と比べて，特殊なものとなっている．支払う金額は，良好な影響という形で完全な規模で未実施の相殺に対応する，代替対策に対しての**平均的出費**によって決められる（ヘッセン州自然保護法 [HeNatSchG] 第 6b 条 1 項）．より正確な計算は，ヘッセン州相殺納付金令で規則づけている（AAV Hessen 1995）．そこでは，ビオトープ価値リストを基に介入の前後の状態が評価され（2.1.7.2 項参照），得られた価値差に前もって与えられている**価値点数当たり費用単価**[Kostenansatz] を掛合わせるというビオトープ価値手続が採用されている．そこで問題なのは，平均的再生費用の決定についてのデータ基礎の幅が比較的に狭いことである．成果管理のような，いくつかの費用要素は全く計算に入っていない；土地費用のような他の費用が充分でない可能性がある（AUHAGEN & PARTNER 1994）．最初からヘッセン州で用いられてきた 0.62 DM あるいは 0.31 €（価値点数当たり）の平均費用を基礎にした手法は，自然的代償対策の実際費用を考えると，現在では低すぎると判断せざるを得ないことも強調しておきたい（2.1.9 項を参照）．

多くの州では，自らの自然保護法において負担金令の制定権限を定めている；すべての州がこれを活用しているわけではない（しかしながら，例えばバーデン-ビュルテンブルク，ヘッセン，テューリンゲンの州で採用）．これらの政令は，部分的に，

具体的な金銭支払額が一般的に記述された基準に従って個々の事例に合わせて定められるという，**枠組的金額設定規則**となっている－例えば，バーデン-ビュルテンブルク，ラインラント-ファルツ，ザールラントの州．そこでは金銭支払が**介入の重大性**に合わせて計られるが，個別には，必要とされる面積や，その価値，除去された自然物 [Material] の量を基にして，あるいは，原因者にとっての価値または利点に従っても行われる（ラインラント-ファルツ州）．ザクセン州の規則は中間的な位置にある．ここでも，バーデン-ビュルテンブルク州，ラインラント-ファルツ州，ザールラント州のように，自然収支と自然地景観の侵害に対する枠組規則があることはある．しかしながら，具体的な負担金の決定についてはビオトープや土地利用の種類に関わる評価枠組が存在しており，これを助けとして，ヘッセン州の規則に類似した形で金額を決定することができる．

　問題なのは，いくつかの事例で，分担金確定の基礎となる主要指標－侵害された土地，遮蔽された地面，土砂除去の量－が，介入結果の重大性とは緩い結びつきしか示していないことである．多くの規則は，負担金の高さを，特に，**経済的妥当性**（バーデン-ビュルテンブルク州），あるいは**原因者の法人格**（例えば，州による介入の場合の減額），事業の他面での**ポジティブな効果**のいかんに結びつけている（例えば，ポジティブな環境保護効果や公共の福祉に対する効果で，例えば，バーデン-ビュルテンブルク州とザクセン州）．このようなやり方は，基礎に置かれている連邦法規的な［連邦自然保護方策 19 条の］枠組規則とはかけ離れている．

理解確認問題
- どのような前提のもとで，自然的な相殺・代替対策の代わりに金銭支払の徴収が可能となるか？
- 補助的および選択肢的，擬似的代替支払とは何か？
- どのような基準に従って，行われるべき支払の額が決定されるか？

2.1.9 代償対策の計画と保障

　自然地維持的随伴計画の中では，相殺・代替対策の**実施**に対する種類および規模，位置，時間的関連性が確定される．同様に，新しく生まれるビオトープの**手入れ**に対して必要な対策が指示される．これには，個々の作業段階についての具体的マニュアルならびに相殺・代替対策に対応する**費用見積**が必要となる（KÖPPEL et al. 1998）．例えば，どのような対策をもって相殺適性耕地が湿性化できるか（初期処置），どのようにして富栄養の場所で，栄養分の低減ができるか，そして，目標とする手入れ対策によってその地にふさわしい生物種存在の幅広い状態を生成すべきなのかどうか，またどのようにしてそれを行うのかを明確にしなければならない．それぞれの**発展**

目標の明確な記述によって，それに続く成果管理の基礎が与えられる（2.1.9.3 項）．
2.1.9.1 代償対策の計画と担保
　随伴計画あるいは部門別計画で示されている対策を更に具体化してくことは，**自然地維持的実施計画**の課題である．このことは，植栽計画図による詳細・構造図およびそれに付随する文書説明を含む必要な個別対策の明示を必要としている．例えば樹木の保護についての現況保障の要請や発展手入れについての詳細な内容も必要となる場合がある．**回避対策**と保護対策は，例えば土工事や橋梁建設工事などの中に適時に位置づける必要がある；必要な対策実施内容の記述は，すでに施工業者に対する契約資料の中で行っておく必要がある（Eisenbahnbundesamt 2002）．

　従前ビオトープを別の望まれる状況に変えるべき自然地維持的対策は，これらの両者の状況のエコロジー的差異が基準となる．特に，**栄養素・水収支**において差が発生する場合が良くある（例えば，中位の立地要求のフェット草地 [Fettwiese：豊穣な草地の 1 類型]] から可能な限り貧栄養の湿性草地などへ）．多くの場合，新しいビオトープ類型をうまく発生させ，そして，可能な限りその生物種的装備がうまくいくように，多数の自然地維持的対策を実施する必要がある．この初期対策（初回処置）は，最初，特に無生物的立地要素を変えていくことである．

　仕上げ手入れは，この対策の完成検査をもって終わる．引き続いて，多くのビオトープ類型に対して，現況を発展させるための手入れ対策が必要となる；この**発展仕上げ**は，この対策が自らの機能を満たす場合に終了する（Breuer et al. 2003）．これを長期に維持するために（**保全手入れ**），継続的な手入れが必要となる．自然遷移のみの課題をもった機能と価値が追求されている特定の対策は，何らの手入れも必要としない．対策の実施には，多くの場合，長い期間が必要である（同上）．例えば，針葉樹から立地適合の広葉樹への転換は，前植樹 [Voranbau] によって行われる，つまり，ほぼ更新伐採ができる [hiebreif] 針葉樹の下に，まず広葉樹の幼木が植樹される．粗放的草緑地の生成には，施肥を減らすか停止し，放牧家畜頭数を少なくし，草刈りを制限しながら，何年もの期間を必要とする．早くとも 3 から 5 年の後に，当該の対策が成功したかどうか読みとることができる．

　初回処置に向けての対策，つまり，開始時点で行う，誘導あるいは非誘導の遷移過程に対する出発点局面の対策は，特に以下のものを含む：
- **水収支**の変更（例えば，排水溝の [近自然的な] 戻し工事 [Rückbau] あるいは滞水化，排水装置の閉鎖），
- 地表面形態あるいは**地表起伏形態**の変更（例えば，堀の設置，砂利・砂・表土の盛上げ，地表起伏の形成），

- 陸性，水性のエコシステムにおける**栄養素収支**の変更（例えば，富栄養表土の除去，湖沼の底泥除去，植物浄化施設での負荷水の前浄化処理），
- **既存植物**の安定化あるいは変更（特定の植物群落の促進に向けての植栽および播種，草刈り；森林転換，生垣あるいは乾燥・湿性ビオトープの移植）．

典型的な**手入れ対策**は，特に，粗放的放牧の保障，若木・幼木の手入れ，頻繁な草刈りによる貧栄養化である．相殺・代替対策の**費用**は，個別対策の費用の総計からなる；生成・手入れ・保持対策とその費用は，事例として表-2.22 と表-2.23 に示している．ちょうど，代償対策の手入れをするための組織体制と，その手入れが必要な場

表-2.22 自然地構成要素（部分抽出）のための生成・保持費用の算定の事例－生成費用を基礎とする手法（FGSV 1999，単位はまだ DM）

自然地構成要素（建設部分）	生成費用（DM）基準値	年間保持費（DM）
樹木：高木（カエデ，ボダイジュ，カシ，ブナ，ニレ，トネリコ，クルミ，シデ，スズカケなど；周長 18〜20 cm）	500.-/本	19.-/本
散在果樹草地（〜50 本/ha）	1.40/本	0.56/m^2
植林，近自然的森林形成	3.-/m^2	0.10/m^2
農地生垣（5〜10 m 幅で，雑木からなる）	8.-/m^2	1.50/m^2（〜0.20/m^2）
乾性芝地	4.50/m^2	0.22/m^2（0.10〜0.30/m^2）
湿性草地（小面積）		
a) 再生	0.45/m^2	1.-/m^2（0.60〜1.50）
b) 耕地での新設	3.50/m^2（5.-/m^2 まで）	1.-/m^2（0.60〜1.50）
アシ原（土地造成なし）	3.-/m^2	0.10/m^2（0.25/m^2）
水面周辺域		
a) 排水機能を持つ小支流の岸辺	(0.50/m) 1.-/m・側	0.25/m^2
b) ため池の周り	(0.50/m) 1.-/m・側	0.25/m^2
湿性草緑地（大面積で農業利用が可能）		
a) 緑地に設置，<1 ha	2 000.-/ha	450.-〜800.-/ha
b) 農地に設置	2 500.-/ha	個別事例による
沼地，低層湿地の非林地的ビオトープ		
a) 土壌除去＋草刈りによる貧栄養化	40.-/ha	1.-/m^2
b) 草刈りのみ，および初期植栽	3.-/m^2	1.-/m^2
ため池および浅池（400 m^2 を超える規模）	10.-/m^2	0.27/m^2
小さな池（20〜400 m^2）	15.-/m^2	0.53/m^2
近自然化された小川	25.-/m^2（50.-/m^2 まで）	0.25/m^2
排水機能のない溝	15.-/m^2	0.53/m^2
湿地の再湿性化，幼木除去，再自然化	2.50/m^2	0.11/m^2

2 介入規則

表-2.23 手入れ・保持対策 (HAßMANN 2000)

対策／目標ビオトープ	手入れと保持
近自然的流水面 小川, 河川	● 非樹林性河川沿いの草刈り (2〜4 年ごとの 9/10 月に, 草は搬出) ● 必要な場合, 岸辺の事後追加作業 ● 河岸樹木は必要な場合には枝打ち, 打ち枝は搬出.
人工的流水面	● 2 から 4 年毎の 9/10 月に掃除 [räumen], 排水機能のない溝は 3〜5 年ごとに掃除 ● 除去土砂 [Aushub] は, 側に平らに置く. 岸辺域は毎年 8/9 月に草刈りし, 刈草は撤去. ● 岸辺樹木は必要な場合には枝打ち [auf den Stock setzen], 木材は撤去.
陸化してはならない静止水面 ため池, 浅池, 三日月湖, 産卵ビオトープ, 小さな池	● 3 から 10 年ごとの 9/10 月の湖沼の底泥除去 ● 除去土砂は, 土地がある場合, 側に平らに置き, それ以外は撤去. 非樹林地とすべき土地は, 2 から 4 年ごとに 8/9 月に草刈りをし刈草は搬出する.
再湿性化された近自然的湿地	● 近自然化の初期と, その後は必要に応じて, 幼木を除去する. 滞水施設 (例えば泥炭堤) を管理し, 必要に応じて高くする.
非樹林の沼と底湿地	● 3 から 5 年ごとの 8/9 月に草刈りをし, 刈草は搬出する. 場合によって, 馬用の敷き草あるいは飼料としての利用.
ヨシ原	● 3 から 5 年ごとに草刈りをし, 刈草は搬出する.
湿性草緑地 粗放的利用	● 年 2 回草刈り. ● 初回刈取りは 6 月 15 日より前にはしない. ● 選択肢案：初回刈取りは 6 月 15 日以降, その後, 放牧. ● 刈草の, 干し草かサイロでの発酵飼料としての利用, あるいは搬出. ● 保水管理.
非樹林の遷移地 古い草地, 多年草地	● 必要に応じて樹木伐採.
乾性・半乾性芝地	● 3 年ごとの 8/9 月に放牧あるいは草刈りをし, 刈草は搬出する. ● 必要に応じて成長樹木を 5 年ごとに伐採する. ● 材木は搬出するか, 周辺部で分散的に小単位で積み上げる.
矮小灌木荒野 [Zwergstrauchheiden]	● 羊による放牧. ● 必要に応じて成長樹木を 5 年ごとに伐採する. ● 選択肢案：5 年ごとに更新のために草刈り, あるいは野焼き. 必要に応じて不適植物を除去し, 搬出する. ● 9 月末の草刈りでは, 刈草を新しい荒野の播種のために利用できる.
近自然的森林と林辺部 　a) 新設 　b) 森林からの下植と自然更新による転換	● 植樹と 5 年間の発展手入れ. ● 野生小動物防止用の囲いを 5 年から 7 年間維持し, その後, 搬出. ● 自然更新と遷移のために空地を設け, 森林土壌を露出させる. ● 3 年後に発展を管理する. ● 野生小動物防止囲いを 7 から 10 年間維持し, その後, 搬出. ● 木材はそのまま放置できる.

2.1 部門別計画における介入規則（連邦自然保護法による）

対策／目標ビオトープ	手入れと保持
地元の野生樹林からの集団的 [geschlossene] 植樹 農地地域の島樹林，生垣，生垣壁	● 2 年間の発展手入れ． ● 5 から 10 年ごとに，部分的か選択的に枝打ちを行う． ● 可能な限り，木材は活用する． ● 利用不可能な木材は裁断せずに現地に残す．
個別樹木群 樹木列，並木，樹木グループ，頭ヤナギ（左欄参照）	● 2 から 3 年間の発展手入れを行い，続いて育成枝打ち [Erziehungsschnitt]．コモ巻養生を止める． ● 維持剪定 [Unterhaltungsschnitt] は 10 年ごとに行う． ● 頭ヤナギ [Kopfweiden：枝利用のための枝打ちにより頭部分が大きく膨らみ，そこから枝が多数出ている] によっては 5 から 10 年ごとに刈り込み． ● 剪定した枝は，場合によれば搬出する．
散在果樹草地	● 2 から 3 年間の発展手入れを行い，続いて育成枝打ち． ● 3 から 5 年ごとに，果樹の維持のための枝打ち [Kulturschnitt]． ● 2 回/年の草刈り． ● 刈草は，干し草かサイロでの発酵飼料として利用． ● 選択肢案：8 月に 1 回草刈り；刈草，剪定の排出物は土地から撤去．

合の事業実施者の長期的義務は，実際的にはかなりの問題となっている（SCHWOON 1996, BREUER et al. 2003）．

　手入れ義務について最も明確に述べているのは道路建設の分野であるが，確かに道路建設行政組織は比較的に実行力をもっており，このことでそれが容易になっている．その後，手入れと**保持**は，一般的に計画確定決議か認可通知で確定されている，その他の対策に必要とされる期間にわたって継続される（HAßMANN 2000, 2001）．相殺・代替対策の手入れと保持は，例えば，発展段階が介入前の状態に再び到達したなら，終了する．そこで，見通せる期間において更に手入れ対策が必要か，それが意味があるのかを改めて決定する必要があるだろう；これに対しては，慣習的に，25 から 30 年の期間（一世代）が考えられる（同上）．"連邦遠隔道路建設の際の自然地維持的代償対策の実施についての指針"（BMVBM 2003a）は，州の道路建設官庁にとって，完了した代償対策の自然保護専門的に適格な手入れと保持のための参考となる．

　手入れには高額の費用が掛かり，長期にわたることが多いが，手入れの代わりに，歴史的，伝統的な利用という意味での**経営**を取り入れることができる；最終的には，ドイツでは，半自然的あるいは，一定，遠自然的なビオトープ類型の過半数が，農業や林業，水経済的利用の土地から生まれてきた（BREUER et al. 2003）．例えば，代償地は，放牧地連結 [Weideverbund] の形に統合できる（羊の移動放牧 [Wanderschäferei]）．

　特に，高度に回避・代替が求められる大規模建設事業の場合，そして，自然保護専門的に鋭敏な地域での介入の場合，種保護法規的あるいは植物・動物エコロジー的に根拠づけられた特別な要請がある場合には，**エコロジー的建設監視**が必要となる．

この課題には以下のものが含まれる（Eisenbahnbundesamt 2003, Lienemann 1993）：
- 時間的な調整の検査（例えば，工期計画における自然地維持的対策の考慮），
- 工事に対して（一時的にでも）用いられてはならない土地の明示，
- 工事中の自然保護専門的な回避・保護対策の遵守のコントロール，
- 定期的な建設協議への参加と，回避・保護対策についての，工事監督あるいは建設作業員に対する啓発，
- 自然地維持的な形成・相殺・代替対策（例えば灌木傾斜 [Böschungsneigung]）の準備に対する影響力行使，ならびに損傷の場合の証明保障．

2.1.9.2 代償地の確保とマネージメント

相殺・代替対策の長期の保障は，事業実施者の義務となっている．基本的に，**土地確保**に関しては多くの可能性がある．例えば，代償用地は買収するか，土地登記法規的に保障することが可能である．長期の土地の用益権設定は，経済的な視点から，ほとんど推薦できないし，長期の相殺・代替対策もそれによっては担保されない（Breuer et al. 2003）．多くの場合は，**買収**が利点を多く持っている．従前の所有者がその土地の保持を望んでいるため，たとえこれが成功しなかったとしても，土地台帳に土地所有者の将来的な認容義務が保障できる（**土地台帳**[Kataster] への**物権**の登記）．前提として，所有者との私法的な同意が必要である．これまで可能であった用途の制限，例えば，結果として実施することとなった粗放化対策あるいは手入れ対策は，場合によれば，状況に応じて補償する必要がある．土地台帳は，土地台帳局，つまり通例は [日本の簡易裁判所に当たる] 区裁判所において管理される．相殺・代替対策の保障のために，特に**有限の人的な役権**[eine beschränkt persönliche Dienstbarkeit] が重要である（同上）．必要とされる手入れ対策を従前の所有者が行うことが望まれる場合，その所有者との同意のもとに，土地台帳に物上負担 [Reallasten] を追加記載することができる（Schwoon 1996, Haßmann 2000）．

計画確定義務のある事業の場合には，原則的に土地収用の可能性はある；しかしながら，実際にはこれが行われるのは少ない．個人所有者の保護のために，土地収用の手段は，特別に根拠づけられた場合にしか行使できない．例えば，土地収用の対象と考えられている土地以外の土地が検討対象とならないということを，機能的-空間的に証明しなければならない（Kiemstedt et al. 1996）．これ以外にも，土地収用手続は多くの場合には長期にわたり，介入規則の法的効果の受入れ姿勢の向上には貢献しない．必要とされる代償対策を共同的に準備するために，**土地整備**[Bodenordnung；土地区画整理など] が，場合によっては大きな助けとなる可能性をもっているが，これについては 2.2.2.2 項で立ち入る．

代償用地が買収によって，あるいは土地台帳への登記で保障されているなら，必要

とされる発展・手入れ対策の長期の実態に即した形で実施しやすくなる．この場合，事業実施者自らは自然保護対策の実施の経験をまれにしか持っておらず，代償用地とそれに付随する対策を**第三者**，例えば，自然地維持団体 [Landschaftspflegeverbände] あるいは個々の農業者，自然保護団体，財団に委ねることができる．これらは，その場合，事業実施者から土地の維持に必要な資金の提供を受ける．発展・手入れ・保持対策の種類と規模は，手入れ契約あるいは手入れ協定の締結によって確定される（Oberste Naturschutzbehörden Neue Bundesländer und Bayern & BfN 1993）．

例えば，道路建設での地面遮蔽に際しては，相殺・代替対策の効果は，その道路が再び縮小される [zurückgebaut] までの間，保障されなければならない．このことがいつか起こるか分からないので，まずは時間的に無制限の侵害を前提とし，これに**時間的に無制限の代償**を対応させなければならない．計画確定決議の法的影響およびそれによって確定された代償対策は，建設事業の完成後も，それを超えて無期限に継続する．

相殺・代替対策のための**台帳**[Kataster] は，相殺・代替対策の情報とそのマネージメントが明記され，継続修正され，参照できるように用意されている明細書である．このために，いくつかの州はその自然保護法で法的基礎を設けている（EKIS Thüringen, Buske 2001 を参照）．ARGE Eingriffsregelung[介入規則] (1997) は，そのような台帳の構成について，最低要求を定義した．相殺・代替対策の台帳は，成果管理の実施を容易にし，その効果を高めるために大いに役立てることができる．実施すべき手入れ対策（例えば草刈り）のコントロールも容易になる．加えて，新しく行う相殺・代替対策は，台帳情報を基にして，すでに実現している対策と，よりうまく調整することができる．必要な情報は，特に，事業認可に関する通知から引き出すことができる（例えば，計画確定決議・許可．その他の認可）．必要なのは，台帳の電算処理支援の運営（データバンクシステム）である；地理情報システム（GIS）の利用によって，情報の地図的作業，そして統計的な評価の可能性が得られる．

KISS-代償地台帳：デジタル代償地台帳（IBU 発行年なし）は，事業実施者が，空間的・実態的 [sachlich] に責任を持っている分野で，相殺・代替対策の算定，監視，管理，記録を行う手段として役立つ．この台帳は，地理情報システムにのせることのできる幾何学的対象（事業と代償地）との連結によって情報交換ができる．台帳の目標は，特に，代償対策の合理的な管理と，生成・機能コントロール実施の簡便性，異なる事業の代償対策用地の多重設定の回避，ならびに費用管理である．**"KISS-代償対策情報システム"** の名をもって，このシステムがザクセン州の道路行政に導入されている．

2.1.9.3 成果管理：生成・機能コントロール

相殺・代替対策の遂行と目標達成には，今日まで，大きな欠損が認められる（Tischew et al. 2002）．不確実なのは，代償対策が本当に実施されたのかどうかだけでなく，代償目標が実際に設定され，そして，そこでの代償対策も持続的に保障されているのかどうかということである（同上．Kiemstedt et al. 1996）．したがって，介入規則を効果的にするには，絶えず，対応する**成果管理**の実施が求められた．Marticke (2001) は，相殺・代替対策のための事業実施者の成果義務 [Erfolgspflicht] を検討し，そこから，必要とされる成果管理を導き出している．しかしながら，過去には，これが一貫性をもって行われたのは極めてまれでしかなかった．例えばフェット草地の粗放的経営が，追求されている貧栄養的草緑地に実際に結びついていくのかどうかは，介入規則の実践では今日までのところ不明な場合が極めて多い．もっとも，2000年の連邦自然保護法の新条文により，諸州が当該対策の実施の**担保**についての規則を設けることが法的に根拠づけられた（第18条5項）．

成果管理は，関連諸規則に沿って，仕上げ手入れに対する専門的な要求を含むものである．しかし，回避・相殺・代替対策の実施が，やり方および規模，時点に従うだけでなく，更にこれを超えて，目標・機能充足に基づいても検証される必要がある（保障 [Gewährleistung] を超えて）．Wernick (1996) は，この意味で，**生成・機能コントロール**と言っているが（Schwoon 1996. この概念は特に道路建設において用いられている．HNL-S99，BMVBW 1999 を参照），他の人たちは生成・効果コントロール [Erstellungs- und Effizienzkontrollen]（Köppel et al. 1998）あるいは事後管理 [Nachkontrollen]（Marticke 2001, Schubert 2001）とよんでいる．つまり，相殺・代替対策の成果コントロールの用語は，これまでは統一化されていない（Rexmann et al. 2001, Eisenbahnbundesamt 2002 を参照）．ここで従うべきなのは道路建設における用語であろうが，それは，これまで非常に広範な調査が行われている点を重視するからである（Tischew et al. 2002, Schmidt et al. 2004. 例えば連邦水路の拡充の場合も BfG 2000 は扱っている）．

生成管理[Herstellungskontrollen] は，主に，対策実施の完成度と実状適合性について，竣工検査の意味で，検査することであるが（ARGE Eingiriffsregelung 1995），これに対して，機能管理は，相殺・代替対策の目標達成度を，自然地維持的随伴計画（あるいは部門計画）における代償目標との関連で，確定するべきものである．その際には，例えば樹木の活性度や，草緑地の生物種の多様性，あるいは河川再自然化の質を，構造的および植生学的な指標をもとに調査することができる（Rexmann et al. 2001）．広範な機能管理は，新種の対策が求められたか，対策に費用が多く掛かる場合には，多くは抽出的にしか行えない（Weiss 1996）．例えば，Flade (1994)

の重要生物種モデル [Leitartenmodell] を基にしても，新しく生まれた生育生息空間が鳥類共同体にとって完備したものであり，充分であるかどうかを検証することができる．成果管理と区別されるのは，特に，ある事業の影響予測の検証に役立つ影響コントロールである；侵害が，予測されたように実際に現れているか（BfG 2000，2.1.4 項を参照）？

　成果管理の実施は，その介入の許可に対して権限のあった官庁の責任のもとで行われる場合もある．その官庁は－実例の過半数では**自然保護官庁**でないにもかかわらず－介入規則の法的効果の遵守に影響を及ぼすべきだが，それには代償義務が含まれる点も重要である（ARGE Eingriffsregelung 1995）．必要な成果管理を実施することは，事業許可の時点ですでに同意されていなければならないかも知れない．その際には，計画確定義務のあるプロジェクトでは，計画された対策が全く効果を示さないか，必要規模で効果が現れてこない場合のために，補完手続が行えるという留保規定が設けられる必要がある．許可通知に**事後改善義務**が位置づけられていなければ，そのような管理の実施についての根拠がなく，必要な事後改善が原因者の負担で実施される可能性もない．当該の証明義務を利用し尽くす可能性を，将来的にはもっと活用する必要があるかも知れない；これについては，事業の実際の保障に向けての事業実施者の適切な**実行保障**[Sicherheitsleistung] も加えられる．

　同時に，**代償目標**が達成されたと判定できるためには，どのような自然収支と自然地景観の機能・価値要素が，特定の時点までに発生してくるはずだということが，充分に記述されなければならない．経験的には，**代償目標**に向けての対策内容そのものが不足しているので，成果管理を困難にしている．特に，大規模事業の場合には，エコロジー的**証明保障**が行われるという基準のもとに許可が与えられている場合がある．というのは，多くの場合，計画されている事業による実際の侵害が，前もって充分には判定できないからである．例えば，当該官庁は，場合によって，介入規則の完了 [Vollzug] までに，自らの決定をまだ修正することを可能とすると留保している；このことが補完的な低減・相殺・代替対策の要請と関わっている点は重要である．

　ハレとマグデブルクの間の連邦アウトバーン A14 の新設の中で行われた相殺・代替対策の成果管理に際して，Tischew et al.（2000）は，目標達成における不足の主だった原因を探しだし，それに見合った最適化提案を示している（表-2.24）．
　幅広い道路建設プロジェクトの場合にも，Tischew et al.（2002）は，連邦道路研究所 [Bundesanstalt für Straßenwesen] の委託で，代償対策の効果を調査した（BAB A14，A24，A30，A51 ならびに B401）．以下では事例的に半乾性芝地と粗放的草

表-2.24 ハレ-マグデブルク間の A14 の新設を通してみた頻度の高い対策類型の最適化提案 (TISCHEW et al. 2000)

対策タイプ	最適化提案
樹木植樹	● 土着の健康な植物の明記と使用（同時に，必要とされる植物素材 [Pflanzmaterial] が手に入ることの保障） ● 搬入された植物素材の管理の強化 ● 灌水対策の明記 ● 大きな面積での植樹の場合の柵の設置の明記
耕地転換	● 完成に向けた手入れの期間の，大面積の植樹地の定期的，早期の草刈り ● 面的な植樹地のワラ敷き [Mulchen] ● 使用された播種用種物は立地条件と目標植生タイプと一致している必要がある ● 周辺も含めて適切な提供地がある場合，そこからの素材によるワラ敷きあるいは乾し草が含む種物による自然発生の活用 [Mulchsaat, Heublumensaat] ● 貧栄養の立地条件の実現（表土の除去／狙いを定めた貧栄養化）
粗放化・手入れ対策	● 拘束的な手入れ・発展計画の作成 ● 手入れを専門的に実施し保障できる，地域の団体／機関への手入れの委託 ● 純手入れ対策を確定しない．手入れ対策管理は，経済的視点からも計画する必要があるだろう（手入れ対策の受け入れの上昇）
河川システムの発展に向けての河川工事	● 維持対策の縮小 ● 地場の樹種の植樹と水生植物の遷移的発展（水生植物や葦類の栽植の禁止）
小水面の設置と植生	● 事前の無生物的および生物的な立地条件の検査 ● 小水面の深さと広がりの充分な計測 ● 浅い部分と変化に富む岸辺線の実現 ● 緩衝地帯の設置

緑地の安定化に立ち入る．播種を行った土地に，その際の代償目標であった"半乾性芝地"が達成できず，その代わりに半乾性芝がほとんど含まれず，草地での生息の一般的適応能力の高い [euryöke] イナゴ種のみが見られるという，草が主体の状況が出来上がってしまった．理由は，代償目標と目標に導く対策を定める際に，立地条件の注意が不充分であったことにある．それよりも良好な結果は，事前に富栄養の表土を除去した場合に見られたが，それというのも，半乾性芝地の新設は，搬送ビオトープ [Lieferbiotope] としての既存ストックが隣接し，平坦な貧栄養の，適度に日照条件が良い立地での播種によってしか成功できないからである．粗放的草緑地の創出は，播種用の種物の混合が目標種群 [Zielgesellschaft] に合っていなかったか，あるいは野草生育に対抗する競争力の強い優位種のストックが出現してしまい，失敗をした．以前に，強度に施肥をしていた草緑地は，長期的にしかやせさせられない．

この両者の対策タイプでは，手入れの際の問題が起こってきた（例えば，専門

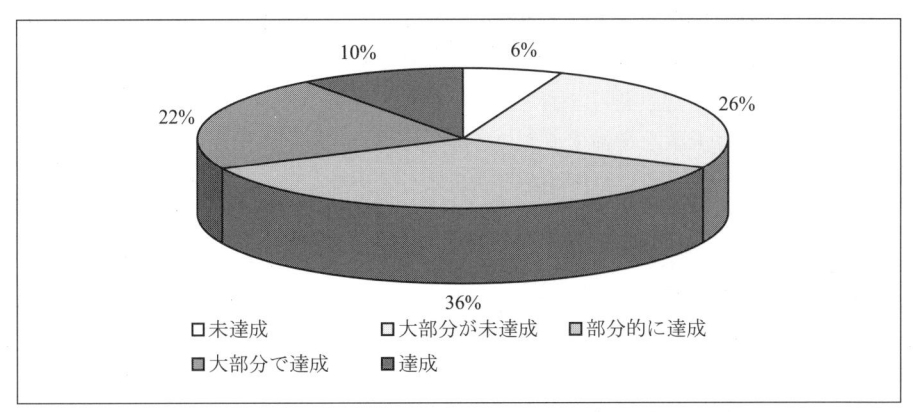

図-2.6 道路プロジェクトの代償対策の効果（Tischew et al. 2002）；調査された部分地のすべての目標達成度

的に適当でなかった，あるいは立地に適合していなかった）．更に，鳥類の設定目標の複合対策，つまり，誘導され開始した遷移による幅広の生垣およびガレキ性土地の設置，河川の近自然化，小水面の設置がみられた．図-2.6 は Tischew et al. (2002) によって調査されたすべての部分区域の目標達成度の概要を示している．ほとんどの部分地区では，代償目標が部分的にしか達成されていない．

理解確認問題
- 自然地維持的実施計画の過程で，何を行うべきか？
- 相殺・代替対策の目標達成に向けて，広く行われている手入れ対策には，どのようなものがあるか．
- どのようにして，代償用地が長期的に確保できるか？
- どのような代償対策の成果管理が充分に意味を持っているか？ 何が，確認された不足に対する原因か？

2.2 建設誘導計画における介入規則（建設法典による）

1976 年に，連邦自然保護法によって介入規則が導入された．80 年代の初期には部門別計画の実施の中に徐々に入り込んできて，そこで，効果を発揮し始めた．この確立化の時期に，専門的計画法規（道路建設，鉱業，耕地整理）における介入規則の役割について，法律分野での論争があった．介入規則の不明確な法概念についての多数の判決が出された．まもなく，建設法規における介入規則の役割を巡って，広範な議論が始まった．

2.2.1 建設誘導計画における介入規則の基礎

それは介入規則がすでにこの計画段階で関わる必要があるのかという問題を巡ってのものであった．建設誘導計画それ自身が介入事実でなかったとしても，それでも，計画法規的に介入を準備するものであった．介入規則の適用は建築許可の段階に限定していたが，それには問題がつきまとっていた：この時点では遅すぎ，もうほとんど侵害を回避できず，相殺に対して建築敷地の外部では充分で適切な土地が取得できないことが頻繁にあった．

2.2.1.1 建築法規的妥協

1993 年に投資軽減・住宅用地法が制定された．その第 8a 条から 8c 条は連邦自然保護法に関係し，建設法規に対する関係を新しく定めた．目標は，ドイツ再統一の過程で進められている建設活動から，時間の長くかかる二重検査の負担を軽減するというものであった．介入規則が，初めて建設誘導計画に，直接，適用されることとなった．**建築法規的妥協**によって建設法規での介入規則の詳細規定化が始まった．介入規則を，そもそも，1993 年より前にも建設誘導計画で先取り的に適用すること，あるいは，少なくとも建設法典に基づく比較衡量に取込むことは可能であった．しかし，これが行われた例は実際には少なく，いくつかの州では，連邦法に違反して，既成市街地域 [bebauter Bereich] を介入規則の適用から外していた．例えば，バーデン-ビュルテンベルク州では，州自然保護法（1976 年 10 月 21 日制定，最新では 1994 年 2 月 7 日に改定）で，介入規則を建設法規的な外部地域に限定していた．

1998 年に「建設法典の変更と国土計画法規の新規則についての法律」（BauROG）によって，自然保護法規と建設法規の関係が最終的に定められた．連邦法から外れる州規則に関する連邦自然保護法の条項（第 8b 条）および移行規則（第 8c 条）は再び削除され，建設法規との関係についての規則（第 8a 条）が新しく設けられた．本質的には，残された条項は，どのような前提で介入結果に対する判定が行われるべきかということを定めるだけであった："建設誘導計画の作成あるいは補完，廃止を根拠に…自然・自然地への介入が予期できるなら，建設法典の規則によって回避，および相殺，代替に関して決定する必要がある"（第 8a 条 1 項；この間に連邦自然保護法第 21 条に移行）．

1998 年からは**建設法典**（BauGB）に，同法第 1a 条「自然保護に向けての補完規則」によって，環境保護の利益 [Belange] が統合されるが，これは，介入規則もそこに明確に位置づけられたことを意味する．自然保護法規と建設法規は，投資家と建築主に対して法的明解性が得られるように，より適切に相互調整される必要がある．介入と相殺に関しては，完結的に，建設誘導計画手続で決定されなければならない．以降の個々の許可手続では，予測される侵害の回避について，そして相殺に

2.2 建設誘導計画における介入規則（建設法典による）

ついて地区詳細計画図で定められる確定が実行される．

　同時に建設法典は，回避と相殺の概念に関して（建設法典第1a条第2項2号），連邦自然保護法の介入規則を指示している．この指示は，回避および相殺，介入事実に対する自然保護法規的な介入規則の要請が**更に拘束する**ということを明確にしている（BMNBW 2001）．相殺の概念は，州自然保護法に基づく代替対策にも当てはまる．予期される介入の相殺は，基本的に地区詳細計画図の確定（建設法典第9条「地区詳細計画図の内容」）によって行う必要があり，土地利用計画の表示（建設法典第5条「土地利用計画図の内容」）で準備できる．

　相殺は，介入との直接的な空間的関連性の中に置く必要はない（建設法典第1a条3項と第200条）．相殺対策は，介入の前に実施され，その後，対応配置ができる．発生した費用は，特に費用徴収（建設法典第135条「分担金の履行期限と支払」）によって回収できる．専門的計画法規による介入規則との重要な差異は，建設誘導計画における介入規則が**比較衡量留保**のもとに置かれていることにある．自然・自然地の利益は，建設法規的な比較衡量に取り込まなければならない（建設法典第1a条2項）．これには，自然・自然地での予測された介入の回避と相殺も含まれる（表-2.25）．

　介入規則は，地区詳細計画図の掛けられていない内部地域 [つまり建築連担地域] での事業には**適用されない**（連邦自然保護法第21条2項，建設法典第34条「建築連担地区の内部での事業の認可」）．その他すべての自然保護法規的な規則，例えば

表-2.25　建設法典における介入規則の規定（BMVBW 2001）

規則	規則内容
第1a条2項2号	建設法典第1条6項による比較衡量の中での，予想される自然・自然地に対する介入の回避と相殺の考慮
第1a条3項1文と3文	建設法典第5条に基づく相殺用の土地としての適切な表示による，あるいは建設法典第9条に基づく相殺用の土地・対策としての確定による，または相殺に向けての契約的な合意に基づいた，もしくは自治体が準備した土地の上でおこなわれる予期される介入の相殺
第1a条3項2文 第5条2a項	介入が予想される土地について，相殺用の土地・対策の対応配置の可能性も対象とした，介入と相殺の空間的な分離
第135a条2項2文	介入と相殺の時間的な切り離し
第1a条3項4文	既存の建築権の場合の相殺の不要
第200a条1文と第2文	建設誘導計画の枠内での相殺は，同時に，州法規的な代替対策を含む；介入と相殺の空間的な関連性の不要
第135a条から135c条	相殺に向けての確定された対策の実施と資金調達；費用徴収条例の制定の権限
第55条2項と第5項，第57条2項，第59条1項，第61項1項2文	土地区画整理の枠内での，相殺に向けての土地の考慮

特別な生物種保護は，そこでも適用する必要がある．外部地域（建設法典第35条「外部地域での建設」）で実現されるべき事業，および計画確定の代わりとなるような地区詳細計画図（連邦遠隔道路や市街鉄道に対して可能）では，引き続き，連邦と州の自然保護法に基づく介入規則の適用が行われる．

建設法規的妥協は，自然保護の視点からは，**激しく論争され**，特に [自然保護・自然地維持の利益が比較衡量の対象とされるという] 比較衡量留保は疑念を引き起こした．特に，他の利益に対して自然・自然地の利益は後退し，除外されてしまうと恐れられた．しかし，新規則は，GERHARDS et al. (2002) によると，総じて，再び自然保護・自然地保全の重要性獲得につながった；例えば，バーデン-ビュルテンベルク州での介入規則と建設誘導計画の分離に，対抗的な作用を及ぼすことができた．

[戦略的環境検査のための法律である]「EU指令への建設法典の適応についての法律」(EAG Bau, BMVBW 2003b) による建設法典の改めての改定によっては，建設誘導計画における介入規則に対し，重要な修正は何ら施されていない．

2.2.1.2 介入の回避命令，相殺

回避命令には，土地利用計画と地区詳細計画の両レベルで，注意しなければならない．地区詳細計画図は，土地利用計画から展開するものである（建設法典第8条）．この展開命令は地区の建設がすでに土地利用計画図の中の適切位置に誘導できることを可能としている．準備的建設誘導計画のレベルでの自然・自然地の侵害を適切な立地選択で回避する姿勢に徹底していればいるほど，後の拘束的建設誘導計画に際して起こってくる相殺需要が，その分，減少する (BayStMLU 2003)．

土地利用計画図の縮尺は，気候的機能あるいはビオトープ連結に決定的な，大空間的な機能的関連性も考慮できる可能性を与えている．計画用途の需要と規模も検査し，回避と低減についての検討内容 [Überlegungen] が示される必要がある．しかしながら，土地利用計画図によっては，自治体全域に対する土地利用が基本線でしか表示できない．**地区詳細計画図**では，具体的な回避対策が確定できる．予期される介入結果は，面積の制限 [Flächenabgrenzung]，ならびに建設の形態 [Ausgestaltung] と実施，地区内道路の扱いいかんで低減することができる．例えば，建築物の高さや色彩，地面遮蔽の度合い，工期によって，侵害を回避し，あるいは低減することが可能である（同上）．考えられるのは，例えば，地下水新形成の妨げをより少なくするための，透水可能な舗装，および建築地域での大きな割合での空地である．

回避不可能な甚大な侵害に対して，自治体は代償を空間計画的に準備する必要がある．**相殺**に向けての土地の表示と，相殺に向けての土地と対策の確定には，建設法典第1a条3項の意味で，州自然保護法の規則によって，代替対策も含められる（建設法典第200a条「州自然保護法に基づく代替対策」[2004年の新建設法典では

「代替対策」）．それにもかかわらず，介入規則の段階的検討は引き続き残されている．自治体は，まず，どの程度，相殺対策が緊密な機能的関連性の中で可能かを調べなければならない．その後，やっと代替対策が検討対象となるが，その場合，機能的関連性の検討はゆるめられているものの，全く行わなくてよくなったわけではない．対策の種類は，侵害された機能から導き出される．土地利用計画図では，当該の機能に対して複数の潜在的に適切な地域が面的に把握できる精度で表示される（2.2.2.3項）．この場合，介入と相殺の決定内容は土地利用計画図の尺度に応じて粗いが，それでも相殺需要の大まかな把握は，多くの場合，可能である（BayStMLU 2003）．土地区画が分かる精度での土地確定は地区詳細計画図に委ねられている．

2.2.1.3 介入と相殺の時間的および空間的な切り離し

　介入と相殺の間の直接的な空間的関連づけは，建設誘導計画の介入規則においても必要はない（建設法典第200a条）．この空間的柔軟性にはまだなお制約がある．つまり，前提は，秩序ある**都市建設的発展**，および国土計画の目標ならびに**自然保護と自然地保全の目標**と一致していることである．したがって，挙げられている設定目標への拘束が行われるので，介入地と相殺地のあらゆる結びつきが廃止されるのではない（Busse et al. 2001）．機能的関連性からも，空間的な切離しに制約が与えられる（Gerhards 2002）；侵害された機能は，実際にも，それぞれの立地的状況を有す代償空間で代償ができなければならない（同上）．

　相殺・代替対策の場所を設定する際には，**現地のそして広域的な空間計画と自然地計画**の内容を考慮する必要がある．そこで例えば，[上位の] 地域計画図 [Regionalpläne] で広域空地構造のために優先地域および留保地域として指定されている土地を提案することができる．地区詳細計画図に対しては，展開命令を考慮する必要がある（建設法典第8条「地区詳細計画図の目的」の2項）．地区詳細計画図は土地利用計画図から展開する必要がある，すなわち，確定は土地利用計画図の表示と矛盾してはならない．土地利用計画図である土地が農地用として表示されていると，相殺対策として果樹草地あるいは粗放的草緑地が確定できるが，森林は確定できない（Gerhards 2002）．

　介入と相殺の**空間的な切離し**によって，自治体がそれらの関係をどう形づくっていくかの余地がかなり拡大された．介入地の近辺に自然保護専門的に適切な土地が存在しないという問題はなくなった．相殺地の空間的選択範囲は，自治体全域（そしてそれを超えた範囲）になっている．すでに対応配置と建設工事を行う前に，相殺の対策が実施できる（建設法典第135a条「事業実施者の義務；自治体による実施；費用徴収」）．介入と相殺の，この**時間的な切離し**は，自然保護と自然地保全の対策の早期実施を可能にする．対策の早期実施は，例えば：

- 長期の発展期間が必要で，大きな再生の危険性を有する生育生息空間（例えば，樹林ストック），あるいはその他の機能を早期に立ち上げる [initiieren] ために，あるいは，
- 動植物種に，新しく設けられた生育生息空間への，早期の拡散可能性を与えるために，
- 価値ある，そして/あるいは危機下の動植物種の現勢ストック [Bestände] を移し替えるために，
- 土地の種物貯蔵機能を早期に活性化させるために，
- 急速に大きく成長する植物によって，建設事業による土地像と自然地景観の侵害を，可能な限り短期間に抑えるために，

必要である（同上）．

　自治体の自然地計画の枠内で，自然・自然地のための全域的発展コンセプトをつくり出す必要がある．**自然地計画図**では，自然・自然地の侵害の回避と低減あるいは除去の必要性と対策を表示する必要がある（連邦自然保護法第14条と第16条）．自然地計画図は，自治体の地域のどの土地が自然保護専門的重要性のために建設的利用ができないか，そして利用する場合に，どの土地で適合性矛盾があることを考えておくべきなのか，どの土地でそれが少ないために利用に適しているかを明示しなければならない（BMVBW 2001）．自治体域に自然地計画が存在しない場合，建設誘導計画の作成か変更，補完が関わる地域，あるいは相殺対策を必要とする地域での，自然・自然地の現況調査および現況評価が独自に必要となる（BayStMLU 2003）．

2.2.1.4　建設誘導計画における比較衡量

　最終的に，どのような相殺が自治体によって確定されるかという問題は，広範な比較衡量を基本において決定されなければならない．建設誘導計画図の作成に際しては，すべての公的および私的な利益を，相互に照らし合わせ，軽重を問う形で，公正に衡量する必要がある（建設法典第1条6項）：比較衡量に際して考慮すべき環境保護的な利益は，建設法典で前面に出されている [hervorgehoben]（建設法典第1a条）．しかしながら，自然保護と自然地保全の利益は，最初から他の利益に対しての優先性を有していない．だが，優先性は具体的な計画状況から生まれてくる可能性がある．建設誘導計画をもって自然的生活基盤を保護し発展させていくという目標を根拠に，比較衡量においては，この利益自体の重みが増している（BayStMLU 2003）．

　比較衡量－つまり，計画に関わる意思決定 [Entscheidungsfindung] －は3段階で行われる（Planungsgruppe Ökologie und Umwelt & ERBGUTH 1999）．予想される建設誘導計画による介入は，まず，**把握する**必要がある．自然地・緑地整備計画図あるいは自然地計画的専門鑑定書によって，自然・自然地に対する侵害が決定されなけれ

ばならない．それによって把握された自然・自然地への利益は，計画による介入の種類と強度に関して**重みづけ**をすることとなる（同上）．どのような利益がその都度の比較衡量に重要で，どのような重みづけで比較衡量に取り込むかは，具体的な個別事例において把握されなければならない（BayStMLU 2003）．これを個々に応じて確定するのは自治体の課題である．最後に，様々な利益を相互に**比較衡量すること**が重要である．比較衡量では，自治体は，相互に対立する利益と取り組まなくてはならない．自然保護と自然地維持の利益は，個別事例で，住民の住宅要求あるいは雇用実現のような利益と対立する場合がある（同上）．自治体は，追求されている計画意図に対して計画規模が適切か，あるいは自然・自然地に対する介入度合を低くしても計画目標が達成できるのかどうかを検査しなくてはならない（Planungsgruppe Ökologie und Umwelt & ERBGUTH 1999）．こうすることで回避思想が考慮される．介入結果が回避不可能である限りで，計画されている相殺・代替対策が意思決定に関連づけられる [einzubeziehen]（同上）．様々な対立する利益と取り組む中で，自治体は，状況に応じて，法的瑕疵なしに，算定代償規模を建設誘導計画に完全に取り込めるか，あるいはそれが部分的でしかないかという結論を得ることができる（BayStMLU 2003）．自治体の重要な検討内容は，地区詳細計画図の理由文書か土地利用計画図の解説報告書に反映させねばならない［2004年からは両者とも理由文書（Begründung）と定められた］．

2.2.1.5 影響予測および評価手続と対照手続

　土地利用計画図での，予想される侵害の査定に対しては，そこで予定されている用途が決定的である（GERHARDS 2002）．それは，建設法典あるいは建築利用令（BauNVO）に基づく建設区域 [Baufläche] および建設地域 [Baugebiete]，その他の用途地域 [Nutzungsfläche] というカテゴリーによって表現される．地区詳細計画図は外観的な全体枠組の形で，建築的利用の種類と規模を確定する．そこで，自然・自然地への影響の記述も，予定されている建築的利用の規模からは，大まかにしか説明できない．これについては，確定された**建蔽率（GRZ）**あるいは建築面積が大いに役立つ．しかし，**容積率（GFZ）**ならびに建築物の高さとボリューム [Kubatur] も，例えば自然地景観の侵害の把握，あるいは微気候に対して重要となる可能性がある．

　ある計画地域に対する相殺需要を把握するためには，この地域を自然・自然地に対する意味に従って判定する必要がある．適格な**現況調査**は，実態に即した欠陥のない比較衡量のための重要な前提である．特に自然地計画図および緑地整備計画図のような重要な既存資料があれば，多くの場合，地区詳細計画図のレベルで，それ用に行われる調査と評価を減らすことができる．ビオトープ類型と並んで，計画の

場合に重要な保護財「自然収支」の，つまり生物種と生育生息空間，そして水，土地/土壌，気候，自然地の状況を把握する必要がある．計画地域に，保護されているか消滅の危機にある生物種が存在していると，個々の保護財に対しての深化調査が必要となる可能性もある（BayStMLU 2003）．

計画されている地区詳細計画図での [建築などの] 配置と密度を通して，**自然・自然地への侵害**の強度に対して大きな影響を及ぼすことができる．地面遮蔽によっては，ほぼすべての保護財的機能が失われる．建設法典も，地面遮蔽を必要最小限の規模に制限することを求める形で，この事実を考慮している（建設法典第1a条1項）．地区詳細計画のレベルでも，侵害の回避の可能性を確かめ [ermitteln]，比較衡量に取り込まなければならない（表-2.26）．都市建設的な設計で，自然収支と自然地景観の侵害の回避と低減に向けてのあらゆる可能性が活用されたかどうか，検査する必要がある（BUNZEL 1999）．

どのような方法で自然・自然地への介入が個々に把握され，評価され，対照均衡化されるかということは，建設法典では明確にしていない．自治体は専門的に適正な評価・対照均衡手続の採用を決定しなければならない．これは，透明で，分かりやすく，簡単に扱える必要がある（BayStMLU 2003）．必要とされる代償規模の決定についての様々な方法と長短所については，2.1.7項ですでに立ち入った．その際に，建設誘導計画での介入規則の実践では，定式化された手続の採用が明らかに大半を占めているが，BUNZEL & BÖHME（2002）と BÖHME et al.（2003）は土地・対策プールの調査（2.2.3項）において，ほぼ事例の16%が口頭-論議的な評価・対照均衡手法を好んで採用していることを明らかにした．定式化の方法論と口頭論議決定的な手法的基礎を結合して応用している例もまれではない．点数による対照均衡化も，口頭論議決定的な検討の形で，空間的-機能的関連性の吟味によって補完されるのであれば，その場合にのみ代償要請を質的に適格なものにしていくために採用されるべきかも知れない（BUNZEL & BÖHME 2002）．

ネッカー川沿いのロッテンブルク市 [Stadt Rottenburg am Necker] のエコ口座 [Ökokonto]-モデル（KEPPEL et al. 2001, KEPPEL 2003）の枠内では，生成費用を基礎とする手法で作業が進められた．生成費用というのは，失われた価値と機能の再生のために，土地費用に加えて必要と考えられる費用である（表-2.27）．手入れに対する費用は，追求状態の達成まで徴収する必要がある；したがって手入れ費用の段階づけは必要かも知れない．副次費用には計画のための費用も含めることができる．算定された再生費用には，長期の発展期間のための加算を行う必要

2.2 建設誘導計画における介入規則（建設法典による）

表-2.26 建設誘導計画における回避対策（BayStMLU 2003）

自然・自然地の侵害の回避に役立つ対策（居住環境形成に向けての緑地整備的対策も含む）
保護財　生物種と生育生息空間 ● 保護財である生物種と生育生息空間に対し特に重要な地域の保全と保障：例えばバイエルン自然保護法 [BayNatSchG] 第 III 章と IIIa 章による保護地域，同第 13d 条と 13e 条による法的に保護されたビオトープ，移動経路も含む危機下の種の生育生息空間（レッドブック種），ABSP による地域や郡の範囲で重要な生物種 ● 孤立化あるいは分断，物質移入による生育生息空間と種の直接的侵害の回避 ● 保護価値のある雑木林，孤立樹木，樹木群，並木道の保全 ● 建設現場地域での，保全価値のある樹木と灌木の保護（RAS-LG「道路敷設指針－自然地形成」4 あるいは DIN「ドイツ規格協会規格」18920） ● 供給脈絡施設と道路の連結 ● 例えば，柵の下部を壁面状にするような，動物群に害を与える施設あるいは工作物の禁止 ● 相互関係 [Wechselbeziehung] の促進のための，集落周辺での，大きく広がった自然地 [freie Landscahft] への通行可能性
保護財　水 ● 保護財である"水"のために特に重要な地域の保全と保護：例えば河川 [Fließgewässer] の高水時氾濫地域，地下水が地表面に近い地域 ● 適切な立地選定による河川湖沼の保全 ● 河川湖沼の埋め立て，および流水の埋設管化，改修工事 [Ausbau] の回避 ● 近自然的に形成された水溜め池あるいは地下浸透窪地への雨水の保水 [Rückhaltung] ● 土木工事による地下水位低下の回避 ● 雨水浸透が可能な仕上げ材の利用による土壌の雨水浸透能力の保全 ● 負荷が掛かった水の，表流水への流入の回避 ● 地下水の分断と流動の阻害の回避
保護財　土地/土壌 ● 保護財である"土地/土壌"のために重要な地域の保全と保護：例えば，近自然的および/あるいは希少な土壌 ● 適切な立地選定による，自然的および文化史的な土地/土壌・地表面形態の保護 ● 大きな土壌の移動ならびに地表面の改変の回避のための，建設地域の土地起伏状況への適合 ● 土地と土壌の節約的な扱い：例えば，高密な建設による対応 ● 地面遮蔽の度合いの低下 ● 雨水地下浸透が可能な仕上材の利用（建設法典第 1a 条 1 項） ● 土壌汚染および貧栄養土壌への栄養物質の流入，立地不適合の土壌改変の回避 ● 湿った地盤の上での自動車通行の禁止 ● 層理に合った土壌の埋め戻し [schichtgerechte Lagerung]，および場合によっての再埋戻し
保護財　気候と大気 ● 大気交換道の保全（障害影響からの回避） ● 微気候的に効果的な土壌の保全：例えば冷気生成地域 ● 壁面・屋上緑化による建物の温度上昇の回避 ● 不必要な環境汚染の回避：例えば妥当な暖房種についての規則によって
保護財　自然地景観 ● 以下の自然景観を特徴づける要素をもった地域における建設の回避 　－近自然的な河川湖沼の岸辺 　－地形起伏の特徴的な個々の構造（例えば，丘陵，斜面，尾根 [Geländekante]） 　－森林辺縁部 　－孤立樹木および樹木群，樹木列 　－農地生垣や灌木群，特にこれらが構造化機能を持っている場合 ● 景観的関係性および調和効果の保全

表-2.26 建設誘導計画における回避対策 (BayStMLU 2003)

居住環境形成に向けての緑地整備的対策
- 高成長で，多年生のツル性植物による壁面緑化
- 陸屋根の継続的な緑化
- 屋外駐車場，集合駐車場などへの樹木移植と内部緑化
- 個人緑地ならびに住まい庭と菜園の近自然的形成
- 生活道路と生活通路，中庭の緑化

表-2.27 エコ口座－ネッカー川沿いのロッテンベルクのモデル．再生・地面遮蔽費用を基礎にする計算（Keppel et al. 2001）

保護財 生物種とビオトープ			
侵害されたビオトープ（散在果樹草地）			4 175 m²
平均的再生期間			20 年
相殺不足 [Defizit] 状態の期間			15 年
生物種とビオトープへの後遺的介入			4 175 m²
費用種別	量	費用（€/m²）	総費用（€）
土地取得	4 175 m²	2.05	8 558.75
再生費用	4 175 m²	3.70	15 447.50
計画費用・雑費	4 175 m²	0.17	709.75
期間付加費用	15 年	4.28%/年の場合 654.95	9 824.50
付加価値税	16%		5 513.25
総費用等価			40 053.75

保護財 土壌－水経済			
土壌機能の阻害			190 000 m²
● 完全地面遮蔽			79 000 m²
● 部分的阻害			111 000 m²
土壌機能：自然的植生のための立地			8 000 m²
地下水新形成の低減化（200 mm/GWN の場合 8 400 m²/年）[GWN:Grundwasserneubildungsrate 地下水新形成率]			42 000 m²
土壌-水経済への後遺的侵害			42 000 m²
費用種別	量	費用（€/m²）	総費用（€）
地面遮蔽	42 000 m²	7.00	294 000.00
付加価値税	16%		47 040.00
総費用等価			341 040.00

2.2 建設誘導計画における介入規則（建設法典による）

がある（ヨーロッパ中央銀行の基礎金利に合わせた年利）．この生成費用を基礎におく手法は，例えば自然地景観の場合や保護財「気候」の場合には，理論的にみても，建設という手法による再生の可能性がないので，すべての保護財には適用できない．気候への侵害の相殺は，地面遮蔽加算によって算定できる（$7.00 \, €/m^2$ の額の地面遮蔽費用算定基礎）．そして，ロッテンベルクでは，侵害から引き起こされる等価費用 [Kostenäquivalenz] がエコ口座に蓄えられる（2.2.3 項）．例えば，自治体の自然地発展プログラムからの対策に（再）投資される [(re)finanziert]（地面開放，ビオトープ発展）．

理解確認問題
- 建設法典によって，どの程度，詳細に，自然保護法規的な介入規則が扱われているか？
- 介入規則は，建設誘導計画のどのレベルまで適用されるか？
- 建設誘導計画において，介入規則の実施のための重要な回避対策を述べなさい！

2.2.2 相殺に向けての土地と対策のコンセプトと保障

　土地と対策の選択は，まず自然保護専門的な適性に合わせる必要がある．相殺・代替対策に向けては，自然保護専門的に価値向上を必要とし，そして，それが可能な土地が検討対象となる．価値向上を伴わない既存の状態の単なる保全は，ある土地の状態悪化の防止にしか役立たない対策のように，相殺・代替対策としての意味が少ない．実際に改善を伴う対策であっても，その実施が他の理由で義務づけられているものは，同様に，代償として認定することはできない．これには，例えば，土壌・水質保護の理由で法的に定められている土壌汚染の除去が当てはまる．保護地域の指定による土地の単なる保護も相殺対策とはならない（Busse et al. 2001）．相殺・代替対策は，連邦自然保護法第 19 条 2 項によって自然保護と自然地保全の対策から成り，自然収支と自然地景観の機能実施能力の改善に結びついていかなければならない．

2.2.2.1　土地の選択

　BMVBW[連邦交通・建設・住宅省]（2001）によれば，建設法典によって，等価性のある相殺の要請がでてくるが，侵害された機能と保護財の同種 [artgleich] の相殺は求められていないとされている（建設法典第 1a 条 3 項と第 200a 条）．同種の相殺は，実際上の理由から，多くの場合，実行不可能でもある．地面遮蔽は保護財の機能実行能力の消失を引き起こす．この介入は，同種の地面開放によっていつも相殺できるというわけではない．しかしながら，そのような法的解釈も，個々それぞれに，**保護財と結びついた相殺**のために，まず充分に意味があり可能である対策

を行うことを不必要とするものではない．具体的な計画・介入事例においては，そのような相殺の可能性が利用し尽くされてても，まだ，等価性のある相殺の可能性が残されている．このように，自然保護法規的な介入規則の重要な段階的決定過程も，建設誘導計画の枠内で実行できる．相殺に向けての対策は，したがって，好き勝手に選べず，それが従前の状態と可能な限り似通っており，全体的には等価となるように決定する必要がある（BRUNS et al. 2000a）．

相殺に向けての対策と土地の選択に際しては，実践では，費用と経済性も計画に取り込まれる．もっとも，代償用地の地価上昇の傾向に対して，使用に耐えるデータは存在しない．その市場価格は，純粋の農用地あるいは林業地に対する価格を超える可能性があるが，しかし，そうなっているわけでもない（BUNZEL & HERBERG 2003）．特に，高度利用ができる良好な既開発地が問題となる場合，介入地かその近辺，あるいは建築期待地 [Bauerwartungsland：土地利用計画図に建設地区として表示されている土地．将来，地区詳細計画図が作成されるなどで実際に建設できるようになるとは，まだ確実には言えない土地] では，相殺に対する対策はより高額になる可能性がある．土地節約的な市街地拡大のため，都市建設的な高密化とインフラストラクチャーの効果的な活用の可能性は，これによって制約を受ける可能性がある（BUNZEL & BÖHME 2002, BMVBW 2001）．他の場所で，自然保護専門的に適切であって，建設法典に述べられている国土計画の諸目標と秩序ある都市建設的発展にも適うものがあれば，相殺をそこで行える可能性がある（建設法典第1a条3項）．**相当性命令**の尊重は，安価な立地での対策を求めることでもあるだろう（同上）．

相殺に向けての土地は，適切な表示あるいは確定 [Festsetzung]，その他の確定 [Festlegung] によって保障されなければならない．しかし，実際の証明義務は地区詳細計画図の段階になって発生する．土地利用計画図においては，すでに市街地と相殺地の対応配置が行われている場合にしか，利用可能性の証明をしてはならない．しばしば，自治体は，すでに自らの所有権あるいは専用権にある [im Besitzrecht] 土地を使用する．これらの土地では対策はすぐに実行できる．土地利用計画図に必要とするよりも多くの相殺地を表示すれば，自治体の**自由余地**はその分大きくなる．このことは，地価上昇を抑制することにも貢献する（BUSSEL et al. 2001；2.2.3項を参照）．

> Uバーン [地下鉄] とSバーン [高速郊外鉄道] の乗換え時間を短くするために，ベルリンでSバーンのシャルロッテンブルク駅の乗換え施設 [Bahnsteige] が設けられた．妨げになる樹木は伐採され，その代替として，シュトゥットガルト広場に緑地が設けられるはずだった．当該の土地の鉄道企業からの買収は，しかしながら

ベルリン州が行うべきとされた．というのは，鉄道駅の移設はベルリン州の希望だったからである．だが，最初，州と鉄道は買収価格で一致をみなかった．それは，ベルリンの政府が，まだ鉄道用地として表示されていた地区を良好な [gehobene] 緑地とみなし，平米当り 49 € を適切と考えていたからである．これに対して鉄道不動産会社はその土地を将来的な建設地として評価し，1 平米に対して 581 € を要求した；全体として，代替対策に必要とされる土地に 230 万 € の差が発生した（Der Tagesspiegel，2003 年 2 月 23 日号）．

2.2.2.2 土地の準備

相殺・代替対策は，計画的なコンセプトに基づいて，システム的に準備する必要がある．ある土地の自然保護専門的な適性の判定の基礎は，**自然地計画図**もしくは**非公式の代償土地コンセプト**から引き出すことができる（BMVBW 2001）．自然地計画図は，どこで自治体に入用となる土地があり，充分に計画されて効果的である相殺に向けて，どのような対策がとれるのかを決定するのに適切な基礎を提供する（Luis et al. 2000）．非公式の計画の法的意味は，「建設誘導計画図の作成の際には自治体によって決議された，その他の都市計画的な計画を考慮する必要がある」（建設法典第 1 条 5 項）という形で，建設法典でも考慮された．[都市発展計画や枠組計画などの；枠組計画は 424, 425 頁参照] 非公式の計画の利点は，様々な空間的レベルに関連づけることができる，つまり地区詳細計画図地域あるいは全市域，都市の個々の部分地域に関しての内容が表現できるということである（BMVBW 2001）．

相殺・代替対策に対して，自然保護的に適した土地の利用可能性あるいは利用可能化は自治体においては中心的な意味を担っている（Planungsgruppe Ökologie und Umwelt & Erbguth 1999）．相殺用地の準備（枠-2.5）は，特に自治体独自の土地ならびに自由交渉による買収と交換からなるべきである．このやり方は，予防的な土

枠-2.5 土地準備の手法的可能性（Bunzel 1999 による）

- 相殺目的に向けての自治体保有の土地の準備
- 相殺用の目的での土地の買収
- 自発的土地交換を可能とするための，代替農地の相殺用の目的での買収
- 耕地整理の枠内での相殺に向けての土地の準備
- 減収のための補償の保障を行う，利用制限の協定
- 土地区画整理
- 建設地域での協定的な [einvernehmlich] 土地整備
- 先買権
- 土地収用
- 契約に基づく，事業実施者による外部の土地の準備

地政策においては特に効果的に実施できるだろう（2.2.3 項）．もし自治体が，総じて自治体保有となっている土地から，建築地を開発するなら，土地と対策の費用を土地価格に割り当てることが可能である．

　自治体には，建設法典で，土地の買収の際の**先買権**が認められている．この先買権は，公的目的のため，あるいは相殺用の土地と対策のために，地区詳細計画図において確定される土地に対して適用できる．もっとも，先買権は，実際にはそれほど重要ではなく，相殺・代替対策の準備は多くは**自由交渉による取得**によって進められている（同上）．しかしながら，その活用可能性は，自治体が土地の所有者である場合にしかないというわけではない．相殺の対策の実施に向けて，相殺用の土地の利用は，自治体のための有限の人的な役権の登記によって，あるいはある土地の所有者か用益権者の契約的な義務によっても保障され得る（2.1.9 項参照）．

　相殺地がある地区詳細計画図の該当範囲内にあるとき，土地準備の手段として**土地区画整理**を導入することができる．この場合には公式の土地交換手続が関わっている（同上）．新しく整理するべき地域のすべての土地が，計算上，一つの地積に統一される．この地積から相殺用の土地を**前もって外せる**．これによって区画整理で発生する地価上昇を利用しながら，費用中立的に [kostenneutral]，土地が利用できる．土地区画整理の前提は，少なくとも関連する地権者の利益にも役立つことである（私益性 [Privatnutzigkeit]）；相殺のための土地準備に対する適用は，これによって制約されている（同上）．相殺用地は**共同施設**として定め，その権利関係を規則づけることができる．その際には，相殺対策の実施は共同施設の所有者の義務となる．その土地での相殺対策の実施と手入れの保障は，生成対策費と付随費用 [Folgekosten] の物権的保障によって行われる．地区詳細計画図での配置の後は，生成対策費は費用徴収支払によって回収される [refinanziert]．

　土地区画整理と並んで**耕地整理**も相殺のための土地準備のために行うことができる．耕地整理は [建築連担しているか地区詳細計画図が作成されている地域以外の地域である] 外部地域に制限されており，農業的土地所有の新秩序に向けての手続と言われている．管轄は耕地整理官庁である．もっとも自治体はその手続には参加する．更に，耕地整理の導入の申請をすることができる．自然保護・自然地保全の対策を目標として追求できるのは，大規模事業耕地整理 [Unternehmensflurbereinigung]（FlurbG [耕地整理法] 第 87 条），簡易耕地整理（FlurbG 第 86 条）の形で行われるか，迅速化合併手続（FlurbG 第 91 条），自発的土地交換（FlurbG 第 103a 条）の場合であるが，農業構造改善が前面に出ていなくてはならない．耕地整理は，[基本的に] 土地収用を認めておらず，認められるのは土地の交換だけで，その際にはその土地は土地区画整理のように，等価でなくてはならない（Bunzel 1999）．

メディア都市バーベルスベルク [Medienstadt Babelsberg] 地区詳細計画図の場合には，小規模で分散した相殺対策の代わりに，事業実施者とポツダム市の行政との間で，ヌーテン低地 [Nuthenniederung] での広範で関連性を持った再自然化事業の実施に関して，契約が取り交わされた．このプロジェクトは，ブランデンブルク州における土地新整備手法を用いた介入規則の実施に向けた，広範な対策の実現のためのパイロット事業と位置づけられる．土地新整備的要請と水法規的許可のために耕地整理手続が導入された（SCHÖFER 2002）．

理論的には，相殺・代替対策のための土地も収用できる．自治体においてはこの手法には厳しい条件が課せられ，歓迎されていないので，適用は極めてまれである．

2.2.2.3 土地利用計画図における表示

侵害の回避および低減，代償に対する自然保護専門的要求は，建設誘導計画図の内容に移し変えなければならないが，それは，この方法によってしか拘束効果が展開できないからである．土地利用計画図では自然保護専門的な内容を文章と図で**表示し**（建設法典第5条「土地利用計画図の内容」），地区詳細計画図で確定する必要がある（建設法典第9条「地区詳細計画図の内容」）．法的に保護されたビオトープあるいは既存の保護地域のような自然保護専門的に重要な内容は，いわゆる情報的受継ぎとして，建設誘導計画に受入れることができる．

土地利用計画図の内容は地区詳細計画図で具体化する必要がある；そのような形で土地利用計画図から地区詳細計画図を展開すべきとする展開命令にも注意する必要がある．**土地利用計画図**では，[自然保護専門的に関わるものとして] 以下の表示可能性が設けられている（表-2.28）：

- 緑地（建設法典第5条2項5号）
- 水面（建設法典第5条2項7号）
- 農業のための土地（建設法典第5条2項9a号）
- 森林のための土地（建設法典第5条2項9b号）
- 土地/土壌および自然・自然地の保護および手入れ，発展に向けての土地（建設法典第5条2項10号）．

これら一連の表示可能性は拡張できる．このことで，自治体は，これらを超える表示カテゴリーの定義に際して，形成自由余地を有している．回避および低減，代償に向けての内容の計画へのとり込みに対して最も重要なカテゴリーは，[上記の]**土地/土壌および自然・自然地の保護および手入れ，発展に向けての土地**のためのものである．重要なのは，この表示によって，代償に必要な土地だけは保障できるが，

表-2.28 回避・代償目標の支援のための，建設誘導計画における表示・確定・その他規則の可能性［代償対策］の選定（GERHARDS 2002）

具体的目標／具体的対策（例示）	表示・確定・その他規則の可能性（例示）	建設法典／建築利用令あるいは自治体条例による法的根拠
	保護財"生物種とビオトープ"	
緑地と面的ビオトープの保全と実現，発展；地元の樹木と野草，牧草（樹木，生垣，灌木）	土地／土壌および自然・自然地の保護・手入れ，発展に向けての土地あるいは対策（"自然遷移地"）	建設法典第5条2項10号 建設法典第9条1項20号
	農業と森林のための土地（営農・営林的用途と調和させられる場合，土地／土壌および自然・自然地の保護・手入れ，発展に向けての対策確定が重ね合わされる）	建設法典第5条2項9号 建設法典第9条1項18号
	公的および私的緑地（土地／土壌および自然と自然地の保護・手入れ，発展に向けての対策確定が重ね合わされる）	建設法典第5条2項5号 建設法典第9条1項15号
	樹木および灌木，その他の植栽（種類と質，数量，規模を定めることは可能）	建設法典第9条2項25a号
既存の植生の確保	樹木および灌木，その他の植栽の保全の拘束	建設法典第9条2項25b号
	樹木の保全と代替	[自治体の] 樹木保護条例
手入れ対策（定期的草刈り）	土地／土壌および自然・自然地の保護・手入れ，発展に向けての土地あるいは対策	建設法典第9条1項20号（第1条1項と3項の考慮）
壁面・屋上緑化	樹木および灌木，その他の植栽の植樹（種類と質，数量，規模を定めることは可能）	建設法典第9条2項25a号
	保護財"土地／土壌"	
舗装された土地の地面開放	土壌の発展の対策	建設法典第9条1項20号
	地面開放命令	建設法典第179条「許可，買い取り請求」
敷地の空地を土壌を大切にした形態，地面遮蔽の制限	建蔽可能地と建蔽不可能地	建設法典第9条1項2号
	建築線および建築限界線，建築奥行きの指定による敷地建蔽可能部分	建築利用令第23条「建蔽可能な敷地」
	駐車場とガレージの，建築地域（の特定部分）での不認可，あるいは特定の規模のみでの認可	建築利用令第12条「自動車用の駐車場とガレージ」の第6項
	副次施設あるいは建築物 [Einrichtung] の制限あるいは排除	建築利用令第14条「副次施設」の第1項3文
	建築を除外する土地とその用途	建設法典第9条1項10号
	私的緑地，"庭地"としての目的拘束	建設法典第9条1項15号

専門的に適切な対策自身は保障できないということである（GERHARD 2002）．土地利用計画図の解説報告書 [2004年からは「理由文書」と表現] は，したがって表示された土地の目標設定について，更に詳細な内容を与える必要があるだろう．土地／土

2.2 建設誘導計画における介入規則（建設法典による）

表-2.28 回避・代償目標の支援のための，建設誘導計画における表示・確定・その他規則の可能性 [代償対策] の選定（GERHARDS 2002）

具体的目標／具体的対策（例示）	表示・確定・その他規則の可能性（例示）	建設法典/建築利用令あるいは自治体条例による法的根拠
保護財"水／地下水"		
地下水保護	利用制限地（地下水保護の理由から）	建設法典第5条2項6号
地下水涵養に向けての一般的対策（雨水に対する貯留施設と地下浸透施設）	土地/土壌および自然・自然地の保護・手入れ，発展に向けての土地あるいは対策	建設法典第5条2項10号 建設法典第9条1項20号
	"水面および地下浸透施設"の目的拘束のある公的・私的緑地	建設法典第9条1項15号
	雨水の貯留と地下浸透のための土地	建設法典第9条1項14号
	雨水流出の調整のための土地	建設法典第9条1項16号
交通用地と敷地面の雨水地下浸透が可能な形成	土地/土壌および自然・自然地の保護・手入れ，発展に向けての土地あるいは対策（文章による舗装材料の具体化は可能）	建設法典第5条2項10号 建設法典第9条1項20号
保護財"自然地景観"		
地区周辺形態（果樹草地）	草緑地	建設法典第5条2項5号 建設法典第9条1項15号
	農業と森林のための土地	建設法典第5条2項9号 建設法典第9条1項18号
	土地/土壌および自然・自然地の保護・手入れ，発展に向けての土地あるいは対策	建設法典第5条2項10号 建設法典第9条1項20号
地元景観，自然地景観の保全と形成（視軸の開放と孤存状態の存続 [Freistellung]）	建設から除外する土地，およびその用途建築形式，敷地の非建蔽部分，建築的施設の位置	建設法典第9条1項10号 建設法典第9条1項2号
	樹木および灌木，その他の植栽の植樹植樹のための拘束	建設法典第9条1項25a号 建設法典第9条1項25b号
	土地/土壌および自然・自然地の保護・手入れ，発展に向けての土地あるいは対策	建設法典第5条2項10号 建設法典第9条1項20号
建築的施設と空地の地元に典型的な形成	州法的な建築基準法規による規則	建設法典第9条4項の実行
	建築形式，敷地の非建蔽部分，建築的施設の位置	建設法典第9条1項2番 建築利用令第22条「建築方式」，23条
	前庭，共同施設，垣根，倉庫などの形成	[自治体の] 形成条例
レクリエーションと自然体験のための土地の実現	公的・私的緑地（"公園施設"か"水面"の目的拘束による）	建設法典第5条2項5号 建設法典第9条1項15号
	土地/土壌および自然・自然地の保護・手入れ，発展に向けての土地あるいは対策（"自然遷移地"）	建設法典第5条2項10号 建設法典第9条1項20号

壌および自然・自然地の保護および手入れ，発展に向けての土地は，緑地および森林用地，農業用地のような他の土地表示との重複が可能である．相殺に向けての土地としての農業用地および**森林地**は，価値向上命令に適正であるために，経営内容

と利用強度の変更と結びついている．相殺に向けての土地としての**緑地**は，すべての緑地が代償地として適切だというわけではないので，例えば公的あるいは私的な緑地として目的拘束を示す必要があるだろう（同上）．相殺に向けての**水面**の表示の場合には，土地利用計画図では，土地法規的な用途（例えば，水面拡大）しか定めることができないという点に注意する必要がある．相殺対策の保障に向けては，水収支法（WHG 第 31 条）に基づく計画許可あるいは計画確定を必要とする．

相殺コンセプトに**農用地**を取り込むことは，当該の農業用地がそもそも市街地用地と交通用地の需要によって求められており，加えて，相殺のための土地の対象となっているというやっかいな問題に直面することが時々ある（BUNZEL & BÖHME 2002）．この土地競合は，可能な限り早期に農業の代表者を参加させることで，部分的には緩和できる．相殺用地としての農用地の表示の際には，これが見通せる期間内に土地利用が農業目的だけではなくなることを前提にすることがある．そのような場合，この土地の特殊な市場価格が形成され，都市建設的事業の費用上昇に結びつく危険性がある（BUNZEL 1999）．

2.2.2.4 地区詳細計画図の確定可能性

建設法典は，考えられる相殺用地の空間的選定に対して，一定の自由余地を空けている．それによると相殺用地は：
- 建築敷地そのものの上で，あるいは，
- 介入地区詳細計画図の該当範囲のその他の敷地上で，
- 介入地区詳細計画図の外部の，自治体地内の他の場所で，
- 適切な場合には，自治体域外でも，

求めることができる．

地区詳細計画図から，あるいはその理由文書から介入と相殺の結びつきが示されねばならない．私的な土地で相殺対策を実施できる可能性もある；耕地整理の枠内で，その土地が建築敷地に対応配置できる（BUSSE et al. 2001）．

建築敷地それ自体での相殺は，まず第一にエコロジー的に効果のある空地形成のための確定によって，特に例えば植栽によって実現できる．それに適した対策内容は，場合によっては，**緑地整備計画図**によって検討し，示すことができる．この場合には，植栽についての個人的な関心が制限されるべきではないだろう（BMVBW 2001）．自分の敷地で，充分な対策を自己費用で実現し保全することは建築主の課題である．建築敷地上で行う相殺の利点は，相殺地の取得が確実であり，原因者原理による相殺対策が実行可能であり，費用負担も一義的であることにある．しかし，土地が小さすぎたり，他の利用で妨げられ，大きな面積で自然性が豊かな土地が創出できないという理由で，狙いとする自然保護専門的効果に制約があることが多い．

2.2 建設誘導計画における介入規則（建設法典による）

　地区詳細計画図区域内のその他の該当範囲で行う相殺の確定は，特に，建設地域の緑地整備的形成と関連づけて実行できる対策に対して検討される．一例として，地域内の適切な部分という形で，自然保護専門的価値上昇という明確な目標設定がされた公共緑地施設があげられるだろう．もっとも，地区詳細計画図の該当範囲での土地準備は，地価がそれに応じて高くなるので，通例，比較的高額の費用となる．計画地域で自然保護専門的に充分に適した相殺用の土地が手に入らないときには，自治体が**建設地域外での**相殺用地・対策を，**第二の地区詳細計画図における相殺**として，あるいは，**自治体保有の土地で**の相殺として定め，土地所有者の代わりに実行しようとすることは大いに考えられる．自治体が第二のいわゆる相殺地区詳細計画図での外部相殺の可能性を選択すると，介入地区詳細計画図での介入への**対応配置**による計画的結びつけが行われる．介入地区詳細計画図の該当範囲外での相殺用地・対策の確定は，空間的集中によって，目標が，多くの場合，容易で効果的に達成できるという利点を持っている；土地代が比較的に低くなるということも重要である．

　予期される介入の相殺は，地区詳細計画図において，相殺に向けての土地または対策として適切な**確定**によって行われる（建設法典第1a条3項）．地区詳細計画図では：
- 建築方式と建築的施設の位置，
- 建築敷地の最大規模，
- 敷地の空地と非建蔽部分，
- 雨水の貯留と地下浸透のための土地（建設法典第9条1項14号），
- 公的および私的の緑地（建設法典第9条1項15号），
- 水面（建設法典第9条1項14号），
- 農業と森林のための土地（建設法典第9条1項18a号および18b号）
- 土地/土壌および自然・自然地の保護・手入れ，発展に向けての土地および対策（建設法典第9条1項20号）．
- 樹木および灌木，その他の植栽の植樹について，および植樹に対する拘束に関する確定（建設法典第9条1項25a号および25b号），

を確定できる（表-2.28）．

　相殺地の確定は**目的拘束**およびそこへのアクセス，利用強度についての記述を含む必要があるだろう．もっとも，利用が競合しない場合，土地をいくつかの利用目的のために活用するということは可能である（GERHARDS 2002）．空地は，レクリエーションに役立てられるし，気候的調整機能を展開することもできる．確定の設定に際しては，いわゆる明確性命令 [Bestimmtheitsgebot] を考慮する必要がある．つま

り，確定は，意図するやり方以外の解釈ができないように，一義的に設定しなければならない（同上）．つまり，確定の導出と理由づけには，高度の要求が出されている（BUSSE et al. 2001）．

公的および私的な緑地は，地区詳細計画図における確定によって計画的に担保され，相殺に向けての土地として確定できる．自然保護専門的な意味での緑地として，例えば**近自然的な**公園施設がある．樹木および灌木，その他の植栽の**植樹**，およびそれらの（ならびに水面の）**保全**に対する拘束は地区詳細計画図の土地あるいは部分として確定できる．相殺に向けての対策には，特に，建築敷地あるいはその他の土地で行われる植樹，および**屋上・壁面緑化**についての確定があり得る；後者は回避対策にも該当する場合が多い（BMVBW 2001）．地区詳細計画図においての適切な確定の可能性に対して大きな支援となる事例は，BUNZEL & HINZEN（2000）で示されている．

雨水の**貯留と地下浸透のための土地**の確定は，排水処理施設の負荷軽減，高水時の最高水位の低下，雨水利用を可能にする（BMVBW 2001）．小さな地下浸透池は回避対策として加えることができる．これに対して，雨水の貯留と浸透のための大規模施設は，それに応じた地形変更と動植物に対する価値ある生育生息空間を形づくる植栽対策を有している場合，相殺に向けての対策となる可能性がある（BUSSE et al. 2001）．**水面**と流出水の調整も地区詳細計画図で確定できる．相殺対策には，この関連では，小川の流れの再自然化，および岸辺の形態整備，その他の対策がある．

土地/土壌および自然・自然地の保護および手入れ，発展に向けての土地および対策は，相殺に向けての土地と対策の法的担保に関して，特に重要な意味を持っている．価値向上を与えない純粋の手入れ対策は相殺対策でないが，**手入れ**と**発展**の概念によって，これを誤って理解してはならない．エコロジー的な営農あるいは営林のような一般的経営条件の提示も，相殺に向けて確定できる対策ではない（BMVBW 2001, DEIWICK et al. 2003）．手入れ対策を確定することは，都市建設的理由でそのような確定が可能とされるのであれば，認められる（BUSSE et al. 2001）．枠-2.6 で，認可可能なあるいは不認可の確定事例が挙げられている．

2.2.2.5 対応配置，契約的協定

自治体が前もって相殺用地を取得しているのであれば，相殺は，自治体によって準備されたその土地で行うことができる．このことは，計画過程の迅速化につながり，費用節約的である場合がある．この場合，相殺は**計画法的な担保なく**行える．自治体保有の土地での相殺は，計画的確定および都市建設的契約で進める相殺の可能性と並んで同等の位置にある（BUNZEL 1999）．特別の確定も相殺地区詳細計画図も必要としない．

2.2 建設誘導計画における介入規則（建設法典による）

枠-2.6 認可可能な，および認可されない確定（MSWV 2001）

認可可能な確定
- 駐車場に，4台分ごとに大樹冠で立地適正な地元の樹木を1本植樹し保全すること．樹木の樹冠部分には最低 $12\,m^2$ の開放植栽面を設け，立地適性の植物で植栽すること．
- 指示された箇所に $10\,m$ の間隔で，最低 $16/18\,cm$ の周長の高木果樹を植えること．以下の樹種を用いること：栽培用リンゴ，ミヤマザクラ，栽培用ラフランス．
- 開口のない外壁は，$30\,m^2$ 以上のものについて，自攀性の，巻き付き植物で緑化すること．壁長 $3\,m$ ごとにツル性植物1本を植えること．
- 陸屋根と15°以下の傾斜の屋根面で，$50\,m^2$ を超えるものについては，セダム草層で粗放的に植栽すること．緑化には以下の植物種を用いること：エゾチチコグサ，テクロラム，メルカシリアタ，ムラサキベンケイソウ，ツルニチソウ．
- 屋根面から流れる雨水は，土地/土壌および自然・自然地の保護・手入れ，発展に向けての土地および対策のための土地の地下浸透窪地に導き，地下浸透させること．

認可されない確定
- 地区詳細計画図の該当範囲では，中庭面および歩道，出入り路を含む駐車場を，目的に応じてしか必要とされる施工で地面遮蔽できない．[1]
- 中位の質の苗木しか，形態的および総エコロジー的な機能の迅速な効果を保障しない．落葉樹については，最低，高木あるいは単独樹で，4回苗床移植されており，特に植樹間隔をとった育生物で，針金で根巻き，18から $20\,cm$ の周長のものを予定すること．[2]
- "U"で記された土地は，粗放的に経営すること．草地 $1\,ha$ ごとに最大で大型家畜1頭あるいは立地に適合した動物種が認可される．[3]
- 緑化されていない屋根あるいはテラスの雨水は桶に溜めて，利用水として再利用の形で使用すること．[4]

---
[1] 不明確
[2] 苗木の質は確定できない，土地法規的関連がない
[3] 経営に関する対策内容
[4] 排水の技術的規則に対しては法的根拠はない

土地利用計画図では，相殺に向けての土地を，すべてあるいは部分的に，自然・自然地に対する介入が予想される土地に対応配置できる（建設法典第5条2a項）．対応配置は強制的に求められるのでなく，自治体の裁量のもとにある．対応配置は，相殺用地が自治体の所有にあり，介入と代償の機能的関連性がすでに充分に分かっている場合にのみ推奨できる（GERHARDS 2002）．

充分な規模での準備土地は，これによって空間的-機能的関連性をもった対応配置に際して高い柔軟性が得られるので，確保しておくべきかも知れない．地区詳細計画図では対応配置は**費用返済金による資金回収**のための必要な前提である（建設法典第135a条2項）．費用返済金によって，土地の相殺用の利用を可能とすることと，相殺対策を完成させるための費用が徴収できる．介入と相殺は，それ程までに規範的に [normativ] 結びつけられる（BUSSE et al. 2001）．費用返済規則は民間の事業にだけ該当する．区画道路などの公的な宅地開発事業は，開発分担金法規を通して返済される（建設法典第127条「開発分担金の徴収」）．相殺の土地と対策の資金が契約による協定で定められているのであれば，対応配置は**必要ない**（BMVBW 2001）．

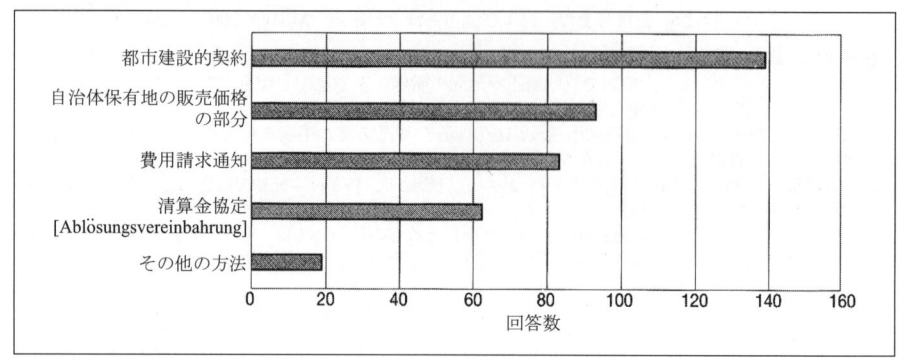

```
            都市建設的契約 ┣━━━━━━━━━━━━━━━━━━━━━━━━━━
  自治体保有地の販売価格
         の部分 ┣━━━━━━━━━━━━━━━━
         費用請求通知 ┣━━━━━━━━━━━━━━
          清算金協定
[Ablösungsvereinbahrung] ┣━━━━━━━━━━━
         その他の方法 ┣━━━
                   0   20   40   60   80  100  120  140  160
                                   回答数
```

事例：203（複数回答可能）

図-2.7　土地・対策プールの様々な資金回収の適用頻度（Böhme et al. 2003）

　相殺に向けての土地と対策の確保は，公的-法的あるいは私法的契約によっても行われる（建設法典第 1a 条 3 項）．自治体は，相殺の実施のための**都市建設的契約**を締結することができる（建設法典第 11 条「都市建設的契約」の 1 項 1 文 2 号）．これによって相殺対策の実施の費用を第三者に委ねることができる．都市建設的契約の締結は，その計画が提示計画 [Angebotsplanung：行政が示す，一般の地区詳細計画図を指す] を超える場合に，検討対象となる．契約では必要な対策を詳細に示す必要がある．都市建設的契約は，費用請求通知［Kostenerstattungsbescheid］方式の場合と比べて，高い**柔軟性**を持っていることが特徴であり，そのため，実際上，大きな意味を持っている（図-2.7）．自治体は，都市建設的契約の締結の際には，地区詳細計画図の確定可能性（建設法典第 9 条）を用いなければならないという拘束を受けない（Busse et al. 2001）．

　自治体が計画されるべき土地の所有者であって，これを第三者に分譲しようとする場合，敷地の売却に際しての**分譲価格**に相殺費用が算入できる．それ以外の場合では，自治体は，敷地の所有者あるいは事業実施者と契約的協定を結ぶ．様々な土地所有者と都市建設的契約を締結するという，より困難な場合には，同等扱い命令 [Gleichbehandlungsgebot] の理由で，統一的基準を設けなければならない．建蔽地あるいは建蔽可能地，予想される地面遮蔽，介入の強度のような**配分基準**によって，費用を割り当てる [umlegen] 必要がある（建設法典第 135b 条「精算に対する配分基準」）（同上）．

　自治体は**都市建設的計画の作成作業**も事業実施者に委ねることができる（建設法典第 11 条 1 項）．これには，土地利用計画図あるいは地区詳細計画図，自然地計画図，緑地整備計画図，自然地維持的随伴計画，非公式の介入鑑定書が挙げられる．そ

の際には，計画高権は自治体のもとにあり，すべての公式決議は自治体によって行われ，これを契約者に委ねることはできない．このような委託に替えて，自治体の委託で計画事務所によって作成された都市建設的計画の全費用を事業実施者が引き受けるように義務づける協定も，当該の事業実施者と結ぶことができる（BMVBW 2001）．

理解確認問題
- 建設誘導計画において介入規則を実施する場合，相殺に向けての土地の選定と準備に際して，何に注意しなければならないか？
- 回避および相殺に向けての対策に対して，どのような表示と確定の可能性があるか？
- 相殺に向けての対策の資金回収について，どのような可能性が自治体に与えられているか？

2.2.3 土地・対策プール

　介入規則の実施不足は，代償対策の活用可能土地の不足に起因している場合が多くある．これに対する反応として，早期に相殺・代替対策に適した土地を明らかにし，いわゆる**土地プール**の形で事前保有することを可能にする手法が考え出された．土地備蓄とともに，すでにまだ未定の介入に対して自然保護と自然地保全の対策を前倒しで実施し，これを後に相殺・代替対策として算入するという考え方が徐々に現れてきたのである（WILKE 2001）．

　このような考え方には，柔軟で，効果的，そして更に費用節約的な介入規則の実施に対する期待が結びついている．そのため**プール**の概念はこの間に広がっている；これは，例えば，土地プールや対策プール，相殺地プール，代償地プールと称されている．これと並んで，金融分野から借りてきた，エコ口座あるいはエコ預金通帳のような概念がある．プールという概念は，何かが満たされ，再び空にできるということを表現している．口座と預金通帳の両者の概念も，同様の方向性を示している．一定の作業成果が蓄えられ，必要がある場合，それに応じて再び引き出される．これらすべてに共通しているのは，それぞれ，代償に適した土地と対策を目標に合わせて集約し，結合し，備蓄するとしている点である（BRUNS et al. 2000b）．土地・対策プールの設置は，ここ何年間かで飛躍的に増加した．ドイツ都市研究所 [Deutsches Institut für Urbanistik] の連邦全域のアンケート調査によると，[自治体の官庁である] 下位自然保護官庁において 2001 年で 600 以上のプールが存在し，更に約 400 のものが準備中で，約 150 事例では土地プールを設置する必要があるかどうか検討されていた（BUNZEL & BÖHME 2002）．

　代償対策は，一つのプールの形で，**自然保護専門的な全体コンセプト**にまとめることができ，個別事例に対応して実施するよりも大きな効果が得られる．このよう

にすると，土地プールは，介入規則と自然地計画を効果的に結びつけることにも役立てられる．もっとも，個々の土地を台帳上でまとめているだけのプールが多数あることも周知のことである（DEIWICK et al. 2003）．機能的関連性の再生（2.2.1.2 項を参照）のような自然保護専門的要求に応えることは，ちょうど，この事前の対策実施の場合に極めて困難となる（WILKE 2001）．実践でも，介入規則が，自然保護対策全体の実施に対する**資金獲得の手法**として実施されている場合が段々と増加している．しかしながら，代償用地の充分な存在や，いわんや備蓄された対策も，回避命令と介入地に近い場所での代償を怠ることに結びついてはならない（同上）．地区詳細計画図の枠内でも，代償対策とは別に，更に都市建設的に必要な緑地整備的対策を実施していく必要がある．

　土地・対策プールは，それのもつ**サービス的機能**によって，事業実施者と自治体に対して利点を与える．実施内容の多様さは，潜在的に活用できる代償地の指定から，土地準備，そして更に，すでに実施された代償対策の提供にまで至る．そこで，これらは，自治体と事業実施者に対して，時間の掛かる土地探しと活用可能化，そして手続遅延の回避ができる魅力ある可能性となる．しかしながら，この実施には，まず最初，土地・対策プール運営者 [Poolträger] によって事前投資が行われなければならない．特に自治体が運営する土地プールの場合には，財政的余裕がないために**事前投資**が問題となっている（BRUNS et al. 2001）．このことは特に対策備蓄に対して当てはまる．事前投資と資金回収の間の時間的間隔は，正確には前もって分からないのがしばしばで，自治体会計に対してはほとんど計算不可能である．

2.2.3.1　プール手法の及ぶ範囲

　プールのコンセプトの及んでいる範囲が様々であることは，それぞれ，プールの実現に向けてどの程度までの準備が行われているのかを表している．**計画的コンセプト**は最低限必要とされるものである．あり得る最大の到達範囲は，対策の早期実施である．そこでは，プール解法でどのような実現レベルが前提にされるのかは，例えば自治体という，プール運営者いかんによっている．以下で，土地・対策プールのコンセプトと展開の個々の段階について述べていく．

　土地プールの最も単純な形は，情報としての**代償用地コンセプト**の作成にある．この場合には，自然保護専門的にみて代償対策の対象となる土地が，目録にまとめられる．保護財と自然地機能のために追求されている発展目標をもつ個別の土地の価値上昇ポテンシャルに関して，可能な限り詳細に記述する必要があるだろう．しかしながら，このコンセプトは，拘束性を全くもっておらず，そこで，その土地が実際にそのとおりに利用される点については保障されていない．自治体の自然地計画図あるいは自然地枠組計画も，専門的に適切な土地に関する情報をすでに与える

2.2 建設誘導計画における介入規則(建設法典による)

ものである．土地利用可能性の問題は，補足的に明確にする必要がある．

このコンセプトは，**土地利用計画図への統合**によって，場合によれば官庁拘束的になる．そうすることで，土地利用計画図の変更なしに，表示された土地で認められる以外の用途は許可できなくなる．しかし，対策の実施は，更になお，当該の土地所有者の協力姿勢に依存している．すべての自治体が必ずしも土地利用計画図での相殺用地の表示に賛同し，その採用を決めているわけではないが，そのような統合は，代償コンセプトに，より強い政治的重さを持たせる（BUNZEL & BÖHME 2002）．

建設誘導計画における介入規則の扱いで首尾一貫したコンセプトは，**ブライスガウのフライブルク**[Freiburg i. Br.] のものに見られる（KÖHLER & HOCK 1998）：土地利用計画図 2010 の作成作業と並行して，自然地計画図が修正された．土地利用計画図に表示された代償用地プールは，どの場合にでも生物種と価値が類似した代償を大幅に可能とするために，介入が起こる可能性のあるすべての自然空間における土地と，様々な質のものを含んでいる．土地プールは，水面および河岸低地，遊水地帯，ならびに森林，農地という基本要素 [Bausteine] で構成され，そしてまた市街地内部の空地も取り入れている．最後のものは，比較的都市内部の侵害の代償に適しているし，更に，そのプールは将来の空地連結の前提を創っていく．気候的視点，ならびに自然地・都市景観および近郊レクリエーションの利益は，その際に考慮される．市街地内部の土地プールの重要な構成要素として，どの建設地域でも必ず相殺できるとは限らない地面遮蔽に対して，代償可能性をもつ開放地面台帳が当てはまる．

拘束的建設誘導計画のレベルでは，どの地区詳細計画図についても環境検査がなされ，その場合には，予想される介入の種類と規模が早期に査定され，回避についての指示，および予想として必要となる相殺・代替対策についての指示が与えられ，これらが都市建設的設計に取り込まれる．最終的に，それぞれの地区詳細計画図に緑地整備的指針文書，あるいは，自然・自然地に対して複合的な影響を持つ地区詳細計画図には緑地整備計画図が，計画事務所によって，作成される．その際には，まず，介入との空間的関連性における代償可能性を活用し尽くす必要があり（自然保護法規的意味での相殺），適切な代替対策としても，侵害された機能と価値を目指してまだなお生成すべく努めるべきである．把握と評価は保護財指向であり，土地/土壌および水，大気/気候，生物種/ビオトープ，自然地景観がそれぞれ個別に検討される．地区詳細計画図地域の外部で行われる，つまり文章および図面での確定が必要ない相殺・代替対策は，地区詳細計画図の理由文書で分かりやすく示し，都市建設的契約で担保しなければならない．地区詳細計画

| 図の指示の中にしか含まれない対策は，相殺規模に加えることはできない．

対策備蓄の場合には，対策は実際の介入の前に実施されるが，これは将来的に地区詳細計画図を作成することで予想される介入によって差し引かれる可能性を持つ．そのような実施方法は，組織的な運営 [Betreuung]，土地と対策の管理を必要とする．自治体は，この対策備蓄を自ら運営し，そこで備蓄された対策を介入原因者に引き渡すことができる．この場合，事業実施者は，自ら代償対策を実施する必要はなくなり，発生する費用を支払うだけである．重要な利点は：
- 建築地が迅速に活用できるようになり，
- 代償対策の実行が保障され，
- 建築地域の投下資金に費用要素としての自然保護が取り込め，
- 迅速な対策実施で，自然収支における機能が大きく損なわれない－これは建築工事と同時的に行う実施と同じことになる．

計画された代償用地，および計画されている対策，実施済み対策について，**登記**の形で行われる把握は，充分に計画され効果的な代償用地管理に対する基本前提である．

| ハーフェル川沿いの**ブランデンブルク市**[Stadt Brandenburg] のために HENZE (2000) は GIS に基礎を置いた代償用土地マネージメントを考案した．空間関連データのデジタル評価によって，優れて適切な代償土地が把握された．[自治体の] 下位自然保護官庁は，これによって，特定の事業に適した相殺・代替用地をすぐに探せる手段を取得した．選定作業によって，介入と空間的，機能的関連性をもつある土地が抽出される．その際には，自然地計画的な発展構想からの土地，ならびにビオトープ連結に位置する価値上昇可能土地が優先される．機能的関連性の評価は，地理情報システム結合のデータバンクによる**ライン-ヴェストファーレン地方水力発電有限会社**[Rheinisch-Westfälische Wasserwerkgesellscahft mbH] (RWW) の土地・対策プールの場合でも行われている (HERZBERG 2003)．

2.2.3.2 土地・対策プールに向けての諸段階

土地プールあるいはエコロ座の設置の前に，まず，予想される介入の全体的状況が検討される必要がある．このようなやり方で，見通しの利く期間に対し計画された建設地域指定のための（あるいは，その他の自然・自然地に対する介入の）おおよその**代償用地需要**の見積もりができる（表-2.29）．計画された建築的用途の規模は－しかし，使用土地の自然収支と自然地景観に対する重要性も－近似的に相殺需

要を求めるための基準となる．必要とされる相殺用地の規模は，拘束的建設誘導計画の先取りをする場合，まだ自然・自然地の具体的な侵害を見定めることができないので，概算でしか把握できない（バイエルン町村会議とバイエルン都市会議，2000年 [Bayerischer Gemeindetag und Bayerischer Städtetag 2000]）．自治体は，プールのために予定されている土地の価値上昇ポテンシャルの基本的適性，および現況評価と判定を下位自然保護官庁と一致させておく必要があり，それによって計画の確実性が高まる（同上）．

選定された土地は，可能な限り，それぞれの計画された事業に対して緊密な**機能的関連性**がもたせられるように，自治体全域にわたって配置されているべきであろう．このことは，自然保護専門的理由づけと相殺用地に対する介入地の配置を容易にする（表-2.30）．自然保護専門的適性と並んで，土地の**所有可能性**が相殺コンセプトに対して重要な役割を果たす．自治体が適切な土地の所有権を確保したなら，これを取り込み，それによって土地備蓄を実現する（**記帳**[Einbuchung]）．備蓄は大きく査定しておく必要があるだろう；それによって，地区詳細計画図において，後に行われる空間的‐機能的関連性の面で適切な相殺対策の対応配置に対して，操作の自由余地が開かれる．土地の出発点状況は調査し，記録しておく必要があり，また，土地の位置と所有者について，そして記帳年月日についての記載も必要である．更に，考えられる発展と手入れについての内容も記載しておく必要がある（SEILER 2003）．

準備された土地での相殺対策の実施によって，自治体はエコ口座に「入金」し，それにより**対策備蓄**を行う．自治体は，例えば自らの施設保全作業所 [Bauhof：公共緑地，墓地の手入れ，道路保全，建物営繕などを行う自治体の機関] を保有しているときには，対策を自ら行うことができる；しかし，農業者あるいは自然地維持団体や自然保護団体のような第三者に実施を委託することもできる．誰が安価に対策の実施を提供できるかによって，例えば，ファルツ地方のランダウ [Landau] では公共施設保全所あるいは農業者を活用している．対策とそれに用いられた費用の記録は，これが完全な資金回収に対する基礎となるので，詳細に行う必要がある．

条例としての介入地区詳細計画図の最終的決議において（建設法典第 10 条「地区詳細計画図の決議と許可，発効」の第 1 項），これらの土地が位置と種類，規模に応じて決定され，相殺として対応配置されると，備蓄され，価値上昇した土地の**引落し**[Abbuchung] が行われる．そうなると，その土地は他の相殺にはもう利用されない；それに応じて，プールの土地・対策備蓄は減少する．下位の自然保護官庁は，地区詳細計画図の作成に際して公益主体として参加し，これに対して見解を提出する．まさにこのような記帳過程が必要なので，介入と代償の評価に際して標準化された手続が多く利用されるということにつながっている（BUNZEL & BÖHME 2002；

表-2.29 エコ口座の設置と管理に向けての作業段階（Bayerischer Gemeindetag und Bayerischer Städtetag 2000 による）

1.	**土地選定**
	● 相殺需要の見積もり
	● 全地域的相殺コンセプト
	● 基本的に適した土地の検査
	● 優れて適した土地と対策の選定
	● 自然保護官庁による協議
	● 土地準備の検査
2.	**土地の記帳**
	● 土地備蓄の実現
	● 記録
3.	**早期対策の実施**
	● 相殺に向けて適した対策の選定
	● 早期対策の実施
4.	**建設誘導計画における土地と対策の引落し**
	● 相殺対策の加算可能性の算定
	● エコロジー的利子掛け
	● 相殺に向けての土地と対策の地区詳細計画図に対する対応配置
5.	**建設誘導計画の継続修正**
	● 場合に応じて，土地利用計画図と自然地計画図の適合

2.2.1.5 項を参照）.

　早期の相殺対策が実施されると，自然収支と自然地景観は，これらがまだ介入によって侵害を受ける前に，利点を受ける．新しく実現された自然収支の価値は，エコ口座からの引落しまでに更に成長し続ける．経済的刺激を与え早期の対策実施を報奨するために，実際に，**エコロジー的利子掛け**が保障される場合がある（ボーナスシステム）．例えばバイエルン州では，建設誘導計画の比較衡量において，対策の早期実施が，**土地割引**によって報奨される可能性がある（Bayerischer Gemeindetag und Bayerischer Städtetag 2000）．この場合，土地の自然保護の専門的重要性を考慮して，年間3％程度までの割引が適切と見なされている；最高で，30％の総割引が保障されている．割引の算定では，それまでに達成した価値上昇と対策の発展期間が取り込まれる．実際のエコロジー的価値上昇は下位自然保護官庁によって専門的に判定される（同上）．

　エコ口座からの「引落し」より3年以上前に相殺対策が「入金」されていたのなら**アルテンブルガー＝ラント郡**[Landkreis Altenburger Land]では，加算可できる相殺地の規模を10％分増やしている（BEHRENDS 2001）．実践的には，ほとんど

表-2.30 オストテューリンゲンの出発点・目標ビオトープの選定（アルテンブルガーラント郡のエコロ口座 [Ökokonto Landkreis Altenburger Land, Seiler 2003]）

目標ビオトープ 価値段階 V	目標・出発点ビオトープ IV	III	出発点ビオトープ II	I
河岸地帯・樹木を有す近自然的河川	河岸・水際傾斜地植栽のない近自然的河川	中度の構造密度の河川	強度の護岸を施した河川	埋設管化された河川
水際傾斜地帯のある構造の豊かな静止水面	構造の豊かな静止水面		遠自然的小水面（小貯水池，人工的岸辺）[Uferverbau]	
		粗放的耕地あるいは1haを下回る耕地，長期的休耕地	耕地（集約的営農）	
砂地上あるいはケイ酸塩質砂 [Silikat] 上の乾性/半乾性芝地，集約的利用	乾性/半乾性芝地，集約的利用	遷移的成長の見られる乾性/半乾性芝地		道路，歩道，広場で地面遮蔽あるいは地面開放のもの
粗放的利用の湿性草緑地，0.5haを超える沼地性高多年草地	粗放的利用の湿性草緑地	中度湿性 [mesophi] の草緑地，交互湿性の岸辺草地，ガレキ性湿地多年草地	定期的起耕がされる／されない集約的草緑地	
果樹植栽（高木）粗放的草緑地利用の散在果樹草地	草緑地の果樹植栽（高木）	農地あるいは実用庭の果樹植栽（高木）	果樹園（集約的利用）収益園芸	ガラス／プラスチックシートの下での収益園芸
乾燥/温暖立地の雑木林，多層	耕地生垣（幅4mを超える，灌木のある／ない樹木，あるいは多層の状態）	耕地生垣（幅4mを超える，灌木のある／ない樹木）		
	外部地域の樹木群（中/大樹冠）	外部地域の樹木群（小樹冠）		
	農地帯の地元の樹種の樹木列，並木道（複数列）（樹木ごとに25m²）	道路沿いの地元の樹種の樹木列，並木道		
伝統的な経営の落葉樹林，落葉混合林	近自然的な落葉樹林，落葉混合林	営林用の針葉・広葉樹林，あるいは遷移林	地元の樹木の割合が50%を下回る営林用の針葉・広葉樹林	

ボーナス=システムの形で適用されている．バーデン-ビュルテンベルク州の**オーリンゲン市**[Stadt Öringen] はこれの例外である．この都市は，ボーナスシステムだけでなくハンディキャップシステム [Malussystem] を設けている．利子掛けは年当たり4%になる．ハンディキャップとして，実施が遅れた場合には，同様の

利子掛けで加算される．**ラーベンスブルク郡**[Landkreis Rabensburg] では，別の形のボーナスシステム（エコ通帳）が考え出された（BRUNS et al. 2000a）：報奨されるのは自然保護の空間的発展目標の実行で，自然地計画図での優先づけに従っている．長期的に重要な対策では5％の免除が行われるのに対して，早期対策でも優先的なものに該当する場合には，算定された代償規模の15％が免除される．25年間の手入れを契約し，これが保障されるなら，代償対策義務の規模に対して，更に免除が行われる．

2.2.3.3 土地マネージメント，費用規則

　土地プールとエコ口座の成功には広範な**土地マネージメント**[Flächenmanagement]が前提とされ，これによって様々な用途要求に適した土地が，適切な時期に，妥当な質と量で，そして妥当な価格で活用できるようになる（KÖTTER 2003）．利用の競合も，早期の土地マネージメントによって解決できる．市町村は，それに応じた人員と組織を配置することで，土地マネージメントを引き受けることができるが，例えば，自治体の自然地計画の実施に慣れている計画事務所のような，第三者に委ねるのも可能である．土地プールとエコ口座のための土地マネージメントでどのような**課題**をこなしていく必要があるかは，ハーヴェル中流域文化自然地作業共同体[Arbetisgemeinschaft Kulturlandschaft Mittelere Havel] の例で見るとよく分かる（同作業共同体 2001，SCHÖPS 2003）．

> 　　**ハーフェル川中流域文化自然地**[Kulturlandschaft] に対して，地域的な相殺用地プールが考え出された．組織と管理は，この目的で設けられた，公益有限会社の法的形態をもつ土地管理機関 [Agentur] のもとで行われるが，これには，70％がポツダム-ミッテルマルク郡 [Landkreis Potsdam-Mittelmark] の，そして30％がブランデブルク州自然保護基金の資金参加になる．土地管理機関は事業実施者と土地利用者の相談役である；この土地管理機関は，介入原因者に，介入規則において重要なすべての作業を提供する．それは土地台帳 [Flächenkataster] を管理し，所有者委託および土地役権 [Grunddienstbarkeit] の仲介を行う．代償対策の早期実現も，土地管理機関の課題領域に入る．これは，事業実施者のために，相殺・代替対策の計画および実施，コントロール，手入れ，維持を引き受ける．前資金投下や口座記帳，簿記のような経済的課題も同様に有限会社が提供する．事業実施者は，場合によっては，私法的な方法で自己の義務を土地管理機関に委ね，作業に応じた代価を支払う．

2.2 建設誘導計画における介入規則（建設法典による）

　土地・対策プールの場合の土地マネージメントには，随意の土地取得あるいは利用権の取得のように，コンセンサスを基礎とした，自由意志的な対策が非常に重要である（KÖTTER 2003）．相殺対策に向けての活発な土地マネージメントとして，**自治体の土地備蓄**という良く知られた手法が用いられる．多くの自治体にとって，このことは新しいことでも何でもない．それらの自治体は，そうでなくとも，すでに，充分な土地準備のために様々な形態の土地備蓄を進めている場合が多い．事業実施者に対して費用上の利点を引き渡すことで，建築を安価にし，そこから介入規則の受容の向上に繋がっていく．ボホールト市 [Stadt Bocholt] は，プール用地の確保を目標として，一部，買い進めている．これと並んで，代償用地に適していない土地も（通例は農用地），適切地との交換という形で後に農業者に提供するために，買収される．アルテンブルガーラント郡 [Landkreis Altenburger Land] も，自由土地取引あるいは交換手続の形で土地マネージメントを進めているが，うまく機能している．高権的な手法の内では，耕地整理が最も重要である（2.2.2.2 項を参照）．

　土地取得は，BUNZEL & BÖHME (2002) によると，次の 3 年から 5 年の需要に照らして行うべきとされている．それを超える検討は，財政政策的な視点から適切でないとのことである．随意取得の可能性は，農業構造が地域的に非常に異なっていることと強く関わっている，というのも，例えば経営に対して良好な条件がある地域においては，買収という選択は廃業のあとでしか起こってこないからである．利用者の所有にはならない用益契約 [Pachtverträge] による土地取得は，困難である．

　建設法典は，プールの形での土地・対策備蓄によって発生する費用が回収できることを可能にしている．自治体は以下の費用を回収により，穴埋めできる [refinanzieren]．つまり：
* 相殺に向けた対策の計画のための費用
* 土地取得のための費用，
* その他の物件的保障あるいは自治体の所有地からの土地準備，
* 対策の実行に対する費用（例えば，土工事，植樹），
* 追求しているエコロジー的機能が実現するまでの相殺用地の発展に対する費用，
がそれである．

　割当てられないのは，自治体に対して土地・対策プールの設置と管理に際して発生する行政費である（少なくとも，Bayerischer Gemeindetag und Bayerischer Städtetag 2000）．原則的に，土地・対策プールに対しても資金回収が問題となる（BUNZEL & BÖHME 2002）．それには：
* 建設法典第 135a 条から 135c 条までに基づく費用返済金の徴収，あるいは，
* 建設法典第 11 条に基づく都市建設的契約の中での費用引き受けの協定，

● 市町村が事前の一時的土地取得を行う場合，その費用の購入価格への算入，の方法がある．

　代償対策の効果を高めるためには，それを長期に保全し，必要とされる**手入れ対策**を実行する必要がある．事業実施者は，代償に対してのみ，つまり生成・発展手入れの終了までの期間に対してしか責任を持たないということから一つの問題が起こってくる．もっとも，終了後の発生費用 [Folgekosten] の移転は，費用が費用返済金として通知（建設法典第 135a 条と 135c 条）によって割り当てられていた場合にのみ，禁止されている．都市建設的契約は，これに対して，事業の結果として出てくる，あるいは事業の前提である「その他の費用」を事業実施者に移転できる可能性を開いている（同上）．

　ライン=マイン地域公園[Regionalpark Rhein-Main] のプールを利用する際に，プール利用者は，地域公園に対し，一方での対策実施に対して発生した費用と他方での長期的手入れに対する出費の両方で構成される額を支払わなくてはならない．費用の割合は 60％対 40％の関係になる（同上）．**ハーメルン市**[Stadt Hameln] は基金 [Kapitalstock] を設けた（Mros 2003）．利子収入から年間の手入れ作業の資金が出されることとなっている．資本化は手入れ対策の長期的な保障に向けての適切な方法である．

　アメリカ合州国では，湿地の保護のための"正味消失なし"[No Net Loss] 要綱で，我々の土地・対策プールに類似するいわゆる**湿地ミティゲーション=バンク**の導入を定めている（Butzke et al. 2002；2.1.1.1 項を参照）．この場合，不特定の将来の介入に対しての代償対策が実施される．すでに前もって介入に対して行われた代償対策の単位は，credits（信用）と言われている介入の結果として発生する debits（負債）によって後で清算される．同時に，ミティゲーション=バンクはモニタリングと，場合によっては事後改善についてのすべての義務，ならびに土地の持続的な保障を引き受けるので，代償の不確実性を低くする．ミティゲーション=バンクは，代償要求をまとめることで，関連地域内部の失われた湿地機能をより機能的に代替し，安価な代償を保障する．加えて，商業銀行的運営の可能性を活用することで，自然保護に対して民間資金が流動化される．

　バンク設置のための法的基礎は，担当の連邦環境官庁と当該の州，銀行スポンサーの間の協定である（銀行証書）．この中では，バンクの設置および運営，用途についての条件が定められる．ミティゲーションのスポンサー（実施者）には，あらゆる自然人あるいは法人がなれる．バンクの設置は，関連地域内で多くの介入を行う公的あるいは私的なプロジェクト実施者にとって有利となる．バンク証

書に署名をした官庁は，ミティゲーション=バンキング審査チーム（Mitigation Banking Review Team：MBRT）を結成するが，これはバンクの設置を専門的に支援し，定期的にモニタリングと帳簿管理に関する報告書を検査する．許可官庁は，湿地に介入するプロジェクトの許可手続の中で，バンクの利用に関して決定する．

　介入原因者は，代償としてのバンクの利用に向けての許可を得たなら，必要とされるクレジットのための価格について，バンク運営者と交渉をする．バンク利用の前提は，バンク証書で定義されているバンクのサービス地域に介入地が位置していることである．サービス地域は，例えばある流域であり，加えて土壌関連 [edaphisch] のおよび生物学的な基準で境界設定が行われる．

　バンクにも個々の代償プロジェクトにも，成果義務が課せられている．実施された対策の成果に対しては，バンク=スポンサーに責任がある．起こり得る中途の失敗を適時に把握するために，ミティゲーション=バンクにはモニタリング=プログラムを実行する義務が課せられている．個々の発展基準が達成できないと，修正対策が検査されるが，これもバンク運営者が実施することとなっている．加えて，中途の失敗の危険性がある場合，バンクは修正対策のための資金的保障があることを証明しなければならない．この保障は，債務保証あるいは他の口座の預金，危機保険によって証明できる．

2.2.3.4　自治体間協力

　自治体自身が土地・対策プールの**運営者の役割**を引受けることが多い．しかし，この課題は，公的-法的運営者（例えば団体）でも協会あるいは有限会社のような民間の実施団体でも引受けることができる．第三者に課題を委託することは，すでに適切な組織（例えば，自然地手入れ連盟）が存在するときに，特に効果的である．複数の自治体にまたがる相殺コンセプトの利点は，**土地・対策の自治体間プール**によって導き出される（BUNZEL & BÖHME 2002）．例えば，自治体間の分業は，ある自治体で充分な土地がない場合に，行うことができる．自治体を越える共同作業は，人口密集地域で相殺用地の利用に制約があるか，あるいはいくつかの自治体が密接に同じ自然空間内で交錯している場合にも適切である．地域的 [regional] ビオトープ連結の発展に向けての相殺用地のまとめ上げも，いくつかの自治体の共同作業によって容易となる．自治体間協力で設置された土地プールの場合，運営者として**郡**が表に出てくることが頻繁にある（HÄHRE 2002）．

　自然地枠組計画の目標は，間接的または直接的に，地域計画に統合される．地域

計画レベルでは，その後，必要とされる代償対策が調整される．ザクセン州の西ザクセン地域の**地域計画図**[Regionalplan]は，自然機能あるいは自然地景観の実施能力の侵害で不可避のものは，他の場所で相殺か代替ができるという地域[Gebiete]を確定できる可能性を活用している（ROG第7条2項；Bunzel & Böhme 2002）．ライン=マイン地域公園の代償管理の場合には，主要目標は，重要な自然地手入れプロジェクトの実現である．エコ口座-備蓄[Guthaben]の売却からの収入は，地域公園[Regional-]の実現に利用される（同上）．Bruns et al. (2000a)は，地域公園開発の脈絡の中での自然保護法的代償対策の構造的導入に対する展望と限界を示している．

Bunzel & Böhme (2002)は，事例と連邦全域のアンケート調査結果を基にして，土地・対策の自治体間プールの可能性を扱っている．成功の基本的前提は，それぞれの自治体と地域[Region]の様々な利害，および活動主体に配慮することである．活動団体の適切な協力構造を見出さねばならない．重要なことは，官庁の外部の活動団体も定期的に参加できる作業レベルを実現することである．

> **ヴェーザーマルシュ郡**[Landkreis Wesermarsch]では，下位自然保護官庁と農業の代表者，市や郡の町村間の緊密な協力の形で，1つの土地管理機関を設置した（Krämer & Ostndorf 2003）．農業の代表者の目標は，農業に親和的な代償管理を考え出すことであった．これは草地鳥類の生息基盤を改善するための緑地の粗放化の諸々の対策から成り立っている．土地管理機関は，不動産業的な意味で，代償用地を仲介する；自然地計画図から，求めている適切な土地が把握される，そして関連する営農者と土地所有者の協力の姿勢が調べられる．多段階的な手続の枠内で，自然保護専門的な適性に加えて，農業構造的な必要性と都市建設的発展が考慮される．

2002年に新改定された連邦自然保護法は，自治体の建設誘導計画での土地・対策プールの飛躍的発展に応えたものであった．それ以外の規則を州が制定できるという権限は，**代償対策の加算**に対する基準も扱ってよいという明確な指示によって補強されている（連邦自然保護法第19条4項）．将来的には，部門別計画実施者は今後も更に強くそのようなプール解法を活用すると言ってよいであろう．

> プール的な手法を有す部門別計画実施者に対する一例は，**ライン-ヴェストファーレン水力発電有限会社**（RWW）である（Herzberg 2003）．この地域的水供給企業は，3000kmの長さの給水管，および水力発電所，その他，各地に立地する事業所を経営管理している．建設・保全対策と，あるいは給水網拡大と自然・自然地へ

の介入とは結びついている．これまでの代償実践は，介入に直近する土地準備に際して，かなりの同意獲得の労力を必要とし，また大きな問題を引き起こしていた．ミュンスター広域行政区およびボルケン，ヴェーゼル，レックリングハウゼンの各郡と取り結んだ枠組協定によって，RWWは，今では相殺・代替対策を一つの土地で前もって実施できる可能性を得ている．最初の段階で，保有地の価値上昇ポテンシャルが把握され，200 ha のうちの 74 ha がエコロジー的な価値上昇ポテンシャルを持っていることが結果として示された．この 75 ha のほとんどがリッペ川沿いの低地にあり，1998 年時点で 98％が集約的に農業利用されていた．予定されている対策によって，近自然的な川辺低地と文化的特徴が見られる低地自然地が動植物の生育・生息空間として保全され，ビオトープ連結が改善される必要があるとされている．農業者と用益契約が結ばれ，これによってこの水力発電会社が土地所有者として営農方法に影響を与えることができるようになった．

2.2.3.5　代用，柔軟化，計画主導

　介入規則は自然・自然地の甚大な侵害の代償を求めるものである．介入規則の適用の際の問題は，建設誘導計画では，長い間，個人の敷地での確定の実行性が低いということ，そして実態に見合った相殺・代替対策を見出すのに制約があったことによって起こっていた．例えば，1994 年にベルリン市 [州] では，介入の場と同じ（市の）行政区内で相殺・代替対策を行わねばならないのか，あるいは [ベルリン市に隣接する] ブランデンブルク州内での相殺すら不可能なのかという疑問が出てきた時に，介入規則の柔軟化が議論された（AK Eiongriffsregelung und UVP TU Berlin 2000）．建設法規的妥協（2.2.1 項）によって，柔軟な扱いができ実効性と効果の不足が取り除かれると期待された（Bruns et al. 2000b）．これと結びついた代償の際の多様な選択肢の可能性は，空間的および時間的，具体的な**柔軟化**に，その表現が見られる（Wolf 2001）．

　空間的柔軟化は，建設誘導計画での相殺に向けての土地・対策の地場化 [Lokalisierung] に関しての余地が拡大されたところにある．自然保護的介入規則の代替対策に対しては，すでに，空間的に幅広く捉えようとする理解が基礎にある．機能的に可能な限り類似した代償の優位性は，介入地に対する空間的関連性が緩められているために，容易に保つことができる（Steffen 2000，自然空間の幅広い解釈の妥当性）．介入規則の柔軟性の具体化は，最初から，代償対策についての州法的規則において，そして，2002 年の連邦自然保護法の新改定に見られる；代替対策は最終的に等価性をもたさなければならない．したがって，建設誘導計画での介入規則の場合，ゲマ

インデには実態として幅広い形成枠組が開かれているが，内容的な制約は，建設法典第 200a 条による計画的な基本指針への結びつけによって設けられている．相殺に向けての対策は，秩序づけられた都市建設的発展という目標を有し，自然保護と自然地保全の目標と一致しなければならない．**時間的**柔軟性は，特に対策備蓄の可能性を意味している．

BREUER（2001b）は，介入規則が，自然保護と自然地保全の対策に対する単なる土地実現プログラムあるいは資金取得プログラムであってはならないと警告している．介入規則の設定目標である，自然・自然地の介入を回避し，相殺することが視野から抜けるという危険性がある．すでにエコ口座という概念からして，自然保護に対する相殺・代替対策としてのあらゆる対策の累積だと思わせるかも知れない；自然保護に対して"何かが，どこかで，いつか"行われるだけでしかないことが頻繁に見られる．だから，自治体での自然保護は，もう介入の対価でしかないのか（同上）？ 環境問題専門諮問会議 [Rat der Sachverständigen für Umweltfragen]（2000）も，生育生息基盤の持続的確保に向けての市町村の貢献は介入規則の適用で充分だ，と考えてはならないと強調している．

[代償対策とは別に扱うべき] 緑地整備対策と自然地維持の対策には，かつて，特別の財政資金が準備されていたが，これらは段々と代償対策として解釈され，介入規則の資金によって実行されているように見える（**課題代用**，BRUNS et al. 2000b）．市町村の財政的脆弱性だけのために介入規則によって可能となる融資機能が発見されたのではない．軍隊の不動産（転換土地 [Konversionsfläche]）の継承管理者も，土壌汚染の整備の実施者も，そしてエコロジー的農業，契約的自然保護，自治地体の緑地手入れ，そしてまだ多くの他の課題をもつ者たちも介入規則の融資機能を利用しようとしている．

例えば，ドルトムントでは，代償規模にエネルギー節約的な建築方法が加えられた．この対策は，自然・自然地の**物的-現実的**[physisch-real] な改善に繋がらないので，介入規則からの要求を満足させない（DEIWICK 2002）．**エコロジー的農業**の対策は，すでに，いくつかの州で代償対策として認定している：ノルトライン-ヴェストファーレン州では，ビオトープ・生物種保護の長期的改善に役立つ自然親和的な土地利用の対策も相殺として認定するという選択肢を設けた（同州の自然地保護法第 4 条 4 項）．ハーメルン市でもエコロジー的農業への変更を代償行為として認定するかどうかの検討がされている（MROS 2003）．新改定の連邦自然保護法において，立地適合農業の**良好な専門的実践**についての要求が拡大されたが，これによって，なぜ，よりによって自然保護法規的な介入規則がこのことを保証すべきなのかとの疑問を出しづらくなるだろう．[しかし，]良好な専門的実行と比べると，狙うことので

2.2 建設誘導計画における介入規則（建設法典による）　141

きる，残された価値上昇ポテンシャルは少ないと見るべきである（DEIWICK 2002）．

　潜在的な課題代用効果が回避できるようにするには，基本的に自治体の**義務課題**である対策を除外することが必要である（BUNZEL & BÖHME 2002）．バイエルン州では，基礎的な緑化整備対策（例えば屋上・壁面緑化）と自然保護専門的に面的に効果のある相殺対策（湿性緑地および類似の対策）の一貫した区別に努めている（BayStMLU 2003）．自治体の実践では，この差異に注意していくことが期待される．自然保護法規的悪化禁止は，徐々に，空地に対する都市建設的-形成的な発展使命として解釈されつつある（KÖPPEL 2000, HERZBERG & KÖPPEL 2003）．

> 　多数の建築プロジェクトが進んでいる**ベルリン市**（州）では，自然地プログラムの補強として，全市的な相殺コンセプトが作成された．この場合，ベルリンの空地システムの要素に質を与え，補完するような土地が優先的なものとして該当する．「レクリエーションと空地利用」プログラム図の内容は，その場合，他の「環境保護」，「ビオトープ・種保護」，「自然地景観」の各プログラム図に対して，特別の優先づけが認められている（NAUCKE 2000）[第6章注記4) の文献の口絵と 95～97 頁参照]．代償対策の場合には，エコロジー的な必要性と並んで，特にベルリン都市中心地域での質改善対策が追求される必要がある；魅力的に利用できる空間が生まれてくる必要がある（OTTO 2001）．
>
> 　**ボホールト市**[Bocholt] でも相殺用地プールによって，部分的に，都市の緑地帯環状システムに質を与えることが求められている．諸々の計画的な誘導装置がいわゆる緑地整備枠組計画図を形づくっている．この非公式の計画は，環境保護利益と並んで，これと同様の位置づけで，デザイン的な視点，および都市の空地の滞在の質を取り込んでいる．都市の自然保護は，自然地結合のレクリエーションの形での人間の利用要求を考慮しなければならないので，博物館的な自然保護の意味では実現できないとしている．

　代償が好き勝手に進められないように，実態に適した相殺に対する尺度として，計画が段々と重要性を増している．WOLF（2001）は介入規則の柔軟性がその**計画化**[Planifizierung] に発展していっていると見ている．相殺・代替対策の種類と規模の確定に際しては，連邦自然保護法によって，最終的には，自然地プログラムおよび自然地枠組計画図，自然地計画図を考慮しなければならない（連邦自然保護法第19条2項）．このため，事業に結びついている介入規則は，出発点の段階で計画化されていると言われている．柔軟にされた介入相殺のために，計画が，**質を保証する**要素へと発展していける可能性があるとしている；しかしながら，このことは同

時に調整負担を大きくし，法適用に当たって，より高い職業的専門性を求めることになる（同上）．

理解確認問題
- どのような法的基礎に，土地・対策備蓄は基づいているか？
- どのような作業段階が，土地・対策プールの構築に必要か？
- 相殺に適した土地を準備するために，どのような可能性を市町村はもっているか？
- どのようにして，プール解法の場合にも，介入と相殺の間の機能的な導出関連性[Ableitungszusammenhänge]を護ることができるか？
- どのような期待が土地・対策プールと結びついており，これに基礎を置く手法の危険性と限界はどこにあるか？
- 自然地計画は，土地・対策プールの構想と質確保に際して，どのような役割が与えられるか？

介入規則のための文献と出典

AAV Hessen (1995): Ausgleichsabgabenverordnung vom 9.2.1995. Gesetzes- und Verordnungsblatt Hessen, I, 120; II, 881–41.

ADAM, K., NOHL, W., VALENTIEN, W. (1986): Bewertungsgrundlagen für Kompensationsmaßnahmen bei Eingriffen in Natur und Landschaft. Hrsg. vom Ministerium für Umwelt, Raumordnung und Landwirtschaft Nordrhein-Westfalen, Düsseldorf, 399 S.

AG Bodenkunde (Arbeitsgruppe Bodenkunde der geologischen Landesämter und der Bundesanstalt für Geowissenschaften und Rohstoffe in der Bundesrepublik Deutschland 1994): Bodenkundliche Kartieranleitung. 4. Aufl., Hannover, 392 S.

AK Eingriffsregelung und UVP (Arbeitskreis Eingriffsregelung und Umweltverträglichkeitsprüfung an der) TU Berlin (2000): Flexibilisierung der Eingriffsregelung – Modetrend oder Notwendigkeit? Erweiterter Bericht zu einem Workshop und einer Tagung an der TU Berlin, in Zusammenarbeit mit dem Ministerium für Landwirtschaft, Umweltschutz und Raumordnung des Landes Brandenburg. Schriftenreihe Landschaftsentwicklung und Umweltforschung der TU Berlin Nr. 115.

ALBIG, A., HAACKS, M., PESCHEL, R. (2003): Streng geschützte Arten als neuer Tatbestand in der Eingriffsplanung. Wann gilt ein Lebensraum als zerstört? Naturschutz und Landschaftsplanung 35, 4, 126–128.

AMLER, K., BAHL, A., HENLE, K., KAULE, G., POSCHLOD, P., SETTELE, J. (1999): Populationsbiologie in der Naturschutzpraxis. Isolation, Flächenbedarf und Biotopansprüche von Pflanzen und Tieren. Ulmer, Stuttgart, 336 S.

AMMERMANN, K., WINKELBRANDT, A., BLANK, H.-W., BREUER, W., KUTSCHER, G., LOHMANN, U., OSWALD, I., RUDOLPH, E., WEIHRICH, D. (1998): Bevorratung von Flächen und Maßnahmen zum Ausgleich in der Bauleitplanung. Natur und Landschaft 73, 4, 163–169.

Arbeitsgemeinschaft Kulturlandschaft Mittlere Havel (IUS GmbH & PAN GmbH) (2001): Entwicklung und modellhafte Umsetzung einer regionalen Konzeption zur Bewältigung von Eingriffsfolgen durch einen Ausgleichspool am Beispiel der Kulturlandschaft Mittlere Havel. Bundesamt für Naturschutz (Hrsg.), Bonn-Bad Godesberg, BfN-Skripten 37.

ARGE Eingriffsregelung (Arbeitsgruppe Eingriffsregelung der Landesanstalten/-ämter für Naturschutz und Landschaftspflege und der Bundesforschungsanstalt für Naturschutz und Landschaftsökologie) (1988): Empfehlungen zum Vollzug der Eingriffsregelung. Beilage zu Natur und Landschaft 63 (5).

ARGE Eingriffsregelung (Arbeitsgruppe Eingriffsregelung der Landesanstalten/-ämter und des Bundesamtes für Naturschutz) (1995): Empfehlungen zum Vollzug der Eingriffsregelung, Teil II. Inhaltlich-methodische Anforderungen an Erfassungen und Bewertungen. Unveröffentlicht.

ARGE Eingriffsregelung (Arbeitsgruppe Eingriffsregelung der Landesämter und des Bundesamtes für Naturschutz) (1996): Empfehlungen zur Berücksichtigung der Belange des Naturschutzes und der Landschaftspflege beim Ausbau der Windkraftnutzung. Natur und Landschaft, 71. Jg. Heft 9. 381 – 385.

ARGE Eingriffsregelung (Arbeitsgruppe Eingriffsregelung der Landesanstalten/-ämter und des Bundesamtes für Naturschutz) (1997): Empfehlungen zum Aufbau eines Katasters der Ausgleichs- und Ersatzmaßnahmen in der Naturschutzverwaltung. Natur und Landschaft 72 (4), 199–202.

ARGE NRW (Arbeitsgemeinschaft Eingriff-Ausgleich des Landes Nordrhein-Westfalen: FROELICH & SPORBECK, Landschaftswerkstatt NOHL, SMEETS & DAMASCHEK, Ingenieurbüro VALENTIN) (1994): Entwicklung eines einheitlichen Bewertungsrahmens für straßenbedingte Eingriffe in Natur und Landschaft und deren Kompensation. Im Auftrag des Ministeriums für Stadtentwicklung und Verkehr und des Ministeriums für Umwelt, Raumordnung und Landwirtschaft Nordrhein-Westfalen.

ARSU (Arbeitsgruppe für regionale Struktur- und Umweltforschung GmbH, 1998): Biologische Begleituntersuchungen zur Ermittlung baubedingter Auswirkungen auf die Tierwelt. Ausbau der Bahnstrecke Hamburg–Berlin. Im Auftrag der Planungsgesellschaft Bahnbau Deutsche Einheit mbH, PBDE.

AUHAGEN & PARTNER (1994): Wissenschaftliche Grundlagen zur Berechnung einer Ausgleichsabgabe. Im Auftrag der Senatsverwaltung für Stadtentwicklung und Umweltschutz, Abt. III, Berlin.

BACH, L., HANDKE, K., SINNING, F. (1999): Einfluss von Windenergieanlagen auf die Verteilung von Brut- und Rastvögeln in Nordwest-Deutschland. Bremer Beiträge für Naturkunde und Naturschutz Bd. 4: 107–122.

BALLA, S., HERBERG, A. (2000): Flexibilisierungsansätze im Zulassungsverfahren und im Vollzug. In: Arbeitskreis Eingriffsregelung und Umweltverträglichkeitsprüfung an der TU Berlin (2000): 45–77.

Bayrischer Gemeindetag und Bayrischer Städtetag (Arbeitsgruppe Handlungsempfehlungen für ein Ökokonto) (2000): Handlungsempfehlungen für ein Ökokonto. Ein Vorsorgeinstrument für die Eingriffsregelung in der Bauleitplanung. 1. Auflage, 28 S.

BayStMLU (Bayerisches Staatsministerium für Landesentwicklung und Umweltfragen), Arbeitsgruppe Eingriffsregelung in der Bauleitplanung (2003): Bauen im Einklang mit Natur und Landschaft. Eingriffsregelung in der Bauleitplanung. Ein Leitfaden (ergänzte Fassung), 2. Aufl., 44 S. + CD-ROM

BEHRENDS, C. (2001): Konzept zur sachgerechten Handhabung von Ökokonten. Anforderungen an eine Flächen- und Maßnahmenbevorratung im Rahmen der Bauleitplanung. Diplomarbeit Universität Hannover, Institut für Landschaftspflege und Naturschutz. 134 S.

BERGEN, F. (2002): Windkraftanlagen und Frühjahrsdurchzug des Kiebitz (*Vanellus vanellus*): eine Vorher-Nachher-Studie an einem traditionellen Rastplatz in Nordrhein-Westfalen. In: TU Berlin, Institut für Landschafts- und Umweltplanung, Fachgebiet Landschaftsplanung, insbes. Landschaftspflegerische Begleitplanung und Umweltverträglichkeitsprüfung (Hrsg., 2002): Windenergie und Vögel – Ausmaß und Bewältigung eines Konflikts – Tagungsband. www.tu-berlin.de/~lbp/ : 57–65.

BERNOTAT, D., SCHLUMPRECHT, H., BRAUNS, C., JEBRAM, J., MÜLLER-MOTZFELD, G., RIECKEN, U., SCHEURLEN, K., VOGEL, M. (2002): Gelbdruck „Verwendung tierökologischer Daten". In: PLACHTER, H., BERNOTAT, D., MÜSSNER, R., RIECKEN, U. (2002): Entwicklung und Festlegung von Methodenstandards im Naturschutz. Bundesamt für Naturschutz, Schriftenr. für Landschaftspflege u. Naturschutz H. 70, 109–217.

BEST (Board on Environmental Studies and Toxicology) (2001): Compensating for Wetland Losses under the Clean Water Act. National Academy Press, Washington, 322 S.

BfG (Bundesanstalt für Gewässerkunde) (2000): Empfehlung für Erfolgskontrollen zu Kompensationsmaßnahmen beim Ausbau von Bundeswasserstraßen. BfG-Bericht 1222

BIERHALS, E. (2000): Zur Eingriffsbeurteilung auf Grundlage von Biotopwerten. Inform. d. Naturschutz Niedersachs. 20, 3/2000, 124–126.

BJÖRNSDOTTER, C., DAHL, C., DELSHAMMAR, E., GRIP, E., MARELL, E., ROSENGREN, H. (2003): Balanseringsprincipen tillämpad i fysisk samhällsplanering Ett samarbetsprojekt mellan Helsingborg – Lund – Malmö. [Das Ausgleichsprinzip in der kommunalen Planung. Kooperationsprojekt Helsingborg, Lund, Malmö]. Bericht im Auftrag der Stadtverwaltungen.

BMU (Bundesministerium für Umwelt, Naturschutz und Reaktorsicherheit, Hrsg.) (1998): Umweltgesetzbuch (UGB-KomE). Entwurf der Unabhängigen Sachverständigenkommission zum Umweltgesetzbuch beim Bundesministerium für Umwelt, Naturschutz und Reaktorsicherheit. Berlin.

BMV (Bundesministerium für Verkehr, Abteilung Straßenbau) (1998): Musterkarten für die einheitliche Gestaltung Landschaftspflegerischer Begleitpläne im Straßenbau (Musterkarten LBP). (ARS Straßenbau Nr. 32/1998 v. 09.08.1998). Bonn.

BMVBW (Bundesministerium für Verkehr, Bau- und Wohnungswesen, Abteilung Straßenbau, Straßenverkehr) (1999): Hinweise zur Berücksichtigung des Naturschutzes und der Landschaftspflege beim Bundesfernstraßenbau (HNL-S 99). 2. Auflage. Bonn.

BMVBW (Bundesministerium für Verkehr, Bau- und Wohnungswesen) (2001): Leitfaden zur Handhabung der naturschutzrechtlichen Eingriffsregelung in der Bauleitplanung. Im Rahmen des ExWoSt-Forschungsvorhabens Naturschutz und Städtebau. 120 S.

BMVBW (Bundesministerium für Verkehr, Bau- und Wohnungswesen, Abteilung Straßenbau, Straßenverkehr) (2003a): Hinweise zur Umsetzung landschaftspflegerischer Kompensationsmaßnahmen beim Bundesfernstraßenbau – Ausgabe 2003. Bonn.

BMVBW (Bundesministerium für Verkehr, Bau- und Wohnungswesen, Abteilung Straßenbau, Straßenverkehr) (2003b): Gesetz zur Anpassung des Baugesetzbuchs an EU-Richtlinien (Europarechtsanpassungsgesetz – EAG Bau). Entwurf, Stand 3. Juni 2003.

Böhme, C., Bunzel, A., Herberg, A., Köppel, J. (2003): Naturschutzfachliches Flächenmanagement als Beitrag für eine nachhaltige Flächenhaushaltspolitik. F+E-Vorhaben Bundesamt für Naturschutz, FKZ 802 82 120, TU Berlin/Deutsches Institut für Urbanistik. Schlussbericht.

Bosch, C. (1994): Versuch einer „Roten Liste natürlicher Böden" zum Schutz von Seltenheit und Naturnähe von Böden. In: Rosenkranz, D., Bachmann, G., Einsele, G., Harress, H.-M. (Hrsg., 1988): Bodenschutz. Ergänzbares Handbuch der Maßnahmen und Empfehlungen für Schutz, Pflege und Sanierung von Böden, Landschaft und Grundwasser. 17. Lfg. XI/94: 7050.

Breuer, W. (1991): 10 Jahre Eingriffsregelung in Niedersachsen. Informationen, Prinzipien, Grundbegriffe und Standards. Inform. d. Naturschutz Niedersachsen 11 (4), 43–59.

Breuer, W. (2001a): Was macht der Entwurf der Novelle des Bundesnaturschutzgesetzes aus der Eingriffsregelung? Referat anlässlich des Seminars der Vereinigung der Straßenbau- und Verkehrsingenieure in Niedersachsen e. V. „Umweltverträglichkeitsprüfung im Verkehrswegebau" am 21. Februar 2001 in Hildesheim.

Breuer, W. (2001b): Ökokonto – Chance oder Gefahr? Die Eingriffsregelung ist kein Flächen- und Mittelbeschaffer des Naturschutzes. Naturschutz und Landschaftsplanung 33 (4), 113–117.

Breuer, W. (2001c): Ausgleichs- und Ersatzmaßnahmen für Beeinträchtigungen des Landschaftsbildes. Vorschläge für Maßnahmen bei Errichtung von Windkraftanlagen. Naturschutz und Landschaftsplanung 33, (8), 237–245.

Breuer, W. (2002): Die Eingriffsregelung nach dem neuen Bundesnaturschutzgesetz. Konsequenzen für die Praxis? UVP-report 3/2002, 100–104.

Breuer, W., Dieckschäfer. H., Dube, C. R., Hübner, K., Sobottka, M., Speier, N., Weyer, M. (2003): Zeitliche Aspekte von Ausgleichs- und Ersatzmaßnahmen. www.nloe.de/Natur+Landschaft/landschaftsplanungeingriff/Eingriffsregelung/Zeitliche Aspekte der Kompensation.

Brinkmann, R. (1998): Berücksichtigung faunistisch-tierökologischer Belange in der Landschaftsplanung. Informationsdienst Naturschutz Niedersachsen 4/98. 127. S.

Bruns, E., Herberg, A., Köppel, J. (2000a): Konstruktiver Einsatz von naturschutzrechtlichen Kompensationsmaßnahmen im Kontext der Regionalparkentwicklung durch interkommunale Pool-Modelle. Abschlußbericht eines Gutachtens im Auftrag der Gemeinsamen Landesplanungsabteilung der Länder Berlin und Brandenburg. Schriftenreihe Landschaftsentwicklung und Umweltforschung der TU Berlin Nr. 114.

Bruns, E., Herberg, A., Köppel, J. (2000b): Ökokonten und Flächenpools – Neue Flexibilität und Praktikabilität im Naturschutz? In: Gruehn, D., Herberg, A., Roesrath, C. (Hrsg.) Naturschutz und Landschaftsplanung – Moderne Technologien, Methoden und Verfahrensweisen – Festschrift zum 60. Geburtstag von Prof. Dr. H. Kenneweg. S. 57–76. Berlin.

BRUNS, E., HERBERG, A., KÖPPEL, J. (2001): Typisierung und kritische Würdigung von Flächenpools und Ökokonten. UVP-Report 15 (1), S. 9–14.

BRUNS, E., KÖPPEL J., MEISSNER, C., PETERS, W. (2003): Handlungsempfehlung für die Bewertung und Bilanzierung von Eingriffen in Natur und Landschaft in Sachsen. Im Auftrag des Sächsischen Ministeriums für Umwelt und Landwirtschaft (SMUL). Abschlussbericht, www.smul.sachsen.de/de/wu/umwelt/natur/index_878.html

BUNZEL, A. (1999): Bauleitplanung und Flächenmanagement bei Eingriffen in Natur und Landschaft. 209 S.

BUNZEL, A., HINZEN, A. (2000): Arbeitshilfe Umweltschutz in der Bebauungsplanung. Umweltbundesamt. Erich Schmidt Verlag. Berlin. 170 S.

BUNZEL, A. & BÖHME, C. (2002): Interkommunales Kompensationsmanagement. Ergebnisse aus dem F+E Vorhaben 899 82 410 „Interkommunale Zusammenarbeit bei der Planung und Durchführung von Maßnahmen zum Ausgleich" des Bundesamtes für Naturschutz. Bonn-Bad Godesberg, 331 S. (=Angewandte Landschaftsökologie 49).

BUNZEL, A., HERBERG, A. (2003): Auswirkungen von Flächen- und Maßnahmenpools auf die Bodenpreise von Kompensationsflächen. In: BÖHME, C., BUNZEL, A., DEIWICK, B., HERBERG, A., KÖPPEL, J. (Hrsg.) (2003): Statuskonferenz Flächen- und Maßnahmenpools: 38–45. TU Berlin. 268 S. http://www.tu-berlin.de/~lbp/dbu/dbutd.htm

BURMEISTER, J. (1988) Der Schutz von Natur und Landschaft vor Zerstörung. Eine juristische und rechtstatsächliche Untersuchung. Werner-Verlag, Düsseldorf, 228 S. (= Umweltrechtliche Studien Bd. 2/1988).

BURMEISTER, J. (2002): Die Eingriffsregelung in Brandenburg – einige Amerkungen zu Änderungsbedarf und Erweiterungen. UVP-report 16 (1/2), 10–12.

BUSKE, C. (2001): EKIS – Flächenkataster für Ausgleichs- und Ersatzmaßnahmen in Thüringen. In: SCHUBERT, S. (Bearb.) (2001): Nachkontrollen von Ausgleichs- und Ersatzmaßnahmen im Rahmen der naturschutzrechtlichen Eingriffsregelung. BfN (Bundesamt für Naturschutz)-Skripten 44, 88–101.

BUSSE, J., DIRNBERGER, F., PRÖBSTL, U., SCHMID, W. (2001): Die naturschutzrechtliche Eingriffsregelung in der Bauleitplanung mit Erläuterungen zum Ökokonto. Verlagsgruppe Jehle Rehm GmbH, München, 208 S.

BUTZKE, A., HARTJE, V., KÖPPEL, J., MEYERHOFF, J. (2002): Wetland Mitigation und Mitigation Banks in den USA – Die amerikanische Eingriffsregelung für Feuchtgebiete. Naturschutz und Landschaftsplanung 34, (5), 139–144.

Canadian Wildlife Service (Hrsg.) (1996): The federal policy on wetland conservation – Implementation guide for federal land managers. By Lynch-Stewart, P., Neice, P., Rubec, C. & Kessel-Taylor, I.

CUPERUS, R., CANTERS, K. J., DE HAES, H., FRIEDMAN, D. S. (1999) : Guidelines for ecological compensation associated with highways. Ecological Conservation 90: 41–51.

DEIWICK, B. (2002): Entwicklungstendenzen der Eingriffsregelung. Schriftenr. Landschaftsentwicklung und Umweltforschung 120, 145 S..

DEIWICK, B., HERBERG, A., KÖPPEL, J. (2003): Beitrag von Flächen- und Maßnahmenpools zum Erreichen der Ziele der Eingriffsregelung. In: BÖHME, C., BUNZEL, A., DEIWICK, B., HERBERG, A., KÖPPEL, J. (Hrsg.) (2003): Statuskonferenz Flächen- und Maßnahmenpools: 20–29. TU Berlin. 268 S. http://www.tu-berlin.de/~lbp/dbu/dbutd.htm.

Der Tagesspiegel (2003): Ein Jahr Sperre: Die S-Bahn ruht, der Umbau auch. Autor: Klaus Kurpjuweit, 23.02.2003.

Deutsche Ornithologische Gesellschaft (1995): Qualitätsstandards für den Gebrauch vogelkundlicher Daten in raumbedeutsamen Planungen. Projektgruppe „Ornithologie und Landschaftsplanung" der Deutschen Ornithologischen Gesellschaft. München, 36.S.

DVWK (Deutscher Verband für Wasserwirtschaft und Kulturbau e.V.) (1996a): Klassifikation überwiegend grundwasserbeeinflußter Vegetationstypen. Schriften des Deutschen Verbandes für Wasserwirtschaft und Kulturbau 112, Bonn: Wirtschafts- und Verlagsgesellschaft Gas und Wasser.

DVWK (Deutscher Verband für Wasserwirtschaft und Kulturbau e.V.) (1996b): Maßnahmen an Fließgewässern – umweltverträglich planen. Schriften des Deutschen Verbandes für Wasserwirtschaft und Kulturbau 121, Bonn: Wirtschafts- und Verlagsgesellschaft Gas und Wasser.

Eisenbahnbundesamt (2002, Hrsg.): Umwelt-Leitfaden zur eisenbahnrechtlichen Planfeststellung und Plangenehmigung sowie für Magnetschwebebahnen. Themen: Umweltverträglichkeitsprüfung, naturschutzrechtliche Eingriffsregelung, Beachtung des § 19c BNatSchG. 3. Fassung, Stand Juli 2002.

Fahrländer, K. L. (1994): Maßnahmen im Sinne von Art. 18 NHG sowie ihre Durchsetzung und Sicherung gegenüber Dritten. Bundesamt für Umwelt, Natur und Landschaft (Hrsg.): Schriftenreihe Umwelt Nr. 223: 57 S.

Feickert, U., Köppel, J. (1993): Können (fiktive) Wiederherstellungskosten von Biotopen plausibel und zuverlässig ermittelt werden? Natur und Landschaft 71 (2), 51–58.

FGSV (Forschungsgesellschaft für Straßen- und Verkehrswesen) (1999): Hinweise zur rechtlichen Sicherung, Pflege und Kontrolle landschaftspflegerischer Kompensationsmaßnahmen im Straßenbau (unveröff. Arbeitspapier).

FGSV (Forschungsgesellschaft für Straßen- und Verkehrswesen) (2001): Handbuch für die Vergabe und Ausführung von freiberuflichen Leistungen der Ingenieure und Landschaftsarchitekten im Straßen- und Brückenbau (HVA F-StB), 1. Fortschreibung.

Flade, M. (1994): Die Brutvogelgemeinschaften Mittel- und Norddeutschlands: Grundlagen für den Gebrauch vogelkundlicher Daten in der Landschaftsplanung. Eching. 879 S.

Föllner, S. (2003): Das Schutzgut Wasser in der UVP. Diplomarbeit TU Berlin, Institut für Landschafts- und Umweltplanung, 112 S.

Forschungszentrum Jülich (Hrsg.) (2002): Ökologische Begleitforschung zur Offshore-Windenergienutzung. Fachtagung des Bundesministeriums für Umwelt, Naturschutz und Reaktorsicherheit und des Projektträgers Jülich, Bremerhaven 28. und 29. Mai 2002. Tagungsband.

Fritsche, A., Köppel, J. (2002): Windenergie und Vögel – ein Tagungsresumée. In: TU Berlin, Institut für Landschafts- und Umweltplanung, Fachgebiet Landschaftsplanung, insbes. Landschaftspflegerische Begleitplanung und Umweltverträglichkeitsprüfung (Hrsg., 2002): Windenergie und Vögel – Ausmaß und Bewältigung eines Konflikts – Tagungsband. www.tu-berlin.de/~lbp/ : 8–10.

FROELICH & SPORBECK (1996): BAB A 20: Orientierungsrahmen für Landschaftspflegerische Begleitpläne. Erstellt im Auftrag der DEGES.

GASSNER, E. (1995): Das Recht der Landschaft. Gesamtdarstellung für Bund und Länder. Radebeul: Neumann.

GASSNER, E., BENDOMIR-KAHLO, G., SCHMIDT-RÄNTSCH, A., SCHMIDT-RÄNTSCH, J. (2003): Bundesnaturschutzgesetz. Kommentar. 2. Aufl., C. H. Beck: München. 1300 S.

GERHARDS, I. (2002): Naturschutzfachliche Handlungsempfehlungen zur Eingriffsregelung in der Bauleitplanung. Auf der Grundlage der Ergebnisse des F+E-Vorhabens 899 82 100 „Erarbeitung von Handlungsempfehlungen für die Kommunen zur Abarbeitung der naturschutzrechtlichen Eingriffsregelung in der Bauleitplanung" des Bundesamtes für Naturschutz. Bonn-Bad Godesberg, 159 S.

GUNKEL, G. (Hrsg., 1996): Renaturierung kleiner Fließgewässer. Jena, Stuttgart: Gustav Fischer.

HAHN, A., BUTZECK, S. (2000): Otter und Brücken – Handlungsstrategien zur Sicherung des Otterwegenetzes im UNESCO-Biosphärenreservat Spreewald (Brandenburg). Beiträge zur Jagd- & Wildforschung 25, 183–197.

HÄHRE, S. (2002): Flächenpoolkonzeption für den Landkreis Barnim. Diplomarbeit TU Berlin, Institut für Landschafts- und Umweltplanung, 115 S.

HAßMANN, H. (2000): Anforderungen an Sicherung, Pflege und Kontrolle von landschaftspflegerischen Maßnahmen an Straßen. Inform. d. Naturschutz Niedersachs. 20, 3/2000, 127–132.

HAßMANN, H. (2001): Erhaltung von Ausgleichs- und Ersatzmaßnahmen: Anforderungen an Pflege und Kontrolle aus Sicht der Straßenbauverwaltung. In: SCHUBERT, S. (Bearb.) (2001): Nachkontrollen von Ausgleichs- und Ersatzmaßnahmen im Rahmen der naturschutzrechtlichen Eingriffsregelung. BfN (Bundesamt für Naturschutz)-Skripten 44, 102–115.

HEIMER & HERBSTREIT Umweltplanung (2002): Flurbereinigung „Grünes Band I (Triebel)". Landschaftsplanung Stufe II. Im Auftrag der Teilnehmergemeinschaft beim Staatlichen Amt für Ländliche Neuordnung Oberlungwitz.

HELS, T., BUCHWALD, E. (2001): The effects of road kills on amphibian populations. Biological Conservation, 99: 331–340.

HENZE, E. (2000): GIS-Funktionalitäten in naturschutzfachlichen Planungs- und Managementaufgaben. Anwendungsbeispiel Kompensationsflächenmanagement Brandenburg an der Havel. Diplomarbeit TU Berlin, Institut für Landschaftsentwicklung. 118 S. + CD.

HERBERG, A. (2002): Der Grünordnungsplan als Beitrag zum Bebauungsplan. In: AUHAGEN, A., ERMER, K., MOHRMANN, R. (2002): Landschaftsplanung in der Praxis. Ulmer, Stuttgart, 416 S., 102–129.

HERBERG, A. (2003): Rheinisch-Westfälische Wasserwerksgesellschaft mbH. In: BÖHME, C., BUNZEL, A., DEIWICK, B., HERBERG, A., KÖPPEL, J. (Hrsg.) (2003): Statuskonferenz Flächen- und Maßnahmenpools: 121–130. TU Berlin. 268 S. www.tu-berlin.de/~lbp/dbu/dbutd.htm

HERBERG, A., KÖPPEL, J. (2003): Bedeutung der Flächen- und Maßnahmenpools für die kommunale und regionale Grün- und Freiflächenentwicklung und Erholungsvorsorge. In: BÖHME, C., BUNZEL, A., DEIWICK, B., HERBERG, A., KÖPPEL, J. (Hrsg.) (2003):

Statuskonferenz Flächen- und Maßnahmenpools. 53–61. TU Berlin. 268 S. http://www.tu-berlin.de/~lbp/dbu/dbutd.htm

HERBERT, M. (2002): Bericht über eine Fachtagung an der TU Berlin vom 29.-30. November 2001 „Windenergie und Vögel – Ausmaß und Bewältigung eines Konflikts". Natur und Landschaft 77 (4), 141–143.

HOAI (2001): Honorarordnung für Architekten und Ingenieure in der ab 1. Januar 2002 gültigen Fassung in Euro. Textausgabe. Kohlhammer: Stuttgart, 160 S.

HOPPENSTEDT, A. (1996): Die Landschaftsplanung als Bewertungsgrundlage für die Eingriffsregelung. Natur und Landschaft 71 (11), 485–488.

HOPPENSTEDT, A. (2002): Straßenbau: Umweltverträglichkeitsstudie zur Ortsumfahrung Arolsen. In: AUHAGEN, A., ERMER, K., MOHRMANN, R. (2002): Landschaftsplanung in der Praxis. Ulmer, Stuttgart, 416 S., 130–158.

IBU (Institut für Baustoffe und Umwelt) (o.J.): Kompensationskataster Koka Basis. www.ibunetz.de/umwelt/ibu-news.htm.

IFN (Institut für Landschaftspflege und Naturschutz Universität Hannover), Planungsbüro Mitschang (1999): Handlungsanleitung zur Anwendung der Eingriffsregelung in Bremen. Hannover, Homburg/Saar (unveröffentlicht).

JEDICKE, E. (1994): Biotopverbund. Grundlagen und Maßnahmen einer neuen Naturschutzstrategie. 2. Aufl., Ulmer, Stuttgart 287 S.

JEDICKE, E. (Hrsg.) (1997): Die Roten Listen. Buch, CD-ROM. Ulmer, Stuttgart

JEDICKE, E., FREY, W., HUNDSDORFER, M., STEINBACH, L. (Hrsg., 1993): Praktische Landschaftspflege, Ulmer, Stuttgart

KAISER, T., BERNOTAT, D., KLEYER, M., RÜCKRIEM, C. (2002): Gelbdruck „Verwendung floristischer und vegetationskundlicher Daten". In: PLACHTER, H., BERNOTAT, D., MÜSSNER, R., RIECKEN, U. (2002): Entwicklung und Festlegung von Methodenstandards im Naturschutz. Bundesamt für Naturschutz, Schriftenr. für Landschaftspflege u. Naturschutz H. 70, 219–328.

KEPPEL, H. (2003): Öko-Konto-Modell Umsetzungsbericht. Beiträge des Baudezernats Rottenburg am Neckar 56.

KEPPEL, H., EICHLER, B., HAGE, G. (2001): Öko-Konto-Modell Rottenburg am Neckar. Beiträge zur Stadtentwicklung Rottenburg am Neckar 17.

KETZENBERG, C., EXO, K.-M., REICHENBACH, M., CASTOR, M. (2002): Einfluss von Windkraftanlagen auf brütende Wiesenvögel. Natur und Landschaft 77 (4), 144–153.

KIEMSTEDT, H. (1995): Eingriffsregelung im Abseits? Schr.-R. f. Vegetationskde., Sukopp-Festschrift. Bundesamt für Naturschutz, Bonn-Bad Godesberg 27, 53–64.

KIEMSTEDT, H., MÖNNECKE, M, OTT, S. (1996): Methodik der Eingriffsregelung. Naturschutz und Landschaftsplanung 28 (9) 1996, 261–271.

KNOSPE, F. (1998): Handbuch zur argumentativen Bewertung. Methodischer Leitfaden für Planungsbeiträge zum Naturschutz und zur Landschaftsplanung. Dortmund: Vertrieb für Bau- und Planungsliteratur.

KÖHLER, B., HOCK, S. (1998): Anforderungsprofil für die Berücksichtigung der Eingriffsregelung in der Bauleitplanung der Stadt Freiburg i. Br., überarbeitete Fassung, Manuskript.

KÖHLER, B., PREIß, A. (2000): Erfassung und Bewertung des Landschaftsbildes. Grundlagen und Methoden zur Bearbeitung des Schutzgutes „Vielfalt, Eigenart und

Schönheit von Natur und Landschaft" in der Planung. Informationsdienst Naturschutz Niedersachsen 20, (1), 1–60.

KOPKASH, V. (2003) : New Jersey's (USA) Wetland Mitigation Program. In: BÖHME, C., BUNZEL, A., DEIWICK, B., HERBERG, A., KÖPPEL, J. (Hrsg.) (2003): Statuskonferenz Flächen- und Maßnahmenpools: 138–158. TU Berlin. 268 S. http://www.tu-berlin.de/~lbp/dbu/dbutd.htm

KÖPPEL, J. (1993): Die Behandlung ökologischer Wirkungszusammenhänge am Beispiel des geplanten Donauausbaus Straubing-Vilshofen. Mitteilungen des Instituts für Hydrologie und Wasserwirtschaft (IHW) d. Universität Karlsruhe 43, 213–227.

KÖPPEL, J. (2000): Haste mal 'ne Mark – zur Finanzierungsfunktion der Eingriffsregelung für den „öffentlichen FreiRaum". In: PlanerIn, Heft 3, S. 34.

KÖPPEL, J., BRUNS, E., PETERS, W. (2001): Erarbeitung eines Verfahrensvorschlags für die Bewertung und Bilanzierung von Eingriffen in Natur und Landschaft in Sachsen. Gutachten i. A. des Sächsischen Landesamtes für Umwelt und Geologie (unveröffentlicht).

KÖPPEL, J., FEICKERT, U., STRASSER, H., SPANDAU, L. (1998): Praxis der Eingriffsregelung. Schadenersatz an Natur und Landschaft. Ulmer, Stuttgart, 397 S.

KÖPPEL, J., HARTJE, V., MEYERHOFF, J., PETERS, W., WENDE, W., WOHLFELDER, M., OHLENBURG, H. (1999a) : Überprüfung und Weiterentwicklung von Beurteilungskriterien für Natur und Landschaft innerhalb der Umweltrisikoeinschätzung des Bundesverkehrswegeplans für die Verkehrsträger Straße und Schiene. TU Berlin, Endbericht F+E-Vorhaben 899 82 110, im Auftrag des Bundesamtes für Naturschutz.

KÖPPEL, J., MAYER, F., SCHMALZ, K. V., STEIB, W. (Hrsg., 1989): Ökologische Rahmenuntersuchung zum geplanten Donauausbau zwischen Straubing und Vilshofen. Bewertungsprogramm. Planungsbüro Dr. Schaller im Auftrag der Rhein-Main-Donau AG.

KÖPPEL, J., MÜLLER-PFANNENSTIEL, K.-M., WELLHÖFER, U., BRUNKEN-WINKLER, H., WITTROCK, E., WOLF, R., MICHAELIS, L. O. (1999b): Beurteilungskriterien für die Auswirkungen des Bundeswasserstraßenbaus auf Natur und Landschaft. 80 S. (= Angewandte Landschaftsökologie 28/1999).

KÖTTER, T. (2003): Integriertes Flächenmanagement. In: BÖHME, C., BUNZEL, A., DEIWICK, B., HERBERG, A., KÖPPEL, J. (Hrsg.) (2003): Statuskonferenz Flächen- und Maßnahmenpools: 180–196. TU Berlin. 268 S. http://www.tu-berlin.de/~lbp/dbu/dbutd.htm

KRÄMER, J., OSTENDORF, M. (2003): Flächenagentur Wesermarsch. In: BÖHME, C., BUNZEL, A., DEIWICK, B., HERBERG, A., KÖPPEL, J. (Hrsg.) (2003): Statuskonferenz Flächen- und Maßnahmenpools: 197–200. TU Berlin. 268 S. http://www.tu-berlin.de/~lbp/dbu/dbutd.htm

KRAUSE, C. L. (2000): Naturschutzfachlich begründete Abstandsempfehlungen zu Bereichen mit schutzwürdigem Landschaftsbild. In: Bundesamt für Naturschutz, Projektgruppe „Windenergienutzung" (Hrsg.) (2000): Empfehlungen des Bundesamtes für Naturschutz zu naturschutzverträglichen Windkraftanlagen, Abschnitt 5.3, 1–55.

KRAUSE, C. L., KLÖPPEL, D. (1996): Landschaftsbild in der Eingriffsregelung. Hinweise zur Berücksichtigung von Landschaftsbildelementen. Bundesamt für Naturschutz, Angewandte Landschaftsökologie, H. 8, Bonn-Bad Godesberg, 180 S.

LAMBRECHT, H. (1998): Der Vollzug des Vermeidungsgebotes der naturschutzrechtlichen Eingriffsregelung. Grundlagen, offene Fragen und Perspektiven am Beispiel des Straßenbaus. Zeitschr. f. angewandte Umweltforschung 11 (2), 167–185.

LANA (Länderarbeitsgemeinschaft für Naturschutz, Landschaftspflege und Erholung) (1996): Methodik der Eingriffsregelung. Gutachten zur Methodik der Ermittlung, Beschreibung und Bewertung von Eingriffen in Natur und Landschaft, zur Bemessung von Ausgleichs- und Ersatzmaßnahmen sowie Ausgleichszahlungen. Teil III – Vorschläge zur bundeseinheitlichen Anwendung der Eingriffsregelung nach § 8 Bundesnaturschutzgesetz. Umweltministerium Baden-Württemberg, Stuttgart, 146 S.

LANA (Länderarbeitsgemeinschaft für Naturschutz, Landschaftspflege und Erholung) (2002): Grundsatzpapier zur Eingriffsregelung nach den §§ 18–21 BNatSchG. Entwurf 06.06.2002.

LANA/LABO (Länderarbeitsgemeinschaft für Naturschutz, Landschaftspflege und Erholung sowie Bund/Länderarbeitsgemeinschaft Bodenschutz) (2000): LANA-/LABO-Positionspapier zum Bodenschutz im Rahmen der Landschaftsplanung und der naturschutzrechtlichen Eingriffsregelung. Informationsdienst Naturschutz Niedersachsen 20. Jg., 3/2000, 138–140.

LANGEVELDE, F., VAN, JAARSMA, C. F. (1997): Habitat fragmentation, the role of minor rural roads and their transversability. In: Habitat Fragmentation & Infrastructure. Proceedings of the International Conference on Habitat Fragmentation, Infrastructure and the Role of Ecological Engineering, 17–21 September, Maastricht, Den Haag, 171–182.

LESER, H., KLINK, H.-J. (1988): Handbuch und Kartieranleitung Geoökologische Karte 1:25000. Forschungen zur Deutschen Landeskunde 228, Trier.

LfU (Landesanstalt für Umweltschutz Baden-Württemberg) (1992): Materialien zur Landschaftspflegerischen Begleitplanung. Untersuchungen zur Landschaftsplanung 24. Karlsruhe.

LfU (Landesanstalt für Umweltschutz Baden-Württemberg) (1995): Datenschlüssel der Naturschutzverwaltung Baden-Württemberg. 228 S.

LfU (Landesanstalt für Umweltschutz Baden-Württemberg) (2000): Die naturschutzrechtliche Eingriffsregelung in der Bauleitplanung. Arbeitshilfe für die Naturschutzbehörden und die Naturschutzbeauftragten.

LfUG (Landesamt für Umwelt und Geologie Sachsen, Hrsg.) (1994): Biotoptypenliste Sachsen. Stand Mai 1994. Radebeul.

LfUG (Landesamt für Umwelt und Geologie Sachsen, Hrsg.) (1999): Rote Liste Biotoptypen. Materialien zu Naturschutz und Landschaftspflege. Dresden.

LfUNG (Landesamt für Umwelt, Naturschutz und Geologie Mecklenburg-Vorpommern) (1999): Hinweise zur Eingriffsregelung, Schriftenreihe des LfUNG 1999, Heft 3. Güstrow.

LIENEMANN, A. (1993): Konfliktpotentialkarten als Instrument der Umweltvorsorge. In: ARSU (Arbeitsgruppe für regionale Struktur- und Umweltforschung) GmbH (1993): Positionen 3, 14–18.

LOUIS, H. W. (2002) : Das Gesetz zur Neuregelung des Rechtes des Naturschutzes und der Landschaftspflege und zur Anpassung anderer Rechtsvorschriften (BNatSchG-NeuregG). In: Das neue Bundesnaturschutzgesetz 2002. Textausgabe/Synopse. Verlag Deutsches Volksheimstättenwerk, Bonn. 160 S.

Louis, H. W., Engelke, A., Zimmermann, B. (2000): Bundesnaturschutzgesetz, Kommentar der §§ 1 bis 19f, Teil 1. Naturschutzrecht Deutschland. Bd 2; Braunschweig, Schapen-Edition, 2. Auflage.

LUA (Landesumweltamt Brandenburg) (1995): Biotopkartierung Brandenburg. Kartieranleitung. 2. Aufl.

LUA (Landesumweltamt Brandenburg) (1998): Anforderungen des Bodenschutzes bei Planungs- und Zulassungsverfahren im Land Brandenburg – Handlungsanleitung. Fachbeiträge des Landesumweltamtes Nr. 29, Potsdam.

Marks, R., Müller, M., Leser, H., Klink, H.-J. (Hrsg., 1992): Anleitung zur Bewertung des Leistungsvermögens des Landschaftshaushaltes. 2. Aufl., Forschungen zur Deutschen Landeskunde 229, Trier.

Marticke, H.-U. (1994): Rechtliche Fragen zur Methodik einer naturschutzfachlichen Ausgleichsabgabe. Schlußbericht F+E-Vorhaben 10801151 des Bundesamtes für Naturschutz, Universität des Saarlandes.

Marticke, H.-U. (1996): Rechtliche Bewertung und Monetarisierung ökologischer Schäden im Rahmen der naturschutzrechtlichen Eingriffsregelung. In: ANL (Hrsg.) (1996): Naturschutzrechtliche Eingriffsregelung – Praxis und Perspektiven. Laufener Seminarbeiträge 2/96, 17–38.

Marticke, H.-U. (2001): Ausgleichs- und Ersatzmaßnahmen – Rechtsfolgen und Durchsetzungsmöglichkeiten. In: Schubert, S. (Bearb.) (2001): Nachkontrollen von Ausgleichs- und Ersatzmaßnahmen im Rahmen der naturschutzrechtlichen Eingriffsregelung. BfN (Bundesamt für Naturschutz)-Skripten 44, 7–21.

Mayer, F., Steib, W., Köppel, J. (1991): Umweltwirkungen des geplanten Donauausbaus zwischen Straubing und Vilshofen. Teil II: Bewertungsverfahren. Wasser + Boden 43 (4), 214–218.

Mayer, H., Beckröge, W., Matzarakis, A. (1994): Bestimmung von stadtklimarelevanten Luftleitbahnen. UVP-Report 5, 265–268.

MLR (Ministerium Ländlicher Raum Baden-Württemberg), LfU (Landesanstalt für Umweltschutz) (1998): Leitfaden für die Eingriffs- und Ausgleichsbewertung bei Abbauvorhaben. Karlsruhe.

Mosimann, T., Frey, T., Trute, P. (1999): Schutzgut Klima/Luft in der Landschaftsplanung. Informationsdienst Naturschutz Niedersachsen 4/99. 202–275.

Mros, B. (2003): Stadt Hameln. In: Böhme, C., Bunzel, A., Deiwick, B., Herberg, A., Köppel, J. (Hrsg.) (2003): Statuskonferenz Flächen- und Maßnahmenpools: 201–212. TU Berlin. 268 S. http://www.tu-berlin.de/~lbp/dbu/dbutd.htm

MSWV (Ministerium für Stadtentwicklung, Wohnen und Verkehr Land Brandenburg, Oberste Straßenbaubehörde) (2000): Handbuch für die Landschaftspflegerische Begleitplanung bei Straßenbauvorhaben im Land Brandenburg – einschließlich der Anforderungen der FFH-Verträglichkeitsuntersuchung. Stand 12/99. Loseblattsammlung, Runderlass des Ministeriums für Stadtentwicklung, Wohnen und Verkehr, Abteilung 5 – Nr. 10/2000 – Straßenbau – v. 11.01.2000. www.brandenburg.de/land/mswv/pdf/handbuch.pdf

MSWV (Ministerium für Stadtentwicklung, Wohnen und Verkehr Land Brandenburg) (2001): Textliche Festsetzungen zur Grünordnung im Bebauungsplan. Entwurf. Arbeitspapier 1/01. Referat 23. Städtebaurecht.

Naucke, M. (2000): Die Berliner Ausgleichsflächenkonzeption – urbane Interpretati-

on der naturschutzrechtlichen Eingriffsregelung? Diplomarbeit TU Berlin, Institut für Landschaftsentwicklung, 106 S.
NOHL, W. (1998): Das Landschaftsbild in der Eingriffsregelung. In: KÖPPEL, J., FEICKERT, U., STRASSER, H., SPANDAU, L. (1998): Praxis der Eingriffsregelung. Schadenersatz an Natur und Landschaft. Ulmer, Stuttgart, 256–268.
NOHL, W. (2001): Landschaftsplanung. Ästhetische und rekreative Aspekte. Konzepte, Begründungen und Verfahrensweisen auf der Ebene des Landschaftsplans. Berlin; Hannover: Patzer, 248 S.
NOTHDORF, R. (1999): Die Anwendung der Eingriffsregelung in ausgewählten Verkehrsprojekten Deutsche Einheit in Brandenburg. Diplomarbeit TU Berlin, Institut für Landschaftsentwicklung.
Oberste Baubehörde & BayStMLU (Oberste Baubehörde im Bayerischen Staatsministerium des Innern, Bayerisches Staatsministerium für Landesentwicklung und Umweltfragen) (1993): Vollzug des Naturschutzrechts im Straßenbau – Grundsätze für die Ermittlung von Ausgleich und Ersatz nach Art. 6 und 6a BayNatSchG bei staatlichen Straßenbauvorhaben. März 1993.
Oberste Naturschutzbehörden Neue Bundesländer und Bayern & BfN (Bundesamt für Naturschutz) (1993): Methodischer Leitfaden zur Umsetzung der Eingriffsregelung auf der Ebene der Planfeststellung/Plangenehmigung bei Verkehrsprojekten Deutsche Einheit. Stand 24.11.1993.
OTTO, I. (2001): Die Flexibilisierung der naturschutzrechtlichen Eingriffsregelung. Häusliche Prüfungsarbeit. Landespflegereferendarin Berlin.
PEITHMANN, O. (1995): Folgerungen aus den neuen Prinzipien der Eingriffsregelung für die Raumplanung. Offene Fragen der Umsetzung im Bebauungs- und Flächennutzungsplan. Naturschutz und Landschaftsplanung 27 (4), 145–150.
PETERS, W., SIEWERT, W., SZARAMOWICZ, M. (2003): Folgenbewältigung von Eingriffen im internationalen Vergleich. Bundesamt für Naturschutz, BfN (Bundesamt für Naturschutz)-Skripten 82. 220 S.
PLACHTER, H. (1990): Indikatorische Methoden zur Bestimmung der Leistungsfähigkeit des Naturhaushalts. Schriftenr. f. Landschaftspflege u. Naturschutz 32, 187–199. Bonn Bad-Godesberg.
Planungsgruppe Ökologie und Umwelt (1995): Richtwerte für Kompensationsmaßnahmen beim Bundesfernstraßenbau – Untersuchung zu den rechtlichen und naturschutzfachlichen Grenzen und Möglichkeiten. Im Auftrag des Bundesministers für Verkehr, Forschungsbericht VU 18003 V 94, Hannover.
Planungsgruppe Ökologie und Umwelt, ERBGUTH, W. (1999): Möglichkeiten der Umsetzung der Eingriffsregelung in der Bauleitplanung. Zusammenwirken von Landschaftsplanung, naturschutzrechtlicher Eingriffsregelung und Bauleitplanung. Bonn-Bad Godesberg, 272 S. (= Angewandte Landschaftsökologie 26).
RASSMUS, J., HERDEN, C., JENSEN, J., RECK, H., SCHÖPS, K. (2003): Methodische Anforderungen an Wirkungsprognosen in der Eingriffsregelung. Ergebnisse aus dem F+E-Vorhaben 898 82 024 des Bundesamtes für Naturschutz. Bonn-Bad Godesberg, 225 + 71 S. (= Angewandte Landschaftsökologie 51).
Rat von Sachverständigen für Umweltfragen (2000): Umweltgutachten 2000 – Schritte ins nächste Jahrtausend. Februar 2000. Nr. 405 und Nr. 411.
RECK, H. (1992): Arten- und Biotopschutz in der Planung. Empfehlungen zum Un-

tersuchungsaufwand und zu Untersuchungsmethoden für die Erfassung von Biodeskriptoren. Naturschutz und Landschaftsplanung 24 (4), 129–135.

RECK, H. (1996): Flächenbewertung für die Belange des Arten- und Biotopschutzes. Veröffentlich. d. Akademie f. Natur- und Umweltschutz Baden-Württemberg 23, 71–112.

RECK, H., RASSMUS, J., KLUMP, G.-M., BÖTTCHER, M., BRÜNING, H., GUTSMIEDL, I., HERDEN, C., LUTZ, K., MEHL, U., PENN-BRESSEL, G., ROWECK, H., TRAUTNER, J., WENDE, W., WINKELMANN, C., ZSCHALICH, A. (2001): Auswirkungen von Lärm und Planungsinstrumente des Naturschutzes. Naturschutz und Landschaftsplanung 33, (5), 145–149.

Regierungspräsidium Darmstadt – Dezernat VI 53.1, Arbeitskreis Landschaftsbildbewertung beim HMdILFN (1998): Zusatzbewertung Landschaftsbild. Verfahren gem. Anlage 1, Ziff. 2.2.1 der Ausgleichsabgabenverordnung (AAV) vom 09. Feb. 1995 als Bestandteil der Eingriffs- und Ausgleichsplanung. Stand 31.05.98 (b). www.rpda.de/dezernate/eingriffsregelung/index.htm

REICHENBACH, M. (2002): Windenergie und Wiesenvögel – wie empfindlich sind die Offenlandbrüter? In: TU Berlin, Institut für Landschafts- und Umweltplanung, Fachgebiet Landschaftsplanung, insbes. Landschaftspflegerische Begleitplanung und Umweltverträglichkeitsprüfung (Hrsg.) (2002): Windenergie und Vögel – Ausmaß und Bewältigung eines Konflikts – Tagungsband. www.tu-berlin.de/~lbp/ : 32–56.

REICHENBACH, M. (2003): Auswirkungen von Windenergieanlagen auf Vögel – Ausmaß und planerische Bewältigung. Dissertation TU Berlin, Fakultät Architektur Umwelt Gesellschaft. Schriftenr. Landschaftsentwicklung und Umweltforschung 123, 211 S.

REXMANN, B., TEUBERT, H., TISCHEW, S. (2001): Erfolgskontrollen – Erfordernisse, methodische Ansätze und Ergebnisse am Beispiel des Neubaus der A 14 zwischen Halle und Magdeburg. In: SCHUBERT, S. (Bearb.) (2001): Nachkontrollen von Ausgleichs- und Ersatzmaßnahmen im Rahmen der naturschutzrechtlichen Eingriffsregelung. BfN (Bundesamt für Naturschutz)-Skripten 44, 71–81.

RIECKEN, U., RIES, U., SSYMANK, A. (1994): Rote Liste der gefährdeten Biotoptypen der Bundesrepublik Deutschland. Schriftenr. f. Landschaftspflege u. Naturschutz 41, Bundesamt für Naturschutz, Bonn-Bad Godesberg.

ROTH, M. (2000): Bewertung des Landschaftsbildes der Gemeinde Hinterhermsdorf, Kreis Sächsische Schweiz, mit ArcView. Diplomarbeit Hochschule für Technik und Wirtschaft Dresden (FH), Fachbereich Landbau/Landespflege.

ROTT, K., DEMUTH, K. (1996): Einbindung und Umsetzung biologischer Fachbeiträge in der landschaftspflegerischen Begleitplanung am Beispiel des Straßenbaus. Gedanken zur Entwicklung eines Leitfadens zur Erarbeitung biologischer Fachbeiträge. Laufener Seminarbeitr. 3/96. Akad. Natursch. Landschaftspfl. (ANL)-Laufen/Salzach, 53–74.

RUNGE, K. (1998): Entwicklungstendenzen der Landschaftsplanung. Vom frühen Naturschutz bis zur ökologisch nachhaltigen Flächennutzung. Berlin, Heidelberg, Springer, 249 S.

SCHERLE, J. (1996): Wirkungen wasserbaulicher Maßnahmen auf die abiotischen Faktoren. In: Deutscher Verband für Wasserwirtschaft und Kulturbau e.v. (DVWK, Hrsg.): Wirkungen wasserbaulicher Maßnahmen auf abiotische und biotische Faktoren. Arbeitsmaterialien zur ökologischen Wirkungsanalyse. DVWK-Materialien 1/1996, Teil I, 1–154.

SCHERNER, E. R. (1994): Realität oder Realsatire der Bewertung von Organismen und Flächen. In: Biologische Beiträge und Bewertung von Umweltverträglichkeitsprüfung und Landschaftsplanung. NNA-Berichte 7 (1), 50–67.

SCHLUMPRECHT, H. (2002): Übersicht über planungsrelevante Tiergruppen. In: PLACHTER, H., BERNOTAT, D., MÜSSNER, R., RIECKEN, U. (2002): Entwicklung und Festlegung von Methodenstandards im Naturschutz. Bundesamt für Naturschutz, Schriftenr. für Landschaftspflege u. Naturschutz H. 70, 445–525.

SCHMIDT, M., REXMANN, B., TISCHEW, S., TEUBERT, H. (2004): Kompensationsdefizite bei Straßenbauvorhaben und Schlussfolgerungen für die Eingriffsregelung. Ursachen und Konsequenzen für die Praxis – Ergebnisse eines F+E-Projekts. Naturschutz und Landschaftsplanung 36, (1), 5–13.

SCHÖFER, J. (2002): Renaturierung der Nutheniederung südlich von Drewitz. Ersatzmaßnahme zum B-Plan Nr. 41 Medienstadt (Stadt Potsdam). Projektbeschreibung, Euromedien Babelsberg GmbH.

SCHÖPS, A. (2003) : Flächenpool Mittlere Havel. In: BÖHME, C., BUNZEL, A., DEIWICK, B., HERBERG, A., KÖPPEL, J. (Hrsg.) (2003): Statuskonferenz Flächen- und Maßnahmenpools: 131–137. TU Berlin. 268 S. http://www.tu-berlin.de/~lbp/dbu/dbutd.htm

SCHREINER, J. (1994): Die Flächenbewertung im Naturschutz auf der Basis von Bestandsaufnahmen von Pflanzen und Tieren und ihrer Lebensräume. In: NNA-Berichte (7), H. 1: Biologische Beiträge und Bewertung in Umweltverträglichkeitsprüfung und Landschaftsplanung: 90–105.

SCHUBERT, S. (Bearb.) (2001): Nachkontrollen von Ausgleichs- und Ersatzmaßnahmen im Rahmen der naturschutzrechtlichen Eingriffsregelung. BfN (Bundesamt für Naturschutz)-Skripten 44. 121 S.

SCHUCHARDT, B., GRANN, H. (1999): Prognose und Kontrolle von Eingriffswirkungen am Beispiel der Verlegung einer Gasfernleitung durch den Nationalpark Niedersächsisches Wattenmeer. In: BfG (Bundesanstalt für Gewässerkunde, Hrsg.) (1999): Erfolgskontrollen an Bundeswasserstraßen. Beweissicherung für Eingriffsbeurteilung und Kompensationsmaßnahmen. Beiträge zum Kolloquium am 18.11.1997 in Koblenz. BfG-Mitteilung Nr. 18, 18–24

SCHÜRER, S. (2002): Das Schutzgut Boden in der Eingriffsregelung – Bodenbezogene Ausgleichs- und Ersatzmaßnahmen. Verhandl. Ges. f. Ökologie, Bd. 32, 441.

SCHWAB, U., ENGELHARDT, J., BURSCH, P. (2002): Begrünungen mit autochthonem Saatgut. Ergebnisse mit dem Heudrusch-Verfahren auf Ausgleichsflächen. In: Naturschutz und Landschaftsplanung, 34, (11), 346–351.

SCHWEPPE-KRAFT, B. (1994): Naturschutzfachliche Anforderungen an die Eingriffs-Ausgleichs-Bilanzierung. Teil I: Unsicherheiten bei der Bestimmung von Ausgleich und Ersatz. Naturschutz und Landschaftsplanung 26 (1), 5–12.

SCHWEPPE-KRAFT, B. (1998a): Monetäre Bewertung von Biotopen und ihre Anwendung bei Eingriffen in Natur und Landschaft. Bundesamt für Naturschutz, Schriftenr. Angewandte Landschaftsökologie, H. 24, Münster-Hiltrup: Landwirtschaftsverlag. 312 S. + XVI.

SCHWEPPE-KRAFT, B. (1998b): Ausgleichsabgaben. In: KÖPPEL, J., FEICKERT, U., STRASSER,

H., Spandau, L. (1998): Praxis der Eingriffsregelung. Schadenersatz an Natur und Landschaft. Ulmer, Stuttgart, 222–255.

Schwoon, G. (1996): Sicherung, Pflege und Kontrolle von Kompensationsmaßnahmen am Beispiel von Straßenbauvorhaben des Bundes und des Landes Niedersachsen. Diplomarbeit am Institut für Landschaftspflege und Naturschutz der Universität Hannover.

Seiler, B. (2003) : Landkreis Altenburger Land. In: Böhme, C., Bunzel, A., Deiwick, B., Herberg, A., Köppel, J. (Hrsg.) (2003): Statuskonferenz Flächen- und Maßnahmenpools: 112–120. TU Berlin. 268 S. http://www.tu-berlin.de/~lbp/dbu/dbutd.htm

Steffen, A. (2000): Flexibilisierungsansätze in der Eingriffsregelung am Beispiel Brandenburgs. In: AK Eingriffsregelung und UVP (2000), 4–16.

Tischew, S., Rexmann, B., Schmidt, M., Teubert, H. (2000): „Effizienzkontrolle bei Ausgleichs- und Ersatzmaßnahmen am Beispiel des Neubaus der A 14 zwischen Halle und Magdeburg". Zwischenbericht 2000 eines Forschungsprojektes an der Hochschule Anhalt (FH), Bernburg (unveröffentlicht).

Tischew, S., Rexmann, B., Schmidt, M., Teubert, H., Grauper, S., Heymann, T. (2002): „Langfristige Wirksamkeiten von Kompensationsmaßnahmen bei Straßenbauprojekten". Endbericht eines FE-Vorhabens im Auftrag des Bundesministeriums für Verkehr (FE-Nr. 02.192/1999/LGB). Hellriegel Institut e. V. an der Hochschule Anhalt (FH), Bernburg. 511 S.

Tränkle, U. (2000): Sieben Jahre Mähgutflächen. Schriftenreihe des ISTE (Industrieverband Steine und Erden e. V. Baden-Württemberg). 56 S.

Trautner, J. (Hrsg.) (1992): Arten- und Biotopschutz in der Planung. Methodische Standards zur Erfassung von Tierartengruppen. BVDL-Tagung Bad Wurzach, 9. bis 10. November 1991. Weikersheim: Margraf.

Usher, M.B., Erz, W. (1994): Erfassen und Bewerten im Naturschutz. Heidelberg, Wiesbaden: Quelle & Meyer. 340 S.

VdBiol (Verband Deutscher Biologen e.V., Fachsektion Freiberufliche Biologen) (1995): Anbieterverzeichnis Biologie und Umwelt. Leitfaden zur Abrechnung biologischer Leistungen.

VHÖ (Vereinigung Hessischer Ökologen und Ökologinnen e.V.) (1996): Leitfaden ökologsiche Leistungen für umweltrelevante Gutachten und Planungen. Selbstverlag.

Vogel, K., Vogel, B., Rothhaupt, G., Gottschalk, E. (1996): Einsatz von Zielarten im Naturschutz. Naturschutz und Landschaftsplanung 28 (6), 179–184.

VUBD (Vereinigung umweltwissenschaftlicher Verbände Deutschlands) (1999): Handbuch landschaftsökologischer Leistungen. Empfehlungen zur aufwandsbezogenen Honorarermittlung. 3. Aufl., Selbstverlag VUBD. Nürnberg.

Weiss, J. (1996): Landesweite Effizienzkontrollen in Naturschutz und Landschaftspflege. In: LÖBF-Mitteilungen, H. 2, 11–16.

Wernick, M. (1996): Erfolgskontrolle zu Ausgleich und Ersatz nach § 8 BNatSchG bei Straßenbauvorhaben. Schriftenreihe des Institutes für Landschaftspflege und Naturschutz, Arbeitsmaterialien 33.

Wiegleb, G., Bernotat, D., Gruehn, D., Riecken, U., Vorwald, J. (2002): Gelbdruck „Biotope und Biotoptypen". In: Plachter, H., Bernotat, D., Müssner, R., Riecken, U. (2002): Entwicklung und Festlegung von Methodenstandards im Naturschutz.

Bundesamt für Naturschutz, Schriftenr. für Landschaftspflege u. Naturschutz H. 70, 281–328.

WILKE, R. (2000): Entwicklung und Umsetzung der Ausgleichspool-Konzeption. Stadt und Grün 49 (12):849–856.

WILKE, T. (2001): Naturschutzfachliche Anforderungen an die Bevorratung von Flächen und Maßnahmen im Rahmen der Eingriffsregelung. UVP-Report 15 (1), S. 5–8.

WOLF, R. (2001): Zur Flexibilisierung des Kompensationsinstrumentariums der naturschutzrechtlichen Eingriffsregelung. Natur und Recht 23 (9), 481–491.

WULF, A. J. (2001): Die Eignung landschaftsökologischer Bewertungskriterien für die raumbezogene Umweltplanung. Libri Books on Demand, 560 S. zugl. Dissertation Christian-Albrechts-Universität Kiel, Agrar- und Ernährungswissenschaftliche Fakultät (2000).

3 環境親和性検査

　環境親和性検査は，必ずしもドイツが生み出したものとは言えない．その根はアメリカ合州国にあり，ドイツに対する法的基礎の実現は欧州連合［EU］の主導にある．これは，この間に，世界中の多くの国に広がったが，その形作りは各国で非常に異なったものとなっていった．

3.1 環境親和性検査の構造への導入

　環境親和性検査の個別の段階について詳細に述べていく前に，まず，この計画手法の構造的基礎を説明する必要がある．

3.1.1 発生史

　1970年に国家環境政策法 [National Environmental Policy Act]（NEPA）が，アメリカ合州国での環境親和性検査の基礎として制定され，それに続く何年かの間に環境影響アセスメント [Environmental Impact Assesment]（EIA）が導入された（Runge 1998年も参照；Peters 1996）．この法的斬新性は60年代にアメリカ合州国で起こってきた運動から大きな影響を受けたが，その根本的な特徴をRunge（1998）は，**環境概念における人間-自然-統合**および**技術批判**，**公衆統合**だと述べている．当時，DDTの例によって，環境問題を狭い範囲に限定して捉えることが，多くの場合，充分でないことが明確に示された．この国家環境政策法は，多くの媒体-部門にまたがる手法的基礎を重視して，この認識の現実転換を追求した（今日でもなお，ドイツの環境親和性検査-法規では，相互作用 [Wechselwirkungen] という概念にそれが反映されている）．同国では70年代の初頭に，これ以外に，技術の結果の評価の制度化が行われ，ある法律によって公衆の情報権が拡大された．

　同じ時期，つまり70年代の初期に，旧西ドイツでも環境問題の議論が始まった．アメリカ合州国と全く同様に，この新しい政治分野におけるテーマは，市民運動に

よって強く影響を受けているものの，環境親和性検査の法的導入は，当時の連邦政府の主導で進められた（RUNGE 1998 年参照）．1971 年のドイツ社会民主党とドイツ自由党の連立政権の「第 1 次環境プログラム」は合州国での発展の影響のもとで出された．これは**予防・原因者・共働原理**[Vorsorge-, Verursacher- und Kooperationsprinzip] を，環境政策の本質的な原則として，定式化した．これ以外に，環境親和性検査に向けての連邦・州作業部会が設けられた．1973 年に，連邦政府は環境親和性検査についての法案を提示したが，財界と諸州の大きな反対によって，それ以上には審議されなかった．1975 年に制定された行政内部の"連邦の公共事業の環境親和性の検査についての要綱"も大きな意味を得られなかった（CUPEI 1994；RUNGE 1998；SCHOENEBERG 1993；ERBGUT & SCHINK 1996）．ドイツにおける環境親和性検査導入の本来の契機は欧州共同体（EG［英 EC］）によって与えられた．1972 年に作成された欧州共同体の環境政策の一般原則では，すでに，すべての部門計画-決定プロセスにおいて環境への影響を可能な限り考慮することが必要だと明文化している．1976 年の EG 行動プログラムによって，環境親和性検査について国家を越える規則を設けよとする考え方が広がり，これにドイツの環境親和性検査導入の活動が合わせられた．1978 年には，環境親和性検査に向けての EG 指令の第 1 次案が公表され，多数の合意を得た後，1980 年に改定指令案として欧州閣僚会議に提出された．しかしながら，これは構成国の抵抗で，頓挫した．やっと 1985 年になって，「特定の公共と民間のプロジェクトの際の環境親和性検査に関する指令」に関して意見一致が得られた．この最終的な妥協として制定された指令は，最初の草案に対して，要求の面では大幅に後退した．しかし，"予防原理の具体化についてのプロジェクトに関わる手続"として環境親和性検査を理解するという基本的考え方は，保持された（SCHOENEBERG 1993）．

早期の EU の活動とは反対に，ドイツでは 1988 年になってやっと 1985 年の EG-環境親和性検査-指令［85/337/EWG］の国内法化の法案が公表された．3 年以内という期限内でなかったが，1990 年の初期に最終的に環境親和性検査法および他の多数の法律の改定によって，指令の内容が受け入れられた．しかし，この環境親和性検査法が環境親和性検査実践の唯一の開始だとは言えない．EU の第 1 次環境親和性検査-指令案以来，ドイツの数多くの自治体は独立して，自らの自治体計画高権によって，環境親和性検査規則を作成したが，それらの多くは内容的に建設誘導計画に関連づけられていた．これらの「自治体による」あるいは「自発的」と形容された環境親和性検査（区別については SCHOLLES & KANNIG 1999 を参照）は，部分的に，今日もまだ存在しており，この間に導入された連邦法的および州法的な規則を超えるものもある．しかしながら，環境親和性検査の実際の適用が行われた当初の

何年かの後，そして特に両ドイツの統一の過程で，それまで高かった環境親和性検査の評価が下がっていった（RUNGE 1998）．行政簡易化と投資障害なるものの除去の目標をもって導入された，いわゆる迅速化法 [1991 年] によって，[連邦道路などの建設に際して，国土計画手続などの一部で市民参加を適用しないなどの内容をもつ] この環境計画手法の適用地域が，最初は旧東独部の新諸州に限っていたが，最終的に連邦全域に対して拡大された（ERBGUTH & SCHINK 1996 を参照）．もっとも，いくつかの経験調査によって，計画の遅延，およびそれによる投資の遅れをきたすと恐れられていた環境親和性検査の影響は起こらなかったことが明らかにされている（STEINBERG et al. 1991 あるいは GEBERS et al. 1996, WENDE 2001 も参照）．実践側からは，環境親和性検査法の導入後すぐに，大幅な解釈支援が求められ，1995 年 9 月に環境親和性検査-行政規則（UVPVwV）が制定されることとなった．それにもかかわらず，環境親和性検査の発展はまだ終わらなかった．1997 年に，それまでの環境親和性検査-指令の改定が EU によって行われ，2001 年夏にドイツでも環境親和性検査法の改定によってそれが考慮された（BUNGE 2000 も参照）．更に EU は計画とプログラムのためにも環境親和性検査を導入することを追求した（いわゆる戦略的環境検査 [Strategische Umweltprüfung]/SUP）．これについて対応する指令（2001/42/EG）は，2001 年 6 月 27 日に欧州共同体の官報で公表され，3 年以内に－つまり，遅くとも 2004 年 7 月までに－国内法に転換すべきことになる [ドイツでは 2004 年には国土計画法，建設法典などに，2005 年には環境親和性検査法に転換している；第 4 章参照]．表-3.1 は，異なる立法側の活動を選択し，それを時系列的に概観している．ドイツ法へ戦略的環境検査を統合させた第 1 次法案では，立法家が追求している目標方向が，すでに認識できる．この章において，戦略的環境検査の法的転換についての指摘が必要になってくる箇所では，これらを詳細に扱う．もっとも，この認知は，まだ，法制定過程で更に改定があることが予測できるということを留保してのものである．それでも，本書では最新の発展も，少なくとも基本線で示すことに努めたい．

　時系列的概観では，この間に多数の利益団体が国際的のみならず国内的レベルでも存在し，環境予防，そして特に計画手法の発展に力を注いでいることも述べる必要がある．多くの団体が，長期にわたる計画システムである環境親和性検査の成立過程を見守ってきた．これについて国際レベルでは影響評価国際協会 [International Association for Impact Assessment]（IAIA）を挙げるべきであろう．国内レベルでは，環境親和性検査協会 [UVP-Gesellschaft] とその各州のグループが，これを促進する課題を担った．この協会は自然・環境保護の他の視点に加えて環境親和性検査の利益代表としても自認している，これ以外の利益・職能団体には，BBN（職業的自

表-3.1 環境親和性検査に関する連邦と州，EU の活動（選択; BECHMANN 1998 を変更，追加）

1980	環境親和性検査についての EG 指令の第 1 次案の提出
1983	1983 年 11 月 25 日のドイツ連邦議会での，環境親和性検査の導入と EG 指令の"適切な国内法転換"についての全会一意決議（主旨説明，無署名）
1985	[欧州閣僚会議の] 特定の公共と民間のプロジェクトの際の環境親和性検査に関する 1985 年 6 月 27 日の指令の制定（EWG/85/337）
1988	環境親和性検査についての EG 指令の国内法転換に向けての連邦環境省の顧問草案の提示 環境親和性検査法案に対する連邦参議院の見解表明
1989	1989 年 7 月 11 日の連邦国土計画法の変更に関する法律
1990	鉱業的事業の環境親和性検査に関する政令（鉱業環境親和性検査令） 1990 年 8 月 1 日に環境親和性検査法が発効 EG 委員会による環境親和性検査-EG 指令 85/337 の改定の提案（改定案） 1990 年 12 月 13 日の国土計画令（RoV）
1991	1991 年 12 月 12 日のバーデン-ヴュルテンベルク州の環境親和性検査の州法 1991 年 12 月 16 日の道路計画迅速化法
1992	1992 年 4 月 29 日のノルトラーン-ヴェストファーレン州の環境親和性検査の州法 1992 年 5 月 29 日の連邦環境侵害防止法の第 9 次施行令（9.BImSchV） 1992 年 7 月 21 日のベルリン環境親和性検査の州法
1993	1993 年 12 月 17 日の道路に対する計画手続の簡易化に向けての法律（PlVereinfG）
1994	1994 年 11 月 11 日の原子力法の手続令に向けての政令 1994 年 9 月 30 日の環境親和性検査に関する法律の実施に向けての一般的行政規則に関する政府案
1995	1995 年 9 月 18 日の環境親和性検査法の実施に向けての一般的行政規則（環境親和性検査-行政規則）
1997	1997 年 3 月 14 日の環境親和性検査に関する指令の改定についての指令 97/11/EG
1998	1998 年 10 月 22 日の欧州裁判所の判決（Rs.C-301/95） 契約違反－指令 85/337/EWG の秩序にかなった国内法転換の不履行
2000	2000 年 1 月 31 日の環境親和性検査改定指令および IVU 指令，環境保護に向けての更な EG 指令の国内法化についての法律の第 1 次法案
2001	2001 年 6 月 27 日の特定の計画とプログラムの環境影響の検査についての欧州議会と評議会の指令 2001/42/EG の制定
2001	2001 年 9 月 5 日の環境親和性検査についての法律の改定
2002/2003	環境親和性検査の州法の改定および新規制定
2005	環境親和性検査法への戦略的環境検査要求の統合による戦略的環境検査基幹法の実現 [2005 年 6 月 24 日改定]

然保護連邦連盟 [Bundesverband Beruflicher Naturschutz]）とドイツ-ランドスケープ建築家連盟 [Bund Deutscher Landscahftsarchitekten]（BDLA），そして最後に認定された諸々の自然・環境保護団体がある．

3.1.2 環境親和性検査の目的と目標

環境親和性検査は，特に，**環境予防原理**の具体化に向けての手法である．可能な

限り早い時期に環境結果が予測され，関連する決定の中で考慮されなければならない．環境親和性検査は事業の妥当性に関する**決定準備**のこの過程を構造化し，システム化し，厳密化する（MUNR 1995；BUNGE 1988ff.）．その際には，検討は**部門・媒体包括的な**ものでなければならず，環境親和性検査は可能な限り統合的であり影響と結びつけた手法として採用する必要がある．アメリカの概念である環境影響アセスメント [Environmental Impact Assessment] は，つまるところ，環境親和性検査のこの目的を非常にうまく明確にしているが，これに対して，環境親和性検査というドイツで一般的な用語は「適切に検査され許可された事業は環境親和的である」との認証を得ているかのような暗示を与える．しかし，環境親和性検査の目標は，事業に関する決定の際に，環境側面を適切に，規則化された手続に従って位置づけることに尽きる．法律に従えば，環境結果は官庁の**決定**において考慮しなければならない．環境親和性検査は，その場合，事業の阻止のための手段ではなく，むしろ，その環境影響の阻止あるいは低減化に向けてのものである；つまり**事業最適化**に向けての手段である（JESSEL & TOBIAS 2002）．更に重要な環境親和性検査の機能は，事業実施者にエコロジー的自己コントロールを義務づけ，最終的に，事業の受け入れ促進にも役立つことにある．BECKMANN & HARTLIK（1998）によって，環境親和性検査の設定目標を，もう一度，概観すれば，以下のようになる：

- 重要な環境領域に対して，予定事業がもたらす，甚大な結果の早期認識；
- 予定事業についての，低い環境影響効果をもち，充分に効果的な選択肢案の追求；
- 諸々の環境領域の間の相互作用の考慮；
- 個々の媒体を超えた視点による，環境結果の統合的なとりまとめ；
- 環境予防と専門的法的な基準に照らした事業の結果の判定；
- 見解表明と公聴による，潜在的関係者と公衆の参加；
- 環境利益をまとめることによる，他の利益（例えば，経済的な）とともに行われる比較衡量決定の準備．

3.1.3　ヨーロッパ連合における環境親和性検査の法的基礎

ヨーロッパレベルでの法制定は，多くの場合，指令を通じて行われる．EU における環境親和性検査の基礎は，**特定の公共と民間のプロジェクトの場合の環境親和性検査に関する指令**（85/337/EWG）である．これは 1985 年来，構成国の環境親和性検査の内容構成に対する枠組となり，1997 年 3 月には更に別の指令（97/11/EG）によって，変更や大幅な拡大が行われている．2003 年には更に変更されている．この環境親和性検査指令についての一般的**理由づけ**の中で，環境と生活質の保護に向けての EU の目標と，環境保護に対する共同体の行動プログラムを指示しているが，

これらにおいては，回避原理と環境側面の考慮の早期性が強調されている．これ以外にEUは，環境保護においても，構成国における様々な法令による不均衡な競争条件を調和させるという目標を追求している．しかしながら，指令の**本質的な関心**は，環境に甚大な影響を与えると考えられる公共と民間のプロジェクトに，適切な検査を行うことである．このことを構成国は適切な手続で保障することが必要である．各国がどのようにこれを国内法化するか，つまり，既存の許可・認可手続をそれに適応させるか，あるいは新しい手続を導入するかどうかは各国に委ねられている．**検査すべきプロジェクト**は，指令とその付録で述べられている．その場合には，「原則的に検査すべきプロジェクト」，および，「構成国が検査が必要か，あるいはどのような条件のもとで検査すべきかを決定すべきプロジェクト」という区分けが行われている．構成国は，条件を明確に定めた上で，個々のプロジェクトを検査義務から外すこともできる（しかし，同一のプロジェクト等級のものすべてを対象にはできない）．更に指令は，プロジェクトと環境について，指令で求められている特定の情報を，適切な形で提出することを事業実施者に義務づけられなければならないと定めている．プロジェクトによって関わりがでてくる**官庁**は，見解表明の可能性が与えられる必要がある．**公衆**には，事業実施者の環境情報も含む許可申請書類が閲覧でき，許可の前に意見を出す機会が認められなければならない．これ以外に，指令は，**越境的**影響を及ぼすプロジェクトの場合の進め方を定めている．事業の決定に際しては検査の結果を考慮する必要がある．官庁および公衆，他国の参加者には，最終的に，理由も含む決定を自由に知ることができるようにする必要がある．これ以外の規則には，指令の適用についての構成国の情報交換が含められ，欧州委員会に対する報告義務が定められている．

3.1.4　ドイツにおける環境親和性検査の法的基礎

ドイツの環境親和性検査-法規の中核部分は環境親和性検査法，つまり**環境親和性検査についての法律**[Gestz über die Umweltverträglichkeitsprüfung; 現在の条項の構成などは305頁表-4.4を参照]である．加えて，環境親和性検査-法規は，様々な**専門的法律**と**州法**，**法律の下位規則**という形の諸規則によって構成されている．専門的法律の例としては，水収支法[Wasserhaushaltsgesetz]あるいは連邦環境侵害防止法[Bundes-Immissionsschutzgesetz]，連邦遠隔道路法[Bundesfernstraßengestz]がある．

3.1.4.1　環境親和性検査に関する一般的な法的基礎

環境親和性検査手続は独立したものでなく，既存の手続に統合されるので，環境親和性検査-法規も多かれ少なかれ既存の専門的法律に統合されている．ドイツの法

律的規範に EU 指令を適合させることは，したがって，独自の環境親和性検査法を設けることだけでなく，例えば連邦原子力法あるいは連邦水路法のような**これ以外の多数の法律の改定**も含んでいる．以上をもってしても，ドイツでの環境親和性検査の法的規範を完全に挙げたことにはならない．国内法転換は，これ以外にも，連邦全域に，以下のような規則，例えば，1989 年に部分的に EU 指令の要求を考慮している連邦の国土計画法（ROG），あるいは「鉱業的事業の環境親和性検査に関する政令」（UVP-V/Bergbau）をもつ連邦鉱山法（BBergG），建設法典（BanGB）がある．1995 年に，環境親和性検査についての法律の施行に関する一般的行政規則（環境親和性検査-行政規則）がこれに加わった．いくつかの**連邦州**では，これ以外に，独自の州環境親和性検査法（全 16 州のうち，バーデン-ヴュルテンベルク，バイエルン，ベルリン，ブランデンブルク，ブレーメン，ハンブルク，メックレンブルク-フォアポンメルン，ニーダーザクセン，ノルトライン-ヴェストファーレン，ザールラント，ザクセン-アンハルト，シュレスヴィッヒ-ホルシュタインの 12 州），および，例えばブランデンブルク州道路法のような専門法としての州規則，あるいはハンブルク州（市）で適用されている「環境親和性検査に関する法律の施行について

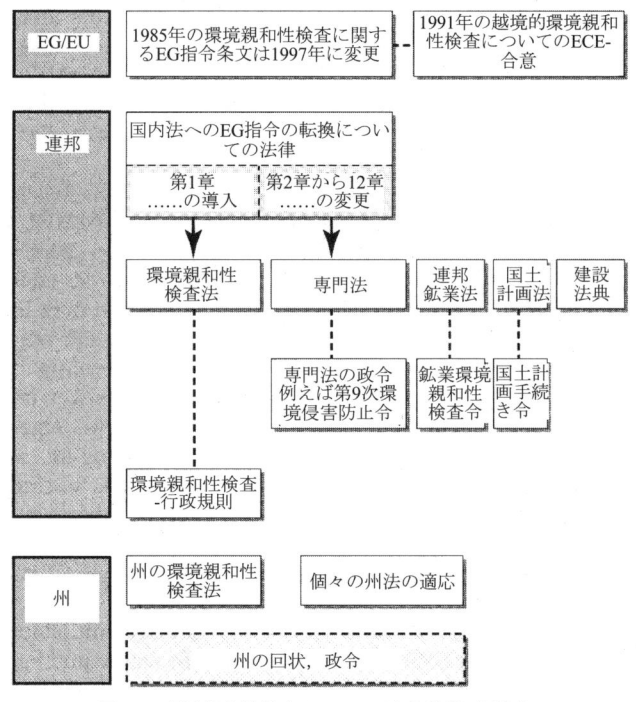

図-3.1 環境親和性検査 (UVP) の法的基礎（選択）

の命令」に類似する施行令が適用されている．環境親和性検査の法令を，一部，選んだものを図-3.1 で示している．

3.1.4.2 環境親和性検査の実施についての法的な規則

環境親和性検査手続の流れは，環境親和性検査法の指示に非常に厳格に従っている．まず**第 3 条**「適用範囲」によって，環境親和性検査法の**適用範囲**が説明される．ここではすべての環境親和性検査義務のある事業リストが法律の付録の形で示される．そして，それぞれの計画事例に対して，事業実施者により，どのような資料と環境情報が作成される必要があるかが決められる．これに関して，官庁は，いわゆるスコーピングの形で事業実施者に教示する（環境親和性検査法**第 5 条**「提出が予想される資料に関する教示」）．環境親和性検査法は，更に，事業実施者の申請資料の種類と内容について指示を与えている（環境親和性検査法**第 6 条**「事業実施者の資料」）．これによって最終的に環境親和性調査の基本構成も定められる．これに続く条項は，事業実施者が担当官庁に環境親和性調査とともに申請を提出した後の，官庁・公衆参加についての規則を扱っている（環境親和性検査法**第 7 条から 9b 条**）．**第 10 条**「守秘とデータ保護」では，データ保護についての要求を含んでいる．次の 2 つの条項は，環境親和性検査-手続での認可官庁の課題を述べている．つまり，環境親和性検査法**第 11 条**「環境影響の総括表示」は，官庁が，環境親和性調査のみならず，最終的に環境影響が評価される（環境親和性検査法**第 12 条**「環境影響の評価と決定の際の結果の考慮」）前に，他の官庁の見解および公衆から出された懸念からのすべての情報を，もう一度，とりまとめることを求めている．以上のことは，環境親和性検査-手続の流れと内容について環境親和性検査法の中心的規則である．更に，この法律は，事業の事前通知，最初の部分許可あるいは部分認可が得られる特例について（環境親和性検査法**第 13 条**「前通知と部分許可」），あるいは官庁の権限の明確化について（環境親和性検査法**第 14 条**「いくつかの官庁による事業の認可」）の条項を含んでいる．環境親和性検査法**第 15 条**「空路および飛行場の許可」から **19 条**「耕地整理手続」までは，特定の事業タイプあるいは手続についての特殊な内容が扱われている（飛行場，国土計画手続，地区詳細計画図，鉱業法規的手続，耕地整理手続）．この間に，戦略的環境検査の統合についての法案が出されている．これによると，独自の戦略的環境検査法が設けられるのではなく，既存の環境親和性検査法の新しい構成が追求されていると予想される．この法案に即して，環境親和性検査法第 14 条の後に **14a–14n の条項**が新しく設けられるはずである．これによって，戦略的環境検査-指令のすべての重要な提示内容が国内法化されるはずである．[実際には第 14a 条から 14o 条となった：305 頁表-4.4 参照]

環境親和性検査法および行政規則と並んで，これらと同様に，環境親和性検査の

実施に際して適用すべき規則が多数存在する．環境親和性検査法第4条は，多くの並行的規則があるとき，何に注意しなければならないかを明確にしている："連邦あるいは州の法的規則が環境親和性の検査を更に詳細には定めていない，あるいはその要請において当法に適合しない場合には，当法（環境親和性検査法）が適用される．これを更に超える要請は妨げられない．"つまり，最初に特殊な法律があるのか，そして環境親和性検査法にある要請よりもその法律が更に踏み込んだ規定をしているのかを調べなければならない．このことが該当しない場合には，他の法律－例えば，路線位置決定手続での公衆参加の場合の道路計画迅速化法－には，環境親和性検査法の要請が優先され，環境親和性検査法の規則が主に適用されることになる（BUNGE 1988 ff）．これは**相補原理**[Subsidiaritätsprinzip] といわれている（しかしながら，ここでは，戦略的環境検査規則の導入によって，可能性として，環境親和性検査法第4条の内容の第3条への移行があることに注意する必要がある [実際には第4条「UVPの際の他の法的規則の優先」として，第4条に残された]）．

1995年に導入された環境親和性検査-行政規則は，残念ながら全体的に具体的に乏しい．非常に期待されていたような環境親和性検査のハンドブックではなく，法的要請を更に具体化していく上では，まだ初歩の段階でしか役に立っていない（EBERHARDT & VERSTEEGEN 1992 参照）．例えば詳細な記述もいくつかの保護財と事業タイプについてしか行われていない．最初に**一般部**で環境親和性検査法の解説が行われ，更に，その適用範囲，および並行的，段階的な手続の条件について，最も重要な環境影響について，そしてスコーピングのやり方について述べている．これに加えて，行政の側での総括表示と評価のための原則が示されている．その後の第1章で**特定の事業タイプのために**注意すべき**規則**が記述されている．環境親和性検査-行政規則の付録では，影響の判定に参照できるいくつかの**指針値**が挙げられている．2001年の環境親和性検査法の改定法を根拠に，やがて，環境親和性検査-行政規則も個々の事例の環境親和性検査義務の前審査について新しい指示を付け加えなければならないことになる．

環境親和性検査の実践では，専門法の基準に従って進めていく必要もある．**専門法**としては，例えば，連邦遠隔道路法，連邦鉱業法，連邦環境侵害防止法，その他，ここでは述べる必要のない多数の法律がある．個々の場合に，どの法律が重要かは，第一に，事業タイプのいかんによる．例えば，発電所の新設の計画－つまり，環境負荷を起こす施設－が問題となる場合，それを扱う連邦汚染防止法を適用するが，可能性として水法規（冷却水）も関係する場合もある．専門法では，特に，どのような種類の手続を実施しなければならないかが定められており－それらの中では環境親和性検査も行われる．例えば，国土計画手続，計画確定手続，あるいは許可手

続があるが，これらは全体的に環境親和性検査-事業実施者手続と言われている．加えて，行政の権利と義務，そして公衆のための参加規則あるいは手続の流れも定められている，連邦あるいは関係州の**行政手続法**も該当する．具体的な事業が環境親和性検査を必要とするかどうかが問題となる場合，あるいは環境親和性検査の実施について問題がある場合には，**州法的規則**に注意する必要があるかも知れない．これらは，部分的に，環境親和性検査に対する連邦法的要請を超えることもある．例えば，ヘッセン州では高層建物の建設についての環境親和性検査の場合は，様々な選択肢案を検査しなければならない（事業実施者によって調査されたものだけでなく）．Storm & Bunge（1988ff）の環境親和性検査ハンドブックでは，州の法律が収録されている．

法律レベルの下位には，環境親和性検査の実施についての多数の規則があるが，多くは（道路建設のような）特定の事業タイプに結びついたものである．ここでは，例えば，適性矛盾の少ない経路の把握について，あるいは，道路変種案の探求の際に，まさに具体的な支援策が見いだせる．国際的な脈絡においては，協約あるいは双務的協定も，環境親和性検査の実施を定めている．ここでの例として，例えば，越境的な環境親和性検査に関する協定（エスポー協約とも言われるECE協定；環境保護における協力に関するドイツ-ポーランド協定も参照）がある．

以下のような，その他の規則も守らなければならない：

- 要綱としては，例えば，連邦遠隔道路法による計画確定に対する要綱（道路計画における一般的回状 30/2001：道路計画，その他における環境親和性検査の注意書き）がある．
- 告示および政令では，例えば道路騒音防止令（第16次連邦環境侵害防止令）がある．
- 規格では，例えばDIN [ドイツ規格協会規格] 18005「騒音防止と都市建設」がある．
- 行政規則あるいは技術指針では，例えば大気清浄保全の技術指針（TA大気，あるいは，2002年から効力のある大気中の有害物質のための汚染値に関する政令）がある．

法的あるいはその他の拘束的規則と並んで，当然，多数の環境親和性検査の実施に際して参考にできる文献が更にある．これには多くの研究所が発行している手引き書および，課題別冊子，作業参考書，地域関連の図面，鑑定書，非常に多くの環境親和性検査専門書が挙げられる．大事なこととして，HOAI（建築家および技術者のための報酬規則 [Honorarordnung für Architekten und Ingenieure]）が，環境親和性調査書の作成に大きな役割を果たしている．環境親和性調査は，同規則の第48条「環境親和性検査の場合の業務に対する報酬区分」の中で触れられている．

3.1.5 事業実施者手続

　EU 指令の要請は，環境親和性検査に対して適切な手続を定めることであった．ドイツでは，環境親和性検査が，**既存の部門別計画手続**の中に**非独立部分として**統合されることで，それに大幅に応えている．環境親和性検査手続は，一定，背負い原理で機能している：環境親和性検査法に基づく手続の進行は，これらの手続の中に組み込まれている (Schoeneberg 1993)．例えば，水収支法規によって洪水防止堤防の建設が計画確定義務があると決定され，そして環境親和性検査法がこれに対して環境親和性検査義務を定めるとき，環境検査手続を統合する必要がある (水収支法 [Wasserhaushaltsgesetz] 第 31 条 2 項と 3 項を参照)．多くの場合には，環境親和性検査は**計画確定手続**の枠内で進められるが，許可手続あるいは早期の国土計画手続の中でも，いつも適用されている．その都度の事業実施者手続は，専門法で定められている．例えば，計画確定手続の一般的な手続の流れは，行政手続法によって定められている (連邦の VwVfG[行政手続法] 第 72 条から；ほぼ同様の重要性を持つのは州の行政手続法である)．環境親和性検査で個々に重要となる可能性のあるものは，環境親和性検査法の第 2 条「概念規定」も明らかにしている．これには，承認および認可，許可，計画確定決議があり，更に，届出手続を例外とする，事業の認可に関する行政手続の「その他の官庁決定」が挙げられる．更に，路線決定および国土計画手続のような早期手続が重要である．特定の事業のための地区詳細計画図の作成あるいは変更，補完が (あるいは計画確定を代替する地区詳細計画図も) 同様にこれに加えられる．計画確定を代替する地区詳細計画図は特例である：例えば，道路建設事業が地区詳細計画図によって許可される場合がある．その際には，地区詳細計画図手続は，そうでない場合に一般的な連邦遠隔道路法による計画確定手続の代わりの，事業実施者手続となる (FStrG 第 17 条 3 項)．この可能性は，環境親和性検査法第 2 条 3 項 3 号からも出てくる．環境親和性検査に対する独立手続がないのと同様に，例えば，ドイツでの導入時期に議論されたような，環境親和性検査の質をコントロールする環境親和性検査官庁あるいは類似の機関も存在しない (Mäding 1990 参照)．環境親和性検査が統合されている全体手続は，むしろその時々の**分野別担当官庁**が行う．いくつかの担当官庁が関わる場合には，そのうちの 1 官庁が主導する者として決められなければならない (環境親和性検査法第 14 条「いくつかの官庁による事業の認可」の第 1 項)．

3.1.6 建設誘導計画における環境親和性検査

　地区詳細計画図の作成についての事業実施者手続の形で，特定の場合には，同様に環境親和性検査を実施しなければならない．このことは，中でも，余暇村またはホ

テル複合施設に対して，および，キャンプ場，余暇パーク，駐車場，工業ゾーン，ならびにショッピングセンターおよび都市建設プロジェクトに対して該当する．これについては，建設法典の改定との関連で，2001年に，国内法転換され改定された環境親和性検査法が，実務に対してもいくつかの新規性をもたらした．しかしながら，自治体が当初持っていた，この新規性に対する懐疑が，基本的に当らないものだったことは，すでに，法改定の前哨戦の中で，ドイツ都市研究所が行ったシミュレーションの形で明確にすることができた（Spekovius 2003 および Deutsches Institut für Urbanistik 2001）．環境親和性検査義務のある建設誘導計画プロジェクトの数がかなり増加するかも知れないという恐れは，そこでは確認されなかった．

同時に，建設計画法規的な**事業カテゴリー**の**定義**にまだかなりの**不確定性**が存在している．この法律の意味での，例えば，工業ゾーン，あるいは都市建設的プロジェクトという概念を－しかも，これらの専門用語がドイツ建設法規にとってかなり疎遠な状態の中で－何と理解すべきか（Bunzel 2002 参照）？ この不明確性は，これらの概念がドイツ法の専門用語に適正に位置づけられず，あるいは適応されずに，立法家によってEU指令から直接に受け継がれたということに起因している．概念の法的解釈は，したがって，まだ完結していない．何が，例えば環境親和性検査義務のある余暇パーク，駐車場，あるいは環境親和性検査義務のある工業ゾーンの概念の問題を解決できるかは，Bunzel（2002）が示している．建築利用令からの周知の工業地域の概念による工業ゾーンの解釈は，最も意味のあることのように見える．しかし，内容的に理解するのがもっと困難なのは，都市建設的プロジェクトの概念である．都市の部分区域，あるいは都市建設的に重要なプロジェクト，住宅団地がこの概念のもとにあると理解できるのかどうかは，最初はまだ不明確である．事情によっては，そのもとで会議ホールのような特に都市建設的に重要な個別プロジェクトを理解することはできる（Janotta et al. 2001）．Janning（2003）は，疑いのあるときには，どの場合でも，不必要な危険を回避するために，環境親和性検査を実施することを推薦している：″もし環境親和性検査が建設誘導計画の際に行われ，比較衡量を支援し最適化するものとして理解されるのであれば，環境親和性検査義務の問題を長々と議論することなく，すべての重要な地区詳細計画図において環境親和性検査を実施するべきだということは明らかだ″．

さて，**建設計画法規による事業実施者手続の流れ**はどのようになっており，そこでは，どのように専門法規によって環境親和性検査が統合されるのだろうか？ 環境親和性検査義務があることが明らかにされた後，それぞれの建設計画手続の最初に，可能な限り早期にスコーピング段階を位置づけ，そこで，事業によってどのような公私の利益に抵触する可能性があるか，そして，計画手続の中でどのような（環境）

問題そして利害矛盾と取り組まねばならないかを前もって明らかにすべきであろう（BUNZEL 2002）．そうして，計画作成決議の後，地区詳細計画図とその理由文書の案が作成されることになると，その計画の影響の環境関連の探査［Untersuchungen］を特別に記録する環境影響調査書が作成されなければならない（JANNIG 2003 を参照）．環境影響探査（および場合によれば，特別の調査［Studie］）の結果は，引き続き，第一次の**環境報告書の案**にまとめられるが，これがまた理由文書案の一部となる．こうすることで，環境報告書は，独自の章立てとして，あるいは特別な第 2 部として，計画案の理由文書に組み込むことができる．どのような環境報告書の内容を作成する必要があるかは，建設法典第 2a 条「環境報告書」[新表題は「建設誘導計画についての理由文書，環境報告書」] で述べられているが，これは環境親和性検査法第 6 条「事業実施者の資料」で示されている専門的な内容に強く依拠している．これらの最初の情報は，建設法典第 3 条「市民参加」[新しくは「公衆参加」] の第 1 項による早期の市民参加に対する建設法典の要請に従って，その**前手続**の中で示す必要がある（SPANNOWSKY et al. 2002, JANNING 2003）．前手続の中で，早期の事業実施者・公衆参加が実施された後，持ち寄られた発議と指摘［Hinweise］を評価し，これ以降の計画過程で，そして計画調整の際に考慮する必要がある．最終作業が行われた環境報告書と計画図，理由文書の各案は**縦覧手続**の枠内で公告され，もう一度，更に指摘と発議を得る目的で縦覧される（JANNING 2003）．その際，場合によっては，越境的参加に対する要請も考慮する必要がある．地区詳細計画図の最終版は（理由文書と環境報告書を合わせて），自治体の議会によって，適切な**比較衡量**の後に，条例として議決される．

さて，**環境報告書の役割**は，作成過程全体の中で，おおよそどのように理解できるのか？ これは環境関連の情報の中核部分を構成する．また，これは，計画手続の開始時に，計画理由文書の案の部分として書かれ，その後，最終作成を経由して条例決議まで**継続的に改善されていく**（SPANNOWSKY et al. 2002）．"地区詳細計画図手続の中での環境親和性検査には，唯一，進行過程の中で作成される記録，［……］つまり，計画理由文書の部分としての環境報告書しかない"（JANNING 2003）．これは，その**統合的な**性格によって，介入規則，および緑地整備計画図あるいは他の自然地計画的な専門寄与報告書，そして FFH-親和性検査の結果も包括できる（JANOTTA et al. 2001）．しかしながら，これらは，より厳格な法的効果と結びつく結果となる場合があるので，そのような場合には，これらを環境親和性検査過程で作成された結論と区別できるように，明確にしておく必要がある．そうしておかなければ，厳格な自然保護専門的な代償必要性あるいは FFH 親和性検査からの要請が，比較衡量の中で，不充分な程度でしか尊重されなくなるという危険性がある．

建設法典第 2a 条による環境報告書 [現在は第 2a 条の付録として，同法典の末尾にあげられている；316 頁表-4.7 参照] の専門的な内容を単に計画理由文書に統合するだけでは，最終的に，自治体による環境影響の評価の段階の代わりとはなり得ない．つまり計画の環境影響に関する情報を独自の章立てで理由文書に受け入れ，建設法典第 2a 条で要求されている記述に限定するときには，例えば，比較衡量の枠内で影響に関して決定される前に，特別な**環境影響の評価**が更に自治体によって付け加えられ，示される必要があるだろう．

将来的には，戦略的環境検査の統合の要請が満たせるために，建設法典で更に適合を図っていく必要がある．その際には，建設誘導計画における戦略的環境検査のプロジェクト環境親和性検査に対する関係の，より詳細な説明が必要になる．専門家委員会の最初の推薦がすでに出されている（BMVBM 2002）．戦略的環境検査では，他の環境・自然保護関連の計画手法からの（特に，介入規則からの）要請を，手続法規的にまとめて進める必要があることが強調されている．同時にかなりの程度で，代償要求の柔軟化について考えられているが，自然保護専門的な理由からは拒否すべきものである．そこで，このことがまだなお－望まれているように－実際に手続の簡易化に結びついていくかどうかは，待ってみなければならない．最後に，ちょうど，プロジェクト環境親和性検査でのスコーピングにおいて第三者の早期参加がすでに環境利益の配慮に際して明らかに成果を得ているにもかかわらず，スコーピングの枠内で，協議 [Konsultation] が提案されて，むしろ制限的に行うことが求められている（WENDE 2001）．戦略的環境検査に向けての法律の発展の過程で，まだいくつかの変更と新提案が議論される可能性がある．

3.1.7 環境親和性検査のいくつかのレベル

環境親和性検査についてのいくつかの事業実施者手続は事業の認可のレベルで定着しており，他のものもまた早期のレベルで定着している．計画と意思決定の総過程を，人が上から下に降りる階段に例えて想像してみると，認可は最後の（決定）段階となる．人がこの最下段にたどり着くまでに，多くの場合は，すでに何段か降りている；認可決定は，先行する多数の決定と計画によって，準備されている．「**かどうか**」という問いには，多くは，すでに答えが出されている．しかしながら，「**どのように**」という問題は，まだ解明されなければならない

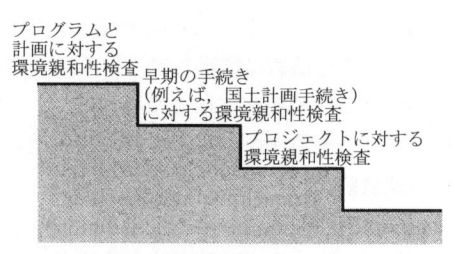

図-3.2 環境親和性検査の各レベル

3.1 環境親和性検査の構造への導入

```
環境親和性検査段階                           計画レベル

┌─────────────────┐                        ┌─────────────────┐
│環境リスク見積(戦略的環境│                        │連邦遠隔道路需要計画  │
│検査についてのEU指令の要│   「かどうか」              │                 │
│請にはまだ応えていない) │                        │                 │
└────────┬────────┘                        └────────┬────────┘
         ↓                                           ↓
┌─────────────────┐                        ┌─────────────────┐
│第1段階の環境親和性検査 │  「かどうか」              │国土計画手続／路線決定 │
│(UVP-法第15条，16条1項)│  +)「どこで」              │                 │
└────────┬────────┘                        └────────┬────────┘
         ↓                                           ↓
┌─────────────────┐                        ┌─────────────────┐
│第2段階の環境親和性検査 │  「どこで」                │計画確定手続き      │
│(UVP-法第16条2，3項)  │  +「どのよう              │                 │
│自然地維持的随伴計画図  │   に」                  │                 │
└────────┬────────┘                        └────────┬────────┘
         ↓                                           ↓
┌─────────────────────────────────────────────────┐
│                    計画確定決議                     │
└─────────────────────┬───────────────────────────┘
                      ↓
┌─────────────────────────────────────────────────┐
│              個々に事後コントロール                   │
│  (計画確定決議で定められている場合．部分的には他の場合にも) │
└─────────────────────────────────────────────────┘
```

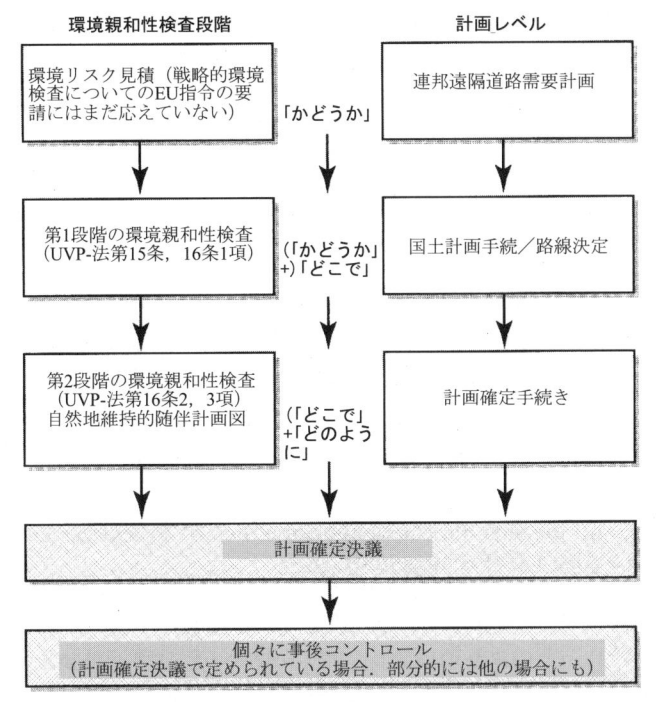

図-3.3 環境親和性検査（UVP）のレベル－ NRW 州の連邦遠隔道路計画の例（Murl 1996，26 頁）

（図-3.2 を参照）．

　環境親和性検査は環境予防の手法であるが，それを意思決定（あるいは決定準備）の総過程において，可能な限り早期に位置づけることは，更に大きな意味を持つことだろう．当初にも，このように検討されていたが，EU の戦略的環境検査-指令によってやっと追求されている．しかしながら，環境親和性検査法は，もともと，認可手続もしくは国土計画手続のレベル，あるいはそれに類似する手続のレベルでの，いわゆるプロジェクト環境親和性検査だけに関わるものである．これらのレベルは，適切な例として，連邦遠隔道路計画の計画ヒエラルキーにおいて見て取れる（図-3.3 を参照）．一般回状「道路建設 29/1994」で，計画が徐々に具体化されることに影響を及ぼす，この積上げを，もう一度，確認したい．つまり："環境に対する建設事業の影響は，建設の計画の中でのすべての計画段階で－需要計画から始まり，実施計画まで－取り込む必要がある．その際には，環境親和性検査は，国土計画手続，あるいは路線決定，計画確定手続の非独立の部分として実施される"のである．

　ある種の環境検査は，連邦道路計画［Bundesverkehrswegeplanung］（BVWP）の**最上位の段階**では，すでに存在している．ここでは，事業が実現される必要がある

かどうか，そしてどのような優先度で行われるべきかが問題となる．もっとも，連邦道路計画の過程で実施されていた環境危機見積 (URE) は，EU の指令案に基づく計画-環境検査（あるいは戦略的環境検査）に対する要請に適うものではない．なぜなら，特に，公衆参加のような本質的な要素が欠けているからである．プロジェクト環境親和性検査が2段階で実施されるのは，連邦遠隔道路計画においてだけでない．**最初の段階では**，一般的に，早期の手続として国土計画手続が定着しているが，もっとも，これはいくつかの事業類型に対してしか，あるいは，特定の条件のもとでしか適用されない．連邦遠隔道路計画においては，このレベルでは路線決定，そして通例は，それと結びついて国土計画手続の中で**第1段階の環境親和性検査**が実施される（Allgemeines Rundschreiben Straßenbau 13/1996, 第 7 章；もっとも，立法家は，このプロジェクト環境親和性検査を道路の路線決定のレベルで，環境親和性検査法第15条を変更する形で，戦略的環境検査によって置換えるかどうか検討している）．第1段階の環境親和性検査の場合，本質的には，**事業を「どこで」という問い**が問題となる．計画確定手続や連邦環境侵害防止法（BImSchG）などに基づく許可は，具体的なプロジェクトの認可に関して決定される下位のレベルとなる．連邦遠隔道路計画では，計画確定手続の過程で，道路の認可に関して決定される．これとともに，特に「**どのようにして**」の問いが関わる**環境親和性検査の第2段階**の作業が行われていることとなる（環境親和性検査法第16条2項，3項，連邦遠隔道路法第17条；図-3.4 を参照）．この段階では，通例，自然保護法規的な介入規則も適用される．両者のレベルでは FFH-親和性検査も必要となる可能性がある．多重作業を回避するために，充分に効果的な分業をあらかじめ考えておく必要がある．例えば，自然地維持的随伴計画図の相殺・代替対策の具体的な計画を引き継ぐことも可能であるが，その場合，反対に，環境親和性調査では，対策の記述はコンセプト的なレベルで充分となる．個々のレベルでは様々に計画され，決定されるが，これらのレベルでの環境親和性検査も同様に様々な形で行われている．このことは，課題設定に対しても，調査の作業深度と詳細度に対しても該当する（環境親和性検査法第15条，16条を参照）．その際に重要なのは，異なる計画レベルでの同じ実態の二重検査を回避することである．つまり，環境検査素材を効果的に，対応する探査・作業尺度に応じて**多重検査回避**[Abschichtung：層を減らす事] が課題なのである．

3.1.8 保護財

保護財としては，環境親和性検査法による環境予防が適用されるべき，社会的に際だって重要な法的対象物を言う．それらは，**環境親和性検査法第2条1項**で扱われており：

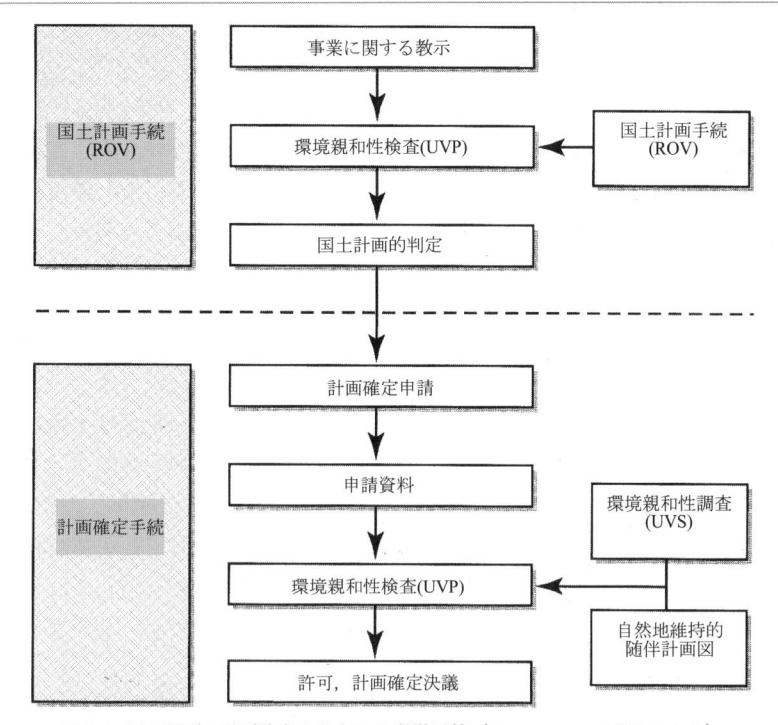

図-3.4 国土計画と計画確定の場合の 2 段階手続 (FLECKENSTEIN 1993 による)

1. 人間および動物，植物，
2. 土地/土壌および水，大気，気候，自然地，
3. 文化財およびその他の物的財，ならびに，
4. 上記の保護財間の相互作用，

となっている．

相互作用という場合，そこでは環境要素の統合的保護が問題となり，もはや1媒体に関わったりいくつかの媒体を合わせた [additiv-medial] 環境保護ではないということは明確である（ERBGUTH & SCHINK 1996 を参照）．環境は**エコシステム的に**捉えられる．

"極めて多様な複合性度合 [Komplexitätsstufen] を持つエコシステムの諸部分 [Kompartimenten] －これは環境要素とも言えるかも知れないが－の間の，そしてエコシステム相互間の機能的関係は，人が相互作用という概念で考えている，そのことである" (PETERS 1996)．基礎におかれているのは，この場合，"……自然を，人間のための利用量として，資源経済的にしか理解しないのではない**啓発された-人間中心主義**

的な [anthropozentvisch] 環境概念である [……]．これに対して，環境親和性検査は，(北) アメリカの手本に従って，[……] 事業から影響を受ける人間の自然的，物質的な周辺と並んで，経済的および社会的な影響を包括している"(ERBGUTH & SCHINK 1996)．しかしながら，ドイツでは，保護財概念がそのような経済的および社会的な利益を内容的に共有しているかどうか議論されている．保護財を，**連邦自然保護法**の第 1 条と第 2 条に述べられている目標および原則と**比較してみると**，多くの箇所で，エコシステム的見方での一致，あるいは解釈可能性が見て取れる（図-3.5 参照）．環境親和性検査法第 12 条によって保護財への環境影響は関係法律の基準，つまり自然保護法の要請に従って評価する必要があるので（GASSNER & WINKELBRANDT 1997），環境親和性検査法の保護財は，部分的に，連邦自然保護法によって更に詳しく定められている．しかし，環境親和性検査法では，**これに加えて人間**ならびに**文化財とその他の物財**が強調して取り上げられている．環境親和性検査の調査対象は，保護財である人間に関しては，例えば，悪臭負荷の場合があるし，文化財では，文化記念物としての特徴をもっているということで，ミュンヒェンの英国庭園のような公園施設が挙げられる．個別に保護財を何と理解すべきかについては，環境親和性検査法は何も語っていない．何についてはすべての物財について調査しなけれ

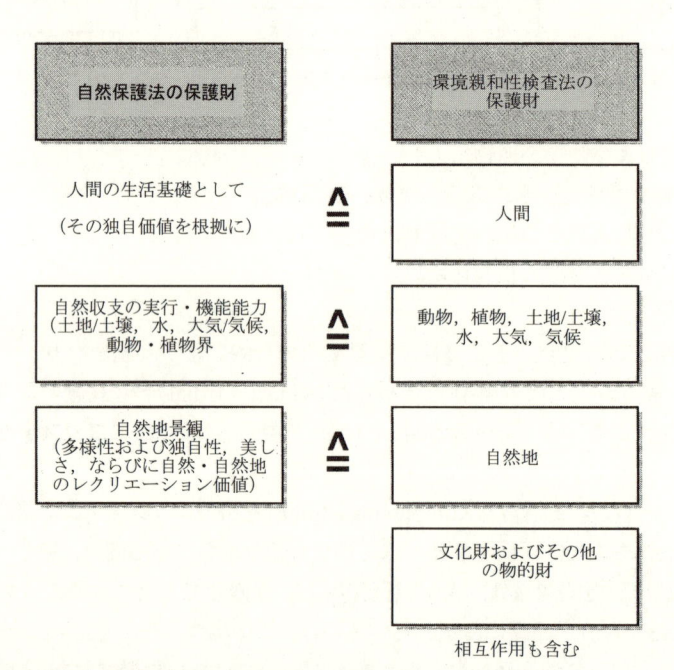

自然保護法の保護財		環境親和性検査法の保護財
人間の生活基礎として（その独自価値を根拠に）	≧	人間
自然収支の実行・機能能力（土地/土壌，水，大気/気候，動物・植物界）	≧	動物，植物，土地/土壌，水，大気，気候
自然地景観（多様性および独自性，美しさ，ならびに自然・自然地のレクリエーション価値）	≧	自然地
		文化財およびその他の物的財

相互作用も含む

図-3.5 連峰自然保護法と環境親和性検査法の保護財の関係（BREUER 1991 による；一部変更）

ばならないのかという問題は，総コメンタール（および手引き書）ならびに，より詳細な専門的法律を参考にしなければならない．

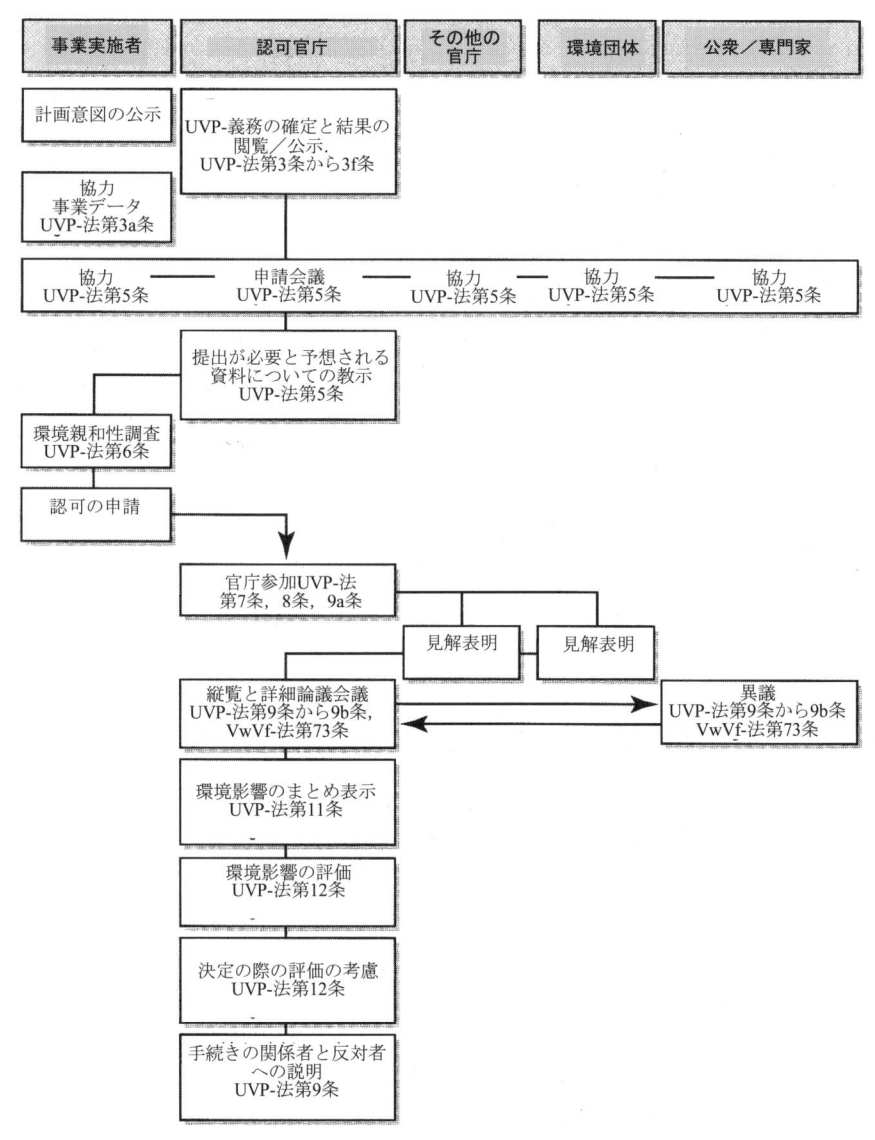

```
[事業実施者]  [認可官庁]  [その他の官庁]  [環境団体]  [公衆／専門家]

計画意図の公示
              UVP-義務の確定と結果の
              閲覧／公示.
              UVP-法第3条から3f条

協力
事業データ
UVP-法第3a条

協力          申請会議       協力        協力        協力
UVP-法第5条  UVP-法第5条  UVP-法第5条  UVP-法第5条  UVP-法第5条

              提出が必要と予想される
              資料についての教示
              UVP-法第5条

環境親和性調査
UVP-法第6条

認可の申請

              官庁参加UVP-法
              第7条，8条，9a条

                            見解表明   見解表明

              縦覧と詳細論議会議                              異議
              UVP-法第9条から9b条,                          UVP-法第9条から9b条
              VwVf-法第73条                                VwVf-法第73条

              環境影響のまとめ表示
              UVP-法第11条

              環境影響の評価
              UVP-法第12条

              決定の際の評価の考慮
              UVP-法第12条

              手続きの関係者と反対者
              への説明
              UVP-法第9条
```

図-3.6 環境親和性検査法による環境親和性検査 (UVP) の一般的な流れ (RIEDEL & LANGE 2001)
［VwVf：行政手続］

プロジェクト環境親和性検査の保護財も，戦略的環境検査導入の過程での法改定によって，補完されることが確実に予想される．そうすると，将来的には，プロジェクト環境親和性検査に対しても，戦略的環境検査に対しても，同じ保護財を基礎におくことができる（そうであると，中でも，特に人間の健康と生物学的多様性も）．

3.1.9 環境親和性検査の過程

環境親和性検査法には，環境親和性検査が行われる手続は何を含んでいなければならないか，そしてどのような手続で進めていく必要があるかが定められている．これは：
- 環境親和性検査義務の確定，
- 提出が必要と予想される資料に関する教示，
- 環境影響の把握と記述，
- 官庁と公衆の参加，
- 環境影響の総括的記述部分，
- 官庁による環境影響の評価，

のように示されている．

手続の進行は，その都度の事業実施者手続に依存している．一般的な手続の流れは図-3.6 に示されている．

理解確認問題
- EU は，環境親和性検査の発展に，どのような役割を果たしている（果たした）か？
- 環境親和性検査の本質的な目標は何か？
- ドイツの環境親和性検査には多くの法的基礎があるが，どのようなものがあり，相互にどのような関係にあるか？
- どのようなレベルで，環境親和性検査が考えられるか，あるいは重要か？ 環境親和性検査法はどのようなレベルを対象にした規則を設けているか？ 事業実施者手続とは何か？ 例を挙げなさい！
- 環境親和性検査手続の諸段階とは何か？ 環境親和性検査法のどの条項で，それらを定めているか？
- 環境親和性検査法では，どのような保護財を扱っているか．連邦自然保護法の目標および原則と比較しなさい！
- "保護財"の検討に際して，どのような問題が起こる可能性があるか？

3.2 環境親和性検査検討の必要な事業

環境親和性検査の考え方からすると，事業に際して，甚大な環境影響が予想できる場合には，いつも実施する必要がある．法的規則は，いつ環境親和性検査が行われるべきか，正確に定めている．

3.2.1 適用範囲

適用範囲とは，どのような事業に環境親和性検査法が該当するか，つまりどのような事業に環境親和性検査義務があるかという問題を意味する．ここで重要なのは，特に，環境親和性検査法第 3 条から 3f 条 [条項の表題は 305 頁参照]，および付録 1 と 2 であり，後者の付録は事業と前検査基準をリストの形で示している．（これまで）特定の公的および民間の**事業**（EU 指令ではプロジェクトといっている）の認可に関する決定についてのみ環境親和性検査義務があり，政治的決定，計画とプログラムではそうでないという制約があった．この意味では，ドイツの法規に根ざした形で，いわゆる**プロジェクト環境親和性検査**についても語られている．つまり，例えば，廃棄物処分場を設ける必要があるかどうか（そして場合によってはどこに設けるのか）という決定に際しては環境親和性検査手続が実施されるが，しかしながら，早期の廃棄物管理計画では（まだ）行われない．だが，2004 年に行われる戦略的環境検査-指令の国内法転換とともに，プロジェクト環境親和性検査と並んで，戦略的環境検査（あるいは計画-環境検査 [Plan-Umweltprüfung] －**計画 UP**）も導入される．予想としては，環境親和性検査法第 3 条についての新しい 2 つの付録 3 と 4 が戦略的環境検査義務のある計画図とプログラムをより詳細に定めることになる．

3.2.1.1 事業と施設の概念

環境親和性検査法によると，技術的施設あるいはその他の施設の建設と運営だけを事業と見なすのではなく，原理的には，それ以外の自然・自然地に介入するすべての対策もそう見なされる．環境親和性検査の必要があるものとして最後に改変あるいは拡張も挙げられる．しかしながら，環境親和性検査法第 2 条 2 項での事業の概念の定義は，行政官庁にとっては副次的な意味しかない．検査の適用範囲は，**環境親和性検査法第 3 条についての付録**［表-3.2，表-3.3］で明解に示しており，特定のプロジェクトが検査されるべきかどうかの問題には，まずそこの**事業リスト**を参照して引出せる（BUNGE 1988ff）．ある施設の操業停止や，移動施設の短期的な稼働，実験目的を持った施設のような**特別事例**は，環境親和性検査法第 3 条の付録 1 の中でも，様々な事業類型の場合について個々に挙げている．そこでは 11.1 番で次のように述べている：環境親和性検査は，"(……)核燃料の分裂のための立地固定施設の場合，操業停止あるいは安全な封印，施設またはその一部の除却に向けて，全体的に計画されている対策"のために，実施する必要がある．**開発事業および実験事業**の場合には，環境親和性検査義務について，環境親和性検査法第 3f 条で定めている．

もっとも，**施設の概念**の場合には，環境親和性検査の要請が多数の専門的法律に関連しているので，一つだけの専門法の意味では解釈できない．何が環境親和性検査義務のある施設なのかの定義は，したがって，可能な限り幅広く行う必要がある

(BUNGE 1988 ff). この意味では，建築物および道路，運河，廃棄施設，そしてまた機械や装置も（その設置と稼働も施設の一部である場合）も対象として考えられている．

3.2.1.2 専門法規および環境専門的基準の要請の考慮

環境親和性検査義務の明確化の際に，ドイツ法規では，この間に，環境親和性検査法の形式的な認可要求だけでなく，内容的-実体的な環境専門的基準も決定的なものとなっている（AUGE 1999も参照）．例えば，連邦道路の建設に当たって環境親和性検査が実施されなければならないかどうかの問題について，もはやそれに計画確定が必要とされるかどうかだけでなく，この場合に事業あるいはその立地，起こりえる環境影響の実態的特徴がどの程度まで環境甚大性を予想させるかということが決定的となっている．つまり，環境専門的な基準が問題なのである．環境親和性検査なしの計画許可手続は，環境親和性検査法の状況下では，示されている基準に照らして事業が甚大な環境影響を持たないということを環境親和性検査義務の前検査で結論づけえるのであれば，個々に認められる（ZILLING & SURBURG 2001参照）．

3.2.1.3 環境親和性検査法第3条についての付録1による事業

2001年の環境親和性検査法の法改定の過程で，**環境親和性検査の適用範囲がかなり拡大された**．風力エネルギー獲得あるいは林業的利用のような新しい事業タイプ，そしてこれまでよりも小さな施設が取り込まれた．もっとも，[この時点で]新しいのは「義務的な環境親和性検査義務」と，「条件つき環境親和性検査義務」の形での分離である．環境親和性検査法の付録1では，第1欄に強制的な環境親和性検査義務のある事業（X）が，第2欄には個別の一般的あるいは，立地関連の前検査の基準に従って環境親和性検査義務がある事業（AとS）が挙げられている．個々の事例では，州法規によっても環境親和性検査義務がある（L）と定められるようになる．官庁は，適切なデータと独自の情報で，迅速に環境親和性検査義務を確定し，その決定について公衆が知ることができるようにする課題を持っている．これによって，一定の事例では，**スクリーニング手続（個別事例における環境親和性検査義務の前検査）**が導入された．**一般的前検査**と特別の**立地関連の前検査**が区別される（表-3.2を参照）．

個別事例の前検査の基準は，表-3.3に示している．[戦略的環境検査の導入で計画アセスメントが行われるものについては，前検査は必要ない]．

一般的および立地関連的前検査は，専門的にそれぞれ切り離す必要がある（JESSEL & TOBIAS 2002）．一般的前検査との関連では，全体的に，環境親和性検査法の付録2の全基準を検査する必要がある．つまり，事業の（影響要素の）特徴，あるいは立地の自然空間的な与件と質，または事業の特徴と影響を根拠に，環境親和性検査義

3.2 環境親和性検査検討の必要な事業

表-3.2 "環境親和性検査義務のある事業"リストからの抽出（UVP-法の付録1）[一部]

番号	事業	欄1	欄2
19.9	人口的貯水池（以下の容量に従う）		
19.9.1	1 000万m³以上の水量	×	
19.9.2	200万m³以上で，1 000万‰を下回る		A
19.9.3	5 000‰以上で，200万m³を下回る		S

×＝事業はUVP-義務を有する
A＝個々に一般的前検査を必要とする（UVP-法第3c条1項1文を参照）
S＝個々に立地関連の前検査を必要とする（UVP-法第3c条1項2文）
L＝州法の基準によるUVP義務[本表では該当なし]

務が起こってくるかどうか確かめなければならない．もっと小さな規模と稼働能力の施設に対しては，特別な場所的与件だけを根拠にして，付録2の第2番で挙げられている保護基準に沿って甚大な悪影響が予想できるのであれば，環境親和性検査義務についての前検査が行われる．このことは，立地関連の前検査の場合には，より小さな基準群[Kriterienpool]―つまり，2番（場合によれば3番）―を設定する必要があるということを意味する．これ以外の詳細規定は，環境親和性検査法の第3e条と3f条で述べられている．事業の変更と拡張，および開発・実験事業に対して該当するものである．

どのように，スクリーニングを実用的に，しかし，実態に則し専門的に適正に実施できるかということは，例えば，後出の，道路・交通のための研究所[Forschungsgesellschaft für Straßen und Verkehrswesen: SFGV]が作成した**道路建設事業の際の環境親和性検査義務の検査に対する指針**（FGSV案，2002年時点）が示している（図-3.7参照）．それは，検査項目カタログ―一種のチェックリスト―を内容としており，これを助けとして，環境親和性検査法における基準が，特に道路建設に対して扱いやすくなっている．

例えば，事業の特徴と影響要素について，道路の新設あるいは変更，拡幅を対象としているのかどうかが区別されることが必要である．次に問題となるのは，例えば，長さ，あるいは見積られた必要土地面積，土工事の規模見積のような事業のデータである．続いて，更に，交通量の増加，騒音侵害の増大，更なる分断効果などの影響要素が現れてくるかどうかに応える必要がある．立地関連の基準も鑑定されるが，その場合，例えば事業地域に対する国土計画的あるいは土地利用計画的に重要な内容が調べられる，あるいはレクリエーション/外来観光に対して特別の意味をもつ地域が存在するかどうかが問われる．同様に，保護関連の基準に従って，特別の植物生育空間および動物生息空間について，あるいは特別の土壌，重要な水面について問われる．続いて，法的効果のある保護地域カテゴリーがリスト化され，こ

表-3.3 個々の前検査［スクリーニング］の基準（環境親和性検査法の付録2）

1	事業の特徴
	事業の特徴は，特に，以下の基準に照らして判定する必要がある：
1.1	事業の規模
1.2	水および土地/土壌，自然・自然地の利用と形態
1.3	廃棄物の発生
1.4	環境汚染と負荷
1.5	事故の危険性－特に利用された材料と技術に関して
2	事業の立地
	事業によって侵害されることが考えられる地域のエコロジー的敏感度は，特に以下の利用・保護基準の観点で，共通の発展地域にある他の事業との累積を考慮して，判定するものとする：
2.1	地域の既存の利用で，特に市街地とレクリエーションのため，および農林漁業の利用のため，その他の経済的利用そして公共的な利用，交通，供給廃棄（利用基準）のための土地としての利用，
2.2	地域の水および土地/土壌，自然・自然地の豊かさ，および質，再生能力，
2.3	以下の地域と，そこで指示された保護の種類と規模を特別に考慮した保護財の負荷可能性，
2.3.1	連邦自然保護法の第10条5項1号による連邦官報［Bundesanzeiger］で公表された，欧州共同体的な意味あるいはヨーロッパ鳥類保護地域，
2.3.2	2.3.1 ですでに扱われていない限りで，連邦自然保護法23条による自然保護地域，
2.3.3	2.3.1 ですでに扱われていない限りで，連邦自然保護法第24条による国立公園［Nationalpark］，
2.3.4	連邦自然保護法第25条と26条による，ビオ圏保留地域［Biosphärenreservate］と自然地保護地域，
2.3.5	連邦自然保護法第30条による法的に保護されたビオトープ，
2.3.6	水収支法［Wasserhaushaltsgesetz］第19条による水保護地域，あるいは州水法規によって確定された温泉源保護地域，ならびに水収支法第32条による洪水地域，
2.3.7	欧州共同体の規則に確定された環境質基準をすでに上回る地域，
2.3.8	高い人口密度の地域で，特に国土計画法第2条2項2号と5号の意味での高密空間での中心地［zentrale Orte］と市街地重点地，
2.3.9	役所のリストあるいは地図に記載されている記念物あるいは記念物群 [-ensemble]，土地/土壌記念物，州の定めた記念物保護官庁によって考古学的に重要な自然地と位置づけられた地域．
3	起こり得る影響の特徴
	起こり得る甚大な事業の影響は，1と2で記載された基準を基に判定する必要がある；特に以下の点について考慮すること：
3.1	影響の規模（地理的な地域と関係住民）
3.2	越境的可能性のある影響の性格
3.3	影響の重大性と複合性
3.4	影響の確率
3.5	影響の機関と頻度，可逆性

B 部：環境親和性検査法第 3c 条による個別事例の一般的前検査［スクリーニング］					
1	事業の特徴と影響要素 場合によって追加説明が必要であればこの表の最後に記述 □新規建設 □道路の変更あるいは拡幅	種類と規模		
1.1	長さ（km）			
1.2	見積使用土地面積（ha）（建設物/施設）			
1.4	見積土工事の規模（‰）			
	この事業で以下の影響が起こりますか？ 場合によって追加説明が必要であればこの表の最後に記述	はい	いいえ	見積もり規模
1.6	事業による交通量の増加／予測交通負荷（DTV）	□	□	
1.7	騒音の増大	□	□	
1.9	分断効果が加わる	□	□	
2	立地関連の基準			
2.1	利用基準			
	事業の特徴と影響要素との関連で甚大な環境悪影響に結びつく可能性のある利用基準に該当しますか？ そうである場合，この表の最後で解説をしてください． 次のものがある：	はい	いいえ	種類，範囲，規模
2.1.1	この地域に関係する地域の国土計画プログラムに，あるいは土地利用計画に，この事業と相容れない内容がありますか？	□	□	
2.1.4	レクリエーション／外来観光交通に対して特に重要な地域はありますか？	□	□	
2.2	保護財関連の基準	はい	いいえ	
	事業の特徴と影響要素との関連で甚大な環境悪影響に結びつく可能性のある保護財が関係しますか？ 情報は主に州の自然地計画から取得してください．関係する場合，この表の最後で解説を追加してください．	□	□	関わりの種類，規模，範囲
2.2.1	植物あるいは動物に対する特別な意味を持つ生育生息空間	□	□	
2.2.2	自然収支に対して特別な機能を持つ土地/土壌（例えば，特別の立地特性を持つ，文化的・自然史的意味を持つ土地/土壌，高層湿原，古い森林立地	□	□	
2.2.3	特別の意味を持つ地表水面	□	□	
2.3	法的効果のある保護地域カテゴリー	はい	いいえ	
	事業によって保護の位置を持つ地域が影響を受けますか？ そうである場合，関わりの規模と甚大性をこの表の最後で，連邦自然保護法第 34 条による FFH 親和性検査が必要かどうか，解説すること．	□	□	関わりの種類，規模，範囲
2.3.1	連邦自然保護法第 33 条による，欧州共同体的な意味，あるいはヨーロッパ鳥類保護地域の地域（外部からこの地域に及ぶ侵害についても注意すること）	□	□	
2.3.2	連邦自然保護法第 23 条による自然保護地域	□	□	

		大きな規模	再生の低い可能性	大きな困難性/複合性	高い蓋然性	長期の継続	高い頻度	越境
3	起こり得る影響の甚大性の判定保護財に対して起こり得る侵害は，1 と 2 で書いた内容を基に判定すること． このマトリックスは B で行う総見積に際してより詳細に扱う項目に関する概要を得るだけに利用される． 保護財に対する欄で何も記入がなかった場合，この保護財は見積に対して重要ではない．							
3.1	人間／住民／居住	□	□	□	□	□	□	□
3.2	動物	□	□	□	□	□	□	□

図-3.7 道路建設事業に対する環境親和性検査義務の把握についての検査項目カタログからの抽出（FGSV 草案 2002 年現在）

れが同様にスクリーニング過程で考慮されなければならない．最後に，起こり得る影響の甚大性についての判定が，大規模性，および，再生の低い可能性，大きな重大性/複合性，長期の継続，高い頻度，越境といった基準で行われるが，その際には，これらの基準が表の形で重要な保護財に合わせて配置される．

純実態的なレベルでは，基準リストに合わせて作業されるが，そこですでに環境親和性検査の必要性を示すことができる．しかしながら，加えて，その記述内容は全体評価に取り込まれ，そこで環境親和性検査義務あるいは同義務免除の口頭での判定と理由づけが行われる．この評価に際しては，環境影響の甚大性の問題が重要な役割を果たす．これについては，最初の大まかな原則が設けられる．立法家は，5 km を超える長さの 4 車線の連邦道路の新設の際に，通例，環境親和性検査義務があることを前提とすることによって，そこではいかなる場合でも甚大な環境影響が発生することを警告しているが（KÖHLER 2003），例えば，このような立法家の考えている前提 [Vorgabe] に目を向けることは意義がある．このことは評価尺度として役立つ．というのは：RQ20 の 4 車線連邦道路の最小規則断面で 5 km 長さの場合には，6.5 ha の地面遮蔽と約 10 ha の土地使用を必要とし，すでに，法的に定められた甚大性基準閾値と見なさなければならないからである．

指針的ルールとしては，次のことが言えるかも知れない：結果として環境親和性検査義務を根拠づけるためには，事業の規模の値が環境親和性検査法の付録 1 の基準値を明確に下回れば下回るほど，その分，立地関連の基準がより重要となっていなければならないし，関係する保護財がより価値を持っていなければならない．つまり，例えば，非常にわずかな新規地面遮蔽しか伴わないバスベイのある停留所の新設のような，連邦道路のごくわずかな変更の場合，環境親和性検査が必要となるのは，価値のあるビオトープが関わっている可能性がなければならない．反対の例として次のことが言える：事業が義務的な環境親和性検査の基準閾値に近づけば近づくほど，ビオトープの価値がより小さくなってしまうが，しかし，それでも環境親和性検査義務が発生する可能性がある．道路建設での取組方法は，事情によっては，他の事業にも応用できるが，しかし，その場合には少なくとも特徴・影響基準を当該の事業タイプに合わせなければならない．

スクリーニングの段階に向けて実践的な取組方法を述べたが，この後，詳細に，**ドイツの環境親和性検査法での環境親和性検査義務の新規則に対しての批判**にも立ち入る必要がある．特に，改定 EG-環境親和性検査-指令で述べられているプロジェクトのすべてに対し，[2001 年の] 新環境親和性検査法では環境親和性検査義務が完結した形で定められてはいない．特に，これにはスキーピストおよびスキーリフト，索道そして，その付属施設があるが，全く同様に，特定の鉄道用送電架線（BDLA

2001）も該当する．もっとも，これらの事業タイプについては，この間に非常に多くの州環境親和性検査法がこれに該当する規則を含むようになっている．建設計画法規的な規則については，以下のように批判されている．工業ゾーンならびに特定の都市建設的プロジェクトに対する 10 万 m² という認可床面積の基準は高すぎ，これによって，多数の小さな都市建設的プロジェクトが正しく捕捉されていない．

その他の多数のプロジェクトの場合にも，環境親和性検査法の**基準閾値**の設定が**高すぎる**との批判が出ている．例えば，余暇村とホテル複合施設の場合の 300 ベッドと 200 の客室（これまで一般に環境親和性検査義務があるとされていた）は，"実際からかけ離れ[ている．というのは]……そのような大規模の施設は，都市的高密地域でしか見られず"，敏感なレクリエーション地域では，ベッドの数が少ない事業ですらも，甚大な負荷につながる可能性があるからである．それ以外の事業タイプで，基準値が批判されているのは，廃棄物処分場や堰止めダム，連邦道路，空港，ガス供給管，パイプライン，汚水処理施設，家禽や豚の大規模の保有あるいは飼育施設である．高く設定された基準値によって，これまでの状態と比べて，多くの事業に対する環境親和性検査義務が減少し，新規則は旧規則よりも後退した．似た形で，様々なこれまで全般的に環境親和性検査義務のある事業に対し，一般的な個別検査が批判されている："これと結びついた裁量余地によって，ここでも，これまでの法的状況から**後退**が生まれる（強調は筆者による）"．これが関係するのは，耕地整理法に基づく共同施設あるいは公共施設や，その他の連邦道路の建設，軌道交通の鉄道路線および市街鉄道の建設である．新しく導入された事業種でも，環境親和性検査義務を引き出す基準閾値が，例えば地下水採取および初回植樹 [Erstaufforstungen]，風力発電施設の場合に，批判の対象となっている．

加えて，立地関連の検査基準のもとでは，**生育生息空間タイプ**（例えば，湿性・海岸・森林地域，山岳地域）が**欠けており**，基本的に保護カテゴリーだけが述べられているとの不満が出されている．しかし，欧州裁判所（EuGH）のアイルランド判決に沿って，検査義務に際して立地の種類と敏感度も，これらの状態によって環境が甚大な影響を受けると予想されるときには，検討されなければならないとされている（同上，および EuGH[欧州裁判所] 1999）．基準の適切な解釈を行う場合，前検査に対して，これらの生育生息空間タイプは，それでもなお，適用可能である（GÜNTER 2002）．ドイツランドスケープ建築家連盟の見方によれば，全体として，"前もって立地関連のあるいは一般的な前検査が実施されるやり方 [Fallgestaltung] では，むしろ，前検査から発生する実際の環境親和性検査の数を減少させていく"ことが予想できる；そして，"この場合，経験からは，実践での与えられた解釈余地は傾向として下のレベルで拡大される [ausgelegt]"（BDLA 2001）．つまり，まとめると，環境

親和性検査の適用領域の原則的拡大が，個々の事例での既存の環境親和性検査義務の解体 [Abbau] によってあがなわれたということは，明らかである．その限りで，改定環境親和性検査法によって，環境予防の点で全体的に前進したか，後退したかの結論は待つ必要がある．

3.2.1.4 環境親和性検査法での基準値の特別点

EU 指令は，環境親和性検査義務の基準をどう設けるかについて，構成国に非常に大きな自由余地を与えた．ドイツでのこの環境親和性検査義務の具体化は，特に，基準閾値の設定によって行われた．計画されている施設の一定の容量あるいは実施能力が基準値を下回ると，直ちに，環境親和性検査を実施する，あるいは個別事例での前検査に対する義務が解消される．例えば，計画されている発電所および熱工場は，やっと 200 メガワットの出力 [Feuerungswärmeleistung] を超えるもの，豚の飼育については 2 000 頭以上になって初めての肥育豚の飼育所あるいは妊娠豚収容所に環境親和性検査義務が課される．しかしながら，上記で明らかになったように，この基準値に対しては批判が出されており（Tappeiner et al. 1998 も参照），また，何段階かの検査の中で，わずかに基準値を下回るところにある施設が許可されるという原理による優遇が危惧されている．しかしながら，ドイツの法律では，この視点は環境親和性検査法第 3b 条 2 項によって予防されている．この条項は，特定の条件のもとで，累積する事業が，合わさって，規模と能力の値を超えるのであれば，環境親和性検査は実施する必要があると定めている（詳細は Bunge 2001 および Peters 2002）．このことは，上に述べた「環境親和性検査なしの薄切り許可の原理」に，対抗する効果を持っている．

基準値は部分的に非常に高く設定されており，多くの事業が実際にはそれ以下に留まり，したがって環境親和性検査を実施する必要がない．ドイツでは，例えば，多くの建設計画法規的な環境親和性検査の基準値が批判にさらされている．オーストリアでは，営業用宿泊施設の建設の場合には，1 000 ベッドを超えるあるいは 10 ha を超えるものについては環境親和性検査義務が定められているが，これはオーストリアの山岳地域ではほとんど現れてこないものである（旧環境親和性検査法状況に対する Tappeiner et al. 1998）．これを見ると，環境親和性検査-法規における基準値の問題は国際的なもので，純ドイツ的なものでないことを示している．基準値は，異なる EU 構成国において，全く異なる可能性があるが，これは，競争条件を統一しようとする努力が行われている中で，同様に，批判的に判断すべきことである．例えば，イタリアのトレンティノ州では，スキーピストに対する環境親和性検査義務は，2 km を超える長さ，あるいは 5 ha を超える面積が該当する（同上）．これに対して，オーストリアでは，ゲレンデの変更を伴うピスト建設で 20 ha を超える規模

でやっと環境親和性検査義務が出てくるものとなる（オーストリア旧環境親和性検査法第3条1項の付録1の14番）．しかし，他方で，基準値は比較的に容易に扱うことができ，それによって，実際上，環境親和性検査の実行が単純化されるということを忘れてはならない．

3.2.1.5 制限的環境親和性検査義務の例外事例

特定の場合には，原則的に環境親和性検査義務のある事業において，環境親和性検査の一定部分は実施しなくてもよい．しかし，このことが，環境親和性検査すべてを行わなくて良いということを意味するのではない．例えば，早期の手続（国土計画手続）における環境親和性の広範な検査の場合，スコーピングの手続，および新しい申請資料の作成，官庁参加，環境影響の総括的表示がその早期の手続ですでに実施されているのであれば，**以降に続く認可手続**の中ではこれらを行う必要はない（環境親和性検査法第16条3項．これにはBUNGE 1988ffを参照）．これ以外に，環境親和性検査法第9条1項ならびに第9a条に基づく公衆の再度の公聴会，および環境影響の官庁評価は，すでに先行する手続の対象ではなかった追加的な環境影響，あるいは他の甚大な環境影響に限定することができる．更に**事前決定[Vorbescheide]**および最初の**部分許可**（-認可）に際して，すでに完全な環境親和性検査が行われている場合，それ以外の部分許可あるいは部分認可に際して改めて行われる環境親和性検査は追加的なあるいは他の甚大な影響に限定することができる（環境親和性検査法第13条2項参照）．最終的な認可手続では，事業実施者は，事前決定手続の中で環境影響がすでに最終的に検査されているのであれば，そこで，もう一度，環境親和性調査の作業をする必要はない（BUNGE 1998ff）．専門的に見れば，これは**多重検査回避**の原理の問題である．

3.2.1.6 州に特殊な拡張

すべての州では，この連邦法を超えて，更に多くの事業に環境親和性検査義務が課せられている．バーデン-ヴュルテンベルク州ではこの拡大適用範囲は独自の州環境親和性検査法で定められており，ベルリンとブランデンブルク，ノルトライン-ヴェストファーレンの各州では，環境親和性検査義務を有する更なる事業は，専門的法律で挙げている．例えば，バーデン-ヴュルテンベルク州では，索道および許可を要する泥炭採掘事業は環境親和性検査を必要とする．連邦法と似た形で，この州環境親和性検査法は，事業のリストを載せている．ベルリンでは，これとは反対に，環境親和性検査法の改定前にすでに，例えば州森林法（専門法）において，森林の伐採または改変が環境親和性検査義務を持つことを定めている（ベルリン州森林法[Landeswaldgesetz Berlin] 第5条2項）．ブランデンブルク州では，ブランデンブルク道路法で，どのような条件のもとで州道と郡道に対して環境親和性検査が必要

となるかを定めている（BbgStrG 第5条2項）．それ以外に，州の多くが，国土計画手続の中で環境親和性検査の義務を定めている．ベルリンとブランデンブルクでは，大面積の小売店の場合に，国土計画手続を環境親和性検査とともに行うかどうかについて，共同州計画官庁が裁量余地を持っている（ベルリン／ブランデンブルク共同州計画令第4条）．州規則のもう一つの事例として，ヘッセン州の高層建築要綱 [Hochhausrichtlinie：HHR] があるが，これによると，高層建築の建設の場合には，立地選択にも建設工事にも環境親和性検査が必要とされる（HHR, 付録7）．目的は，このかなり立ち入った可能性を用いて，各州の特殊な特異性に合わせて環境親和性検査の適用範囲をより強く調和させられるところにある．もっとも，州の側でこの可能性を一貫性を持って対応しているかどうかを，確認することは非常に困難である．どうしてヘッセン州では，例えば高層建築の建設の場合に環境親和性検査を行わねばならず，ベルリンでは－両者の州ではこの特殊な視点が重要のように見えるが－これとは反対に必ずしもそうではないのか？ これらの早くから存在している州に特殊な環境親和性検査義務の拡張を超えて，改定環境親和性検査法の州レベルへの転換によって，今や，更なる事業を**州法規の基準に基づく環境親和性検査義務**のもとに置くことができる．

3.2.2 実施における件数と種別構成

　1990年の環境親和性検査法の制定より前にも，自発性を基礎に，自治体の検査も含め，個々の環境に重要な事業に対する環境親和性調査が行われていた．1988年までの手続件数は約400件だと見積もられている（HAMHABER et al. 1992）．この間に，ドイツ連邦共和国での総数の近似的な推計が行われている．そこでは，1990年から1997/98年までの期間に合計で約4 800件の環境親和性検査手続が把握されている（WENDE 1999）．図-3.8は，旧環境親和性検査法第3条による施設・事業タイプについての環境親和性検査手続の推計％割合を示している．国土計画手続のレベルも，認可手続も考慮されている．これに対して自治体の自発的環境親和性検査手続は把握されていない．

　環境親和性検査は，道路建設事業の領域でも，交通水路建設ならびに水面建設，堤防・ダム建設のカテゴリーにおいても重点的に行われている．もっとも，この両者のカテゴリー総計に対する％割合は，過去に想像されていたほどには大きくない．その他の適用領域でも環境親和性検査は完全に一定の役割を果たしている．驚かされるのは，ショッピング・事業所・サービス業センターと余暇村，ホテル複合施設，余暇施設のカテゴリーの累計である．過去には，この事業タイプについて，国土計画手続の中で環境親和性検査が行われていたことが，専門家の間では充分には把握

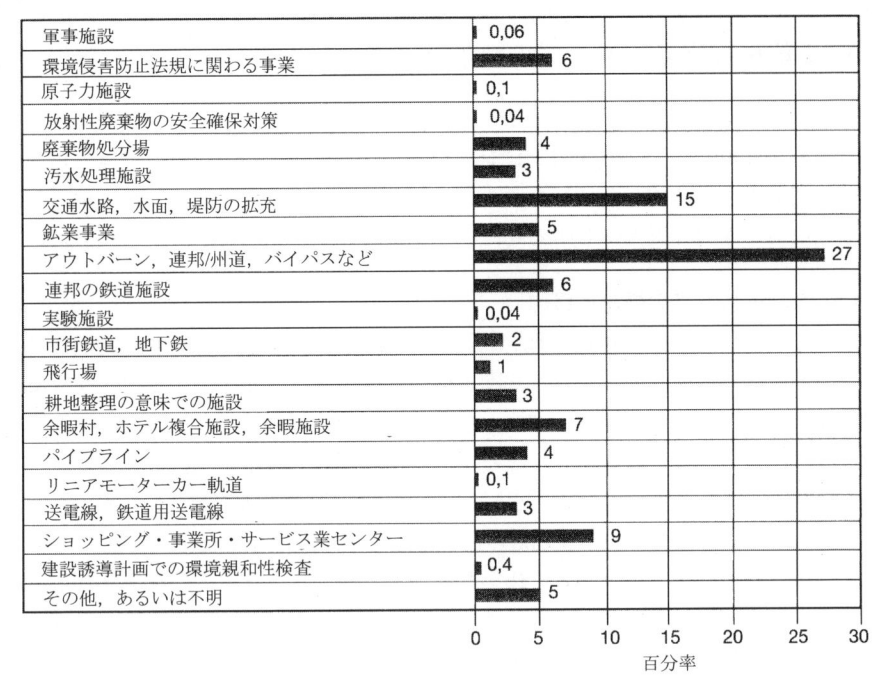

3.2 環境親和性検査検討の必要な事業

事業	百分率
軍事施設	0,06
環境侵害防止法規に関わる事業	6
原子力施設	0,1
放射性廃棄物の安全確保対策	0,04
廃棄物処分場	4
汚水処理施設	3
交通水路，水面，堤防の拡充	15
鉱業事業	5
アウトバーン，連邦/州道，バイパスなど	27
連邦の鉄道施設	6
実験施設	0,04
市街鉄道，地下鉄	2
飛行場	1
耕地整理の意味での施設	3
余暇村，ホテル複合施設，余暇施設	7
パイプライン	4
リニアモーターカー軌道	0,1
送電線，鉄道用送電線	3
ショッピング・事業所・サービス業センター	9
建設誘導計画での環境親和性検査	0,4
その他，あるいは不明	5

図-3.8 施設・事業についての環境親和性検査手続の百分率割合（四捨五入；Wende 1999）

さておらず，また，特に1990年以降の旧東独の計画ブームがその背景にあったと理解できる．環境侵害防止法規事業の場合，すべての環境親和性検査手続の6％，292件という数は，軽視できない適用分野であることを示している．このデータからは，過去何年かにおいて，どのカテゴリーで極めて大規模な投資活動が恒常化していたかが理解でき，そして，その際には，ただ単に環境親和性検査が一般的な投資阻害要因であったと見なすことはできないと結論づけられる．

理解確認問題
- 様々な義務的環境親和性検査義務のある事業があるが，その例を述べなさい！
- ある事業が環境親和性検査義務を持っているかどうかを判定するために，どのような法的規則に気をつけるなければならないか？
- 個々の事例で環境親和性検査義務を判定するに際して，どのような基準に注意する必要があるか？ スクリーニングに対するいくつかの事例を挙げなさい．
- 環境親和性検査義務を確定するについての基準値の長所と短所は何か？
- 過去には，どのような施設・事業カテゴリーにおいて，環境親和性検査が重点的に適用されたか？

3.3 事前に提出すべき資料の教示（スコーピング）

　予想される調査枠組の確定，あるいは提出が必要と予想される資料についての教示 [Unterrichtung]，つまり**スコーピング**は，通例，事業実施者が官庁に対し正式の手続の開始の申請をする前に行われる．申請とそれに必要な申請書類の送付（これには環境親和性調査報告書も加えられる）によって，やっと行政手続が導入される．

3.3.1 スコーピングの概念と目的

　スコーピング（環境親和性検査法第 5 条）では，後の申請資料の内容と範囲だけでなく，環境親和性検査の予想される調査枠組も確定される．その協議内容は，環境親和性検査の対象および範囲，方法，ならびにその他の環境親和性検査の実施に重要な問題にも広げることが必要である．この場合，調査枠組の内容については，調査が行われるべき空間（どこで）だけでなく，**何が，どのように**調査されるのかが観点となる．英語の概念である scope（ドイツ語では範囲 [Umfang]）もこのことを表している．教示は，事業実施者に作業を通して設定された確定内容を伝えるという確定官庁の正式段階と理解されている．教示の概念は，実際には，多くの場合，アメリカ合州国の概念である scoping の同義語として用いられている．しかし，これによって－次の解説が示すように－ USA で考えられていることと，この概念でドイツ法規に基づいて理解できることとの間に大きな違いがある．

　USA での最初の段階で行われていた環境親和性調査（70 年代の初期）は，部分的には，訴訟を引き起こしたり，事業実現に失敗するか，かなりの事後作業が必要となったりするほどに表面的であった．例えば，トランス-アラスカ-パイプラインという大規模プロジェクトについての環境親和性調査は，8 頁の扱いでしかなかった．訴訟を避けるために，その後，調査が極端に膨大化したが，これは必ずしも専門的-内容的な質を伴っていたものではなかった（RUNGE 1998）．このことを背景として，1978 年に国家環境政策法の行政規則によって，スコーピングが導入された．人は，調査の範囲について前もって調整することで，問題解決ができることを期待していた．鑑定書の作成が必要とされ，遅滞が少なくされ，より好ましい決定が可能となるはずであった．これ以外に，スコーピングが狙ってきたのは：

- 環境親和性調査の中で，事業に対する異議を起こし得る潜在的問題点と構造的に取り組めるように，広範な公衆・官庁の早期の参加，および，
- 些細なテーマの除外，ならびに重要なテーマへの集中，
- 充分に意味のある計画選択肢と相殺対策の早期の調査,
- 全参加者の間のより好ましい調整（……）の保障（同上），

であった．

　アメリカ合州国では，スコーピングへの高い期待が満たされないことがよくあったとしても，これが環境親和性検査の重要な構成要素となった．その際に重要な役割を果たしたのが，事業選択肢案と立地選択肢案であった．アメリカ合州国で成功したスコーピングの事例として，サン-フランシスコの近くの高速自動車道インターチェンジについての手続がある：そこでは，多くの参加者とともに１年半以上かけて，計画選択肢に関する公的議論が進められたが，スコーピング新聞が発行され，都市デザイン議論ワークショップ，そして多くの会議がもたれた（RUNGE 1998）．つまり，アメリカ合州国ではスコーピングが問題を明確にする開かれた過程のために存在するのに対して，ドイツのスコーピング，あるいは環境親和性検査法第５条による教示は，官庁の事業実施者に対する一方的な通知にしか過ぎない可能性がある．しかも，SCHOENEBERG（1993）は事業に対し「賛成か反対か」が円卓で議論されることは環境親和性検査法の趣旨にそぐわないと指摘している．環境親和性検査についてのEU指令も，きめ細かな進め方を要求していない．指令の語法では，官庁は，どのような条件を事業実施者に提示するべきかについての見解を出す．しかしドイツでも，進歩的-開放的で，特にこの手続段階でうまく進めて対応している手続も多数ある．この場合には，環境親和性検査法は，最低，事業実施者と官庁，そしてその他の参加すべき官庁の間の詳細論議を定めている．しかし，更に幅広い参加が認められていないわけではない．このようにして，ドイツの実状も，アメリカで見られるようなスコーピングの背景意義によって特徴づけられている．

　予想される調査枠組の確定によって，"正しい視点を持って，引続き立入って行われる環境親和性検査の中で，適切な範囲と必要な強度で正しい問題と取組んでいく必要がある"（SCHOENEBERG 1993）．その確定によって，環境親和性検査の質に関してサイが投げられたことになるが，この故にスコーピング過程には大きな意味が与えられる必要がある．ちょうど，個々の媒体を超えて捉えるという複雑な検査手法も求められていることを考えると，環境親和性検査に際して，プロジェクト関連の重点を設定し，これを詳細化，精密化することは重要である（ERBGUTH & SCHINK 1996）．環境親和性検査は"効果的で扱いやすく"する必要がある．これとともに，スコーピング手続が，最初の時点で，事業実施者の利害に関わってくる．

　調査枠組についての詳細論議の中では，当然ながら，事業実施者あるいは受託計画事務所，担当官庁，他の参加すべき官庁の対立的な利害がしばしば大きな役割を果たす（RUNGE1998も参照）．例えば，受託計画事務所は，事業実施者に対する義務と，環境影響の完全な把握を客観的-独立的に行わなければならないという要請との間の緊張関係におかれる．したがって，関係者に関わる問題状況は，調査枠組の確

定の際には，過小評価すべきでない．更に，事業実施者と官庁との間の調整会議では，事前決定は禁止されており，－これが行われると，計画過程の後の段階になってやっと現れてくるような特殊な調査問題に調査枠組を適応させることが不可能になるので－行われないように注意しなければならない．スコーピングは，本来の認可手続の先取りにつながってはならない（環境親和性検査-行政規則第0.4.3番）．そのようなことがあるとしたら，公衆は，透明性と信頼の喪失をもたらす既成事実に直面させられることになるだろう（詳しくは Schoeneberg 1993 を参照；Erbguth & Schink 1996 を参照）．

3.3.2 スコーピングの流れと形式

提出が必要と予想される資料についての教示あるいはスコーピングは，ある**事業の実施者**が担当官庁にそれを**願い出る**，あるいは**担当官庁がそれを必要とする**とき，実施する必要がある．過去には，環境親和性検査事例の70%で，スコーピングも行われている．それらの事例では，法の意味での調査枠組の確定について，必ずしも，述べられていなかったとはいえ，それに続く検査諸段階の方法と内容が必ず確定され，多くの場合，すでに専門官庁と自治体もすでに参加している．ということは，すでに多くの場合で，公式にこの手続段階が活用されている言うことである．調査枠組の確定の局面を深くそして質的な観点で見るてみると，すべてのスコーピング手続の約1/4しか，広範囲に作業されたものとは言えないことが分かる（Wende 2001）．**スコーピングの形式**に対しては拘束的な規則はない．しかし，大まかな**流れ**は法律から出てくる．作業の進め方は，環境親和性検査-行政規則によると，繰り返しになるが，3つの重要な観点に分けることができる．つまり，それらは：

- 事業の実施者による通知，
- 調査枠組の相談，
- 担当官庁による教示（環境親和性検査-行政規則第0.4.3番），

となる．

3.3.2.1 事業，および暫定的調査枠組の作成に関する通知

事業実施者は，担当の官庁に可能な限り早期に，事業の申請を意図していることを通知する．官庁が環境親和性検査義務を確認し，スコーピングが必要であると見なした場合，事業実施者は，通例，環境親和性調査の鑑定者 [Gutacher] とつながりをつける．鑑定家の助けを得て，**予想される調査枠組の第1案**が作成される（3.9節参照）．この場合には，調査空間提案も作成される．この最初のスコーピング資料は官庁に**前情報**として提出される．Peters は，事業実施者が官庁に自分の意図を伝え，環境親和性検査の調査枠組についての**会議提出資料**[Tischvorlage] が作成される

前に，事業についての当該のデータ提示を行うことが重要だと注意を喚起している（1996）．官庁は提出された案を検査する；その際，その官庁は他の官庁を引き込む [hinzuziehen]．事業実施者に対して更に資料あるいはデータが要求される可能性がある．

3.3.2.2 提出予想資料の内容と範囲に関する，ならびに環境親和性検査の対象と範囲，方法に関する協議

担当官庁は，手が加えられたスコーピング資料を参加官庁と，参加が必要とされる他の官庁にも送付する．担当官庁は，最初の口頭による，あるいは文書による見解を集約する．最終的に，その後，いわゆる**スコーピング会議**を招集する（国土計画手続の脈絡では**申請会議**とも称されている；PETERS 1996 を参照）．この会議では予想される調査枠組が議論され，変更，補強される．官庁が環境親和性検査の作業に助けとなる**情報**を保有している場合には，その情報提供が環境親和性調査の質確保に役立つことが明らかなので，これを事業実施者の利用に供するように求められる（WENDE 2000 を参照）．これには，自然地枠組計画図あるいは自然地計画図からの情報，および動物相調査，騒音・汚染土壌台帳，ビオトープ地図，航空写真などからのデータが考えられる（環境親和性検査-行政規則第 0.4.8 番）．**協議会 [Besprechungstermin] の持ち方**に対しては様々な可能性がある．一回か数回の簡単な会議を開催することもできる．しかし，会議は個別テーマで様々なグループが作業するワークショップのようなものとなる場合もある．場合によれば，現地踏査が必要である．環境親和性検査-行政規則は，事業実施者が協議を望まなかった場合にも，事業実施者に協議参加を指示することを官庁に対して推薦している．その場合にも少なくとも他の官庁を参加させる必要がある．

3.3.2.3 教示

最終的に，予想調査枠組，ならびに提出すべきと予想される資料の範囲と内容が官庁によって確定され，事業実施者に文書で伝えられる．この**文書による教示**は，例えばスイスでは，非常に明解に事業実施者に対する義務書 [Pflichtenheft] と言われている（RUNGE 1998）．文書による教示書の作成のために，会議で作成された議事録が利用され，最終的な議事録あるいは記録書にまとめられる．担当官庁は，情報状況をもう一度調整するために，他の官庁をそこに参加させることができる．これ以外に，担当官庁は事業実施者に対して，最終版を送る前に，意見を求めるためにその案を提示できる．この教示をもってスコーピング手続が－少なくとも専門的な視点では－終了したというわけではまだない．つまり，調査枠組は全環境親和性検査過程の間，可能な限り**柔軟**に扱われる必要がある．これが第一に**予想的**に提出すべき資料に関わるものに過ぎないので，官庁は，後でもまだデータを更に求めるこ

とができる（SCHOENEBERG 1993）．調査の過程で，調査枠組の拡大，あるいはまだ調査すべき動物群の拡大が必要だとする認識が生まれてくる可能性がある．したがって，担当官庁は事業実施者に対し，教示が**法的拘束効果をもたらすものでない**こと，そして，後の時点で調査が拡大されることがあることも示す必要がある．しかしながら，官庁は，実状に合った理由なくして，この調査枠組を後から変更してはならない（SCHOENEBERG 1993）．柔軟な調査枠組が重要であるにもかかわらず，事業実施者は，更に詳細に定められた調査プログラムに拘束される．これからは同意なしに外れることはできない．環境親和性調査に際して予測できない問題に早期に対処できるように，手続に沿って更に行われる会議や協議を計画に取り込むことは，場合によっては適切である．図-3.9 は，スコーピングの流れと形態についての概要を示している．

3.3.3 スコーピングの参加者

　環境親和性検査法によると，少なくとも他の官庁に対して，見解表明と協議の機会を認める必要がある．しかし，専門家および第三者は，スコーピングの枠内では，参加を自明のものとしては請求できない．つまり，"専門家と第三者は引き込むことができる"というだけである．環境親和性検査法についての行政規則では，個々の機関と人間の参加を，予想される調査枠組に対して目的に役立つかどうかによるものとしている（環境親和性検査-行政規則第 0.4.6 番）．つまり，官庁が，事業実施者と他の官庁以外に誰を引き込むかは，自己の裁量にある．**その他の官庁**としては，それぞれの手続で直接の決定権限が委ねられていない専門官庁が該当する．例えば，道路建設事業についての環境親和性検査で道路建設行政庁が手続の実施に対する担当官庁であるとすると，自然保護官庁，あるいは水管理官庁 [Wasserbehörde]，記念物保護官庁は参加すべきその他の（専門）官庁となる．**専門家**としては，個々の手続での特別な問題に対して，それに対応する専門知識を有している，技術検査協会（TÜV）の委託専門家が該当することもある．**第三者**としては，個々の自然人あるいは法人であり得る．この概念は，公衆も，また例えば環境利益団体なども含む（ERBGUTH & SCHINK 1996）．誰を第三者として効果的に参加させることが必要かを明確にするために，官庁は前もって事業に関して情報を流し，該当者の状況についての最初の参考情報を得ることができる．調査枠組の協議は，形式なしに，事業実施者とその他の官庁，担当官庁との間だけで行うこともができる．同様に，調査の重要な視点が早期に確認でき，費用の掛かる事後調査が予防できるので，第三者の広範な参加も非常に効果的である．加えて，事業実施者と官庁との間の協議の際に，"閉ざされた扉の後ろで環境親和性検査の結果が，すでに，合意されている"と

3.3 事前に提出すべき資料の教示（スコーピング）

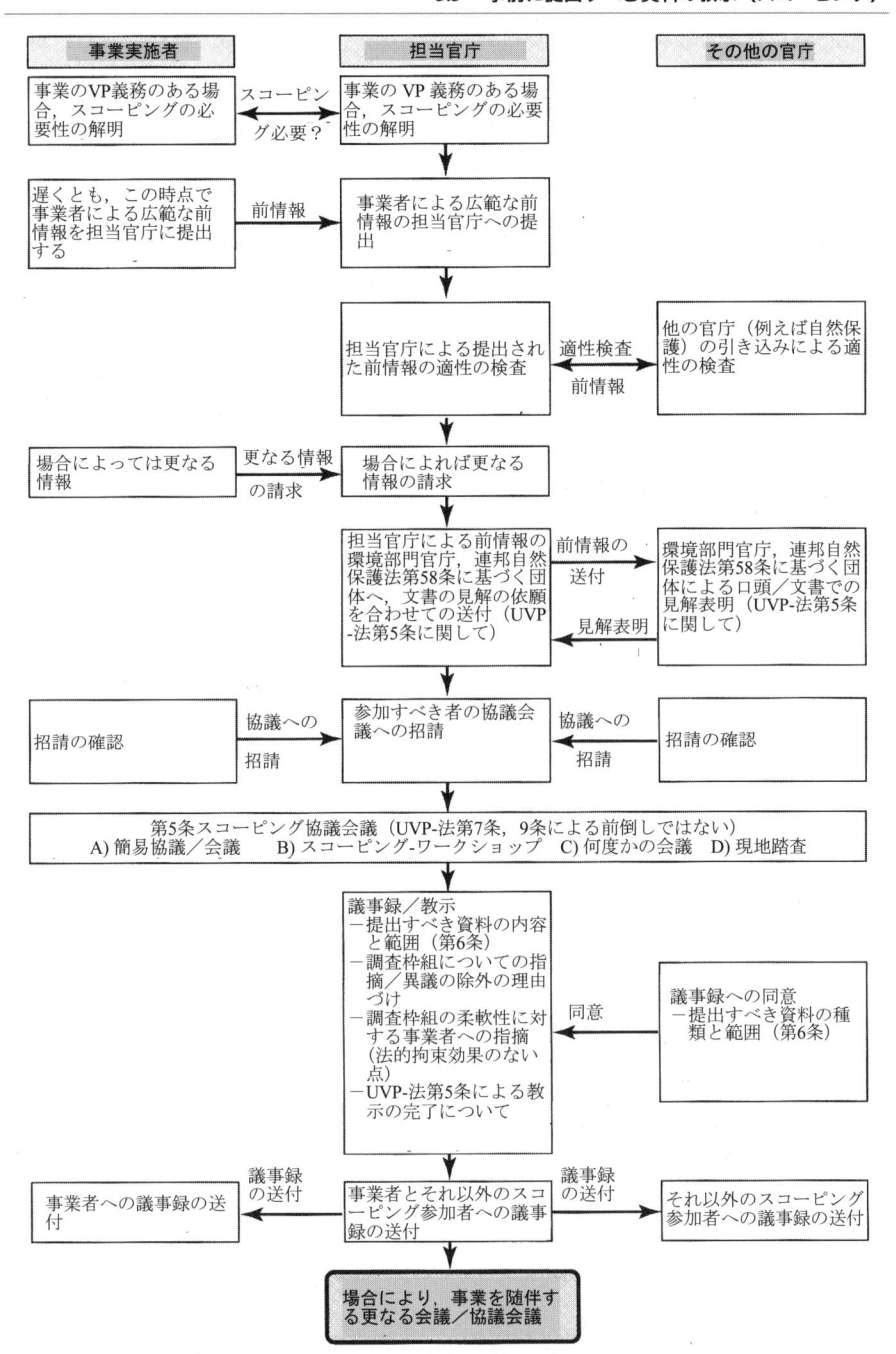

事業実施者	担当官庁	その他の官庁
事業のVP義務のある場合，スコーピングの必要性の解明	← スコーピング必要？ → 事業のVP義務のある場合，スコーピングの必要性の解明	
遅くとも，この時点で事業者による広範な前情報を担当官庁に提出する	→ 前情報 → 事業者による広範な前情報の担当官庁への提出	
	担当官庁による提出された前情報の適性の検査	← 適性検査／前情報 → 他の官庁（例えば自然保護）の引き込みによる適性の検査
場合によっては更なる情報	→ 更なる情報の請求 → 場合によれば更なる情報の請求	
	担当官庁による前情報の環境部門官庁，連邦自然保護法第58条に基づく団体へ，文書の見解の依頼を合わせての送付（UVP-法第5条に関して）	← 前情報の送付／見解表明 → 環境部門官庁，連邦自然保護法第58条に基づく団体による口頭／文書での見解表明（UVP-法第5条に関して）
招請の確認	← 協議への招請 → 参加すべき者の協議会議への招請 ← 協議への招請 →	招請の確認
	第5条スコーピング協議会議（UVP-法第7条，9条による前倒しではない） A) 簡易協議／会議　B) スコーピング-ワークショップ　C) 何度かの会議　D) 現地踏査	
	議事録／教示 －提出すべき資料の内容と範囲（第6条） －調査枠組についての指摘／異議の除外の理由づけ －調査枠組の柔軟性に対する事業者への指摘（法的拘束効果のない点） －UVP-法第5条による教示の完了について	← 同意 → 議事録への同意 －提出すべき資料の種類と範囲（第6条）
事業者への議事録の送付	← 議事録の送付 → 事業者とそれ以外のスコーピング参加者への議事録の送付 ← 議事録の送付 →	それ以外のスコーピング参加者への議事録の送付
	場合により，事業を随伴する更なる会議／協議会議	

図-3.9 スコーピングの流れと形式（VP：親和性検査，UVP：環境親和性検査）

いう印象を抑える効果がある（ERBGUTH & SCHINK 1996）．早期の参加は，したがって，同じように，事業に対する受け入れ姿勢の促進に役立つ．しかしながら，担当官庁はスコーピングの際の幅広い参加の利点を事業実施者の利益と比較衡量し，その計画，ならびに特に企業関連のデータ（企業秘密）を慎重に扱わなければならない（環境親和性検査法第 10 条）．

3.3.4 スコーピングの内容

　事業実施者は官庁に対してまず自分の計画と環境に関する資料を提供する（前情報，スコーピング資料の最初の案）．場合によって，ここではすでに，スクリーニングの枠内で作業された結果を活用できる（KÖPPEL & WENDE 2001）．これらの資料はまだあまり詳細でないことが必要である；環境親和性調査は前倒しでは行ってはならない．もっとも事業実施者の計画は，官庁がこの計画に関してイメージが持てる程度には仕上げていなければならない．作業の深度と縮尺は，事業の環境甚大性および環境に対する影響に合わせる必要がある（ERBGUTH & SCHINK 1996）．環境親和性検査-行政規則は教示の内容についてほとんど触れていない．それは，その場合に法的基礎を示す必要があること，そして，環境親和性検査法第 6 条 4 項に基づく環境親和性調査において作成すべきデータは「必要な場合」と留保されており，環境親和性検査の実施に必要な時間的枠組を示す必要があると述べているだけである（環境親和性検査-行政規則第 0.4.7 番）．どのような方法を適用するべきかについても，法的には，確定的に定められてはいない．

　専門的な側から見ると，暫定的調査枠組の確定の際には，**以下の問題**に注意する必要があるだろう（以下の一連の内容は，環境親和性検査の様々な手引き書から求められていることをまとめたものである；ヨーロッパ委員会 DG XI 1996，付録 4 も参考になる）：

- どのような技術的な事業データが提出されなければならないか？　例えば，事業の種類および立地，配置図，道路などの関連基盤開発，一般的プロジェクトコンセプト，場合によっては代案的解決方法，規模の変種案，設定目標と需要，事業の実現で関連させるべき局面（建設，運営，停止，再整備）．環境親和性検査法第 6 章と環境親和性検査-行政規則（第 0.4.5 番）も参照．
- どのような環境についての事項，そして，合わせて，特に保護財についてのどのような事項が記載されなければならないか？　例えば，関連する保護財，調査すべき動植物種グループ，詳細把握のための土壌パラメーター，既存負荷，敏感度，保護価値度．
- どのような影響要素あるいは影響種が調査されなければならないか？　例えば，大

気汚染，騒音，電磁場，光，放射線，残留物 [Reststoff]，廃棄物，汚水，廃熱，水面拡大施設，資源需要，土地需要，分断，地面遮蔽，土壌圧密化，土壌除去，土壌搬入，地下水低下，地下水滞留，震動，視覚的影響要素，施設安全リスク．
- どのような方法を適用すべきか？ 例えば，利用されたビオトープ解法，調査の詳細度（調査縮尺；調査深度，質的にあるいは量的に），特殊な調査方法，影響分析についての特殊な方法．
- どのような評価基準を適用すべきか？ 例えば，TA 大気 [Techniusche Anleitung Luft：大気浄化のための技術的指針] あるいは汚水処理汚泥令の境界値のような専門的法律の基準値，連邦自然保護法第 30 条，環境親和性検査-行政規則の値，DIN [ドイツ規格協会] 規格，技術的-科学的な知識に合わせた予防値，自然地計画図からの質基準，自然地枠組計画図，地域的国土計画図，州発展計画図，レッドリストおよびその他の自然保護専門的基準，個々の事例の状況に応じての基準．
- どのような時間的，空間的範囲に注意しなければならないか？ 例えば，地理的調査地域，空間的・時間的観察レベル，調査に必要な期間（抽出調査，1 回あるいは 2 回植物成長期あるいはそれ以上）．
- どのような図表現的，地図的な条件に注意する必要があるか？ 例えば，地図の縮尺，保護財，空間抵抗 [Raumwiderstand] に基づく地図の構成，道路建設のための環境親和性調査標準地図．

理想的な場合には，スコーピングの枠内で，この 7 つの問題が明らかにされる．しかし，いつもすべての手続がこの理想型に対応しているわけではない．BRUNING (1994) は，頻繁に現れてくる可能性のある個々の問題と批判点を挙げている（RUNGE 1998 からの引用）．いわば，例えば「建築家と技術者のための報酬規則」から抜書きした法律文や，引用文の形で空疎に作文された前情報だけしか，スコーピングに対する協議会議の打ち合わせ基礎として利用されていないことが多い．しかし，そのような基礎の上で，実際に，実態的，専門的に適正に調査地域が設定できるのか？ 同様に，調査空間が，専門的基準からみると，あまりにも硬直的で，狭小にしか導き出されてこない場合がある；もし，確定が委託計画事務所の専門的重点だけに合わせられ，影響の予想される全体スペクトルに合っていないのなら．非常に多くの場合，調査が時間的圧力のもとに置かれている（植物成長期すらがスコーピングでの調査期間として対応させられていないという場合がある）．最終的には環境親和性検査法に示されている保護財の体系を遵守していないこと，そして，それに条件づけられて調査の重みづけが隠れてしまうことも批判される．

最後に，相互作用の考慮の不充分さが持つ危険性が挙げられる．しかし，これらの批判点が誤解されてはならない．実践で頻繁に発生する既述の問題が起こってき

ても，スコーピング全般をやらない方が好ましいという意味ではない．スコーピングの問題を明らかにし改善ができるチャンスは，つまるところ，そもそも，提出が予想される資料の確定がうまく行われる場合にしかない．

理解確認問題
- 誰がスコーピングを行うか？　この実施は義務として定められているか？
- どのような機能と意味をスコーピングはもっているか？
- どこにコーピングの危険性と限界があるか？
- 好ましいスコーピングの流れを詳しく述べなさい！
- 誰がスコーピングに参加するのか？
- スコーピングあるいは教示の結果，何が内容的に確定されるか？　例を挙げなさい！

3.4　環境親和性探査と環境親和性調査

　この章では，環境親和性検査法第6条が，申請資料の種類と範囲について，そして環境親和性調査についての何に触れているか，そして，これがどのように実践の中で実現できるのかについて詳細に立ち入っている．この法律は事業実施者の資料の提出を求めているが，これらは，実践では，環境親和性調査 [-studie] （UVS）あるいは環境親和性探査 [-untersuchung]（UVU）と称されている．最初，この2つの語義について説明する必要がある．UVUの概念が，環境親和性に向けての探査の経過－土地の地図作成，評価手続の適用，適切な予測方法による影響の把握－ならびに鑑定書の作成に際しての作業を表すのに対して，UVSの概念によっては，実際の調査書それ自体，もしくは，事業実施者が更なる申請資料との関連で提出すべき，この調査に属する資料が考えられている．実際にはこれらの概念は同義で使われる場合が多い．

　環境親和性調査では，環境親和性検査の専門的な中核的内容が扱われている－それは，事業と環境の既述，ならびに環境に対する影響の分析である．これは行政手続と決定手続の開始時点で提出されるが，そうすることで，様々な官庁と公益主体の参加（環境親和性検査法第7条，8条），および，公衆参加（環境親和性検査法第9条から9a条），官庁による総括表示と評価（環境親和性検査法第11条，12条）に対して，そして，特に事業の妥当性についての決定に対しても重要な基礎となる．環境親和性検査法第6条では，何が事業実施者が提出すべき資料として挙げられるかが主に書かれている．いくつかの事業タイプに対しては，例えば建設誘導計画の際，あるいは鉱業法規的手続の際の特別規則が定められている．

3.4.1　環境親和性探査/調査の目的（UVU/UVS）

　上記の機能と並んで，環境親和性調査は，以下の目的を満たす必要がある．つまり：

- 手続への様々な参加者と公衆の事業に関する意見形成に対する専門的で，実態に合った基礎，
- 事業に関する，およびその種類，範囲，位置に関する様々な利益の根拠のある比較衡量のための基礎，
- 環境視点からの事業の最適化のための基礎，

である．

これ以外に，事業実施者の側からの環境親和性調査の提出の際には，環境法規に根ざした**原因者原理**を念頭におく必要がある．事業実施者は，手続に協力するよう義務づけられている；環境影響の予測と分析は，大幅に事業実施者の手中にある (ERBGUTH & SCHINK 1996 を参照)．

3.4.2 探査の内容についての法的要請

事業実施者の義務という場合，環境親和性検査法は，いつも環境親和性調査に含まれていなければならない**必須記載項目**[-angabe] と，一定の条件下で提出すべき**その他の記載項目**を区別している．

どのように環境親和性調査が仕上げられるべきかは，法的に詳細には定められていない．多くの場合，環境親和性調査は独自の，それ自体で完結した記録であり (ERBGUTH & SCHINK 1996)，調査と結果の内容の全体把握に大いに役立てることができるものである．これは，様々な記録からまとめて作成されたのでもあり得る．**詳細度**と**調査の種類**は，事業とその計画状況，および，その規模，予想される影響に依存している．そのため，もし，主に道路の位置に関わる国土計画手続の枠内での事業に対する調査を－特定の部分路線内での建設的対策に関しても非常に具体的に行われる－計画確定手続の場合と同じ詳細度で行おうとすると，あまり意味がない．

3.4.2.1 資料のもつ，決定に対する重要性

環境親和性検査法によると，事業の実施者は，事業の環境影響に関しての**決定に重要な**資料を提出することとなっている．しかし，この脈絡での決定に重要なものとしては何が該当するのか？ここに述べた法概念には，一定の解釈の余地がある．しかしながら，提出しなければならないのは，プロジェクトの環境帰結に関わり，何らかの形で事業に関する決定に重要なすべての情報である．このことは，影響それ自体に関する資料だけでなく，事業に関しても，そして通例は関係する環境の記述も表されなければならない (BUNGE 1988 ff)．いずれの場合でも，根拠づけられた**原因-影響構造**を明らかにしなければならないということを意味する．実態的-法的基準と並んで，計画実践においては，当然ながら，参加主体 [Akteure] とその利害が少なくない意味を持っている．環境親和性調査の作業を行う計画事務所は，契約委託

者に対して，どのような調査が決定に重要なものとして認定されるか，そしてどのようなその他の調査をまだ追加的に行わなくてはならないのかという問題と苦闘しなければならないのはまれではない．

3.4.2.2 最低記載項目と追加的に提出すべき記載項目
〈最低記載項目〉

環境親和性検査法第6条3項では，最低，どのような情報が，事業実施者の資料に含まれていなければならないかを確定している．

事業の一般的特徴についての記載："立地と種類，範囲，ならびに土地に対する需要に関しての記載のある事業の記述"．

環境保護対策の記載："甚大な環境の侵害が回避，低減される，あるいは可能な限り相殺される対策，ならびに相殺不可能だが，自然・自然地への優先される介入の代替対策の記述"（連邦自然保護法第18条と19条を参照）．

甚大な環境影響についての記載："予想される事業の甚大な環境悪影響の，一般的な知識状況と一般に認知されている検査方法の考慮の基での記述．"

環境状況についての記載："事業の影響範囲での環境とその構成要素について，一般的な知識状況と一般認知されている検査方法の考慮のもとでの記述，ならびにこの領域での住民についての記載；ただし，この記述と記載が，事業の甚大な環境悪影響の確定と評価に必要であり，その提出が事業の実施者にとって妥当である場合に限る．"

その他の解決可能性の記載："最重要の，事業の実施者によって検査されたその他の解決可能性および事業の環境影響の視点で重要な選択理由の記載．"

この記載内容の**一般的に分かりやすい，技術的な表現をしない総括的記述部分**．

甚大な影響は，**一般に認知されている検査方法**の考慮のもとで，記述する必要がある．この文言の背景は，研究の性格を持った徹底した科学的調査にお金を掛けなければならないということは事業実施者にとって適切でないということが背景にある．些細な負荷も調査する必要はない（過剰禁止 [Übermaßverbot]；ERBGUTH & SCHINK 1996を参照）．しかしながら，他方では，一般に認知された水準を満たさない古い検査方法も同様に退ける必要がある．これによって，一定の専門的-質的な水準に対しても指示されている．

〈追加的に提出すべき記載項目〉

環境親和性検査法第6条4項では，何が**追加的に**申請資料あるいは環境親和性調査書で記述され，把握されなければならないか，その場合，どのような条件に注意する必要があるかが書かれている．それに基づいて，事業の種類に応じて環境親和性検査に対して**必要とされる**場合には，資料は以下の記載項目を含んでいなければ

ならない．具体的には：
- 使用された**技術的手続**の最重要な**特徴**の記述，
- **予想される汚染**の種類と範囲，廃棄物，汚水の発生，水・土地/土壌・自然と自然地の利用と形成の**記述**，ならびに甚大な環境悪影響を引き起こす可能性のある，事業のその他の帰結についての記載，
- 例えば技術的な欠落部あるいは知識不足のような，記載内容のまとめに際して現れた**困難に対する指摘**，

があるが，
- それ以外に，**一般的に分かりやすい総括的記述部分**も，これらの追加記載の対象にしなければならない．

3.4.3 探査の内容についての専門的要請：事業記述からまとめまで

　調査の開始に当たって，一体全体，どのような事業の特徴が保護財に影響を及ぼす可能性があるのかという問題がある．この問題には，計画家が可能な限り広範に環境親和性調査と，そして，事業およびそれに応じた技術的プロジェクト情報と取組むか，あるいは取組むこともできる場合にのみ，最終的に充分な意味を持った解答が与えられる．このことはまたもや，事業計画が環境親和性調査の作成の時点でそれに応じて進んでいなければならないし，また，その計画が広範な内容で早期に事業実施者とプロジェクト計画家から環境親和性調査作成者に提供されなければならないことを前提としている．

3.4.3.1　事業の記述

　事業と施設のコンセプトの広範な技術的記述には，例えば以下のような記載項目が加わる：
- 容量と能力，
- 予定されている技術的手続の種類，
- 運営用施設，および，その時間，道路などの敷地開発，
- 追加的に必要となるインフラストラクチャー，
- 運営用資材およびその補助資材の種類と量，
- 物質とエネルギーの流れ，
- 施設の実現に向けての工期・工程計画，
- 計画されている関連用途と副次用途，
- 交通・運輸の発生，
- 廃材，残土などおよび廃棄施設，
- 施設の安全（WENDE 2001；RUNGE 1998 も参照）．

例えば，沖合-風力発電施設にとって，どの程度の名目メガワット能力の風車タイプが計画されているかということが，これ以外の技術的構成も合わせて決めるので，UVU の更なる作業に対して重要となる場合がある．運営施設のデータは，沖合の風力発電施設がどのように期待されているかの情報を含んでいる．この例でも，変電基地の形のインフラストラクチャーならびに風力発電施設の内部配線と送電線接続が必要となる．このインフラストラクチャーによって環境影響も引き起こされる可能性がある．そのような「風の公園」は，最初，パイロット段階として小規模の形で許可され，そして後に，それに続く拡充段階において許可されるべきであるが，そうすると工期・建設工程計画も必要となる．結局，この例は，可能な限り広範な事業情報が取得できることが，後の全体での環境影響を把握可能にする唯一の可能性であるので，環境親和性探査の鑑定者にとって非常に重要であることを示している．これに応じて，事業・施設コンセプトの記述が慎重に行われる必要がある．

　技術的-コンセプト的情報と並んで，**影響要素**が重要である（表-3.4 を参照）．これは，自然空間状況あるいは保護財との共動効果の形で，事業要素の特殊な特徴から起こってくる．影響要素と影響を明確に分けることが大切である．影響要素は事業に由来し，それ自体では全く侵害を表さない．影響としては，保護財にポジティブあるいはネガティブな変化として確認できるものが該当する．影響要素についての更なる事例と解説は，本書の介入規則についての第 2 章でも扱っている．

　空間的にも技術的にも，両方の**選択肢案／解決可能性**の最初の概観の作成と記述も，環境親和性調査における事業記述の最初の業務局面 [Leistungsphase] に含められる．しかしながら，最初に選択肢案の検討を行うことをもって，後の時点でのプロジェクトに合わせて調整した回避・低減コンセプトの具体的な展開に置き換えてはならない．注意すべきは，以下の点（これで完結はしていない），つまり：
● 立地の検討，
● 特定の技術の選択，
● 土地に対する需要の抑制についての対策，
● 特定の建築資材の選択，
● 汚染低減技術，
● 施設の高さ（WENDE 2001），
についてである．

　環境親和性調査の作業の本来の構成要素でないにしても，事業の**需要予測**は環境関連の探査の枠内では重要な役割を果たす．需要予測は，事業特徴，そしてこれに

表-3.4 沖合-風力発電施設の施設によって引き起こされる影響要素（KÖPPEL et al. 2003 を参照）

施設に条件づけられた影響要素		
施設に条件づけられたものとして，施設と建設物と結びついたすべての影響要素が該当する		
原因／影響の場所	可能な影響要素	関連する生物的および無生物的保護財
基礎および支柱，回転子，場合によっては変圧装置による	土地・空間使用（土地/土壌，水，大気），生育生息空間消失	土地，海洋哺乳動物，魚，海底動植物，海底，自然地景観
風力発電施設の周りの安全柵による		文化財（海底遺物，土壌の記録機能），物財（資源の存在）
基礎と杭による	人工的な硬化底土の実現，地面遮蔽	魚，海底動植物，海底土壌，文化財（廃船，土壌の記録機能）
支柱と回転子	阻害・障害効果，分断（衝突の危険）	鳥
明示のための施設照明（安全のため）	人工照明	鳥
支柱と回転子	日影	魚，海底動植物
個々の風力エネルギー施設の範囲の小空間的に，および全体の風の公園による大空間的に（支柱による）	海水流変化	水文学（水温による水層形成，塩類，温度，密度，栄養素，有害物質）
基礎部分で（岩石盛上げがない場合）	洗掘	海底
湖水流変化を理由として	沈殿物の堆積	海底近くに生息する魚，海底土壌
風の公園の内部，およびケーブル敷設域では，安全のため漁業禁止	漁業の減少	魚

よる影響要素に大きく影響を及ぼす．例えば飛行場の規模算定，あるいは空港の離発着滑走路の数は，需要予測に合わせられるが，これらには土地需要および地面遮蔽が相関しており，これらがまたしても環境影響の大きさにとって重要となる．需要問題は，計画されている事業の回避・低減戦略の作成の際にも，極めて決定的なものである．例えてあげると，海岸沿いの余暇施設の計画の範囲内にあるボート係留場の需要がどの程度の大きさに応じて，環境利益が色々と異なる規模の変種案を，そこから導き出すことができる．したがって，需要問題は，環境親和性調査の中では，無視してはならない．

3.4.3.2 現況調査と現況評価

環境の現況調査と評価は，事業実施者にとって必須の記載事項に属する．実践では，これを行わないわけにはいかない．すでに，現況調査と現況評価の段階は，影響分析の視点で，目標に照らし合わせ，特に影響要素関連の現況調査として行われる必要があるだろう（KÖPPEL et al. 1998，2.1.3 項参照）．区別すべきは，実態レベル－

例えばビオトープ類型あるいはハビタット類型－での**現況調査**と，価値レベル－例えば，保護財である動物の生育生息空間としての役割の視点でのビオトープ類型あるいはハビタット類型の判定－での**現況評価**である．現況調査の開始に当たっては，具体的な計画空間に対する環境親和性検査法の保護財に関する既存のデータ基礎および情報を把握し，評価することが必要である．

〈調査空間〉

現況調査と更なる調査が行われるのはどの空間になるかは，考えられる事業の**環境影響の到達範囲**から引き出される．影響空間は，様々な環境媒体では，様々な大きさになる可能性があるが，それは，例えば，騒音負荷は空間的にビオトープの消失とは異なった影響を及ぼすからである．したがって，**事業の場所**に加えて，調査空間は，それを超える，いわゆる**影響空間**[Wirkraum]も含む（テューリンゲン環境・州計画省 [Türinger Ministerium für Umwelt und Landesplanung]1994）．環境親和性調査で代償必要性も記述される必要があるので，調査空間の境界は，最終的に，調査空間内で介入の場とは空間的に切り離された代替対策も表示できるように，幅広く設定する必要がある（WINKELBRANDT 1995）．代替対策が介入地から比較的に離れて実施される必要のある場合では，飛び地調査地域 [Untersuchungsgebietsexklave] の設定が適切と思える．

スコーピングの調査枠組の確定の際には，調査空間についてすでに触れている必要があるだろう．それは，遅くとも，計画事務所に対する環境親和性調査についての契約委託の際に確定される．**境界設定を段階的に**行うことは，効果的である場合がある；つまり，プロジェクトの影響空間がまだ最終的に認識できない時には，計画の開始時にこれをまず暫定的に確定し，後で具体化するということである（SenSUT 1999 を参照）．かつての「ベルリン都市発展および環境保護，技術部 [Senatsverwaltung]」は，"手続での調査結果がいつでも調査空間の変更を許すことが確保（されなければならない）"ことを強調している．もっとも，このことは実際には，事業実施者と受託鑑定事務所にとって，それぞれ，契約規模と同時に報酬の変更を意味するので，簡単ではない．調査期間も，ちょうど，保護財の動植物の地図化の面で，注意する必要がある（これ以外に本書の第 2 章「介入規則」を参照）．

〈調査内容一般〉

調査されるのは，計画の事業がまだ実施されていない状態の**事業地域の環境**である．現況調査と現況評価は，環境親和性検査法第 2 条に述べられている保護財と関連しており，環境親和性検査の一般的検討方法に即して，媒体包括的に，相互作用の考慮のもとで実施しなければならない（SCHOENEBERG 1993）．実際の状況と並んで，法的拘束的および官庁拘束的な計画も表示する必要がある（SPORBECK et al. 1998）．

現況調査・評価あるいは空間分析は，特に，**土地の環境専門的重要性**を判定することが特に狙われている．これについて，以下の実態を把握し，記述する必要があるだろう（同上）：
- 保護財の環境専門的判定に必要な場合，保護財の**特徴**，
- 保護財の**意味**（法的基礎と専門的評価基準，地域的な目標と事情をもとにした，質と実行能力，適性の判定）
- この計画段階で判定できる場合には，事業の影響に対する特定の**保護財視点**による**鋭敏度**，
- 法的**保護の位置**（自然保護地域および天然記念物，水保護地域，その他）および計画的位置（例えば気候的な理由で空地としておく土地－土地利用カルテ），もしくは**保護価値**（MUNR1995 を参照），
- **既存負荷**の可能性，
- **土地利用**（情報的）．

　保護財である文化財の例をもとに，この実態について，もう一度，説明する必要がある．計画されている余暇村のための環境親和性調査についての調査空間は，まず，様々な特徴を持っている，決定的な文化財要素を把握しなければならない．この事例プロジェクトについては，地図評価および地質調査の際には，湖岸に位置するこの地域が，原始時代や古代には集落地として利用されていたことが明らかにされる．これについては，考古学的に興味深い遺物が分散して存在するという，いくつかの面的な埋設物調査結果が証明している；しかし，これについては多数の個別の発見でも証明されている．したがって，2つの異なる文化財的要素の特徴，つまり，面的および個別的なものが，敷地に存在する．出土物はその重要性で判断する必要がある．その際には，様々な基準が役割を果たす．例えば，時代が決定的な評価の手掛かりを与えてくれる：出土品は，古ければ古いほど，文化史的な課題で，より多くの意味を持ってくる．保護財の鋭敏性は特殊な影響要素に関して様々である可能性があり，この点を環境親和性調査でも触れておく必要があるだろう．上記の文化財の出土品はすでに知られており，その結果，登録埋設記念物として特別保護の地位を得ているかも知れない．恐らく，既存負荷の把握内容に触れた，文化財の保全状態に関する記載も可能となる．かつて耕地利用がされている場合，特定の発掘場所は恐らく適度か強度に耕され，他の場所では完全に，非常に良好に保全されている可能性がある．最終的には，個々の保護財に対して，以上の順で述べた重要な情報を，現況調査と現況評価の形での環境親和性調査において，可能な限り示すことが重要である．

〈保護財の操作化／特殊な調査内容〉

　法律に述べられている保護財とともに，まず，社会的に要求されている環境予防の目標対象が挙げられる．しかしながら，人間および動植物，土地/土壌，水，大気，気候，自然地，ならびに文化財，および相互作用を含むその他の物財という諸々の概念とともに，同時に，**保護財の**更なる**操作化**についての疑問が生まれてくる："自然地が有する自然の資源 [Dargebot] あるいは富について一般的に語ることは全く充分ではなく，これら，および類似の概念（環境親和性検査法第2条の保護財のようなものも：著者の注記）は，装備特徴，質パラメーターによって，社会的に関心が持たれる機能の（……）重要性を，特に国土計画と自然地計画において証明するために，特に詳細に把握しなければならない（BASTIAN & SCGREIBER 1999）"．ここでは測定・実験理論の枠内で，いわゆる掛渡し問題も語っている（BORTZ & DÖRING 1995）．例えば保護財の土地/土壌と結びついている社会的関心の質は何か，そして，どのようにしてこれを測定可能にできる，あるいは調査できるのか？　計画の実務の中では，頻繁に，保護財を更に細分類することが試みられている．ここでは以下の問いが中心に位置する：保護財という形での，人間-環境-構造の保全に対して，何が最も重要な観点なのか？

　しかし，保護財-操作化を大きく進めることには，議論がないわけではない．これには適切な分析方法が欠けており，すべての保護財を適切な形で広範に細分類はできない．同様に不明確なのは，環境親和性探査の過程で，様々な部分的視点を全体的に均衡のとれた総判定につなげていけるように，保護財を更にどれほど多く，どのような部分に分割するべきかということである．しかしながら，図-3.10 で改めて明確に示しているように，通例，少なくとも一つのあるいはいくつかの操作化レベルなしには，進めていけなくなる．

　保護財の細分化と関連して，どの程度，これらが計測可能にできるかという疑問も起こってくる．このことは同時に**指標問題**と**適格化問題**を示している．具体的なパラメーターあるいは指標をもとにして，様々な部分空間の，該当する質的視点を判定可能とすることは重要である．保護財「人間」に関して決定的な空間質として，静穏の側面が見いだされたとすると，これに応じた静穏空間が把握できるようにするためにも，例えば，対応する指標の dB(A) を利用する必要がある．したがって，完全な実際転換を行うには，保護財レベルと1つか複数の操作化レベル，指標の計測レベルを含むことが必要である．しかし，この前検討と並んで，特に，環境親和性検査法の個々の保護財についての調査内容が重要となる．個々にどのようなものであるかは，様々な入門書および指示書，課題別解説書からの環境親和性検査に対する専門的要求基準の評価を基礎として，以下で示している．その場合，記述は，保

3.4 環境親和性探査と環境親和性調査

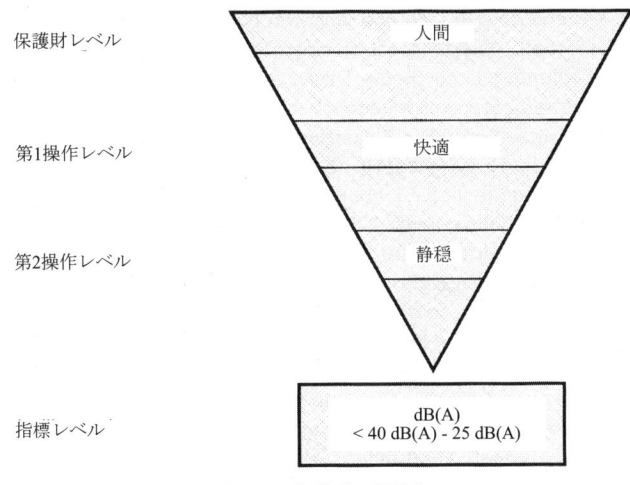

```
保護財レベル         ┌─────人間─────┐
                     \             /
                      \           /
第1操作レベル          \   快適  /
                        \       /
                         \     /
第2操作レベル             \静穏/
                           \  /
                            \/

指標レベル              ┌──────────────┐
                        │   dB(A)      │
                        │ < 40 dB(A) - 25 dB(A) │
                        └──────────────┘
```

図-3.10 保護財の操作化

護財の人間および文化財，その他の保護財，ならびに相互作用に限定している．自然収支財である土地/土壌および水，大気，気候，自然地についてのそれ以外の指摘は，本書第2章「介入規則」の部分で行っている．

したがって，まず，**保護財である人間**についての調査内容について述べる．環境親和性検査の枠内で，人間の全要求を保護財の構成要素と見なすのは，あまり意味がない（GASSNER & WINKELBRANDT 1997）．この場合に，すでに所得上昇あるいは雇用機会提供が取り込まれているとしたなら，環境と保護財に対する影響の個別の評価の終了後に初めて行われることになる比較衡量を前倒しで行うことになる（BUNGE 1988ff を参照）．その限りでは，環境予防の枠内で重要な人間の要求のみが考えられているということを起点とすべきである．そのようなものとして：

- 生命，および，
- 健康，
- 快適性，

がある．

もっとも，評価は健康視点にだけに限定してはならない（GASSNER & WINKELBRANDT 1997；BUNGE 1988ff も参照）．快適性も考慮されなければならないことは，多くの場合は，注意すべき専門的法律から出てくる（PETERS 1996）．しかも，EU 指令は，その理由文の中で，生活質について述べている．**環境予防**の意味では，同様に，**負荷**の領域，つまり，健康侵害についての閾値を下回るものも検討する必要がある．これに健康阻害は直接に含まれないものの，著しい騒音影響は入る．事業，例えば，

場所的な移転対策が社会に与える影響をどの程度取り込まれるべきかについても議論の対象となっている．そのような社会的影響は，例えば，大面積の露天掘り褐炭採掘事業の場合には，重要な役割を果たす．これらすべてのことから，多かれ少なかれ，居住環境，および疫病学的内容，生命，肉体的万全性，そして，これと密接な関係を持った身体的・心理的な健康の問題に，質的・量的な食糧確保に関わるということ，しかしまた，騒音に鋭敏な用途，そして，騒音防止に役立つ土地と要素に関わり，更に，自然と結びついたレクリエーションのために特別な適格性をもった騒音防止ゾーンあるいは土地に，ならびに，市街地近辺の空地特徴に関わっていると結論づけることができる（最後のものについては GÄLZER 2001 も参照）．

　図-3.11 は，もう一度，事例的に，保護財の人間についての調査内容を示している．この例は，ブレーメン市近くの市街鉄道延長についての環境親和性調査からの部分地域図を図式的にあげたものである．この新市街鉄道は，都市-郊外-連結での公共人員交通手段を改善することを目標としていた．市街地鉄道は，ブレーメンの都心と直接に接続し，それによって都心地域での自動車交通の減少に結びつくように考えられた．

　作成された環境親和性調査の課題は，いくつかの変種案によって予想される影響に関して，決定に対して重要で，環境に大きな意味を持つ情報を準備することにあった．したがって，最初，市街鉄道路線の計画変種案の周辺での保護財についての現況が調査され，その後，評価された．保護財である人間との関連では，特に，住環境とレクリエーションの視点が検討された．表示された市街地地域は，高い居住と住環境の質をみせている．更に，地区に入り込んでいる空地は，住宅地近くのレクリエーションのためだけでなく，レクリエーションの目標地点としても非常に大きな意味を持っている．レクリエーションの質の判定は，土地が，騒音，有害物質，あるいはまた視覚的侵害のような，人為的阻害要因からの影響を，どの程度に受けているかという問いに関して行われた．これに加えて，到達容易性と通行容易性という指標，つまり，レクリエーション利用に対する土地の通行路も評価の際には大きな役割を持っていた．この区域の市街地が近くにあるという位置での地域景観と自然地景観は，様々な基準を基に，同様に質的に高い価値を持っていると段階づけられた．それに続く影響分析の枠内で，レクリエーションと住環境に重要な土地の騒音侵害が予測された．

　ミュンヒェンの市街鉄道計画の他事例では，健康視点と庭園記念物保全的な利益が調査された．市街鉄道の新区間の一部は，英国庭園内を通す必要があった．これについては，枠-3.1 にまとめて表示されている広範なデータ基礎が調査された．

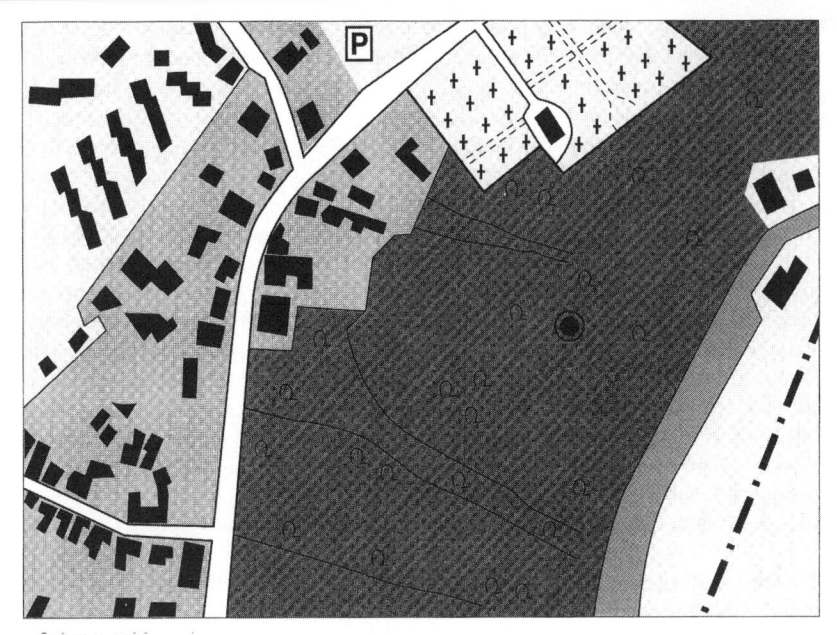

保護財の人間
居住・住環境の質
　　　　高い

レクリエーションの質
　　　　非常に高い

◉　　レクリエーション目標地点

図-3.11 市街鉄道計画のための保護財の人間についての環境親和性調査—現況評価からの図式的な部分地域図（BPR Planungsbüro Hannnover 1997 から；部分加工）

　保護財「人間」と庭園記念物保全（保護財「文化財」）の利益は，公園の区間において非常に大きな意味を持ち，そのために，騒音侵害および電磁場，自転車使用者と歩行者の事故の危険性，ならびに公園樹木への影響を非常に広範に分析する必要があった．この事例では，最終的に，ちょうど，環境親和性調査では－自然地維持的随伴計画とは反対に－保護財「人間」と「文化財」が，事業タイプおよび関係する自然地空間に応じて，あるいは，この事例で関係したレクリエーション空間である都市公園のように，高い位置を占める可能性があることを示している．しかし，環境親和性調査では，同様に他の保護財にも慎重に対処する必要がある．

枠-3.1 ミュンヒェンで計画されている市街鉄道新設区間"北部通過線－英国庭園工区"についての環境親和性調査に対するデータ基礎（Stadtwerk München 1993 による；短縮し変更）

個別交通／既存のバス交通，および北部通過線の走行の場合のバス／市街鉄道による騒音，および騒音負荷比較の鑑定書
平均的1日当たり交通量（DTV）あるいはトラック交通についての交通量調査
市街鉄道-新設区間"北部通過線"－電磁場の広がりと考えられる健康に対する影響についての見解
市街鉄道プロジェクト"北部通過線－英国庭園工区"における大気有害物質についての変種案比較
路線に近い位置の現況樹木を用いて行う技術的計画の資料
英国庭園の樹木立地調査の結果
バスと市街鉄道の技術的データ
旅客調査
土地利用計画図，利用類型地図，ビオトープ地図
地下水位等高線および重要な水位の地層地図
ボーリング調査と測定記録（水）の結果
記念物保護された建築物のリスト
公園と歩行者専用路を通過する市街鉄道が存在する都市で調査された，市街鉄道とバスによる事故の危険性についてのデータ
計画の事業が既存樹木に及ぼす影響の蓄積データ問題についての鑑定的見解

文化財とその他の物財とは，保護されたあるいは保護価値のある文化・建物・土地／土壌記念物，および歴史的文化自然地，特徴ある個性をもった自然地部分を言う；他の言葉で表すと，視覚的あるいは歴史的に条件付けられた自然地保護，および記念物保護の，環境に特有の側面ということになる．事情によっては，自然的環境と密接には関連していない対象の検討も，当然，必要である．物財には，例えば，記念物としては保護されていない建築物あるいは敷地，その他の物件所有状況，そして，最後に，農林漁業と狩猟からの利用権も当てはまるだろう．更なる定義の助けとなるものは，KÜHLING & RÖHRICH（1996），BARSCH et al.（2003）および記念物保全と自然地保護のためのライン地方協会 [Rhienischer Verein für Denkmalpflege und Landschaftsschutz]（RVDL et al. 1994）で見られる．以上の文献のうち最後のものから，潜在的に重要な要素と構造を抜粋して，それを表-3.5 で示している．これは，実際には抜粋でしかないが，環境親和性調査に重要であり得る，文化的に大きな意味を持つ要素が非常に多様であることを思わせる．

最後に，**相互作用**の概念内容について明確にする必要がある．"エコシステム的な相互作用の概念は－予想されるプロジェクトからの影響のために決定に重要な意味をもつのであれば－保護財間の，（……）そして自然地的なエコシステム間の，考えられるすべての機能的および構造的な関係と理解される"（SPORBECK et al. 1998）．このことから，相互作用の概念は，環境親和性検査の持つ**諸媒体包括的な性格**を明

表-3.5 歴史的および今日的な機能による，保護財である文化財とその他の保護財についての潜在的に重要な土地および構造のリストからの抜粋（RVDL 1994 参照）

宗教	
物的財	
点的要素	プロテスタント教会 ローマ-カトリック区教会，寄進教会，修道院付属教会，礼拝堂，聖人礼拝堂 修道院，寄進修道院，尼僧院 ローマ時代の礼拝場（聖貴婦人像，祭壇石，聖石） 路傍十字架および事象十字架（防雹十字架，ペスト十字架），路傍の木彫りキリスト十字架像 カルヴァリの丘 [キリスト磔の場に模した巡礼地：水原] 宗教的意味のある重要な樹木 小さな教会，墓地（ユダヤ墓地） ユダヤ教会，回教寺院，寺院 先史時代の墓（丘状墓，骨壺墓，巨石墳墓，火葬骨墓，火葬墓） 墓石
線的要素	教会街道，巡礼街道，感謝祭行列道，十字架への道 司教区境界，教区境界，聖堂区境界，教会領地境界 [Immunitätsgrenzen]
面的要素	大規模墓地
文化自然地単位	
点的要素	寄進教会領有地 [Stiftsimmunitäten] 寄進施設および修道院施設
面的要素	墓地複合施設
支配／行政／権利	
物財	
点的要素	要塞，城，居城 城塞庭園，城庭園 宮殿のオレンジ庭園，園亭，神殿 村長公邸 [Schulzenhäuser und Schulzenhöfe]（Gräftenhof）， 行政庁舎，裁判所，計量所 [Waagen]，貨幣鋳造所 刑務所，（集中）強制収容所 裁判場，裁判樹 処刑場（絞首台と絞首台の丘） 境界の道標（石，杭，樹木） 国境通過点，遮断機 税関，税関建物 記念物（栄誉記念碑，戦争記念碑） 記念樹（平和記念樹，帝国記念樹） 測量点（三角点，石） シュテルンベルゲ（眺望点として）
線的要素	様々なレベルでの領地境界 かつての都市領域の境界 かつての国境の砦（城壁と空堀，城壁と堀） 領土の防御施設 並木道およびアーケード 国境壁および国境遮断施設

表-3.5 歴史的および今日的な機能による，保護財である文化財とその他の保護財についての潜在的に重要な土地および構造のリストからの抜粋（RVDL 1994 参照）

面的要素	行政境界 諸都市（歴史的法的システムとして） 自然景観庭園および動物園 村落共同体の所属地 [Markenflächen] 公益的な自治体の土地（市町村）
文化自然地単位	
面的要素 （……）	居城施設（森林・公園・庭園施設を含む） 御料地 （……） （……）

確にしている（Auhaugen et al. 2002 を参照）．保護財と保護財への影響を検討する際には，分野的な分析だけでなく，システムの関連性が課題となる．保護財の対象的性格からは遠のく．相互作用の作用構造は，相互運動 [Interaktionen] の抽象的モデルである（Wende 1998 およびヨーロッパ委員会 [European Commission] GD XI 1999）．このことを基本にして，相互作用の 3 段階の概念定義が出てくる：
- 間接的な影響（indirect impact），
- 累積的影響（cumulative impact），
- 影響相互作用／影響移転（impact interactions；ヨーロッパ委員会 GD XI 1999 を参照）．

相互作用は，環境の**現況調査と評価**の場合のみならず，**影響分析**に際しても検討する必要があるだろう．改定 EU 環境環境親和性検査-指令 [指令 97/11/EG] の定めに応じて，この間に，文化財およびその他の物財を，この相互作用の検討の中に取り込む必要がある．このことは，地元の大気汚染，あるいは影響連鎖によって，間接的に大きな価値のある建物本体に影響が及ぶ可能性がある場合に，検討事項として重要になる．ある保護財から他の保護財への転移効果および**問題移転**も検査する必要がある（Appold 1995 を参照）が，もっとも，これは上記の Sporbeck et al.（1998）の定義が含んでいないものである．保護財への影響の回避と低減化は，他の保護財へ，もっと甚大な影響を及ぼすことになる可能性がある．相互作用の概念の幅広い解釈が，初めて，そのような問題転移を予防する助けとなる．様々な定義の試みの間の差異は，つまるところ，実践における相互作用に関しての作業がいかに難しいかを示している．

相互作用の視点は，しかしながら，重要なテーマである．もっとも，すべての考えられる関連性を取り込んだ広範なエコシステム分析は，環境親和性調査では作業

不可能である．このことは，判例で，不適切であり，妥当ではないと見なされている（バーデン-ビュルテンベルク行政裁判所 [VGH Baden-Württenberg]，1995 年 11 月 17 日の判決）．部分的には，そのような詳細な調査は，計画に対しても決定に対しても重要ではないが，それでも，総体としては，環境親和性検査の実践において相互影を全く扱わないことが適切であると誤解されてはならない．

保護財の相互作用についての現況調査に際しては，SPORBECK et al.（1998）が 2 段階方式を推薦している：最初は保護財関連の，そして，その後に相互作用を保護財包括的に考慮するというものである．保護財の一般的な把握は，通例，すでに他の保護財への機能的結びつきに関する情報を含んでいるであろう；その意味では，相互作用の把握の作業は間接的に行われているのだろう．しかし，まだなお，環境親和性検査法第 2 条 1 項の法的使命という意味では，決定を準備していくことと同時に，ちょうど，決定の適格性のために**エコシステム的な関連性**も判然と [dezidiert] **見えるようにしていくこと**[Sichtbarmachen] が課題であり，これがまたもや個々の相互作用の単独の検討を前提としているものとなっている．表-3.6 は，現況把握と評価の枠内での，あり得る相互作用の保護財関連の整理を行ったものである．

〈評価尺度 [Bewertungsskalen] の理論的基礎〉

どのように保護財が操作可能にできるかという事を解明した後，更に，どのようにして，効果的な測定・評価過程に結びつけていくべきかという問題が起こってくる．これについては，評価尺度に関する理論的基礎の議論を行う必要がある．

表-3.6 保護財関連の相互作用のまとめ（SPORBECK et al. 1998 からの抜粋；変更している）

保護財/機能	他の保護財に対する相互作用
植物/ビオトープ保護	植物の，無生物的な立地特性への依存（土地形状，土地気候 [Geländeklima]，地下層の位置，表流水），および，反対に，人為的な既往負荷
動物/種保護と生育生息空間	生物的および無生物的な生育生息空間装備への動物界の依存（植生，ビオトープ構造，網状化，生育生息空間の規模，土地/土壌，水収支） 生育生息空間の質に対する指標としての特殊な動物種と動物群 人為的な既往負荷
土地/土壌/生育生息空間 貯蔵・調節課題 自然的生物的産出量 自然・文化史的な視点に対する記録としての土地/土壌	エコロジー的な土地/土壌の，特に地学的，地形学的，水収支的，気候的な状況への依存 ビオトープあるいは植物群落に対する立地区分域としての土地/土壌 動物の生育生息空間としての土地/土壌 自然地水収支に対する固有の意味を持つ土地/土壌（地下水新形成，流出調整，地下水保護，フィルター・緩衝・変圧 [Ttransformator] 課題，地下水動態） 影響経路である「土地/土壌－植物」，「土地/土壌－水」，「土地/土壌－人間」の視点での有害物質低減および有害物質搬出媒体としての土地/土壌 浸食の視点 人為的な既往負荷

測定・評価過程には，以下の定義が，基礎となっている：様々の調査対象には，類似しているものの特徴に関係する実際の差を再表現する（数値）関係が対応させられる．数値によるこの写像は，尺度，つまり尺度値あるいは計測値としての機能値と称されている (Bortz 1993)．

例としては，有効圃場容水量 [nutzbare Feldkapazität] (nFK：土壌の水収支の固有値) を示す，様々な土地で確定された土壌種（例えば，細粒砂，粘土質砂，泥状砂）が役に立つ．例えば，中位の堆積密度の細粒砂は，通例，12 mm/dm によって，これに対して，粘土質砂は多くは 17 mm/dm によって有効圃場容水量とされている．様々な土壌種が，この場合，調査対象である．計測に際しては，これらに，数値関係が対応させられる（12 または 17）．この数値関係は，類似の特徴（有効圃場容水量）に関しての実際の差異（5 mm/dm）を与えている．スカラ値は，それぞれ，12 あるいは 17 mm/dm となる．

以上でまず計測のやり方が解説されたが（**実態レベル**），評価についてはまだである（**価値レベル**）．評価の仕方に際しては，個々のスカラ値を，これの解釈を可能とさせる総スカラ値（評価尺度）に対応させる．当該の土壌種の 12 と 17 mm/dm nFK が他の土壌種に対する関係で多いのか少ないのかは，他のすべての土壌種の nFK-固有値（総スカラ）の平均的との比較で初めて判定（評価）できる．口頭-論議的な評価の場合，定式的な評価の進め方は可能な限り避けられる．しかし，この場合にも相互の関係は位置づけられる (Knospe 1998 あるいは Köppel et al. 1998 を参照)．

様々な**尺度水準 [Skalenniveaus]** が区別されている (Bechmann 1981)．

最も低い尺度水準の尺度は，**名義尺度 [Nominalskala]** である．1つの特徴のいくつかの現れ方の間には，1つの差異しか存在しない．差異の質的内容あるいは相対的高さの解釈は不可能とされるが，これを以下の例で示す．動物調査を根拠にして，ある調査空間の動物種の地域状況把握が行われる．残念ながら，我々の調査員は調査カードにどのような種が出現しているのかしか記帳せず，また，レッドリストからの危機についての詳細事項を調べなかった．途中で，この調査員は，より詳細な危機度カテゴリーの書かれたレッドリストを紛失した．したがって，このことで，当人は，調査データを名義尺度水準で表すことしかできない．ある生物種が計画空間に生息しているかいないかだけしか判定できない．彼は，この判定に，異なる数値を当てはめることはできる（計測過程）．つまり：

1 = 種は存在する，
0 = 種は存在しない，

という対応となる．

しかし，数値の当てはめは，このように，一つの差異しか表さない．差異の大き

さあるいは質的内容についても判定はできない．ある種が存在するかしないかという情報だけが存在する場合，このことだけでは，例えば生育生息空間の質に関する逆推論はまだできない（動物種の頻度について部分地域に関連したデータが存在しているとしても，この場合は，名義尺度に該当しないということで，少し別のこととなる）．

次の，より詳細な尺度水準は，**順序尺度 [Ordinalskala]** である．ここでは，1つの特徴のいくつかの現れ方の間に，「より良い-より悪い-関係」が序列の形で存在する．差異の質的内容の解釈は可能であるが，しかしながら，この差異の相対的大きさの解釈はできない．

当調査員は，あきらめずに危機の動物種のレッドリストを新しく買い求め，そこで，自分の調査データを，そこに記載さている5段階の尺度に合わせて，以下の値，すなわち：

0 = 消滅あるいは見つかっていない．そして，
1 = 消滅の脅威にある
2 = 強度の危機にある
3 = 危機にある
4 = 潜在的に危機にある，

に対応させた．

これによって，彼は，質的内容の解釈も可能な，順位づけができる状態になった．危機下の動物種は，潜在的なものより，もっと絶滅の危機に脅かされている．しかし，差の相対的大きさの解釈は，まだ，ここでもできない．カテゴリー3の種が，どの程度の規模について，どのような間隔をもって，カテゴリー4よりも危険に曝されているのかは言えない．

例えば，「保護の必要がある－保護価値がある－発展の必要がある」という形のビオトープ類型の評価も，順序尺度を表している．

順位スカラとは反対に，**間隔尺度 [Intervalskala]** では，いくつかの特徴表出内容の間での間隔に関する記載が可能である．ある特徴の諸々の表出内容の間には，差異という形での関係がある．ある異なりの差異度合いの解釈は可能であるが，その異なりの関係の解釈はできない．一つの例は，特に交通騒音の強度の判定に一般的なdB(A)単位の形での記載である．本来の音の強度は，m^2 当たりのワット数で測定される．人間の可聴閾値は約 10^{-13} W/m^2 のところにあり，痛感閾値は約 1 W/m^2 のところにあって，つまり，10兆倍の強さになる（図-3.12を参照）．この値を扱いやすくするために，10を底とした対数によって計算された単位が使用される；Bel単位である．これは，更にまだ10分割で構成され，デシベル（dB）と言われてい

3 環境親和性検査

	関係値	dB(A)による騒音レベル	音源
痛感閾値	$10.000.000.000.000 = 10^{13}$	130	7mの高さのジェット戦闘機
損傷領域	$100.000.000.000 = 10^{11}$	110	7mの高さのプロペラ機
不快領域	$100.000.000 = 10^{8}$	80	7mの高さの掃除機
居住領域での一般的な日中レベル	$100.000 = 10^{5}$	50	1mの距離の静かな音楽
静かな領域	$100 = 10^{2}$	20	緩やかな風
可聴閾値	$1 = 10^{0}$	0	

いくつかの特徴の表出内容の間には，差異という形の関係がある．ある異なりの差異の大きさの解釈は可能であるが，しかしながら，差異の関係の解釈はできない．

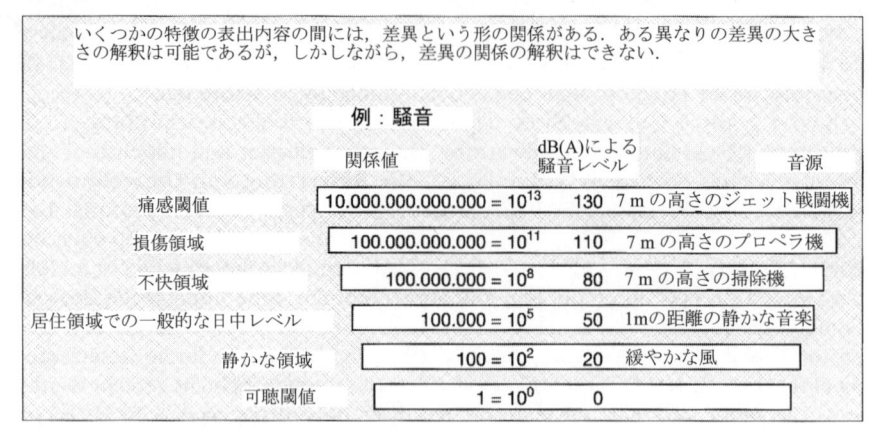

例：騒音

図-3.12 dB(A)での騒音レベルの事例（出典：連邦交通省による；少し変更）

る．dB(A)で示されるA評価は，これ以外に，人間の耳が高い音に対して，低い音に対するよりも感度が高いことを考慮している．dB(A)単位では，このように導き出されるため，80 dB(A)は40 dB(A)の2倍やかましいというのは完全に誤っていると言うべきである！ これに対して，差異が，ちょうど，40 dB(A)になるという判断は認められる．差異の大きさは，解釈可能であるが，80と40 dB(A)の関係は直接的ではない．

比例尺度 [Verhältnisskala]（あるいは合理尺度 [Rationalskala] とも言う）で与えられた値の場合に，初めて，様々な関係の解釈も可能となる．

いくつかの特徴の表出内容の間には，無制限の解釈可能な関係がある．差異の，つまり乗数あるいは商の関係の解釈も可能である．2つの異なる地域の年間降雨量そのような比例尺度の意味で，解釈することができる．年間の平均降雨量は例えばカイロでは22 mm，ベルリンでは556 mmである．556 mm/年：22 mm/年 = 25.3という商は，カイロとの比較でベルリンでは年間降雨量について25倍の量が降り，これは休暇旅行計画に対して，カイロとは反対にベルリンに決定的な意味を持つ可能性があるということを意味している．つまり，調査結果の値の商および乗数は，諸々の関係についての判定補助あるいは評価補助となる．

間隔尺度および比例尺度は，まとめて**基本尺度[Kardinalskalen]** と称されている．

よく用いられている順序尺度と並んで，実際には見なし基本尺度的な順序尺度も同義的に用いられている．数値段階は－学校の成績システムに似て－クラスにおける実態内容を分類整理して評価する，見なし基本尺度的な数値尺度として特徴づけられる．この場合には，いくつかの特徴表出内容の間，および，そのように整理さ

れた数値規模の間の間隔は、もう正確には定義されていない；むしろ、これらの数値段階についての表出内容は、統一的な段階幅とともにまとめられる（Köppel et al. 1998 および DVWK 1998 を参照）．その場合には、数値は部分的には、あたかもそれが基本尺度値化されたレベルに位置しているかのように把握される；点数の中央値形成の場合や平均値の場合のように，**見なし-基本尺度的な**数値規模のそのような数学的計算（集合あるいは有効値計算）は、しかしながら、問題があり、軽率に行われるべきではない（DVWK 1998）．

環境親和性探査では、様々な尺度段階が操作できる評価システムが応用されている．尺度水準を理論的に基礎づけられた形で扱うことは、実際の計画プロセスにおける調査データの誤った解釈を避けるために、必要である．

3.4.3.3 影響分析と影響予測

環境親和性検査法は、ある事業の、予想される甚大な環境悪影響の把握および記述、評価を求めている．つまり、影響予測を行う必要がある．影響分析と影響予測は、環境親和性調査の義務的な課題に属する．その際には、現況調査と現況評価について、一般的知識状況と一般的に認知された検査方法が指示されている．甚大な侵害しか対象としてはならないという制約がある．もっとも、環境親和性検査の実践では、どの影響が甚大で、どれがそうでないかということを、本来の分析の前にすでに判定しなければならないという問題がある．

影響は、事業の特徴（影響要素）と環境との結びつきから出てくる結果である．その場合には、また、**実態レベル**と**価値レベル**が存在する：影響もまず最初に把握し（影響分析）実態に即して記述することができる（Bechmann 1981 を参照）．この予測の評価は、次に続く段階になって行われる．

環境親和性検査法第2条1項では、環境親和性検査は"……直接的、間接的な影響の把握および記述、評価を……（包括している）"としている．したがって**環境影響の評価**は環境親和性検査の中心的な構成要素となる．法文に沿えば、これは、環境親和性調査書の作成に際しての計画家の本来の課題には属さず、環境親和性検査法第12条の枠内で官庁によって初めて行われる．しかしながら広範な環境影響調査は実際には環境影響の分析と最初の評価なしには進めていけず、そうでなければ、環境を適格に評価していくための決定準備という法的使命に公正ではあり得ないからである．したがって、つまり、環境親和性検査法第12条に基づく評価に際して、官庁は環境親和性調査を使うだけでなく、すでに、**官庁による評価のための**基礎として役立つ適切な**前作業**がそこで行われていることを期待しているのである．そこから、すでに環境親和性調査の段階で、影響を記述するだけでなく、評価することも必要であることが結論づけられる．

〈影響分析の内容と基準に対する法的要求〉

　影響分析は，いつも，法的に求められる環境視点に関わって行われるものである．専門法の環境に無関係の要求は，環境影響の評価の際には，まず，考慮されずに置かれる．例えば，バイパス道路の建設による交通流の改善は，環境関連の評価に取り込まれてはならず，基準として後の全体比較衡量において考慮する必要がある．

　専門的法律から部分的に評価基準を採用することができるものの，これには，解釈が必要とされる．例えば，公共の福祉の概念は，水収支法ではもう少し詳細に解釈し，それによって環境影響の評価の枠内でこの概念を適用できる（WHG 第1a条1項）．法的拘束力のある境界値と並んで，専門法で色々と求められる基準にも注意しなければならない．環境親和性検査-行政規則は，効果的な**環境予防**の視点で法的な環境要求を具体化する必要のある更なる指針値を提示している．これは，もし専門法の規定[Angabe]があまり多くのことを求めていない場合，その時には，用いる必要がある．これまでは，環境親和性検査-行政規則には，自然・自然地の介入に対する相殺可能性の評価のため，指針の形での支援，流水面に対する影響の評価，および，物質的な特性に対する影響の評価に対する**手引き**だけが見られるだけである．もし評価基準がない場合には，**個別事例的な評価**を行うことができる．

〈建設工事・施設・運営によって引き起こされる影響の専門的特徴〉

　計画実践の中では，**建設工事・施設・運営によって引き起こされる**影響に注意する必要がある．建設に条件づけられた影響としては，建設現場の集中的な作業によって引き起こされる工事現場騒音あるいは振動，地面遮蔽した工事用道路による影響のようなものが当てはまる．施設に条件づけられた影響としては，施設によって，あるいは特に建造物によって引き起こされる影響が該当する．これには，建築物による地面遮蔽，あるいは自動車道の設置による動物の生息空間の分断化も挙げられる．運営に条件づけられた影響は，これとは反対に，施設，あるいはプロジェクトの利用と結びついている影響である．特徴的なのは，例えば，生産施設の騒音と有害物質汚染，あるいは道路での自動車騒音，余暇村施設の新設との関わりでレクリエーションを求める人たちの頻繁な出入りによる動物に対する影響である．運営に条件づけられた影響は，規則に適した運営によっても，運営阻害や故障，事故によっても起こる可能性がある．運営の終了の際（例えば，鉱業法規的手続による採掘の場合の再整備対策との関わりで），あるいは施設解体の際に，初めて，発生する影響もともに注意しなければならない（ERBGUTH & SCHINK 1996）．

〈影響分析についての基準〉

　環境影響についての法的および専門的な評価尺度［Maßstab］の詳細なまとめは，「連邦の鉄道の運営施設に対する環境親和性検査および介入規則についての手引き」

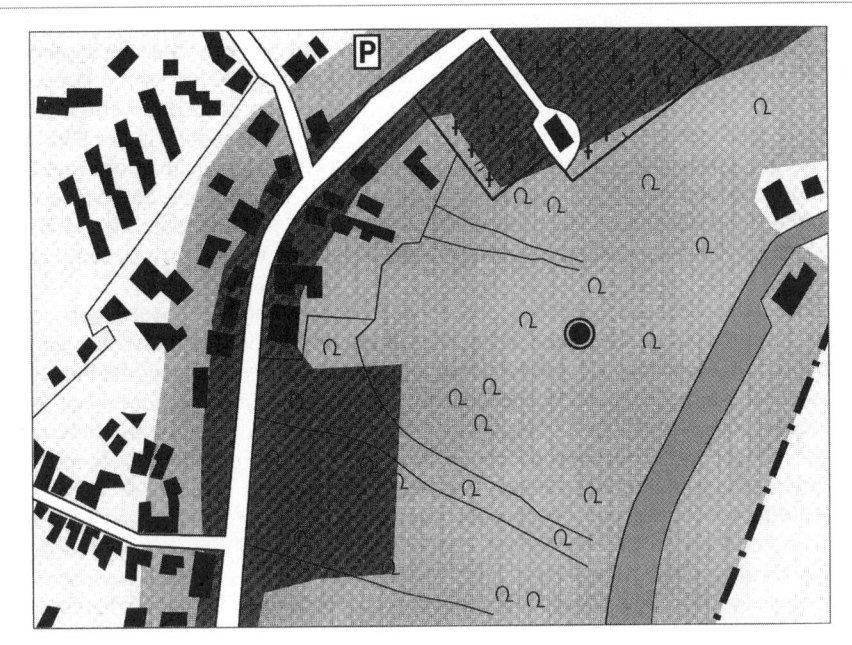

3.4 環境親和性探査と環境親和性調査 219

保護財「人間」
騒音侵害

■ 影響強度は非常に高い（道路に直接面する家屋列の領域，あるいは開放自然地での100 mまでの範囲）

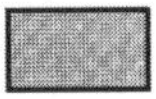

▨ 影響強度は高い（道路から3列目の家屋列，あるいは開放自然地での300 mまでの範囲）

図-3.13 ブレーメン市郊外の道路建設計画に対する保護財「人間」についての環境親和性調査における影響分析と影響評価からの図式的抜粋（BPR Planungsbüro Hannover 1997；加工）.

(Eisenbahn-Bundesamt1998 付録 XIV）で行っている．以下で扱っている影響種に加えて，あるいはこれと並んで，ERBGUTH & SCHINK (1996) および WENDE (2001) も広範な概観を与えている．

環境親和性調査の中で，**保護財「人間」**に対して，いつも一定の意味をもった影響（図-3.13を参照）には，例えば，有害物質または振動による健康あるいは快適性の侵害，そして臭気，光，影，放射線，電磁場による影響がある．しかし，更に，分断効果による，あるいは住宅立地の減少による居住環境に対する影響も考えられる．食物汚染も考えられ，検討する必要がある．

保護財「動植物」に対する（そして，将来的には特に生物学的多様性に対しても）影響は，生物種か個体群の消失または危機を内容としている．その場合には，土地に異質の生物種の新しい持ち込み，ならびに全ハビタット構造の消失および危機も，

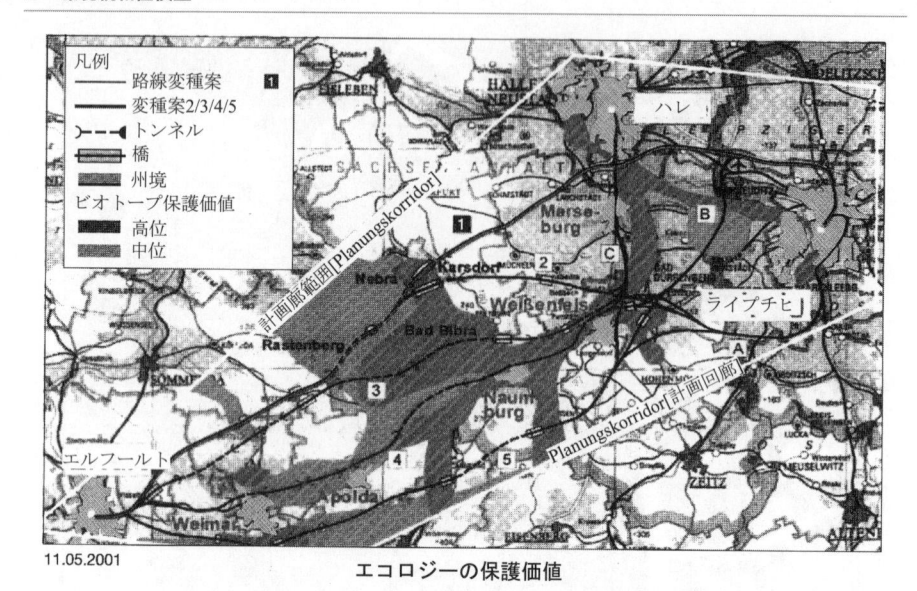

図-3.14 空間での路線変種案とエコロジー的保護価値（DB Projektbau GmbH 2001；鉄道新設区間エルフルト [Erfurt] －ライプツィッヒ [Leipzig]）

質的に適格な影響分析を行う上で重要な観点になる．加えて，動物種の侵害は騒音によって，そして新しい知識によれば，光によっても引き起こされる可能性がある（RECK et al. 2001 および BÖTTCHER 2002 を参照）．更に，分断効果による既存の保護地域の侵害と孤立化作用も加わる．既存のビオトープ網状化の分断も影響分析では考慮しなければならない（図-3.14 参照）．

　保護財「土地/土壌」の場合には，土地消失および地面遮蔽，土壌の無機化（湿地土壌）ならびに風と雨水による浸食が重要となる可能性がある．土壌構造の改変と圧密化，ならびに最後に有害物質の移入と集積に注意する必要がある．地下水位低下，地下水滞留，地下水動態の変化，しかしまた，地下水新形成と存在地下水の減少，そして最後に地下水汚染が，実際上，**保護財「水」**の場合に個別に必要に応じた調査深度で分析する必要がある重要な影響種である．これと並んで，水質に対する侵害，表流水流の変化，表流水の使用，そして場合によっては水位低下，更に，水域形態変化，氾濫源と滞水地域 [Retentionsraum] の消失，ならびに最後に流水の自己浄化能力の低下が重要である．**保護財「大気」**の場合は，悪臭・塵埃汚染，ガス，蒸気その他の有害物質による大気質の変化，新鮮大気形成地域の消失，大気交換過程の侵害が重要な影響に数えられる．**保護財「気候」**に対する影響は，例えば，気候の調節空間の侵害によって，あるいは冷気移動阻害，冷気滞留・集積により，温

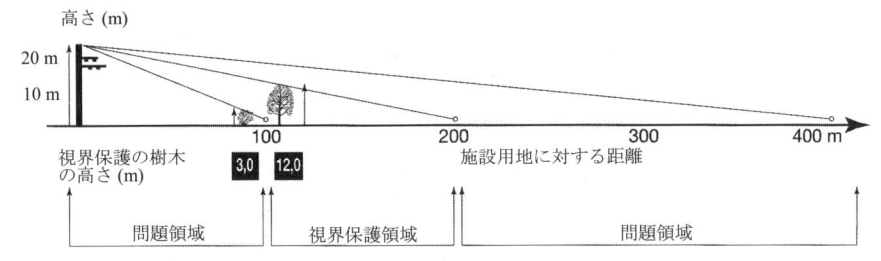

図-3.15 自然地景観と自然体験機能に対する影響の把握と評価についての原理スケッチ

度負荷，日照収支の変化，そしてまた霧発生の増加によっても特徴づけられる．

保護財**「自然地」**についての影響分析の枠内で，特に自然空間の典型的な特性の消失，自然地景観を活性化し構成化する要素の消失，建設による自然地・地域景観の侵害，個性と多様性，近自然性の改変，そしてまた地形改変，自然地と結びついたレクリエーションの侵害（図-3.15 参照），視線関連性の侵害と，最後に騒音発生と悪臭負荷が大きな意味を持っている（NHOL 2001；WÖBSE 2002，あるいは The Landscape Institute, Institute of Environmental Management & Assessment 2002 も参照）．簡単な土地断面図を用いて，計画されている高圧送電線に対して問題を抱えた領域や，視界が保護された領域も把握できる．この断面からの結果を図で表すことによって，また，高圧線が視野に入る土地の部分が全体的に決定できる．

文化財およびその他の物財の場合には，記念建造物および記念文化財，ならびに考古学的な対象の改変，危険，あるいは除去すらもありえるが，これらの点が重要である．更に歴史的な土地利用形態，および現状の土地利用と資源に対する影響を考慮しなければならない．

これらの保護財のように，環境親和性調査においては，特に**相互作用**も検討されねばならないが，それも，現況調査と評価においてのみならず影響の検討に際しても同様である．相互作用は，地下水動態と植生の間－この場合は，**2 つあるいはそれ以上の異なる保護財**の間－の関連性を表すことができる（**主要影響と副次影響**）．しかし，更に，**一つの同一の保護財の様々な指標の間の相関作用**も，相互作用として理解されている．例えば，ある食物連鎖の中で重要な役割を占める動物種に対する影響が，他の動物種をも侵害することがある．回避に対する，そして相殺，低減，代替に対する対策も，好ましくないエコシステム的影響を引き起こす可能性があるが，これは相互作用の詳細な検討によって回避できる．このようにして，相互作用の概念は起こり得る**問題移転**の考慮についての要請も含んでいる．例えば，過去においては，汚染施設の大幅な排煙浄化技術の導入が一方ではより良好な大気質に結

びついてはいったが，しかし，最終的に，保護財「人間」に悪影響をもたらす形で問題移転が行われた－現在，この影響規模がやっと分かってきた．例えば，石炭火力発電所－多くの場合は多くの建物が建設されている地域にある－の排煙浄化に対して，被圧縮液状アンモニアの貯蔵が必要であるが，これがかなりの問題を引き起こしている（WENDE 1998）．これについては，当該の環境侵害防止法規の手続の中で，相互作用を早期に広範に検討することが，恐らく，危機予防観点を強く考慮する点でも助けとなっていたかも知れない．最終的に，相互作用の検討によって，影響検査に際しては純粋の部門別の検討だけを行わないことが保障される必要がある．同様に，**相乗的**，相互強化効果あるいは**累積的**，加重的効果を考慮する必要がある（APPOLD 1995 が代表的）．

相互作用の検討に際して，総保護財が，つまり人間や文化財，その他の財が取り込まれる必要がある．RUNGE (1998) によれば，このことは，エコシステム的な手がかりと並んで，媒体包括的な手がかりも追求する必要があることを意味する．作用要素が同時に保護財「土地/土壌」および「植物」，「水」に作用し，そうして，流出調整，あるいはフィルター・緩衝・変圧能力，または地下水新形成にも影響を及ぼすとき，エコシステム的な相互作用の改変が存在すると言える．RUNGE の意味する，媒体包括的な相互作用は，自然科学的な関連性の基礎だけでなく，**社会科学的関連性の基礎**の上に立って検討しなければならない．SPORBECK et al. は，これとは反対に，人間が直接的にエコシステム的な作用構造の中に統合されていないので，この場合，保護財「人間」は特別の役割を果たしているという見方をしている．人間は自然収支と自然地景観に対し，当該の空間内の判定すべき対策とならんで多様な影響を及ぼすが，これらは既存負荷の把握作業の中で，よりよく考慮すべきであろう（SPORBECK et al. 1998 参照）．RUNGE (1998) は，相互作用を考慮するに当たって，実践に高度な要求をすることには，反響が少ししか得られないと指摘している．

影響分析の枠内での相互作用に対する事例

ある事業地域に地下水状況に強く影響を受けるブナ林が存在する；つまり，すでに保護財「水」と「動植物」の間のエコシステム的な相互作用がある．さて，当該の建設対策によって地下水位が低くなると，特別に保護価値のあるハンノキ-シラカバ-ブナ林が損傷を受ける可能性がある．この損傷の結果として，ブナ林に適応した動物界も変化する（SPORBECK et al. 1998 参照）；つまり，これは，影響分析の際には無視してはならない総体的な相互作用の事例である（結果作用の形で）．しかし，その際には，多くの場合，少なくとも高い蓋然性で予測される影響連鎖－ここではビオトープ結合の動物相構成－までは追究するが，それ以上は行われず

におかれる．

　相互作用と関連した環境影響は，標準化された形だけで判定すべきでない．ここでは，文章的記述と特にグラフィック表現は，様々な環境影響の共働作用，および，媒体包括的で間接的な影響の把握を可能とするために適切であろう．SPORBECK et al. (1998) は，これ以外に，相互作用複合体への影響を，保護財包括的な問題重点として，影響地図に特記することを推薦している．

〈影響分析と影響予測の方法〉

　多数の異なる分析・予測方法について，完結し安定した構成シェーマを作成することは非常に難しい．それらは過去にはすでに追求され（BECHMANN 1981 あるいは WÄCHTER 1992 を参照），通例，理論的なカテゴリー化に結びついていったが，最終的には本質的に環境親和性検査の実践で適用されている方法と対応はさせられなかった．それにもかかわらず，環境親和性検査での様々な分析方法のカテゴリー化の必要性は，恐らく2段階的に捉えていくことで適切となる可能性が最も高そうである．一般的には，次のような形で区別される．つまり：

　複合的な，多くの場合はコンピューターで支援された数学的モデルを基礎に置く**予測技術**，例えば，コンピューター支援による大気，水，土壌に含まれる有害物質の拡散モデル，あるいは騒音拡散計算，地下水変動計算，水収支モデルがある．

　相対的に扱いやすい**簡易予測技術**で，比較的，情報・データ基礎にあまり複雑な要求を持たないもの，例えば，アナログ解法手続あるいは口頭-論議的技術がある（KNOSPE 1998 も参照）．

　複合的影響分析は，次のような場合に，環境親和性検査の枠内で実施できる．つまり，例えば新規道路による大気有害物質拡散の場合のような具体的な設定課題に対して，その課題に見合う形で成熟した，幅広い経験で保障され，そして多数の観察データを基に開発された技術とモデル，方程式が存在する．道路建設事業による大気有害物質拡散の場合では，例えば，大気汚染に対する課題解説書（MLuS；道路および交通のための研究所 [Forschungsgesellschaft für Straßen- und Verkehrswesen] 1992）を援用して，土地の様々な地点に対して，大気の有害物質の濃度が比較的正確に予測できる．分析の進め方は大幅に定式化され，周辺条件は標準化されており，多くの要求が設定される尺度水準でのデータが存在する（多くは間隔尺度的なもの）．

　非常にまれであり，多くは甚大な影響が排除できない場合になるが，その時には，環境親和性検査過程での複合モデルがまず開発される．例えば，デンマークとスウェーデンの間のオーレスン海峡横断道路 [Öresund-Verbindung] の実現に当たって，全バ

ルト海の塩類に対する影響把握のための非常に高額のモデルが開発された．これは，潮流関係の変化と，それと結びつく1%の塩の含有変化が，バルト海の動植物に対して，かなりの（破局的でないとしても）影響を及ぼす可能性があったからである（Öresundkonsortium 1998 を参照）．この場合，それに応じて調査の出費が大規模になった．

特定の設定課題の場合，特に保護財「動物と植物」との関係で，影響が比較的に正確に予測できる，課題対応の複合的な手続が（これまで）欠けている．これは，特に，多くの要求が設定される尺度水準（基本尺度的なもの）での分析データを取得することが，ここでは困難であることに因る（しかしながら，AMLER et al. 1999 における標準化個体群予測の枠内での試みあるいは MERZ 2000 の代表値を参照）．しかし，この場合には，少なくとも**単純な予測技術**が適用されなければならない．この簡単な手続には，すでに述べた，口頭論議決定的手続，あるいはアナログ解法，またはエコロジー的危機分析も加わる（BANGERT 2001 参照）．これらは，複合的技術よりも定式化された部分が非常に少なく，また，標準化された周辺条件が少ないという特徴がある．詳述的に，つまり，アナログ的問題事例から起こり得る影響を，極めて幅広い意味で，記述的，説明的，論証的に導き出してくることが問題となる．この場合，時によって，定式化された段階進行手法を組み込む可能性は排除されない．高位または中位，低位の，様々な影響要素の影響強度への順序尺度化された段階づけは，この意味で，定式化にも貢献する．アナログ解法手続の場合には，他の個別事例に類似する周辺条件の下で，それぞれに検討される事例においても類似の影響が予期されることが前提となる．例えば地下水位低下は，類似の影響要素によって引き起こされて，場合によっては類似の影響の原因となる（この事例については DVWK 1996 も参照）．しかしながら，モニタープログラムと事後調査が非常に不足しているために，実際の影響が多くは充分に知られていない－事業のネガティブな影響も，相殺・代替対策の期待されるポジティブな影響も．

しばしば，実践では，**エコロジー的危機分析**[Ökologische Risikoanalyse]（ÖR．図-3.16 を参照）も用いられている．この場合には，事業の特定の影響要素が－高位，中位，低位のカテゴリーで－保護財の対侵害敏感度と，高位，中位，低位の形で対応させられ，そこからエコロジー的危機度が導き出される．多くの場合，その際には，影響強度と敏感度が相互に交差されたマトリックスによって作業が行われている．エコロジー的危険分析の導入によって，最終的に，影響を空間質あるいは敏感度で重ね合わせる方法（**オーバーレイ手続**）という基本標準がつくりだされ，この間に多く実践されている．エコロジー的危険分析に対しては，すでに，序列スカラ水準のデータで充分である．

3.4 環境親和性探査と環境親和性調査

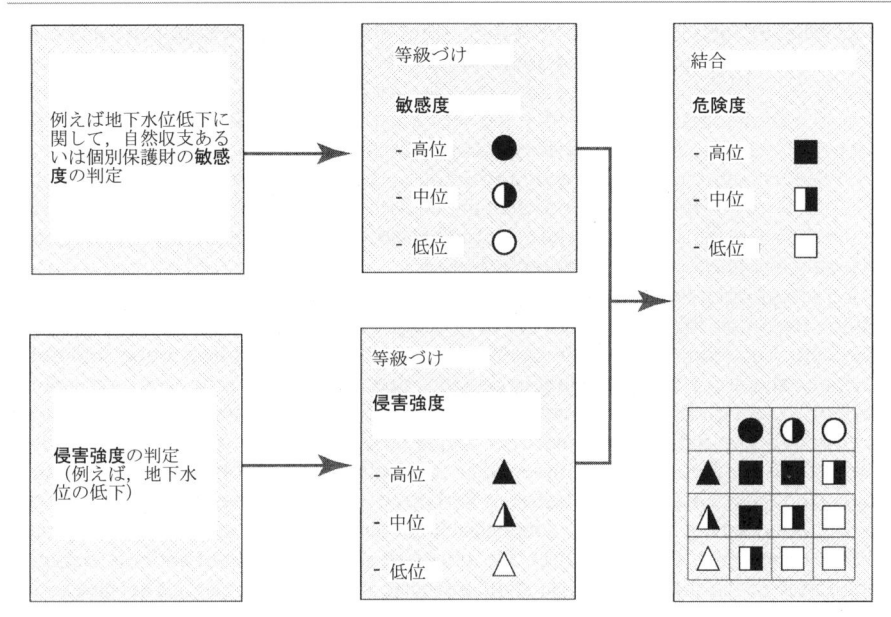

図-3.16 エコロジー的危機分析の基本構造（SCHARP 1994 による）

　道路建設における環境親和性検査の標準地図も，エコロジー的危機分析の方法論を用いている [aufgreifen]．これは一つには道路建設における環境親和性検査地図の表示モデルを提供するが，道路建設計画の際の様々な危険性のゾーンの決定方法として，このエコロジー的危機分析の導入はもう間もなく行われる（Bundesminister für Verkehr 1995）．順序尺度水準上で行われるエコロジー的危険分析は，特にデータの実用性を理由として，環境親和性調査における空間的な影響分析と影響予測の枠内での重要な方法的基礎となっている．しかしながら，前提とされるのは，それが専門的に正確に用いられることである（SCHOLLES 1997）．予測不確定性については，介入規則についての第2部でも更に扱っている（2.1.4.3項を参照）．

3.4.3.4　回避および低減，相殺，代替の戦略
〈回避と低減対策〉
　環境親和性検査の目的は，環境に対する後遺的な影響を可能な限り低く保つことである．被害は，まず，全く発生してはならない―つまり，可能な限り，**回避**し，**低減**されなければならない．特に技術的な低減対策の探求は，事業の施設あるいは予定区域の立地がすでに確定されている時点で開始する．これに対して，選択肢案と空間的変種案の調査は，非常に大きな回避ポテンシャルをもたらす可能性を持っている．予防という目標には，ERBGUTH & SCHINK（1996）によると，環境視点で効果

的な解決法を明確にすることが必要とされる．このことは，"……選択肢も，確定および記述，評価に取り込まれる"ときにしか，達成できない．同様に，環境親和性検査-行政規則は，"介入が……事業の実現に対して客観的に必要かどうか，いつ必要なのか"について，そして，可能な低減対策について述べることを求めている．しかし，この場合には問題移転を予防する必要がある．つまり，ある保護財のために行われる環境影響の回避と低減化は，他の保護財機能の犠牲で，ましてや他の保護財そのものの犠牲で行ってはならない．例えば，地下水新形成に対する影響の低減のための雨水地下浸透の施設の設置は，地下水の有害物質負荷増加に結びついてはならない．

広範な**回避および低減のコンセプト**には，以下の視点，つまり：
- ゼロ変種案（回避），
- 選択肢案（回避），
- 空間的変種案と建設変種案，
- （技術的）低減対策，

が含まれる．

ゼロ変種案あるいは**ゼロ選択肢案**－英語圏では，no-build-alternative[建設なし選択肢案]と称されている－には，環境予防の理由から事業が実現されない場合が当てはまる（ERBGUTH & SCHINK 1996）．事業の非実施は，この場合，手続における決定によって拒絶されることが理由となることも，事業実施者の側での手続の取りやめによることもある．後者は，特に，事業に対して需要がむしろ大きな位置を占めず，これを擁護できない，甚大な環境影響が予想されると認識される場合に起こる（WENDE 2001）．つまり，環境親和性検査が－非常にまれな例外事例であっても，しかし，確実に正当化されて－ゼロ変種案に対し，そしてこのことで，持続的な発展の利益を幅広く考慮することに対しても貢献する．環境親和性探査のゼロ変種案検討は，多くの場合避けられないし，－いつも強調されなくとも－頻繁に，現況調査および現況評価の枠内でともに行われている．事業の影響について堅実な分析と予測を行うためには，いつも，事業なしの，つまりゼロ選択肢案の極めて広い意味での，変種案に対応する環境状況の予測基礎も必要とされている．しかし，回避コンセプトは，最終的には，ゼロ選択肢案が個々の場合で最も環境親和的解決となってしまうわけではないことも－例えば汚水処理場の新設の中止も－考慮しなければならない．

選択肢案検討の概念は，環境親和性検査の実践では，統一的には用いられていない．一方では，例えば，バイパス道路の建設の際の位置変種案についての比較調査がそのように称されている（だが，これは本来の意味では変種案検討である）．他方

3.4 環境親和性探査と環境親和性調査

では，この概念によって，まず，計画された事業についての一般的な選択肢案的解決方法と理解されている場合がある．地区バイパスについての選択肢案としては，定義の意味では，環境親和性調査の枠内で諸々の計画と比較すべき交通量減少策，例えば公共人員交通の拡充やパーク＆ライドあるいはその他の交通量低減対策のような，他の解決方法の検討が当てはまる．しかしながら，この種の検討は，将来的に，戦略的環境検査においてますます大きな役割を果たすであろう．

　変種案比較は，しばしば，環境親和性検査の中核部分と見られている．このことは，環境保護がプロジェクトの細部問題の場合だけでなく，原則問題の場合にも一定の役割を果たしているということと関わっている（JARASS 1989；ERBGUTH & SCHINK 1996 より引用）．それにもかかわらず，そのような変種案調査についての義務は，様々な観点から制約を受けている．それは，2001年に国内法化された環境親和性検査法改定法まで，ドイツでは，環境親和性検査法（旧）第6条4項3番の意味での追加的作業にしか過ぎなかった．この調査観点は，この間に義務課題とはなったが（環境親和性検査法第6条4項5番），あい変わらず**事業実施者によって検査された最重要の，その他の解決可能性**についての概要だけが要求されている．部分的には，変種案の比較は，専門法規でも求められている．計画確定手続では，行政は，必然的に生じるようなあるいは提案的な変種案を比較衡量に取り込まなければ，比較衡量命令に抵触する（SCHOENEBERG 1993）．しかし，その場合，実践では，技術的根拠しかもっていない，つまり純粋の環境保護検討から選択されたのではない変種案が対象となる場合が多い．決定のための基礎としての計画解決の集中的作業は，この間に，環境親和性検査法第12条あるいは環境親和性検査法（旧）第6条4項3番との関連で，連邦行政裁判所によって必ずしも強制的でないと見られるようになった．それによると，専門法規によってそのような検査規則がある場合にのみ，環境親和性検査過程あるいは認可手続で，選択肢案（より適切には変種案）の検査についての義務が存在する（1996年5月14日の連邦行政裁判所 [BVerwG] － 7 NB 3.95）．しかしここで，これからは，環境親和性検査法第6条3項5番の改定環境親和性検査法の規則が，計画実践においての選択肢案検査あるいは変種案検査の強化に貢献する点を指摘しておく必要がある．

　どのような変種案が効果的に調査されるべきかは，個別事例でその都度決定する必要がある（ERBGUTH & SCHINK 1996）．**立地と位置**[Trasse]**の選択（空間的変種案）**に関わるもの，つまり例えば生産施設の立地または道路の経路[Verlauf]に関するものと，**形成（建設変種案）**に関わるものに区別できる．形成変種案あるいは建設変種案の場合は，例えば，既存の道路敷きでの道路拡幅－ゼロ-プラス-変種案とも言われている－がより効果的か，あるいは1車線か2車線，あるいはそれ以上という

様々な建設度合いのいずれが効果的である得るかというような問題に関わる．位置変種案の検討と分析が，一見して単純な状態にある事例においても，甚大な環境負荷軽減に結びつく可能性があることを，以下の，ブレーメン州とニーダーザクセン州での市街鉄道建設事業の実例で示す．

> そこでは，計画で河岸に沿う鉄道敷きの位置が考えられていたが，その場合，2つの橋が新しく必要となる可能性があった．選択肢案調査の枠内で，特に，橋のある既存の道路に沿う敷設の可能性が提案されたが，それはかなりの高額の交通誘導技術の導入に結びつく可能性があった．このことは，既存の道路交通空間への市街鉄道の統合も比較的に多くの費用を必要とする可能性を意味していた．しかしながら，環境と都市建設的理由で，最終的に，図-3.17 に示している変種案が選定され，結果として 2 つの橋梁建設も節約できた．更に，河岸改変ならびに多くの古木の伐採，FFH 地域（FFH 親和性検査による別選択検査については，4.5.1 項も参照）を新たに分断することが避けられた．

影響の回避の場合には特定の影響全体を停止することが第一に考えられているのであるが，**低減化**の概念は，介入は少なくとも軽減できるが完全には停止できないという場合を含んでいる．保護財に対する影響の軽減は，特に計画-技術的対策によって行われる．

> 事例：新規のガス管の埋設の計画に際して，部分工区で，環境親和性検査的な工事方法が提案される．特に敏感な領域では，一般的に行われている工事区間に沿って掘削土と腐植土の盛土を設ける代わりに，"工事用地は埋設箇所のみに限定して一方向進行方式で [vor-Kopf]"工事し，掘り起こしたものは搬出し，他の場所で一時保管することもできる．これ以外に，ここでは，工事用併設線路を設けない．それによって，土地の利用が明らかに減少し，それとともに，環境影響を低く押さえることとなる．もっと重大な場合には，短区間で完全に非開削推進工法で，つまり，掘り起こしを行わず，その代わりにガス管を地下推進工法で [im Bohrpressverhfahren] 敷設していく．もっとも，そのような変更工法は，時間と費用も多く掛かり，この点を考慮しておかなくてはならない．

個々の計画事例に対する広範な回避・低減コンセプトの導出と並んで，質的に適格な環境親和性調査というものは，回避と低減対策の**成果管理についてのプログラム**に関する内容も含んでいる．

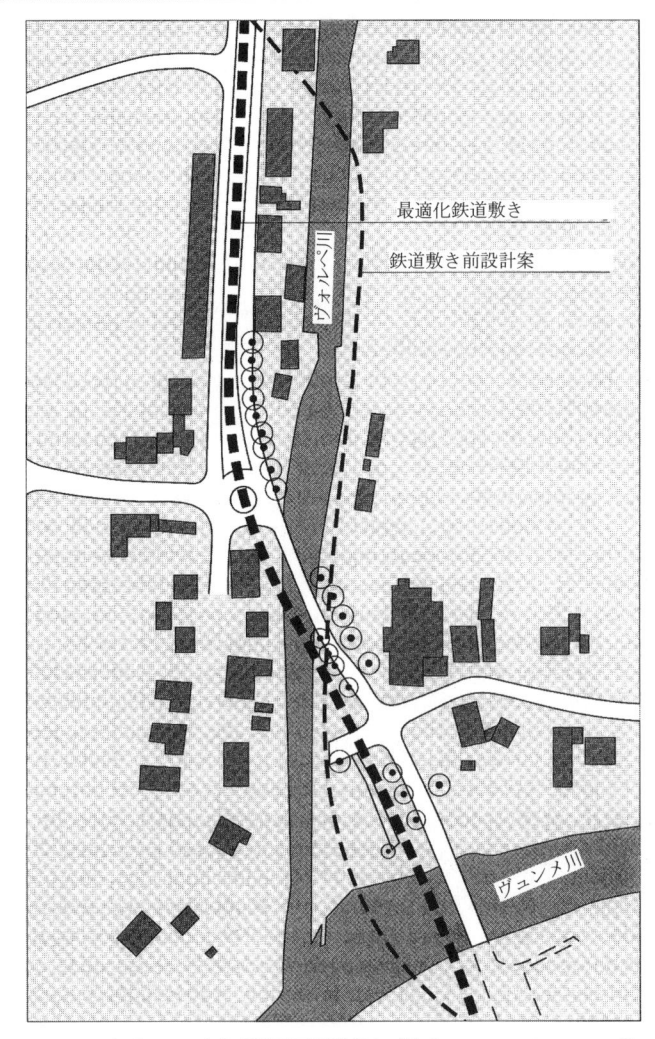

図-3.17 変更された市街鉄道計画鉄道敷き（出典：BPR ハノーファー計画事務所 [BPR Planungsbüro Hannover]1997）

　回避コンセプトと低減対策を探す際に**計画的な創造性**が問われることは，ノルトライン-ヴェストファーレン州での豚飼育場の拡張についての環境親和性調査からの－硝酸塩移転危険性と保護財「水」に対する影響に簡単なやり方で対処する必要がある－以下の事例も明確に示している："7.1.3 経営時に（……）計画されている対策．肥育豚飼育場での飼料混合の粗プロテイン含有を更に少なくし（飼料混合計画II……参照），（……）それによって最終的に窒素排出を可能な限り削減するという

営農者の示す考えに沿って計画された"（SCHIRZ et al. 1997）．地下水に対する影響の低減は，ここでは特に，飼料中のタンパク質代用物の使用によって追求されている．そのような解決方法にも，環境親和性調査の枠内で言及することができる．いかなる場合にも，客観的に，解決方法として検討対象となるすべての選択肢案が検査される必要がある（ERBGUTH & SCHINK 1996 参照）．

選択肢案あるいは変種案の調査では，最終的に，どれが事業に対して最も環境親和的な解決方法か比較することが課題となる．これによって，環境親和性検査の評価の作業が軽減される（Thüringer Ministerium für Umwelt und Landesplanung 1994）．もっとも，そのような**相対的な評価**は，例えば**予防・境界値**のような尺度によって行われる評価の代用にしてはならない（PETERS 1996 参照）．ゼロ変種案の検討の場合にも，批判的に進めていかなければならない：例えば，ゴルフ場の設置は，既存の農業的利用（ゼロ変種案）の方がより大きな地下水負荷を引き起こしているからというだけで，環境親和的と評価することは充分ではない．そのような危険性は，更に，"いわゆるワラ人形の選択肢案を評価尺度として，意図するプロジェクトを環境親和的に見せる"（同上），一つまり，例えば，自然保護専門的に重要な地域を通るという，元々，全く狙っていなかった予定道路位置を，比較に取り込んでくるという形で起こってくる．このようなやり方は極めて不真面目である．"しかし，選択肢案比較は，希望の選択肢案を相対的優先という形で浮かび上がらせ確認させるというだけでなく，すべての真剣に検討対象となる変種案が考慮されるとき本物となる"（Thüringer Ministerium für Umwelt und Landesplanung 1994）．しかしながら，これらの検査された選択肢案によっても，事業目標の達成がまだ可能でなければならない．連邦行政裁判所は選択肢案の検査義務を最終的に専門法規的な規定と結びつけているので，環境親和性検査の枠内での選択肢案あるいは変種案の**評価**も，必ずしも強制的には定められていないことになる．しかし，これとは反対に，環境親和性検査法第6条3項の［事業実施者が準備すべき資料の内容を示す］最低調査カタログに第5号としてこの解決方法を組み入れたことが，どのような影響を持っているかは待ってみないと分からない．効果的な選択肢案の専門的な考え方に対する支援は，ヨーロッパ委員会が，スコーピングについてのガイダンスという出版物の形で公表した（ヨーロッパ委員会 [European Commission DG XI] 1996 参照）．

〈相殺と代替の対策〉

相殺・代替対策の作業は，環境親和性検査法第6条3項2号で，最低限規則として求められている．しかし，環境親和性検査を介入規則という自然保護法規的手法と関連づけても，重点は，回避と低減の可能性の広範な表示と，**相殺・代替対策の前倒しのコンセプト**により強く置かれている（KÖPPEL et al. 1998，および本書の介入

規則の部分を参照).介入規則の手法は,最終的に,相殺・代替要求の実行に関する厳格な法的効果と結びつけられている.しかしながら環境親和性検査法第2条「概念規定」は,連邦自然保護法と比べて,より拡張された保護財カタログを含んでおり,保護財としての人間および文化財,その他の物財を明確に述べているので,環境親和性調査書には,これに対して必要な代償要求も記載しなければならない.総じて重要なのは,**両者の手法の共動**である(KÖPPEL et al. 1998).環境親和性検査-行政規則は,同様に,その付録で,環境親和性検査において,自然保護法規的介入規則の意味でどのように自然と自然地における介入を扱うかについて,示唆を与えている.付録1は特に自然と自然地への介入の相殺可能性について解説しており,付録2は,第2.4番と2.5番で,提出すべきと考えられる資料の構成要素としての相殺・代替対策を解説している.いくつかの**選択肢案/変種案**および解決可能な方法が調査されるのであれば(あるいは,このことが専門法規で必要とされる場合),回避/低減ならびに相殺・代替の対策についても,表示されなければならない.相殺・代替対策に対しても,**成果管理のプログラム**を開発し,計画確定決議で付帯条件として求めることも充分に意味がある.

3.4.3.5 環境親和性探査・調査のまとめ

環境親和性調査は**一般向けに分かりやすい総括的記述部分**[Zusammenfassung]を含んでいなければならない.これは,環境親和性検査法第11条に基づいて,後の段階になってから作成され,公衆参加手続は行われずに官庁によって行われる総括的表示[zusammenfassende Darstellung]と取り違えてはならない[177頁図-3.6参照].これとは反対に,この環境親和性調査での一般向けに分かりやすい総括的記述部分は**公衆参加の重要な基礎**となる.環境親和性調査のすべての重要な内容が,専門家でない人たちも環境影響についての一定の理解が得られるようにその中に用意されている必要がある.このことは,計画プロセスが必要な透明性も持つべきであり,そして,環境親和性調査が部分的には非常に複雑,抽象的で,詳細な内容をもっており,場合によっては非常に理解しにくいものだから重要である(SCHOENEBERG 1993参照).総括的記述部分は,多くの場合は,環境親和性調査の構成部分になる;しかし,これは,独自の,そして容易にコピーできる記録として作成することができる.

ヨーロッパ委員会が発行した環境影響評価レビューチェックリストで定式化された,一般向けに分かりやすい総括的記述部分のチェックについての質問項目から,いくつかの要請が明確になる.それぞれの計画家は,環境親和性調査の枠内で作成された自らの総括的記述を,これらの質問に依って,もう一度コントロールすることができる(European Commission Directorate General DG XI 1994):

- 総括的記述 (the summary) が少なくともプロジェクトと環境の簡潔な記述，および開発者によって実施される主要な影響緩和方策，残っている影響の記述を含んでいるか？
- 専門用語および多数のデータ，科学的理由づけの詳細な解説が総括的記述では避けられているか？
- 総括的記述の非技術的部分にはアセスメントの主要な成果が記述されており，情報過程の中で起こってきた主要な論点が含まれているか？
- 総括的記述にはアセスメント内容を知ることのできるあらゆる方法について簡単な説明が含まれているか？
- 総括的記述は結論として位置づけられる可能性のある確定的結果を示しているか？

3.4.4 環境親和性調査における GIS 導入

地理情報システム (GIS) は，広域的な地理データを含み，そして，管理し，修正し，分析し，表現できる，コンピューターで支援されたシステムと理解されている．そのような地理的なデータは空間関連データも事実関係データも含んでいる．**空間関連データ**によって，空間的対象の幾何学，つまり座標系における形と相対的位置が示される．距離と面積も，そしていくつかの対象間の近隣関係もこの幾何学的データを基礎にして活用できる．これに対して，**事実データ**によっては，対象の更に詳しい特徴が記述される (ASHDOWN & SCHALLER 1990)．**GIS データベース**の作成は，プロジェクトの調査空間および設定課題に合わせて行われる．その際には様々なデータ源からデータが利用され，GIS に移し替えることができる．取り込むことができるのは，既存の地図，および遠隔探査データ，デジタルデータ，土地調査の結果などである．実態に関連する空間的情報は，その場合，いくつかの**層**（テーマ，レイヤー）にまとめられる．この原理は，テーマ地図の作製に類似している．そこで，このいくつかの層を重ね合わせると，現実のモデル的な姿が得られる (SCHOLLES 1999 および KAULE 2002)．データ保有状況が，全体的な評価機能と分析機能の基礎をなす．環境親和性検査の枠内で，特に，以下の **IGS-機能性**が重要である：

- 面積計算および地理統計的評価，
- 特定の基準を基にしたデータ集団の選択，
- 隣接地分析（例えば，隣接する用途の不適合性の見出し），
- 緩衝地域の計算，
- 面裁断 [Flächenverschneidungen]（2つ以上の層からの情報の集合），
- 地表面モデル化（可視対象の分析，および騒音拡散，土壌浸食計算），ならびに，
- ネットワーク分析（例えば，水系への物質拡散の計算に向けて）(SCHOLLES 1999)．

環境親和性調査のアナログ的な作業と比べて，GIS-導入では多くの差が生まれてくる．プロジェクトの最初の準備作業は，これに相応した多大な時間が掛かるのだが（MOLI 1995），しかしながら，掛かる時間量はコンピューター技術の進歩によって絶えず減少し続けている．これの導入によって，かなりの時間節約が，後の作業段階でも行え（BLASIG 1999），特に，環境影響の対照均衡化の際に効果がある－遅くともこの段階で環境親和性検査が計算機なしにほとんど考えられないことが明らかになる．**現況把握**の場合に，利用できるデジタルデータの不充分さが問題となることがある．そこでデータの独自のデジタル化作業をしようとすると軽視できない人的労力と時間的消費が必要とされる．これとは反対に，GIS は，大きなデータ量をシステム的に管理できる可能性があることが長所となる（KUNZE 1999）．**データ分析**は GIS-導入の場合にも，多数の個別操作から成り立っている．既存データの結合や重ね合わせによって新しい情報が得られる．後での理解のしやすさのために，分析過程の正確な計画と記録が不可欠である（BLASIG 1999）．頻繁に使われる方法（例えば評価手続）は，GIS-適用によって標準化できる．更に GIS によって，アナログ的な作業であれば時間的あるいは技術的な理由で不可能と思われるような，膨大な分析も行える（KUNZE 1999 参照）．自動化に必要な，基礎に置かれた評価規則の公開は，評価過程を外部に向けて理解しやすくし，そして評価結果をいつでも再現できる．ひとたび確定した評価規則は，設定された条件に適うすべての対象に，一貫して応用できる．加えて，このことは，統計的テストによる，指標の有効性と評価規則の検査を簡単にしてくれる（同上）．

作業の流れの標準化は，GIS-導入によって，一方では高度の作業複雑性を低減するのに役立つが，他方では，"環境状況の個別の特徴が，もはや評価結果によって反映されないので"，方法的および**内容的な限界**につながる．GIS-機能性は簡単で多様なデータ分析を可能とするが，分析の全般的な妥当性にも目を向けなければならない；というのは，そうしないと結果に誤りがあったり不確定だったりする可能性があるからである．誤りは，例えば，様々な把握尺度のデータの部分要素を結びつける際に発生する可能性があるが，これは，縮尺なしに作業するという純技術的原因で起こり得るものである．"最新の土地利用タイプ地図を 10 年前のビオトープ地図と組み合わせることはあまり意味を持っていないので"，データが時間的な意味で相互にふさわしいのかどうかも明確にしておかなくてはならない（SCHOLLES 1999）．保有データに誤りがあるのにそれを残し続けていることで（いわゆるデータ遺伝），実施された分析段階の過程で内容的な正確さが減少し続ける（しかし，これは，最終的にはアナログ作業にも当てはまる）．自動的な誤り検査は，誤りを見つけるのには役立つが，最終結果に至るまでのデータ遺伝が正確に量的把握できるのはまれで

ある（KUNZE 1999）．

結果表現は，デジタル作業の場合，大幅に柔軟に操作できる．地図の内容あるいは縮尺，レイアウトの変更は，修正や最新化と全く同様に，迅速に作業できる．更に，この柔軟な地図作成は，個々の地図をもとに発生過程を概観的に示せるので，環境親和性調査の結果の表示の透明化に対してポジティブな影響を及ぼす．

まとめると，GIS-導入は，それが持つ質管理と質保障の可能性が利用され，把握された誤りが回避される場合にのみ，環境親和性調査結果の内容的な質向上に役立つ．つまるところ，GIS は，堅固なデータベースと，作業過程が専門的に見通せて結果の質を評価できる適格な作業者が作業することを前提にした支援手段である（KUNZE 1999, KRATZ & SUHLING 1997）．これらのことを考えるなら，GIS-導入は計り知れない価値を持っている．

理解確認問題
- どのような機能を環境親和性調査は満たす必要があるか？ あなたは，何が環境親和性調査の中心的課題だと考えるか？
- 環境親和性調査の作成は，誰の課題か？
- 計画家の役割はどう評価すべきか？
- 何をすべての環境親和性調査が含んでいなければならないか？（そして何が要請の限界か？）
- 何が，保護財「人間」の記述と評価の際に，重要な専門的内容になるか？
- 4つの異なる評価スカラ水準を説明しなさい！
- どのような機能を選択肢案と変種案の検討が持っているか？ どのような種類の解決可能性と選択肢案，変種案があるか？
- 様々な影響分析手法があるが，それらはどのようなものか？
- 評価の際には，何に注意する必要があるか（用語：尺度，実態レベル，価値レベル，予防原理）？
- 回避戦略に対する立脚点を述べなさい！
- 環境親和性調査は拘束的な内容を含むか？
- 一般に理解しやすい総括文書はどのような目的を持っているか？

3.5 官庁の参加と公衆の引込み

事業実施者が申請資料を作成した後，事業の認可申請とともにそれを担当官庁に提出し，その官庁は資料の完備について検査し，通例は，その後，定式的な行政手続を公式に始める．手続の流れでは，まず最初，法律に根拠を持つ官庁と公益主体，公衆の参加権が保障されることが重要である．

3.5.1 官庁と公益主体の参加

環境親和性検査法の参加規則は，まず第一に，担当官庁に対する情報基礎を，特に，考え得る環境利益の視点で**改善する**ことに役立つ（BUNGE 1988ff を参照）．更

に，参加は**他の官庁の権限行使の保障**にも役立つ．加えて，参加すべき官庁は自らの権限の立場から，**公衆**と世間一般に対する利益をこれらに代わって有効にする必要があるということが大切である（その際に，環境親和性検査法第9条からの公衆参加に向けての要請にも応えながら）．

3.5.1.1　官庁と公益主体に対する法的な要請

他の官庁と公益主体 [Träger der öffentlichen Belange] の参加に対する法的な基礎は**環境親和性検査法第7条「他の官庁の参加」**である．これは，担当官庁が，**環境関連の課題領域**が事業によって**抵触される**他の官庁に，まず，事業に関して教示することを定めている．同時に，担当官庁は，申請資料と環境親和性調査をそれらに送付し，見解を受け取る．環境関連の課題領域という概念は，どの官庁を参加させるか，あるいは参加させないかということも明確にしている．しかしながら，実践では，実際に他の官庁の権限がどの程度に関わっていないのかを判断するのは，非常に困難である．したがって，それぞれの課題領域は，疑問のある場合には，むしろ大きめに捉えるべきであろうし（Bunge 1998ff を参照），他の官庁の検査過程への予防的な組入れの意味で，解釈する必要もあるだろう．このようにして，後の不一致と，それによって，場合によってあり得る手続の遅れが回避できる．どの官庁が具体的に参加すべきかは，一口では答えることができないし，事例ごとの検討に委ねられる．輸送パイプ施設の建設について解明するべき環境親和性検査の行われる国土計画手続では，航空官庁は多くの場合必ずしも参加しない．もっとも，このことは，個別事例で考えると，建設対策が空港保護地域の外部で行われ，パイプの搬入と組立てが空中にそびえる高いクレーン必要とし，航空官庁の利益に対する抵触を起こさせる場合にしか該当しない．この例から，個別事例関連だが，参加部署を責任をもって判定することがどれほど重要かを見て取れる．

更なる基礎は，特に，場合によって環境親和性検査法第7条の要請を超える可能性のある**専門的法律**にも（Bunge 1988ff を参照），あるいは，例えば計画確定手続の枠内での参加規則に対して第73条「公聴会手続」で定めている**行政手続法（VwVfG）**にも存在する．計画確定手続は，いわゆる集中化効果によって，**1つ**の官庁が，最終的に－計画確定手続でない場合は，他の専門的手続で，他の専門官庁によって解明されるはずの－多数の利益に関して決定する．したがって，そのような場合には，特に，自らの決定が計画確定決議によって代えられることになる官庁を参加させる必要がある．**環境親和性検査法第8条「越境的官庁参加」**は，他の EU 構成国からの官庁も非 EU 構成国からの官庁も参加する可能性のある**越境的参加を定めている**．

3.5.1.2　官庁と公益団体の定義

官庁は"組織的に充分に**自立し，(...) 非従属的**であり，自己の責任のもとで公的

行政の課題を引き受け，それに応じた**権限を移譲されて"取得している**あらゆる部署である（BUNGE 1988ff を参照）．官庁は国家レベルのもの，および州レベル，地域 [Region] と郡に関わるレベル，そして最後に自治体レベルのものでもあり得る．これらのレベルは，参加させるべき官庁の判定の枠内で考慮する必要がある．例えば，ある事業に際して，様々なレベルでの自然保護官庁が関わることがあり得るが，その場合には，一つだけの官庁レベル，例えば下位の自然保護官庁しか参加させないというのは充分ではない．事情によって，影響範囲がいくつかの地域にまたがっている場合には，地域的あるいは高位の官庁も参加させる必要がある．最後に，事業によって計画高権が抵触される自治体の官庁にも，見解表明を依頼することが必要である（BUNGE 1988ff を参照）．

実践でいつも参加している行政官庁は，例えば：
- 建築監視官庁，
- 記念物保護官庁，
- 営林局，
- 保健官庁，
- 事業所監視局，
- 公害防止官庁，
- （環境関連の）州の部局や研究所などの施設，
- 自然保護官庁／自然地官庁 [Landschaftsbehörden]（後者は NRW 州での名称），
- 航空官庁，
- 道路建設行政庁，
- 水官庁，
- 自治体，コミューン（MURL 1996），

がある．

公益主体の概念は，むしろ不正確に定義づけられている（BUNGE 1988ff を参照）．官庁とは反対に，公益主体は，公的課題を実現する民間団体でもあり得るが，公的な権限は移譲されていない．公益主体の例としては，職業組合（商工業会議所，および農業連盟などである；MURL 1996 を参照）あるいは供給事業所（ガス・水・電気供給者，電気通信企業）がある．実際には，しばしば，すでにこの局面で**連邦自然保護法第 58 条に基づいて認定された環境保護団体と自然保護団体**も参加させられ，公益主体のように見なされている．

3.5.1.3 計画確定の例による官庁参加の流れと期間

行政手続は，申請者の**完全な計画資料の提出**の時点で，担当官庁による，その作業資料の受理をもって開始する．当官庁は，1 回目の前検査の後で提出資料を公正に

3.5 官庁の参加と公衆の引込み

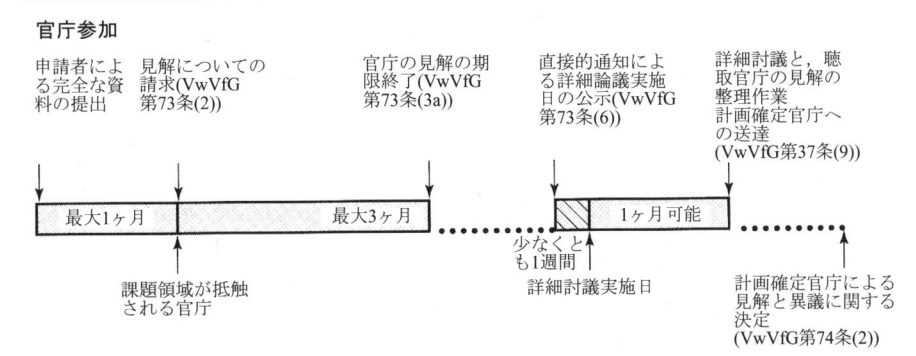

官庁参加

| 申請者による完全な資料の提出 | 見解についての請求(VwVfG第73条(2)) | 官庁の見解の期限終了(VwVfG第73条(3a)) | 直接的通知による詳細論議実施日の公示(VwVfG第73条(6)) | 詳細討議と，聴取官庁の見解の整理作業 計画確定官庁への送達(VwVfG第37条(9)) |

```
┌─────────┬──────────────────┐  ┌──────────┐
│ 最大1ヶ月 │     最大3ヶ月      │  │ 1ヶ月可能 │
└─────────┴──────────────────┘  └──────────┘
          │                              │
     課題領域が抵触              少なくとも1週間       計画確定官庁による
     される官庁                  詳細討議実施日        見解と異議に関する
                                                     決定
                                                     (VwVfG第74条(2))
```

図-3.18 計画確定の場合の，官庁と公益主体の参加の枠内での期限．VwVfG：行政手続法（Verwaltungsverfahrensgesetz）

判断し，不充分と判定すると，この時点ですでに，この提出によっては公式の行政手続が開始されないように，追加請求 [Nachforderung] を適用できる．これによって，本来は手続開始から適用される期間（図3.18を参照）も，まずは，考慮に入れなくて良くなる．

完全な資料が提出されると，計画確定手続においては，担当官庁は，参加させるべき官庁と公益主体に通知し，**見解表明を求めるために**，最大，1ヶ月の期間を有す（行政手続法第73条2項参照）．これについて，当官庁は，星手続[Sternverfahren：公益主体に対して同時に，期限を明示して見解を求めること；行政手続法第71d条]の形で，資料を送付する；資料は，**一斉に（星形態で）**，全参加官庁と公益主体に，滞りのないように送られる．このことは，しばしば，計画事務所が環境親和性調査書を含む多くの部数の申請資料を作成しなければならない原因となる．例えば，普通のプロジェクトに対しては多くの場合30部を，そこで，大規模プロジェクトに対しては150部に至るものを作成しなければならない場合があ多い．そうして，官庁と公益主体は，担当官庁に文書での見解を送付するまでに，3ヶ月の期間が与えられる（行政手続法第73条3a項）．ここで，この期間を形式的にみると，計画確定に対して，最初，恐らく比較的長い期間のように見えるだろうが，しかしながら，実践から見るとむしろ短く見積もられている．多くの官庁では，職員数が不足している；更に，しばしば，一つの事業に対しての見解だけでなく，担当領域で，様々の多数のプロジェクトについての見解を送付しなければならない．最終的には，他の専門的な実施課題が放置されてはならず，これらの理由から期限延長の希望が出てくる可能性がある．

見解が送られてくると，担当官庁には**諸利益と取り組む**ために一定の時間が必要となる．行政手続法では，この手続段階に対して期間を定めていない（計画確定手続

の中では）．多くの場合は公衆参加との関連で共同詳細論議会議日として扱われる，後続の**詳細論議会議**に向けて，担当官庁は，諸官庁と公益主体を少なくとも1週間前に直接的方法で招請通知を行わねばならない（行政手続法第73条6項）．詳細論議会議では，可能な限り多くの問題について明らかにし，整理する必要がある．続いて，最終的に，情報と見解をどう扱うべきかが決定できるように結果が整理されまとめられる．

3.5.1.4 自然・環境保護行政官庁の役割

自然・環境保護行政官庁は，計画過程での参加者として，手続の**専門的な適格化**に際して重要な役割を持っている（BRUNS & WENDE 2000）．この官庁は自らに備わった環境分野の問題についての専門知識を基礎にして決定的に特別な立場を得るが，その際に，特に決定基礎の質確保（申請資料，環境親和性調査，自然地維持的随伴計画，専門的鑑定書）に貢献することができる．道路建設法規的な計画確定手続において，例えば，特殊な公害防止法規的な要求も解明する必要があるとき，公害防止官庁は，例えば影響分析に際して，どの程度に一般的知識状況，および認知された検査方法が考慮されたかどうかの情報を与える．このことは決定の基礎（申請資料，環境親和性調査，自然地維持的随伴計画図，専門的鑑定書）の**質確保**に対して役立つ．更に，環境専門官庁は，事業の妥当性を，主に自らの視点からあるいは環境の観点から判定し，同様に，例えば，手続決定に際しての**環境利益の統合強化**に貢献する．

しかしながら，利益の貫徹に際しては，計画過程の中で諸官庁が対立することも多い利害を調べていくが，その場合，それを手続の中へ同等に持ち込むことがいつもできるとは限らない．例えば，認可官庁は，参加の専門官庁に対して，強い立場を持っている（これについて間接的にはBUREIER 1991も参照）．これによって底流にある**利害対立ポテンシャル**が覆い隠される："例えば計画確定官庁が，もう手続法規的でない事業実施者に対する客観的関係を意識し，その利益のための代弁者 [Sachwalter] として自覚する度合いが強ければ強いほど，自然保護官庁（あるいは他の環境専門官庁も；筆者注）は自らを，手続法規的な客観性を再びつくり出すべき"第2の認可官庁"と見なす可能性がより強くなる"（BRUNS & WENDE 2000）．しかし，**役割分担**についての問題は，計画過程でそれらの役割が形づくられていくことの問題でもあり，したがって，**手続環境** [Verfahrensklima] に対して無視できない意味がある．

3.5.2 公衆の引込み

公衆の引込み [Einbeziehung] は－他の官庁と公益主体の参加に似て－，まず，決定のための**情報基礎**を**改善する**ことを目的としている．例えば，地元の住民は，事業

実施者がすでにもたらした情報内容を超えて，計画過程と環境影響の分析に重要となる可能性をもつ情報を持っていることがまれではない．同様に，公衆参加によって，事業実施者が提出した情報内容の**コントロール効果**あるいは**検査効果**（例えば正確さや完全性）も期待されている．これに加えて，**早期の対個人の権利保護**の機能もある；公衆参加の手続段階は，潜在的な関係市民に対して，すでに早期に，そして決定の前段階で，利益を貫徹させるのに貢献する．後者の権利保護機能は，事業に対する**受入れ姿勢の向上**にも貢献できる（BUNGE 1988ff あるいは WAGNER 1995 を参照）．

3.5.2.1 公衆の引込みに対する法的要請

公衆参加は，環境親和性検査法第 9 条－9b 条で定められている．引込みは，主に 4 つの異なる段階で構成されている（BUNGE 1988ff を参照）：

- まず最初に，事業実施者によって提出された資料の**縦覧**が行われるが，その際には縦覧を事前に公示しなければならない．
- その後，手続についての**公聴**が行われる．つまり，最初，異議が調査され（文書であるいは口述記述による [zur Niederschrift：文書が書けない人に対する行政サービス]），その後，これが特別会議の形で論議されなければならない．
- 最後に，事業に関しての**決定**を，関係者が容易に分かるようにしなければならず，これによって異議に対する決定も間接的に公表できる．

これとは反対に，**早期の手続**に際しては（つまり，例えば，国土計画手続に際しては），**環境親和性検査法第 9 条 3 項**の意味で，すでに公衆は，**意見表明の機会のみ**が与えられることで引込まれる．これ以外に，文書であるいは口述記述で提出された異議に関しての表明の機会が保障されるが，この結果，これについての独自の詳細論議会議が必ずしも必要ではなくなる．

原則として，まず，誰もが，公開された事業実施者の計画資料を閲覧することができる．しかしながら，異議申立ての可能性は，環境親和性検査法によると，事業によって利益が抵触される人にしか保障しなくてよい（BUNGE 1988ff）．ここでも実際の手続では，状況によって－少なくとも特別会議の形での口頭による公聴会の終了を待たずとも－個々人の利益の無関係性を確かめることが困難となることもある．疑義のある場合には（官庁参加の場合の，「見解の考慮」の場合と類似して），認可の最終的決定の前に，詳細論議会議の形で異議の提出と説明を認める必要がある．

環境親和性検査法は，どの程度の範囲で**詳細論議を公式に行うべきか**について，特別の示唆はしていない．しかし，このことで，それに相応した，むしろ進歩的な手続を実施する自由もある．簡易手続形式と並んで，早期の**利害対立の把握**を考えると，非常に広範な制御手続と仲介手続，あるいは他の交渉実施の可能性も利用で

きる（例えば，円卓会議；作業グループとのワークショップ；Luz & Weiland 2001参照）－これらが法的な要請を満足させ，関係者のすべての重要な利益がそれにふさわしい手続で扱えるように持たれるのなら．しかしながら，実際には，環境親和性検査法第9条に基づく公式の公衆参加が時間的に非常に遅れ，大幅な計画変更がある場合，かなりの計画作業が新しく発生する－これは事業実施者だけが避けたいと考えるものではない－と指摘されている．したがって，特別の対立仲介手続の導入は，多くの場合，公式の参加手続の前の早期開始を前提としている．これについては－これまで，計画決定における環境利益のより強い考慮に関して，効果が経験的に証明されている－スコーピング内での**早期の参加**の枠内で，環境親和性検査法第5条4項からの法的可能性だけしか存在しない（Wende 2002を参照）．同様に，環境親和性検査の外部ででも，早期の参加が実施できるかも知れない．

3.5.2.2　計画確定手続を例にした公衆参加の流れと期間

すでに述べたように，公衆参加（以下の節では，計画確定手続に関わるものである）は，大まかに，資料の縦覧と公聴会，そして最後に決定の周知の3つの局面で構成できる（図3.19参照）．

公衆参加の場合でも，完全な計画資料の提出後1ヶ月以内に，参加手続を担当する官庁か公聴官庁（この官庁は必ずしも担当の計画確定官庁と調整する必要はない）が，申請・計画資料の**縦覧**が行われるように指示する必要がある（行政手続法第73条2項も参照）．これについて，これらの官庁は，公衆への情報提供と縦覧の実施に

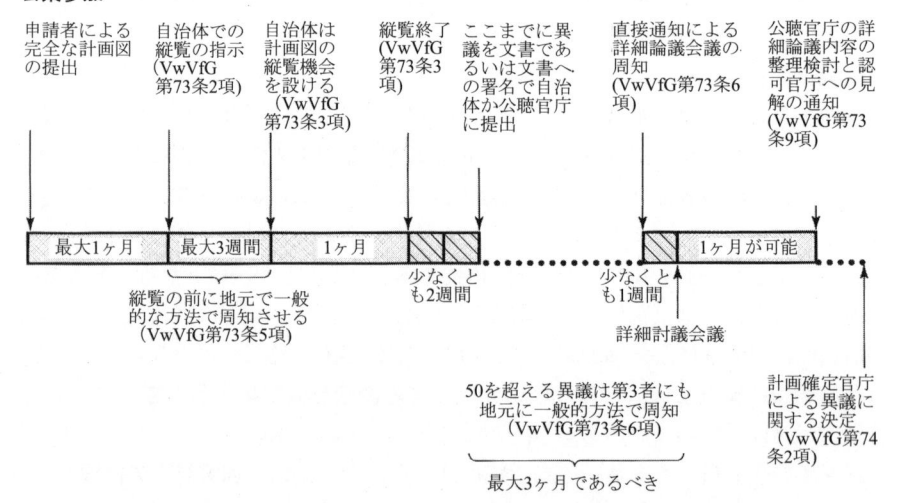

図-3.19　計画確定手続の際の，公衆参加の枠内での期間［VwVfG：行政手続法］

対して間接的にしか権限をもたず，**自治体**に対し，自らの職務領域における資料をそこの住民と予想関係者に縦覧するように指示する形で行われる（行政手続法第72条2項参照）．自治体は，縦覧依頼が行われると，3週間以内にそれを行うようになっている．しかし，その前に，**地域に一般的な**，例えば日刊紙での適切な案内によって，そして公報の発行によって（多くは，自治体の掲示によって），ならびに特定の指示に注意して（行政手続法第73条5項1号から4号），縦覧を**周知させる必要**がある．続けて，資料を1ヶ月公開する．**異議**は，この期間内と，更にそれ以降最低2週間の期間内に，文書で提出するか，申立て者が官庁窓口で口述しその記録に署名する形で提出することができる．最後に，公聴官庁は，これらの異議を処理するが，その場合，3ヶ月以上を要すべきではないとされている（べき規定 [Soll-Vorschrift]）．

　詳細論議は，多くの場合，他の官庁と公益主体の代表および公衆からの関係異議申立人と一緒に行われる．可能な場合，異議申立人は，この会議に直接に招請される；しかし，50を超える異議がある場合にはこれを行わずともよく，簡易な，地元で一般的な方法での招請の周知で充分である．いずれにしても，招請連絡か周知が少なくとも詳細論議会議の1週間前に行われなければならない．官庁には，詳細論議からの**折衝論点の整理**および決定までの期間について，期限は設けられていない．公聴官庁と決定官庁の課題配分がされている場合にのみ，前者が1ヶ月以内に結果を計画確定官庁に引き渡す必要がある．これによって，この官庁は，討論で意見一致に至らなかった異議に関して決定ができる．

3.5.2.3 通例の，および進歩的な参加の方法論

　原則として，詳細論議会議への招請は－しかし地元に一般的な周知も－以下に記載した問題に答える，あるいは視点を持つ必要がある：

- 環境親和性検査法と専門法規に基づく手続に対して，どのような法的基礎が該当するのか？
- どの官庁が担当するのか？
- どのような事業が対象となっているのか（短い事業記述）？
- 異議を含む見解の，文書あるいは口述メモによる提出の請求．
- どのような会議および異議申立て期間，除権効果 [Ausschlusskonsequenzen] が該当するのか？
- 計画資料の縦覧は，どこで，いつ，どの程度の期間で行われるのか？
- 詳細討論会議の場所，日付，時間（これは特別に行うこともあり得る）．
- 関係者が詳細論議会議に参加しようとしない場合，関係者なしに協議する可能性もあることの明示．
- 連絡あるいは地元一般の方法による決定についての周知に関する明示．

表-3.7 公衆参加の通例の，および進歩的な参加の手法

通例の参加	進歩的参加
周知	
自治体での公示と掲示 公報での公表 日刊紙での公表	関係者としての可能性のある人の積極的見出しと，それを求める広告 積極的報道活動 パンフレットやプロジェクト情報の提供
縦覧	
勤務時間内での普通の縦覧	勤労者用の縦覧も実施（つまり，例えば 20:00 時まで，事情によっては週末も） 申請資料の無料コピー 貸出し用環境親和性調査書，など
意見表明の機会	
利益が関係するなら誰でも	'利益'概念の拡張解釈
詳細討議	
全般的な討論，議論 50 を超える異議の場合，地元に一般的方法での公示	司会，仲介，作業委員会，など 50 を超える異議の場合でも，文書による招請 現地踏査
異議についての決定	
異議についての決定の縦覧，あるいは 50 名を下回る場合には送付	異議申立て者が 50 名を超える場合でも送付

　招請あるいはこの周知についての正式な条件と並んで，更に，進歩的な方法論よって，公衆参加の流れをよりスムーズに，そして全体的に，より近市民的に行うことができる．この場合，自らを奉仕者と理解する官庁がますます増加していること，そして，それに応じて，お客さん本位の市民サービスを提供していることに注意する必要がある．この関連では，定められた参加の枠を超えて，市民に対して情報取得と手続への参加を軽減するための多くの可能性がある（ZIMMERMANN 1993 を参照）．表-3.7 は，これらの方法論について，もう一度，比較対照している．

　最終的には，情報と参加の軽減のみならず，**異議の扱い**も，手続環境に対して大きな役割を果たし，それとともに，公衆参加の局面の成功にも大きな意味を持っている．分かりやすい例として，ここである河川での護岸の後退建設の手続例が役に立つだろう：釣人連盟は，魚道による回避対策の構造的欠陥を認めさせようとするが，これに対し官庁は迅速にそして全参加者の一致で，上記の連盟に魚梯の建設と事後の機能コントロールに参加してもらうことを決定した．しかし，環境利益と関係者の利益，事業実施者の利益を全員が一致するように調整できるような解決は，いつも簡単に見つかるとは限らず，しばしば，**やり取りについての特別の熟練**を必要とする．事情によっては，様々な関心や利益も，やり取りの解決の形では調整できず，**計**

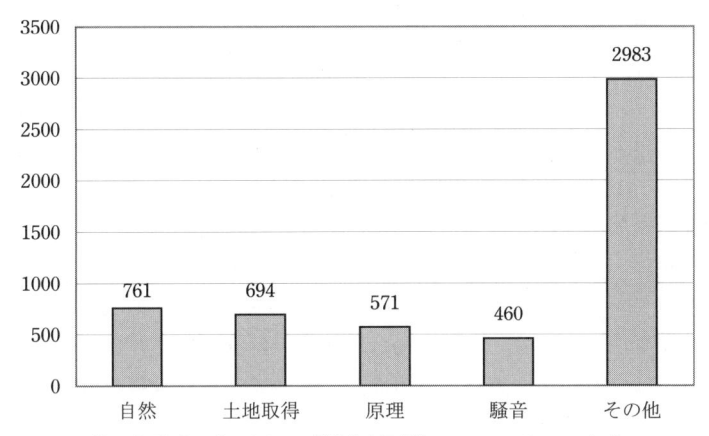

図-3.20 ドイツ統一交通プロジェクト 8「鉄道-新区間 エルフルト－ライプツィッヒ/ハレ」．申立異議についての統計（計画確定段階での主要理由によって整理）（DB Projekt Bau GmbH 2001 による，変更）

画についての比較衡量の枠内で特定の利益を退けなければならない [züruckstellen] ことになる．

　図-3.20 は，ある鉄道新設の場合に出された異議を重点テーマでまとめて概観している．騒音負荷と自然資源の利用と並んで，ここでも，土地取得問題と，これに関して環境以外の問題が大きな位置を占めている．大規模事業においても多数の異議がとなえられていることは不思議ではない．だが，環境親和性検査の手続が行われる多くの事業，そして通例は，比較的小さな事業の場合では，少数の異議しか出されていない（WENDE 2001 参照）．

3.5.2.4　計画過程での公衆の役割

　計画過程での公衆参加に対して疑いが持たれることはまれではない．例えば，「総経済的発展の鑑定についての専門家審議会」（1997 年）は，1995 年/1996 年に対しての年度鑑定書で，以下のように述べている："環境政策的な法的規範の不足は，それが，市民によってでも，（上位の政治的）行政家 [幹部公務員] によってであっても，遅滞・妨害戦略の効果的な手段にされる可能性がある．これによって，多数の企業は多くのうれしくない経験を味わわねばならなかった．"しかしながら，これまで，手続への参加の諸々の試みに対して－少なくとも間接的であっても－反対しているそのような意見は，経験的には証明されておらず，通例は，問題含みの個別事例をまさに選択して作りあげられた認識に基づいている．既存の調査研究や質問調査ではむしろ反対のことが示されている．例えば，200 の中規模企業の企業幹部に対して，「自分達の評価では，許可手続での遅滞の理由は何だと考えるか」について

質問が行われた．企業家の過半数は，公衆参加に手続の長期化の要因があるとは見ていない（STEINBERG et al. 1991）．しかし，計画過程での公衆参加の役割の評価は，これが民主的で，公正な，そして利害調整を義務づけられた計画過程の課題として認められ，受け入れられるまでの長い間，評価が分かれていた．

3.5.3 越境的参加

越境的な官庁・公衆参加に対する法的基礎は，環境親和性検査法第8条と9a-9b条に設けられている．**越境的官庁参加**の場合は，数多くの具体化が行われている．環境親和性検査法によって，必要な場合，あるいは他国がそれを希望するとき，適切な資料（特に環境親和性調査）を送達し，続いて，特に事業の越境的影響に関して，および，その回避と低減化に関して協議 [Konsultation] を行うこととなっている．EG-環境親和性検査-指令を考慮するために，決定も理由文書と合わせて他国の参加官庁に送達する必要がある．

環境親和性検査法は，**公衆の越境的参加**も扱っている．これは環境親和性検査法第9a条で定めており，越境的官庁参加と同様に，非EU諸国に対しても該当する．他国での公衆参加は，事業がそこで公示され，そこに居住する人は規則による公聴手続に参加できるという形で進められる．その際には，担当官庁が，事業実施者に，特に，環境親和性調査の総括文書の翻訳作成を求めることもできると定めている（環境親和性検査法第9a条2項）；このことはECE協定とすでに存在する双務的政府間合意に沿っている（BMU 2000）．

外国の事業の場合の越境的官庁・公衆参加には，独自の環境親和性検査法第9b条をあてがっている．これには，もしドイツで甚大な環境影響があるのであれば，ドイツで同種の事業を担当するであろうドイツの官庁が，他国の担当官庁に事業の資料を依頼すると述べている．それから先の流れは，逆の場合に対して定めている順序にかなり適合している．公衆参加は，他国が送達した資料に基づいて，担当のドイツの官庁によって行われる．連邦環境局の側から，この間に，ポーランドとの国際的協働の事例をもとに，他の実践例にも，実践上，重要な価値ある推薦提案が行える支援体勢がとられた（RICHTER 2002 および LAMBRECHT et al. 2002）．

理解確認問題
- どのような他官庁が環境親和性検査手続に頻繁に参加しているのか？ 例を述べなさい！
- 自然保護・環境専門行政の役割を記しなさい！
- なぜ，公衆参加が事業に対しての受入れ姿勢の向上に役立つか？
- 誰が，公衆参加の中で，縦覧された計画資料を閲覧できるか？
- 誰が，異議の申立てをできるのか？

- 3.5.2.3 項 "公衆参加の通例の，および進歩的な参加方法論" で述べられた問いに対する答によって，以下の事業に向けて，水収支法に基づく計画確定手続に対する公示を自ら作成，記述してみなさい：ブランデンブルク州の（オーデル川沿いの）フランクフルト市での汚水処理施設の新設！ その場合には，あなたがどのような法的基礎に依拠できるかに注意しなさい！ 自ら独自に，どの官庁が担当する可能性があるかを明確にし，行政手続法から注意すべき期間を調べなさい．
- 規則による参加形態と，それに対する進歩的な手法についていくつかのものを挙げなさい！ 市民指向の可能性について更に考え出しなさい！

3.6 官庁による環境影響の総括表示と評価

　環境親和性検査法第 11 条と 12 条は，事業の環境影響の総括表示と，その評価を求めている．環境に関連しない実態部分は表示と評価に入れられない（PETERS 2002）；というのは，計画の比較衡量の形で他の利益に対する重要度の決定が行われる前に，まず環境利益がその独自価値に応じて明確に把握される必要があるからである．しかしながら，環境影響のこの総括表示と評価は，可能な限り，互に明確に分離させて実施する必要がある．この両者の作業段階は，通例，統一された**文書**の作成で終了する（環境親和性検査-行政規則 第 0.5.2.1 項目および 0.6.2.3 項目を参照）．担当官庁は，文書作成の義務によって，もう一度，全手続内容をもって詳細に検討するよう強制的に求めることができ，これによって同時に決定の質的適格性の向上に役立てることができる．

3.6.1 総括表示

　この総括表示の目的は，すべての手続局面で把握された環境あるいは保護財に対する**影響**を**システム的で，明確な構成をもった記述**にまとめることである．これによって，環境親和性検査法第 12 条に基づく**評価**の専門内容的な**準備が行われ**なければならない（PETERS 2000）．

3.6.1.1 総括表示の内容と出所

　専門的内容として，事業の総括的詳述および環境の現況 [Ist-Zustand] と並んで，選択肢案と変種案を特別に考慮した上で，予想される環境変化についても記載する必要がある（シュレスヴィッヒ-ホルシュタイン州自然・環境省 [Ministerin für Natur und Umwelt des Landes Schleswig-Holstein] 1995 を参照）．更に，回避あるいは低減化対策も，相殺/代替対策も書き込む必要がある．適用された検査方法の明証力について判定しておくことも同様に大いに助けとなり得る．最後に，個々の実態についての困難性と知識の不足に対しても示唆する必要があるだろう．

　総括表示に向けての，専門的内容の把握のための重要な**出所**は，まず，環境親和

性調査を含む事業実施者の資料である．更に，**他の官庁**ならびに**公益主体**の**参加**からの情報，そして**公衆参加**からの情報を選別し，利用する必要がある．加えて，この整理作業段階に対して**専門家の鑑定書**からの結果－これは特に難しい手続問題の場合には非常に助けとなる場合もある－が活用できる．しかし，最後に，担当官庁は，評価と適格な決定に必要となる実態を更に解明するために，**独自の検証**をすることができる（環境親和性検査法第 11 条 2 項）．総括表示の全体理解と内容の分かりやすさのために，結果を，その出所と合わせて記載することは効果的である（出所の略号化も可能；Ministerin für Natur und Umwelt des Landes Schleswig-Holstein 1995 を参照）．総括表示の作業には，他の官庁も参加できる（環境親和性検査-行政規則 Nr.0.5.2.4）．

3.6.1.2 不足の埋め合わせ

例えば環境親和性調査に専門的な欠陥が見つけだされたときには，これらは**独自の官庁的活動**によって埋め合わせることができる．SCHNEIDER によれば，："……この（環境親和性検査法第 11 条の）規則は官庁に対して独自の，オリジナルな検証を保障している．それは，単なる資料検査および既存材料のとりまとめだけに限定されているのではない．官庁は，むしろもっと，独自に事業実施者の記載事項を補完し，修正しても良い．"（SCHNEIDER 1990）．しかも，行政手続法は官庁に対し，把握に向けて，職務上，いわゆる調査原則 [Untersuchungsgrundsatz] に従うことの義務づけすらしている．しかしながら，重要なのは，原因者原理に合わせて，**中心的把握義務はまず事業実施者のもとにあり**，環境親和性検査法第 6 条に基づく資料の提出との直接的関連にあるという指摘である．これによって官庁は，目立った知識欠落と専門的な内容欠陥がある場合，これらを可能な限り早期に，すでに申請の際の資料の適性検査の枠内で知らせ，情報の追加請求によって除去するであろう．しかし，加えて官庁による把握は，**対抗制御**[Gegensteuerung] についての可能性としても理解できる．例えば，事業実施者が事業の環境親和性を自ら証明するのを阻止できる．

3.6.2 環境影響の評価

総括表示が環境親和性検査法第 12 条に基づく官庁による評価の基礎として役立てられるのに対して，評価は決定に対して中心的な基礎となる．評価の枠内で例えばいくつかの計画変種案が比較されると，最終的に，決定には根拠づけと合わせて選択された一つの計画変種案が含まれる．つまり，評価は，選択のための基礎を形づくる．PETERS（2002）は，これについて非常に分かりやすく，環境親和性検査法と決定，そして素材的環境行政法規の間の**蝶番**と表現している．"環境利益の評価は，環境親和性検査の最終局面を示しており，これに続く，他の諸目標，例えば経

済的目標の類や社会的な目標との比較衡量が，事業の認可に関する決定への過渡的段階となる"(WENDE 2001)．だから，環境利益の評価は，後で，比較衡量と決定においての，どの利益が他の利益に対して高い価値があると見なされ，どれがそうでないかという判断に際しても，決定的となる．しかしながら，ここでまず環境影響を特別に引き出してくるためにも，「**評価の独自の手続段階**」と「**評価結果の考慮の段階**」という形で，明確に区分することが必要である．

環境親和性検査法第12条は，評価が担当官庁の課題であり，事業実施者あるいは環境親和性調査を実施した計画家の課題ではないことを示している．しかしながら，事業実施者と計画家はすでに環境親和性探査についての作業の中で，この手続段階でも評価の過程が結果的に行われなかったということのないように，環境親和性検査法第12条で要請されている評価尺度とその他の要求に合わせて進めていかなければならない．これに続く，何と言おうと法規的にも定められている評価は，官庁の手にある（これについて，根本的な点で，BALLA 2003）．

3.6.2.1 環境親和性検査の評価内容

総括表示と似て，評価でも，最初に，環境状況と影響要素，ならびに，そこから引き起こされる環境影響を判定する．重要な検討対象は，選択肢案と変種案である（BUNGE 1988ff を参照）．しかし，環境予防の視点で，影響の回避と低減化の可能性ならびに相殺・代替対策も，官庁による評価の内容になる．どのようにこれらの内容を合目的的にそして全体理解がしやすいように構成できるか，そして，どのように官庁的評価が実際的な形で行われているかについては，いくつかの計画例によって表-3.8 および表-3.9，ならびに枠-3.2 で示している．その場合には，本来の評価作業 [Vorgang] の前に，まず，透明で分かりやすい評価作業ができるように，最初の例 [表-3.8] で，その都度，法的あるいは法の下位規則による評価基準が示され，解説される．評価の際には，様々なレベルに下位構成される（最初，「人間」，「動物・植物」，「土地/土壌」の順で保護財に従って）．第2のレベルでは，影響要素あるいは影響種に応じて，そして，第3のレベルでは調べられた採掘変種案に応じて下位構成される．最後に，変種案の対比，対照が行われる．影響の回避と低減化対策の可能性ならびに相殺・代替対策に関しての記述は，個々の変種案の判定を更に補完することができる．

これまでに示した例が国土計画手続からのものであるのに対して，下に示す評価の場合（枠-3.2）は沿岸保護対策の計画確定に関わるものである．解明すべきことは，堤防の嵩上げと改善は，内部堤防方式と外部堤防方式のどちらでの実施がより適切かということであった．この点では，個々の保護財に関して，異なるいくつかの建設変種案も合わせて検討する必要があった．挙げている抜粋は，保護財「土地/

土壌」に対する影響の官庁による評価である．

表-3.8 採掘事業に対する国土計画手続の枠内での環境親和性検査法第 12 条に基づく評価基準の例（Regierungspräsidium Halle 1998 より抜粋；部分的に変更）

保護財「人間」大気有害物質および塵埃，振動	
評価基準 I．塵埃負荷 －重塵埃	EG 指令 80/779EWG は，大気中の重塵埃の濃度に対して，第 22 次連邦環境侵害防止令で汚染値として確定された閾値を設定している．この汚染値は有害環境影響防止に向けて超過してはならない． 重塵埃に対しては 150 μ/m³（年間を通して計測されたすべての日平均値の算術平均）および 300 μ/m³（年間を通して計測されたすべての日平均値の合計頻度 [Summenhäufigkeit] の 95%値－年間の 5%において超えられた濃度値）．
	火薬が用いられる砕石場，あるいは自然石の石割または粉砕，分別のための施設，連邦汚染防止法第 4 次施行令（4.BImSchGV）の許可が必要なもの．4.BImSchGV の付録で述べられている許可を要する施設に対しては，TA-大気で，健康阻害の防止に向けての汚染値を以下のように定めている： IW 1（年間平均値）＝ 150 μg/m³ IW 2（98%-百分率-高位負荷）＝ 300 μg/m³
	汚染防止のための州作業共同体（LAI 1992/2）は，予防に向けての大気浄化計画のための目標値として，算術平均値 40–60 μg/m³ の指針値を提示している．
－降下塵埃	TA-大気は，降下塵埃（非危険性塵埃）に対して 350 mg（m²/d）の汚染値（IW 1）ならびに 650 mg（m²/d）の IW 2（最高位負荷）を定めている． これらの値は，甚大な被害あるいは負荷の防止のために守るものとする．
II．振動	DIN4150 第 2 部と 3 部に基づいて，以下の，建築方式に依存した最大振動速度（mm/s）が認可可能とされている： 　　事業所　：20（地下部分）；40（地上部分） 　　住宅建物：　5（地下部分）；15（地上部分） 　　人間　　：14.3（地上部分）

3.6.2.2　評価基準

原則として，環境に関わる利益と事業の影響の評価に対しては，**環境予防の基準**が設けられ，**専門的法律の規定**が考慮されなければならない．環境予防は，例えば，損傷防止に向けての境界値の尺度よりも遙かに厳しい負荷閾値を求めるものとなっている．そのような境界値では，通例，緊急の健康阻害についての閾値が特徴的なものであるが，しかし，それでもやはり，これは，境界値に至るまで認められ得るということも意味している．これとは反対に，予防値［Vorsorgewert］は，低い負荷閾値に至った場合，すでに対応を求めるものである．つまり，これは，その要求において，より強い．事業は，環境親和性検査の枠内で，環境予防の基準に従って判定される必要がある．

事業の影響の評価は，同じく，**現行法律の基準に従って**行われる必要がある．その限りでは，他の法律において定式化された評価尺度，例えば，連邦自然保護法あ

表-3.9 採掘事業に対する国土計画手続の枠内での環境親和性検査法第 12 条に基づく官庁評価の例（Regierungspräsidium Halle 1998 より抜粋）

保護財「人間」	変種案 1 最大限掘削	変種案 2 中度の掘削	変種案 3 最小限掘削
大気汚染物質，塵埃および振動			
媒体 [medial] 評価塵埃	すべての変種案において，IW1 および IW2 の汚染値を明確に下回っている．人間の健康はこれによって保護されている．		
		掘削変種案の 2 と 3 は，近隣の集落との距離が大きくなるため，ほぼ，汚染防止のための州作業共同体が推薦する予防的低位指針値の高さとなる低い汚染となることを予想させる．このため，掘削変種案の 2 と 3 の場合には，人間の健康の予防的な保護がされている．	
斜面保護	斜面保護は，ボタ山の緑化が効果を持つようになるまで，レクリエーション適性の侵害になる可能性がある．		
降下塵埃	降下塵埃は，本来の露天掘り地域で約 438 m²/d であり，年間平均（IW 1）を超える．		
	露天掘りの最大拡張の場合，集落周辺位置では（……）約 350 mg（m²/d）の IW1 となる．卓越風向による侵害も無視できない．集落位置では，（……）降下塵埃は TA 大気の汚染値より下になることが考えられる．露天掘りは約 240–350 mg の塵埃（m²/d）によって，現況よりも（……）高い負荷を隣接の集落周辺地域にもたらす．	露天掘りに最も近い集落は（……）226 mg（m²/d）の降下塵埃があることが予想されている．TA 大気による年間平均は下回り，甚大な被害あるいは負荷の可能性は除外できる．更に西側と北側に位置する地区は，表土の盛上げによって，中期的に，爆破作業による塵埃降下から保護される．	汚染値は，近隣の集落のすべてで守られる．居住地域への距離が大きくなることで，（……）その前にある森林のフィルター降下との関係で，変種案 2 に対して被害は少なくなる．
爆破の振動	集落周辺位置まで約 250 m という距離が短いために（……），10 mm/s を超える振動速度が予測できるが，これは住宅の地下室の場合には居住機能に対して認められない侵害となる（……）．	不適切な侵害は予測できない．したがって，居住・レクリエーション機能の甚大な被害の可能性は排除できる．	変種案 2 と同様．

るいは連邦土壌保護法の評価尺度も環境親和性検査の枠内で適用する必要がある．過小評価できないものとして VDI-要綱 [VDI：ドイツ技術者協会] あるいは DIN-規格 [DIN：ドイツ規格協会]，並びに他の質標準（WHO-大気清浄値あるいは国連欧州経済委員会の危険レベル/危険負荷，その他）もあり，これらは，現行法には含ま

枠-3.2 堤防の嵩上げ・強化対策に対する計画確定の枠内での環境親和性検査法第 12 条に基づく官庁評価のための例（Regierungspräsidium Halle 1998 より抜粋）

保護財「土壌」
評価尺度
（……） 土地/土壌のための更なる尺度は，様々な建設対策に対する土地の直接的利用および土壌学的パラメーターの再生可能性（自然的および人工的）である．
堤防建設対策
申請資料（特に環境親和性調査および LBP，専門的鑑定書）で堤防プロジェクトに適用された把握・予測方法は，適切で充分だと評価できる． 〈外部堤防強化〉 18.4 ha の直接の盛土工事 [Überbauung] 13.4 ha の作業用帯状地 〈内部堤防強化〉 25.8 ha の直接の盛土工事 20.8 ha の作業用帯状地 　このことは，内部堤防強化の場合に，直接に 7.4 ha，作業用に 7.4 ha 多く使用あるいは侵害されるということを意味する．内部堤防でも外部堤防でも，建設史的な視点でみて，同等か類似の土壌種/類型が侵害されているので，これに関した区別は決定に対しては重要ではない．したがって，直接的な土地の利用のみが問題となってき，この基準では，外部堤防が好ましいと評価できる． 　（……） 　しかしながら，関連する土壌類型の自然度を人工的な影響との関連で検討すると，外部堤防に位置する土壌類型の利用は，農地的に特徴づけられているか形状が変えられている土地/土壌（内部堤防）の使用よりも大幅に問題があると評価すべきである．外部堤防の所にあって海水の影響を受け，部分的には自然の動態の影響を受けている土壌類型は，既存の堤防線を理由として，当然ながら，内部堤防の所の人工的な特徴のある土壌類型よりも遙かに希少である．このことで，内部堤防の強化がより好ましいと評価できる． 　保護財「土地/土壌」に関して，挙げられている（……）評価尺度による評価は部分的にしか明確な結果をもたらさない．一方で，土地を節約に扱うことは自然保護法の目標であるが，他方で，自然的で希少な土壌類型を保全するあるいは再生することも設定目標である． 　重要な論議は，（……）内部堤防強化の場合の部分機能"土壌"が相殺可能であり，建設対策の終了後は土壌への甚大な侵害は残らないので，介入が認められるということである．外部堤防強化の場合は，堤防施設に対して，本来なら必要とされない堤防手前の土地において，集中的な手入れが安全の理由で行われねばならないので，相殺可能性は存在しない． **まとめると，保護財「土壌」に関して，環境に重要な視点からは，内部堤防強化のみが対象となるということが確定できる．**

れないものの，法律に含まれている不確かな評価・法的概念を具体化するために助けとなる．上記の要綱と規格は環境親和性検査-行政規則第 0.6.1.2 番によって，実際上，個別事例ごとに，かなりの重要性を持っている（Bunge 1988ff 参照）．

どのように評価基準を特定の**要求水準**で詳細化していくかについては，図-3.21 と図-3.22 で示している．

すべての評価問題に対して，いつもそれに適した予防的な評価基準があるわけでもなく，そのため，他の値あるいは部分的には境界値も利用しなければならない．そ

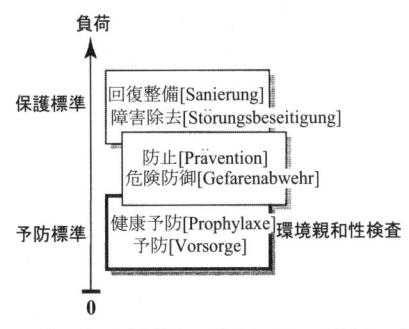

3.6 官庁による環境影響の総括表示と評価

図-3.21 環境政策と汚染防止の領域とそれに付随する評価尺度
(出典：KÜHLING & PETERS 1994)

価値段階	価値段階の名称		段階づけの基準
9	強度被害領域	非許容領域	TA-大気-境界値の 20%を超える
8	標準被害領域		TA-大気-境界値の 20%までの超過
7	許容境界領域	許容境界領域	TA-大気-境界値の 81–100%の範囲
6	上位防止領域	健康予防領域	TA-大気-境界値の 51–80%の範囲
5	一般領域		TA-大気-境界値の 31–50%の範囲
4	下位防止領域		TA-大気-境界値の 16–30%の範囲
3	上位予防領域	事前配慮領域	TA-大気-境界値の 6–15%の範囲
2	下位予防領域		TA-大気-境界値の 1–5%の範囲
1	無負荷領域	無負荷領域	TA-大気-境界値の 0–1%の範囲

図-3.22 環境親和性検査の枠内での専門的評価についての外被尺度 [Mantelskalen] (出典：SYNÖK-Institut 1994, UVP-Expert-Basis 2.0)

れに必要な，これ以外の法的な環境要求の導出に対して，以下に示す順序のように進めていくことができる（環境親和性検査-行政規則第 0.6.1.2 番と 0.6.1.3 番を基にした HARTLIK 1998）．

まず最初，法的拘束力のある境界値を含む**専門的法律**あるいはその施行規則を利用する．騒音負荷が問題となっているのであれば，例えば，連邦環境侵害防止法 [BImSchG] あるいはそれに付属する技術的手引き書「騒音」（第 6 次 BImSchG）を見ると評価尺度に該当する騒音負荷の境界値が載せられている．

更に**その他**の境界値あるいは強制的ではないが，環境親和性検査-行政規則の付録 1 の指針値と比べて要求が高度な基準を利用することができる．上記の騒音例を補う形で，"その他の高度な基準"として，更に，例えば DIN 18005「都市建設での騒音防止」が利用可能な尺度としてある．

上記の2つの点に該当せず，それ以外の公認の基準が存在しないのであれば，**環境親和性検査-行政規則の付録1の指針値**が利用できる．もっとも，環境親和性検査-行政規則の付録1には，騒音負荷の視点については，それ以外の指針値はない．そこには，河川への影響の判定に対してと，物質的土壌特徴，ならびに自然と自然地への介入の相殺可能性の評価に対しての支援だけが示されている．

上記の3点の中に備わっていない評価基準で環境影響を評価する必要があるのなら，官庁が**個別例に関して**評価する必要がある．官庁は場合によれば独自の評価尺度を開発し，自己の判定の根拠に置く必要がある．

更に，自然地枠組計画図と自然地計画図から，ならびに国土計画と準備的建設誘導計画から，個別例に関して，部分的には非常にきめ細かで特に地域化された**環境質目標・標準**を判定基準として利用することができる（例えば，自然地計画図の気候・汚染エコロジー的質目標に対する表-3.10を参照）．環境専門計画の枠内で地域，更にはローカルなレベルに対して作成された要求も同様に評価基準として利用でき，同様のことが当てはまる（連邦汚染防止法第47条の意味では大気清浄化計画から）．

保護財関連の多数の把握・評価基準が環境親和性検査法第12条に基づく評価の枠内でも適用される可能性があるが，それらの概観は，GASSNER & WINKELBRANDT (1977) と BARSCH et al. (2003) がすべての保護財について，そして保護財「土地/土壌」については，バーデン-ヴュルテンベルク州環境省（1995年）および土地/土壌諸州作業共同体（1995年と1997年），そして環境親和性検査-行政規則も合わせて，提示している．保護財「水」についてはバーデン-ヴュルテンベルク州環境保護研究所（1995）が示している．MOSIMANN et al. は気候と大気の視点について（1999），KÜHLING, PETERS（1994）は大気質について挙げている．保護財「文化・その他の物財」についての評価基準は，例えば，RVDL et al. (1994) の場合にシステム化されて解説がされている．ここで初めて文献を選択的に挙げたが，これらは，個別事例においては，すでに，環境親和性検査法第12条に基づく評価の基準に関して広範な示唆を提供してくれる可能性がある．

理解確認問題
- 環境親和性検査法第11条に基づく総括表示の内容は，どのような出所から手に入れるか？
- 環境親和性検査法第11条に基づく官庁による総括表示によって，なぜ欠落穴埋めができる可能性があるのか？ この可能性について説明しなさい！
- どのような課題を評価はもっているのか？
- 評価のいくつかの内容を示し，その根拠づけをしなさい！
- どのような評価尺度あるいは評価基準を環境親和性検査法第12条は要求しているか？
- どのような寄与情報を自然地計画は評価に向けて提供するか？

表-3.10 環境親和性検査での評価の基礎としての自然地計画の気候・汚染エコロジー的質目標（MOZIMANN et al. 1999 より；変更している）

作業空間	一般的気候エコロジー的な質目標	気候的および大気衛生的な標準，ならびにあり得る基準・参照値
比較的に汚染のない周辺地域を有する負荷のある市街地	負荷地域の大気質の改善	TA 大気に基づく汚染値 WHO と EG による誘導値 VDI-要綱に基づく指針値 KÜHLING 1986 に基づく "最低標準"
	誘導路の効果性の保全と改善	気候エコロジー的に重要な誘導路についての最低要求 －地形荒さ＜0.5 m －幅 300 m －影響波及地への方向 －誘導路断面を遮断しない障害がない
	重要な冷気/新鮮大気生成地域の確保	冷気/新鮮大気生成地域とそれに続く誘導路に対する基準は：例えば， －重大な汚染源がないこと（距離＞500 m；MURL による） －大交通量の道路が無いこと（平均 1 日当たり交通量＞10 000 台）
	建築地への流入経路地の確保と改善	基準 －市街地周辺に対する通過性の土地面積割合＞50%
	負荷地点でのビオ気候の改善	以下に対する目標規模： －PMV 値，あるいは熱負荷/冷刺激 －等価温度
	良好なビオ気候的・衛生的な条件のあるニッチの確保と発展	最低要求： －規模＞1 ha －多様なミクロ気候 －貧汚染
自然関連のレクリエーションのための空間	有害物質と悪臭の負荷の回避	TA 大気に基づく汚染値 WHO と EG による誘導値 KÜHLING 1986 に基づく "最低標準"
	汚染保護機能を有する緑地構造の確保と改善	保養地の大気質値（登録協会ドイツ温泉連盟 [Deutscher Bäderverband e.V.]1991） 大気負荷指数
	気候的快適性の確保と改善	あり得る基準： －人間の滞在領域の風速＜6.5 m/s（SOCKEL 1984） －DWS によるレクリエーション適性段階（シェムニッツ市 [Stadt Cehmnitz] 1993）
特別のローカル気候の地域	特別なミクロ気候に対して必要な構造特徴と影響を与える要素の過程の確保と発展	あり得る基準： －水面のような構造要素に対する最小規模 －斜面の日照利点

3.7 官庁による決定

行政手続は−国土計画手続あるいは計画確定に関わっているか，または他の種類の手続に関するものかどうかということとは関係なく−，まず「事業についての決定」，そして，それに続いて，「それに属する理由」の両者が必ず含まれる行政文書の作成をもって終了する．このことに対応して，この文書は，2つの部分から構成される：**手続結果が記される主文**と**理由文**に分かれる．官庁決定の構成に関しての差異を，以下で解説する（計画確定手続については，更に詳しくは Balla 2003）．

3.7.1 環境予防に向けての州計画的判定の組立てと規制可能性

国土計画手続の最終記録である州計画的判定に際しては，以下の構成内容を考慮しなければならない．州計画的判定の概念は，州ごとに異なる可能性がある：

A) 国土計画手続の結果
  1. 主文（国土計画的決定）
  2. 規準と指示
B) 理由文
  3. 法的基礎と国土計画手続の目的
  4. 国土計画手続の対象
  5. 手続の流れと参加
  6. 手続参加者の（"分野的な [fakultative]"）見解表明
  7. 国土計画的な評価と比較衡量

上の A) の 1. のもとで行われた**国土計画に関わる決定**によって，まず，事業が，国土計画目標と要請に応えているかどうかが明確にされる．この場合，すでに，官庁は，全事業が**国土計画の目標と要請に適合していない**と示す形で，環境予防利益を考慮できる．そのような，ゼロ変種案の実施に向けての国土計画的決定は，極めてまれであるが，全く考えられないことではない（Wende 2001）．国土計画手続でネガティブに判定されても，必ずしも事業の建設が行われないという結果に結びつかなければならないわけではない．州計画的判定の枠内での決定は，まずは事業実施者を拘束するものではない．それでも，事業実施者は，状況によっては別の決定がなされる可能性のある次の計画レベル（例えば計画確定手続）で，手続が追求できる．これに対する作業がされることは実際には非常に希でしかない．

多くの場合では，官庁は，事業が**特定の空間的制限あるいは拡張，道路位置設定−これらは通例は図面表現も行われる−に注意を払ってのみ国土計画の要請に応えている**との決定もできる．官庁は，同様に，国土計画の要請と，プロジェクトの**特定**

部分の不一致を主張できる．例えば，鉄道建設事業が必要となってくるいくつかの残土処分場だけでも，かなりの土地利用矛盾に結びつく可能性があり，それを停止することはできるが，しかし，全事業あるいは特定の道路計画区域を中止することはできない．

これとともに，すでに，A) の 2. で述べられている，どのような「その他の条件」（特に建設的あるいは技術的なもの）のもとで事業が国土計画の目標と要請と一致できるかを示す**規準設定**［Maßgaben］と**指示**へ移っていく．規準は，この場合，指示とは反対に，厳しい要求となっている．ある規準は，例えば，いくつかの運営・廃棄に条件づけられた活動を不認可とされると定める："……一般的に，ジャガイモ処理残留液と処理排水をわずかのシートを引いた地面に溜めることは停止しなければならない"（シュヴァーベン地方行政府 [Regierung von Schwaben] 1994；ジャガイモ澱粉工場に対して）．これ以外に，特定の土地も計画から除外されることもある："ジャガイモ処理残液の噴霧灌水 [Verregnung] は（……）ドナウ川地域の北部と南部では禁止される……"（同上）．

しかし，**特定の活動あるいは建築的な実施の回避**と並んで，反対に，自然保護に向けて，および環境予防に向けての**新しい予防対策が求められる**場合がある："気候および汚染，視線保護に向けての貢献として，事業実施者によって（……）採掘地域の西側境界に沿って，約 100 m の森林帯を設けることとする．（……）植樹は可能な限り早期に始める必要がある"（ラインラント-ファルツ州のラインヘッセン-ファルツ州広域行政区庁 [Bezirksregierung Rheinhseen-Pfalz] 1998）．しかし，**引き続いて行われる計画レベル**に対する具体的要求を提示することも効果的である："引き続いて行われる建設誘導計画手続の枠内で（……）申請資料に述べられている回避・低減対策を扱うこと……"（ニーダザクセン州のヴェーザー-エムス州広域行政区 [BezirksregierungWeser-Ems] 1996）．

最終的に，環境予防の考慮に向けて，数多くの規準と指示の適用が，すでに，この国土計画の手続レベルで考えられる．しかしながら，これらは，通例，例えば計画確定手続あるいはその他の下位の認可手続におけるような詳細度は示さない．それにもかかわらず，環境のためのその効果は過小評価できない．

官庁は，自らの決定に根拠づけもしなければならない．これに対しては，官庁はまず，自らの行政的対応を適法化する**法的基礎**と国土計画手続の**目的**（これには B) の 3. を参照）を示す．法的基礎には，部分的に，個々の州の州計画法および国土計画法に挙げられている国土計画手続規則についての条項がある．しかし，環境親和性検査法と環境親和性検査についての州法，ならびに，加えて専門的法律に含まれる条項からの規則も挙げる必要がある．国土計画手続の一般的な目標は，その都度

の個々の事例をみて，更に個別的に考えていく必要があるだろう．

国土計画手続の対象に関する章では（これには B) の 4. を参照），もう一度，事業について，その空間的適性と技術的および建設的な施設に詳細に立ち入ることができる．

国土計画手続の経過と参加の流れ（これには B) の 5. を参照）の章では，まず手続の時間的経過が示される（例えば，いつ申請会議/スコーピングが行われたか，いつ官庁に申請が行われたか，そして，どのような資料が提出されたか，いつ参加の過程をもって手続開始が行われたか）．手続の時系列的な説明に続いて，多くの場合，非常に明解にそして価値中立的に，異議および発議，指摘を合わせた**手続参加者の見解**が総括的に示される（これには B) の 6. を参照）．そして，これらの異議および発議，指摘の判定は，多くの場合，環境親和性検査法第 12 条によって求められている環境利益の評価において，あるいは比較衡量の枠内でも行われる．しかしながら国土計画手続では主に（かなりの）**公的利益**が考慮できるということも重要である．純粋の私法的利益は以降の手続での明確化が留保されているが，しかし，これは私的な当事者が手続的に自らの意見表明の形で，公的利益についても語ることを全体として排除しているものではない．

しかし，**国土計画的な評価と比較衡量**（これには B) の 7. を参照）では，見解表明されたものだけを判定するものではない．最終的には，すべての決定に重要な利益を（申請資料からと環境親和性調査からのものも含め）州計画的判定の章で扱わなければならない．最終の章では，**国土計画的な全体比較衡量**が行われるが，これは本質的には官庁の記録 A) の 1. の中で述べられている国土計画的な決定に対しての理由文としてもに役立つ．

> 全体比較衡量は以下のように締めくくることができる（採石場拡張／採掘事業）："……すべての提示項目を評価し，比較衡量した結果，申請された規模と区域では，この事業に対して国土親和性を根拠づけることはできない．危険に対する不確実性と侵害の規模が低減されるか除去されるときに，やっと国土計画と州計画の要請との一致をみることができる．申請の拡張地の東側と北西部の採掘境界線を後退させることによって，水門学的視点では影響は和らげられ，（給水塔の）……地盤安定性の問題は小さくされ，微気候的には影響が少なくなり，騒音と塵埃による住民への侵害は弱められ，価値あるワイン栽培山地が保全され，レクリエーション機能が護られ，自然地景観は維持される．提出された提案の（……）受け入れに当たっては，既存の利害対立ポテンシャルがかなり除去され，空間親和性が根拠づけられる．国土計画的な全体比較衡量の結果として，（……）計画されている

採石場拡張は，新しく提案された境界線設定と規模（……）において，（……）A章で作成された基準と指示を考慮すると，国土計画と州計画の要請に適っているということが確定できる．"（Bezirksregierung Rheinhessen-Pfalz 1998）．

3.7.2 環境予防に向けての計画確定決議と規制可能性

計画確定決議文 [Planfeststellungsbeschluß] はおおよそ 3 章構成となり，以下のようになる：

A) 主文
　1. 事業の計画と決定の確定
　2. 計画変更，計画補完
　　……
　5. 指図と付帯義務
　6. 決定保留
　7. 申立て異議に関する決定（追加的指図あるいは第 5 番への指示；これ以外は差戻し）
　8. 注意事項

B) 理由文
　9. 事実状況（事業実施者/事業の記述）
　　……
　11. 素材法規的評価 [Würdigung]（例えば，公的および私的な利益の表示と評価，計画変種案，環境親和性検査法　第 11 条，12 条）
　12. 比較衡量結果
　13. 指図［Anordnung］と付帯条件の理由
　14. 決定保留の理由
　15. 申立て異議に関する決定の理由

C) 法的支援の示唆

構成項目の A) の 1. で行われる，決定および計画資料，添付図の確定をもって，認可表明が行われ，事業が空間的・建設的に固定される．官庁は，その際に，絶えず法的基礎を関連づけて捉える．例えば，官庁は，河川堤防の改修に対する計画図の確定に際して，水収支法第 31 条のそれに重要な専門的規則（河川工事事業に対する計画確定規則），そして，その都度の州法，行政手続法，環境親和性検査法，その他の法規的基礎と付随規則を参照する．

法的に見ると、決議によって実際に確定されたものが実施計画と建設の際に事業実施者を拘束するので、更にもう一度、確定計画図についての**資料を**、**個別的にそして包括的に**確認していく。例えば、計画確定決議文においては、これが解説報告書、そして概要図、しかし更に断面も含む詳細な位置図、建設断面図、土地取得の事項を含むと言われている場合が多い。これらと並んで、どのような環境・自然保護的な解説書および図面、対策シートが計画確定の決議の構成要素であるのかが多数例示されている。挙げられている相殺・代替対策および環境・自然関連の付帯義務と条件が正式確定されることによって、**これらは実施しなければならないものとなる**。詳細論議会議の会議記録も正式に取り上げられている。加えて、手続の間に生まれてきた**計画変更**は、公的および私的の利益対立の回避あるいは低減のために、文章と図面の形で正式に確定する必要がある（構成目録の A）の 2. を参照）。

選定された特定の計画位置あるいは建設的変種案の確定によって、あるいは一般的に計画変更によって、計画確定のレベルで環境と自然への介入を空間的に回避し、最小限化することもできる。計画確定手続の中でも、環境予防利益の考慮に向けての主に技術的な付帯義務の規則化が、その詳細度を根拠に、結果として特に重要な役割を果たすとしても、これらだけが重要なのではない。計画確定決議は、様々な対立する利益を調整するために、事業の認可を、例えば、**空間的および技術的、その他の付帯義務や指図、条件**（あるいは指示）のような**副次的規則**と結びつける課題を持っている。

> 例えば、ある河川堤防改修についての計画確定の例で、特に、堤防後退の変種案とそれによる新規の遊水空間の実現によって、更に、どの程度、強く高水予防の利益が考慮され得るのかという問題が解明される必要があった。最終的に官庁は、古い堤防を同時に高くすることで改修に同意し、これとともに新しく遊水空間が失われることを許可した；しかしながら、このことは、以下の副次の規則を設けることでのみ行われた："計画確定は市（事業実施者）が（……）遊水空間減少の相殺に向けて、河川沿いの他の遊水空間の実現に参加するという条件のもとでのみ行われる"（ケルン区域行政府 [Bezirksregierung Köln] 1998）。事業の認可は、ここでは、したがって、他の場所での高水滞水用地 [Hochwasserpolder] の新設と結びつけられている。（2000 年のコブレンツ上級行政裁判所 [OVG Koblenz 2000] の判決も参照）。

環境利益を考慮する上で助けとなる付帯義務の別事例として、特定の事業資材の**認可の制限**がある。これは、特に廃棄物法規の計画確定手続で（しかし、環境侵害

3.7 官庁による決定

防止法規による許可の際にも）一定の役割を果たすことが多い："廃棄物処理施設の認可は土地の掘下げ，（……）鉱物性の建設廃棄物，（……）鉱物性の道路材に限定されている……．処分場での処分は，再利用が不可能か不適切な場合でのみ認可される"（テュービンゲン地方行政府 [Regierungspräsidium Tübingen] 1997）．しかし，更に，ここでも，**特定の活動と建設的行為の回避**が，更に**新しい保護対策**と結合させる形で要求できる："レー［Rhee］自然保護地域の（建設工事用施設のための）利用は認可されない．その地域との境界には工事用の柵を設けなければならない．これに違反すると（……），110 万 DM までの罰金が課される"（自由ハンザ都市ハンブルク [Freie und Hansestadt Hamburg] 1999）．適切な対策によって，ここでは，加えて，特別に保護された土地が過失によって使用されることも予防される．

実際の手続において，自然保護法規的代償対策の**実施のコントロール**は完全に可能で，実行しやすくもあることは，ある交通水路法規的な計画確定手続における次の事例が示している："相殺・代替対策の完成後は（……），それから 5 年の間，機能コントロールを行う必要がある"（水・船舶航行東部司令所 [Wasser- und Schifffahrtsdirektion Ost] 1997）．

認可は「全施設に対して，あるいは，個別問題については後に決定する」との留保のもとで部分的な形でも行われる（上記，構成目録の A）の 6. を参照）．なぜ，そして，どのようにそのような**決定留保**を行うことが可能なのかについては，河川の護岸脚部の斜路に関する以下の例が，更に明らかにしてくれる："介入・代替の対照均衡化は，更に，考えられる最適化対策あるいは最小化対策，ならびに建設工事の段階で工事に並行して対処していく対策を合わせることで補完できる．（……）その際には，階段式魚道の機能コントロールの枠内で，与えるべき指示を考慮する必要がある．すべての（……）結果は記録し，計画確定官庁のもとに最終的決定に向けて（……）送達するものとする"（メックレンブルク-フォアポンメルン州建設・州発展・環境省 [Minister für Bau, Landesentwicklung und Umwelt des Landes Mecklenburg-Vorpommern] 1996）．不確実性/予測不可能性がある決定の場合には，このような規則の設定可能性を活用できる．特に，環境保護について，そして自然収支能力の再生についての対策の効果が不明確になっている場合には，コントロール方法を確定し，更に付帯義務を加えることで後の決定を保留することは助けとなる．このようにして，環境利益の保障が不充分となり得る状態をあらかじめ防止することができる．

計画確定決議において，副次規定の作成は－部分的には決定留保あるいは（厳しさでは弱くなる）指示の文書（上記，構成目録の A）の 8. を参照）の作成と結びつけて－環境影響の回避と低減に向けて，あるいは環境利益と自然収支能力を相殺・代替するために，多くの可能性を提供してくれる．同様に，まだ，決議の主文で**申**

立て異議に関する決定を記載しなければならない（上記，構成目録のA）の7.を参照）．その際に，いくつかの個人的な異議が行われていると，この疑念に公正であるためには，更に付帯義務あるいはそれに類似のものを設けることが必要となる．追加指図で，すでに構成目録のA）の5.に含まれているべきものについては，官庁はこの箇所で指摘する．その他の受け入れられない申立て異議は明確に却下しなければならない [zurückweisen]．

　計画確定決議についての**理由部分**は内容的に州計画的判定（国土計画手続において）のそれに非常に似ている（前出構成項目B）を参照）．**素材的-法規的評価**[Würdigung]は決議の重要な章となるが，これには特に要約表示と環境影響の評価の結果も含まれている必要があるだろう（構成目録B）の11.）．中心は詳細な**比較衡量結果**（構成目録B）の12.）で，そこからまず，なぜ，事業が必要と考えられたかが個々に明瞭に分かるように理由づけられていなければならない．この計画正当化は，需要を示す場合と似ている．加えて，比較衡量結果は，相対立する利害状況がある中で，どのようにして官庁が決定に至ったかについて（つまり，どの利益が優先しているかについて）の解説を含んでいる．しかしながら，この場合，環境親和性検査によって明確にされる環境利益は，それだけでは決定的ではなく，他の非環境関連の利益（例えば経済）と並んで位置しており，最終的には計画に関する比較衡量で位置が引き下げられる可能性もある（しかしながら，専門法および環境親和性検査法，自然保護法規の介入規則に沿って，相殺に対して配慮しないということはない）．この場合に重要なのは，すべての環境利益が無制限に計画についての比較衡量のもとに置かれるのではないという指摘である（**厳格に適用される計画主導原理**）："厳格に適用される計画主導原理として設けられている利益は特別に貫徹できる．計画主導原則は，それが比較衡量の視点で相対化されない場合，つまり，計画に関する比較衡量の枠内で退けることができない場合に，厳格なものに当てはまる．それは計画部署に対して全く比較衡量の余地を与えず，規範与件として注意すべき，厳密な境界線を引いている"（GASNNER 1995）．例えば，水保護の政令の命令と禁止は，そのような計画上の制約としての効果を持っている．しかし，最終的に，環境利益はその特別な理由で順位的に他の利益の前に位置づけられており，そのため，他の利害を優越する可能性がある．計画確定決議の主文で述べられる指図，および決定留保，そして最後に申立て異議についての決定は，同様に詳細に理由づけなければならない（構成目録B）の13. 参照）．

　最終的に，計画確定決議には，その通知によって，可能な法的手段についての示唆が含まれていなければならない（**法的手段教示**）．そこでは，中でも，期限と訴訟が取り上げられる部署を記す必要がある．計画確定決議に対する法的可能性はどの

3.7 官庁による決定

A) 前手続き

不服の申立て　　　（期間：計画確定決議の送付後1ヶ月；延長効果）

↓

聴取（VwGO第71条）

結果

→ 救済通知

→ 不服申立て却下通知

B) 訴訟[Klage]

訴訟の提起　　　（期間：不服申立て通知の送付後1ヶ月；場合によっては計画確定決議の送付後1ヶ月のこともある）

延期効果（可能な場合）

↓↓↓↓↓

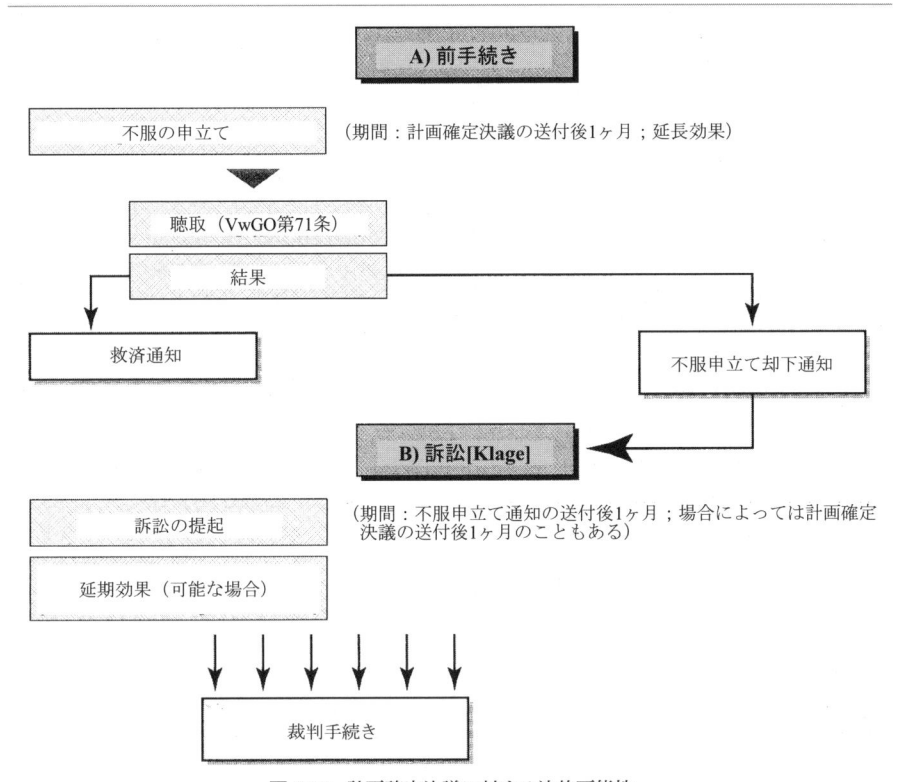

裁判手続き

図-3.23 計画確定決議に対する法的可能性

ようなものかは，もう一度，図-3.23 で示している．

計画確定手続で期限内に異議 [Einwendungen] を申立てた当事者は，**前手続**の期間内に不服 [Widerspruch] を，行政処分を行った官庁に提出するという可能性が行使できる（行政裁判令 [VwGO] 第 68 条–73 条）．この不服との関連で，当事者と行政との間の聴取が行われるが（VwGO 第 71 条），その結果によっては，官庁は更なる指図によって疑義 [Bedenken] に対する救済ができる．これに対して，官庁は救済通知 [Abhilfebescheid] の形で計画確定決議を補う必要がある．これとは反対に，官庁が不服が根拠のないものとみるときは，不服申立て却下通知 [ablehnender Widerspruchsbescheid] で，このことを記載し説明する．これらの通知は，異議申立て人に送付される（同じく，更なる法的手段を合わせて指示して）．この前手続の目的は，裁判手続を避けるために，裁判外での一致についてのすべての可能性をまず検討し尽くすことである．そのような一致が不可能で，当事者が**訴訟**[Klage] を起こそうとする場合，当人は 1 ヶ月以内に可能な限り幅広い理由づけを作成して管

轄の行政裁判所に提出する（VwGO 第 74 条）．そこで，当人は－そのままでは，不服申立てと訴訟が延長効果［aufschiebende Wirkung］を持っていないのであれば－期間延長の申請ができる．その際に裁判所は，場合によれば，事業に対する一時的建設の差止めを指示し，審理の間に事実強制が起こらないようにする（GEBERS et al. 1996；しかし，VwGO 第 80 条 2 項 3 番からの要請も参照）．

総括的にみて，**訴訟は**，普通というより，**むしろまれな例外**であると指摘しておかねばならない．更に，法的手段の行使 [einlegen] は（少なくとも環境侵害防止法規での許可手続の枠内では），非常に多くは申請企業によって（事業実施者によって）行われており－恐らく，付帯義務が厳しすぎると見なされているので－，当該の市民から起こされているのではないようである（GEBERS et al. 1996）．訴訟が起こせる可能性を事業の実現の遅れの原因として考えることには，したがって，強く異論が出されている．

理解確認問題
- 指図と付帯義務の間の差異は何か？
- 州計画的判定と計画決定決議において，環境予防および自然保護からの要求の実現に向けての可能性について，両者の間には，どのような差異があるか？
- 相殺・代替対策の決定留保と機能コントロールの概念はどのような関係にあるか？
- 計画に関わる比較衡量においては何が行われるか？
- 厳格に適用される計画主導原則の概念によって何が理解できるか？

3.8 戦略的環境検査 (SUP)

戦略的環境検査-指令の国内法への導入は，ドイツ的な方法でドイツ全体の計画システムにも影響を及ぼす（BRUNS & KARL 2000）．特にそれは，更なる新しい環境計画手法としての戦略的環境検査と関わっている（Council & Europaen Parliament 2001（非公表）を参照）．戦略的環境検査は，特に手続関連の要請と並んで，ドイツの計画システムに対して素材的な要請を行っているが，これは計画とプログラムとその現実的な選択肢案の実現から起こってくる甚大な侵害の把握と記述，評価を要求するものである．

3.8.1 特定の計画とプログラムの環境影響の検査についての EU 指令

戦略的環境検査の導入には，長期にわたり様々に揺れ動いた発展史がある．ヨーロッパ委員会は，最終的に 2001 年 7 月 27 日に最終的に戦略的環境検査-指令 2001/42/EG が発効となるまでに，すでに何年も同種の案を作成する努力を行ってきている．ある環境親和性検査-指令に関する折衝の中で，すでに，ヨーロッパ委員会によって環

境親和性検査の適用範囲を政治的決定と計画，プログラムに至るまでの段階的な拡大が宣言されている（SANGENSTEDT 2000 を参照）．

ドイツでの現在の議論を見ると，連邦レベルで独自に戦略的環境検査の法律を設けるようには計画されていないことが分かる．戦略的環境検査の規則は，プロジェクト-環境親和性検査に内容的に近いことから環境親和性検査法に受け入れられ，それも予測的には独自の戦略的環境検査-部分を設けることになるだろう．これによって，環境親和性検査法は戦略的環境検査-指令の要求の国内法化のいわゆる基幹法となる．更に，専門法規で，個々の計画・プログラム種の特殊性が補われる，あるいは，そこで戦略的環境検査に向けて詳細な規則が設けられる．[そして，実際にこのとおりに進んでいった．]

3.8.1.1 戦略的環境検査-指令の目的と目標

複合的な事業の認可は，単一の認可行為だけで行われず，多段階の計画・決定プロセス，つまり計画・決定ヒエラルキーの結果である．事業の"認可成熟"に至るまでの，このプロセスの過程でいくつかの選択肢案の選定も，段階的具体化も行われていく．結果として，大きな意味を持ち，環境に対して様々な影響強度をもった事業の立地や種類のような，認可に重要な視点が，早期の計画レベルの中ですでに決定される．早期の計画レベルでの決定が以降の認可手続でほとんど修正できなくなるので，以降の認可段階では，結論が官庁の検査・決定可能性を徐々に制約していくこととなる（SANGENSTEDT 2000）．

したがって，戦略的環境検査-指令の基本思想は，計画・決定プロセスの中での，環境の**予防指向の保護**の実現に向けての早期の環境検査を用いた**環境利益の早期の考慮**である（FELDMANN 1998；JACOBY 2000b も参照）．この哲学は，意思決定の中での，**持続的発展**のための統合手段としての戦略的環境検査を質的に適格なものにする．戦略的環境検査は，この意味で，決定支援と制御手法として役立てられる．

戦略的環境検査に対して計画されている手法が，既存の環境親和性検査と類似性を持っていること（BUNGE 2000a）は，当然ながら，新しく追加される環境計画手法の必要性についての疑問を引き起こす．事業関連の環境親和性検査は，以下の議論の大筋を見ると，計画されている戦略的環境検査-指令の要求には充分には応えられない（GERLACH & HOPPENSTEDT 1999）：

計画・決定ヒエラルキーの最後の段階に位置するプロジェクト-環境親和性検査は，早期の計画レベルで触れられている問題を充分な程度にはテーマ化できない．これは，環境親和性検査が自らの**環境予防思想**にこれまで不充分にしか配慮しようとしなかったということを意味している．しかし，計画の発端から環境利益を考慮することは，まさに，不可逆的な損傷や，失敗を犯してしまった場合の修正のための事後

費用を回避する助けとなる（SCHÖRLING 2000）．JESSEL & TOBIAS（2002）もプロジェクト-環境親和性検査と戦略的環境検査の視点をシステム的に比較している．それによると，**戦略的環境検査の導入の目的は，環境親和性検査をすべての計画・決定レベルに拡張することにある**（SANGENSTEDT 2000）．

様々な小さな個別事業の場合には，状況によれば環境の侵害は放置しても良いという理由で，プロジェクト-環境親和性検査の作業はまだ必要ないように見える．しかしながら，そのような事業についてのある分析では，これとは反対に，戦略的環境検査をもってしか全体的に把握できない深刻な環境侵害があると結論づけることができる（BUNGE 1998）．このような実態は，プロジェクト-環境親和性検査の詳細度を理由として生まれてくる**累積作用**が放置されていることを明確にしている．戦略的環境検査は，これとは反対に，**計画の影響に単に反応する代わりに**，それに**対抗でき**，そのため，ネガティブな侵害を最前線での阻止することで広範な環境の保護，および**持続的発展**の支援が可能となる（Commission of the Europaen Union, DG XI 1998参照）．戦略的環境検査-指令の広範な選択肢案検査は，プロジェクト-環境親和性検査と比較して，重要な斬新性を見せている．計画のこれらの複合的検査については，国際的脈絡でも，国内的脈絡でも，すでに経験と解決提案がある（NIESTORY 1999；Gühnemann 2000 あるいは FISCHER 2002 も参照）．その限りでは，戦略的環境検査の手法の導入は，プロジェクト-環境親和性検査の確立の後の**広範な環境検査システムの方向での**－効果的にそれを作り上げる意図を持った－**更なる段階**を象徴している（FELDMANN & PAPOULIAS 1997）．

3.8.1.2　戦略的環境検査-指令の要求

〈手続関連の要求〉

下記の諸段階は，戦略的環境検査の最小手続を示すものである（JACOBY 2000a）．これらの要求項目についての詳細な記述は計画・プログラム類型および関連レベル，詳細度に応じて異なることが予想される（Commission of the Europaen Union, DG XI 1995 も参照）．

- 戦略的環境検査-義務の確定（計画・プログラムの戦略的環境検査-義務あるいは個別事例に関連させた前検査の後の戦略的環境検査-義務），
- 特定の官庁の引込みのもとで行われる，環境報告書に受け入れるべき情報の規模と詳細度の確定（スコーピング），
- 環境報告書の作成，
- 協議の実施，
- 意思決定の際の，環境報告書と協議の結果の考慮，
- 決定の公示，

3.8 戦略的環境検査 (SUP)

- 監視（モニタリング）.

以下の内容は，戦略的環境検査の**手続**の枠内で最も重要な視点としての管轄および検査義務，関与権［Mitwirkungsrecht］，監視に焦点を当てている．その際には，意思決定の視点についても触れる．スコーピングの実施と環境報告書の作成についての要求は，続いて詳細に見ていく．

では，どこに管轄権限があるのか？　誰に決定資格があるのか？　戦略的環境検査-指令によって担当するのは，その都度のレベルでの当該計画・プログラムに権限のある官庁である（指令 2001/42/EG の第 2 条「概念規定」の a) を参照）．戦略的環境検査-指令に沿って，その都度の事業実施者が手続の実施に責任を持っている（JACOBY 2000a）．その結果，例えば水経済的な枠組計画のための計画・プログラム作成に対する**権限**[Kompetenz] を持ち，それに付随する戦略的環境検査を担当するのは**同一の官庁となる**（プロジェクト-環境親和性検査に関しては環境親和性調査書の作成の担当をする事業実施者と，担当官庁は，通例，同一ではない；BUNGE 2000a 参照）．一つの主体の形で決定し計画する官庁という同一性 [Identität] の結果として，利害矛盾を引き起こす可能性がある．これを抑制するには，戦略的環境検査-指令に根拠を持つ他の官庁と公衆の関与権が役立つ．

戦略的環境検査-指令によって，**どのような計画あるいはプログラムに検査義務が生まれてくるのか？**　戦略的環境検査-指令の適用範囲は，指令を巡っての折衝の中では，対立的な論点であった（SANGENSTEST 2000 参照）．まず，**正規の基準**を満たす計画とプログラムが検査義務を有す（指令の付録 II）．プログラムあるいは計画は：
- ある官庁によって作成作業されるか，採択されるものでなければならない，
- 法的規則あるいは行政規則を根拠に作成されるものでなければならない，
- 戦略的環境検査-指令第 3 条「適用範囲」2 項に述べられている実態領域に対応していなければならない（農業，林業，交通など），
- 環境親和性検査義務のあるプロジェクトの将来の許可に対する枠組を設けなければならない（JACOBY 2001）．

更に，植物相-動物相-ハビタット-親和性検査が実施されるべき計画とプログラムにも戦略的環境検査義務がある．つまり，戦略的環境検査は，**官庁によって作成および/あるいは採択される計画とプログラムに対して必要**となる．結果として，このことは，例えば，政党あるいは企業，団体の計画・プログラムの作成作業に対しては全く戦略的環境検査を行う必要がないことを意味する（SANGENSTEDT 2000）．更に，官庁によって作成および/あるいは採択が行われる計画・プログラムと並んで，官庁の法制化手続の準備に向けて作成される計画・プログラムも対象となる．

しかしながら，環境検査義務のある計画・プログラムは法的規則あるいは行政規則を根拠に作成されなければならず，適用範囲がこれに制限されていることによって大きな制約が生まれてくる．これに従うと，自発的に作成される計画とプログラムには戦略的環境検査は求められず（同上参照），このことはかなりの適用範囲の不確実性に結びつく可能性がある．検査は，**環境への甚大な影響を及ぼすことが予想される**計画とプログラムにも限定されている．この基準の評価に際しては，構成国は付録IIの項目を考慮する必要があるにはあるが；しかし，これらは構成国に決定余地を残すために部分的には幅広く扱われている．

戦略的環境検査-指令の適用領域の本来的な規則は，極めて複合的に見える．これと関係づけて考えると，計画・プログラム全体でなく，環境影響が甚大な計画・プログラムの，部分的なものしか扱われていない．戦略的環境検査-指令の適用領域に入るカテゴリーは完結的リストとして示されている．戦略的環境検査-指令では，その場合に，戦略的環境検査を必須として実施すべき計画・プログラムと自由選択のものを区別されている．必須の検査義務があるのは以下の計画とプログラムである（JACOBY 2000a あるいは SANGENSTEDT 2000）．

- 農業あるいは林業，漁業，エネルギー，工業，交通，廃棄物経済，通信，観光，国土計画，土地利用の領域で作成作業が行われるもの；これらによって，プロジェクト環境影響評価の指令 85/337/EWG の付録IおよびIIで挙げられているプロジェクトの将来の許可に対する枠組が与えられる（指令 2001/42/EG 第3条2項a)），
- あるいは，地域に対する予想される影響によって，植物相-動物相-ハビタット指令［FFH-指令］92/43/EWG 第6条，7条で検査が必要とみられるもの（指令 2001/42/EG 第3条2項b)）．

戦略的環境検査が必須の計画とプログラムは，2つのカテゴリーに分けられる．重要なのは特に，特定の部門に対して作成され，**後の事業の認可に枠組を与える計画・プログラム**で，**環境親和性検査-指令によって環境親和性検査を実施する必要がある**ものである（SANGENSTEDT 2000）．環境親和性検査-指令との関連での戦略的環境検査-指令の補完的機能，つまり最新のヨーロッパの共同体法の環境親和性検査の欠落部の穴埋めがこれによって可能となったことは明白である．第2のカテゴリーは全く異なっている．この場合は **FFH-指令に基づく保護地域に予想される甚大な侵害を根拠にすでに FFH-親和性検査が必要とされるときには，計画とプログラムに対する戦略的環境検査を実施する必要がある**．FFH-親和性検査に対する手続要求に戦略的環境検査を結びつけるというようなこの種の変更の意味は，これらが戦略的環境検査-指令の手続標準に従属的であることにある（例えば公衆参加）．

3.8 戦略的環境検査 (SUP)

　戦略的環境検査-指令は，同様に，**戦略的環境検査の実施が選択的でしかない**と見なせる計画とプログラムを2つのカテゴリーに区分している．これによると，必須の戦略的環境検査からの例外は，**地方レベルでの小さな地域の利用**，ならびにすでにある計画とプログラムの**些細な変更**となっている．戦略的環境検査-指令は，**更に，必須の検査義務とはならない**が事業の将来の認可に対して同様に枠組を与える特徴を持つ**その他の計画とプログラムの場合**に，選択的に実施すべき戦略的環境検査を定めている．

　これには，特に，プロジェクト-環境親和性検査の実施義務をもたない事業に関する計画とプログラムが挙げられる．構成国は，戦略的環境検査の実施についての選択的検査義務を，個別検査によって，あるいは一般に国内法規を根拠に検査義務がある特定の種類の計画とプログラム（環境親和性検査法に沿った [analog] ポジティブリスト；JACOBY 2000a）を指定することで，または，両者の手続の組合せによって（SANGENSTEDT 2000）明確にできる．

　一義的に検査義務がないのは：
- 国防あるいは災害防止の目標だけに役立てられる計画とプログラム，
- 公共投資計画あるいは財政計画，および，これらのプログラム（指令2001/42/EG第3条8項），
- 理事会の政令 (EG)1260/1999 号および (EG)1257/1999 号に対する継続のプログラム期間中に，共同投資が行われる計画とプログラム（指令2001/42/EG第3条9項）．

　戦略的環境検査-指令の適用領域の規則は，多層的で，枠組を与える定義によって行われる（JACOBY 2000a）．その場合，具体化問題がEUの側では解決できないと見られたため，戦略的環境検査-指令は対概念である計画とプログラムの詳細な定義は行っていない．

　その結果，詳細化は構成国に委ねられているが，構成国には，国内法化に関して，法的不安定性の防止の責任が求められている（SANGENSTEDT 2000）．

　戦略的環境検査-指令は，検査義務を明らかにした後，"計画とプログラムの作成作業の間に，あるいはその採択の前，あるいはその法制化手続開始の前に"，戦略的環境検査の実施を求めている．その際に，環境検査の構造は3つの要素で成り立っている．つまり，それらは：
- 環境報告書の作成作業，
- 協議の実施，
- 意思決定の際の，結果の考慮（SANGENSTEDT 2000），

である．

戦略的環境検査-指令によると、どのような第三者の関与権があるのか？　戦略的環境検査の中核として、計画案かプログラム案そして環境報告書が、関係諸官庁ならびに公衆に対して用意されていることが重要である．諸官庁に対しても公衆に対しても、早期に、効果的に計画あるいはプログラムの案について、そして環境報告書について**見解が出せる機会を与えること**が必要である［早期の官庁・公衆参加］．この場合、公衆とは、関係者あるいは予想的関係者、関心のある人々、非政府組織（例えば、環境・自然保護団体）のグループである．環境に甚大な侵害を及ぼす越境的影響が予想される計画とプログラムの場合には、**他の構成国の関係者との協議**も定められている．詳細論議の実施が強制的であるとはされておらず、情報義務と見解の収集の義務のみが定められている；もっとも－一主体の形で決定し計画する官庁のアイデンティティである－利害対立の調整はできないものではある（BUNGE 2000a参照）．適切な協議の実施に対しては、様々な計画と決定レベルに適合させた手続を設ける必要がある（Commission of the Europaen Union, DG XI 2000）．この場合には、可能な限り多くの参加を得るために、インターネットあるいは見解のデジタル処理という革新的な技術的、組織的可能性が、将来的に大きな役割を果たせるだろう（ヨーロッパ横断交通ネットの事例に対して Umweltbundesamt 2002 ならびにWENDE et al. 2003、あるいは一般的には PRÖSTL 2000 も参照）．

どのように**意思決定**が行われるのか？　環境報告書と協議結果は、**戦略的環境検査の結果として、決定の中で考慮しなければならない**．その結果の考慮を"どのようにして行うか"という問題については、特に他の計画的に重要な視点と比べたその重みを考えて、戦略的環境検査-指令は素材法規的要求を展開していない（SANGENSTEDT 2000 参照）．したがってこれは決定プロセスに置きかわるものではない（Commission of the Europaen Union, DG XI 1998）．

実施すべき**モニタリング**に関して、戦略的環境検査-指令はどのような要求を設けているか？　構成国は、計画とプログラムの実現によって**予想される環境の甚大な侵害に対して**、特に**予測できないネガティブな効果を早期に確かめ**、そして構成国に代償対策の実施を促すために、**監視を行う**よう求められている（指令 2001/42/EG 第10条1項）．構成国は、環境報告書の質が戦略的環境検査-指令の要求を満たしていることを保障する必要がある．構成国は、環境報告書の質に関してとるすべての措置について欧州委員会に報告する（指令 2001/42/EG 第12条2項参照）．

〈専門的要求〉

以下の**専門的要求**はスコーピングと環境報告書の作成に関わるものである．環境報告書の記載項目は：

• 内容と計画・プログラムの最も重要な目標の表示、ならびに他の重要な計画・プ

ログラムに対する関係,
- 環境状況の視点, および計画・プログラムなしの場合のその進展,
- 甚大な侵害を受けることが予想される地域の環境特徴,
- 特殊な環境の重要性を持つ地域 (例えば, FFH-地域) に対するものも含む現在の環境問題 (現存負荷),
- 環境保護の確定されている目標ならびに計画あるいはプログラムの作成に際して, どのようにしてこれらの目標と環境に対するすべての熟慮が考慮されたかというやり方,
- 戦略的環境検査-指令に挙げられている保護財に対して予想される甚大な影響,
- 環境影響の阻止と低減について, ならびに相殺についての対策,
- 検査された選択肢案の選択の理由の手短な記述, およびどのように環境検査が行われたかの記述, ならびに, 情報の収集の際の困難な点の表示,
- 問題克服に向けての計画されている対策の記述,
- 非技術的な総括的記述部分.

環境報告書には, 特に環境目標および選択肢案, 後に行う環境影響の監視の問題も盛り込む.

どの**環境関連の目標**が重要なのか？ 既存の部門的および地域的な問題の解決に向けて, ならびに持続的発展の可能化に向けて, 目標定義の局面では, 対応する計画・プログラムに対する**部門的および地域的な目標, ならびに環境関連の目標**が明確にされなければならない (Commission of the Europaen Union, DG XI 1994). 考えられる目標として, この関連では, 例えば, 二酸化炭素の排出の削減の基準値 [Eckwerte] あるいは生物多様性の保全についての要求がある (例えば, 連邦環境省の環境目標のまとめ (連邦環境局 [Umweltbundesamt] 2000) を参照).

どのような**選択肢案**を分析する必要があるか？ 以下に述べる選択肢案の作成作業の進め方は, 計画・プログラムの目標達成の度合いから出発する. 特に, 当該計画あるいは当該プログラムは, 設定目標全体に適っているべきであろう (Commission of the Europaen Union, DG XI 1994 参照). 戦略的環境検査は, その際には, **賢明な選択肢案**だけに限定されず, **計画あるいはプログラムの目標も受け入れる必要がある** (JACOBY 2000a 参照). その際に, 選択肢案の開発プロセスは, 計画・プログラムの目標充足の視点で, 特に環境利益が最も適切に考慮されることを保障する必要がある. 検査された選択肢案については, 環境報告書の中で, 最終的に, 検査過程に選択の理由を記載する必要がある (LAMBRECHT 2002 参照).

早期の環境検査のためには, **予測**がどのように行われるのか？ 選択肢案を実施すれば発生する, 保護財に対する予想される甚大な影響, 延いては環境に対する侵害

は，**影響分析の中で予測しなければならない**（GERLACH & HOPPENSTEDT 1999）．欧州委員会は，考えられる環境の侵害として，例えば，資源消費，気候変動（温室効果，オゾン減少），酸性雨 [Versauerung]，生物多様性侵害，公衆保健侵害，スモッグ，安全危機，土壌侵害，表流・地下水侵害，大気汚染，文化・考古学・地質学的に価値ある領域の侵害，そして最後に自然地侵害を挙げている（Commission of the Europaen Union, DG XII 1998 参照；Commission of the Europaen Union, DG XI 1994 参照）．普通は，環境現況の分析では，全く問題は起こらない．これとは反対に，遠隔影響による環境の潜在的侵害は，実際よりも少なく，簡単に見積られている場合が頻繁にある可能性がある（SADLER & VERHEEM 1996，あるいは Commission of the Europaen Union, DG XI 1994 参照）．

環境侵害予測について，**戦略的環境検査-指令は何ら特殊な方法を挙げてはいない**（Commission of the Europaen Union, DG XI 1994；Council & European Parliament 2001 [非公表] 参照）．しかしながら，欧州委員会は，原則として**環境指標の活用**を提案している．戦略的環境検査の枠内での侵害の予測は，ここではプロジェクト-環境親和性検査と比べて影響要素に関しての具体的情報がまだ少ないので，一定の不確実性を伴っている．例えば，地域全体をカバーする廃棄物経済計画の場合，通例，この全般的コンセプトと結びついた個々の廃棄インフラストラクチャーに関し，より正確なデータが欠けている．

どのような**評価尺度**が述べられているか，あるいは評価尺度の作成に対してどのようなものを根拠として参考にできるか？ 要求されているのは，計画あるいはプログラムの選択肢案から出てくる環境侵害の評価である（指令 2001/42/EG 第 5 条 1 項参照）．戦略的環境検査-指令は，評価尺度についても評価方法についても何ら示してはいない（JACOBY 2000a）．評価尺度を導き出してくる根拠として，**環境目標**を取り込むことが必要である．この環境目標を基にして，その都度の計画あるいはプログラムの現実的な選択肢案の目標達成度を，予想される環境侵害の文脈の中で，検査する必要がある．この結果，戦略的環境検査に対する本質的なことは，操作化された環境目標を受入れ，発展させ，そして確定することである（GERLACH & HOPPENSTEDT 1999）．この関連では，相応する環境目標が，計画あるいはプログラムのタイプの相違に応じて作成される必要がある（Commission of the Europaen Union, DG XI 1997 参照；Umweltbundesamt 2000 も参照）．

戦略的環境検査の実施によって明らかにされる計画・プログラムの質の改善範囲は，したがって，評価尺度に依存している（BUNGE 1998）．これは，また更に，政治的決定を行う人々に依存している．戦略的環境検査-指令の国内法への転換の過程で（環境親和性検査法の導入の場合に似て），環境目標は－もし，設定されるとしても－

恐らくわずかな規模でしか，評価尺度として確定されないだろう．これとの関連では，地元での政治決定を行う人たちの姿勢が問われている（GERLACH & HOPPENSTEDT 1999）．

　環境報告書では，環境影響の**監視**の対策を記載する必要がある．その際には，専門的視点からみて，個々の対策が記載されるだけでなく，後の環境の結果克服に関する内容も挙げる必要がある．これに対する支援は，一つに，計画・プログラムの遡及的な変更を通して行うことができる．他方では，プロジェクト-環境親和性検査のレベルで，計画あるいはプログラムの予想されなかった環境影響を克服することも考えられる．

3.8.2　適用事例：スウェーデンの自治体総合計画

　スウェーデンの計画・建築法（PBA）は，自治体の全域に対して強制的に自治体総合計画図（ドイツの土地利用計画図と似ている）の作成を定めている．続いて，これから詳細な開発計画図（ドイツの地区詳細計画図と似ている）が自治体の部分地域に対して展開的に作成される（Ministry of Housing, Spatial Planning and the Environment Netherlands 1999 参照）．スウェーデンでは，プロジェクト-環境親和性検査が事業レベルの上位での作用［Aktivitäten］分析に対して，ならびに遠隔影響の考慮に対しては不充分であると見られているため，1996年のPBA改正以来，自然資源管理法（NRMA）を根拠に，自治体総合計画に対して**戦略的環境検査の実施についての義務**が設けられている．今や，エコロジー的および社会的，経済的な効果を分析し，続いて記録する必要がある．PBAの新法文は，更に，**公衆参加**に対する可能性を与えている．現在では，これによって，意思決定のための幅広い基礎が存在している．

　しかしながら，自治体総合計画図と，その戦略的環境検査は拘束的ではない．それでも，自治体全体の目標表示に役立っている．この意味で，自治体総合計画図の枠内で議論されている選択肢案が，これらの目標の実現を可能にする．スウェーデンでの戦略的環境検査の導入は，まず，空間計画に対しての**環境目標**と**環境指標**を作成するためのプロジェクトによって支援された．更に，国のレベルですでに存在している環境目標の見直し作業が行われた．ここ何年かでは，地域・ローカルなレベルでの責任を持つ官庁は，国の環境目標を地域・ローカルなレベルの条件に適応させている．計画・建築法の改正は上位目標を自治体の持続的発展とし，これ以来，多数の革新的な自治体総合計画図が作成されている．それらは，将来にあり得る自治体の発展の様々な選択肢案を示している．そこでの自治体レベルでの戦略的目標は選択的に以下のように挙げることができる：

- 生物多様性の保護，

- 価値ある保護・規制地域の保全，
- 自然的資源の管理，
- 自然的循環への適応，
- 自己の長期の対応能力の考慮のもとでの自治体の発展，
- 自治体の類ない個性の保護，
- 公的公共交通の促進，
- 歩行者と自転車利用者の優先的扱い，
- 全計画活動に際しての，環境を意識した考え方の統合．
  この関連で，戦略的環境検査の作業に当たっては，以下の問いが設定できる：
- その計画によって生物多様性の保護が行われる場合，侵害は回避できるか？
- その計画によって自然的機能は護られるか？
- その計画によって予防原理が全体的に考慮されているか？
- その計画がエネルギー消費の削減を可能とする場合，エネルギー消費は更に効率的となっているか？
- その計画によって，再生可能エネルギー源の利用が可能となっているか？
- その計画が資源消費を抑制する場合，資源消費は更に効率的となっているか？
- その計画によって再生可能資源への転換が可能となっているか？
- その計画が自然的循環を支える場合，その自然的循環は閉じられているか？
- その計画は自然的な容量を考慮しているか？
- その計画によって，除去不可能な有害物質の放出が回避されるか？
- その計画によって，公衆の健康侵害が長期的に低減されるか？
- その計画によって，重要な飲料水源が侵害されずにおかれているか？
- その計画によって，文化財の保護が可能とされているか？
- その計画が，総体的に自治体の発展を促進する場合，優先的に選ばれた選択肢案は長期的にも最も持続的なものとなっているか？
- 更に環境検査を進めていくことは必要か？

したがって，スウェーデンでは全体的に戦略的環境検査の作成のための指令あるいはチェックリストが存在しており，これらはドイツで戦略的環境検査を形づくる上でも注目できるものである．他の国々での戦略的環境検査適用について，優れた概観と更なる事例を KLEINSCHMIDT & WAGNER（1998）およびドイツ環境省 [Federal Ministry for the Environment, Nature Conservation and Nuclear Safety]（2002）が提供している．

3.8.3 適用事例：オランダでの戦略的環境検査とE-テスト

EUレベルでのヨーロッパの戦略的環境検査-指令の発効以前に，すでにオランダでは，特定の政策部門ならびに国家的・地域的なプログラムと計画に対して，**戦略的環境検査義務**が設けられている．その結果，オランダではすでに例えば水供給および電力獲得，廃棄物除去の分野で，広範な戦略的環境検査の経験が存在している．実施を担当するのは，それに責任をもつ**専門官庁**である（SADLER & VERHEEM 1996）．

伝統的に，オランダで実施された計画手続は，"開かれた性格"を示しており，**市民に対しての透明性**に大きな価値を置いている．国のレベルでの多くの計画は，"国家空間計画の鍵となる決定"-手続に従っており，その結果，4段階での計画とプログラムが考え出されている．それぞれの段階の後に，新しく提出された見解と論評［Kommentare］が考慮され，公表もされなければならない．この「一歩ごとの計画文化」は，戦略的環境検査のためにも引き継がれた（VERHEEM & TONK 2000参照）．受入れに重点を置いた計画の性格は，全ランダを包括する計画（潜在的関係住民は1700万人）ですらも，"誰もの参加"の可能性が認められるまでになっている．この幅広い参加に合わせた戦略的環境検査が，計画過程を"限度を超えて収集がつかなくなる状態"にしてしまうという危惧は，確認されていない（VERHEEM & TONK 2000）：

- きめ細かな進め方，
- 計画あるいはプログラムの進行の**多段階**での情報取込み，
- すでにスコーピングでの幅広い**公衆参加**，および後の専門的評価［Evaluierung］，
- 独立の**専門家集団**による助言の義務（環境親和性検査-委員会），
- **選択肢案**の調査の義務（ゼロ選択肢も含む），
- 専門的評価と**モニタリング**の義務．

開かれた計画文化と並んで，オランダモデルでは，政府によって設けられる独立**専門家委員会**による戦略的環境検査と環境親和性検査の質確保が特筆される．その時々の場合において，委員会は，大学およびコンサルタント施設，研究所からの専門家を招聘する．議長1名と書記1名，そして3人から5人の専門家からなる作業グループが設けられるが，環境検査過程でのスクリーニング，スコーピング，レビューという多段階での担当官庁に対する助言がその責任範囲にある．委員会の助言提案は拘束的でないが，それでも，自分たちの検査結果を公表する権利という，**質を保障する対策**の実施に向けて，意味が小さくはない手段を持っている．

もっとも戦略的環境検査はオランダで導入されている環境検査手法の頂点にあるものではない．戦略的環境検査を超えて，1994年に，いわゆる"市場操作，規制緩和，行政の質"-プロジェクトの提示によって，**法的効果検査**に新しい手法が設けら

れた：いわゆる**環境テスト（E-Test）**である．この間に環境部門という名称も一般的となった（DE VRIES 1996）．挑戦は法案の作成に際して圧力よりもむしろ発議を行うようなシステムを開発しようということであった．一種の質問リスト（Helpdesk）が作成され，それによって関係省は，特定の選定された法案は環境を損傷するかそうでないかを判定することができる（SADLER & VERHEEM 1996）．E-Test は，特に，法案がもたらす，エネルギー消費・交通移動，そして，資源の利用・残存量，廃棄物流，表流・地下水汚染，最後に利用可能な自然空間の消費に対する結果についての質問を内容としている（DE VRIES 1996）．

重要なのは，テストが政治的決定者の役割を引き受けるのではなく，**すでに前もって設定された環境目標と，法案の一致**あるいは**不一致**を明確にするための手段を示すだけだということである．環境領域に対して立法が意図していない副次効果を見つけだすことが課題なのである（VERHEEM & TONK 2000）．様々な目標の均衡をつくりだすことは，依然として，政治的な決定であり続ける．

オランダで，E-Test を，比較的，簡単に立法手続の既存の進め方に組み込むことができたのは，そのための定式化をかなり省いたからである．特に，**正式の，直接的な公衆参加は定められていない**．この関連では E-Test は，むしろ，様々な省庁からの代表者による内部的共同作業・調整プロセスとなっている（VERHEEM & TONK 2000）．E-Test のない法案の場合には，環境大臣に，これを内閣において承認できないものとして示す非承認の可能性が与えられているだけである（DE VRIES 1996）．それでもなお，この手法の非公式の効果は軽視できない．加えて E-Test によって，EU レベルでも，法律に対する環境手法の将来的な発展の方向が明確になっている（ドイツの議論の状況は MÜLLER 2000 を参照）．

3.8.4 実用性／実行可能性および多重検査回避

戦略的環境検査-指令は，構成国に対し，特に要請に関しては，今や，原則的にすべての計画と決定のレベルで戦略的環境検査を行うという高い要求を出している（SANGENSTEDT 2000）．つまり，求められているのは環境利益の考慮の質的に高い水準である．戦略的環境検査の導入についての批判は，実用性/実行可能性，ならびに戦略的環境検査-指令の要求の妥当性と結びついている（BUNGE 2000a）．出されている疑念は，主に，戦略的環境検査が環境親和性検査の方法に対応して作業されなければならないかのような考え方に基づいている．環境親和性検査の根本的な要求は，しかしながら，戦略的環境検査の各レベルのあり方に応じて修正されている（FELDMANN 2000）．

むしろ，より必要となるのは，計画と決定のプロセスに類似した，戦略的環境検査の調査枠組の**多重検査回避**である（欧州連合閣僚理事会 [Rat der Europäischen Union] 2000 参照）．それに，計画と決定のレベルの範囲と詳細度を合わせる必要がある．考えられているのは，諸々の視点を様々な計画と決定のレベルに配分することである（SANGENSTEDT 2000 参照）．現実に求められる環境報告書の情報の具体化度合いは，その結果，その都度の計画とプログラムに沿うものとなる（GERLACH & HOPPENSTEDT 1999）．つまり戦略的環境検査-指令は，幅広い関連レベルを有す計画あるいはプログラムに対して，対応的な詳細内容をもち，大幅に具体化された戦略的環境検査を全く求めてはいない（SANGENSTEDT 2000）．

戦略的環境検査の作成作業は，早期の環境利益の考慮によって，全体として，意思決定に利用される情報を改善し，これによって経済的主体の安全性を高める．事業レベルでの環境親和性検査の期間と費用は，多重検査回避によって引き下げられる（FELDMANN 2000）．

理解確認問題
- 何が，EU 指令による戦略的環境検査の導入の理由だったのか？ どのような目的を戦略的環境検査は追究しているか？
- 指令によると，どのような計画およびプログラムが戦略的環境検査義務をもっているのか？ 例を挙げなさい！
- 戦略的環境検査の手続の流れを示しなさい！
- オランダの環境計画システムにおける E-Test とはなにか？
- 戦略的環境検査レベルとプロジェクトレベルの間の多重検査回避の概念をもって何が考えられているか？

環境親和性検査　文献および出典

AMLER, K., BAHL, A., HENLE, K., KAULE, G., POSCHLOD, P., SETTELE, J. (1999): Populationsbiologie in der Naturschutzpraxis. Isolation, Flächenbedarf und Biotopansprüche von Pflanzen und Tieren. Verlag Eugen Ulmer, Stuttgart, 336 S.

APPOLD, W. (1995): § 2. In: HOPPE, W. (Hrsg.): Gesetz über die Umweltverträglichkeitsprüfung (UVPG). Kommentar. Verlag Heymann, Köln, Berlin, Bonn, München, S. 72–100.

ASHDOWN, M., SCHALLER, J. (1990): Geographische Informationssysteme und ihre Anwendung in MAB-Projekten. Ökosystemforschung und Umweltbeobachtung. Eigenvertrieb, Bonn, 250 S. (= MAB-Mitteilungen. Bd. 34).

AUGE, J. (1999): Direktanwendung der UVP-Richtlinie sorgt in der Praxis für Verwirrung. UVP-report 13, 4, 200–201.

AUHAGEN, A., ERMER, K., MOHRMANN, R. (2002): Landschaftsplanung in der Praxis. Verlag Eugen Ulmer, Stuttgart, 416 S.

BALLA, S. (2003): Bewertung und Berücksichtigung von Umweltauswirkungen nach § 12 UVPG in Planfeststellungsverfahren. Verlag Erich Schmidt, Berlin, 484 S. und Anhang. (= Beiträge zur Umweltgestaltung. Bd. A 153).

BANGERT, U. (2001): Naturschutz mit Landwirtschaft – Lösungsansätze am Beispiel einer oligotrophen Heide- und Gewässerlandschaft. Verlag Dr. Köster, Berlin, 221 S.

BARSCH, H., BORK, H.-R., SÖLLNER, R. (Hrsg. 2003): Landschaftsplanung – Umweltverträglichkeitsprüfung – Eingriffsregelung. Verlag Klett-Perthes, Gotha, 537 S.

BASTIAN, O., SCHREIBER, K.-F. (1999): Analyse und ökologische Bewertung der Landschaft. 2. Aufl. Akademischer Verlag Spektrum, Heidelberg, Berlin, 564 S.

BECHMANN, A. (1981): Grundlagen der Planungstheorie und Planungsmethodik. Eine Darstellung mit Beispielen aus dem Arbeitsfeld der Landschaftsplanung. Verlag Paul Haupt, Bern, Stuttgart, 209 S. (= Uni Taschenbücher. Bd. 1088).

BECHMANN, A. (1998): Zur Bewertung für die Umweltverträglichkeitsprüfung. Wie zeitgemäß ist die Ökologische Risikoanalyse? In: Institut für Synergetik und Ökologie (Hrsg.): Synök-Report 21. Eigenvertrieb, Barsinghausen, 52 S.

BECHMANN, A., HARTLIK, J. (1996): Umweltverträglichkeitsprüfung und Mediation. In: BUCHWALD, U., ENGELHARDT, W. (Hrsg.): Bewertung und Planung im Umweltschutz. Verlag Economica, Bonn, S. 447–474. (= Umweltschutz. Bd. 2).

BECHMANN, A., HARTLIK, J. (1998): Die Umweltverträglichkeitsprüfung – Zwischenbilanz und Ausblick. In: Institut für Synergetik und Ökologie (Hrsg.): Synök-Report 19. Eigenvertrieb, Barsinghausen, 60 S.

Bezirksregierung Köln (1998): Planfeststellungsbeschluß für die Sanierung und Erhöhung des Rheindeiches von Niederkassel-Rheidt bis Niederkassel vom 10. Februar 1998. Köln.

Bezirksregierung Rheinhessen-Pfalz (1998): Abschlußentscheid des Raumordnungsverfahrens (ROV) über das Abbauvorhaben Mainz-Laubenheim der Heidelberger Zement AG, Werk Mainz-Weisenau (Steinbrucherweiterung Laubenheim Süd) vom April 1998. Neustadt a.d.W.

Bezirksregierung Weser-Ems (1996): Landesplanerische Feststellung gem. § 22 NROG zum Raumordnungsverfahren für den geplanten Campingplatz Tettens der Kurverwaltung Wangerland vom 27. September 1996. Oldenburg.

Bezirksregierung Weser-Ems (1996a): Planfeststellungsbeschluß Erhöhung und Verstärkung des Hauptdeiches von Cäciliengroden bis Dangast vom 28. Februar 1996. Oldenburg.

BLASIG, H.-J. (1999): GIS im Planungsbüro. UVP-report 13, 4, 172–174.

BMVBW (Bundesministerium für Verkehr, Bau- und Wohnungswesen; 2002): Novellierung des Baugesetzbuches. Bericht der Unabhängigen Expertenkommission. Eigenvertrieb, Berlin, 111 S. und Anhang.

BÖTTCHER, M. (2002): Auswirkungen von Fremdlicht auf die Fauna im Rahmen von Eingriffen in Natur und Landschaft. Analyse, Inhalte, Defizite und Lösungsmöglichkeiten. Landwirtschaftsverlag, Münster, 192 S. (= Schriftenreihe für Landschaftspflege und Naturschutz. Bd. 67).

BORTZ, J. (1993): Statistik für Sozialwissenschaftler. 4. Aufl. Verlag Springer, Berlin, Heidelberg, New York, London, Paris, Tokio, Hongkong, Barcelona, Budapest, 753 S.

BORTZ, J., DÖRING, N. (1995): Forschungsmethoden und Evaluation für Sozialwissenschaftler. 2. Aufl. Verlag Springer, Berlin, Heidelberg, New York, Barcelona, Budapest, Hongkong, London, Mailand, Paris, Tokio, 768 S.

BPR Planungsbüro Hannover (1997): Umweltverträglichkeitsstudie zur Verlängerung der Straßenbahnlinie 4 von Borgfeld bis zum Falkenberger Kreuz. Band II Wirkungsanalyse. Hannover.

BREUER, W. (1991): 10 Jahre Eingriffsregelung in Niedersachsen. Informationen, Prinzipien, Grundbegriffe und Standards. Informationsdienst Naturschutz Niedersachsen 11, 4, 43–59.

BRÜNING, H. (1994): Scoping aus der Sicht eines Umweltverbandes; Redebeitrag auf dem 4. Kongress Umweltverträglichkeitsprüfung 16.-18. März 1994 in Freiburg/Br. Kurzfassung der Tagungspapiere (zitiert in RUNGE, K. (1998): Die Umweltverträglichkeitsuntersuchung. Internationale Entwicklungstendenzen und Planungspraxis. Verlag Springer, Berlin, Heidelberg, New York, 340 S.).

BRUNS, D., KAHL, M. (2000): Perspektiven der Strategischen Umweltprüfung. Resultate einer Fachtagung in Kassel – ein aktueller Überblick. Naturschutz und Landschaftsplanung 32, 10, 309–315.

BRUNS, E., WENDE, W. (2000): Motive einer Flexibilisierung der Eingriffsregelung. In: Institut für Landschaftsentwicklung (Hrsg.): Flexibilisierung der Eingriffsregelung – Modetrend oder Notwendigkeit? Verlag Abt. Publikationen der TU Berlin, Berlin, S. 78–90.

Bundesministerium für Verkehr (1995): Musterkarten für Umweltverträglichkeitsstudien im Straßenbau. Mit ergänzendem Rundschreiben vom 1. März 1998. Verlags-Kartographie, Alsfeld.

Bundesministerium für Verkehr (1998): Lärmschutz im Verkehr. Schiene, Straße, Wasser, Luft. 2. Aufl. Eigenverlag, Bonn, 112 S.

BUNGE, T. (1988ff): Kommentar zum UVPG. In: STORM, P.-C., BUNGE, T. (Hrsg.): Handbuch der Umweltverträglichkeitsprüfung. Nr. 0600 und Nr. 100. Verlag Erich Schmidt, Berlin, Loseblatt-Sammlung.

BUNGE, T. (1998): Auswirkungen der beabsichtigten EG-Richtlinie über die Umweltprüfung von Plänen und Programmen auf das deutsche Recht. In: HARTJE, V., KLAPHAKE, A. (Hrsg.): Die Rolle der Europäischen Union in der Umweltplanung. Verlag Metropolis, Marburg, S. 117–147.

BUNGE, T. (2000): Die Rechtsprechung des Europäischen Gerichtshofs zur Umweltverträglichkeitsprüfung. In: GRUEHN, D., HERBERG, A., ROESRATH, C. (Hrsg.): Naturschutz und Landschaftsplanung. Moderne Technologien, Methoden und Verfahrensweisen. Festschrift zum 60. Geburtstag von Prof. Dr. Hartmut Kenneweg. Verlag Mensch & Buch, Berlin, S. 77–95.

BUNGE, T. (2000a): Die Umweltverträglichkeitsprüfung von Vorhaben: Zwischenbilanz und Konsequenzen für die Umweltprüfung von Plänen und Programmen. Referat im Rahmen der Fachtagung Strategische Umweltprüfung von Plänen und Programmen – Wann und wie kommt die SUP? am 5. Mai 2000 in Kassel (unveröffentlicht).

BUNGE, T. (2001): Screening als neuer Verfahrensschritt: rechtliche Grundlagen und Probleme. UVP-report 15, 5, 234–238.

BUNZEL, A. (2002): Die Umweltverträglichkeitsprüfung bei bauplanungsrechtlichen Vorhaben. Zeitschrift für Baurecht 2, 124–132.

Commission of the European Union. Directorate-General for Energy and Transport (DG VII) (1998): Manual on Strategic Environmental Assessment of Transport Infrastructure Plans. Eigenverlag, Brüssel, 118 S.

Commission of the European Union. Directorate-General for Environment, Nuclear Safety and Civil Protection (DG XI) (1994): Strategic Environmental Assessment. Existing Strategic Environmental Assessment Methodology. Eigenverlag, Brüssel, 53 S.

Commission of the European Union. Directorate-General for Environment, Nuclear Safety and Civil Protection (DG XI) (1995): Strategic Environmental Assessment. Legislation and Procedures in the Community. Final Report. Volume 1. Eigenverlag, Brüssel, 77 S.

Commission of the European Union. Directorate-General for Environment, Nuclear Safety and Civil Protection (DG XI) (1997): A Study to Develop and Implement an Overall Strategy for EIA/SEA Research in the EU. Final Report. Eigenvertrieb, Brüssel, 186 S.

Commission of the European Union. Directorate-General for Environment, Nuclear Safety and Civil Protection (DG XI) (1998): A Handbook on Environmental Assessment of Regional Development Plans and EU Structural Funds Programmes. Final Report. Eigenverlag, Brüssel.

Commission of the European Union. Directorate-General for Environment, Nuclear Safety and Civil Protection (DG XI) (2000): Public Participation and Consultation in EIA and SEA. Workshop Report. 23./24. September 1999, Athens/Greece. Eigenverlag, Brüssel.

Council; European Parliament (2001): Directive of the European Parliament and of the Council on the assessment of the effects of certain plans and programmes on the environment. Joint text approved by the Conciliation Committee provided for in Article 251 (4) of the EC Treaty. 1996/0304 (COD) C5-0118/2001 – PE-CONS 3619/01, 19 S.

CUPEI, J. (1994): Geschichte und Entwicklung der UVP in der Bundesrepublik Deutschland. In: KLEINSCHMIDT, V. (Hrsg.): UVP-Leitfaden für Behörden, Gutachter und Beteiligte. Grundlagen, Verfahren und Vollzug der Umweltverträglichkeitsprüfung. 2. Aufl. Dortmunder Vertrieb für Bau- und Planungsliteratur, Dortmund, S. 29–52.

DB ProjektBau GmbH Niederlassung Südost (2001): Eisenbahn-Neubaustrecke Erfurt – Leipzig/Halle.

Deutscher Bäderverband e.V. (1991): Begriffsbestimmungen für Kurorte, Erholungsorte und Heilbrunnen. Bonn, 69 S.

Deutsches Institut für Urbanistik (2001): Planspiel zur Durchführung der UVP in der Bauleitplanung. Eigenverlag difu, Berlin, 209 S. (= difu Materialien. Bd. 2/2001).

DE VRIES, Y. (1996): Environmental Assessment of Policies – The Netherlands experience. In: BOER, J.-J., SADLER, B. (Hrsg.): Environmental Assessment of Policies. Briefing papers on experience in selected countries. Distributive Trades VROM (Ministry of Housing, Spatial Planning and the Environment), Zoetermeer, S. 67–74.

DVWK (Deutscher Verband für Wasserwirtschaft und Kulturbau e.V.; 1996): Klassifikation überwiegend grundwasserbeeinflusster Vegetationstypen. Wirtschafts- und Verlagsgesellschaft Gas und Wasser, Bonn, 504 S. (= Schriftenreihe des DVWK. Bd. 112).

DVWK (Deutscher Verband für Wasserwirtschaft und Kulturbau e.V.; 1998): Maßnahmen an Fließgewässern – umweltverträglich planen. Wirtschafts- und Verlagsgesellschaft Gas und Wasser, Bonn, 81 S. und Anhänge. (= Schriftenreihe des DVWK. Bd. 121).

EBERHARDT, A., VERSTEEGEN, D. (1992): Der Entwurf zur UVPVwV – eine Schwachstellenanalyse. UVP-report 6, 1, 7–9.

Eisenbahn-Bundesamt (1998): Leitfaden zur Umweltverträglichkeitsprüfung und naturschutzrechtlichen Eingriffsregelung für die Betriebsanlagen der Eisenbahnen des Bundes sowie Magnetschwebebahnen. Eigenvertrieb, o.O.

ERBGUTH, W., SCHINK, A. (1996): Gesetz über die Umweltverträglichkeitsprüfung. Kommentar. 2. Aufl. Verlag Beck, München, 1140 S.

Europäische Akademie Bozen (1998): Die Umweltverträglichkeitsprüfung im Alpenraum. Verlag Blackwell Wissenschaft, Berlin, Wien, 301 S.

European Commission Directorate General – Environment, Nuclear Safety and Civil Protection (EC DG XI) (1994): Checklist for the review of environmental information submitted under EIA procedures (Review Checklist). Eigenverlag, o.O., 29 S.

European Commission Directorate General – Environment, Nuclear Safety and Civil Protection (EC DG XI) (1996): Environmental Impact Assessment. Guidance on Screening and Guidance on Scoping. Eigenverlag, o.O., 22 S. und 14 S. Anhang.

European Commission Directorate General – Environment, Nuclear Safety and Civil Protection (EC DG XI) (1999): Guidelines for the Assessment of Indirect and Cumulative Impacts as well as Impact Interactions (NE80328/D1/3). Office for Official Publications of the European Union, Luxembourg, 169 S.

Federal Ministry for the Environment, Nature Conservation and Nuclear Safety Germany (2002): Environmental Policy. Workshop on Strategic Environmental Assessment (SEA) in the Cooperation with Developing and Transition Countries. Eigenvertrieb, Berlin, 98 S.

FELDMANN, L. (1998): Die strategische Umweltprüfung – SUP. In: HARTJE, V., KLAPHAKE, A. (Hrsg.): Die Rolle der Europäischen Union in der Umweltplanung. Verlag Metropolis, Marburg, S. 103–116.

FELDMANN, L. (2000): Strategische Umweltprüfung (SUP) – Zwei Drittel des Weges zur EG-Richtlinie geschafft. UVP-report 14, 2, 109–110.

FELDMANN, L., PAPOULIAS, F. (1997): Aktivitäten der Europäischen Kommission für die UVP. UVP-report 11, 1, 9–11.

FGSV (Forschungsgesellschaft für Straßen- und Verkehrswesen; 2002): Hinweise zur allgemeinen Vorprüfung des Einzelfalls gemäß § 3c UVPG bei Straßenbauvorhaben. Anhang: Prüfkatalog zur Ermittlung der UVP-Pflicht für Straßenbauvorhaben. Entwurf Stand 17. Oktober 2002.

FISCHER, T. (2002): Strategic Environmental Assessment in Transport and Land Use Planning. Verlag Earthscan, London, 284 S.

FLECKENSTEIN, K. (1993): Umweltverträglichkeitsprüfung im Raumordnungsverfahren. In: KISTENMACHER, H. (Hrsg.): Werkstattbericht Umweltverträglichkeitsprüfung (UVP) im Raumordnungsverfahren. Eigenvertrieb Universität Kaiserslautern.

Forschungsgesellschaft für Straßen- und Verkehrswesen (1992 in der Fassung von 1996, ergänzt 1999): Merkblatt über Luftverunreinigungen an Straßen. Teil: Straßen ohne oder mit lockerer Randbebauung (MLuS-92). Verlag FGSV, Köln, 46 S.

Freie und Hansestadt Hamburg (Baurechtsamt; 1999): Planfeststellungsbeschluß für den Ausbau des Kreetsander Hauptdeiches (Spadenländer Busch) von Deichkilometer 6,510 bis 8,130 vom 26. April 1999. Hamburg.

GÄLZER, R. (2001): Grünplanung für Städte. Planung, Entwurf, Bau und Erhaltung. Verlag Ulmer, Stuttgart, 408 S.

GASSNER, E. (1995): Das Recht der Landschaft. Gesamtdarstellung für Bund und Länder. Verlag Neumann, Radebeul, 360 S.

GASSNER, E., WINKELBRANDT, A. (1997): UVP – Umweltverträglichkeitsprüfung in der Praxis. Methodischer Leitfaden. 3. Aufl. Verlag Jehle-Rehm, München, 403 S.

GEBERS, B., JÜLICH, R., KÜPPERS, P., ROLLER, G. (1996): Bürgerrechte im Umweltschutz – Impulse für ein Konzept zur Stärkung der Beteiligungsrechte in Umweltverfahren. Eigenverlag Öko-Institut, Institut für angewandte Ökologie e.V. Darmstadt, Berlin, 173 S. (= Werkstattreihe. Bd. 97).

GERLACH, J., HOPPENSTEDT, A. (1999): Die Strategische Umweltprüfung (SUP). Konsequenzen für Bedarfs-, Verkehrsentwicklungs-, Nahverkehrs- und Bauleitpläne. Naturschutz und Landschaftsplanung 31, 11, 338–341.

GÜHNEMANN, A. (2000): Methods for Strategic Environmental Assessment of Transport Infrastructure Plans. Verlag Nomos, Baden-Baden, 248 S.

GÜNTER, G. (2002): Das neue Recht der UVP nach dem Artikelgesetz. Ist die UVP-Änderungsrichtlinie europarechtskonform umgesetzt? Natur und Recht 24, 6, 317–324.

HAMHABER, J., RABELS, M.-C., BARKER, M.-C. (1992): Grundlagen der Umweltverträglichkeitsprüfung. Recht, Praxis und Methodik. Eigenverlag, Saarbrücken, 108 S. (= Arbeiten aus dem Geographischen Institut der Universität des Saarlandes. Sonderheft 6).

HARTLIK, J. (1998): Qualitätsmanagement in der Umweltverträglichkeitsprüfung (UVP). Dissertation TU Berlin, Fachbereich Umwelt und Gesellschaft, 338 S. und Anhänge.

HOPPE, W. (1995): Gesetz über die Umweltverträglichkeitsprüfung (UVPG). Kommentar. Verlag Heymann, Köln, Berlin, Bonn, München, 686 S.

JACOBY, C. (2000a): Strategische Umweltprüfung (SUP). Gemeinsamer Standpunkt des EU-Umweltministerrates zum SUP-Richtlinienvorschlag vom Dezember 1999 und erste Anmerkungen zu seiner Bedeutung für die Raumplanung. UVP-report 14, 1, 37–43.

JACOBY, C. (2000b): Überblick über die Vorgaben des Plan-UVP-Richtlinienentwurfs und die wichtigsten Änderungsvorschläge des Europäischen Parlaments. Arbeitspapier zur Sitzung des Ad-hoc-Arbeitskreises Plan-UVP der Akademie für Raumforschung und Landesplanung am 7. Dezember 2000 in Kassel, (unveröffentlicht).

JACOBY, C. (2001): Die Strategische Umweltprüfung in der Raumordnung. UVP-report 15, 3, 134–138.

JANOTTA, M., LANGER, T., OHLENBURG, H., PETERS, W., POBLOTH, S., SCHLEGEL, S., WENDE, W. (2001): Screening und UVP am Beispiel der Bauleitplanung. Neue Chancen, neue Aufgabenfelder. UVP-report 15, 4, 216–217.

JANNING, H. (2003): Die Umweltverträglichkeitsprüfung in der Bauleitplanung. UVP-report 17, Sonderheft zum 6. UVP-Kongress 2002, 52–61.

JARASS, H.-D. (1989): Auslegung und Umsetzung der EG-Richtlinie zur Umweltverträglichkeitsprüfung. Zitiert nach ERBGUTH, W., SCHINK, A. (1996): Gesetz über die Umweltverträglichkeitsprüfung. Kommentar. 2. Aufl. Verlag Beck, München 1140 S.

JARASS, H.-D. (1993): Bundes-Immissionsschutzgesetz. Kommentar. 2. Aufl. Verlag Beck, München, 1384 S.

JESSEL, B., TOBIAS, K. (2002): Ökologisch orientierte Planung. Eine Einführung in Theorie, Daten und Methoden. Verlag Eugen Ulmer, Stuttgart 470 S.

KAULE, G. (2002): Umweltplanung. Verlag Eugen Ulmer, Stuttgart, 315 S.

KLEINSCHMIDT, V. (1994): UVP-Leitfaden für Behörden, Gutachter und Beteiligte. Grundlagen, Verfahren und Vollzug der Umweltverträglichkeitsprüfung. 2. Aufl. Dortmunder Vertrieb für Bau- und Planungsliteratur, Dortmund, 223 S.

KLEINSCHMIDT, V., WAGNER, D. (1998): Strategic Environmental Assessment in Europe. Verlag Kluwer, London, 173 S.

KNOSPE, F. (1998): Handbuch zur argumentativen Bewertung. Methodischer Leitfaden für Planungsbeiträge zum Naturschutz und zur Landschaftsplanung. Dortmunder Vertrieb für Bau- und Planungsliteratur, Dortmund, 390 S.

KÖHLER, S. (2003): Praxis der Einzelfallprüfung gemäß UVPG und NUVPG bei Straßenbauvorhaben in Niedersachsen. Manuskript zu einem Vortrag vor der UVP-Gesellschaft Brandenburg & Berlin am 9. Mai 2003 in Berlin, (unveröffentlicht).

KÖPPEL, J., FEICKERT, U., SPANDAU, L., STRAßER, H. (1998): Praxis der Eingriffsregelung. Schadenersatz an Natur und Landschaft? Verlag Eugen Ulmer, Stuttgart, 397 S.

KÖPPEL, J., LANGENHELD, A., PETERS, W., WENDE, W., FINGER, A., KÖLLER, J., SOMMER, S. (2003): Anforderungen an die Umweltverträglichkeitsprüfung von Offshore-Windenergieanlagen gemäß UVPG in der Ausschließlichen Wirtschaftszone. Endbericht (Entwurf unveröffentlicht), 122 S.

KÖPPEL, J., WENDE, W. (2001): UVP-Pflicht im Einzelfall – Neue Chancen einer erweiterten Umweltvorsorge. UVP-report 15, 5, 228.

KRATZ, R., SUHLING, F. (1997): Geographische Informationssysteme im Naturschutz: Einführung. In: KRATZ, R., SUHLING, F. (Hrsg.): GIS im Naturschutz: Forschung, Planung, Praxis. Verlag Westarp-Wissenschaften, Magdeburg, S. 1–3.

KÜHLING, D., RÖHRIG, W. (1996): Mensch, Kultur- und Sachgüter in der UVP. Am Beispiel von Umweltverträglichkeitsstudien zu Ortsumfahrungen. Dortmunder Vertrieb für Bau- und Planungsliteratur, Dortmund, 168 S. (= UVP-Spezial. Bd. 12).

KÜHLING, W. (1986): Planungsrichtwerte für die Luftqualität. ILS Eigenverlag, Dortmund, 227 S. (= Materialien/Schriftenreihe des Institutes für Landes- und Stadtentwicklungsforschung des Landes Nordrhein-Westfalen. Bd. 4.045).

KÜHLING, W., PETERS, H.-J. (1994): Die Bewertung der Luftqualität bei Umweltverträglichkeitsprüfungen. Bewertungsmaßstäbe und Standards zur Konkretisierung einer wirksamen Umweltvorsorge. Dortmunder Vertrieb für Bau- und Planungsliteratur, Dortmund, 329 S. (= UVP-Spezial. Bd. 10).

KUNZE, K. (1999): Der GIS-Einsatz bei der UVS-Bearbeitung – ein Instrument zur Erhöhung der fachlichen Qualität? UVP-report 13, 4, 168–171.

Länderarbeitsgemeinschaft Boden (1995): Empfehlungen der Länderarbeitsgemeinschaft Boden zur planerischen Umsetzung von Bodenschutzzielen. In: ROSENKRANZ, D., BACHMANN, G., EINSELE, G., HARREß, H.-M. (Hrsg.): Bodenschutz. Nr. 9005. Verlag Erich Schmidt, Berlin, Loseblatt-Sammlung.

Länderarbeitsgemeinschaft Boden (1997): Ausgewählte Ziele der Raumordnung und Landesplanung zum Bodenschutz. In: ROSENKRANZ, D., BACHMANN, G., EINSELE, G., HARRESS, H.-M. (Hrsg.): Bodenschutz. Nr. 9008. Verlag Erich Schmidt, Berlin, Loseblatt-Sammlung.

LAMBRECHT, H. (2002): Die Erforderlichkeit einer FFH-Verträglichkeitsprüfung für den Bundesverkehrswegeplan und die Bedarfspläne – unter Berücksichtigung der Anforderungen der Richtlinie über die UVP-Pflicht von Plänen. Natur und Recht 24, 5, 265–277.

LAMBRECHT, H., KÜHNE, R., VIETH, O. (2002): Praxistest zur Umsetzung des UN ECE-Übereinkommens über die Umweltverträglichkeitsprüfung im grenzüberschreitenden Zusammenhang (Deutschland – Polen). Umweltbundesamt Eigenverlag, Berlin, 160 S. (= Umweltbundesamt Texte. Bd. 59/02).

Landesanstalt für Umweltschutz Baden-Württemberg (1995): Handbuch Wasser 2. Umweltverträglichkeitsprüfung bei Wasserbauvorhaben nach § 31 WHG. Leitfaden Teil III. Eigenvertrieb Referat Informationsdienste, Karlsruhe, 69 S.

LUZ, F., WEILAND, U. (2001): Wessen Landschaft planen wir? Kommunikation in Landschafts- und Umweltplanung. Naturschutz und Landschaftsplanung 33, 2/3, 69–76.

MÄDING, H. (1990): Verwaltungspolitische Überlegungen zur Umweltverträglichkeitsprüfung. Zeitschrift für Umweltpolitik und Umweltrecht 13, 1, 19–41.

MERZ, P. (2000): Pflanzengesellschaften Mitteleuropas und der Alpen. Erkennen, Bestimmen, Bewerten. Ein Handbuch für die vegetationskundliche Praxis. Verlag Ecomed, Landsberg/Lech, 511 S.

Ministerin für Natur und Umwelt des Landes Schleswig-Holstein (1995): Gutachten zur zusammenfassenden Darstellung und Bewertung. Umweltauswirkungen in der Umweltverträglichkeitsprüfung – Leitlinien für den vorsorgenden Umweltschutz. Vertrieb Glückstätter Werkstätten, Kiel, 68 S.

Ministerium für Bau, Landesentwicklung und Umwelt des Landes Mecklenburg-Vorpommern (1996): Planfeststellungsbeschluß für den Rückbau Wehr Eickhof- Sohlrampe Eickhof vom 6. September 1996. Schwerin.

Ministry of Housing, Spatial Planning and the Environment of the Netherlands (1999): Environmental assessments of strategic decisions and project decisions: interactions and benefits. Eigenverlag, Niederlande.

MOLL, P. (1995): Raumbezogene Informationssysteme in der Anwendung – Ein aktuelles Thema für Verwaltung und Forschung. In: MOLL, P. (Hrsg.): Raumbezogene Informationssysteme in der Anwendung. Verlag Kuron, Bonn, S. 9–14. (= Material zur Angewandten Geographie. Bd. 23).

Mosimann, T., Frey, T., Trute, P. (1999): Schutzgut Klima/Luft in der Landschaftsplanung. Eigenvertrieb Niedersächsisches Landesamt für Ökologie (NLÖ), Hildesheim, 74 S. (= Informationsdienst Naturschutz Niedersachsen. Bd. 4/99).

Müller, S. (2000): Die Umweltverträglichkeitsprüfung von Gesetzesentwürfen. Verlag Erich Schmidt, Berlin, 236 S.

MUNR (Ministerium für Umwelt, Naturschutz und Raumordnung des Landes Brandenburg; 1995): UVP – Umweltverträglichkeitsprüfung im Land Brandenburg. Gesamtherstellung Märker Wildpark-West, Potsdam, 66 S.

MURL (Ministerium für Umwelt, Raumordnung und Landwirtschaft NRW; 1990): Immissionsschutz in der Bauleitplanung. Erläuterungen zum Abstandserlass NRW. Eigenvertrieb, Düsseldorf, 121 S.

MURL (Ministerium für Umwelt, Raumordnung und Landwirtschaft NRW; 1996): Umweltverträglichkeitsprüfung in Nordrhein-Westfalen. Grundlagen und Verfahren. Eigenvertrieb, Düsseldorf, 72 S.

Niestroy, I. (1999): Die strategische UVP als Instrument des Integrationsprinzips. Wasserstraße versus Gewässer? – Konflikte an Elbe und der San Francisco Bay. Dissertation TU Berlin, Fachbereich Umwelt und Gesellschaft, Band 1, 318 S.

Nohl, W. (2001): Landschaftsplanung. Ästhetische und rekreative Aspekte. Verlag Patzer, Berlin, Hannover, 248 S.

Öresundkonsortium (1998): Assessment of the Impacts on the Marine Environment of the Øresund Link. Eigenvertrieb, Kopenhagen, 170 S.

Peters, H.-J. (1996): Das Recht der Umweltverträglichkeitsprüfung. Bd. 1 und 2. Verlag Nomos, Baden-Baden, 499 S. und 239 S.

Peters, H.-J. (2002): UVPG – Gesetz über die Umweltverträglichkeitsprüfung. Handkommentar. 2. Aufl. Nomos, Baden-Baden, 530 S.

Pröbstl, U. (2000): SUP im Kontext bürgernaher Kommunalentwicklung. Vortrag auf einer Fachtagung zum Thema „Strategische Umweltprüfung von Plänen und Programmen" am 5. Mai 2000 in Kassel. Unveröffentlichtes Manuskript.

Rat der Europäischen Union (2000): Gemeinsamer Standpunkt des Rates im Hinblick auf den Erlaß der Richtlinie des Europäischen Parlaments und des Rates über die Prüfung der Umweltauswirkungen bestimmter Pläne und Programme. 1996/0304 (COD).

Reck, H., Rasmuss, J., Klump, G.-M., Böttcher, M., Brüning, H., Gutsmiedl, I., Herden, C., Lutz, K., Mehl, U., Penn-Bressel, G., Roweck, H., Trautner, J., Wende, W., Winkelmann, C., Zschalich, A. (2001): Auswirkungen von Lärm und Planungsinstrumente des Naturschutzes. Naturschutz und Landschaftsplanung 33, 5, 145–149.

Regierungspräsidium Halle (1998): Landesplanerische Beurteilung zum Raumordnungsverfahren (RO-Verfahren) mit integrierter Umweltverträglichkeitsprüfung für das Vorhaben Hartsteintagebau Niemberg/Brachstedt vom 20. Januar 1998. Halle.

Regierungspräsidium Tübingen (1997): Feststellung des Plans für die Errichtung und den Betrieb einer Abfallentsorgungsanlage Deponie Hölderle mit Nebenanlagen auf dem Gebiet der Stadt Balingen Gemarkung Endingen, Frommern und Weilstetten vom 15. Januar 1997. Tübingen.

Regierung von Schwaben (1994): Landesplanerische Beurteilung zur geplanten Kartoffelstärkefabrik in Lauingen (Donau) vom 13. Oktober 1994. Augsburg.

RICHTER, M. (2002) Empfehlungen für die Durchführung der grenzüberschreitenden Umweltverträglichkeitsprüfung (UVP) zwischen Deutschland und Polen (Deutschland als Ursprungsstaat eines geplanten Projektes. Umweltbundesamt Eigenverlag, Berlin, 55 S. (= Umweltbundesamt Texte. Bd. 42/02).

RIEDEL, W., LANGE, H. (2001): Landschaftsplanung. Verlag Spektrum, Heidelberg, Berlin, 364 S.

RUNGE, K. (1998): Die Umweltverträglichkeitsuntersuchung. Internationale Entwicklungstendenzen und Planungspraxis. Verlag Springer, Berlin, Heidelberg, New York, 340 S.

RVDL (Rheinischer Verein für Denkmalpflege und Landschaftsschutz), Landschaftsverband Rheinland Umweltamt (LVR), Seminar für Historische Geographie an der Universität Bonn (1994): Kulturgüterschutz in der Umweltverträglichkeitsprüfung (UVP). Bericht des Arbeitskreises „Kulturelles Erbe in der UVP". Eigenverlag, Köln-Deutz, Bonn. Zugleich: Seminar für historische Geographie der Universität Bonn: Kulturlandschaft. Zeitschrift für angewandte historische Geographie. 4 (Sonderheft 2), Bonn, 72 S.

Sachverständigenrat zur Begutachtung der gesamtwirtschaftlichen Entwicklung (1997): Reformen voranbringen. Verlag Metzler-Poeschel, Stuttgart, 440 S.

SADLER, B., VERHEEM, R. (1996): Strategic Environmental Assessment. Status, Challenges and Future Directions. SEA (53). Ministerium für Wohnen, Raumplanung und Umwelt (VROM), Den Haag. Niederlande.

SANGENSTEDT, C. (2000): Stand der Einführung einer Strategischen Umweltprüfung in Europa und Handlungsbedarf in Deutschland. Referat im Rahmen der Fachtagung Strategische Umweltprüfung von Plänen und Programmen – Wann und wie kommt die SUP? am 5. Mai 2000 in Kassel, (unveröffentlicht).

SCHARPF, H. (1994): Materialien zur Vorlesung Erholungsplanung. TU Berlin Studiengang Landschaftsplanung, (unveröffentlicht).

SCHIRZ, S., Institut für Abfall- und Abwasserwirtschaft GmbH (1997): Umweltverträglichkeitsuntersuchung Landwirtschaftlicher Betrieb Anton Heekenjann. Ahlen, 45 S. und Anhänge.

SCHNEIDER, J.-P. (1990): Nachvollziehende Amtsermittlung bei der Umweltverträglichkeitsprüfung. Zum Verhältnis zwischen dem privaten Träger des Vorhabens und der zuständigen Behörde bei der Sachverhaltsermittlung nach dem UVPG. Verlag Duncker & Humblot, Berlin, 210 S. (= Schriften zum Umweltrecht. Bd. 19).

SCHOENEBERG, J. (1993): Umweltverträglichkeitsprüfung. Verlag Beck, München, 179 S. (= Praxis des Verwaltungsrechts. Heft 8).

SCHOLLES, F. (1997): Abschätzen, Einschätzen und Bewerten in der UVP. Weiterentwicklung der Ökologischen Risikoanalyse vor dem Hintergrund der neueren Rechtslage und des Einsatzes rechnergestützter Werkzeuge. Dortmunder Vertrieb für Bau- und Planungsliteratur, Dortmund, 273 S. (= UVP-Spezial. Bd. 13).

SCHOLLES, F. (1999): Grundlagen und Aufbau von Geo-Informationssystemen. UVP-report 13, 4, 176–180.

SenSUT (Senatsverwaltung für Stadtentwicklung, Umweltschutz und Technologie Berlin ehemals; 1999): Umweltverträglichkeitsprüfung und Eingriffsregelung in der Stadt- und Landschaftsplanung. Überarbeitete Aufl. Verlag Kulturbuch, Berlin, 64 S.

SOCKEL, H. (1984): Windgeschwindigkeit in der Umgebung von Bauwerken (in Aerodynamik der Bauwerke). Braunschweig.

SPANNOWSKY, W., PORGER, K.-W., KRÄMER, T., HOFMEISTER, A. (2002): Umweltverträglichkeitsprüfung im Rahmen des Bebauungsplanverfahrens. Entwicklung von Handlungsempfehlungen für das Verfahren, die Methodik und die Entscheidungsfindung in der Bauleitplanung. Endbericht eines Forschungsprojektes im Auftrag des Ministeriums für Stadtentwicklung, Wohnen und Verkehr des Landes Brandenburg. Unveröffentlicht.

SPECOVIUS, N. (2003): Planspiel zur Durchführung der Umweltverträglichkeitsprüfung in der Bauleitplanung. UVP-report 17, Sonderheft zum 6. UVP-Kongress 2002, 49–51.

SPORBECK, O. (Büro Froelich & Sporbeck, erstellt im Auftrag des Hessischen Landesamtes für Straßen- und Verkehrswesen; 1998): Leitfaden für Umweltverträglichkeitsstudien zu Straßenbauvorhaben. Arbeitsschritt UVS Raumanalyse. Eigenvertrieb, Bochum, 51 S.

SPORBECK, O. (Büro Froelich & Sporbeck, erstellt im Auftrag des Hessischen Landesamtes für Straßen- und Verkehrswesen; 1998a): Leitfaden für Umweltverträglichkeitsstudien zu Straßenbauvorhaben. Arbeitsschritt UVS Auswirkungsprognose/Variantenvergleich. Eigenvertrieb, Bochum, 64 S.

Stadt Chemnitz (Bürgermeisteramt/Umweltamt; 1993): Umweltbericht der Stadt Chemnitz. Eigenvertrieb, Chemnitz, 100 S.

Stadtwerke München (1993): Straßenbahn – Neubaustrecke "Nordtangente". Umweltverträglichkeitsstudie (UVS) für den Abschnitt „Englischer Garten". Im Auftrag der Stadtwerke München, Werkbereich Technik, Verkehrsbetriebe. Unveröffentlicht, 51 S. und Anhang.

STEINBERG, R., ALLERT, H.-J., GRAMS, C., SCHARIOTH, J. (1991): Zur Beschleunigung des Genehmigungsverfahrens für Industrieanlagen. Eine empirische und rechtspolitische Untersuchung. Verlag Nomos, Baden-Baden, 195 S. (= Verwaltung 2000. Bd. 2).

STORM, P.-C., BUNGE, T. (1988ff): Handbuch der Umweltverträglichkeitsprüfung (HdUVP). Ergänzbare Sammlung der Rechtsgrundlagen, Prüfungsinhalte und -methoden für Behörden, Unternehmen, Sachverständige und die juristische Praxis. Verlag Erich Schmidt, Berlin, Loseblatt-Sammlung.

SYNÖK-Institut (1994): Computerprogramm UVP-Expert-Basis 2.0 professional (Hochschulversion). Ein wissensbasiertes Assistenz-System für alle Arbeiten rund um die Umweltverträglichkeitsprüfung. SYNÖK-Institut Eigenvertrieb, Barsinghausen.

TAPPEINER, U., CERNUSCA, A., PRÖBSTL, U. (1998): Die Umweltverträglichkeitsprüfung im Alpenraum. Verlag Blackwell Wissenschaft, Berlin, Wien, 301 S.

The Landscape Institute, Institute of Environmental Management & Assessment (2002): Guidelines for Landscape and Visual Impact Assessment. 2. Aufl. Verlag Spon Press, London, 166 S.

Thüringer Ministerium für Umwelt und Landesplanung, Abteilung Naturschutz (1994): Thüringer Leitfaden Umweltverträglichkeitsprüfung und Eingriffsregelung (und Anhänge I, II). o.O.

Umweltbundesamt (2000): Ziele für die Umweltqualität – eine Bestandsaufnahme. Verlag Erich Schmidt, Berlin, 179 S. (= Beiträge zur nachhaltigen Entwicklung).

Umweltbundesamt (2002): Öffentlichkeitsbeteiligung im Rahmen der Strategischen Umweltprüfung zur Planung des Transeuropäischen Netzes der Verkehrswege. Unveröffentlichtes Manuskript als Beitrag zur EU Joint Expert Group on Transport and Environment – WG 2 SEA for TEN-T. Stand 23. Juli 2002.

Umweltministerium Baden-Württemberg (1995): Bewertung von Böden nach ihrer Leistungsfähigkeit. Leitfaden für Planungen und Gestaltungsverfahren. Eigenvertrieb, Stuttgart, 32 S. und Anlagen.

VERHEEM, R. (2002): Number of Reactions during public participation in SEA in the Netherlands. Vortrag auf einem Treffen für das UN ECE SEA Protokoll in Warschau, Februar 2002. Unveröffentlichtes Manuskript.

VERHEEM, R., TONK, J. (2000): Enhancing Effectiveness: Strategic Environmental Assessment; One Concept, Multiple Forms. Journal for Impact Assessment and Project Appraisal 18, 3, 177–182.

WÄCHTLER, J. (1992): Leistungsfähigkeit von Wirkungsprognosen in Umweltplanungen am Beispiel der Umweltverträglichkeitsprüfung. Verlag Abt. Publikationen an der TU Berlin, Berlin, 240 S. (= Werkstattberichte. Bd. 41).

WAGNER, J. (1995): § 9. In: HOPPE, W. (Hrsg.): Gesetz über die Umweltverträglichkeitsprüfung (UVPG). Kommentar. Verlag Carl Heymanns, Köln, Berlin, Bonn, München, S. 236–266.

Wasser- und Schiffahrtsdirektion Ost (1997): Planfeststellungsbeschluß der Wasser- und Schiffahrtsdirektion Ost für den Neubau der Schleuse Spandau Untere-Havel-Wasserstraße km 0,008 bis Havel-Oder-Wasserstraße km 1,400 vom 2. Oktober 1997. Berlin.

WENDE, W. (1998): Umweltverträglichkeitsprüfung und Störfallvorsorge. Berücksichtigung und Prognose störfallbedingter Auswirkungen in der Umweltverträglichkeitsprüfung (UVP). Verlag Erich Schmidt, Berlin, 142 S. (= Beiträge zur Umweltgestaltung. Bd. A 137).

WENDE, W. (1999): Die Umweltverträglichkeitsprüfung in der Bundesrepublik Deutschland. Anzahl und Verteilungsstrukturen von UVP-Verfahren. Zeitschrift für angewandte Umweltforschung 12, 2, 248–260.

WENDE, W. (2000): Sicherung der Qualität von Umweltverträglichkeitsstudien durch die Landschaftsrahmenplanung. In: GRUEHN, D., HERBERG, A., ROESRATH, C. (Hrsg.): Naturschutz und Landschaftsplanung – Moderne Technologien, Methoden und Verfahrensweisen. Festschrift zum 60. Geburtstag von Prof. Dr. H. Kenneweg. Verlag Mensch & Buch, Berlin. S. 289–298.

WENDE, W. (2001): Praxis der Umweltverträglichkeitsprüfung und ihr Einfluß auf Zulassungsverfahren. Eine empirische Studie zur Wirksamkeit, Qualität und Dauer der UVP in der Bundesrepublik Deutschland. Verlag Nomos, Baden-Baden, 312 S. (= Universitätsschriftenreihe Recht. Bd. 369).

WENDE, W. (2002): EIA research in Germany. Journal for Impact Assessment and Project Appraisal. 20, 2, 93–99.

WENDE, W., GASSNER, E., GÜNNEWIG, D., KÖPPEL, J., LANGENHELD, A., KERBER, N., PETERS, W., RÖTHKE, P. (2003): Anforderungen der SUP-Richtlinie an Bundesverkehrswegeplanung und Verkehrsentwicklungsplanung der Länder. UVP-report 17, 2, 60–63.

WINKELBRANDT, A. (1995): Die Bedeutung von Bewertungsverfahren in Umweltverträglichkeitsstudien und Landschaftspflegerischen Begleitplänen zur Fernstraßenplanung als Entscheidungsgrundlagen für die Bundesverwaltungen. In: Bund Deutscher Landschaftsarchitekten (Hrsg.): 11. Pillnitzer Planergespräche. Theorie und Praxis der Bewertung in der Landschaftsplanung. Schmid und Druck, Oppenheim, S. 52–65.

WÖBSE, H.-H. (2002): Landschaftsästhetik. Verlag Ulmer, Stuttgart, 304 S.

ZILLING, L., SURBURG, U. (2001): UVPG-Novelle – neue Aufgaben für die Planungspraxis. UVP-report 15, 5, 239–245.

ZIMMERMANN, M. (1993): Öffentlichkeitsbeteiligung bei UVP-Verfahren. Verlag Economica, Bonn, 117 S. (= Planung und Praxis im Umweltschutz. Bd. 4).

インターネット（更に進んだ出典も）

BMU (Bundesministerium für Umwelt, Naturschutz und Reaktorsicherheit) (2000): Gesetz zur Umsetzung der UVP-Änderungsrichtlinie, der IVU-Richtlinie und weiterer EG-Richtlinien zum Umweltschutz. Stand November 2000, http://www.bmu.de/sachthemen/gesetz/themenpapier.htm

BDLA (Bund Deutscher Landschaftsarchitekten) (2001): Stellungnahme des Bundes Deutscher Landschaftsarchitekten (BDLA) zum Entwurf des (Artikel-)Gesetzes zur Umsetzung der UVP-Änderungsrichtlinie, Drucksache 14/4599 vom 14. November 2000 und 5. Dezember 2000, http://www.bdla.de (siehe aktuelle Pressemitteilungen).

Commission of the European Union: Environmental Assessment. Dateidownload am 4. März 2002 von: http://www.europa.eu.int/comm/environment/eia/home.htm

Deutsches UVP-Netz / WITT, A. (1996): Die UVP in den Ländern. Eine Übersicht. Stand: März 1996. http://www.uvp.de/

Deutsches UVP-Netz / WITT, A. (1997): Gesetze, Verordnungen, Leitfäden in den Ländern. Stand: 1997, teilweise aktualisiert 2000. UVP-Gesellschaft. http://www.uvp.de

SCHÖRLING, I. (2000): Dateidownload am 18. April 2001 von www.europarl.eu.int/greens

SCHOLLES, F., KANNING, H. (1999): Planungsmethoden am Beispiel der Projekt-UVP. In: Gesellschaftswissenschaftliche Grundlagen. Planungsmethoden. Materialien zur Vorlesung am Fachbereich Landschaftsarchitektur und Umweltentwicklung. Institut für Landesplanung und Raumforschung. Erstellt: 1998, zuletzt geändert 1999. http://ilrs1.laum.uni-hannover.de/ilr/lehre/Ptm/Ptm_Uvp.htmPtm/Ptm_Uvp.htm

Umweltbundesamt (UBA) (1999): Leitfäden zur Umweltverträglichkeitsprüfung. Stand: September 1998. http://www.umweltbundesamt.de/uvp/leit.htm

Umweltbundesamt (UBA) (2000a): Umweltverträglichkeitsprüfung (UVP). Deutsche, EU-rechtliche und internationale Vorschriften der Umweltverträglichkeitsprüfung. Stand: 10. November 2000. http://umweltbundesamt.de/uvp/recht.htm

法律，および判決，指令，その他の法的基礎，ならびに議会資料

Abkommen zwischen der Regierung der Bundesrepublik Deutschland und der Regierung der Republik Polen über die Zusammenarbeit auf dem Gebiet des Umweltschutzes in der Fassung vom 7. April 1994.

Allgemeine Rundschreiben Straßenbau der Obersten Straßenbaubehörden der Länder:

Nr. 30/2001 (Merkblatt zur Umweltverträglichkeitsstudie in der Straßenplanung – M UVS)

Nr. 29/1994 (Planfeststellungsrichtlinien 1994), ersetzt durch Nr. 16/1999!

Nr. 12/1996 (Vertragsverletzungsverfahren und Beschwerdeverfahren wegen Umsetzung der EG-Richtlinie 85/337/EWG).

Nr. 13/1996 (Bestimmung der Linienführung von Bundesfernstraßen – Hinweise zu § 16 FStrG).

Nr. 16/1999 (Planfeststellungsrichtlinien 1996).

Allgemeines Eisenbahngesetz (AEG) in der Fassung vom 27. Dezember 1993, zuletzt geändert 27. Juli 2001.

Atomrechtliche Verfahrensverordnung (Verordnung über das Verfahren bei der Genehmigung von Anlagen nach § 7 des Atomgesetzes – AtVfV) in der Fassung vom 3. Februar 1995.

Baugesetzbuch (BauGB) in der Fassung vom 27. August 1997, zuletzt geändert 23. Juli 2002.

Brandenburgisches Naturschutzgesetz (Gesetz über den Naturschutz und die Landschaftspflege im Land Brandenburg – BbgNatSchG) in der Fassung vom 25. Juni 1992, zuletzt geändert 10. Juli 2002.

Brandenburgisches Straßengesetz (BbgStrG) in der Fassung vom 10. Juni 1999, geändert 10. Juli 2002.

Bundesberggesetz (BBergG) in der Fassung vom 13. August 1980, zuletzt geändert 21. August 2002.

Bundesfernstraßengesetz (FStrG) vom 19. April 1994, zuletzt geändert 11. Oktober 2002.

Bundes-Immissionsschutzgesetz (Gesetz zum Schutz vor schädlichen Umwelteinwirkungen durch Luftverunreinigungen, Geräusche, Erschütterungen und ähnliche Vorgänge – BImSchG) in der Fassung vom 26. September 2002.

Bundesministerium für Verkehr (1995): Allgemeines Rundschreiben Straßenbau Nr. 7/1995. Musterkarten für Umweltverträglichkeitsstudien im Straßenbau. Verlags-Kartographie, Alsfeld.

Bundesnaturschutzgesetz (Gesetz über Naturschutz und Landschaftspflege – BNatSchG) vom 25. März 2002.

Bundesrats-Drucksache 674/00: Stellungnahme Bundesrat vom 21. Dezember 2000 (Beschluss). Bundesanzeiger Verlagsgesellschaft. Bonn.

Bundesrats-Drucksache 674/5/00: Antrag Niedersachsen vom 20. Dezember 2000. Bundesanzeiger Verlagsgesellschaft. Bonn.

Bundesrats-Drucksache 286/01: Gesetzesbeschluss Deutscher Bundestag vom 20. April 2001. Bundesanzeiger Verlagsgesellschaft. Bonn.

Bundestags-Drucksache 14/5204: Gesetzentwurf Bundesregierung vom 31. Januar 2001 (Anlage Stellungnahme Bundesrat und Gegenäußerung Bundesregierung). Bundesanzeiger Verlagsgesellschaft. Bonn.

BVerwG (Bundesverwaltungsgericht): Beschluss vom 14. Mai 1996 – 7 NB 3.95.

EuGH (Europäischer Gerichtshof, Sechste Kammer): Urteil vom 22. Oktober 1998 Vertragsverletzung – Nicht ordnungsgemäße Umsetzung der Richtlinie 85/337/ EWG in der Rechtssache C-301/95.

EuGH (Europäischer Gerichtshof): Urteil vom 21. September 1999 in der Rechtssache C-392/ 96 Kommission versus Irland.

Flora-Fauna-Habitat-Richtlinie (Richtlinie 92/43/EWG des Rates zur Erhaltung der natürlichen Lebensräume sowie der wildlebenden Tiere und Pflanzen – FFH-Richtlinie) in der Fassung vom 21. Mai 1992.

Gemeinsame Raumordnungsverfahrensverordnung (Verordnung über die einheitliche Durchführung von Raumordnungsverfahren für den gemeinsamen Planungsraum Berlin – Brandenburg – GROVerfV) Berlin/Brandenburg in der Fassung vom 24. Januar 1996.

Gesetz zur Erhaltung des Waldes (Landeswaldgesetz – LWaldG) Berlin, in der Fassung vom 30. Januar 1979, zuletzt geändert am 21. Juli 1992.

Gesetz zur Umsetzung der UVP-Änderungsrichtlinie, der IVU-Richtlinie und weiterer EG-Richtlinien zum Umweltschutz (Bundesrats-Drucksache 498/01) vom 22. Juni 2001.

Gesetz zur Vereinfachung der Planungsverfahren für Verkehrswege (Planungsvereinfachungsgesetz – PlVereinfG) in der Fassung vom 17. Dezember 1993.

Hochhaus-Richtlinien-HHR (Richtlinien über Bau und Errichtung von Hochhäusern) Erlass des Hessischen Ministers des Innern in der Fassung vom 29. Dezember 1983, zuletzt geändert 20. Februar 1992.

Honorarordnung für Architekten und Ingenieure (HOAI), Textausgabe 1996 mit Vorwort und Musterrechnung. 2. Aufl. Müller Verlag. Köln.

Kreislaufwirtschafts- und Abfallgesetz (Gesetz zur Förderung der Kreislaufwirtschaft und Sicherung der umweltverträglichen Beseitigung von Abfällen – KrW-AbfG) vom 27. September 1994, zuletzt geändert 9. September 2001.

Landesplanungsgesetz (LplG) Baden-Württemberg in der Fassung vom 8. April 1992, zuletzt geändert 14. März 2001.

Landesplanungsgesetz und Vorschaltgesetz zum Landesentwicklungsprogramm für das Land Brandenburg (Brandenburgisches Landesplanungsgesetz – BbgLPlG) [Art. 2 des Gesetzes zu dem Landesplanungsvertrag in der Fassung vom 6. April 1995; vom 20. Juli 1995] zuletzt geändert 15. März 2001.

MLuS (Merkblatt über Luftverunreinigungen an Straßen) Ausgabe 1992, geänderte Fassung 8. Februar 1999.

National Environmental Policy Act [USA], Public Law 91–190, 91st Congress, S. 1075.

Niedersächsisches Gesetz über Raumordnung und Landesplanung (NROG) vom 18. Mai 2001.

OVG (Oberverwaltungsgericht) Koblenz (2000): Urteil vom 24.2.2000 – 1 A 11106/99.

Personenbeförderungsgesetz (PBefG) in der Fassung vom 8. August 1990, zuletzt geändert 27. Juli 2001.

Planungsvereinfachungsgesetz (PlVereinfG) vom 17. Dezember 1993.

Raumordnungsgesetz (ROG) in der Fassung vom 18. August 1997, geändert 15. Dezember 1997.

Raumordnungsverordnung (6. Verordnung zu § 6 a Abs. 2 des Raumordnungsgesetzes – RoV) vom 13. Dezember 1990, zuletzt geändert 18. Juni 2002.

Richtlinie für bautechnische Maßnahmen in Wassergewinnungsgebieten, Ausgabe 1982. Hrsg.: Forschungsgesellschaft für Straßen- und Verkehrswesen e.V. FGSV-Verlag. Köln. (= Technische Regelwerke. Bd. 514).

Richtlinie 85/337/EWG des Rates vom 27. Juni 1985 über die Umweltverträglich-

keitsprüfung bei bestimmten öffentlichen und privaten Projekten, zuletzt geändert 14. März 1997.
Richtlinie 96/61/EG des Rates vom 24. September 1996 über die integrierte Vermeidung und Verminderung der Umweltverschmutzung.
Richtlinie 97/11/EG des Rates vom 3. März 1997 zur Änderung der Richtlinie 85/337/EWG über die Umweltverträglichkeitsprüfung bei bestimmten öffentlichen und privaten Projekten.
Richtlinie 2001/42/EG des Europäischen Parlaments und des Rates vom 27. Juni 2001 über die Prüfung der Umweltauswirkungen bestimmter Pläne und Programme.
Technische Anleitung zur Reinhaltung der Luft (Erste allgemeine Verwaltungsvorschrift zum Bundes-Immissionsschutzgesetz – TA Luft) in der Fassung vom 27. Februar 1986.
Übereinkommen über die Umweltverträglichkeitsprüfung im grenzüberschreitenden Rahmen / Convention on Environmental Impact Assessment in a Transboundary Context (ECE-Abkommen) in der Fassung vom 25. Februar 1991.
Umweltverträglichkeitsprüfungsgesetz (Gesetz über die Umweltverträglichkeitsprüfung UVPG) in der Fassung der Bekanntmachung vom 5. September 2001, zuletzt geändert 18. Juni 2002.
Umweltverträglichkeitsprüfungsgesetz [Österreich] (UVP-Gesetz) veröffentlicht 14. Oktober 1993, in Kraft 1. Juli 1994, geändert 1996.
Verkehrslärmschutzverordnung (Sechzehnte Bundesimmissionsschutzverordnung – 16. BImSchV) in der Fassung vom 12. Juni 1990.
Verordnung über das Genehmigungsverfahren (Neunte Verordnung zur Durchführung des Bundes-Immissionsschutzgesetzes – 9. BImSchV) in der Fassung vom 29. Mai 1992, zuletzt geändert 24. Juni 2002.
Verordnung über die Umweltverträglichkeitsprüfung bergbaulicher Vorhaben (UVP-V Bergbau) in der Fassung vom 13. Juli 1990, zuletzt geändert 10. August 1998.
Verordnung über genehmigungsbedürftige Anlagen (Vierte Verordnung zur Durchführung des Bundes-Immissionsschutzgesetzes – 4. BImSchV) in der Fassung vom 14. März 1997, zuletzt geändert 6. Mai 2002.
Verwaltungsverfahrensgesetz (VwVfG) in der Fassung vom 23. Januar 2003.
Verwaltungsvorschrift zum UVP-Gesetz (Allgemeine Verwaltungsvorschrift zur Ausführung des Gesetzes über die Umweltverträglichkeitsprüfung – UVPVwV) in der Fassung vom 18. September 1995.
VGH (Verwaltungsgerichtshof Baden-Württemberg): Urteil vom 17. November 1995 – S. 334/95.
VwGO (Verwaltungsgerichtsordnung) in der Fassung der Bekanntmachung vom 19. März 1991, zuletzt geändert 18. Juni 1997.
Wasserhaushaltsgesetz (Gesetz zur Ordnung des Wasserhaushalts – WHG) in der Fassung 19. August 2002.

州の環境親和性検査法
Baden-Württemberg: Landesgesetz über die Umweltverträglichkeitsprüfung (LUVPG) vom 19. November 2002.
Bayern: Bayerisches UVP-Richtlinie Umsetzungsgesetz (BayUVPRLUG) in der Fassung vom 27. Dezember 1999.

Berlin: Berliner Gesetz über die Umweltverträglichkeitsprüfung (UVPG-Bln) vom 21. Juli 1992.

Brandenburg: Brandenburgisches Gesetz über die Umweltverträglichkeitsprüfung (BbgUVPG) vom 10. Juli 2002.

Bremen: Bremisches Landesgesetz über die Umweltverträglichkeitsprüfung (BremUVPG) vom 28. Mai 2002.

Hamburg: Gesetz über die Umweltverträglichkeitsprüfung in Hamburg (HmbUVPG) vom 10. Dezember 1996, geändert durch Gesetz vom 17. Dezember 2002.

Mecklenburg-Vorpommern: Gesetz über die Umweltverträglichkeitsprüfung in Mecklenburg-Vorpommern (Landes-UVP-Gesetz – LUVPG M-V) vom 9. August 2002.

Niedersachsen: Niedersächsisches Gesetz über die Umweltverträglichkeitsprüfung (NUVPG) vom 5. September 2002.

Nordrhein-Westfalen: Gesetz über die Umweltverträglichkeitsprüfung im Lande Nordrhein-Westfalen vom 29. April 1992, zuletzt geändert 7. März 1995.

Saarland: Gesetz Nr. 1507 über die Umweltverträglichkeitsprüfung im Saarland (SaarlUVPG) vom 30. Oktober 2002.

Sachsen-Anhalt: Gesetz über die Umweltverträglichkeitsprüfung im Land Sachsen-Anhalt (UVPG LSA) vom 27. August 2002.

Schleswig-Holstein: Landesgesetz über die Umweltverträglichkeitsprüfung (Landes-UVP-Gesetz – LUVPG) vom 13. Mai 2003.

4 戦略的環境アセスメント制度の導入
  －環境親和性検査法／建設法典／国土計画法

　ドイツの都市計画制度と環境保護制度の間の関連づけについては，都市計画（建設誘導計画図作成）にもろに関わるという意味で，最近まで特に自然環境保護・保全との結びつき（連邦自然保護法による介入規則）が強かったが，2004年にヨーロッパ連合（EU）の影響によって，都市計画の根拠法である建設法典と，国土計画の根拠法の国土計画法，そして環境親和性検査法などが改定されて，都市や地域の計画での戦略的環境検査 [Strategische Umweltprüfung][1] が本格的に実施されるようになった．

　それは，本章でみるようにこれまでの計画制度の積み上げに比較的に容易に組み込むことができたと言え，そのありようは，これからの日本での環境共生社会の構築に向けて考えるべきことを多く提示しているように思われる．本章では中でも都市計画分野に関わる建設法典に重点を置いて，空間計画への戦略的環境検査の導入の考え方について見ていきたい．

4.1　環境関連の EU 指令がドイツ都市計画制度に対して与えた影響

　環境保護や自然環境保護は，現在，EU の動きとも連動させながら，強化されつつあるといえる．最近では，2001 年に戦略的環境検査を求めるために出された EU の**「環境に関する特定の計画とプログラムの影響に評価についての指令」戦略的環境検査指令 2001/42/EG**（英語では EC）[2] からの，計画・プログラムの段階でも環境影響評価を行うべしという要請を受けて，EU 各国で国内法転換が行われている．

　この指令は 2004 年 7 月 21 日までに国内法転換を行わねばならなかったが，ドイツでは 2004 年度中に都市計画の根拠法の**建設法典**[Baugesetzbuch] と国土計画の根拠法の**国土計画法**[Raumordnungsgesetz] については法改定が行われ，一応の期限内の義務の履行は果たしたようである．しかし，ドイツの環境アセスメントの基幹法である「環境親和性検査に関する法律」（以下，環境親和性検査法：Gesetz über

294 4 戦略的環境アセスメント制度の導入

Umweltverträglichkeitsprüfung）は，連邦と州の権限問題などによって審議の期間が非常に掛かって，ようやく 2005 年 6 月 24 日に改定され，戦略的環境検査が取り込まれた．

これまで，EU 指令[3]として環境保護（そして空間計画）分野に影響を及ぼしたものでは，例えば**プロジェクト環境影響評価**についての指令である「特定のおよび民間の事業に際しての環境親和性検査に関する指令」（環境アセスメント指令）85/337/EWG（英語では EEC）が最初のものである．この指令は，5 年の準備期間の後に EG によって，1980 年 6 月 11 日に評議会に提出された"特定の公的および私的な事業の場合の環境親和性検査（UVP）に関する指令"の提案を出発点としいる．これによって，まずは，EG は，環境親和性検査検討開始の当初からもっていたプログラムと計画を取り込むという広範な発想から距離をとった形になった[4]．

上記の提案を受けて後，更に 5 年間の困難な折衝を経て[5]，1985 年 6 月 27 日，欧州共同体の閣僚理事会は環境アセスメント指令（85/337/EWG）を制定した．そこにはプロジェクトの環境親和性検査の全般的な原則が示されており，これを各国が受けて自国で具体化するという形で国法化が進められた．もっとも，いくつかの国ではこれ以前に独自に環境アセスメントの制度を設けている[6]．EU 指令によるアセスメントは，名称でも分かるようにプロジェクトアセスメントであった．ドイツではこの EU 指令によって 5 年後の 1990 年に環境アセスメントの制度が設けられた．

ドイツでは**空間計画との結びつけ**は，間接的，部分的ではあったが行われていた．それは，環境親和性検査の必要なプロジェクトの基礎になる地区詳細計画図の作成，変更，補完に関する決議，あるいはそのプロジェクトの計画確定に取って代わる地区詳細計画図についての決議，そして，それに類似した前提の土地利用計画図においては環境親和性検査は建設法典の手続の中で行われるとされていたからである（1990年の環境親和性検査法第 1 条，2 条，17 条；土地利用計画図についての制度はすぐに廃止された）．

ドイツでのこの環境親和性検査法の制定の動きは，既述のように EU レベルでの動きと連動したものであった．しかし，実は，1985 年の EG 指令では 1988 年の 7 月 3 日までに導入することを求めていたもので，ドイツの導入は，結果的に非常に遅れた．指令は必ず守られなければならない．

第 5 章に，ドイツの FFH-地域の通知が遅れ，罰金と補助金の停止の警告をもって欧州裁判所によって指令違反判決が出されたことが書かれているが（339 頁），環境関連でも，これまで何回か EU 指令の転換の遅滞で"ドイツが法廷に立たされた"ことがある．

指令 85/337/EWG の転換の遅れに対しても，EG はドイツを EG 法廷に提訴した．

すなわち，EG委員会から，ドイツは，EG条約の第5条と189条からの義務に反して，指令85/337の特に第2条，3条，5条5項，6条2項，8条，9条，12条1項と2項に違反していると提訴があり，1998年10月22日に判決が下された．判決の結果は指令85/337/EWGの第2条1項，4条2項，12条1項と2項からの義務に反して，以下の点，つまり：
 −指令に従うために定められた期限内に必要とされる対策をとらなかった点，
 −指令に従うために自らがとった対策のすべてをEG委員会に通知しなかった点，
 −指令に従って環境アセスメントを定めるべきであるが，許可手続が1988年7月3日より後に導入された事業のすべてには環境アセスメントの義務を適用しなかった点，
 −この指令の付録IIに挙げられている事業の全種を環境アセスメント義務から除外した点，
で違反したとされた．これ以外の違反は確認されなかったとされ，EG側が勝訴した形で，裁判費用はドイツの支払の命令が出されている[7]．これ以外にも環境関係で欧州裁判所の判決によって敗訴している例がある[8]．しかし，このようなことはドイツに限ったことでなく，多数の例がある[9]．

　このようにドイツには敗訴例があるが，これは国（連邦）の段階のものであり，日本での環境アセスメントを巡る経緯と同じように，自治体レベルではすでに環境アセスメントは進められていた（188頁参照）．しかもすでに，例えばアーヘン市やデュッセルドルフ市，ドルトムント市などでは1980年代に建設誘導計画手続と連動させた環境親和性検査を開始している．本書で扱われているフライブルクもその例である（129頁）．

　EU指令の場合には，国内法転換が遅れたときには，その指令が直に適用されることになっている．EUは場合によれば独自の財源を背景に，そして共同決定を根拠にしたモラル的な圧力を持って各国に強い態度で指令の実施を求めているようである．

　EUレベルでの各国のプロジェクト影響評価制度導入のほぼこの時点で−今日，EU各国ですでに導入されている−計画・プログラムの環境アセスメントの必要性についての議論が行われている．すなわち1990年にEU委員会の「政策および計画，プログラムに際しての環境親和性検査に関する指令」の第1次案が出されている．しかし，これは構成国における激しい反対[10]にあって，引き続き検討されるには至らなかった．その後，1995年に新しく指令案が作成され，EUレベルで審議を何度か行った後，公式の指令提案とされた（1996年12月4日）[11]．

　これとは別に，その後に出された，EUレベルでのプロジェクト環境アセスメントに関わる指令である「85/337/EWGの変更に関する指令」97/11/EG（1997年3月3日；

略称 UVP 変更指令),「環境汚染の統合的な回避と抑制に関する指令」96/61/EG (1996年9月24日；略称 IVU 指令),「環境情報の自由な取得に関する指令」90/313/EWG (1990年6月7日), その他4つの指令をドイツ国内法規に転換することが求められた [12]。

ドイツでは, 当初,「UVP 変更指令」と「IVU 指令」は, 両者が適用範囲として密接な関連を持っていることから, 統一的に扱って, **環境法典**第1部 (Erstes Buch zum Umweltgesetzbuch：UGB1) の形でのドイツ法規転換が考えられていた. 環境法典第1部の法案について連邦政府の州との権限合意の検討の中で, 権限問題が浮上し, その間に上記の EG 指令の転換期限が過ぎてしまった (期限は UVP 変更指令：1999年3月14日, IVU 指令：1999年10月30日). このことから連邦政府は環境法典制定についての取組みは, まず, 連邦権限の拡大を図ってから行うと決定した [13]。

その決断や, 既述の欧州裁判所の判決なども契機として,「UVP 変更指令および IVU 指令, 他の環境保護に向けての EG 指令の転換についての法律」[14] が, 複数の法律び改定に関わるいわゆるアーティケル法 [Artikelgesetz] [15] の形で 2001年7月27日に制定された. この法律の対象は, 環境親和性検査法, 連邦環境侵害防止法, 水管理法, 循環経済・廃棄物法, 原子力法, 連邦自然保護法, 建設法典, 様々な交通法, エネルギー経済法, 環境情報法という広範なものであった.

環境親和性検査法には UVP 変更指令の付録 II を完全に受け入れたために, 環境親和性検査の適用範囲は大きく拡大し, 更に, 同指令の個別の前検査 (いわゆるスクリーニング) の導入などの改定がなされている.

同様に上記アーティケル法によって 2001 年に改定された建設法典では, 環境親和性検査法に基づいて環境親和性検査の実施が必要な事業に対する地区詳細計画図作成の場合には, 一定の内容を記述した環境報告書を作成し作成手続に向けて理由文書に取り込むことを定めている (第 2a 条「環境報告書」). この時点では, すべての建設誘導計画図作成に当たって, 環境親性検査をまだ求めておらず, 環境報告書は, 環境親和性検査法の規則によって,「環境親和性検査が必要な事業の認可手続」が建設誘導計画図作成手続で置き換えられるものについて適用されるものであった. しかし, この環境報告書の導入は 2004 年に導入された建設法典の規則の先取りを行ったとも言える.

なお本書第 2 章で詳細に述べられている状況は, この戦略的環境検査に関わる EU 指令 2001/42/EG が国内法転換される直前に出版されたもので, 新しい制度については予想的には扱っているものの, 直接には反映していない. そこで, 下に, 2004 年の建設法典改定で同 EU 指令によってどの点が改定されたかについて見ていきたい.

本書第2章で扱っている自然保護法に基づく自然地計画や介入規則（開発代償の規則）の制度は，ドイツ独自のもので，特にEU指令から影響を受けるものではない[16]．しかし，自然のもつ様々な機能の保全に全面的に関わる計画と対策であり，自然地計画図は，計画・プログラム環境検査に関して，重要な基礎（自然環境保全目標，情報基礎）を与え，介入規則は，環境影響を極力抑えるという検査の課題に対して重要な構成要素（独立しているが）となるものである．現在，環境報告書の中で介入規則の結果が扱われている．これは，今後，環境検査に対してますます重要な意味を持ってくるものと思われる．

4.2 ヨーロッパ連合の戦略的（計画・プログラム）環境検査-指令が求めているもの

今から数年前，2001年6月27日に欧州議会と閣僚理事会によって戦略的環境検査-指令2001/42/EGが制定された．これは，表題で示されているように，構成国に対して特定の計画とプログラムに関する環境アセスメントを求めるもので，既述のように2004年7月21日までに構成各国が国内法に転換することを義務づけていた．まず以下でこの指令の内容の要点を把握して，次節以降で，それがドイツの環境アセスメントや都市計画，国土計画の制度にどのように転換されたか見ていきたい（指令の内容概要は表-4.1）．

同指令の目的は，「持続的な発展の促進の視点で，甚大な環境影響が予想される特定の計画とプログラムがこの指令に沿って環境検査が行われるように配慮する形で，高い環境保護水準を確保し，計画とプログラムの作成および採択に際して環境熟慮が取り込まれることに貢献すること」としている（第1条）．対象は計画とプログラムであり法律，政策などの上位のものは外されている．計画とプログラムの両者の概念は厳密に区別することは不可能でありまた必要ではないとしており，基本的には構成国の判断に委ねている[17]．

同指令の発効の5年後に各国の経験を収集し報告書を作成（その後は7年ごと），その結果によっては更に適用範囲を拡大することも考えられている[18]．

(1) 適用範囲（指令第3条「適用範囲」が主に関連）

適用の対象となる甚大な環境影響を持つと予想される**計画**と**プログラム**は，指令第3条2項で，以下のすべてのものに関して環境検査が行われるとしている．

つまり，

a) 農業あるいは林業，漁業，エネルギー，工業，交通，廃棄物経済，水経済，通信，観光，**国土計画，土地利用**[19]の分野で作成され，指令85/337/EWGの付録ⅠとⅡで述べられているプロジェクトの将来の許可に対する枠組を与える

表-4.1 EUの求める戦略的環境絵検査の概要

EU指令 2001/42/EG による計画・プログラム環境検査の要件		
事項	条項	概要
適用範囲	第3条	本文中で説明
適用範囲外の計画・プログラムのスクリーニング	第3条4項	適用範囲外の計画・プログラムの環境の甚大性の有無についての検査
多重検査回避	第4条3項	多重検査回避の要請
	第5条2項	環境報告書の検査範囲で考慮
	第5条3項	他レベル，規則での環境情報の活用
環境報告書の作成と内容	第5条1項	①計画・プログラムの実施が及ぼす，予想される甚大な環境影響，②計画・プログラムの目標，および地理的利用地域を考慮する適切な選択肢案；本指令付録Ⅰ「取得すべき情報」の指示
スコーピング	第5条4項	環境報告書の情報の範囲と詳細度の関係官庁との協議
官庁・公衆との協議	第6条	計画・プログラムの採択，立法手続移行前の関係官庁・公衆の早期意見表明の機会の付与
越境的協議	第7条	計画・プログラムによって影響を受ける他国に対する情報提供と協議（官庁と公衆）
意志決定の際の考慮対象	第8条	環境報告書，官庁・公衆の見解，越境協議の結果の計画・プログラムの採択，立法手続移行前の考慮
決定の通知・資料提供	第9条	協議参加者への決定通知と，採択された計画あるいはプログラム，総括的解説書，監視に向けての対策の取得の保障
監視	第10条	初期段階で予想されなかった影響を早期に把握し是正対策の態勢がとれるように実施

　すべての計画とプログラム，あるいは，

b) 地域に対して予想される影響をもとに，指令 92/43/EWG（FFH-指令）の第6条（FFH-地域に対する保全対策；同地域に関わる計画・プロジェクトの検査と認可；例外許可の場合の相殺対策を内容としている）あるいは同第7条（鳥類保護指令の規定との関係）に基づく検査が必要と見なされるすべての計画とプログラム，

としており（以上，同第3項2項），地域の小範囲の用途を確定するものは例外にできる規定（同第3項），上記第2項に含まれない計画・プログラムで甚大な環境影響を及ぼすものは構成国が決定できること（同第4項）などが定められている．

　構成国は，これらの第3項，4項の計画・プログラムが甚大な環境影響を及ぼすかどうかを，個別検査によって，あるいは計画・プログラムの種類を決めることによって，あるいは両者の結合によって決めることができる．これらの目的について，甚大な環境影響を及ぼすことが予想されるものについては，それがこの指令に基づ

いていることを保障するために，構成国は，本指令の付録 II の関連基準を考慮するものとしている（同第 5 項；**スクリーニング**）．この決定の協議に計画・プログラムの実施によって課題が抵触される官庁[20]の参加を求め（同第 6 項），スクリーニングの結果情報（環境検査不実施の理由も含む）を公衆が取得できるようにする努力（同第 7 項）を定めている．

同指令の付録 I，II はそれぞれ表-4.2，表-4.3 としてあげているが，前者は環境報告書に求める内容を，後者は環境影響の甚大性を判定するための計画・プログラムとその影響の特徴の観点を示したものである．

(2) 多重検査回避（指令第 4 条「一般的義務」，その他第 5 条「環境報告書」が関連）

ここでは，計画およびプログラムが，ヒエラルキーの中で行われる場合に，すでに行われた環境検査を後続の計画・プログラムの作成で繰り返し行うこと（多重検査）を回避することが求められている（第 4 条 3 項）．特に**多重検査の回避**について，環境報告書の作成に当たって検査範囲に対してもその回避の視点が要求され（第 5 条 2 項），同時に，他の決定プロセスのレベルと EU の他の規則を根拠にした計画・プロジェクトの環境影響についての情報を活用することを求めている（同第 3 項；例えば EU のものでは「水枠組指令」(2000/60/EG) が挙げられている[21]）．

この第 4 条は一般的義務を扱ったものであり，ちなみに同条の他の内容をみると，環境検査の実施の時期は計画・プログラムの作成中に，あるいは採択，立法化手続への移行の前に行うこと（第 1 項），そして，この指令に基づく環境検査は，独自の法律を設けるか，既存の法律に統合するかの方法があるとしている（第 2 項）．前者は戦略的な環境検査として当然のことを求めている．後者については，ドイツでは既存の手続に統合する方向を選択して，環境親和性検査法に戦略的環境検査の諸規定を配置し，更に都市計画で建設誘導計画作成手続に，そして国土計画分野ではその作成手続の規則に統合している．

(3) 環境報告書の要件（指令第 5 条「環境報告書」が関連）

ここでは，**計画あるいはプログラムの**環境検査を行う必要があるとき，環境報告書を作成しなければならず，その中には，

① **計画・プログラムの実施が環境に及ぼす，予想される甚大な環境影響**，
   ならびに，
② **計画・プログラムの目標**，および地理的利用地域を考慮する**適切な**[独：vernunftig/英：reasonable] **選択肢案**，

を記述し評価することを求めている．この目的に対し，どのような情報を取得すべきかの内容は，付録 I に与えられる（第 5 条 1 項；表-4.2）．選択肢案を求め，それを検査することも重要視されている．

表-4.2 環境報告書に含めるべき情報（EU 指令 2001/42/EG）

付録 I　第 5 条 1 項に基づく情報

第 5 条 2 項と 3 項に基づき，第 5 条 1 項によって指示する必要がある情報は：
a) 計画あるいはプログラムの内容と重要な目標，ならびに他の計画とプログラムに対する関係の概要記述，
b) 現在の環境状況の重要な側面と計画あるいはプログラムの不実行の場合に予想される発展[これはゼロ変種案といわれているものに当たる]，
c) かなり影響を受けることが予想される地域の環境特徴，
d) 例えば指令 79/409/EWG[FFH-指令] および 92/43/EG[鳥類保護指令] による指定地域のように特別の環境重要性を有す地域に関わる問題を特に考慮した上での，計画あるいはプログラムにとって重要な現在のすべての環境問題，
e) 国際的あるいは欧州の共同体的レベルに対して，または構成国レベルに対して確定された，計画あるいはプログラムにとって重要な環境保護の目標，そして，計画あるいはプログラムの作成の際にどのようにこれらの目標，およびすべての環境熟慮が考慮されたかという方法，
f) 生物多様性および全個体，人間の健康，動物相，植物相，土地・土壌，水，大気，気候要素，物的価値，建築的に価値の高い建造物および考古学的財 [Schatze] を含む文化遺産，自然地 [Landschaft/landscape] に対する甚大な環境影響に加えて，これらの要素間の相互関係のような側面的な影響 [相互の影響は，各レベルで，つまり保護財同士で，あるいは保護地域間の関係で検討することが求められている]，
g) 計画あるいはプログラムの実施を理由とする甚大な有害環境影響を阻止し，低減し，可能な限り相殺するために計画されている対策，
h) 検査が行われた選択肢を選んだ理由の簡易記述，および必要な情報の収集整理に際しての起こり得る困難（例えば技術的欠落あるいは知識の不足）を含み，環境検査がどのようにして行われたかの記述，
i) 第 10 条による監視について計画された対策の記述；
j) 上記の情報の非技術的まとめ．

更に環境報告書に盛り込む内容は妥当な形で要求できるものであり，その際に，現在の知識状況と"現在活用されている"検査方法，計画あるいはプログラムの内容と詳細度，決定プロセスでのそれが位置する段階を考慮し，そして，このプロセスの様々なレベルでの特定の視点が，多重検査の回避に向けて，最も良く検査され得る範囲を考慮するものとしている（同第 2 項）．この環境報告書に取り込む情報の規模と詳細度を確定するに際して，関係官庁（第 6 条 3 項）は協議を依頼されることが定められているが，これは，いわゆる**スコーピング**に関係官庁の参加を求めているものである（第 5 条 4 項）．

この際には，問題性に対して不相応な調査や検査を求めてはいないが（つまり特定の要素について過度の詳細なデータを要求しないこと），また，計画・プログラムの上位や下位のものでは，当然，計画の性格との関係で検査の視点，詳細度なども異なるので，その特性に合わせて検査することを求めている．各レベルで適切に行われた環境検査は，合理的検査にも，多重検査回避にも結びつく．

(4) 官庁および公衆との協議（指令第 6 条「協議」が関連）

計画あるいはプログラムの案と上記の環境報告書は，環境影響の及ぶ**協議対象官**

4.2 ヨーロッパ連合の戦略的（計画・プログラム）環境検査指令が求めているもの

表-4.3 前検査（スクリーニング）のための基準（EU指令 2001/42/EG）

付録Ⅱ　第3条5項の意味での環境影響の予想される甚大性の決定に対する基準

1. 特に以下の点に関わる，計画あるいはプログラムの特徴：
- 立地および種類，規模，運営条件との関わりでプロジェクトおよびその他の行為に対して，あるいは，資源の利用によって行われるプロジェクトおよびその他の行為に対し，計画あるいはプログラムが枠組を与える範囲；
- 計画あるいはプログラムが，他の計画・プログラムに－計画・プログラムのヒエラルキーの中でのもの含む－影響を及ぼす範囲；
- 環境熟慮の取り込みに対する，特に持続的発展の促進の観点での，計画あるいはプログラムの意味；
- 計画あるいはプログラム対する，重要な環境の問題；
- 共同体の環境規則（例えば，廃棄物管理あるいは水保護に関する計画とプログラム）の実施に対する計画あるいはプログラムの意味．

2. 特に以下の点に関わる，影響および関係すると予想される地域の特徴：
- 影響の蓋然性および期間，頻度，生成可能性 [Umkehrbarkeit/reversibility]；
- 影響が持つ蓄積するという性格；
- 影響が持つ越境するという性格；
- 人間の健康あるいは環境に対する危険（例えば事故に際して）；
- 影響の範囲と空間的広がり（地理的地域と影響を受けると予想される人の数）；
- 以下の要因を根拠とした，関係すると予想される地域の意味と敏感度：
  - －特別な自然的特徴あるいは文化的遺産，
  - －環境質基準あるいは境界値の超過，
  - －集約的土地利用；
- その地位が国家的あるいは共同体的，国際的に保護されていると認定されている地域あるいは自然地に対する影響．

庁（第3項：協議すべき官庁は構成国が決定する；独：die Behörde/英：the autorites）ならびに**公衆**（die Öffentlichkeit/the public）が取得できるようにし（第1項），これらの官庁と公衆は，充分な期間内に早期にそして効果的に，計画あるいはプログラムの採択，またはその立法手続への移行の前に，その計画あるいはプログラムならびに添付の**環境報告書についての見解表明**をする機会が与えられる（官庁・公衆参加）．つまり，計画・プログラムの作成の早期の段階で公衆と官庁が**計画・プログラム案，環境報告書案についての協議**に参加することが求められている（第2項）．

上記の公衆については，この指令に基づく決定過程が関わりを持つ，それに利害を有する公衆の一部，例えば環境保護団体などの組織が含まれるとされている（第4項）．情報提供と官庁および公衆の協議についての詳細は，構成国によって定められる（第5項）．

(5) 越境的協議の手続（指令第7条「越境的協議」と関連）

当然ながら，陸続きのヨーロッパでは，国が隣接しているなどでEU構成国が他国に環境影響を及ぼす可能性があり，その場合の規定が必要となってくる（これはプロジェクト環境検査の場合も同じで，同様の視点が求められている）．

EU構成国が，自国内に対して作成する計画・プログラムの実行が他の構成国の

環境に甚大な影響を持つと考える場合，高権地域で計画・プログラムを作成する構成国は，計画あるいはプログラムの採択もしくはその立法手続への移行の前に，計画案あるいはプログラム案のコピーとそれに関わる環境報告書を他の構成国に渡す必要がある．また，逆に，甚大な影響を受けるであろう構成国がこれに関する要請を行う場合にも，当然ながら同国に対して，計画・プログラムの作成国は同様のことをしなくてはならない（第1項）．同指令では「他の構成国」となっているが，実際には非 EU 構成国に接している国もある．そのような国はこの枠を外す必要がある．

被害を受けることが予想される他構成国がそれらのコピーを受け取ると，その原因側である相手国に対して，計画・プログラムの採択もしくはその立法手続への移行が行われる前に，協議を望むかどうかを伝え，望む場合には相互に，計画・プログラムの実施が環境に及ぼすと予想される越境的影響，およびそのような影響の低減化あるいは回避に役立つべく計画された対策について協議を行う．その協議が行われる場合は，当該の構成国は，甚大な侵害が及ぶと予想される構成国の官庁と公衆が教示を受け，適時に見解表明ができることを保障するために，詳細に相互に了解をとる（第2項）．

この条項に基づいて構成国の間で協議が必要となる場合，これらの構成国は協議の開始に当たって，適切な期間の時間的枠組について合意する（第3項）．

(6) 意思決定の際の考慮対象（指令第8条「意思決定」が関連）

作成された**環境報告書**と**官庁・公衆参加により提出された見解，越境的協議とその結果**は，計画・プログラムの作成作業に際して，またはその採択の前，もしくは法制定手続への移行の前に考慮される．これは，計画とプログラムに環境アセスメントを反映させるための当然の要求であるが，しかし，重要な定めである．

(7) 採択決定の際の周知と提供資料（指令第9条「決定の周知」が関連）

計画あるいはプログラムが採択されたときには，協議に参加した官庁，公衆，協議した構成国にそのことを通知し，

　a) 採択された**計画あるいはプログラム**，

　b) どのように環境配慮がそれに対して行われたか，どのように環境報告書に，官庁，公衆から提出された見解，そして他国との協議の結果が考慮されたか，どのような理由で，検査された他の適正な選択肢案との比較衡量の後に採択計画，プログラムが選ばれたのかという**総括的解説書**［独：Zusammen Erläuterung/英：statement summarizing］，

　c) **監視**（モニタリング；下記）**に向けての対策**，

が入手できるよう（独：zugänglich gemacht/英：made available）に保障することを求めている（第1項）．この詳細は構成国が定める（第2項）．

つまり，計画・プログラム採択の時点で，誰もがその内容を知ることができるようにし，そして，その作成者側が，環境報告書そのものでなく，総括的解説書を作成する形で環境配慮の経過説明をする義務も定めている．環境報告書そのものについては提供資料の対象とはなっていない．監視対策を広く周知させるように求めているが，これは，監視に対する市民のチェックあるいは市民の目による監視への参加を期待していることにもなるだろう．

指令 85/337/EWG でも，許可（不許可）決定について，決定の根拠となった中心理由と考慮点，必要な場合には回避・低減化・相殺の重要な対策の内容を公衆などに知らせることを求めているが，各国の法規で定めている営業上の秘密などに注意するようにしている（同指令第 10 条）．この計画・プログラム指令ではそのような秘密保持規定はない．

(8) 監視の導入（第 10 条「監視」が関連）

構成国は，監視をすることで，環境に対する計画とプログラムの実施による甚大な影響を，特に早期予測が不可能な負の影響を把握し，適切な補助対策をとれるようにしなければならないと定められている（第 1 項）．EU レベルの他の指令で見ると「特定の有害物質による地下水汚染に対する保護に関する指令」80/68/EWG（第 11 条），FFH-指令（第 11 条，12 条），IVU-指令（第 13 条）で，監視を求めている．また，例えば FFH-指令では監視によってネガティブな結果が現れているということになればそれに対する対策の導入が求められているが，戦略的環境検査−指令では特別の対策の導入までは求めていない[22]．

(9) その他

これら以外に，「その他の EU 関連の規則についての関係」（第 11 条）では，この指令 2001/42/EG は，指令 85/337/EWG，その他の EU から出された法的規則を妨げないこととなっている（同第 1 項）．指令 85/337/EWG はプロジェクト環境検査に関わるものであり，プロジェクトの環境検査に適用されるものだから，戦略的環境検査がこれに取って代わることはできない．

また，この指令 2001/42/EG およびその他の EU の法的規則によって環境検査の実施の義務がある計画とプログラムは EU の関連法的規則の要求を満たす手続を調整して共同で行うことができるとされている．これは特に多重検査を回避するためのものである（同第 2 項）．欧州共同体から共同融資を受けた計画とプログラムに対しては，関連するヨーロッパの共同体規則に定められた特別規則との調整のもとにこの指令による環境検査が行われる（同第 3 項）．

更に，当指令適用の経験の交換，そして，環境報告書が指令の求めに応じて充分な質を有することの保障，委員会は 2006 年 7 月 21 日より前にこの指令の適用と効果

について第1回の報告書を，欧州評議会と欧州議会に提出すること（第12条「**情報および報告書，監視**」），構成国がこの指令を2004年7月21日より前に国内法に転換すること（第13条「当指令の転換」）などが定められている．

4.3 EU指令の国内法化－環境親和性検査法および建設法典，国土計画法

上記のEU指令の「(1) 適用範囲」で見たように，求められている分野としては非常に多岐にわたっているが，EU指令の「国土計画，土地利用の分野」に対しては，ドイツではまず国土計画法と建設法典が対象となる．この指令を受けて，まず建設法典と国土計画法が改定され（2004年6月24日；期限内），計画の重要な分野をなす空間計画の分野での計画アセスメントの制度が整えられた[23]．

環境アセスメントの基幹法としての環境親和性検査法への戦略的環境検査の受け入れは，指令2001/42/EGに定める期限より遅れて，2005年6月24日にようやく改定された．ここではこれら3つの法律について，どのように戦略的環境検査が取込まれたのか見ていきたい．

4.3.1 環境親和性検査法への戦略的環境検査の組込み
4.3.1.1 戦略的環境検査についての一般的な規定

新しい環境親和性検査法の構成は，第1部「環境検査の一般規則」，第2部「環境親和性検査」，第3部「戦略的環境検査」，第4部「環境検査に対する特別手続規定」，第5部「特定の送電線施設およびその他の施設」，第6部「終末規定」となっている[24]．条項の表題による内容構成は表-4.4にまとめている．

新しい環境親和性検査法では，旧条目に加えて，戦略的環境検査の規則を扱っている上記の第3部「戦略的環境検査」（第14a条から第14o条まで）および第19a条，19b条を新規に加えた形となっている．その他の条目の表題にはほとんど変化はなく，内容的にも大きな変更はない．

環境検査の定義は，「1. 健康を含む人間，および，動物，植物，生物学的多様性，2. 土地/土壌，および，大気，気候，自然地，3. 文化財およびその他の保護財，4. これらの保護財の相互作用のための直接，間接の影響を把握し，記述し，評価することを内容としている」とされている（第2条1項2文；なお，建設誘導計画図の場合，ここでの環境要素に当たるものは，後述の建設法典の比較衡量の環境利益となる）．これは事業の環境検査についても，戦略的（計画・プログラム）環境検査についても同様である．

戦略的環境検査の定義は「官庁あるいは政府によって，もしくは立法手続の中で

表-4.4 環境親和性検査法の条目の表題（2005 年 6 月 25 日の法文）

第 1 部「環境検査の一般既定」
第 1 条　当法の目的，第 2 条　概念規定，第 3 条　適用範囲
第 2 部「環境親和性検査」
第 1 章　環境親和性検査に対する前提
第 3a 条「環境親和性検査義務の確定」，第 3b 条「事業の種類と規模，稼働能力に基づく環境親和性検査義務」，第 3c 条「個々の環境親和性検査義務」，第 3d 条「州法規の基準に基づく環境親和性検査義務」，第 3e 条「環境親和性検査義務のある事業の変更と拡張」，第 3f 条「開発事業と実験事業の環境親和性検査義務」，第 4 条「環境親和性検査に際しての他の法的規則の優先」，
第 2 章　環境親和性検査の手続の流れ
第 5 条「提出が予想される資料に関する教示」，第 6 条「事業実施者の資料」，第 7 条「他の官庁の参加」，第 8 条「越境の官庁参加」，第 9 条「公衆の引込み」，第 9a 条「越境の公衆参加」，第 9b 条「外国の事業の場合の越境の官庁と公衆の参加」，第 10 条「秘密保持とデータ保護」，第 11 条「環境影響の総括表示」，第 12 条「環境影響の評価と決定の際のその結果の考慮」，第 13 条「前通知と部分認可」，第 14 条「いくつかの官庁による事業の認可」
第 3 部　戦略的環境検査
第 1 章　戦略的環境検査の前提
第 14a 条「戦略的環境検査義務の確定」，第 14b 条「特定の計画あるいはプログラム，および個別例における戦略的環境検査義務」，第 14c 条「親和性検査を根拠にした戦略的環境検査」，第 14d 条「戦略的環境検査義務の例外」
第 2 章　戦略的環境検査の流れ
第 14e 条「戦略的環境検査の際の他の法的規則の優先」，第 14f 条「調査枠組の確定」，第 14g 条「環境報告書」，第 14h 条「他の官庁の参加」，第 14i 条「公衆の参加」，第 14j 条「越境的な官庁と公衆の参加」，第 14k 条「最終的評価と考慮」，第 14l 条「計画あるいはプログラム採択に関しての決定の周知」，第 14m 条「監視」，第 14n 条「合同手続」，第 14o 条「集法規の基準に基づく戦略的環境検査手続」
第 4 部　環境検査に対する特別手続規定
第 15 条「空路および飛行場の許可」，第 16 条「国土計画手続」，第 17 条「建設誘導計画図の作成」，第 18 条「鉱業法規的手続」，第 19 条「耕地整理手続」，第 19a 条「自然地計画における戦略的環境検査の実施」，第 19b 条「連邦レベルでの交通路計画に際しての戦略的環境検査」
第 5 部　特定の送電線施設およびその他の施設（付録 1 第 19 番）
第 20 条「計画確定，計画許可」，第 21 条「決定，副次決定」，第 22 条「手続」，第 23 条「罰金規定」
第 6 部　終末規則
第 24 条「行政規則」，第 25 条「経過規則」

採択される計画とプログラムの作成および変更に向けての官庁的な手続の非独立の部分である」とされ（第 2 条 4 項），この**法律の意味する計画・プログラム**は，その「法的規則あるいは行政規則によって，作成作業あるいは採択，変更に対して官庁が義務を負っている，連邦法が定める計画とプログラム」で，防衛，災害防止，財政計画・プログラムを除くものとなっている（同第 5 項）．加えて，計画・プログラムは，「特に事業の需要，または，規模，立地，特性，運営条件について，あるいは資源の利用について，後の認可決定に対して重要な確定を含んでいる場合には，事業

の認可に関する決定の枠組を与える」(第 14b 条 3 項) ものとされている.

戦略的環境検査の対象となるものは:

① 環境親和性検査法付録 3「**戦略的環境検査義務のある計画とプログラム**」(表-4.5) の「1.」に挙げられているもの,
② 同付録 3 の「2.」に挙げられており,同付録 1「環境親和性検査義務のある事業」(本書 181 頁表-3.2 参照) に挙げられている事業,あるいは州の法律で環境親和性検査か前検査が個別に必要とされる事業に枠組を与えるもの (以上, ①, ②とも第 4b 条 1 項),
③ これらの場合に該当しない計画とプログラムは,「同付録 1 に挙げられている事業か,その他の事業の決定に関して枠組を与え」,そして「個別の前検査 (同第 4 項) によって甚大な環境侵害が予想される」場合に限って,戦略的環境検査を実施する必要がある (以上,同第 2 項),

として 3 種の可能性をみている.現在のところは,この③の規定に該当する連邦法で定められている計画・プログラムはない[25].

表-4.5 戦略的環境検査の義務のある計画とプログラムのリスト

戦略的環境検査の義務のある計画とプログラムのリスト (2005 年 6 月 25 日の法文の環境親和性検査法付録 3)	
1.	第 14b 条 1 項 1 号に基づく義務的戦略的環境検査
1.1	連邦の交通路拡充法に基づく,需要計画も含む連邦レベルでの交通路計画
1.2	空路交通法第 8 条 1 項,2 項に基づく決定の規模が大きく超える場合の,空路交通法第 12 条 1 項に基づいた拡充計画
1.3	水収支法第 31d 条に基づく洪水保護計画
1.4	水収支法第 36 条に基づく対策プログラム
1.5	国土計画法第 8 条,9 条に基づく国土計画
1.6	国土計画法第 18a 条に基づくドイツ特定経済ゾーンにおける連邦の国土計画
1.7	海洋施設令第 3a 条に基づく特別適性地域の確定
1.8	建設法典の第 6 条,10 条に基づく建設誘導計画
1.9	連邦自然保護法第 15 条,16 条に基づく自然地計画
2.	第 14b 条 1 項 2 号に基づく枠組設定の際の戦略的環境検査
2.1	連邦汚染防止法第 47d 条に基づく騒音対策行動計画
2.2	連邦汚染防止法 47 条 1 項に基づく大気浄化計画図
2.3	循環経済・廃棄物法の第 19 条 5 項に基づく,廃棄物経済コンセプト
2.4	循環経済・廃棄物法の第 16 条 3 項 4 文に基づく廃棄物経済コンセプトの継続修正,循環経済・廃棄物法の第 2 選択肢
2.5	循環経済・廃棄物法の第 29 条に基づく廃棄物経済計画 (危険廃棄物と古い乾電池,蓄電池,もしくは包装材と包装廃棄物の除去)

付録3（表-4.5）を見ると，都市，地域に関わる面的（あるいは空間的）な意味での計画は，**国土計画**，そして**建設誘導計画**と**自然地計画**と考えられるが，これらはすべて戦略的環境検査の対象となっている．

また，わずかな変更およびローカルな小地域の計画は，前検査で甚大な侵害が予想される場合しか，環境検査は実施されない（第14d条）．これもEU指令に沿った内容となっている．

連邦と州が戦略的環境検査をより詳細に定めていない，あるいはその要請が当法から外れている場合には，第14o条と第19a条を妨げずに，この章の規則を適用するとなっている（第14e条；第14o条，19a条については後述）．

(1) スコーピング／多重検査回避の考え方

調査の枠組は，戦略的環境検査を担当する官庁が，環境報告書に盛り込む内容の範囲と詳細度を含めて決定する（スコーピング）（第14f条1項）．その際には計画とプログラムの作成などに関する決定に基準を与える法的規則に基づき定められる（同第2項）．計画とプログラムが多段階のものの一部である場合にはそのプロセスのどの段階で特定の環境影響が重点的に検査される必要があるかを，その調査枠組の確定の際に決定する必要があり，それに続く計画とプログラム，あるいはこれによって枠組が与えられる事業の認可に際しては追加的，あるいは検査されていない他の甚大な環境影響，必要とされる最新化と深化に限定する必要がある（同第3項）．他官庁の情報提供なども調査枠組の確定の際には求められている（同第4項）．これらは多重検査回避に役立つ．

(2) 環境報告書の内容

環境報告書は，早期に，担当官庁が作成するが（これは案であり，移行の手続で補完されていく），その際には，計画とプログラムの実施によって予想される甚大な環境影響と，適切なその選択肢案の環境影響が把握され，記述され，評価されると第14g条1項で定めている．環境報告書の記述内容は，同2項に掲載されているが，これを表-4.6にまとめた．

この内容は，第三者にも理解できる形で，非技術的な総括的記述部分を作成し，環境報告書に添付する（同第2項）．

また，担当官庁が他の手続あるいは活動から得た内容は，適切で充分に新しいものは環境報告書に取り込める（同第3項）．

(3) 官庁・公衆参加

官庁の参加は，課題領域が計画あるいはプログラムで抵触される官庁に対して，計画とプログラムの案と環境報告書を送達し，見解を求める形で行われる（第14h条）．

表-4.6 環境報告書に求められる内容

環境報告書に求められている内容（2005年6月25日の法文の環境親和性検査法第14g条2項）
1. 計画あるいはプログラムの内容と最重要な目標，ならびに他の重要な計画とプログラムに対する関係の簡単な記述
2. 計画あるいはプログラムに対して該当する環境保護の目標の記述，ならびにこれらの目標とその他の環境熟慮が計画とプログラムの作成 [Ausarbeitung] に際して考慮されたかという記述
3. 環境の特徴，現在の環境状況ならびに計画とプログラムを実施しない場合のその予想される発展
4. 現在の，計画とプログラムに対して重大な環境問題の記述；中でも付録4の2.6号※によるエコロジー的に敏感度をもつ地域に関わる問題
5. 第2条1項2文との関連での，第2条4項2文に基づく，予想される環境に対する甚大な影響の記述
6. 計画とプログラムの実施を根拠とする甚大な環境悪影響を回避し，そして減少させ，可能な限り相殺するために計画されている対策の記述
7. 内容のまとめに際して現れてきた困難な点，例えば技術的な欠落あるいは知識の不足に対する指摘
8. 検査された選択肢案の選択に対する理由の短い記述，およびどのようにこの検査が実施されたかの記述
9. 第14m条による計画された監視対策の記述
※：付録4の2.6号は，付録2「環境親和性検査の枠内での個々の前検査に対する基準」の2.3号「（自然保護地域，や国立公園，ビオ圏保留地域，自然地保護地域などの）地域とその個々の地域で指定された保護の種類と範囲と特に考慮した保護財の負荷可能性（保護基準）」に基づく地域である．（水原）

　計画あるいはプログラム，および環境報告書，そして担当官庁が目的に適っていると考えるその他の資料を，早期に，最低1ヶ月の適切な期間，公衆に公的に縦覧する．関係する公衆は公聴会の形で意見を出せる機会が与えられるが（第14i条2項），これにも官庁参加の場合と同様に最低1ヶ月の適切な期間が求められている．特定の計画とプログラムに対して連邦の法的規則が定めている場合には，詳細論議の機会を設けなければならない（第3項）．詳細はプロジェクト環境親和性検査の規定である第9条1項に基づいて進められる（同第1項）．

(4) 官庁・公衆の越境的参加

　官庁・公衆の越境参加では，他国の官庁に対して，担当官庁は，教示のために計画あるいはプログラムと環境報告書を，各一部，送達し，適切な期間内に意見を出せる機会を設ける．計画あるいはプログラムの採択の場合には参加他国に必要な情報を伝える．これら以外の規定はプロジェクト環境親和性検査に関する規定（第9条1項）に従って進められる（第14j条1項）．越境的な公衆参加は，第9a条が適用されるが，他国の公衆は第14i条の（早期の参加以外の）規定に基づいた手続で参加できる（第2項）．他国の計画とプログラムへのドイツの官庁と公衆の参加に対しては第9b条が該当するとなっている．

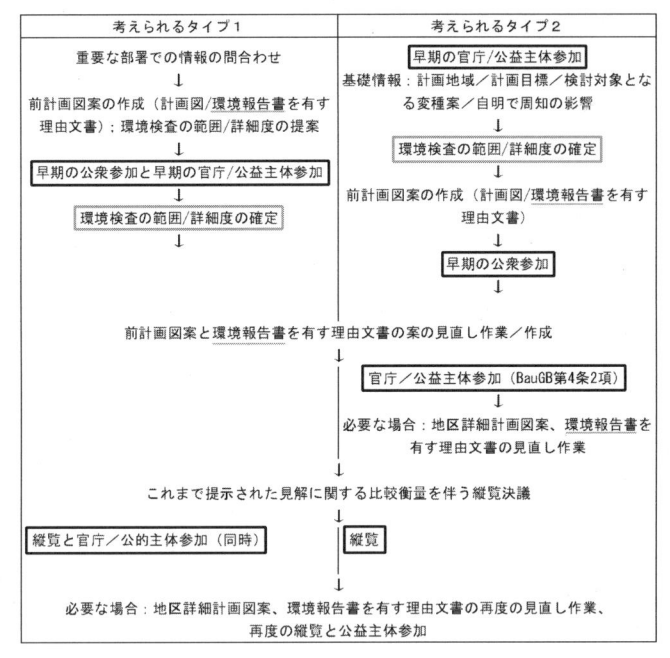

```
考えられるタイプ1                           考えられるタイプ2
重要な部署での情報の問合わせ                  早期の官庁／公益主体参加
        ↓                              基礎情報：計画地域／計画目標／検討対象とな
前計画図案の作成（計画図／環境報告書を有す      る変種案／自明で周知の影響
理由文書）：環境検査の範囲／詳細度の提案              ↓
        ↓                              環境検査の範囲／詳細度の確定
早期の公衆参加と早期の官庁／公益主体参加              ↓
        ↓                              前計画図案の作成（計画図／環境報告書を有す
環境検査の範囲／詳細度の確定                   理由文書）
        ↓                                      ↓
                                       早期の公衆参加
                                              ↓
        前計画図案と環境報告書を有す理由文書の案の見直し作業／作成
                           ↓
                           官庁／公益主体参加（BauGB第4条2項）
                                       ↓
                           必要な場合：地区詳細計画図案、環境報告書を
                           有す理由文書の見直し作業
                                       ↓
        これまで提示された見解に関する比較衡量を伴う縦覧決議
                           ↓
縦覧と官庁／公的主体参加（同時）            縦覧
                           ↓
        必要な場合：地区詳細計画図案、環境報告書を有す理由文書の再度の見直し作業、
        再度の縦覧と公益主体参加
```

図-4.1 都市計画と計画環境検査の公衆/官庁参加の考えられるタイプ
（Arno Bunzel: Umweltprüfung in der Bauleitplanung, Berlin 2005, 32頁）

(5) 官庁による最終的評価と官庁・公衆参加の結果の考慮

官庁・公衆参加の終了後，担当官庁はそこで出された意見と見解を考慮した上で，環境報告の内容と評価を検査する．この結果は計画あるいはプログラムの作成あるいは変更の手続の中で考慮するものとするとなっている（第14k条）．

(6) 採択に関する決定の周知

採択にしろ非採択にしろ結果は周知させる．採択の場合には，①採択された計画あるいはプログラム，②総括的解説書，③監視対策の仕組み，についての情報を閲覧のために公開する必要がある（第14l条）．

(7) 担当官庁による監視

特に，早い時点で予測されなかった悪影響を把握し，適切な是正対策をとるために，計画あるいはプログラムの実施から発生する甚大な侵害を監視する必要があり，必要とされる監視対策は計画とプログラムの採択とともに環境報告書の記載を基礎にして確定するものとされている（第14m条1項）．連邦や州が他の規則を設けていない場合には，基本的に戦略的環境検査を担当する官庁が監視を実施する（同第2項）．この担当官庁に対して，他の官庁は，要請があった場合には，監視の実行に

必要とされるすべての情報を提供しなければならない（同第3項）．監視の結果は，連邦と州の環境情報の取得についての規則に基づいて公衆に対して，そして，課題が抵触される協議参加官庁が取得できるようにし，計画とプログラムの更新あるいは変更の際には考慮するものとしている（同第4項）．監視対策の確定の充足に向けて，既存の監視の仕組みおよびデータ・情報源を活用でき，担当官庁が他の手続や活動で取得した目的に合った最新のデータなども活用できる（第5項）．

(8) 他の検査との共同の手続

戦略的環境検査は，他の環境影響の把握と評価に向けての検査と結びつけることができる（第14n条）．これは環境検査の軽減と多重検査回避に役立てられるものである．この例として，水収支法による対策プログラムの影響の検査とFFH-指令による親和性検査（連邦自然保護法第35条）が挙げられている[26]．

(9) 州法規の基準による戦略的環境検査手続

水収支と国土計画の分野の計画・プログラムで戦略的環境検査が必要とされるものについては，その検査義務の確定と戦略的環境検査の実施については，一部の例外を除いて（付録3の1.6のもの），州が定めるが，越境的官庁・公衆参加の規定はこれに妨げられない（第14o条）．これは各州が越境的参加について相互に異なる規定を定めると，混乱をもたらすからと理由づけられている[27]．

4.3.1.2 いくつかの課題分野の戦略的環境検査に対する特記的規則

(1) 自然地計画での戦略的環境検査の実施

自然地計画の作成に際しては，その表示に，当法に扱われている保護財を受け入れる必要があり，州は自然地計画手続のために戦略的環境検査の実施に向けて補完的規則を設けることとされている（第19a条1項）．

表-4.5の1.9で自然地計画図の作成，変更に対しても戦略的環境検査の実施が求められているが，自然地計画に対して連邦は枠組規則だけを定めており，具体的な規則は各州の自然保護関連の法律に定められているのでこのような規定が必要とされる．州，自治体の段階での自然地計画的図面の文章部分は，この戦略的環境検査の環境報告書になり得るので，環境親和性検査法の保護財を受け入れ，作成手続を戦略的環境検査に合わせることを求めているのである[28]．

自然地計画図の作成，変更などの場合には，表示に環境親和性検査法の挙げている保護財（第2条「概念規定」の1項2文：既出）への影響も加えることとなっている．

(2) 連邦レベルでの交通路計画の戦略的環境検査

需要計画も含んだ連邦交通路も，付録3の「1.1」で戦略的環境検査の実施が定められているが，需要計画については，連邦交通路計画での戦略的環境検査の対象でな

4.3　EU 指令の国内法化－環境親和性検査法および建設法典，国土計画法　311

かった甚大な環境影響だけについて，特別に戦略的環境検査を行う必要がある（第19b 条 1 項）．そして，交通路計画では，環境報告書で，検討対象となる計画・プログラムの目標と地理的な適用範囲を考慮する妥当な選択肢案，特に，別選択肢的交通網と別選択肢的交通手段 [Verkerhsträger] が把握され，既述され，評価される（同第 2 項）．更に，連邦交通・建設・住宅省は，簡便で効果的な実施に向けて，交通路計画の特殊性に合わせた調査枠組の確定についての手続の詳細について，そして，環境報告書の作成手続，および内容と構成についてなどの規則を設ける権限を有すること（第 3 項），そして付録 3 の「1.1」の計画・プログラムの通知に向けての前検査を州が行い，その結果や，その他の，戦略的環境検査の際に，必要となる事項内容について提出するべきことが定められている（第 4 項）．

4.3.2　建設法典での対応

　環境親和性検査法では 1990 年来の当初から（そして 2001 年に建設法典でも条文化された）地区詳細計画図に関わる規定がある．そこでは，環境親和性検査の必要なものは"環境親和性検査が必要な事業の認可の決定に対する基礎となる，あるいはそのような事業の計画確定に代わる"地区詳細計画図の作成，変更，補完は，建設法典の手続の中で行われるもの（環境親和性検査法第 2 条 1 項，3 項と第 17 条；(前) 建設法典第 1a 条 2 項 3 号）となっていた．

　新しく指令 2001/42/EG で求められた戦略的環境アセスメントの適用範囲には，事業アセスメントに関わる指令 85/337/EWG の付録 I，II に基づいて"環境検査が行われる"事業に枠組を与える計画が含まれている（297 頁（1）適用範囲の a））．ドイツの 2001 年の環境親和性検査法では付録 II も取り込まれ，これらに基づいて環境検査が行われる事業の認可と計画確定が地区詳細計画図作成手続で行われる場合には，環境検査が同計画図作成手続の中で行われ，環境報告書作成が求められたという意味では，ドイツの都市計画の分野では，計画・プログラム環境検査指令からの要請に，すでに，2001 年時点で部分的に応えていたように見える（土地利用計画図は非対象で，この点も含め，システムとしての戦略的環境検査ではなかった）．

　ドイツで建設誘導計画図の作成（そして変更，補完，廃止）に際して，原則的にすべてのものについて環境検査を行うこととしたのには，これまでの経験に，つまり，すでに 2001 年建設法典で求められていた地区詳細計画図（環境親和性検査法に基づく検査の必要な事業の枠組となるもの）の環境親和性検査義務の有無をめぐる検証に際しての困難に基づいている．親和性検査が必要かどうかの基準はあくまでも事業であって計画そのものではなかった．つまり，計画時点での検査義務の判断が難しかった（できなかった）点がある．当該の計画が環境検査が必要なものであ

るのかの判定に際しては非常に検査労力を要していたということである．

加えて，いずれにせよ地区詳細計画図の内容実現によって予想される環境影響も把握し評価し，比較衡量の中で他の利益 [Belange] と均衡化することが求められている．これに対しては環境影響の素材を用意しなくてはならない．このため，上述のようにいくつかの自治体では影響を及ぼし得る**地区詳細計画図**について**自発的な環境影響評価**も行ってきている[29]．

このような状況と合わせて，手続での瑕疵の回避による法的安定性を高めること，そして環境影響の扱いに対して計画環境検査を統一的な事業実施者手続（つまり，自治体による実施手続）とするなどの理由で，すべての**建設誘導計画図の作成，変更，補完**について**環境検査**を義務づけた．計画環境検査は地区詳細計画図の特定の種類のものと土地利用計画図の変更，補完の特定種については例外とすることもできたが，極力，これをしなかったとされている[30]．

建設法典の今回の改定では，多数の変更が行われ，環境アセスメントに関わるもの以外の改定も多くあるが[31]，ここではEUの戦略的環境検査指令の国内法転換に関わるもの，あるいは環境に関わる点についての改定を見ていきたい．

4.3.2.1 計画原則での追加

計画原則は，戦略的環境検査のEU指令で大きく影響を受けたわけではないが，以下にみるように，ドイツの都市計画での環境検査の本来的基礎とも言えるものであり，改定点も合わせて，これを概観していくこととする．ドイツでは計画作成過程において公私の諸々の利益を比較衡量し，計画の修正も含めて進めていく手続（**比較衡量手続**：Abwägungsverfahren）が非常に重視されている．今回の改定で指令の語法に合わせて「**公衆参加**」というようになった市民参加も，その比較衡量素材を収集するために非常に重視されている．地区詳細計画図の理由文書は，そこから比較衡量の結果が読み取れるように作成しなくてはならない．

この計画原則は，その比較衡量の際の，公的な利益を主とした配慮のための"チェック・リスト"[32] とも言われているが，個々の建設誘導計画図作成に対しての都市計画的計画理念とも理解できる．建設誘導計画図は自治体が自らの責任で作成するが，その際に多面的な検討を慎重に行い，計画としての質的保障と安定性が具備されるように，このようなことを求めていると理解できる．

この部分では，特に計画アセスメントの意味での変更はないが，環境利益がどう扱われているか，そして指令からの影響が計画の理念的な側面にどう反映されているかという点で見ていきたい．改定建設法典の第1条「建設誘導計画の課題および概念，原則」の第6項では（旧第5項）「建設誘導計画図の作成に際して，特に考慮すべきもの」として上記の比較衡量の視点（計画原則）を与えている．この第6項

の計画原則は，特に公的利益に関わるものである（このシステムは1960年の連邦建設法から受け継がれている）．

繰返しになるが，この計画原則は，比較衡量という手続と合わせて，計画の質を確保する非常に大きな役割を果たしている．これは，建設誘導計画全体に影響評価が法的に求められていなかった最近までも環境影響の視点で重要な意味を持っていたし，今後も持つことになる．

この第6項は，居住事情，労働事情，社会的，文化的要求，既存の地域の保全や発展，記念建造物や歴史的に重要な地域，道路，地域・自然景観，経済，エネルギー・水の供給，資源の確保など他の利益と並んで，同7号で「**自然保護と自然地保全を含む環境保護の利益**」として，下記の9利益（**計画原則**）が挙げられている．以前の当該原則と比べてかなり詳細に環境保護利益が列挙され，より慎重に，きめ細かく環境配慮点に注意することが求められている．それらは：

a) 動物と植物，土地/土壌，水，大気，気候，および，これらの間の影響構造，ならびに自然地と生物学的多様性，

b) ヨーロッパの共同体的に重要な地域，およびヨーロッパ鳥類保護-地域の保全目標と保護目的，

c) 人間とその健康ならびに住民全体に対する環境関連の影響，

d) 文化財とその他の保護財に対する環境関連の影響，

e) 汚染の回避，ならびに廃棄物と排水の実態に適った扱い，

f) 再生可能エネルギーの利用ならびにエネルギーの節約的で効果的な利用，

g) 自然地計画図およびその他の，特に水・廃棄物・環境侵害防止法規の計画図の表示，

h) ヨーロッパの共同体の拘束的決議の遵守に向けての法令で確定された汚染制限値を超えてはならない地域の最大限の大気質の保全，

i) 上記a)とc)，d)に基づく個々の環境保護の利益の間の相互作用，

である．

EU戦略的環境検査指令との関わりでみていくと，同指令の検査対象として記載されているものが，ここでの原則の自然保護，自然地保全も含む環境保護の計画原則に対応している．つまり，上記a)の「生物学的多様性」，c)の「人間の健康」，d)の「文化財」，i)の「相互作用」同指令の付録Iのf)に挙げられているものである．b)は同付録のId)の内容を受けているが，この観点はすでに1998年の改定で旧第1a条に取り込まれていた．g)も旧第1a条にすでに位置づけられていた．すなわち，ここでは，これまで第1a条にも含まれていた環境保護に関わる計画原則を移行させ，都市計画の計画原則としてまとめ合わせたことになる．

なお，再生可能エネルギー使用の可能性も評価の対象としている点は興味深い．これは風力発電や太陽光発電とも関係するもので，第6章の地区詳細計画図の作成の中でもこの視点を組み入れている事例がある（421頁参照）．

第1a条は旧表題の「比較衡量における環境保護の利益」が「環境保護についての補完的規則」に変更されているが，上記第1条6項7号の計画原則の整理と関連して，比較衡量の際の環境利益の検討に際して具体的に関わる可能性のある規則に整理し，まとめている．ここでは，「建設誘導計画図の作成に当たって環境保護に向けて，次の規則を適用すること」（同上第1項）という1986年の建設法典で設けられた「**土地/土壌条項**」を受け継ぎ，更に「土地と土壌は節約的に，大切に扱うものとする；その際には，建設的利用に対する土地の更なる利用の縮減に向けて，特に土地の再利用および追加高密化，その他の［既成市街地での］内部発展についての対策によって市町村の発展の可能性を活用し，地面遮蔽を不可欠の規模に限定する必要がある．農業的に，あるいは森林として，または住宅目的で利用されている土地は必要な規模でしか転用されるべきない」（同第2項）として，1976年の「**転用抑制条項**」を引き継いでいるが，新しく土地利用の縮減の方法を具体的に指示している．これは現在の土地消費規模に対する危機感を背景に行われている**土地消費抑制**の政策議論を反映したものと言える．この2つの条項は計画原則として，比較衡量（第1条7項）に取り込むことが求められている（同第2項）．

次の第1a条3項は介入規則（第2章の例えば**2.2**節を参照）に関わるもので「(3)第1条6項7号aで挙げている構成要素において，予想される自然地景観と自然収支の実行・機能能力の甚大な侵害の回避と相殺（連邦自然保護法による介入規則）は，第1条7項に基づく比較衡量で考慮する必要がある」とし，連邦自然保護法の介入規則と建設法典による都市計画との関連が示されている．すなわち，介入規則による回避と相殺が比較衡量される対象であるということ，その結果が建設誘導計画に反映されるというものである．

比較衡量は，自然保護の利益に特に優位性を与えているものではなく，結果的に（政治的に）相殺も圧縮される可能性もある[33]．その相殺は都市計画図として表現される場合にはそれ用の土地と対策として確定され図面表現される，つまり，「相殺は，第5条「土地利用計画図の内容」と第9条「地区詳細計画図の内容」に基づく相殺に向けての土地あるいは対策としての適切な表示と確定によって進められる．これが持続的な都市建設的発展，ならびに国土計画および自然保護と自然地保全の目標に合致する場合には，表示と確定は介入の場所以外の所で行うことができる」（第1a条3項）とされている．

これは1993年の「投資迅速化・住宅用地法」で連邦自然保護法に導入された，地

区詳細計画図作成過程での検討可能性（その過程で，相殺・代替などを，比較衡量を行った上で確定できる可能性；自然保護法規の観点からは妥協，**建設法規的妥協**），1997年に，介入が行われる土地と相殺の土地を別の場所に求めて良く（空間的切離し），時間的にも前もって相殺対策が行える（時間的切離し）などと可能性を拡大して（エコ口座など），建設法典に移行された規則である（本書109, 110頁も参照）．

ちなみに，土地利用計画図の表示と地区詳細計画図の確定の代わりに，建設法典第11条に基づく都市建設的契約[34]に基づいて相殺・代替対策を行う，あるいは市町村によって準備された土地の上での適切な対策（自治体の土地備蓄など）を行うことができる．つまり，地区詳細計画図の場合，計画地域内の相殺用地と相殺対策は必ず地区詳細計画図の中で確定が行われ，当該地区詳細計画図地域外の外部相殺用地に対しては上記のものでなければ地区詳細計画図作成が必要となる（資料-2参照；上記の場合には必要がない）．また，介入が計画的な決定の前にすでになされている，あるいは認められていたのであれば，相殺は必要はない．例えば，地区詳細計画図に既存の住宅が含まれる場合には，その住宅（敷地）に関しては相殺は必要ない．

第1a条第4項では「第1条6項7号bの意味での［つまりFFH-地域，ヨーロッパ鳥類保護地域などの］地域が，保全目標あるいは保護目的の基準構成要素において，甚大な侵害を受けるのであれば，連邦自然保護法の規則は，欧州委員会の見解の取得も含め，その種の侵害の認可と実施に関して適用する」としてヨーロッパ共同体的な規則に対する対応を明示している[35]．

この第1a条は，「環境保護についての補完的規則」と題されているように，第1条6項7号の環境に対する計画原則の関係で，それに関わる更に具体的な指示を示したものと言える．この両者の比較衡量素材を基に環境検査（次の第2条）が行われる．

4.3.2.2 建設誘導計画図作成[36]などの環境検査の義務化

建設法典においては，EU指令を受けての新しい規則である環境検査は，第2条「建設誘導計画図の作成」の第4項（後述）で定められている[37]．既述のように計画・プログラム環境検査指令では，指令85/337/EWGの付録ⅠとⅡで述べられているプロジェクト（環境アセスメントの対象となるプロジェクト）の将来の許可に対する枠組を与えるすべての計画とプログラムで，環境検査を行うことを求めているが，ドイツでは都市計画の分野では，このEU指令の要請を超えて，すべての計画図の作成の際に環境検査を行うこととしたわけである．

この環境検査は，環境利益の観点での「予想される甚大な環境影響が把握され，そして記述され，評価される」もので（環境検査の定義；建設法典第2条第4項1

表-4.7 建設誘導計画で求められる環境報告書の内容

建設誘導計画で求められる環境報告書の内容（建設法典末尾の付録；2004 年 9 月 23 日の法文）
付録（第 2 条 4 項および第 2a 条に向けて） 第 2 条 4 項および第 2a 条に基づく環境報告書は，以下のものからなる． 1. 以下の記載内容のある導入 　　a) 建設誘導計画図の内容と最も重要な目標（立地および種類，規模に関する，ならびに計画されている事業の土地の需要に関する記載を合わせた，計画の確定の記述を含む），および， 　　b) 関連する専門法と部門別計画で確定されている，建設誘導計画図に重要な環境保護の目標，およびこれらの目標と環境利益がどのように作成の際に考慮されたかという方法， 2. 第 2 条 4 項 1 文に基づく環境検査の中で把握された環境影響の記述と評価；以下の記載を有す． 　　a) 環境の現況の関連する視点；甚大な影響が及ぶと予想される地域の環境特徴を含む， 　　b) 計画の実施の際，および不実施の際の環境状態の進展に関する予測 　　c) 負の影響の回避と低減化に向けて，および相殺に向けての計画されている対策， 　　d) 検討対象となる他の計画可能性；その際には建設誘導計画図の目標と空間的該当範囲を考慮するものとする， 3. 以下の追加的な記載内容： 　　a) 環境検査の際の適用された技術的手続の最も重要な特徴の記述，および，例えば技術的な欠落あるいは知識不足のような，記載内容のとりまとめの際に現れた困難の指摘， 　　b) 建設誘導計画の実施の環境への甚大な影響の監視に向けての計画された対策の記述， 　　c) この付録に基づき必要とされる記載内容の，一般的に理解しやすいまとめ．

文），その内容についてはこの建設法典の付録（表-4.7）を適用することとされている．環境検査に際して「基礎自治体はそれぞれの建設誘導計画図のために，実態に即した比較衡量に対する[環境]利益の把握がどのような規模と詳細度で必要かを確定する（同第 2 文）」，つまり土地利用計画図，地区詳細計画図作成の場合に，その都度，**スコーピング**が行われることを定めている（他の関係官庁の参加（協議）は後で触れる第 4 条で扱われている）．

その環境検査の結果は「比較衡量の形で考慮する（同第 4 文）」とされている．すでに述べたように，環境検査は「検査」に終わらず，有害影響の回避の対策も提案され，これもあわせて比較衡量され，図面などで確定される．

環境検査が，計画地域に対し，あるいはその部分に対して，国土計画手続あるいは土地利用計画手続，地区詳細計画図手続で実施されるときには，以降の建設誘導計画手続での環境検査は追加的または他の甚大な侵害に限定できる（同第 5 文）と検査の減層化 [Abschichtung] による**多重検査回避**も求めている．また「[上記の] 第 1 条 6 項 7 号 g に基づく自然地計画図あるいはその他の計画図が存在する場合には，その現況調査と評価を環境検査に取り込むこととする（同第 6 文）」としているが，これも多重検査回避を求めている規定である．

4.3.2.3　環境報告書

上記第 2 条 4 項の第 1 文の後半では建設法典の末尾の付録（表-4.7）の参照が指示されている．これは環境報告書に求める内容を記載したもので，計画・プログラ

4.3 EU 指令の国内法化－環境親和性検査法および建設法典，国土計画法

ム環境検査 EU 指令の付録 I（既出 300 頁，表-4.2）に沿った内容となっているが，その表-4.2 の d), e), f) にある影響を検討する対象，課題は比較衡量素材として第 1 条，1a 条で扱われており，当然，環境報告書に反映されるので，それらはここに含めていない．

次に，第 2a 条「建設誘導計画図の案についての理由文書，環境報告書」で「基礎自治体は，作成手続の中で，建設誘導計画図の案に**理由文書**（Begründung）を添える必要がある．その中には，手続の状況に応じて，次のもの：

1. 建設誘導計画図の**目標と目的，重大な影響**，
2. **環境報告書**の形で，建設法典の付録に基づいて，第 2 条 4 項に基づく環境検査を根拠に，把握され評価された環境保護の利益，

を示す必要がある．環境報告書は**理由文書の特別部分**をなす」として，理由文書の作成とその一部としての環境報告書の作成を求めている．理由文書はこれまで地区詳細計画図に添付するものとして作成が定められていた．環境報告書を作成手続において理由文書に添えるということは，これらが公衆参加や官庁参加の中で提示され，内容的に補完，修正しながら適格なものにされていくことを求めているわけである．これまで土地利用計画図に対して作成されていた解説書（Erläuterung）は，地区詳細計画図のものと同様に，理由文書として呼称が統一化された．

この環境報告書の規定は 2001 年の建設法典の改定で，すでに，「環境親和性検査法に基づいて環境親和性検査の実施が必要とされる予定事業のために地区詳細計画が作成される場合には，その作成手続のために，基礎自治体は，環境報告書を理由書の中にすでに取込んでいる必要がある」（旧第 2a 条 1 項の一部）ということを定めていた[38]．これは今回，EU 指令の国内法化に合わせて，地区詳細計画図とともに土地利用計画図にも適用を行った．

既述のように，一部の自治体では，この環境親和性検査法による環境検査に関わりなく，すでにすべての地区詳細計画図で環境アセスメントが実施されていたし，その際には環境報告書も作成され，理由文書の一部としてこれを取り込んでいた．それは，計画手続として，環境利益についても比較衡量をせねばならず，その際には，何らかの形で環境影響を調査し，評価する作業が必要だったからである．

また比較衡量は土地利用計画図の場合にも当てはまり，例えばケルン市の場合，土地利用計画図の継続修正作業に当たって，土地利用の他に，土壌，気候，地下水，ビオトープなどの保護，保全の視点で分析を行っているなど，土地利用計画図の作成，変更などについても，環境利益が慎重に考慮されるためのデータを必要としていることが伺える（図-4.2a, b（巻頭口絵））．

4.3.2.4 公衆参加による環境検査

EU 指令の公衆との**協議**には第 3 条「公衆の参加」が対応している．ドイツでは都市計画への市民参加 [Bürgerbeteiligung] は古くから保障されており，手続としてこれが行われていないと計画は無効になる．新規則では，「市民参加」が「公衆参加」[Beteiligung der Öffntlichkeit] へと表現変更が行われているが，これは指令の表現に合わせたものである（Bürger という男性名詞であり男性を示す用語を避ける意味もあったとも言われている [39]）．環境検査への公衆参加は，都市計画の公衆参加手続（環境以外の視点も含む）に位置づける形で，既存の手続に組み込んだ．これまでの市民参加は早期市民参加と正式市民参加の 2 段階で行われていたが，環境視点でも同様に**早期公衆参加**（同第 1 項）と**正式公衆参加**（同第 2 項）を区別し，既存の手続に適合させている [40]．

公衆には，可能な限り早期に，
①計画の一般的目標と目的に関して，そして，
②地域の新形成と発展に対して検討対象となる大幅に異なるいくつかの解決方法，
③予想される計画の影響について，
公的に教示する必要があるとされ，更に，公衆には，見解表明と詳細論議の機会を与えるとされた（第 3 条 1 項）（ただし，教示と詳細論議は，地区詳細計画図の作成/廃止の影響がわずかしかない場合，あるいは他の機会に実施されている場合は行わなくてもよい；同第 2 文）．この「影響」には環境に対するものも含まれるが，当然，他課題のものも対象となる．

政府法案 [41] の段階では，上記第 2 条 4 項に基づく「必要な環境検査の規模と詳細度」の視点でも公衆に見解表明と詳細論議の機会が与えられる（つまりスコーピングへの参加も可能）としていたが，これは採用されていない（官庁にのみ求めている；次項参照）．この削除理由は EU 指令が，官庁にのみスコーピング参加を求めていること，そして公衆は早期の公衆参加でこの点も保障されていることとしている [42]．

公式公衆参加の場合には，地区詳細計画図（土地利用計画図）の案を，理由文書と，基礎自治体が重要と考える既存の環境関連の見解も合わせて，1 ヶ月の間，縦覧をする必要があると縦覧手続が定められている．縦覧の場所と期間，および環境関連情報のどのような種類のものが取得できるかという内容を，少なくとも 1 週間，地域に一般的な方法で周知させる必要があるとし，その際には，縦覧期間中に見解表明が行えること，および期日を外れて提出された見解は建設誘導計画の決定に際して考慮されずに置かれることを示す必要があると定めている．課題領域が抵触される官庁は公開展示について連絡を受ける．期日内に提出された見解は検査する必

要がある；結果は報告する必要がある．50人を超える人が大きく内容を同じにする見解を提出した場合には，これらの人には結果の閲覧を可能とすることで報告に代えることができる；勤務時間内に検査の結果を閲覧できる場所については地域に一般的な方法で周知できる．建設誘導計画図の上位の官庁への提示（第6条，第10条2項）に際しては，考慮されなかった見解を，基礎自治体の見解と一緒に添えることとなっている（以上第3条2項）．

以上，公衆参加の規則は，これまでも行われていたもので，基本的に大きく変わらないが，新しく「環境関連の見解表明内容の縦覧」，「環境関連情報の取得」という環境検査に関わる事項が，この手続に位置づけられたわけである（その他，「市民」が「公衆」に置き換えられた）．

4.3.2.5 官庁参加による環境検査の強化

第4条「官庁の参加」は，これまでの「公益主体の参加」に代えて，EU指令に合わせて変更したものである．この官庁の概念には公益主体も含ませていることはすでに見たとおりである．EU指令との関係では上の公衆の協議に対する他の関係官庁の**協議**が定められていると同時に**スコーピング**への参加も定めている．つまり，計画によって課題領域が抵触される官庁とその他の公益主体には，公衆参加の意見表明[Äußerung]と協議（第3条1項1文前半文）に相応して「可能な限り早期に」計画の一般目標や目的などを教示し，第2条4項に基づく必要な環境検査の規模と詳細度の視点でも見解が求められる（スコーピング）（第1項）．これは「早期の官庁参加」という新しい規則である．なおスクリーニングは，建設誘導計画図がすべて環境検査の対象となっているために，必要ない．

「基礎自治体は，計画によって課題領域が抵触される官庁とその他の公益主体の，計画図案と理由文書についての見解を取得する．これらの官庁と公益主体は，自らの見解を1ヶ月以内に提出するものとする；基礎自治体は重要な理由のある場合にはこの期間を適切に延長する必要がある．これらの官庁と公益主体は見解を自らの課題領域に限定するものとする；これらは，地域の都市建設的な発展と秩序に対して重要である可能性のある，自らが意図するあるいはすでに導入している計画およびその他の対策ならびに時間的な進行に関する説明を行うものとする．これらの官庁と公益主体は，比較衡量素材の把握と評価の目的に役立つ情報を保有している場合には，基礎自治体にその情報を提供するものとする」となっている（第2項）．これは特に環境保護の課題のみに関わるものでないが，特に，最後の文は環境保護の利益を比較衡量する際の情報強化についても役立つものであるだろう．

更に，「建設誘導計画図作成の手続の終了後，これらの官庁は，自らが有す知識に基づくと建設誘導計画図の実行が環境に対し甚大な影響を及ぼす場合には，基礎自

治体に教示をする」としている（第3項）．このような計画作成後の参加官庁の情報提供義務は，EU指令の求める，自治体が行うべき，環境影響の**監視**（後述）のシステムの一つになり得る．

第4a条は「参加の共通規則」について定めたものだが，ここで，この公衆と官庁の計画参加に関する規則の目的を「特に，計画によって抵触される利益の完全な把握と適切な評価に役立てられる」とし（第1項），これまでになかった**公衆と官庁の参加の意義**をプログラム的規則の形で強調している．これはまた，EU計画・プログラム環境検査指令で求められている計画決定の際の内容的な質の保障を広範な公衆参加と官庁参加の手続によって保障するという考え方にも適合させたとされている[43]．

早期参加の段階の「公衆に対する教示」（第3条1項）と「官庁に対する教示」（第4条1項），そして，公式参加の段階の「公衆に対する縦覧」（第3条2項）と「官庁からの見解の取得」（第4条2項）の2段階の各手続は，合わせて同時に実施できるとして，情報取得の時期の合理化を行っている（第4a条2項）．これ以外には，正式参加手続以降の計画変更の際には改めて正式計画参加が行われるべきこと（同第3項），参加に際してのインターネットの活用（同第4項），隣国など他国に対する甚大な影響を及ぼす場合の，他国の参加（公衆と官庁への教示；詳細は環境親和性検査法に委ねる；同第5項），適時に提出されなかった見解の扱い（同第6条）について定められている．

4.3.2.6 監視の導入

EU戦略的環境影響評価指令の**監視**（独Überwachung；英monitoring）は，第4c条「監視」で扱われている．そこでは，「自治体は，特に予想されなかった負の影響を早期に把握し，是正に向けて必要とされる対策を取る態勢に移行できるために，建設誘導計画図の実現によって発生する甚大な環境影響を監視する．自治体は，その際に，この建設法典の末尾付録（表-4.7）の「3のb」に基づく環境報告書に記載する監視対策と第4条3項の官庁の情報[上記]を利用する」と定めている（第4c条全文）．建設誘導計画図の手続実施者であり計画高権を有している自治体が，建設誘導計画図の実施に際しての環境影響に対する監視を行うわけであるが，これは検査する官庁が定める一定の時間間隔で行われる．

監視は建設誘導計画図との関係では全く新しい規則であるが，国内法では，環境観測[監視という意味も持つBeobachtung]が例えば連邦自然保護法で，これまでも求められており（同法第13条），また介入規則の実践でも成果管理が議論され実施されている（本書102頁）など，特に新しい考え方というものではない．

4.3.2.7 その他
(1) 土地利用計画図の定期的検査

　土地利用計画図は最初の作成あるいは更新の後，多くとも15年後に全般的に検査され，第1条3項2文に基づいて必要な場合には，変更されるか，あるいは補完，更新される必要がある（第5条「土地利用計画図の内容」の第1項）という新しい規則を設けた．これによって，必要な場合は都市建設的な発展に計画図を適合させること，そのために規則的に検査を行うことが定められた．「初回作成」，「更新」としているように，現行の継続している土地利用計画図に対してはこの最低15年ごとの検査は義務づけていない．これは行政の業務負担を考えてのことだと理由づけられている．環境検査の視点からは，地区詳細計画図の作成に際して追加的な検査を行うだけで良いという多重検査回避を可能とする利点も狙っている[44]．

(2) 総括的解説と環境報告書

　EU指令のところで見た計画あるいはプログラムの採択に際して計画・プログラムそのものと並んで総括的解説書［zusammenfassende Erklärung］も取得できるようにすることが求められていたが（表-4.1，第9条），これに応じて「土地利用計画図には，どのように環境利益と公衆と官庁の参加の結果が土地利用計画図において考慮されたか，そして，どのような理由で，検査され，検討対象となった他の解決方法との比較衡量の後に当計画図が選択されたかに関する**総括的解説書**を添えるものとする．誰もが土地利用計画図と理由文書，総括的解説書を閲覧でき，その内容について情報を求めることができる」（第6条「土地利用計画図の許可」の第5項）として応えている．地区詳細計画図については第10条「地区詳細計画図の決議および許可，発効」で「地区詳細計画図は，理由文書，第4項に基づく総括的解説書とともに誰もが閲覧できるように準備しておく必要がある；要請のある場合には内容について情報を与えなければならない」（第3項），そして，「地区詳細計画図には，どのように環境利益と公衆と官庁の参加の結果が地区詳細計画図において考慮されたか，そして，どのような理由で，検査され，検討対象となった他の解決方法との比較衡量の後に当計画図が選択されたかに関する総括的解説書を添えるものとする」（第4項）としている．

　戦略的環境検査－指令では環境報告書は，計画（プログラム）の決定後の計画の周知に際して，市民などが入手・閲覧できるようにすることは求めていない．ドイツでは計画には計画図の一部である理由文書も入手・閲覧対象となり，そこには環境報告書も含まれており，総括的解説書と並んで，これも同時に入手・閲覧の対象となっている．

当初の政府案では，第 2a 条で土地利用計画図の総括的解説書を作成手続に位置づける，つまり正式の公衆・官庁参加の時にはすでに環境報告書と一緒に提示されて，継続的に修正して仕上げていくものとして考えられていた．しかし，これは EU 指令に合わせて，作成決議の時に用意することとなった．この理由も，行政事務負担の増加の回避であった[45]．

(3) 環境検査による費用増加

環境検査が求められたことで，どの程度の費用負担増加になるのか．これまでの実践もふまえた見積では，10%から 30%の費用増加になるとしている．環境報告書作成に際しては，これまでと比べて，特に新しくデータなど素材的に取得する必要はなく，記録作業，編集作業による負担が多くなるとのことである．本質的に新しく求められているのは「監視」と「総括的解説書」だということである[46]．これまで建設誘導計画図作成などで環境影響評価を行い環境報告書を作成していた自治体では「環境報告書作成では単に編集上の変更はあるが，それ以外にはない」[47] という状況だろう．全貌は不明だが，確かに比較衡量で環境利益を充分に尊重して行うことが求められており，多くの自治体ではこのことを通して環境検査に近いことは実施されていたはずで，手続的にも公衆参加，官庁参加とも，早期のものと公式のものとが行われ，環境視点もその中で（あるいはその結果を受けて）検討されて計画内容に反映するという仕組みができあがっており，ことさら大きな変化とは受け止められていないようである．

4.3.3 国土計画での対応

EU から，戦略的環境検査指令の適用範囲としてプロジェクト環境検査を定める指令 85/337/EWG の付録 I, II に挙げられている「(特定) プロジェクトの将来の許可」に枠組を与える，計画・プログラムが求められていることに応えて，上に述べたように，ドイツでは国土計画，実質的には州計画に関わる計画にも EU 指令の内容を転換するために，国土計画法第 7 条「国土計画図に関する一般規則」が大幅に改定された．

特に大きく書き換えられたのは同条第 5 項，6 項，7 項，8 項，9 項，10 項で，そこでは：

① **国土計画図の作成と変更**に際し，EU 指令の意味での環境検査が適用され，
② 同指令の上記の付録 I の基準に沿って**環境報告書**を作成すること，
③ その際には，国土計画図の実施が環境に対して及ぼすと予測される甚大な影響，およびその他の計画可能性（代替計画案）について把握し，記述し，評価すること，

④ 環境報告書は国土計画図の理由文書の一部として扱うことができること（州は環境報告書をこのように扱うか，あるいは独立したものとして扱うか選択できる），
⑤ 国土計画図によって課題が抵触される官庁の参加による「環境報告書の範囲と詳細度の確定」（**協議**；この段階は**スコーピング**に該当する），
⑥ 軽微な変更の場合は，指令第3条に沿って，指令の付録Ⅱで甚大な環境影響が予想される場合のみに検査を限定すること（ドイツの環境親和性検査法の付録Ⅰによって検査義務のあるプロジェクトの枠組を与える場合には環境検査は強制的となる），
⑦ 軽微な変更の場合の検査の要，不要の確定は，課題領域が環境影響によって抵触される公的部署の参加の下で行われること（**スクリーニング**），
⑧ 甚大な侵害が全くないと予想されるときには，この（スクリーニングの）結果に導いた検討内容を計画変更の理由文書案に記載すること，
⑨ 州域に対する国土計画図で環境検査がすでに行われている場合には，地域計画図（口絵図-6.2参照）では追加的影響あるいは他の甚大な影響についてのみに環境検査を限定できること（**多重検査回避**），
⑩ 環境影響の検査を共同で行うことができること（合同検査による多重検査回避），
が定められている（指令11条2項）．

第6項では，「公的部署と公衆が，国土計画図案とその理由文書案について，ならびに環境報告書について，早期に，効果的に見解を出せることを定める必要がある．計画の実施が他の国に甚大な侵害を及ぼすことが予想されるなら，環境親和性検査に関する法律の原則に沿ってその参加を実施する」としている（第6項；内容的にはこれまでの第5項，6項に該当する）．早期の公衆参加（指令第3条「適用範囲」7項），関係官庁と公衆の参加の結果情報取得（指令第6条「協議」），越境的な官庁協議と相手国の関係官庁と公衆の情報取得と見解提出（指令第7条「意志決定」）について定めた指令からの要請に応えたものである．「見解」という用語を初めて用いている．これはEUの計画・プログラム環境検査指令の語法に合わせたものであるが，この表現によって積極的な参加を求めていることを表している．この参加の詳細については州の規則で定められる．

越境的影響についてはこれまでも「越境的調整」（第16条）があり，更に継続するものであるが，特に環境に関して，上記の「越境的参加」の規則がEUの計画・プログラム環境検査指令に合わせて設けられた．越境的な官庁と公衆との協議については指令の場合，「EU構成国」に限定した表現になっているが，ドイツは非構成国であるスイスと隣接しており，その限定は取り払っている．ここでの公衆は上記指

令の「(4) 協議」で定義されている，環境検査の決定過程で利害に関わるものや関心を持つもの（NGO組織など）である．

第7項ではドイツの国土計画で以前から行われている**比較衡量**について定めており，国土計画原則と重要な公私の利益を比較衡量することが求められている（比較衡量にはFFH-地域，鳥類保護地域の保護目標も取り込む必要がある）．これに，新しく作成されることが必要となった環境報告書（第5項）と，国土計画図・理由文書，環境報告書に対して提出された見解（上記第6項）は，計画作成での手続である比較衡量に取り込まれることが加えられた．

理由文書の内容について，「環境検査に関して，環境熟慮ならびに環境報告書，提出された見解がどのように計画図で考慮されているか，そして計画の確定に対して，検査された他の計画可能性の比較衡量の後で，どのような理由がその決定に際して重要であったかの記載を含むこと」とし，「計画の実施が環境に与える甚大な影響の監視に向けて定められた対策を記載すること」が定められており，指令の求める**監視**についても応えている（以上，第8項）．

国土計画図は，環境検査が関係する理由文書と合わせて公的に周知することを定めるものとする（第9項）．国土計画の実行に当たっての環境に対する甚大な影響は監視することを定めるものとされている（第10項）．

4.3.4 国土計画手続の環境検査の意味

計画の戦略的環境検査そのものではないが，ここで国土計画レベルで行われるプロジェクトの国土計画手続についてみていきたい（174, 175, 254, 255頁参照）．ドイツでは，広域的に土地の利用や機能の目標を国土計画（特に州計画を構成する地域計画）で表し，都市計画を通してこれに向けて国土利用を誘導していこうとしているが，その際に，個々の空間に重要な[raumbedeutsam]事業について国土計画手続が行われる（国土計画法第15条「国土計画手続」）．これは，州での法制化によって始まったもので，例えばバイエルン州ではすでに1957年にこの規則を設けている．

この国土計画手続は，国土計画図（実質的には州の計画図）が内容的に具体化の度合においてかなり低いので，広域的に影響を及ぼす可能性のある大規模プロジェクトの影響を早期に把握していくために行われている[48]．

国土計画で具体的な図面が作成されるのは州計画の段階で，これが実質的な国土計画の内容（目標）となる．この作成について，今後，計画アセスメントが行われることとなった．これに対して国土計画手続は，本来，広域的に影響を及ぼす計画や事業については国土計画と州計画の求めている点に合致しているかどうかを認可手続に先行して検査する手続である．そこでは"空間に広域的に影響を及ぼす"事

業について，国土計画手続で環境検査も含めた「空間親和性検査」が行われる．

環境親和性検査法の付録I（表-3.2参照）では環境親和性検査の必要な事業を多数あげているが，それらの事業の国土計画手続について，どのような前提で環境親和性検査が必要となるか，そして，その実施の手続については，州が規則を設けることとなった（環境親和性検査法第16条「国土計画手続」）．国土計画法上は，国土計画手続において環境検査を行う義務はなかったが[49]，いくつかの州では独自の規則によってこれまで環境検査が行われてきている．多くの州では，市民参加も行われている．

この手続では，特に高速道路やパイプライン，高圧送電線など，脈絡的施設について，経路の選択肢を複数用意し，環境検査の視点も含めて空間親和性検査が行われ，位置決定が行われる[50]．国土計画手続はこれを含む州計画的判定の作成をもって終了するが，環境検査は後の段階につながっていく．国土計画手続の環境検査は第1段階の環境検査と言われている（173頁，図-3.3参照）．この点についてドイツ的には戦略的環境検査との見方はないが，すでにこれは個別的大規模プロジェクトの一種の戦略的環境検査の性格をもっている．これを州（地域）計画の環境検査にどう位置づけるかについては関心がもたれる．

4.4 おわりに

(1) ドイツの都市計画の特性－環境視点から

以上，ドイツでの計画・プロジェクト環境アセスメントの制度的導入について見てきた．同国では，都市計画，国土計画の分野などにEUの戦略的環境検査指令の内容を忠実に取り込んでいる（他国も同様であろうが）．環境保護の分野では，連邦法の動きはEU指令による影響が大きかったことが分かる．

これは環境保護を怠っていたと言うようなことでなく，必要性に対して不充分ながらもドイツ独自の道を歩んできたとも言える．そもそも建設誘導計画図作成に際しては，比較衡量を行い，環境保護の視点でも検討していかねばならない．

比較衡量については1960年の連邦建設法の段階から定められていた．その素材としての自然，自然地などの利益は明確に位置づけられていたものの，まだ「環境」という用語は用いられていない．1976年の同法改定でやっと「人間の尊厳に値する環境」として利益の一つに位置づけられた．それ以降，環境利益は更に強化されて現在に至っている．もちろん連邦自然保護法や環境親和性検査法などの法規を準備することで，そしてそれに関連して設けられるシステムによって（建設法典第1a条），どのような手法で自然や環境の利益が（それらの規則の意味で）より明確に把握され操作しやすくなるかという関係を明確にしていける．しかし，比較衡量はあくま

でも比較衡量であって，環境利益も他の利益との相互比較し，それらとの関係の中で重みづけを検討し，計画に反映される．しかしまた，比較衡量に法的規則が直接的に結びつけられていることは法の趣旨に沿った扱いをすることを求めていることであり，比較衡量という計画の柔軟性を与えながらも，自然保護，環境保護については最大限に確保する姿勢を求めていることになる．本来，例えば住宅，福祉課題など他の利益についても同様のシステム（専門法規との関連づけ）があっても不思議ではないが，特に環境についてだけそれを設けて特別な扱いをしている．

この比較衡量の素材収集の重要な手続として公衆（市民）参加がある．これまで，公衆参加は早期，公式と二段階で行われているが，これに環境検査の市民参加も位置づけている．関係官庁などもこの時点で参加し，スコーピングに関与することが明示された．公式の市民参加では計画案そのものと同時に，理由文書とともに環境報告書が提示されて，公衆はこれらに対して意見を述べることができる．すでに述べてたが，これら一連の既存の手続に環境検査を合わせて位置づけるという形で建設誘導計画図作成に関わる戦略的環境検査を行っているわけで，追加的に特に大きな行政負担が掛かるものでもないということが理解できるし，それは行政現場での理解でもある．

環境報告書についても，報告書の形でも，比較衡量の際の環境利益の理由文書での扱いという形でも経験はすでにある．監視がドイツにとっては都市計画分野では全く新しいものである．これから，これらの実践がどのように展開していくのか非常に関心が持たれる．

建設法典で環境影響評価がほぼ全面的に行われるようになったことは，自然に対する開発代償を求める介入規則とも合わせて，徐々に建設法典が**環境法規的側面**を得てきているとも言える．

(2) 日本に合わせて考えてみると

日本で以上のようなドイツ的な制度に基づいて戦略的アセスメントを行うとするならば，例えば，都市計画区域，準都市計画区域，区域区分や用途地域の指定と見直しの際に必要となるだろう．その場合には，環境全体の現況の把握とそれに対する影響を評価する必要がある．

計画のアセスメントでは，まず各環境要素についての現状を自治体全域で把握している必要がある．この意味でも環境情報が重要となる．自然地計画図については，日本での「緑の基本計画」がこれに当たるものと思われるが，ドイツでは自然地計画図が建設法典第1条6項のa)のための情報を自治体全域で，詳細に含んだものになっている（これに対して「緑の基本計画」ではそこまでの役割は果たせないのが一般的であろう）．

4.4 おわりに

　空間計画の戦略的環境アセスメントでは，多くの場合，農地も含む（近）自然的土地消費が直接的に関わっている．これはまさに累積的効果を持つ環境影響である．ここで，この点について見ていきたい．

　日本では市街地を除くと国土の平野部の大部分がすでに近世までに田畑として開発されており，里山なども含めて，その中での自然生態系，そして山岳部の自然生態系という構成になっているだろう．日本では高度経済成長期以降，開発の波が各地に押し寄せ，それ以降，開発が引きも切らずに進められてきた．開発による自然生態系破壊は，日本では（ドイツと同様に）経済的不調と言われながらも，現在，各地で平地での開発が行われ，建設活動も活発に進んでいる．里山や山岳部の森林の保全問題も深刻になってきている．

　自然的土地（農地と森林）は，1985年から1990年までには21万ha（4.2万ha/年）の減少を見せ，道路宅地は17万ha（3.4万ha/年）増加している．1990年から1995年まででは，自然的土地は30万ha（6万ha/年）減少，道路宅地は17万ha（3.4万ha/年）増加，1995年から2000年まででは自然的土地は25万ha（5万ha/年）増加し，道路市街地は14万ha（2.8万ha/年）増加となっている．2001年では自然的土地は4万ha減少し，道路・宅地は2万ha増加，2002年ではそれぞれ4万ha減，3万ha増となっている．1985年から2002年までで合計84万haの自然的土地が減少し，道路・宅地は53万haの増加をしている[51]．ほとんどが開発による土地消費である．

　毎年，基礎自治体の数個分の自然的土地が減少していることとなる．農地にしろ，森林にしろ程度の差はあるものの自然的機能（雨水の保水，地下浸透；植物の生産・生育の過程での炭素の固定；鳥獣の生息場，地域の生態系の一部；清浄大気の供給；人間に対してのレクリエーションの場や人文自然的景観の提供などの機能）を果たしている．国土の3割程度しかないという「限界容量を持った」平野部から，このような機能が消失していっている．これがこのまま進んでいって良いわけがない．開発に伴う自然機能消失に対して何らかの対応をとるということは環境影響評価でも不可欠の課題と言える．そして，その評価のための自然的土地の基本データや地域環境をどのようにしていくかという目標の存在も重要である．

　環境影響評価は，手続に従った事業の環境に対する影響の評価とそれに基づく環境悪影響の回避，低減，代償が課題であるだろう．そこでは本来的に，自然的土地の消費の回避の視点と同時に自然的機能の保全の対応も求められるだろう．ドイツでは介入規則で対応しているが，同規則の独自性は残しながら環境報告書の中に位置づける傾向にある．

4 戦略的環境アセスメント制度の導入

　戦略的環境検査の目的は，個々の施設建設（開発）の計画が固まった時点でなく，早い時期に地域・都市など広い範囲で類似事業も視野に入れ，環境影響回避・低減の目的で立地などを検討し，後の段階での大幅な変更などのないようにすること（後の手続で更に具体的，詳細に影響評価し，環境影響回避などの検討をし，対策を求める），そしてまた，事業規模は小さいものの多数であるために累積的効果によって無視できない影響が考えられる場合にそれらを上位の計画の中など広域的，都市的範囲で検討し，全体的に環境影響の回避・低減を図ることなどがあるだろう．このような戦略的環境検査は今後重要となってくるだろう．

　日本的でこのような戦略的アセスメントを行うとするなら，都市計画区域や線引きなどの見直しでも環境検査が求められることになる．しかし，例えば，区域区分の環境検査を行おうとしても，市街化区域には実際には建築の見通しの立たない土地も多く含まれている．そこで，すべての土地で建築されるものとせざるを得ないし，その影響に対して低減，代償対策を考えても，姿の分からない架空の事業に非常に大きな対策が必要となってくる．

　更に考えられる方法は，自然的な土地の状況を読み取り，地域の環境共生的な目標を明確にし，どの規模で市街化が可能か明確にし，区域区分を大きく縮小し（この段階では広域的な自然的オープンスペースの機能が同時に明確にされ，データも用意される必要がある），需要と供給の視点も含めて実際に建設の見通しがある範囲で地区計画のように需要を読みとりながら一定規模で建設地を指定し，その規模での環境影響検査をし，対策をとっていくという考え方である．その例はドイツが示している．この方法も，ドイツ的事情も合わせて，複雑性を見せているが，方向としては極めて合理的なもののように考えられる．

　つまり，これまでのドイツの開発の理念を称して我々は「計画なくして開発なし」というものを見ていたが，更に「計画なくして環境保護なし」という姿も見せてきており，もう一度，この二重の意味での計画の意義と役割を考えていく必要がある．

注記：

1) 本来，ドイツでは環境親和性検査（Umweltvewrträglichkeitsprüfung：環境 [Umwelt] が耐えられる，あるいは環境となじむ [vertragen] かどうかの検査）という用語がもっぱら用いられていた．しかし，環境検査という表現も，最近はよく用いられているようである．親和性検査という語は，検査が行われたものは環境に親和的だという印象を与えるので適切でないと言われている．
　戦略的環境影響評価の考え方は，もちろん，日本でも以前からあり，例えば，日本弁護士連合会の「環境影響評価法の制定に向けて」（1996 年 10 月）でも，政策，計画，プログラムの環境影響評価の必要性が訴えられている．

2) Richtlinie 2001/42/EG DES EUROPÄISCHEN PARLAMENTS UND DES RATES vom

27. Juni 2001 uber die Prüfung der Umweltauswirkungen bestimmter Plänen und Programme（特定の計画およびプログラムの環境検査に関する指令 2001/42/EG）．計画とプログラムだけを対象としているように，広範な戦略的環境アセスメントとはなっていない．

この指令（ドイツ語では Richtinie で要綱でもあるが，日本での英語の directive の訳語の用法に従って指令とする；なお中国語でも指令と訳しているようである）は，ドイツでは計画環境検査指令（Plan-UP-Richtlinie）あるいは計画環境親和性検査指令（Plan-UVP-Richtlinie），そして戦略的環境検査指令（SUP-Richtlinie）とも言っている．この中では計画環境検査指令という表現が比較的多く見られるが，ここでは最後のものを採用する．なお，EU の制定する法規には，一次法規と二次法規がある．一次法規には条約およびこれと同様の位置を有す協定があり，これには「統一ヨーロッパ法」[独:Einheitliche Europäische Akt；英:Single European Act]（1987 年），マーストリヒト条約（1992 年），アムステルダム条約（1997 年）がある．二次法規には，政令 [独:Verordnungen；英:Regulations]，指令 [独:Richlinie；英:Directives]，決定 [独:Entscheidungen und Beschlüsse；英:Decisions]，推薦と見解 [独:Empfelungen und Stellungsnahme；英:Recomendations and Opinions] がある．これは「ヨーロッパ共同体の設置に向けての条約」で取り決められているものである．

政令は国内法転換なしに直接的に構成国を拘束する．これに対して，指令は一定の期間内に構成国の国内法転換を求め，その際に，目標の達成についての方法の選択は構成国政府に委ねられる．決定は，対象者（構成国，企業，個人など）に対して直接的に効力を有す．推薦と見解は拘束的ではない．

また，これらの EU 法規に対して，ドイツ基本法第 79 章 III の永遠性が保障され，基本権の核心的内容と連邦共和国の民主的社会的法秩序が保障される限り，基本法は EU 法規の優先性について問題にはしていないとしている．

3) EU は 1993 年に設立されたもので，この場合正確には EG（EC）指令になるが，現在の EU 諸国に適用されるものでもあり EU 指令として表現する．
4) Frank Scholles: Gesellschaftliche Grundlagen Planungsmethoden, 2.2 Planungsmethoden am Beispiel der Projekt-UVP Universitat Hannover Institut für Landesplanung und Raumforschung Forschung Fachbereich Landschaftsarchitektur und Umweltentwicklung, 1998
5) Susanne Hund: Die Einbeziehung der Öffentlichkeit im Rahmen der Umweltverträglichkeitsprüfung, 1997 Konstanz, 23 頁
6) 例えばフランスは 1976 年，オランダは 1981 年と比較的早く環境アセスメントの制度を導入している．
7) Rechtssache C-301/95: Kommission der Europäischen Gemeinshcaften gegen Bundesrepublik Deutschland
8) 例えば Rechtssache C-217/97 －「環境情報の自由な取得に関する指令」90/313/EWG の違反がある．これについては次のような結果となっている．
ドイツではこの指令を受けて環境情報法 [Umweltinfortationsgesetz：UIG] によって国内法転換が行われ 1994 年 7 月 16 日に発効になった．しかし，EG 委員会は，UIG と UIGGebV[環境情報手数料令] の特定の規則が指令と合致しないのではと考え，EG 条約第 169 条の条約違反手続を開始した．
1995 年 3 月 14 日に委員会はドイツ連邦共和国に対して，指令のいくつかの点を指摘し，それと連邦規則が一致しないことについて見解を求めた．これに対してドイツは，委員会が非難している条約違反に異議をとなえる内容を 1995 年 10 月 2 日付けの文書で回答した．委員会は 1996 年 9 月 26 日に理由を添えて見解を独側に送付し，その到達後から 2 ヶ月以内に従うように要求した．連邦政府はこれに回答をしなかったので，委員会は訴

訟を起こした．結果は，
- 行政手続の期間に，行政官庁の手続（情報が行政内を流れていること）を理由として情報の取得を認めず，
- 指令 90/313/EWG 第 3 条 2 項に述べている保護財に抵触する次項を選別できる場合に，環境情報を選定して伝えるという規定を環境情報法に定めず，
- 料金の徴収を，情報把握が実際に行われた場合にだけに限定しなかった，

という判決を受け，訴訟手続費用の支払を命令されている．

　(RechtssacheC-217/97: Kommission der Europäischen Gemeinshcaften gegen Bundesrepublik Deutschland の判決文（第 6 法廷；1999 年 9 月 9 日））
9) ドイツ環境省のホームページによると環境関連で，1995 年から 2005 年までに，欧州裁判所によって 20 件の判決が出されている（2005 年 12 月現在）．
http://www.bmu.de/umweltpruefung_uvp/sup/gerichtsentscheidungen_des_europaeischen_gerichtshofes/doc/36160.php
10) 特に適用範囲が非常に大きく，例えば政策決定についても含めようとしていた点が問題にされていたようである．
11) Jürgen Lindemann: Plan-UVP in der Raumplanung（Umweltverträglichkeitsprüfung für Pläne und Programme, Institut für Landes- und Stadtentwicklungsforschung des Landes Nordrhein-Westfalen, 1998 Dortmund 所収），11 頁
12) Bundestagsdruchsache 14/4599 2000 年 11 月 14 日，63 頁
13) Bundesministerium für Umwelt, Naturschutz und Reaktorsicherheit, ReferatG14 und Arbeitsgruppe I GI1: Gesetz zur Umsetzung der UVP-Änderungsrichtlinie, der IVU-Richtlinie und weiterer EG-Richtlinie zum Umweltschutz ("Artikelgesetz"), 01. August 2001, 1, 2 頁
なお環境法典については，「環境共生時代の都市計画－ドイツではどう取り組まれているか」（水原訳著，技報堂出版，1996 年），15 頁参照．
14) Gesetz zur Umsetzung der UVP-Änderungsrichtlinie, der IVU-Richtlinie und weiterer EG-Richtlinie zum Umweltschutz
15) いくつかの法律の改定に際して，一つの法律で扱おうとするもので，ここの法律の改定はアーティクルで番号づけるもの．日本でも良くあるものだが，ドイツでは，通称としてアーティクル法という呼称をよく用いる．
16) 概要は本書訳書と「環境共生時代の都市計画－ドイツではどう取り組まれているか」（技報堂出版，1995 年）を参照．
17) Umsetzung der Richtinie 2001/42/EG des Europäischen Parlaments und des Rats über die Prüfung der Umweltaus wirkungen bestimter Pläne und Programme, 7 頁など．
18) 指令 2001/42/EG の「理由」部分の (20)
19) 適用されるのは構成国の国内法であり，各言語においては，それぞれの国の制度に合わせており，例えば，ドイツ語の国土計画または土地利用計画（Raumordnung oder Bodennutzung）に当たる部分は，英国では town and country planning or land use となっている．
20) ドイツでは英語での authorities との協議を「官庁参加」と表現し，内容的にもドイツの語法に合わせている．
21) 欧州委員会：Umsetzung der Richtlinie 2001/42/EG des europäischen Parlaments und des Rates über die Prüfung der Umweltauswirkungen bestimmter Pläne und Programme, 31 頁
22) Stüer, B., Sailer, A.: Monitoring in der Bauleitplanung, BauR 9/2004, 1393 頁
23) これらの改定とともに「環境親和性に関する法律」（Gesetz über die Umweltverträglichkeitsprüfung）などの変更が行われているが，これは付随的変更であった．
24) これより前のものは第 1 部「行政官庁的手続の中での環境親和性検査」（第 1 章「一般規則」，第 2 章「環境親和性検査の手続諸段階」，第 3 章「特別手続一般初段階」），第 2 部

「特定の送電線施設およびその他の施設」，第3部「共通規則」という構成であった．
25) Bundestag Drucksache 15/3441, 29 頁
26) 25) と同資料，36 頁
27) 25) と同資料，37 頁
28) 25) と同資料，38 頁
29) Gentsch, G.: Das neue BauGB 2004, www.staedtebau-recht.de, 5 頁
30) 29) と同資料，8 頁
31) 環境アセスメント関係以外の改定では，自治体の関係（国土計画上の機能と関係させて），部分土地利用計画図，地区詳細計画図の期間的用途指定，都市改造対策および社会的都市に関わる規則などがある．変更点は約 40 に及ぶ．
32) S. Gronemeyer: BauGB Praxiskommentar, Wiesbaden und Berlin 1999, 13 頁．なおこの文献では，計画原則を計画目標と表現している．
33) 最近では，地区詳細計画図の該当地域外でも代償を行うことが可能となっており，100％に近い相殺が行われているところも多いと思われる．しかし，議会が計算された介入評価と相殺比較対象を元に，これに及ばない結論を比較衡量で出したとしても，その地区詳細計画図は条例として有効とされている（例：ベルギッシュ-グラッドバッハ市の事例；これは規範統制 [Normenkontrolle] 手続の形で裁判で争われたが，原告が敗訴している：Bundesministerium für Verkehr, Bau- und Wohnungswesen: Leitfaden zur Handhabung der naturschutzrechtlichen Eingriffsregelung in der Bauleitplanung, 2001, 23 頁）
34) 都市計画の課題を自治体との間で契約によって第三者が行うというもの．
35) これは 1997 年の改定ですでに第 1a 条に新設されたものの前半部を上記 7 b として自然環境保護の計画原則の形で第 1 条に移行し，甚大な侵害がある場合の指示を内容とする後半文を残した．
36) 作成のみならず，変更，補完，廃止を含む（建設法典第 1 条 8 項）
37) 第 2 条では更に自治体相隣的調整命令との関係で，新しく，隣接自治体が国土計画の目標によって与えられた機能と，中心的な供給領域への影響を論拠にできることが定められている．
38) 付録 1 は在来のプロジェクト環境アセスメント義務を判定する事業のリストであり，特にその 18 番に挙げられている余暇村やホテル複合施設，駐車場，工業施設の工業ゾーン，大規模小売店などをそれまでの外部地域に建設する場合に対して面積基準とともに表にまとめられている．2001 年に改定された建設法典では，それらの事業に枠組を与える地区詳細計画図を作成，変更，補完する場合には，環境親和性検査法の検査基準によって環境親和性検査を実施することが定められていた．現在は，建設法典に従って，基本的にすべての建設誘導計画で，つまり土地利用計画図の含め戦略的アセスメントを行うことになった．普通，環境検査については，それを行う必要があるかどうかの判断が前検査 [Vorprüfung] でなされるが（いわゆるスクリーニング），すべての建設誘導計画図の作成に環境検査を義務づけたので，これは行われない．
39) Rengeling, H./Stüer, B./Dembowski, E.: Städtebaurecht：Was hat sich geändert?, DBVl 2004, Heft 13
40) Krauzberger, M./Stüer, B.: Städtebaurecht 2004: Umweltprüfung und Abwägung, DVBl. 2004. Heft 15
41) Bubdestagsdruchsache 15/2250，12 頁
42) Bundesratsdrucksache 756/03 (Beschluss)（2003 年 12 月 2 日），9 頁
43) 4) と同資料，45 頁
44) Bundestagsdrucksache 15/2250，47 頁
45) 42) と同資料，8 頁

46) 以上，Dr. Durnberger, F. (Bayerischer Gemenindetag): Erste Erfahrung aus der Praxis mit dem neuen BauGB-FAQ zum EAG-Bau; in Zeitschrift Bay GT Zeitung 2/2005
47) アーヘン市担当者（Gunter 氏；2004 年 8 月 20 日）
48) 州の計画図がかなり詳細なノルトライン-ヴェストファーレン州（地域計画図：5 万分の 1）では、他の州（一般的に 10 万分の 1）よりも、この手続の重要性は低い（H. J-. Seometz, S. Butenandt: Sicherung der Raumordnung – Das Raumordnungsverfahren –, Universität Kaiserslautern 2000, 14 頁）
国土計画のレベルで重要な事業として国土計画手続令（− RoV；1990 年 12 月 13 日）でこの手続が求められている対象は、環境侵害防止法、環境親和性検査法、原子力平和利用・危険防止法、廃棄物法、水収支法、連邦遠隔道路法などと関連づけながら、①公害発生の危険性のある施設、②原子力技術施設や放射性廃棄物の貯蔵施設、③廃棄物処分施設の建設、④廃水処理施設の建設、⑤水面あるいは沿岸の創出および除去・大きな改変、100 ha 以上の港、堤防・ダム建設・海の埋め立て、⑥連邦遠隔道路の建設、⑦空路法第 8 条による計画決定の必要な空港の設置と大きな変更、⑧自動車とオートバイクの走行・テスト道路の建設、⑨ 11 万ボルト以上の高圧線、および 16 バーを超える運転圧力のガス管の敷設、⑩余暇・外来客宿泊［Fremdenherbergung］のための、休暇村およびホテル複合施設、その他の大規模施設ならびに大規模余暇施設の建設、⑪購買センターおよび大型小売店舗、その他の大型商業施設の建設などとなっている。
個々の事業に対して、国土計画手続がとられるのは、地域発展計画のレベルである。国土計画手続はどの州でも行われているが、規則は相互に少し異なりを見せている。
49) 実は、1989 年の改定国土計画法では第 6a 条で国土計画手続に環境検査の視点を入れることが新しく定められていたが、1993 年の投資迅速化・住宅用地法によって、再び、この規定が削除されてしまった。
50) 最近の実例で例えば 2001 年のノルトライン-ヴェストファーレン州のアルンスベルク広域行政区での高圧送電線（11 万 V）の設置についてみると、この場合には 4 種案（経路、地下埋設、地上送電を勘案：250 m 地下埋設から全部地下埋設；下位案を含めると 9 案）が提案され、森林保全、水経済、レクリエーション、自然保護、そして経済性の観点から検討を行い、3.3 km 地下埋設、9.8 km 地上送電の下位案が最適と判定されている。以降の手続で、自然地維持的随伴計画などを行うように指摘されている。（Raumordnerische Beurteilung, Bezirksregierung Arnsberg 62.5.7.1.11.1 /51, 2001 年 5 月 29 日）
51) 国土白書より。土地利用の種類には「その他」があり、これが 8% 程度の割合を占めているので、その分、実態を反映しにくくなっている数値ではある。

5 動植物相-ハビタット [FFH]-親和性検査

環境親和性検査と全く同じように，植物相–動物相–ハビタット [以下，FFH]-親和性検査（FFH-VP）も，欧州連合（EU）の法的規則を基礎にした結果克服手段である．FFH-親和性検査の具体的なヨーロッパの法的基礎は，"自然的な生育生息空間および野生の動植物の保全に向けての指令"（RL92/43/EWG DES RATES）で，ドイツでは短く FFH-指令と言っている．FFH-指令は構成国に対し，ヨーロッパ全域に重要な保護地域のネットを設けることを義務づけている．このネットは，"ナトゥラ2000 [以下，NATURA-2000]"と名付けられている．これは，FFH-指令によって保護すべき"（ヨーロッパ）共同体に重要な地域"（FFH-地域）に加えて，ヨーロッパ鳥類保護指令に基づいて指定すべき"特別保護地域"（鳥類保護-地域）も含んでいる．このエコロジー的ネットの侵害からの保護について，FFH-指令は，この地域に影響を及ぼす可能性のあるプロジェクトと計画の親和性の検査を要求している（FFH-親和性検査）．FFH-指令の国内法化は，ドイツでは 1998 年 4 月 30 日の「連邦自然保護法の変更についての第 2 次法」をもって行われた．現行の連邦自然保護法は，これによって，FFH-親和性検査の国内的な法的基礎ともなっている．連邦の計画とプロジェクトに対しては連邦自然保護法が直接に関係し，その他の場合は，それぞれの州の自然保護法を採用する必要がある．

FFH-親和性検査は多くの手続段階と手続法規的予防を含んでおり，NATURA-2000 のネットの地域を危機に陥らせる可能性のある計画あるいはプロジェクトが予定されている時には，どの場合でも，これを進めていく必要がある（表-5.1 参照）．FFH-親和性検査の重要な課題は，ある地域の保全目標が計画あるいはプロジェクトによって侵害される可能性があるかどうかを検査することである．

環境親和性検査および介入規則とは異なって，FFH-親和性検査は，環境全体に対して（環境親和性検査のように）あるいは一般的に自然収支の実施・機能能力に対して（介入規則のように），面的にではなく，FFH-地域とヨーロッパ鳥類保護地域，

表-5.1 FFH-親和性検査の検査過程の概要

1. 前検査 （FFH-スクリーニング）	**FFH-親和性検査が必要か？** ➡プロジェクトか計画が NATURA 地域に負の影響をもつ可能性があるか，あるいは侵害が確実に除外できるかどうかのおおよその見積 結論：FFH-親和性検査が必要，または FFH-親和性検査は不必要
2. FFH-親和性検査	**プロジェクトか計画によって，地域の甚大な侵害が，その保全目標にとって基準を与える構成要素に影響を及ぼすか？** ➡あり得る影響の，詳細化された，個別に関連した予測と評価結果： a) 甚大な侵害が起こり得る ➡そのプロジェクトか計画は，そのことで，FFH-親和的でない，あるいは b) 地域の甚大な侵害の恐れはない ➡そのプロジェクトと計画は FFH-親和的である
3. 例外規則	**FFH-非親和性の場合**
3.1 選択肢案の欠落証明	**NATURA-2000 地域の侵害がないか，少ない，妥当な計画・プロジェクト選択肢案がある** ➡妥当な選択肢案の NATURA-地域への侵害の比較による評価 ➡妥当性の評価 結論：NATURA-地域の侵害がわずかな妥当な選択肢案がある，あるいは，NATURA-地域の侵害がわずかな選択肢案はない
3.2 総じて公的な利益のやむを得ない理由の証明	**NATURA-2000 の利益を超えるプロジェクトか計画に対する公的な利益のやむを得ない理由があるか？** ➡プロジェクトか計画に対する理由の検査と NATURA-2000 の利益との比較衡量 結論：事業に対する理由が，強制的で総じて公的利益に関わっている，あるいは，理由が強制的でなく総じて公的利益に関わっていない
3.3 保障対策の構想化	**NATURA-2000 の関連性の保障について，どのような対策があり，どこで，いつ実施されるのか？** ➡NATURA-2000-地域の確定された侵害に対する対策の導き出しと計画 結論：保障対策の種類および規模，場所，時点の表示

そしてそれらの目標だけに狭く限定して関わっている．しかし，その代わりに，甚大な侵害が確認された場合には，法的に定められた帰結（法的効果 [Rechtsfolgen]）は，介入規則と環境親和性検査よりも遙かに厳しい．

FFH-親和性検査は，介入規則と環境親和性検査に類似して，官庁の手続であるが，より正確には，事業の認可に関する決定に向けての行政手続の官庁検査の段階を指す．FFH-親和性検査を担当するのは，ドイツでは，通例，申請された事業の許可を担当する官庁と同じ官庁である．より詳しくは，州の自然保護法で定められている．つまり，FFH-親和性検査は－介入規則に似て－背負い手続の形で実施される（Louis 1999, Bugiel 1999, 欧州委員会 [EU-Kommission] 2000 参照）．

FFH-VP の全体手続は，手続を主導する官庁と並んで，申請者（官庁の可能性もある）および専門家，自然保護官庁が参加する 3 つの中心的な段階，つまり：

• NATURA-2000-地域への事業のネガティブな影響が予想できる可能性があるかど

うかの前検査．
- ネガティブな影響の本来の親和性検査，
- 例外理由の検査－甚大な侵害が発生する可能性がある場合－，および NATURA-2000-ネットの相関性 [Köharenz] の確保についての対策の確定，

の段階を通過する必要がある．

続いてこれらの FFH-VP の中心的な 3 つの手続段階について詳細に触れる前に，背景情報として，まず，FFH-VP が関わる NATURA-2000 の考え方について解説する必要がある．

5.1 "ナトゥラ-2000" の考え方

"NATURA-2000" という名称のもとで，FFH-指令第 3 条 1 項は，"重要な保護地域のヨーロッパ的な相関性を持つエコロジー的ネット" を設けることを要求している．この目標をもって，**ビオトープ連結の考え**がヨーロッパ次元に拡張される．

5.1.1 FFH-指令と鳥類保護指令に沿う法規基礎

ヨーロッパに広がる保護地域システムである NATURA-2000 は，"共同体的な自然保護政策の土台"（EU-委員会 [Kommission] 1996, 10 頁）と理解されている．これは同時に，EU の生物的多様性についての重要な手法となっている．エコロジー的ネットである NATURA-2000 は，ヨーロッパの共同体の生物多様性戦略の中心的要素と見なされており，これによって国連の生物多様性条約の要請をヨーロッパレベルへ転換することが必要とされている（EU-Kommission, http//biodiversity-chm.eea.eu.int/convention/cdb_ec/strategy/fulltext.html 参照）．

エコロジー的ネットである NATURA-2000 は，2 つの地域タイプで構成されている．

鳥類保護-地域は，鳥類保護-指令の意味での "特別保護地域"（Special Protection Area（SPAs））で，同指令の付録 I に挙げられている 182 種の鳥類，および定期的に現れる渡り鳥の保護に向けてのものである．

そして，

FFH-地域は，FFH-指令の意味での，特別な "共同体的な意味を持つ地域"（Special Areas of Conservation（SACs））で，FFH-指令の付録に挙げられている 198 の生育生息空間タイプ（付録 I）ならびに 485 植物種と，鳥類を除く 221 動物種（付録 II）の保護に向けてのものである．ドイツでは，そのうちの 87 生育生息空間タイプと 112 動植物種が存在する（連邦自然保護局 [Bundesamt für Naturschutz] 2000, http://www.bfn.de/03/030301_arten.pdf 参照）．

NATURA-2000 の目標は，これらの生育生息空間および自然的な分布地域での生物種の**良好な保全状態**の保全と再生を保障することである（EU-Kommission 1996）．鳥類保護指令では，更に，鳥類の生息場の再生と新設も求められている．

5.1.2 通知手続と地域申告の状況

EU-構成国には，NATURA-2000 のネットに対して適切な地域を自己の高権地域で明確にし，EU-委員会に通知する [melden] ことが求められている．通知すべき地域の選定のための基準は，鳥類保護指令でも FFH-指令でも定められている．鳥類保護地域が，構成国による通知と公報での周知の後，直接に NATURA-2000 のネットに加えられるのに対して，FFH-指令第 3 条は，FFH-地域の確認のために全体で 3 局面を定めている（図-5.1 参照）．地域報告のその都度の到達局面は，FFH-親和性検査についての法的義務に対しても重要である．通知プロセスでのかなりの時間的な遅れに条件づけられて，具体的な計画例では，深刻な問題を引き起こしていることがまれではない．

第 1 局面：国内の地域リストの作成：NATURA-2000 のネットのための保護地域の指定の過程での第 1 段階は，それぞれの構成国に，自らの高権地域で出現する，指令の付録からの生育生息空間と生物種の広範な評価を求めている．これについては，当該の空間と生物種の出現が，まず同定されなければならない．通知すべき地域の選択は，指令の付録 III に定めている標準化選定基準を利用して行われる．選定された地域の情報は，個々の地域に対して書き込まれ，国内リストの一部として手渡される**標準データ票**の形で表される（Ssymank et al. 1998, 463ff 頁，EU-Kommission 1994）．ドイツでは自然保護は州の権限になるので，地域選定は，まず，州によって行われる．その後，州の地域リストは専門的鑑定のために連邦自然保護局に，そしてそこから連邦環境・自然保護・原子炉安全省 (BMU) に引き渡される．次に，BMU は，そのようにして同定され記録された地域（"欧州共同体に重要な提案地域 [Proposed Site of Community Interrest]"，pSCI）を，国内提案リストとして EU-委員会に引き渡す（公式期間：1995 年 6 月まで）．

第 2 局面：共同体的に重要な地域の確定：EU の 6 の生物地理学的地域と関連させて，国内の通知リストから欧州共同体的に重要な地域（"Sites of Community Importance"（SCIs）が選定されるが，これから NATURA-2000 のネットワークが構成される（公式期間：1998 年 6 月まで）．この選定過程は，欧州委員会によって構成国との共同で進められる．これらは国々の生物地理学的地域に対して共同の科学的委員会を設け，並行して会議を持ちながら，FFH-指令の付録 III に挙げられている基準を基に選択を行う．共同体的に重要と考えられる地域として確定された地

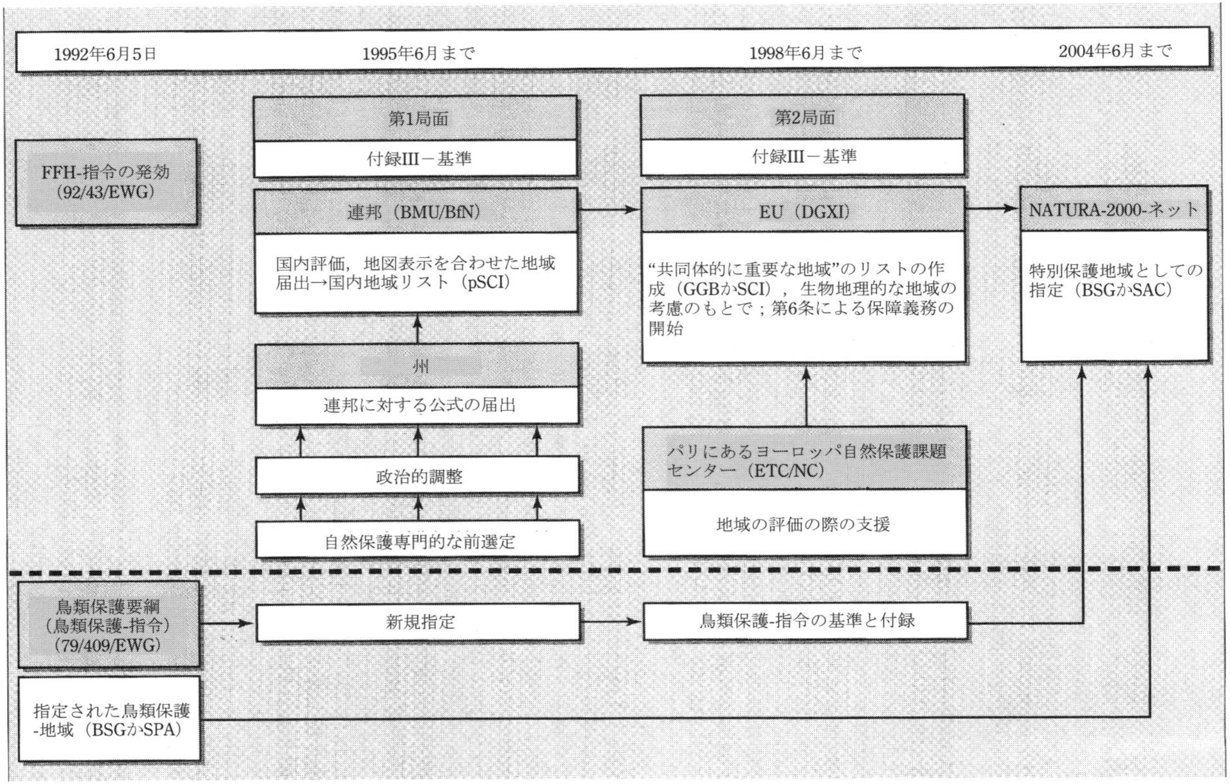

5.1 "ナトゥラ-2000"の考え方 337

図-5.1 NATURA-2000 のための保護地域指定の手続 (Ssymank et al. 1998：24頁) [BfN: Bundesamt für Naturschutz (連邦自然保護局), BMU: 前頁既出, BSG: Besondere Schutzgebiete (特別保護地域), DGXI: Directrate General XI (第 XI 総局，環境，原子力安全，市民保護), ETC/NC: European Topic Centre on Nature Conseroation (ヨーロッパ課題センター/自然保全), GGB: Gebiete von Gemecnshaftlicher Bedeutung (欧州共同体に重要な地域), SAC: 335 頁既出, SCI: 前頁既出]

域候補は，そこで，委員会によってハビタット委員会に正式の受理のために送達される．地域が SCI のリストに記載されると，これは共同体に重要な地域として確認され，このことによって FFH-指令の保護審議会のもとに置かれる．構成国によって通知された地域が **"優先的な生育生息空間タイプと生物種"**，つまり消滅に，直接，脅かされている生息生育空間タイプと生物種であることを示すとき，これらの地域は自動的に SCI-リストに受入れられる．優先的な生育生息空間タイプと生物種は，指令の付録で星印によって明示されている．もし構成国が価値ある地域を通知しなかった場合，例外的に委員会が SCI-リストへの地域の受け入れを提案できる．したがって，共同体の評価会議の枠内で，FFH-指令に基づく生息生育空間タイプと生物種の通知の完全性も検査される．そこで欠落が指摘されると，当該構成国は欠落の穴埋めに，更に適切な地域を挙げる義務が課される可能性がある．地域が SCI-リストに載せられて，初めて，正式に FFH-親和性検査の義務が有効となる．全体の通知プロセスが，かなり時間的に遅滞していることで，関係地域がまだ共同体リストに載せられていない場合でも，すでに，法的安定性の理由から，裁判所によって FFH-親和性検査が求められる（BVerwG, A20 についての 1998 年 5 月 19 日の判決）．この理由から，当該地域を本当に通知しなければならないのか，あるいは実際にまだこれから通知するものなのかが明確でないにもかかわらず，担当官庁は，疑念のあるときには，FFH-親和性検査を求めることが多い．

　第 3 局面：特別の保護地域としての指定：ある地域が SCI として受け入れられたら，直ちに，構成国は，そこを 6 年以内に特別保護地域（Special Area of Conservation（SAC））として指定しなければならない（公式には 2004 年 6 月まで）．6 年の期間は構成国によって，必要な保全対策を確定するためにも利用できる．このことは，通例，出現する生物種と生育生息空間の良好な保全状態を保障するために，地域に対して自然保護専門的な**マネージメント計画**，ならびに法規的，行政的あるいは契約的な対策を必要とする．

　地域の通知の状況は，ヨーロッパ全体では非常に異なっている．FFH-指令の法的転換の遅滞により，そして構成国内の，地域の選定および通知がしばしば利害対立を引き起こし，そのことで指令自身に定められている地域通知の時間計画を大きく超過している．NATURA-2000-ネットの地域の選定が EU-委員会によって，1988年 6 月までに完了していなければならないのに，共同体的に重要な地域のリストは，これまでのところ生物地理的地域であるマカロネジアン [Makaronesien] －例えば，ここにはカナリア諸島が位置している－に対してのものしかない．構成国の地域通知と EU による共同体的に重要な地域確定のその時々の最新状況は，EU-委員会の「NATURA-2000 バロメーター」において，http//europa.eu.int/comm/

einvironment/nature/barometer/barometer.htm で呼び出すことができる．

ドイツでも，**FFH-指令の国内適応はかなりの遅れをきたした**．国内地域リストのEU への送達期限（1995 年 6 月）は，ドイツから 1 つの FFH-地域もブリュッセルに届けられずに，経過してしまった．1996 年になって，やっと最初のドイツによるEU での FFH-地域通知が始まった；これは，欧州裁判所（EuGH）の判決によって，罰金と EU-環境補助金の停止という処罰の警告を結びつけて"翼をつけられた"ことも見過ごすことはできない．

ドイツの州では，地域選定は，通例，いくつかに分割して行われた．既存の保護地域を基に迅速に選定された"第 1 期分 [1. Tranche]"の後に，根本から作業された"第 2 期分"が遅れて出されたが，これは，これまで保護地域として指定されていなかったような地域の提案も含んでいた．2001 年の間，最終的にすべての州で，完全な通知資料も合わせて，地域候補 [Gebietskulisse] が EU に送達され，州自身はこれを完結したものと見なしていた．しかしながら，直ちに，連邦自然保護局のみならず地域通知の評価の専門家会議からも追加届けが必要なことが提起された（SSYMANK et al. 2003 参照）．

鳥類保護地域の指定は，FFH-地域の通知の手続とは無関係に行われる．しかし，鳥類保護-指令の転換もドイツでは非常に遅れた．例えば，鳥類保護-地域に必要な指定は，現時点でもまだ終了していない．FFH-地域の通知と鳥類保護地域の指定の最新の状況は，ドイツでは，連邦自然保護局のインターネット・サイトで呼び出すことができる（http//www.bfn.de/03/meldestand.pdf）．

NATURA-2000 のテーマの掘下げについては，以下のより詳しい刊行物が推薦される：

SSYMANK, A., HAUKE, U., RÜCKRIEM, C. & SCHRÖDER, E. unter Mitarbeit von MESSER, D. (1998): Das europäische Schutzgebietssystem Natura 2000. BfN-Handbuch zur Umsetzung der Fauna-Flora-Habitat-Richtlinie und der Vogelschutz-Richtlinie. Schr.R. f. Landschaftspfl. u. Natursch. 53, Bonn

GELLERMANN, M. (2001): Natura 2000: Europäisches Habitatschutzrecht und seine Durchführung in der Bundesrepublik Deutschland, 2. neubearb. und erw. Aufl., Berlin; Wien u. a., 293 S.

SUDFELDT, C., DOER, D., HÖTKER, H., MAYR, C., UNSELT, C., LINDEINER v., A., BAUER, H.-G. (2002): Important Bird Areas in Germany – revised updated and completed list (state of 1st July 2002). Ber. Vogelschutz 38, S. 17–109.

理解確認問題
- NATURA-2000-ネットはどのような地域タイプで構成されているか？
- ドイツでは，どのような機関が NATURA-2000-地域の選定と通知を担当しているか？
- EU のどのような研究施設 [Institut] が NATURA-2000-ネットの地域の確定に参加してい

るか？
- SCI-リストの確定後，どのような義務をEU-構成国は持つか？

5.2 FFH-親和性検査の手続過程

FFH-親和性検査の必要な手続過程は，その法的基礎から出てくる；つまり，FFH-指令と，そのドイツの自然保護法規への転換規則からである．主要には，3つの段階を区別できる．

5.2.1 FFH-親和性検査法的規定

FFH-親和性検査の法的基礎は，**FFH-指令第6条3項**が設けている．ここでは，単独であるいは他の計画とプログラムとの協働でNATURA-2000-地域をかなり侵害する可能性がある計画・プログラムは，地域通知の枠内で確定された保全目標との親和性の検査を必要とすると定められている．同時に，この指令は，FFH-指令の具体的な法的効果として，もし当該地域がそのようなものとして侵害されないと確定したときにのみ，担当官庁は計画・プログラムに対して同意を与えることができると定めている．他の環境結果克服の手法と比べて非常に厳しい，この規則からの例外については，FFH-指令第6条4項で定められている．ここでは，この厳しい保護からの例外を認める根拠が定義されている．

親和性検査の義務は，指定されたヨーロッパ鳥類保護-地域と同様に，共同体的に重要な地域（FFH-地域）に当てはまる．鳥類保護地域の質を有しながらも，しかしこれまでまだ指定されていない地域（事実上の鳥類保護地域）に対しては，最高の裁判所の判決によって，例外手続の可能性を持った親和性検査の義務は適用されない（Louis 2002）．ここでは，侵害禁止の例外を認めない，むしろ，もっと厳しい鳥類保護指令の保護体制が適用される．

FFH-親和性検査の個々の法的基礎は，ドイツではFFH-指令が転換された連邦自然保護法から出てくる．中心的には，FFH-親和性検査は**連邦自然保護法第34条**「事業の親和性と不認可，例外」によって規則づけられている．ここではFFH-親和性検査の適用範囲も，手続も，そして法的効果も定められている．これと並んで，連邦自然保護法第10条「概念」がまだいくつかのFFH-親和性検査に重要な概念定義を行っている．連邦自然保護法第35条「諸計画」では，同第34条で設けられたプロジェクトのFFH-親和性検査についての義務を，計画にも関連づけている．連邦自然保護法の提示枠組[Rahmenvorgabe]は，州自然保護法によってまだ州法への転換が行われなければならない．これが実施されていない間は，連邦自然保護法第34条と35条の義務が，当該州に直接に適用される．

FFH-親和性検査の場合，環境親和性検査および介入規則と同様に，独立した許可手続ではなく，専門的計画法規に基づいて実施すべき認可手続の非独立部分となっている．**FFH-親和性検査に対する担当**は州法規的規則に従っている．FFH-親和性検査が自然保護官庁によって行われるブレーメン州を例外として，すでに当該規則を設けた州では，通例，申請事業の認可にも責任のある官庁が，FFH-親和性検査を担当し主導的に進めていく．自然保護官庁は，州それぞれにおいて，多かれ少なかれ集中的に参加している．詳細には，官庁の共同作業は，多くの場合，州の告示および行政規則で定められている．

5.2.2　FFH-親和性検査の手続過程の概観

　FFH-指令と連邦自然保護法の法的規則 [Vorgabe] からは FFH-親和性検査の3つの主要な段階が導き出されるが，それぞれに答えられなければならない中心的課題がある（図-5.2参照）．

　FFH-親和性検査の主要3段階を通過するためには，それぞれにいくつかの検討作業段階が必要で，これらは様々な参加主体によって進められる（表-5.2参照）．

表-5.2　FFH-親和性検査の検査諸段階と担当主体

検査段階	参加主体
1. 前検査	
法的：プロジェクトか計画か？	－許可官庁
専門的：甚大な侵害があり得るか，または除外できないか？	－許可官庁(自然保護官庁の参加の下で)
暫定期：潜在的 FFH-地域または事実上の鳥類保護地域か？	－許可官庁 －自然保護官庁
2. FFH-親和性検査 （現況調査，影響見積，影響評価）	
調査 [Untersuchung] 規模の確定	－許可官庁，自然保護官庁，事業実施者（鑑定者とともに）
現況調査	－事業実施者（鑑定者とともに），自然保護官庁の基礎データを基に積み上げる
影響の予測と専門的判定 （FFH-親和性調査）	－事業実施者（鑑定者とともに）
侵害の官庁評価	－許可官庁(自然保護官庁の参加の下で)
3. 例外手続	
選択肢案がないことの証明	－許可官庁，事業実施者
例外理由の検査	－許可官庁，事業実施者，鑑定者
NATURA-2000 の相互関連性の確保に向けての対策の確定	－許可官庁（自然保護官庁の参加の下で），鑑定者の提案に基づく

5 動植物相-ハビタット [FFH]-親和性検査

1. 前検査（→連邦自然保護法第34条(1項)と35条との関わりで同第10条）
FFH-親和性検査を必要とする事実状況が満たされているか？
a) 事業は，連邦自然保護法第10条1項11号a)かb), c) の意味での計画またはプロジェクトか？
そして，
b) 甚大な侵害を引き起こす可能性のある影響関連性があり得るか？この中途過程では，加えて，当該の地域がNATURA-2000-地域かどうかの問題が明確にされる必要がある．

→ **いいえ→FFH-親和性検査は必要ない**

↓ はい→FFH-親和性検査が必要

2. FFH-親和性検査（→連邦自然保護法第34条（1項，2項）
プロジェクトあるいは計画がNATURA-2000-地域の保全目標に重要な構成要素に対する甚大な侵害を引き起こす可能性があるか？
a) 何がプロジェクト・計画の重要な影響か？
b) どのような保全目標があり，何がそれに基準を与える構成要素となっているか？
c) どのようなネガティブな改変が予想でき，それはどれほど甚大か？

→ **いいえ→プロジェクト・計画の認可**

↓ はい

プロジェクト・計画の拒否 ← → 例外手続き

3. 例外決定の検査（→連邦自然保護法第34条3項-5項）
例外認定に必要な事実状況は存在しているか？
a) 妥当か親和的な代替案が欠けているか？
b) 例外理由は適用できるか？
c) NATURA-2000の相互関関連性の再生に向けての対策は可能か？

→ **いいえ→プロジェクト・計画の不認可**

↓ はい→プロジェクト・計画の認可

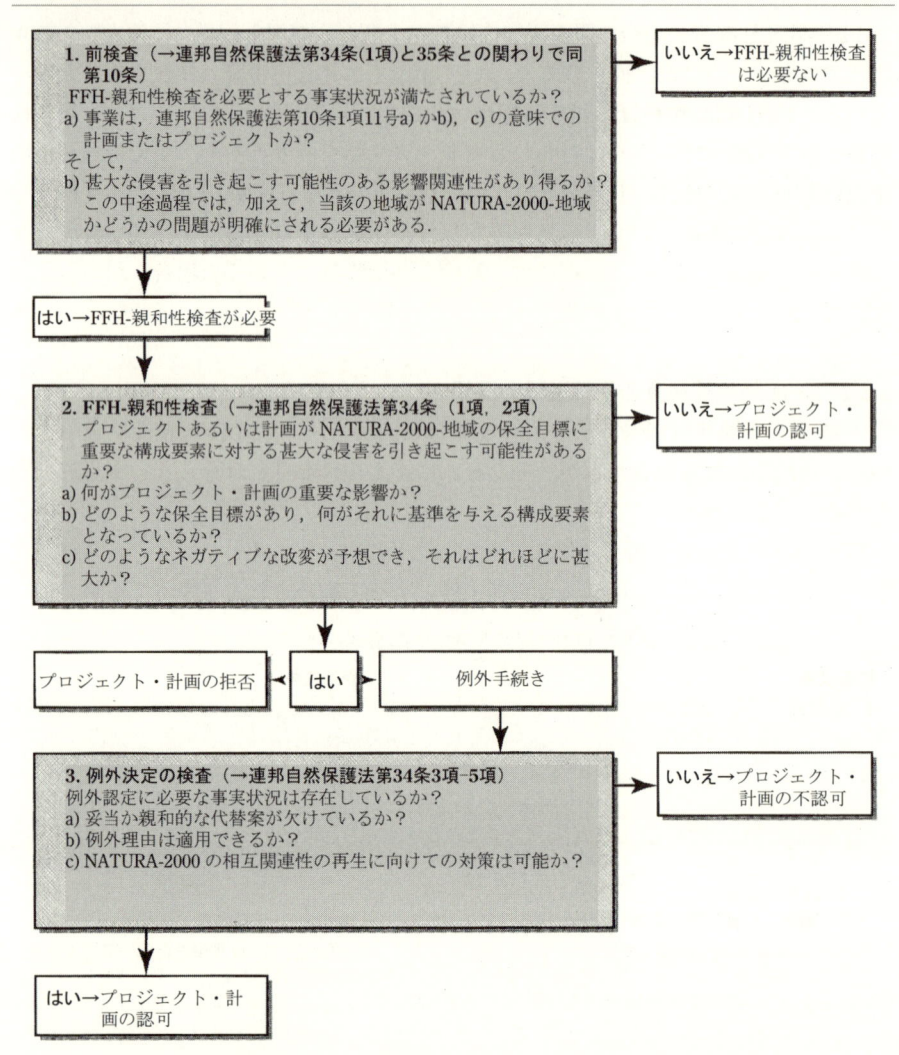

図-5.2 連邦自然保護法第34条と同第35条基づくFFH-親和性検査の手続の流れ（BERNOTAT 2003による；補完）

理解確認問題

- 連邦自然保護法第34条に基づくFFH-親和性検査の3つの主要局面は何か？
- FFH-親和性検査の主要主体は何で，その課題は何か？
- 誰が最終的に事業の親和性あるいは非親和性を決定するか？

5.3 FFH-親和性検査の必要性の検査（前検査／FFH-スクリーニング）

前検査では，事業に際してプロジェクトあるいは計画が関係し，それに FFH-親和性検査が必要かどうか，つまり，FFH-親和性検査が定められている形式的および実態的な構成要件が満たされているかどうかを明らかにする必要がある［FFH-スクリーニング］．これには，2 つの側面を考慮する必要がある：

1) 法的検査義務

考えられている活動の場合，連邦自然保護法第 10 条「概念」1 項 11 号 a) および b)，c) の定義の意味でのプロジェクトあるいは計画が関係しているのか？

2) 甚大な侵害の実際の可能性

プロジェクトタイプあるいは計画タイプと NATURA-2000-地域の間の具体的な相関的状況において甚大な侵害に結びつく具体的可能性があるか，または，甚大な侵害が充分に排除できるか？

完全な EU-環境地域リストが備わるまでの過渡期では，前監査の枠内では，第 3 の検査段階がまだ必要である．

3) 当該地域での法的検査義務

影響を受ける関係地域には，原理的に検査義務のある潜在的または事実上の NATURA-2000-地域の資格 [Status] が存在するか？

前検査の実施に対する責任は，通例，事業の許可も担当している官庁に帰する．意思決定に向けては，通例，自然保護官庁および，事業実施者か同者の鑑定者の情報が必要とされる．前検査はいつも担当自然保護官庁との同意をもって行われる必要があるだろう．

5.3.1 原則的に検査義務があるプロジェクト・計画タイプ

FFH-親和性検査の意味でのプロジェクトの概念で理解されるものは，連邦自然保護法第 10 条の概念定義で定められている．それによると，プロジェクトは：

- **NATURA-2000-地域内部の事業と対策**で，官庁の決定あるいは官庁への届けが必要とされる，あるいは官庁によって実施されるもの，
- **地域境界外のものも含む介入規則の意味での自然・自然地への介入，**
- **連邦環境侵害防止法**によって**許可の必要な施設**ならびに水収支法による**水利用，**

である．

NATURA-2000-地域内の事業あるいは対策が実現される必要がある場合，検討すべきプロジェクトとして扱うべきかどうかは比較的容易に答えることができる．あ

る事業に対して官庁の決定あるいは官庁への届けが必要な場合，もしくは官庁自らが実施する場合には，いつも，FFH-親和性検査の必要性が検査されねばならない．

　ドイツでは，地域外での検査義務のある活動に対する連邦自然保護法第10条「概念」のプロジェクト定義は介入事実を前提としているので，－例えば，農業条項が関わるスポーツの大規模の催しあるいは活動のような－ NATURA-2000-地域の近辺で行われる，介入規則の意味での介入とならない活動には親和性検査を必要としない (Stollmann 1999)．このことは，州自然保護法によって介入規則のネガティブリストに挙げられている事業に当てはまる (Lambrecht, 印刷中)．しかし，このように検査義務のあるプロジェクトを限定していることは，場合によっては，FFH-指令の規則と矛盾する．この指令は，FFH-親和性検査についての義務からの例外を，地域の管理と関わる活動のみとしている．したがって，連邦自然保護法の定義によってでに，NATURA-2000-地域外の「介入」とはならない活動などが，検査義務から外されているとEU-環境委員会によって非難されている．更に，委員会によって，農業の施肥による物質的な土壌改変のような，許可・届け不要の対策も捕捉されないと，苦言が出されている (EU-Kommission 2000a 参照).

　EU-Kommission の批判にもかかわらず，いくつかの州も自らのFFH-指令の転換についての行政規則で，FFH-地域に甚大な侵害を引き起こすようなものでなく，したがって，FFH-親和性検査を行う必要のない事業と対策をリストの形で明確にしている．このような例として，バイエルンおよびニーダーザクセン，ノルトライン-ヴェストファーレン，テューリンゲンの各州がある (Wachter, Jessel 2002).

　連邦環境侵害保護法による許可を必要とする施設，ならびに水収支法によって許可が必要とされる水利用は，空間的に非常に広範囲に影響を及ぼしており，したがって，FFH-親和性検査の必要性について，特に検討を要する．

　地区詳細計画図の地域の建築事業は，場合によってはFFH-親和性検査をすでに地区詳細計画図の作成の時に実施しなければならず，原理的に，その検査義務からは外されている．

　検査義務のあるプロジェクトと全く同じように，検査義務のある計画図タイプも，連邦自然保護法第10条で定義されている．それによると，検査すべき計画は，早期の手続で作成され，後に官庁の決定に際して注意あるいは考慮すべきものである．連邦自然保護法第35条「計画図」は，これについて，検査義務のある計画として，特に，交通路計画での路線位置決定ならびに国土計画と建設誘導計画を挙げている．

　プロジェクト定義とは反対に，計画定義は一定の解釈余地を与えており，このことが，どの計画タイプが検査義務をもっているのかがまだ最終的に解明されていないことにつながっている（枠-5.1 参照）．例えば，現在，例えば連邦交通路計画ある

5.3 FFH-親和性検査の必要性の検査（前検査／FFH-スクリーニング）

枠-5.1 FFH-親和性の検査義務のある計画タイプ

一義的に検査義務が必要：

国土計画
- 連邦の国土計画（国土計画法 [ROG] 第 18 条 1 項）
- 州の国土計画図（国土計画法 [ROG] 第 8 条）
- 地域計画図（国土計画法 [ROG] 第 9 条）
- 地域的発展構想
- 褐炭採掘計画（州法による）

建設誘導計画
- 土地利用計画図（建設法典 [BauGB] 第 5 条）
- 地区詳細計画図（建設法典 [BauGB] 第 8 条）
- 補完条例（建設法典 [BauGB] 第 34 条 4 項 1 文 3 号）

部門別計画
- 営林枠組計画（連邦森林法 [Bundeswaldgesetz] 第 7 条）
- 水経済的枠組計画（水収支法 [WHG] 第 36 条）
- 管理計画（水収支法 [WHG] 第 36b 条）
- 汚水除去計画（水収支法 [WHG] 第 18a 条 3 項）
- 廃棄経済計画（循環経済・廃棄物法 [KrW-/AbfG] 第 29 条 1 項）
- 騒音低減計画（連邦汚染防止法 [BImSchG] 第 44 条から）
- 枠組経営計画（連邦鉱山法 [BBergG] 第 52 条 2a 項）
- 路線決定（連邦遠隔道路法 [FStrG] 第 16 条，連邦交通水路法 [WaStrG] 第 13 条）

検査義務が論議されている
- 連邦交通路計画
- 交通需要計画（遠隔道路拡充法 [FStrAbG] 第 1 条，連邦鉄道拡充法第 1 条）
- 国土計画手続/州計画的判定
- それぞれの州狩猟法規あるいは州漁業法規による，禁漁・禁猟計画
- 連邦土壌保護法 [BBodSchG] による再整備計画
- 農業構造発展計画（共同体課題 "農業構想と沿岸保護の改善" に関する法律 [GAKG] 第 1 条 2 項）

いは連邦遠隔道路と鉄道のための需要計画に対して，あるいは国土計画手続に対しても FFH-親和性検査が必要かどうか論議されている（LAMBRECHT 2003, LAMBRECHT 印刷中，KÜSTER 2003 を参照）．例えば，バイエルン州政府は，国土計画手続を明確に検査義務から外しているが（Bayerisches Staatsministerium für Landesentwicklung und Umweltfragen 2000 参照），これに対してブランデンブルク州の FFH-指令の転換についての行政規則によれば，この手続は検査義務を有している（Ministerium für Landwirtschaft, Umweltschutz und Raumordnung des Landes Brandenburg 2000 参照）．

FFH-指令それ自体は，どのような計画に親和性検査が必要かについては，何ら示していない．つまり，計画概念は，指令の設定目標を考慮した上で，より詳しく定められる必要がある．これは，保護されている地域の全体の侵害を，可能性に応じて，排除するということを狙っている（STOLLMANN 1999）．これに応じて，計画概念は，広く解釈する必要がある（EU-Kommission 2000：34 頁）．計画の検査義務に

対して決定的なものとして，その素材的な作用だけが挙げられている．どのような素材的な結果が事実上で現れてくるかは，どのような法的基礎の上で計画が作成され，後続の計画レベルに対して，この計画で行われる確定がどのように法的拘束力を持っているかということに依存している．したがって，戦略的環境検査についてのEU-指令の計画概念定義に対する指示（同指令第3条）の下で，公的に定められ，それに応じて拘束的な計画だけがFFH-親和性検査を行うことが要求される．

FFH-親和性検査の課題－つまり，NATURA-2000-地域の侵害を可能な限り幅広く回避すること－を背景に，計画検査義務の問題を検討してみると，検査義務の判定に対しては，最終的に，侵害の回避の視点で，どれほどに強く決定自由余地が狭められているかが決定的である．ある計画によって，NATURA-2000-地域を侵害する可能性がある確定が行われ，その確定が後続の計画手続で拘束的な与件 [Vorgabe] として扱う必要があるときには，いつも，FFH-親和性検査が実施される必要があるであろう．そのような計画は，後続の計画手続でFFH-親和的選択肢案を選定するための可能性を制約するかも知れない．したがって，FFH-親和性検査の枠内で，選択肢案の幅の広がりによる制約を受けずに検討するためには，FFH-親和性検査を，例外手続も含めすでに早期の計画レベルで実施しなければならない．しかし，同時に，例えば，道路建設事業の路線決定には，事業の最終的決定が計画確定手続における認可に際して初めて行われるという留保が，いつも設けられている（LAMBRECHT 2003：142頁）．

5.3.2 原則的に検査義務がある地域タイプ

連邦自然保護法とFFH-指令の言うところでは，"エコロジー的NATURA-2000-ネットの保護地域"に対しては，FFH-親和性検査を行う必要がある．その地域は，原則的に，一つはEUによって共同体リストに登録されているFFH-地域（共同体的に重要な地域）であり，更に，指定されているヨーロッパ鳥類保護-地域である．これに加えて，優先的な生育生息空間タイプあるいは生物種の存在により，直接に共同体リストにまだ登録されるべき，通知された地域がある（5.1.2項参照）．

構成国による地域の通知の大幅な時間的遅れに条件づけられて，NATURA-2000-地域の最終的な確定と保護措置までの現在の過渡的段階では，どのような地域で（通知過程のどの段階で）FFH-親和性検査を行う必要があるかという問いに関して，場合によってはかなりの問題が起こっている．EU-構成国は，原則として，自らの転換義務の期間経過の前に後に指令から発生する義務を果たせなくなるような既成事実を先取り的に設けることによって，転換EU-指令の目標を無効にしてはならない（連邦行政裁判所 [BVerwG]1998－"A20-判決"）．この**FFH-指令の遡及効果**か

5.3 FFH-親和性検査の必要性の検査（前検査／FFH-スクリーニング）

らは，NATURA-2000-ネットに受け入れるのに適した地域を，前もって，破壊をしてはならないし，その他の侵害もしてはならないことになる（手をつけない義務 [Stillhalteverpflichtung]）．このことから，FFH-親和性検査についての義務は，すでに通知されたすべての地域に対して，そして，（完全な国内リストの提出までは）専門的な基準によって国内リストに登録すべき地域（**潜在的 FFH-地域**）に対しても同様だと結論づけられる．

ドイツ連邦共和国が自国の FFH-地域を完全に EU-委員会に通知していない間は，以下の地域カテゴリーが該当する場合に FFH-親和性検査を実施することが推薦される：

- EU-委員会に公式に通知された FFH-地域（自然保護を担当する州の省（そのインターネットで記録を公表している場合がよくある）あるいは連邦環境省に問い合わせること），
- 官庁検査中の地域提案（自然保護を担当する州の省（多くの場合インターネットで記録を公表している）あるいは連邦環境局に問い合わせること），
- FFH-指令の付録 III の基準を満たし，専門的に通知が必要と考えられるが（まだ）通知されていない専門的に適切な地域（潜在的 FFH-地域）．このような地域に対する指示は，自然保護連盟のいわゆる**陰のリスト**から引き出せる．優先的な生育生息空間あるいは生物種の存在は，通知の必要性とともに FFH-親和性検査の必要性を高める．

いつの時点で，地域が潜在的な FFH-地域の基準を満たすのかについては，裁判所からはまだ統一した判決が出されていない（MECKLENBURG 2002 参照）．この問題は，地域の通知に際して，どのような決定自由余地が構成国に原則的に与えられているかに依っている．例えば，連邦行政裁判所は，最終的に，ある地域の通知の義務は，強制的に NATURA-2000-ネットから引き出さなければならないという点から出発している（MECKLENBURG 2002 参照）．

ある地域を潜在的 FFH-地域に位置づける必要がある場合，連邦行政裁判所の判決によると，事業の影響によって，後の通知がもうできなくなるほどに損傷されてはならない．したがって，通知に値する保有価値は保全されなくてはならない．

法律関係の文献においても，同様に，どの程度において，潜在的 FFH-地域に対して，そこで定められている例外理由も含め，FFH-親和性検査適用が許されるかが非常に対立的に議論されている．例えば，一部には，保護価値のある地域が破壊または侵害されることを阻止すべきという欧州共同体法規的な遡及効果を根拠に，少なくとも，例外手続がここでは適用されてはならないという解釈がある（STÜER, HERMANNS 2002, MECKLENBURG 2002 参照）．

鳥類保護指令の基準を満たすが（まだ）指定されていない地域は，**事実上の鳥類保護地域**と言われている．ヨーロッパ裁判所のある判決（欧州連合裁判所 [EuGH]1993）（サントナ判決）によると，そのような地域は，その実際の特徴によって，構成国が公式に鳥類保護-地域としての指定を放置したにもかかわらず指令に定められている保護を受けている地域と理解できる．しかしながら，連邦行政裁判所の判決（BVerwG 2002-主文第3番）によると，"鳥類学的な視点から，鳥類保護指令の付録Iに挙げられている鳥類種，あるいは第4条2項に述べられている渡り鳥種の保全に対して鳥類保護指令，第4条1項4文の意味で構成国において個体数としても面積的にも最適なものに数えられるほどの優れた質を持っている場合"にのみ，事実上の鳥類保護地域として適格性を認める必要がある．

欧州裁判所の"バッス・コルビエール判決 [Basses Corbières-Unrteil]"（EuGH 2000 Rn.47）によると，事実上の鳥類保護地域に対応する保護体制は FFH-指令から出てくるのではなく，"その位置づけが必要だったかも知れないにもかかわらず特別保護地域には位置づけされていない地域は明らかに，依然として鳥類保護指令の第4条4項1文の規則に従う"．事実上の鳥類保護地域であり得る侵害には，FFH-親和性検査が適用されるのではなく，鳥類保護指令のより厳格な保護体制が適用されるのである．特に，連邦自然保護法第34条3項に挙げられている，甚大な侵害の例外的な認可性に対する理由はここでは該当しない．欧州裁判所が鳥類保護地域の侵害に関して"ライ湾判決 [Leybucht-Urteil]"（EuGH 1992）で指摘した例外可能性は，この理由で非常に似ている．

事実上の鳥類保護地域の保護は，鳥類保護指令の根本的に厳格な保護規則だけに従っている．鳥類保護指令の第4条4項1文に基づいて，構成国は，"この条項の設定目標に甚大な影響を及ぼす場合，鳥類の生息空間の汚損あるいは侵害，ならびに鳥の阻害 [Belästigung] を，第1項と2項に挙げられている保護地域で回避するために"適切な対策を講じる必要がある．そのような認められない侵害が予想されるかどうか確定可能にするために，ここでも，事業によって当該地域で生息空間の重要な侵害あるいは鳥類の阻害が起こり得るかどうかを解明するための検査が必要とされる．

ある地域が事実上の鳥類保護地域であることを示す兆候は，欧州裁判所の見解によると，特に，**重要鳥類地域**[Important Birds Area：IBA] としての特徴づけである（EuGH 2000 Rn.25）．ドイツの IBAs の最新のリストは SUDFELD et al.（2002）で挙げられている．もっとも，IBA の地域範囲は，事実上の鳥類保護地域の範囲とは一致しない．

5.3　FFH-親和性検査の必要性の検査（前検査／FFH-スクリーニング）

事業実施者あるいは鑑定家は，FFH-指令および鳥類保護-指令の選定基準を基に，関係地域でのFFH-指令（付録ⅠとⅡ）あるいは鳥類保護-指令（付録Ⅰ）の生息空間と生物種の重点出現があるかどうか，そしてFFH-地域あるいは鳥類保護地域の通知が必要となるかどうか，自ら明確にしなければならない場合が多い（連邦鉄道局：Eisenbahn-Bundesamt 2002）．生育空間が，多かれ少なかれ，ビオトープ類型地図から把握できるのに対して，これが植物学的な色彩を強く持っている場合には，生物種の把握は，事情によっては，大きな労力が必要となる（AG FFH-親和性検査 1999）．Louis（2001）は，これとは反対に，提示負担 [Darlegungslast] は第一に事業実施者にあるのではなく，官庁にあると見ている．ある空間にFFH-指令または鳥類保護-指令による生育生息空間タイプあるいは生物種が出現するかどうか調べる事業実施者の義務というは，Louisの解釈では存在しない．つまり，通知すべき地域の調査と選定についての義務はそもそも官庁にあり，その作業が完結していない場合には，担当の自然保護官庁は少なくとも事業実施者の集中的な協力姿勢と専門的な支援を求めることができる．

EUによる**NATURA-2000-地域の完全な確定までの過渡的段階**では，確定が行われていないため，該当地域が－強制的に追加通知をしなければならないであろうし，したがってFFH-親和性検査が必要となる－潜在的FFH地域あるいは事実上の鳥類保護地域が関わるのかどうかについて，前監査の枠内で明確にすることが事情によって非常に困難となるというFFH-親和性検査実施に対する問題が起こってくる．

5.3.3　甚大な侵害の具体的可能性

その事業とその地域が関連する正式諸条件を満たし，生物種あるいは生育生息空間が計画・プロジェクトからの影響要素によって影響を受けるなら，FFH-親和性検査の実施の具体的な義務は存在する（WEIHRICH 2001）．原則的に，鳥類保護の枠内では，より厳格な予防原則が該当する．つまり，甚大な侵害が確実に除外できないのであれば，FFH-親和性検査を実施しなければならない．

甚大な侵害の具体的可能性は，個々の場合に結びつけてしか把握できない．個別には，以下の視点が重要である：
- 事業の種類とそれから発生する影響要素（到達範囲と強度）；
- 計画されている事業に対するNATURA-2000-地域の位置（距離と方向）；
- 場合によって，この事業との共動で累積的な侵害を引き起こす可能性があるかも知れない，他の計画とプロジェクト［累積的に影響する計画・プロジェクト］；
- NATURA-2000-地域の保全目標あるいは保護目的，および保全目標に対する基準構成要素の，影響要素に対する特殊な敏感度．

5 動植物相-ハビタット [FFH]-親和性検査

```
┌─────────────────┐
│  他の計画と     │         ┌──────────────────┐         ┌─────────────────────┐
│  プロジェクト   │         │      事業        │         │ NATURA-2000-地域    │
│ 影響要素の到達  │         │ 影響要素の到達範  │         │ 事業に対する位置と  │
│  範囲と強度     │         │ 囲および強度     │         │ 影響要素に対する    │
│                 │         │                  │         │ 特殊な鋭敏性        │
└─────────────────┘         └──────────────────┘         └─────────────────────┘
         │                           │                            │
         └───────────────►   NATURA-2000の侵害が除   ◄─────────────┘
                                去できない
                                    ?
                                    ▼
                       ┌────────────────────────────────┐
                       │ FFH-親和性検査の実施に関する決定 │
                       └────────────────────────────────┘
```

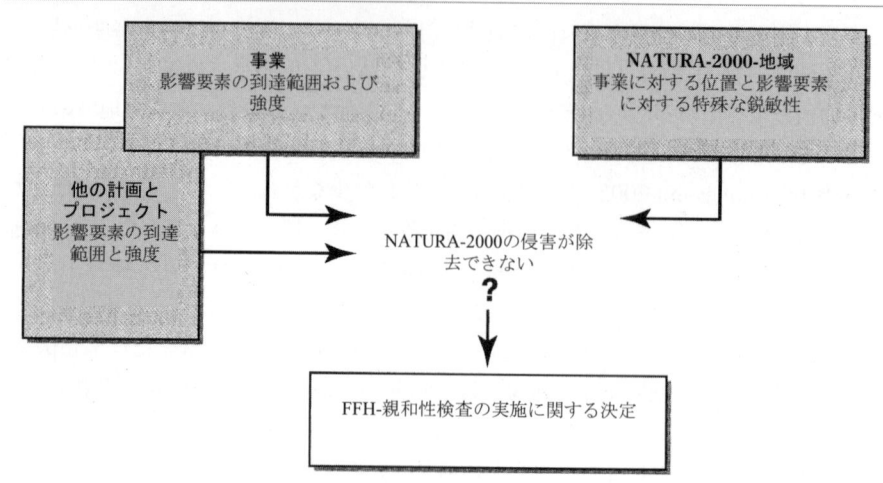

図-5.3 前検査において，考えられる甚大な侵害についての検査に必要な視点（影響要素）

　特定の対策によって甚大な侵害が明確に除外できる場合，多くの州では，前検査の段階ですでにプロジェクトの有害影響の回避・低減化についての予防策がとれる可能性を開いている（Niedersächsisches Umweltministerium 2002）．しかし，EU-委員会の見解（2001）では，これは認められない．

　上記の基準から導き出される形で，地域の起こり得る侵害が大まかに予測でき，そして甚大な侵害が確実に除去できるかどうか検査できる（図-5.3 参照）．

　担当の州官庁の情報によって，そして場合によれば事業実施者が行った適切な調査あるいはその鑑定報告書を根拠に，FFH-指令あるいは鳥類保護指令によって保護すべき地域が事業の影響範囲にないとき，あるいは一方での特殊なプロジェクト影響と，他方での事業の影響範囲にある保護地域もしくはその保全目標に対する基準構成要素との間の原因-影響関係が認められないときには，侵害はないものとすることができる．

> 　例えば，既存の農場建物と関連している，環境親和性検査義務のあるバイオガスの製造の施設であって，搬出入交通によって，そこから極めて広範囲に到達する影響要素が発生するものの建設が必要なとき，その施設への交通の圏域 [Einzugsgebiete] 内に NATURA-2000-地域が存在しないのであれば，甚大な侵害はないものとできる．
> 　同様に，例えば，風力発電施設が，FFH 地域として通知されている小川の水系に－オスナブリュック市 [Stadt Osnabrück] の近くの FFH 地域である"アートラ

ンドの小川 [Bäche im Artland]"の場合に中心的保全目標として定義されているような形で－直接に接して，建設されるときには，甚大な侵害は問題とされない（BezirksregierungWeser-Ems 参照）．"アートランドの小川"地域の保全目標の場合は以下のようになっている：

　自然典型の魚類相，特にヨーロッパスナヤツメ [Bachneunauge]，ヨーロッパカワヤツメ [Flussneunauge]，ヨーロッパカジカ [Koppe]，タイリクシマドジョウ [Steinbeißer] のいる，全体にわたって近自然的に流路が維持されている小川の保護と発展．中流と上流は主にヨーロッパカジカとヨーロッパスナヤツメに対して保障され，下流ではタイリクシマドジョウと，場合によってはウェーザーフィッシュ [Schlammpeitzger] に対して保障される（この目標は，直接的にも間接的にも，水文学的な関連で河川と関わっている場合には，全地域に該当する）（5.4.2.2項参照）．

　この地域は，風力発電施設から出される音響的，視覚的な刺激の影響ゾーンの内部に位置してはいるのだが，ヨーロッパスナヤツメとその保全目標に対する基準構成要素は，これに対しては鋭敏ではない．FFH-親和性検査は，したがって，事業地への空間的な近さにもかかわらず必要ない．

　前検査の出費と労力は，場合ごとに非常に異なるものである．FFH-親和性検査の必要性に関しては，それに向けての独自検査を，実際に行わなくて良いほどに明らかである場合が多い．全く同様に，前検査は，大きな距離内にすら NATURA-2000-地域が存在せず，事業の地域分断効果や遠隔効果が問題にならない場合，直ちに，取りやめることができる．この場合には，事業記述と最新の地域通知を調べるだけでよい．

　侵害が除外できるかどうかの問題の判定に対しては，しばしば，介入規則のために，あるいは，場合によれば，環境親和性検査のために作成された情報で充分である．状況があまり明確でない場合は，前検査の枠内での調査の出費と労力を増やし詳細度を高めて，本来の FFH-親和性検査に対する違いがなくなってしまうようになってしまうのであれば，その代わりに，予防の意味で，FFH-親和性検査を実施する方がよい（表-5.3）．

　重要なのは，前検査の結果の調書を作成し [protokollieren]，記録することである．特に，NATURA-2000-地域での甚大な侵害が除去でき，これによってFFH-親和性検査が不必要と見なせる結論になるはずの場合には，その理由を慎重に，分かりやすく示す必要がある．EU-委員会はこれ用に，対応する書式を作成した（EU-Kommission 2000）．

表-5.3 FFH-前検査とFFH-親和性検査の違い（Bernotat 2003）

FFH-前検査	FFH-親和性検査
地域に対する，原理的に（甚大な）侵害が起こるかどうかの把握．	地域の基準構成要素に対する甚大な侵害が起こるかどうかの把握．
通例，既存の資料あるいは一般的情報，採用された経験値を基に，概要的に行われる．	通例，地図および特殊例に対する細かな内容項目も含む，詳細な調査を基に行われる．
甚大な侵害は確実に除去しなければならず，そうでないとFFH-親和性検査が実施される．	甚大な侵害は，充分な蓋然性を持って除去されなければならず，そうでないとプロジェクトは認可されない．
回避対策は，通例，まだ考慮されない（効果を明確にすることが非常に困難なので）．	回避対策が詳細に把握され，FFH-親和性検査に取り込まれる．

理解確認問題
- FFH-親和性検査の必要性に対して，何が正式の前提となるか？
- FFH-親和性検査の必要性の検査との関連で，どのような追加的な問題が，NATURA-2000-ネットの最終的確認までの移行期に起こってくるか？
- どのようなプロジェクトタイプと計画タイプに検査義務があるか？
- どのような地域が，国内地域リストの最終的確認までに，追加的にFFH-親和性検査を行うことが必要となるか．
- 前検査の枠内では，どのような基準を基に，甚大な侵害の具体的可能性の検査が行われるか？

5.4 FFH-親和性検査の実施

　本来のFFH-親和性検査では，プロジェクトあるいは計画が，NATURA-2000-地域の甚大な侵害に"保全目標あるいは保護目的に対する基準構成要素において結びつく可能性がある"かどうか明らかにしなければならない（連邦自然保護法第34条2項）．

　親和性検査の手続の実施は，担当官庁に関わる事柄である（EU-Kommission 2001）．検査の基礎は，様々な参加者の情報である．これには申請者およびその鑑定家と並んで，特に担当の行政レベルの自然保護官庁がある．環境親和性検査および介入規則の場合と同様に，申請者は担当官庁にFFH-親和性検査に必要な情報を（通例は，FFH-親和性調査の形で）提出しなければならない（表-5.4）．この情報を基礎にして，そこで，手続を主導する官庁は，通例，担当の自然保護官庁を参加させ，親和性についての最終的な検査を行う．

　どのような詳細度で，前述の領域について必要な情報を収集するかは，効果的な方法で，計画過程の早期に，参加者の間で確定するべきであろう（スコーピング）．

5.4.1　調査範囲の協議と確定（スコーピング）

　環境親和性検査の枠内でのスコーピングの場合とは異なり，FFH-親和性検査での

5.4 FFH-親和性検査の実施

表-5.4 FFH-親和性検査のために必要な情報

必要情報	
事業について： ● プロジェクトと計画の記述 ● 計画とプロジェクトの影響要素 ● 他の計画あるいはプロジェクトの累積的効果のある影響要素	**NATURA-2000 について：** ● 事業の影響 [Einfluss] 地域内の NATURA-2000-地域 ● 保全目標あるいは保護目的 ● 保全目標あるいは保護目的に対して基準となる構成要素
侵害について： ● 計画あるいはプロジェクトの影響（合成 [Synthese]） ● 甚大性の専門的判定 ● 回避についての対策の提案	

枠-5.2 調査範囲の協議のための問い

事業について：
どのようなプロジェクト部分とプロジェクト変種案を調査に取り込むことができるか（環境親和性検査と介入規則を参照）？
計画あるいはプロジェクトの，どのような影響要素を考慮する必要があるか（環境親和性検査と介入規則を参照）？
プロジェクトあるいは計画には，当該地域に及ぼす累積的影響があることが知られているか（SIEDENTOP 2001 参照）？

NATURA-2000 について：
どの程度の距離にある，どの NATURA-2000-地域が関係し，調査する必要があると予想されるか（WEIHRICH 1999）？
● 既存の情報の調査 [Abfrage]：
　－どのような保全目標あるいは保護目的がその地域に対してすでに示されているか？
　－何が，調査すべき地域について，保全目標あるいは保護目的に基準となる，既知の構成要素か？
　－どのように，良好な保全状態が定義できるか？
● 必要とされる調査の確定：
　－どのような生物種とその生育生息空間を把握すべきか？
　－どのような把握方法を適用すべきか（調査の生物種，頻度，期間……）？
　－どのように影響予測を実施すべきか？
　－どのように甚大な侵害の評価を準備すべきか？
NATURA-2000-地域の甚大な侵害が発生するが，事業が例外的にほぼ認可され得ることも考えられるのであれば，すでにこの協議の中で，例外手続での検査で例外証明ができる事業変種案も確定しておくことは，効果的である．

調査範囲の協議と確定（スコーピング）は，法的に定められた手続段階である．しかしながら，滞りなき手続展開 [Abwicklung] という意味では，参加主体と，どのような情報が，どのような詳細度で必要かということを早期に明確にすることが是非とも推薦される（枠-5.2）．同時に，協議会の形で，個々の領域でどのような情報がこれまですでに存在し，特に，欠けている情報を誰がどのようにして作成するかが明らかにされなければならない．

　手続を主導する官庁と事業実施者，そして FFH-親和性調査に責任を持つ事業実施

者の鑑定家と並んで，いずれの場合でも自然保護官庁と可能な限り自然保護団体もすでに参加する必要がある．環境親和性検査義務のあるプロジェクト・計画では，FFH-親和性検査に対する調査規模の協議を，環境親和性検査法第5条によって定められている暫定的調査枠組の協議に統合することは目的に適っている．このようにして，必要な諸々の調査との密接な結び付けが促され，重複作業が避けられる（LAMBRECHT印刷中 参照）．

調査範囲の協議についての提出物として，最大限，問題領域 [Konfliktbereiche] が確認できるように，計画あるいはプロジェクトをすでにかなり具体化し（事業実施者の課題），そして当該の NATURA-2000-地域についての既存情報を準備しておくこと（自然保護官庁と鑑定家の課題である）は大切である．このようにして，決定に重要な実態の解明に，必要な調査の照準を当てることができる．

FFH-親和性検査の調査範囲は，協議の結果として調書に明記することもできるし，あるいは手続を主導する官庁が協議からの情報を基礎に，担当の自然保護官庁の同意のもとに調査範囲を確定し，これを事業実施者に伝えるようにすることもできる．注意すべきは，調査枠組の確定作業の間にも更にまだ調査需要が生まれる可能性がある点である．

5.4.2 FFH-親和性調査書の作成

ちょうど，環境親和性検査についての関係での環境親和性調査 [UVS] のように，FFH-親和性調査（FFH-VS）（しばしば，FFH-親和性探査（FFH-VU）とも言われている）は，FFH-親和性検査の手続の専門的中核をなす．FFH-親和性調査はこれによって，専門的な情報を FFH-親和性検査の枠内で行われる決定のために提供する．FFH-親和性調査の作業に対して責任があるのは，通例，これに対して鑑定家に委託をするであろう事業実施者である．例えば，特殊な生物種あるいは特殊な影響について必要とされる個別調査に応じて，更に専門鑑定家が取り込まれる．

ちょうど，環境親和性調査と介入規則におけるように，FFH-親和性調査も，計画あるいはプロジェクトに応じて，"原因-作用-当該主体 [Betroffener]-侵害"の基本モデルに従って進めていく必要がある（図-5.4）．

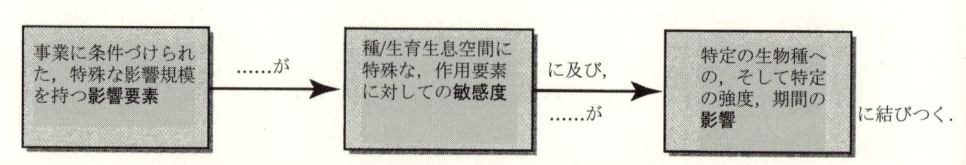

| 事業に条件づけられた，特殊な影響規模を持つ**影響要素** | ……が | 種/生育生息空間に特殊な，作用要素に対しての**敏感度** | に及び，……が | 特定の生物種への，そして特定の強度，期間の**影響** | に結びつく． |

図-5.4 調査すべき影響関係についての FFH-親和性検査に対する基本原理（BERNOTAT 2003 による）

5.4 FFH-親和性検査の実施

枠-5.3 FFH-親和性調査と例外規則の標準構成（Eisenbahn-Bundesamt2002 による；変更）

0	方法の解説
1	事業

1.1　事業記述：
- 計画状況
- 種類と規模
- 施設の各部分と副次施設
- 立地/配置
- 施設の具体的仕様 [Ausführung]
- 場合によっては，調査すべき変種案

1.2　事業の影響要素の表示
- 種類
- 強度
- 影響の到達範囲（特に，保護地域との関係において）

1.3　場合によっては，選択肢案の影響要素と影響

1.4　事業の理由（場合によっては，必要となる総じて公的な利益のやむを得ない理由が存在しているかどうかの検査に関して）

2	ヨーロッパ保護地域，あるいは保護地域システム

2.1　通知手続の状況

2.2　ヨーロッパ保護地域が関係する場合，その一般的な記述
- 位置/範囲
- 生育生息空間タイプ，構造

2.3　保護地域のための保全目標
　（州の定めによっては標準データ票；保護目的が FFH-指令か鳥類保護-指令による保護財をカバーする場合には，保全目標の代わりに保護目的を用いても良い）

2.4　保全目標の基準構成要素の記述
- 共同体に重要な自然的生育生息空間についての，生育生息共同体および重要な立地要素，機能関係を合わせた表示と記述を行う；優先的と非優先的な生育生息空間を区別する
- 出現する共同体的利益の生物種（FFH-指令，鳥類保護-指令）と重要な立地要素と機能関係でみたその生育生息空間の表示と記述；優先的と非優先的な生物種を区別する
- 独自の保護財としての無生物的要素は，保全目標に相応したこの保護財のための要求がまとめられている場合にのみ，記述する
- 既存の手入れ対策
- 既存の利用と侵害

2.5　地域あるいは出現の重要性の表示（重要特徴 [Signifikanz]）
- 重要な生物種と生育生息空間の，地域的および広域的な脈絡の中での出現の意味
- ヨーロッパの保護地域システムである NATURA-2000 における位置

2.6　事業と結びついた，地域の敏感度の記述と評価

3	事業による保護地域の侵害

3.1　他の計画あるいはプロジェクトとの累積効果を考慮した上での，保全目標に対して基準を与える構成要素における，地域の侵害の確定

3.2　侵害の甚大性の判定

3.3　計画最適化：回避対策の関連づけ

3.4　保護地域の回避不可能な甚大な侵害

4	場合によれば選択肢案の非妥当性の示唆，および，ヨーロッパ保護地域システムの視点での計画位置選定の理由を含む，妥当な選択肢案の総合比較
5	親和性についての鑑定家の意見表明
6	場合によれば NATURA-2000-ネットの相互関連性の確保についての対策

FFH-親和性調査の枠内で調査すべき侵害は，原則として，プロジェクト・計画から発生する影響要素およびその直接，間接の影響が「NATURA-2000-地域の保全目標あるいは保護目的のための基準構成要素」に与えるネガティブな変化として現れてくるものである．事業の認可あるいは不認可に関する決定に対して重要な，事業および関係するNATURA-2000-地域の間の影響関係という基本モデル[Grundmuster]を明確にするために，FFH-親和性検査は以下のように詳しく行う必要がある：

- 事業とその影響要素を把握し，表示する，
- 保全目標が関わる地域に対する基準構成要素を同定し，影響要素に対するその特殊な敏感度を分析する，
- 考えられる甚大な侵害の観点で，影響を予測し，評価する．

FFH-親和性検査の様々な手引き書の形で，この間に，指針として参考にできるFFH-親和性探査の標準構成が作成された（枠-5.3）．

5.4.2.1 事業とその影響要素の把握

確定された調査枠組に応じて，鑑定家は，事業構成要素あるいは計画・プロジェクトの個々の活動を記述し，そこから帰結する影響要素を詳細に示さなければならない．その際には，環境親和性検査と介入規則の場合のように，建設工事・施設・運営によって引き起こされる影響要素を考慮する必要がある（2.1.2項，2.4.2項を参照）．事業の記述は，これと結びついた影響要素あるいは影響が導き出せ，量的にも把握できるほどの**詳細度**をすでに持っている必要がある．

NATURA-2000-地域で起こり得る侵害との関連で，7グループの形でまとめることのできる影響要素の特殊な組合せに特に注意する必要がある（表-5.5参照）．

その際には，個々の影響要素の種類に加えて，特にその空間的到達範囲および強度，発生の期間を把握しなければならない．この場合，－すでに見極められているのであれば－関係するNATURA-2000-地域が特殊な敏感度を持っているために，甚大な侵害となり得る影響要素に特別に注意をする必要があるだろう．

あり得る影響要素から複合影響要素へまとめることで，事業に特殊な影響の記述と判定を軽減できる．そのような複合影響要素の例に：

- 土地利用あるいは土地転換，利用変更，現況変更，
- 分断，バリアー効果，衝突，生育生息地域縮小，ハビタット縮小，
- 汚染物質放出（エネルギーの放出，取り込みはない），
- 取込み（エネルギーの取り込みを含む）／取去り，
- 音響的作用，
- 視覚的作用，
- 微気候，中気候の変化，

表-5.5 FFH-親和性検査にとって重要な影響要素グループと影響要素（Trautner, Lambrecht 2003：129 頁，変更）

影響要素グループ	影響要素
土地利用	建蔽／地面遮蔽
ハビタット構造／利用の改変	● ハビタットの特徴を与える利用／手入れの短期的停止 ● ハビタットの特徴を与える利用／手入れの中期から長期の停止 ● 農林漁業的の集約的利用化 ● 植物構造／ビオトープ構造の除去／改変 ● 特徴的な動態の消失／変化 ● 植物構造／ビオトープ構造の新設
無生物的な立地要素の変化	● 気温状況の変化 ● 水文学的／水力学的状況の変化 ● 水化学的状況の変化（特性） ● 土壌または地下の変化 ● 形態的状況の変化
バリアー・墜落効果／個体消失	● 施設に条件づけられたバリアー効果 ● 運営に条件づけられたバリアー効果 ● 施設に条件づけられた墜落効果 ● 運営に条件づけられた墜落効果
汚染放出に条件づけられた侵害	● 視覚的刺激／動き（光なし） ● 光，誘引も ● 聴覚的刺激（騒音） ● 嗅覚的刺激（芳香物質），誘引も ● 振動
物資移入／放射	● 有害物質汚染 ● 栄養物質汚染 ● 塵埃汚染 ● 電磁波放射 ● 放射線放射
その他	● 地域に疎遠な生物種の移入 ● その他

- 河川改修,
- 地下水変動，地下水位変化,

がある（Froelich & Sporbeck 2002）．

考慮しなければならないものには，外部から地域に入り込む，あるいは分断効果を引き起こすような可能性のある影響もある．

もし，甚大な侵害が起こり得て，**例外手続**の中で事業の許可が追求されるのであれば，手続の迅速化に向けて，ここで，すでに技術的に可能な**選択肢案**を，事業と影響要素の把握の際に一緒に考慮する必要があるだろう．同様に，プロジェクト理由は，ここですでに，後で必要となるかも知れない例外手続において法的に与えられて

いる例外構成要件とすり合わせておくべきであろう（より詳しくは5.5節を参照）．

例えば，ダルハウ［Darchau］と新ダルハウ［Neu Darchau］の間で計画されているエルベ川の横断道路は，鳥類保護地域と提案FFH-地域が重なり合う箇所にあり，したがって，地域の保全目標の甚大な侵害があることを考えなければならないので，最初から，FFH-親和性調査の中で，3つの技術的に考えられる道路位置の選択肢案が取り込まれた（ZIESE 2000）．道路位置が保全目標のための基準構成要素に対して与える影響の比較による分析と評価によって，交通の視点から好ましい変種案が，全体的に提案FFH-地域と鳥類保護地域の侵害をもたらす度合では他の2案よりも少ないということが明確になった．ここで，事業の親和性の検査において，行政がこのプロジェクトを当該のNATURA-2000-地域の保全目標には親和的でないと評価すべきであると結論づけるとすると，例外手続の過程でFFH-親和性探査の枠内での道路位置比較の結果に立ち戻り，NATURA-2000-ネットの侵害のより少ない選択肢案がないという，必要証明を得ることができる．例外手続に対しての特別な選択肢案比較は必要ないであろう．

事業によるNATURA-2000-地域の侵害の甚大性を他の計画・プロジェクトとの共動においても評価する必要があるというFFH-指令第6条3項の義務からは，FFH-親和性探査の枠内での状況把握のために，検査の対象となっている事業と並んで，この事業と共働して累積的に影響する可能性のあるすべての計画・プロジェクトも把握するという義務が出てくる．これらは，特に：
- すでに完了しているプロジェクト・計画（既存負荷），
- すでに許可されたが，まだ実現していない計画とプロジェクト，
- 計画の状態ではあるが，充分に内容的な具体化がされ，すでに明確に計画的に固まっている計画とプロジェクト，

である（BAUMANN et al. 1999, EU-Kommission 2000, SIEDENTOP 2001）．

これらの事業の影響要素も，種類と強度の形で把握する必要がある．その際には，特に，相互強化効果に注意する必要がある．

これによって，FFH-親和性検査での検討の観点が逆転する．影響構造が，ここでは，環境親和性検査あるいは介入規則におけるように，申請事業から出発しては検討されない．FFH-親和性検査では，むしろ，NATURA-2000-地域の観点で，様々な影響源（他のプロジェクトおよび計画）からの影響が把握され，同時にその地域に対する視点で分析されなければならない．これについては，まず，どのような計画・プロジェクトを分析に取り込むべきかが確定される必要がある．この決定が調査枠

組の協議の際にすでに行われていないのであれば，これについての情報を，例えば郡と市の計画官庁，および州の広域行政区庁，州で問い合わせ，取得する必要がある．しかしながら，必要な調査は，通例は，事業実施者だけに義務づけてはならない．むしろ，ここでは，担当官庁には，考慮すべき他の計画とプロジェクトについての必要な情報を用意する課題が帰する．

例えば，SIEDENTOP (2001:91頁) は，官庁に対して，まず，重要な"疑念リスト"作成し，その具体的な影響の重点については，検査手続が更に続けられる中で，鑑定家によって調査されるようにすることを推薦している．この"疑念リスト"は，国土計画図および土地利用計画図，部門別計画図のシステム的な分析を基礎としてつくりあげる必要があるだろう．

いずれの場合でも，累積影響の調査に取り込むべきプロジェクトと計画の確定は，許可官庁と密接な調整を取りながら進めていく必要があるだろう．申請すべき計画・プロジェクトについてと同様に，累積的に影響を及ぼす可能性のある計画・プロジェクトについても NATURA-2000-地域の特殊な敏感度の視点からみた重要な影響要素を把握する必要がある．

5.4.2.2 関係する NATURA-2000-地域およびその特殊な鋭敏性の分析

ヨーロッパのエコロジー的 NATURA-2000-ネットの地域が最終的に決まっていない間は（5.1節を参照），関係し得る地域が**通知過程のどの段階**に位置しているか，そして，どの程度に通知義務 [Meldeverpflichtungen] が満たされているかが，侵害の分析と評価に対して，そして，特に，そこから出てくる法的効果に対して重要である．これに該当する内容を示すことは，FFH-親和性調査の重要な部分となる．FFH-親和性検査についての調査の過程になって初めて FFH-指令の付録 I と II の生育生息空間・生物種が把握されるのであれば，最新の通知状況を背景として，自然保護官庁との調整の中で，この出現が更なる地域通知を必要とするか，そしてこれによって FFH-親和性検査に取り込む必要があるかを決定する必要がある．同様のことは，鳥類保護地域の指定に関して該当する．

地域の一般的記述には，関係し得る NATURA-2000-地域の自然空間的な位置と範囲と並んで，特に，FFH-指令の付録 I と II のうちで出現している生育生息空間タイプと生物種あるいは鳥類保護-指令の付録 I の出現している鳥類を挙げ，その地域内での分布を記述し，可能であれば地図で表示する必要があるだろう．侵害の甚大性の判定，そして同時に，計画・プロジェクトの親和性の判定に対する評価尺度として，**NATURA-2000-地域の保全目標**が重要となってくる．保全目標は，一般的に，共同体的に重要な地域あるいはヨーロッパ鳥類保護地域に対して追求されている状態（目標状態）を表しており，これは，FFH-指令の付録 I と II および鳥類保護-指

令の付録Iに基づく生育生息空間と生物種の持続的確保に対して必要なものである（Louis, Engelke 2000）。地域と結びついた保全目標の設定は，各州で地域の選定と通知を担当する自然保護官庁の課題である．保全目標の確定は，指定手続の対象であり，FFH-親和性検査の対象ではない（AG Eingriffsregelung 1998）．

実際には，通知されたNATURA-2000-地域についての保全目標の具体化と記録は，まだ非常に不充分な場合が多いので，FFH-親和性調査の作業に精通した鑑定家は，FFH-親和性検査の尺度として役立つ適格な目標を手に入れることができない．このような場合に親和性検査が実施できるようにするためには，鑑定家に対し自らが作業し具体化することが強いられている．その際には，FFH-親和性検査の保全目標が担当の官庁に評価尺度として受入れられるようにするため，自然保護官庁との密な調整が必要となる．

保全目標の作成と具体化のための出発点は，まず，その地域で非常に重要な，FFH-地域のFFH-生育生息空間と生物種あるいは鳥類保護地域での保護された鳥類である．保全目標には，連邦自然保護法第10条1項9号によって，中核に，次のものの**良好な保全状態**の保全か再生が含まれる：

- 欧州の共同体的に重要な地域に出現する，FFH-指令の付録Iに挙げられている自然的生育生息空間およびこの指令の付録IIに挙げられている動植物種，
- ヨーロッパ鳥類保護地域 [SPA] に出現する，EU-鳥類保護指令の付録Iと第4条2項に挙げられている鳥類と渡り鳥ならびに，それらの生息空間．

個々の生育生息空間と地域のそれぞれの付録II生物種の個別個体群の現状は，標準データ票に，A=優れている，B=良好，あるいはC=平均的というカテゴリーに従って，あるいは一定の区分けをして，前もってすでに評価しておく必要があるだろう．

FFH-指令第1e条と1i条に基づくと，ある生育生息空間とある生物種の良好な保全状態は，以下の場合には存在することになる（EU-Kommission 2000：14頁）：

- "その自然的分布地域と，それがこの地域で占める面積が安定しているか拡大している；そして，
- その長期的な存続に必要な構造と特殊な機能が存在し，見通しの利く将来に更に存在する可能性が高い；そして，
- それに特徴的な生物種の保全状態が良好である．"

ある生物種の場合には，以下のようであれば，良好な保全状態が存在することになる：

- "その生物種の全個体数動態に関してのデータを根拠に，その生物種が，その自然的生育生息空間の活性を持った要素となっており，長期的に更に留まることが

考えられる；そして，
- この種の自然的分布地域が減少もせず，見通しの利く期間内に減少しないことが予想される；そして，
- この生物種の個体群の長期的な生存を確実にするために充分に大きな生育生息空間が存在し，更に存続してくことが予想される．"

ある地域の保全目標として，良好な保全状態を単に示すことは，FFH-親和性検査のための尺度としては充分でない．むしろ，この生育生息空間と生物種の良好な保全状態の維持か再生に必要な条件も可能な限りまとめ上げて示すべきであろう（BREUER 2000）．この保全目標では，現況の状態に加えて，地域の発展ポテンシャルも考慮することが可能であり，そして，追求すべきポジティブな発展をあるべき状態 [Soll-Zustand] として定義することもできる（GELLERMANN 2001, LOUIS, ENGELKE 2000）．

この要請に応じて，NATURA-2000-地域の保全目標は，例えば以下の点にも関連づけることができる：
- 生育生息空間と生物種のためのヨーロッパのエコロジーネットである NATURA-2000 に対して，必要であれば，そのような地域で（もう）出現しなくなった，FFH-指令や鳥類保護-指令で挙げられている生育生息空間と生物種の定着，
- 特定のハビタット条件あるいは立地前提の保全と発展，
- 特定の生育生息空間の拡大，
- 自然の動態と進展の保障と再生，
- 特定の全個体の生息条件の改善，
- 追求すべき分布域規模と全個体数の規模の定義（BAUMANN et al. 1999）．

ある FFH-地域の保全目標の定義のための出発点は，どの場合でも，第一に FFH-指令の付録 I と II に記載されている生育生息空間タイプと生物種の出現である．

　ニーダーザクセン州に位置する FFH-地域 "アートランドの小川" では，例えば次のような生育生息空間が出現している：
- ハンノキ，トネリコ，ヤナギのある河畔林（EU-Code：91E0；優先的生育空間タイプ），
- 沼沢森林（91D0；優先的生育空間タイプ），
- 浮水性の水草のある河川（3260），
- 湿性の高多年生草本地（6430），
- 過渡沼沢と揺れ芝被覆沼沢 [Schwingrasenmoore]（7140），
- 湿性カシワ-シデ-林（9160），

- 土壌酸性ブナ林（9120），
- 土壌酸性カシワ林（9190）．これらと並んで，この地域には，FFH-指令の付録IIによる以下の生物種が存在している．
- ヨーロッパスナヤツメ（Lampetra planeri），
- ヨーロッパカワヤツメ（Lampetra fluviatilis），
- ヨーロッパカジカ（Cottus gobio），
- タイリクシマドジョウ（Cobitis taenia），
- ヨーロッパミヤマクワガタ（Lucanus cervus）

　FFH-地域"アートランドの小川"に対して，担当の自然保護官庁によって，以下の保全目標が案の形で作成された．
- 自然空間典型の魚類動物相，特にヨーロッパスナヤツメおよびヨーロッパカワヤツメ，ヨーロッパカジカ，タイリクシマドジョウを有す，全体的に近自然的に流路が維持されている小川の保護と保全．中流と上流は主にヨーロッパカジカとヨーロッパスナヤツメに対して保障し，発展させ，下流ではタイリクシマドジョウと，場合によってはウェーザーフィッシュに対して保障し，発展させる（この目標は，直接にも間接にも，水文学的な関連でこの河川と関わっている場合には，全地域に該当する），
- ハンノキ-トネリコ-林の保護と発展，特に小川の流路と結びつける [vergesellschaften]（このことは，直接的には，この軽軌条交通（LRT）の位置に当てはまり，間接的にはこの立地と水文学的な関係にある地域に当てはまる），
- 湿性高多年生草本地の保護と発展（中流と上流に沿って当てはまる．この生育生息空間タイプの立地は交替させる），
- 弱湿性部分の近自然的なブナ混合林およびカシ混合林ならびにこれらを主体とした雑木林の，特にヨーロッパミヤマクワガタの生息空間としての保護と発展（この生育生息空間タイプの立地に当てはまる），
- 過渡的沼沢と揺れ芝被覆沼沢の発展（この生育生息空間タイプの立地および，これと水文学的関連にあるすべての領域に対して当てはまる），

(Bezirksrebierung Weser-Ems, http//www.bezirksregierung-weser-ems.de, 2003年6月30日時点)．

　保全目標は，原則として，個々の生育生息空間と生物種の侵害の甚大性に対して，充分にきめ細かな尺度となるように設定する必要があるだろう（AG FFH-Verträglichkeitsprüfung 1999, Eisenbahn-Bundesamt 2002）．保全目標をFFH-親和

性検査の枠内で，あるいはFFH-親和性調査書の作成の枠内で，それに相応する形で具体化することが必要であれば，以下のような様々な情報を参考にすることができる：
- 自然保護官庁のもとで利用できるすべてのデータ，特に地域通知に向けて作成された標準データ票と地域記述の充分な活用，
- 地域状態の判定に向けて独自に行った把握調査のデータ，
- 例えば，自然地計画図，手入れ・発展図，保護地域令からの更なる資料の活用．NATURA-2000との関連性が欠けている場合がしばしばあるので，これらのデータ源は条件つきでしか適さない（GÜNNEWG 1999）．

調査の事後追跡可能性を保障するために，どの部局で情報調査について相談したか，どのデータ源または計画が活用されたかを記録しておく必要があるだろう．

出現している生物種と生育生息空間タイプに合わせた保全目標と並んで，関連する可能性のある地域が全NATURA-2000-ネットに対して持つ重要性の把握と，そこから出てくる保全目標は，親和性検査の実施の前提である（WEIHRICH 1999）．この重要度は，FFH-指令の付録IIIの基準を基にして，判定する必要があるが，この基準は地域の選定に対しても重要である（枠-5.4 参照）．

連邦自然保護法第34条2項に従うと，ある計画・プロジェクトは，これが"**保全目標あるいは保護目的に対する基準構成要素において**" NATURA-2000-地域の甚大な侵害に結びつくのであれば，認可されない．したがって，保全目標あるいは保護目的に対して基準を与える地域の構成要素の種類，中でも敏感度は，FFH-親和性検査の枠内での侵害の予測にとって決定的な意味を持っている．このため，FFH-VUにおいては，**基準構成要素とその敏感度の把握**には特別の重みが与えられる．

共同体的な意味を持つ地域の基準構成要素は，まず，特に，保全目標に従って，保護し，あるいは発展させ，再生させるものとして挙げられているFFH-指令の付録I,

枠-5.4 NATURA-2000に対する関係地域の重要性の判定についてのFFH-指令の付録IIIの基準

A. 付録Iの自然の生育生息空間タイプに対する地域の重要性の判定についての基準
a) この地域に出現する自然的生育生息空間タイプの代表度．
b) 州の高権地域内での関係生育生息空間の全体の土地と比較した，自然的生育生息空間タイプによって占められている土地．
c) 関係する自然的生育生息空間タイプの構造と機能の保全度と再生可能性．
d) 関係する自然的生育生息空間タイプの保全に対する地域の価値の全体判定．

B. 付録IIに挙げられている生物種に対する地域の判定の基準
a) 州全体の全個体と比較した，この地域での関係生物種の全個体の数と密度．
b) 関係生物種にとって重要なハビタット要素と再生可能性の保全度．
c) それぞれの種の自然的分布地域との比較での，この地域に出現している全個体の孤立度．
d) 関係する生物種にとってのこの地域の価値の全体判定．

IIの生育生息空間と生物種である．ヨーロッパ鳥類保護-地域の基準構成要素は，特に，保全目標で挙げられている EG-鳥類保護指令の付録 I と第 4 条 2 項の鳥類種の出現，ならびにその生育生息空間である．しかしまた，保全目標あるいは保護目的の基準構成要素は，自然・自然地の無生物的部分であり得る（例えば，土壌および水収支，気候の明確な特徴）．更に，FFH-指令と鳥類保護指令で把握されていないビオトープあるいは出現生物種も，保護すべき生育生息空間あるいは生物種の良好な保全状態にとって重要であれば，基準構成要素として役立つ．

> "例えば，ミズベホオヒゲコウモリ（Myotis dasycneme）が保全目標としてあげられており，採餌空間および部分生育生息空間としての，草地と森林につながる湖沼とゆっくりと流れる大河川のある水の豊かな地域が，この生物種によって知られている地域でありいつも利用されている場合には，基準となる生育生息空間となる．加えて，更なる基準構成要素は，同種の周知の，いつも利用されている夏季・冬季の住処である"（FROELICH & SPORBECK 2002：36 頁）．総じて夏季に利用されている住処としては，小屋裏および教会の塔，そして少ないが樹木が対象となる．特に冬季に利用される住処としては，温度が 0.5～7.5°C の自然洞窟と坑道である．更なる，基準となる構成要素としては，知られておりいつも利用されている部分生息空間の間の飛行関係が当てはまる（FROELICH & SPORBECK 2002）．これらのハビタット条件は，ミズベホオヒゲコウモリの出現に対して可能な限り，保全目標に一緒に挙げる必要があるだろう．

保全目標あるいは保護目的に対して基準構成要素は，地域通知についての資料の中でまだ充分に具体化されていないのであれば，FFH-親和性探査の枠内で把握する必要がある．FFH-指令の付録 I で挙げられている生育生息空間タイプは，抽象的にあるいは一括して親和性検査の中に取り込むのではなく，**特徴的な生物種**と―様々に具体的に現れてくる影響要素に対する―**その敏感度を考慮して**判定されなければならない（BAUMANN et al. 1999, KÜSTER 2001 参照）．親和性検査の枠内では，特徴的生物種の検討は，それによって生育生息空間タイプの特別な鋭敏度が条件づけられている場合には，特に重要となる．例えば，特に，富栄養化に対して "亜地中海性的な半乾性芝"（生育生息空間タイプ 6212）の高い鋭敏度を示す野生ラン（Orchis morio）のような，競争に弱い，特定の植物種がある．同様に，ヒメモリバトあるいはヤマゲラが生育生息空間 9110 "スズメノヤリ [Hainsimsen] －ブナ林" の特徴的な鳥類である．したがって，"レクリエーションで訪れる人たちによる騒音あるいは妨害" のような影響要素も生育生息空間の甚大な侵害につながる可能性がある．

特徴的鳥類を生育生息空間タイプに対応させることを可能とするいくつかの刊行物がある．特に重要なのは，ヨーロッパ委員会の"欧州連合のハビタットの解釈マニュアル"（EU-Kommission 1999）と，"ヨーロッパ保護地域システム NATURA-2000 についての BfN-ハンドブック"（Ssymank et al. 1998）である．特徴的な生物種のどれが，同時に，地域の基準構成要素を示すかは，地域に対する意味を基にして個別に把握できる．これについては，通例，これらの構成要素の状態 [Beschaffenheit] と特殊な鋭敏度に関して深化調査を行うことが必要である．このことは，生育生息空間と生物種の視点でも，立地条件およびハビタット条件に対しても当てはまる．必要な調査範囲は，自然保護官庁との同意で確定すべきであろう．

生育生息空間タイプと生物種は，通例，NATURA-2000-地域についての標準データ票に記載されている．作業の深度と調査範囲は個々の場合に応じて確定する必要がある．この必要性は，発生する影響要素に対する，特徴的な生物種の鋭敏性からも生まれてくる．特に，特徴的な動物種は，その移動性，ならびに空間的-機能的関係性，そして，例えば，騒音，光，阻害などのような大きく広がる影響要素に対する鋭敏性によって，調査範囲をともに決定づけるだろう．事業起因の影響があることが全く知られていないか，あるいは，具体的な事例では影響を除去しても良い特徴的生物種は（場合によっては，全生物種グループも），通例は調査する必要はない．この扱いは，当該の生育生息空間タイプのタイプ関連の一般的敏感性を超えないか，あるいは，それから外れる鋭敏性は示さないすべての生物種に対して同様に当てはまる（Bernotat 2002）．したがって，FFH-親和性探査の枠内で，具体的な関係生育生息空間タイプあるいは生物種に特化した専門鑑定家を引き込まずには通例は実施できないような，非常に狙いを定めた独自調査が必要である．

結果として，作成資料によって担当官庁が－場合によって必要とされる法的効果について決定できるために－正式の親和性検査の枠内でプロジェクト・計画の帰結を認識できる状態にされなければならない．許可手続に対するこの重要性を理由として，現況調査と現況分析が詳細に，そして最新の専門的な標準に従って行われなければならない（Brinkmann 1998，VUBD 1999，Plachter et al. 2002 参照）．

申請事業に対して，同時に環境親和性検査が必要であり，環境親和性調査が行われなければならないのであれば，環境親和性調査の枠内（環境親和性検査法第 6 条）での調査に対する要求との調整が達成できるように注意しなければならない．同じことは，同時に自然保護法規的な介入規則についての決定がされ，自然地維持的随伴計画が作成される手続に対しても該当する．

5.4.2.3 地域の保全目標あるいは保護目的に対する基準構成要素の侵害の予測

影響の予測は NATURA-2000-地域の，保全目標に対して基準を与えるすべての構

成要素の視点で，すべての決定に重要な"甚大な侵害"が完全に，そして質的に適格に把握できるように行われる必要がある．特に，予測をすべきものは：
- FFH-指令の付録ⅠとⅡ，および鳥類保護指令の付録Ⅰによる生育生息空間と生物種への影響，
- 特徴的な生物種と生育生息空間への影響，
- 保全目標に対して基準構成要素を表す無生物的な要素の変化，
- 保全目標の再生あるいは発展の視点に対する影響，

である．

その際には，以下のもの：
- 直接的，間接的な作用，
- 短期的および長期的な作用，
- 建設段階および運営段階，廃止段階の作用，
- 個別作用，および相互的あるいは累積的な作用，

を区別する必要がある（BAUMANN et al. 1999, EU-Kommission 2001, GARNIEL, MIERWALD 2001）．

　介入規則および環境親和性検査との関連におけるのと全く同様に，原因-作用-当該主体-侵害の影響連鎖の基本モデル（図-5.4：354頁）に応じて，影響予測の中で，把握された影響要素を，関係地域の分析において把握された基準構成要素およびその敏感性と結びつけなければならない．

　この結びつけに向けて，第1の段階では，まず具体的に把握された個別影響要素の到達範囲または影響領域を，空間的に表現された基準構成要素，および，その特殊な敏感度と重ね合わせる必要がある．そのように把握された作用関連性は，まず空間的範囲を明確にし，内容的にそれぞれの実態レベルで表示する必要があるだろう．重要な影響の例には，土地消失や地下水位低下，物質移入，騒音・光影響，振動がある．第2の段階で，確認された影響領域と影響関連が，そこで，更に詳細に分析されなければならない．特に，FFH-指令の付録Ⅱか鳥類保護指令の付録Ⅰによる生物種に対しては，場合によって，きめ細かな分析を全個体について行うことは必要で，これによっては個別に生物種に特殊な全個体危機分析が求められる可能性もある（AMLER et al. 1999, RASSMUS et al. 2003）．

　FFH-親和性調査では，**累積的影響**に特別の注意を払う必要がある．この際には，以下のように，様々な場合を区別する必要がある（SIEDENTOP 2001）：
- いくつかのプロジェクトあるいは計画は，同様の影響要素を通して，ある地域において基準を与える個々の構成要素に積み重なって作用する（累積的に影響する計画・プロジェクト；影響例：累積的土地消失，累積汚染）．

- 様々な影響要素をもつ，様々な種類のプロジェクト・計画は，ある地域の基準を与える同じ構成要素に作用する（例：地面遮蔽と地下水汲上げによる地下水位低下）．
- ある地域は，最終的に，基準を与える様々な構成要素に作用する，様々な負荷源からの負荷によっても影響を受ける（例：複合的なストレス影響による，ある動物種の全個体の後退）．

これらの場合には，全体的に，影響要素が相互的従属性も示し，その共働作用においては，加算的のみならず相乗的作用を生み出すことに注目しなければならない．例えば，ある発電所の冷却水利用によって与えられる湖沼の熱負荷は，場合によっては，汚水処理施設による栄養物質流入と合わさることによって藻の発生と酸素状態の減少による強度の侵害につながる可能性があり，その場合，生育生息空間タイプあるいは生物種に対して甚大な侵害を引き起こす (BERNOTAT 2003)．

FFH-親和性検査の枠内で利用できる**影響予測の方法**は，原理的に，環境親和性検査（3.4.3 項）および介入規則（2.1.4 項）におけるものと同じである．すでに環境親和性調査（UVS）の影響予測，あるいは自然維持的随伴計画（LBP）の予想侵害分析 [Konfliktanalyse] が存在する場合には，これらは，影響の記述のための基礎として採用できる．しかしながら，そこにある内容は，FFH-親和性探査の枠内では，依然として，FFH-地域および/あるいは鳥類保護地域の基準構成要素に結びつけて判定する必要がある．通例，その場合には，重要な作用領域と作用関連に対する最初の示唆だけしか得られず，これは更に FFH-親和性調査の枠内で特殊な独自の調査によって補われねばならない．

詳細な予測の結果は，表にしてまとめられ，影響要素-侵害連鎖において可能な限り幅広く質的適格性を与え，場合によっては量的把握する必要があろう（BAUMANN 1999）．その際には，以下に続く評価に容易に結びつけられるために，基準構成要素のネガティブな予測影響の，地域に設定された保全目標に対する関わりが明確にされるべきであろう．

例外手続の枠内で選択肢案検査が必要になることが早期に見通せるとき，予測を前もって比較すべき選択肢案に拡大し，その結果を比較する形で表示する必要があるだろう（5.5.1 項参照）．

生育生息空間あるいは生物種に負の影響が認められるときには，EU-Kommission (2001) は，**損傷の制限についての対策**を考えだし，提案することを求めている．その際には，計画とプロジェクトのネガティブな影響の最小化あるいは可能な限りの除去を狙い，プロジェクトと計画の修正を行う対策が対象となっている．これによって，損傷の制限は，計画あるいはプロジェクトの詳細内容 [Spezifikationen] の一部となる．これらの詳細内容は，介入規則でよく用いられている回避・低減対策と全

く同様に，プロジェクト記述に盛り込まれ，影響予測において考慮する必要がある．損傷制限についての対策として，以下のことが問題となる：
- 事業実施の一連の期限とスケジュールの修正（例えば，保護されている鳥類の抱卵期を外して），
- 計画の中での，そして建設の際の空間的範囲の限定，
- 保護柵，跨橋，トンネル，誘導施設のような予防対策，
- 機器投入と利用の適応（例えば，土壌圧迫の少ない自動車の採用），
- 阻害に鋭敏な生物種のハビタットの回避，

(EU-Kommission 2001：31 頁，FROELICH & SPORBECK 2002：38 頁).

損傷制限に向けての対策は，FFH-親和性検査についての例外手続の枠内で確定されるべき－NATURA-2000-ネットの関連性の確保に向けての－対策と厳格に区別する必要がある（5.3.5 項）．

5.4.2.4　鑑定による影響の評価および侵害の甚大性の把握

プロジェクトあるいは計画の影響が明確にされ予測されたら，その地域が保全目標，および既存のあるいは追究すべき良好な保全状態と照らし合わせて，大きく侵害されるかどうか判定しなければならない．

侵害の甚大性の評価は，原理的には，計画あるいはプロジェクトに対する許可または同意を与える官庁の課題である（EU-Kommission 1999）．しかしながら，FFH-親和性調査の枠内では，予測される侵害の評価は，すでに，鑑定者によって準備される必要がある（WEIHRICH 1999）．実際では，このことは，鑑定者が，すでに事実上，侵害の甚大性の評価のための提案を作成しているということを意味する（AG FFH-Verträglichkeitsprüfung 1999．LOIUS 2001 は別の見方をしている）．この場合，備えるべき基準は，担当官庁による最終的な正式評価の場合と異なってはならず，そのようにして，官庁は鑑定家の評価を追跡的に理解し，自己のものにできなければならない．したがって，鑑定家と官庁は，早期に調整し，FFH-親和性調査の枠内で，後に官庁による評価に対し，そして延いては意思決定に対して重要となる基準を－そして，その基準だけに限って－明確にすべきであろう．

NATURA-2000 に影響を及ぼすプロジェクト・計画の認可性または不認可に対し決定的なことは，侵害が甚大かどうかという問題である．侵害は，"NATURA-2000-地域の保全目標あるいは保全目的に対する基準構成要素が，この保全目標あるいは保全目的に関わる機能を，明らかに限られた規模でしか満たすことができないときには"，甚大となる（BAUMANN et al. 1999：469 頁）．

何を甚大と評価するかという解釈については，現在のところ，大きな困難が認められる．例えば，HALAMA (2001) にとって，自然のハビタットの悪化につながる改

変は甚大である．他方では，ハビタットが改変される多くの場合は，実際には，機能的に，したがって専門的見地からは重要な甚大な侵害には至らないであろうし，そのためあらゆる侵害が甚大と見なすことはできないという蓋然性が非常に高いとしている（EU-Kommission 2001）．困難は，ネガティブな改変に対して，全般的に通用し，しかもなお個別の事例にも該当し，そしてどの場合も甚大な侵害だと判定しなくて良い，些少閾値を定義することにある（TRAUTNER, LAMBRECHT 2003）．

EU-Kommission（2001）は，甚大性の概念の客観的な適用を要求しており，同時に，甚大性の絶対的な境界値はないと断定している．このことから甚大性閾値は，関係する生物種と生育生息空間に従属して，それぞれの検査において，個々の場合に応じて設定しなければならない．もっとも，その場合に客観性を保障するために，統一的な尺度に従って，鑑定家の個人的な見解とは独立して侵害の甚大性の判定が行えるような規則を遵守する必要がある．

この規則の正確な内容についてはまだ議論中である．例えば，現在，連邦自然保護局と連邦交通・建設・住宅省の委託による研究プロジェクトで，FFH-親和性検査における侵害の把握と評価についての具体的指示が作成されているが，そこから，やがて，合意が形づくられるはずである．これについての結論は，予想として，2004年には出される（TRAUTNER, LAMBRECHT 2003, MIERWALD 2003 参照）．

侵害の甚大性の評価への本質的な道筋は，**地域の保全目標に対する基準構成要素の良好な保全状態の侵害**を通して生まれてくる．その際には，良好な保全状態の発展に対する阻害 [Verhinderung] も，地域に対する保全目標が発展目標としても定めているなら，甚大な侵害となる．同じことは，地域でのある生物種あるいは生育生息空間タイプの個体群を保全するために必要な対策が阻害される場合に当てはまる．

例えば，FROELICH & SPORBECK（2002）は，保全状態を決める様々な視点について，甚大性の判定についての基準をもって，手がかりとしている．生育生息空間タイプの侵害の判定に関しては，それは，分布，および構造の保全度，機能の保全度，再生可能性の視点となる（図-5.5 参照）．

FFH-指令の付録 II による生物種の保全状態の判定を考えた場合，FROELICH & SPORBECK（2002）は，生物種に重要なハビタット要素の「保全度」ならびに「再生可能性」という，2つの重要な視点を区別している．ここから導き出された侵害の甚大性の判定に向けての基準は，ハビタットの質，ならびに全個体の状態，その危機状況に関わっている（図-5.6）．

現況分析の枠内で，一方で，地域の基準構成要素が詳細に把握されてそこでの良好な保全状態が確定され，そして他方で，計画・プログラムの作用で引き起こされる，基準構成要素のネガティブな変化が予想されたときには，侵害は，望まれる良

生育生息空間タイプ

保全状態

- **分布**
  - 生育生息空間タイプの出現の大きさ

- **構造の保全度**
  - 生育生息空間に特徴的な構造の完全性
  - 立地要求
  - 特殊な手入れおよび利用への依存性
  - 生育生息空間に特徴的な, 人為的改変に対する鋭敏性

- **機能の保全度**
  - 生育生息空間に特徴的な生物種ストックの完全性
  - 特徴的な生物種の相互関係

- **再生可能性**
  - 侵害
  - 地域の危機状況
  - 発展動態

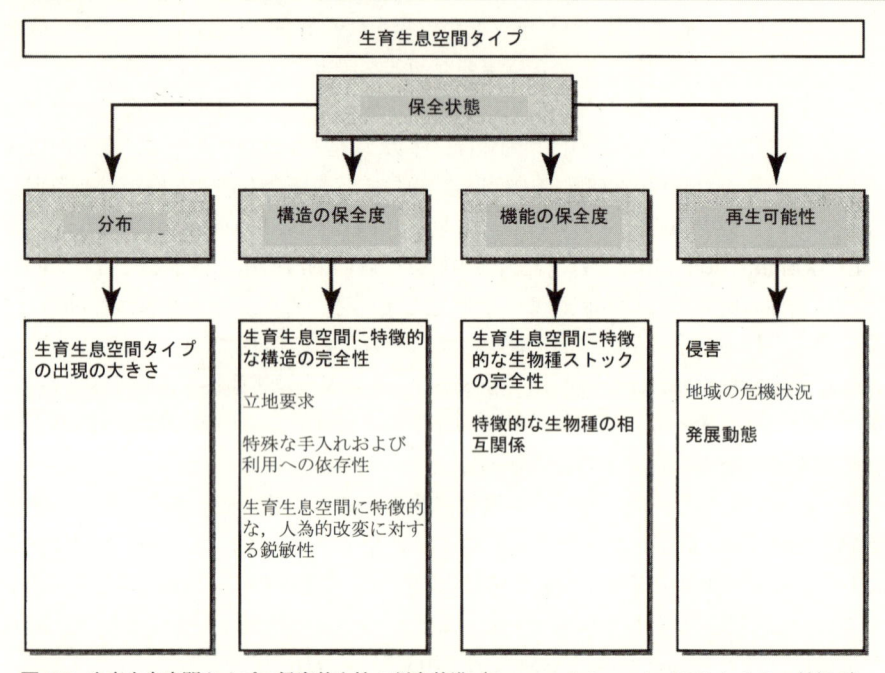

図-5.5 生育生息空間タイプの侵害甚大性の判定基準 (FROELICH & SPORBECK 2002 による：付録 8)

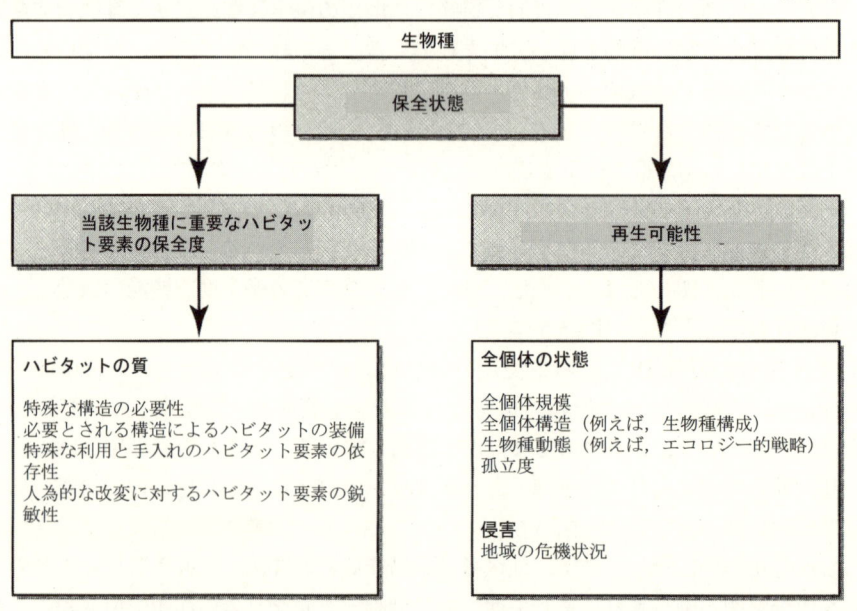

生物種

保全状態

- **当該生物種に重要なハビタット要素の保全度**
  - ハビタットの質
    - 特殊な構造の必要性
    - 必要とされる構造によるハビタットの装備
    - 特殊な利用と手入れのハビタット要素の依存性
    - 人為的な改変に対するハビタット要素の鋭敏性

- **再生可能性**
  - 全個体の状態
    - 全個体規模
    - 全個体構造 (例えば, 生物種構成)
    - 生物種動態 (例えば, エコロジー的戦略)
    - 孤立度
  - 侵害
    - 地域の危機状況

図-5.6 生物種の侵害甚大性の判定基準 (FROELICH & SPORBECK 2002 による：付録 8)

5.4 FFH-親和性検査の実施

枠-5.5 基準構成要素に対する起こり得る侵害に対する例（BERNOTAT 2003, TRAUTNER, LAMBRECHT 2003 による）

以下の理由による，ある生育生息空間が有すハビタット機能の甚大な侵害．
- 特徴的な生物種の多様な存在の内の重要な生物種部分（例えば，特定の生物種-グループ）が改変されること，
- 生育生息空間の中心的な機能を有する特定の生物種（クマゲラあるいはビーバーのような鍵生物種）が放逐されること，
- 特定の，生育生息空間に特に価値を与える特徴的な生物種（例えば，危機におかれた生物種）に関わっていること，
- 生育生息空間タイプを特徴づける生物種（例えば，卓越生物種 [dominante Arte]）が放逐されること．

生育生息空間が地域内で実際に占めている土地は，もはや安定しておらず，縮小する，あるいは—保全目標がストック発展を必要としているのであれば—もう拡大できない．

生育生息空間の継続のために必要な構造あるいは特殊な機能がすでに存在していない，あるいは見通せる将来に恐らくもう更に継続しないだろう．

FFH-指令の付録 II の生物種あるいは鳥類保護指令の付録 I の生物種あるいは第 4 条 2 項の鳥類種と渡り鳥の生育生息空間地あるいはストック規模が，地域内で減少している，もしくは将来的に恐らく減少する．

地域内で，ある生物種の生存能力のある個体群単位がもう形成されない．

地域内のある生物種のストック密度が，侵害による改変効果でかなり低くなっている．

地域と周辺の間，あるいは異なる地域間で分断効果が現れている．このことは，特に，生物種の部分的ハビタットが地域外にあるときに重要となる．

ある河川の流速が減少し，それによって，水の酸素含有が少なくなり，水温が上昇し，そのため FFH-指令付録 II の出現生物種あるいは出現生育生息空間タイプの特徴的な生物種に対する生活条件が悪化する．

好な保全状態からの乖離として解釈し，評価できる．良好な保全状態の侵害の種類（枠-5.5 参照）と並んで，甚大性の評価については，その規模および強度，期間も考慮する必要がある．

　甚大性評価に対して決定的なのは，ある計画・プログラムの影響要素がネガティブな変化につながる**可能性がある**かどうかという問題であって，このことが証明できるか確実にそうなるのかどうかということではない（GELLERMANN 2001）．侵害の甚大性評価に向けての関係規模は，どの場合でも，具体的な NATURA-2000-地域での，保全すべきあるいは発展させるべき当該生物種存在の良好な保全状態であって，広域的な全個体あるいは例えばヨーロッパ的な分布ではない（BAUMANN et al. 1999, WEIHRICH 2001）．注意すべきは，侵害を，事情によっては，それがいくつかの計画・プログラムの共働作用と重なり強化されることによって，甚大と評価する必要があるということである．これとは反対に，例外手続を超えて必要となる場合もあるエコロジー的 NATURA-2000-ネットの関連性の確保に向けての対策［365 頁参照］は，甚大性の評価に際しては，考慮しなくても良い（LANA-AK Recht und Eingriffsregelung 1999, EU-Kommission 2000）．

表-5.6 選択された生物種と影響要素の場合の甚大性閾値の例 (TRAUMTNER, LAMBRECHT 2003:131 頁)

生物種	影響要素	予測方法	甚大性閾値
キバラスズガエル	個体減少を伴う運営原因の分断	交通量調査／予測	年間生息空間あるいは複合生息空間の分断の場合は平均日当たり交通量（DTV）> 50 台の道路
セアカモズ	運営原因の音響刺激（騒音）	騒音予測（等音線）	採餌・抱卵ハビタットでの等価騒音レベル $\geq 47\,dB(A)$
アカトビ	採餌ハビタットでの面積減少	面積計算	4 ha（=抱卵期の空間需要（$> 4\,km^2$）の下限 1%；値は抱卵場自体にあてはまるものではない）
ベックステインコウモリ	狩猟ハビタットでの面積減少	面積計算	$400\,m^2$（=固体の採餌地域（4 ha）の下限の 1%）

　EU-Kommission (2001) が明確にしたように，NATURA-2000-地域の基準構成要素の侵害すべてが自動的に甚大だとは評価できず，計画とプロジェクトの不許可にはつながらないということも大切である．例えば，ある地域内の生育生息空間の面積減少が自動的には甚大な侵害となり，計画・プロジェクトの禁止に結びつくということはない．このため，生育生息空間あるいは生物種の改変許容度から導出でき，これを超える場合には計画・プロジェクトが認可されないという甚大性閾値を定めることは効果的である（表-5.6 参照）．

　そのような全般拘束的な甚大性閾値は，個々の生育生息空間と生物種に対し，きめ細かに個別に対応させる必要がある．同時に，具体的な適用においても，空間的な特徴と複雑な絡まり [Verflechtung] を評価に取り込める可能性を開かなければならない．全体的には，甚大性閾値のテーマは専門家の間では非常に対立的な議論が行われている．

　計画・プロジェクトの親和性に関する決定に対する前提としての甚大性の評価には，まず，**甚大な侵害と甚大でない侵害の 2 段階の評価尺度**だけが求められる．場合によっては例外手続が後で求められる可能性を考えると，甚大性閾値を下回るか超過するかを決めるだけでは不充分である．遅くとも例外手続の枠内で，選択肢案比較に対して，**甚大性閾値を超える部分の侵害強度を更に細かく区別すること**が必要となる（表-5.7 参照）．したがって，環境親和性探査の過程で，計画・プロジェクトによって甚大な侵害が現れてくるが，例外手続の許可が追求されているという状況に置かれているのであれば，更に甚大性閾値を超える侵害の種類と強度，期間の詳細化が必要となる．つまり，すでに前もって，甚大性閾値を超える部分で充分な詳細化が可能な，侵害の評価について何段階かの尺度を設けることが勧められる（MIERWALD 2003 参照）．

表-5.7 FFH-親和性探査の枠内での侵害の評価の5段階尺度（MIERWALD 2003による）

侵害でない
作用過程は－将来的に間接的に引き起こされる発展によっても－生物種・生育生息空間のための保護地域の機能の負の変化を引き起こさず，そのストックの負の発展に結びつかない．
低い侵害度
介入は，現況 [Ist-Zustand] のわずかな変化しか引き起こさない．保護地域での生物種・生育生息空間の長期に保障されている保全についての枠組条件は，制約を受けない．生物種・生育生息空間の発展ポテンシャルは改変されずに維持される．
甚大性閾値
中位の侵害度
介入は，生育生息空間あるいはある生物種ハビタットの現況の明確な改変を引き起こし，それが証明可能である．しかしながら，保護地域での生物種・生育生息空間の長期に保障された保全についての前提条件は満たされている．
高い侵害度
介入は，保護地域に対して生育生息空間地の深刻な消失と，あるいは保護地域での生育生息空間の保全に必要な構造・機能の侵害とに結びつく．機能の侵害は，生育生息空間の悪化 [Degradation] をもたらす質的変化を引き起こす．
非常に高い侵害度
介入によって，生育生息空間・生物種の重大なあるいは完全な消失に至る．生育生息空間の重要部分あるいはその出現に対する前提は失われる．生育生息空間の質消失の進行につながつプロセスが引き起こされる．

FFH-親和性調査のテーマについて，更に詳しい以下の刊行物が推薦される：

Eisenbahn-Bundesamt (Hrsg.) (2002): Umwelt-Leitfaden zur eisenbahnrechtlichen Planfeststellung und Plangenehmigung sowie für Magnetschwebebahnen (3. Fassung, Stand Juli 2002) (vom Eisenbahn-Bundesamt unter www.eba.bund.de als pdf-Datei erhältlich)

Ministerium für Umwelt und Naturschutz, Landwirtschaft und Verbraucherschutz des Landes Nordrhein-Westfalen (Hrsg.) (2002): Leitfaden zur Durchführung von FFH-Verträglichkeitsuntersuchungen in Nordrhein-Westfalen Bezug: Ministerium für Umwelt und Naturschutz, Landwirtschaft und Verbraucherschutz des Landes Nordrhein-Westfalen, Schwannstr. 3, 40476 Düsseldorf.

EU-Kommission (Hrsg.) (2001): Prüfung der Verträglichkeit von Plänen und Projekten mit erheblichen Auswirkungen auf Natura-2000-Gebiete. Methodische Leitlinien zur Erfüllung der Vorgaben des Artikels 6 Absätze 3 und 4 der Habitat-Richtlinie 92/43/EWG. Oxfort (http://europa.eu.int/comm/environment/nature/nature_2000_assess_de.pdf)

Endbericht des F+E-Vorhabens „Ermittlung von erheblichen Beeinträchtigungen im Rahmen der FFH-Verträglichkeitsuntersuchung" im Auftrag des BfN, Außenstelle Leipzig; im Druck.

Endbericht des F+E-Vorhabens „ Entwicklung von Methodiken und Darstellungsformen für FFH-Verträglichkeitsprüfungen (FFH-VP) im Sinne der EU-Richtlinien zu Vogelschutz und FFH-Gebieten" im Auftrag des BMVBW, Abt. Straßenbau/Straßenverkehr, Ref. S 13, Umwelt; im Druck.

5.4.3 官庁による侵害の評価と親和性の検査

ある計画・プロジェクトの親和性または非親和性の評価，およびこれと直接的に関わる認可または不認可に関する決定は，多くの場合，全体の許可手続も担当する官庁の課題である．この決定に必要である侵害の甚大性の評価は，ブレーメン市を例外として，同様にこの官庁の課題である．この評価の専門的な基礎は，主に，FFH-親和性調査において記録されたFFH-親和性探査の結果と公益主体あるいは自然保護団体の見解である．

評価を専門的に保障するためには，担当官庁は，－自然保護官庁自身が担当官庁でない場合－通例，同じ行政レベルの自然保護官庁と緊密に調整を行う．これについて，自然保護官庁は，FFH-親和性探査の結果を専門的に判定し，場合によっては決定官庁に決定に重要な追加の専門情報と鑑定家の判断から外れる評価を伝える必要があるだろう．いつも，自然保護官庁の評価あるいは意見[Votum]が，許可官庁と協調あるいは一致しているべきかどうかという議論が行われている．多くの州では，手続を主導する官庁に，自然保護官庁と共通意見となることを強制はしない**協調規則**[Benehmensregelung]を定めている．詳細には，官庁の参加の形態が，相応する州の行政規則あるいは通達で定められている．

侵害の甚大性の独自の追跡的評価を土台に，手続を主導する官庁は，計画・プロジェクトの親和性または非親和性を確定しなければならない．その際には，保全目標に対する基準構成要素のあらゆる甚大な侵害がプロジェクト・計画の非親和性につながることに注意しなければならない（LOUIS, ENGELKE 2000, WEIHRICH 1999）．EU-Kommission (2001)は，手続主導官庁に，親和性検査の終了後に，検査報告書を作成することを推薦している（枠-5.6）．

以下の記述は，**侵害の評価**および**親和性の検査**に際しての**特別点**を扱っている．

プロジェクトレベルとは反対に，早期の計画レベルでの確定は，実施すべきプロジェクトの形成のために許可レベルで一定の形成自由余地を開いておくため，通例は具体化の度合いを抑えている．いくつかの場合，NATURA-2000-地域に対する計画の予想的影響を最終的なものとして決定すべきではないということも，このこと

枠-5.6 親和性検査に関する報告書の内容（EU-Kommission 2002：28 頁）

> "－市民に範囲と規模，目標のイメージを伝えるための，プロジェクト・計画の可能な限り詳細な記述；
> － NATURA-2000-地域での出発点状況の記述；
> －プロジェクト・計画の NATURA-2000-地域に対する不利な影響の特徴づけ；
> －どのようにこの影響を，損傷制限対策によって回避できるかという記述；
> －時間計画作成と仕組みの決定（これを基に損傷制限に向けての対策が計画され，実施され監視される）"．

と関わっている．このことは，計画の FFH-親和性検査に対して特別な要求を出す．プロジェクトの FFH-親和性検査と全く同様に，特に，計画が NATURA-2000 の目標と親和的であるかどうかの明確な決定が求められている．

　計画の親和性の判定に決定的なのは，以降の計画レベルに対する決定自由余地がどれほど強く制約され，これによって，計画から導き出されるプロジェクトの実現によってあり得る侵害が，どの程度に必然的に起こってくるのかという問題である．例外手続での NATURA-2000-地域の侵害は選択肢案がないことの証明を結びつけてのみ認可することができるので，早期の計画のレベルでの確定によって，より親和的な可能性のあるプロジェクト選択肢案が無検査で検討から除外されるべきではないだろう．早期の計画レベルでの FFH-親和性検査の枠内で答えなくてはならない中心的な問いは，したがって，次のようになる：計画の中で行われた確定が，その素材的な内容において，そしてその形式的な拘束性という形において，以降の計画レベルで FFH-親和的な解決方法によって具体化できるようになっているか，あるいは，プロジェクトを形づくるための決定自由余地が，以降の計画レベルで具体的プロジェクトの FFH-親和的な形成が不可能になってしまうほどに制約される可能性があるのか（PETERS 2001, SCHMIDT 2001, LAMBRECGT 2002）？

　計画の確定の基礎の上でプロジェクトの FFH-親和的形成が可能であることが予想できるのであれば，その計画は親和的であると位置づけることができる．計画が，NATURA-2000-地域の甚大な侵害を引き起こすようなプロジェクト形成しか可能としないのであれば，この計画は，NATURA-2000 の保全目標とは親和的でないと評価すべきである．

　プロジェクト・計画が**保全目標と不整合であることから法的効果**が生まれてくる．

　親和的でない計画・プロジェクトが認可できない点は，プロジェクト・計画の最終的な専門法的許可についての比較衡量においては，くつがえせない．というのは，それが厳格な法規と計画主導原理に該当するからである．このことは特定の侵害に際してはプロジェクトの不認可を定め，あらゆる国内法規よりヨーロッパ法規的禁止として優先される FFH-指令第 6 条 3 項を国内法に転換したことから，必然的に起こってくるものである．

　それにもかかわらず，以下に述べられる例外規則（5.5 節参照）を根拠に，そのプロジェクトが認可できる．事業実施者が，そのような例外を申請すると，認可を担当する官庁は，まず最初，これ以降の例外手続の段階で更に必要となる情報と資料がすでに存在しているか，あるいは更に事業実施者による補足が必要かどうかを検査しなければならない．特に，このことは，FFH-親和性調査との関連ですでに述べられた，選択肢案比較についての資料，ならびに法的に定義された例外理由の視点

理解確認問題
- 何が FFH-親和性検査の中心的な作業段階か？
- どうして，事業記述に，選択肢案あるいは他の計画・プロジェクトを取り込むことが重要あるいは必要なのか？
- どのような，当該 NATURA-2000-地域の重要な特徴を，現況分析の中で把握すべきか？
- 鑑定家の影響の評価は，官庁の親和性の評価に対して，どのような関係にあるか？
- FFH-親和性検査の枠内での影響の評価との関連で，甚大性閾値は，どのような重要性を持っているか？
- どのような基準を基にして，侵害の甚大性が評価されるか？
- どのような特別の困難が，計画の FFH-親和性検査の際に起こってくるか？

5.5 例外手続

　FFH-親和性検査の結果がネガティブであっても，つまり，計画・プロジェクトによって甚大な侵害が起こり得るのであっても，その不親和性にもかかわらず，まだ，例外手続で計画・プロジェクトの認可を正当化できる特殊な事実関係が満たされるかどうか，検査できる．この追加的な手続段階は，単独で担当官庁の課題領域に位置している (RODIGER-VORWERK 1998, BURMEISTER 1999)．官庁は，個々の事例ごとに，計画・プロジェクトに関する決定を行わなければならない．

　例外認可あるいは実施は，以下の前提でしか可能ではない：
- その計画・プロジェクトに対して，そのプロジェクトで追求される目的を，他の場所で，侵害なしにか少ない侵害で達成できるという**妥当な選択肢案がない**，そして，
- **優越的な公的利益のやむを得ない理由**によって，プロジェクト・計画の実施が求められている（連邦自然保護法第34条3項，4項），

という2点である．

　例外手続の過程で，これらの前提を基礎に許可が与えられると，ヨーロッパ-エコロジー的ネットである NATURA-2000 の関連性の保障についての対策（"**保障対策**"）を定めなければならない（連邦自然保護法第34条5項）．

　この法的に定義された法的例外構成要件から導き出される形で，例外手続に対して，3つの（場合によれば4つの）主要段階を考える必要がある：
1. 妥当な選択肢案が存在するかどうかの検査，
2. 例外理由の検査，
3. 相関関連性対策 [Kohärenzmaßnahmen] の確定，

（場合によっては，EU-委員会の参加と教示）．

この例外を活用しようとする者の課題は，上記の条件が実際に，個別例において満たされていることを証明することである（EU-Kommission 2000, BECKMANN, LAMBRECHT 2000）．そうであるなら，決定は，通例，NATURA-2000-地域を担当する自然保護官庁との**合意**のもとで出される（Niersächsishces Umweltministerium 2002）．同時に保護地域（例えば，自然保護地域，自然地保護地域）でもある NATURA-2000-地域の事業の場合，通例，保護地域令の規則の例外あるいは免除も必要となる．これらは自然保護官庁からしか与えられないため，この場合の協議の範囲は拡大される可能性がある（BUGIEL 1999 参照）．

5.5.1 選択肢案の比較

環境親和性検査および介入規則との比較では，FFH-親和性検査での選択肢案比較は，遙かに厳しい法的効果と結びつけられている．例外手続での許可に対する前提は，NATURA-2000-地域に与える侵害がより少ない妥当な選択肢案がないことの証明を行うことである（図 5.7 参照）．注意すべきは，この許可前提が－専門的計画法規によって定められ形成自由余地を与える－比較衡量のもとにおかれるのではなく，分離して実施されるということである．侵害のより少ない選択肢案解決が残っていないようにするためには，連邦アウトバーン A44 についての 2002 年 5 月 17

```
┌─────────────────────────────────────────────┐
│ プロジェクト・計画が追究している目的を他の場所で，侵害なしに達成できる妥当な │
│ 代替案があるか？                                  │
└─────────────────────────────────────────────┘
        │はい                    │いいえ
        ↓                       ↓
┌──────────────────┐            │
│ この代替案を更に検討していく │            │
└──────────────────┘            │
                               ↓
┌─────────────────────────────────────────────┐
│ プロジェクト・計画が追究している目的を他の場所で，侵害を**より少なくして**達成できる │
│ 妥当な代替案があるか？                               │
└─────────────────────────────────────────────┘
        │はい                    │いいえ
        ↓                       ↓
┌──────────────────┐  ┌──────────────────────────┐
│ この代替案を更に検討していく │  │ すべての他の例外構成要件[Tatbestande]も満│
└──────────────────┘  │ たされているなら，プロジェクト・計画は認│
                      │ 可される                        │
                      └──────────────────────────┘
```

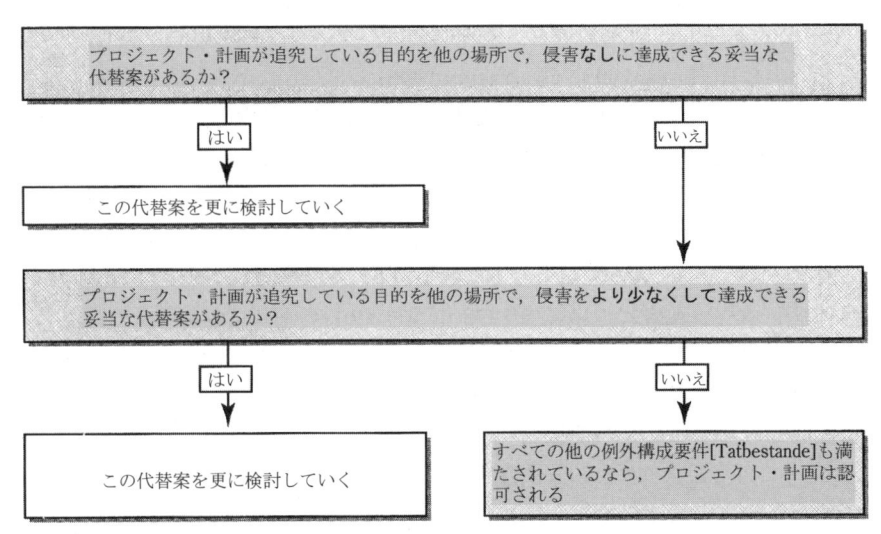

図-5.7 連邦自然保護法第 34 条 3 項〜5 項に基づく例外手続の枠内での選択肢案の検査（BERNOTAT 2003 による）

日の連邦行政裁判所の判決に従って，その都度に予想される侵害の"FFH-指令の重要な基準に合わせた評価的な比較"を必要とする．他の変種案によっては実際にNATURA-2000-地域の侵害をそれ以上に減少させることが期待できないときのみ，NATURA-2000-地域に甚大な影響を与える事業は，例外手続によって，希望立地で認可される．

侵害が最も少ない選択肢案の採用義務は，侵害のより少ない選択肢案が非相応的で，妥当でない場合には制約を受ける（APFELBACHER et al. 1999：75頁）．具体的な事例で，どのような選択肢案がまだなお妥当かという問題は，したがって，実際には非常に決定的な役割を果たす．

選択肢案が存在するかどうかの検査の際には，その対策で達成すべき目的から出発しなければならない．技術的実施内容の変更，立地の修正，脈絡施設の計画位置などは－妥当性という制約のもとで－プロジェクト・計画の追究目的を達成するのに適していれば，選択肢案としての対象となる．つまり，具体的な事例で，検討対象となる選択肢案を決める上で決定的なのは，どの程度に狭くあるいは幅広く，計画・プロジェクトの目的が定義されているかが問題である．狭すぎる目的定義は，必ず選択肢案検査を空回りさせてしまう（BECKMANN, LAMBRECHT 2000, HALAMA 2001）．

連邦自然保護法で用いられている**"妥当な選択肢案"**概念がFFH-指令では表だっては現れていなくても，ドイツ法でのこの制限は，一般的な意見によれば，指令の主旨に適ったものとなっている．妥当性 [Zumutbarkeit] 概念によって狙っている相当性 [Verhaltnismäßigkeit] の原則は，原理的には，ヨーロッパ法規的な規則にも適用する必要がある（LOUIS 1999, GELLERMNN 1996）．しかしながら，指令に沿ったこの概念の解釈は，「妥当性」または「相当性」に厳しい要求を設定すべきことが求めている．例えば，選択肢案に対する出費が大きくなるから，それですでに「不相当性」が当てはまるということにはならない．専門的計画法規が選択肢案比較に設定している要求との比較では，NATURA-2000の侵害の回避に向けて，より高額の出費が検討対象とならざるを得ない場合もある．しかも，例えば，リューベック市の近くの連邦アウトバーン A20についての1998年5月19日の連邦行政裁判所の判決では，極端に高額の建設方式（シールド工法）でヴァケニッツ低地 [Wakeniz-Niederung] の横断の案すら，妥当であり得るプロジェクト選択肢案として検討に取り込まれた．

選択肢案の判定に対する**権限**は，特に，個々の州の官庁にある．例外手続の一部として，"これらの代替による解決方法案の間の必要な比較を行うことは，担当する個別州の官庁の事柄である"（EU-Kommssion 2000：47頁）．しかしながら，官庁はその際に，一定の範囲については，申請者から取得した情報を基礎に置かざるを得ない．これに応じた形で，まず，事業実施者は，選択肢案を探し求め，それ以上

に親和的な選択肢案がないことの証明を行い，場合によっては，なぜ，それ以上に親和的な選択肢案が妥当でないか理由づける課題を有す．つまり，証明負担は事業実施者のもとにある．

選択肢案の検査が，計画・プロジェクトが非親和的と証明された場合に，初めて正式に必要になるとしても，選択肢案検査のテーマはすでに早期にスクリーニングの枠内で，あるいは FFH-親和性検査の作業の際に考慮し，場合によって必要となる調査を最初から実施することが，作業経済的な理由で，推薦される（MÜLLER-PFANNENSTIEL/WACHTER 2003, LAMBRECHT 2003, Planungsgruppe Ökologie+Umwelt 1999）．

選択肢案比較あるいは最も親和的な選択肢案の証明には，以下の段階的作業が必要である：
- 検査すべき選択肢案の選択と確定，
- 地域の侵害予測，
- 鑑定家が行う侵害の比較による評価
- 官庁が行う選択肢案の評価，
- 妥当な選択肢案が存在するか欠けているかどうかの確定．

選択肢案検査の枠内では，**いくつかの作業段階**を通過する必要がある：

〈第 1 作業段階：検査すべき選択肢案の選定と確定〉

調査し比較すべき計画・プロジェクトは，早期の計画段階で議論された選択肢案から出発して，可能な限りすでにスコーピングにおいて参加主体と共同で，定義され，確定すべきであろう（5.4.1 項参照）．

あり得る選択肢案を求める第 1 段階は，プロジェクト・計画実施者が，プロジェクト・計画の正確な目標を明確に把握し，表示することにある．ここから出発して，プロジェクト・計画関係の目標充足の選択肢案的あるいは妥当な可能性を示すことができ，そこで，それを NATURA-2000-地域に起こり得る影響の考慮のもとで検査できる．

検査すべき選択肢案の確定の際には，特定の目標が準最適の形でしか実現できないのであっても，法的な意味での選択肢案として扱われるものであることに注意しなければならない（連邦行政裁判所のアウトバーン A44 についての判決，BECKMANN, LAMBRECHT 2000）．妥当な選択肢案としては，例えば他の路線設定のような**立地選択肢案**も，**実施選択肢案**も対象となる．ライン河に掛けられる道路橋についての選択肢案は，例えば FFH-地域外の橋の建設と並んで，フェリーまたは河底トンネル，あるいは両者の結合も対象となる（AG FFH-Verträglichkeitsprüfung 1999）．事情によっては他の地域や州での代替による解決方法も検討に取り込むことができる

(EU-Kommission 2001).

　検討すべきではない選択肢案に該当するものは－少なくともプロジェクトレベルでは－，例えば連邦遠隔道路の代わりのインターシティ急行 [ICE] 路線区間のような，計画課題を根本的に異なる他の解決法で検討しようとする場合である (BREUER 1999). 連邦交通路計画のような早期の交通計画のレベルで，そのような異なる解決方法が選択肢案として取り込まれるのならば，それは非常に好ましい (LAMBRECHT 2002, 2003).

　経済的，特に財政的視点でみると，選択肢案は事業経済的に非採算的で意味のない場合でしか，検討から外せない (LOUIS 2001). しかしながら，相当性の理由で，選択肢案に対する大きな出費は，NATURA-2000-ネットに対する地域の特別な意味と達成できる侵害の低減化の規模との関係でみなければならない．このことによって，NATURA-2000 の侵害の低さと関係づけた，追加費用の比較評価が求められる．

　当初の計画よりも事業規模を縮小する可能性も選択肢案として検討に取り込める (WEIHRICH 2001). 直接に公共の利益にあるプロジェクトを中止すること（ゼロ変種案）は，指令の意味での代替解決案とはならない (RAMSAUER 2000, LOUIS 2001). その際には，問題となる選択肢案の幅 [Spektrum] は，早期の手続ですでに検査されている選択肢案だけにも限定されない．

　なぜ，場合によっては，特定の選択肢案が「非相当的」として，あるいは「目的に沿わない」として除外されるかということの理由は，事業実施者によって資料の中で示され，手続主導官庁によって確認されなければならない．

〈第 2 作業段階：鑑定家が行う，比較による侵害の予測と評価〉

　理想的な形ですでに調査枠組の協議の中で決定された選択肢案は－事業実施者が望んでいる解決案と全く同様に－FFH-親和性調査の過程で調べる必要がある (5.4.2.1 項参照). 必要な侵害予測は，その場合には，次に来る選択肢案比較に向けて，可能な限り結果が概観できるように，それを表にして比較対照できるように進める必要があるだろう．

　予測を基にして，鑑定家は，個々の選択肢案を原因とする侵害を一覧表にまとめて，比較して評価する必要がある (5.4.2.3 項，5.4.2.4 項). 原理的に，2 段階の尺度（侵害が甚大－侵害が甚大でない）で充分なプロジェクト・計画の親和性評価とは反対に，選択肢案比較による評価は，強い詳細度を必要としている（連邦行政裁判所の A44 に向けての 2002 年 5 月 17 日の判決）. そのようにしてのみ，NATURA-2000 の侵害を最小にする選択肢案が実際に確かめられるのである．つまり，選択肢案検査のための基礎を得るために，FFH-親和性探査の段階ですでに早期にいくつかの選択肢案が調査され評価されるとき，評価をきめ細かく行い，場合によっては多段階

の尺度を基礎に置くことが推薦される（5.4.2.4 項の図-5.7 参照）．

選択肢案の分析と評価の結果として，事業実施者の申請資料には以下の内容が含まれるべきだろう（FROELICH & SPORBECK 2002）：
- どの選択肢案が調査されたのかという記述，
- 優先変種案との違いの形での，選択肢案による，保全目標あるいは保護目的に対する地域の基準構成要素の侵害，
- 選択肢案の非妥当性の理由，FFH-地域および/あるいは鳥類保護地域の重要性と関係性に対する選択肢案の不利点の重みづけ．

その際に焦点を当てるものには，国内的および生物地理的な視点からの地域の保護価値性もしくは代表性，そして選択肢案によって達成された侵害の回避もある．

〈第 3 段階：官庁が行う選択肢案の比較による評価〉

手続主導官庁は，選択肢案と結びついた NATURA-2000 の侵害に関して，その選択肢案を比較しながら評価する必要がある．官庁は，鑑定家の評価を追跡理解し，場合によっては自らのものとする必要がある．その際に官庁は，その選択肢案比較に際して，申請者によって提案された選択肢案における解決にだけに限定する必要はなく，自らの提案を考え出すことも原則的に可能である（EU-Kommission 2001）．

評価の専門的な保障に向けて，手続主導官庁は，担当の自然保護官庁と密接に調整をすべきであろう．

〈第 4 段階：妥当な選択肢案が存在するか欠けているかどうかの官庁による確定〉

選択肢案検査は，事業実施者の申請時の選択肢案と比べて NATURA-2000 の侵害がより少ない妥当な選択肢案が少なくとも 1 つあることを官庁が確定することによって終了する．このことは，事業認可についての当該申請が拒否されざるを得ない結果を生み出す可能性もある．事業実施者は，そこで，この選択肢案を更に追究し，改めて認可申請を行わなければならないかも知れない．官庁が，調査された選択肢案のどれもが侵害を更に減少はさせないと確定するときには，計画・プロジェクトの例外的な許可に対する条件は満たされる．

枠-5.7 官庁による選択肢案による解決方法の検査の場合の進め方（EU-Kommission 2003 による）

- 選択肢案検査の実施に対して重要な，スクリーニングと FFH-親和性探査からの情報の取りまとめ；
- プロジェクト・計画の中核目標の決定と特徴づけ；
- プロジェクト・計画目標の充足の選択肢的な可能性の決定；
- 可能な限り多くの情報の用意，および情報欠落の公表，情報源の提示；
- 関係官庁およびその他の部署との事後相談 [Rücksprache]；
- 計画されているプロジェクト・計画が地域の保全目標に対して与える影響の見積について，親和性検査に際して用いられた基準によって行われる選択肢案の検査；
- 予防原理と相当性原則の適用のもとでの，最も親和的な選択肢案の確定．

以上によって，選択肢案検査との関連では，全体的に，多数の課題が手続を主導する官庁にのしかかることになる（枠-5.7）．

官庁の選択肢案検査の結果の記録について，EU-委員会の「方法的基本線」[methodische Leitlinie] において標準書式が提供されている（EU-Kommission 2001，付録2）．

5.5.2 例外理由の検査 [Abprüfung]

選択肢案の不存在証明と並んで，非親和的な計画・プロジェクトの認可についての例外手続において，更に，法的に定義された事実構成前提要件を検査する必要がある（図-5.8 参照）．

5.5.2.1 法的予条件 [Vorgabe]

EU-委員会（2000）の見解によれば，例外構成要件についての法的決定は原理的に厳しく解釈すべきで，そのために，甚大な侵害もたらすプロジェクト・計画の例外許可の可能性適用を，全必要条件が充足されている場合に限定している．これについて，例外構成要件は，いつも個別検査と個別決定によってのみ確定が許される．その際には，この例外を利用しようとする者の課題は，前述の条件が，実際に，個々に満たされていることを証明することである（EU-Kommission 2000：47頁）．

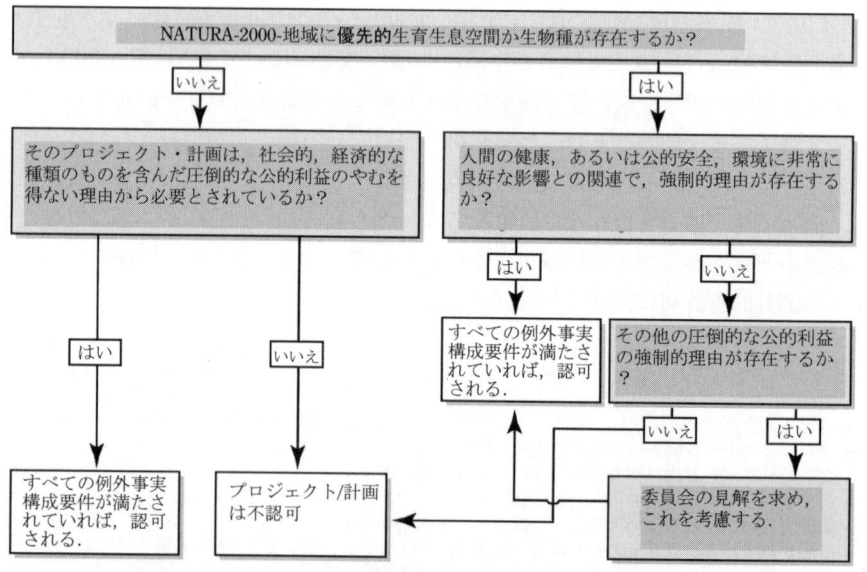

図-5.8 連邦自然保護法第34条3項から5項に基づく例外手続の枠内における圧倒的な公的利益のやむを得ない理由の検査（BERNOTAT 2003 による）

5.5 例外手続

連邦自然保護法第34条3項から5項に基づく例外的許可を正当化する，**社会的あるいは経済的な種類のものを含む圧倒的な公的利益のやむを得ない理由**は，FFH-指令でも詳細には定義されていない．この用語の更に詳細な説明については，3つの視点が重要である：計画・プロジェクトに**公的利益**が存在していなければならず，計画・プロジェクトを根拠づける理由が**やむを得ないもの**であり，事業の公的利益が**圧倒的**でなければならない（RAMSAUER 2000）．

公的利益は，もっぱら私的な利益に対して反対のものと理解できる．このことから，もっぱら民間企業あるいは個人の利益に役立つプロジェクトは，公的利益とは見なせないことになる（EU-Kommission 2000）．しかしながら，民間の事業も，公的利益にある場合もあり，したがって最初から例外手続が排除されているわけではない（STOLLMANN 1999）．構造的に弱い地域での立地保障あるいは雇用の確保や実現に向けての事業所地域（センター）と工業地域の設置もしくは拡大がその例である．

例外的な許可に対して充分なのは，すべての公的理由でなく，**やむを得ない**ものだけである．このことで例外規則に対する正当化強制の度合は，更に高められている（BECKMANN, LAMBRECHT 2000）．それに対する理由は特別の重みを必要とする，つまり，それはそれにふさわしいあるいは非常に強いものでなければならない．しかし，同時に，それが賛同されるものであり，証明力と説得力があるという意味で，明確性も求められている．このことは，同時に，この目標の達成に向けて，満足させる解決が他になく，そのプロジェクトが与えられた状況の中では不可欠であると言うことも意味する．

第3に，示されている理由が**圧倒的**でなければならない．事業に示されている公的利益のやむを得ない理由とNATURA-2000の関係利益 [Belange] の間の比較衡量において，事業の利益が，より大きな重みを示さなければならない．その地域の保護価値が大きければ大きいほど，公的利益がより重くならざるを得ない．その際に，ヨーロッパ的な保護地域があるという事実は，すでに，自然と自然地の利益にかなりの重みを与える（LOUIS, ENGELKE 2000）．更に，NATURA-2000-ネットの関連性が，定められた対策で確保できないのであれば，自然保護利益に更に重みが加わる（BREUER 1999）．つまり，侵害の甚大性の評価とは反対に，ここでは，関連性の再生に向けての対策が可能なのかどうかという問題に，まさに決定的重要性が与えられる．

例外理由の検査に対しては，甚大な侵害を受けた地域で**優先的生物種と生育生息空間タイプ**が（特に保護が必要なものとして）侵害を受けているかどうかが中心的な意味を持っている．これが該当する場合には，より厳しい例外理由が存在するという証明を行うか，EU-委員会に参加してもらい見解を依頼するかが必要である．そ

のような厳しい例外理由としては，**「人間の健康」，あるいは防衛および民間人保護を含む「公的安全性」との関連で，あるいは「計画・プロジェクトの環境に対する非常に良好な影響」との関連でのやむを得ない理由**しか有効ではない．"圧倒的な公的利益のやむを得ない理由"という概念自体も同様であるが，これらの3つのカテゴリーは法的規則では明確に定義されてはいない．

　人間の健康は Louis, Engelke（2000）によると身体と生命，伝染病の予防，事故の防止を含む．もっとも，人間の健康の理由は，道路建設事業の場合，その事業が交通安全の改善に貢献するとしても，これには当てはまらない（BMVBW 1999）．**公的安全性**は，この関連では，直接の脅威にあるかそれが予想される危険の防止である．**国土防衛**が明確に述べられることによって，すべての施設と行為が例外構成要件をなすと定義されている．**民間人の保護**の概念は Louis, Engelke（2000）によると，例えば堤防施設のような自然災害の防止に役立つ事業や活動に向けられている（EuGH 1991 の Leybucht 判決を参照）．Louis, Engelke（2000）の見解によると，環境の状態が，例えば汚水処理施設あるいは廃棄物処分場，土壌汚染などの改善整備によって直接に良好となる場合，そのプロジェクトは**環境への良好な影響**を持っている．環境に良好な影響を及ぼすがそれが間接的でしかあり得ない事業と対策は，他の有害な事業要素によって相殺されるので，これには含まれない．これには，例えば風力発電施設や新規の鉄道建設も該当する．

　優先的な生育生息空間あるいは生物種を有す地域に対しては厳しい例外理由が必要で，これが適用できない場合，手続主導官庁は，許可の前に，**EU-委員会の見解**を得なければならない．そうすることで，この場合は，社会的あるいは経済的な類の理由も，例外的な認可に対して充分となる．これによって，原則的に，優先的ビオトープあるいは優先的生物種は，非優先的要素に対するのと同様の制約条件が適用される．違いは，委員会の参加についての義務と，それによる形式的な行為にある（Louis 1999）．しかしながら，例外理由に対する NATURA-2000 の利益の重みづけは，優先的な生育生息空間と生物種が関わる場合には，より強くしなければならず，そのため，許可されない可能性がより大きくなる．EU-委員会もこのことを，自らの見解の中に入れるだろう．

　同時に自然保護法規的な保護的地位（国立公園，自然保護地域，ビオ圏留保地，自然・自然地の保護された部分，保護されたビオトープ）を占めている NATURA-2000-地域では，保護規則に更に厳しい認可規則がない場合にのみ，例外規則が適用できる（Louis 2001，連邦自然保護法第 22 条以降参照）．

5.5.2.2　例外理由の検査

　例外構成要件の検査に対する担当は，親和性の検査に対するのと同様に，手続主

導官庁が行い，ここが自然保護官庁の参加のもとで決定をする．参加の形態（了解 [Benehmen] あるいは協調 [Einvernehmen]）は州の当該規則に従って行われる．自然保護官庁は，いずれの場合でも，事業の利益と NATURA-2000 の利益の重みの間の比較衡量を専門的に支えるために，早期に，幅広く参加する必要があるだろう．

例外構成要件の検査に対しては，したがって，計画かプロジェクトに対する理由づけの中で，すでに，事業実施者が相応する証明を行い，法的に与えられている例外理由と関連づけることに意を注ぐことが必要である．例外手続が最初からほとんどあり得ないとは判断できない場合には，ただでさえ許可に必要な計画・プロジェクトの理由づけを，最初から，手続主導官庁が法的与件としての例外構成構成要件と直接的に結びつけられるように，作成作業することが効果的である．

甚大な侵害を受ける FFH-地域で，優先的な生育生息空間や生物種も侵害されているかどうかという視点で，官庁は，その都度の特殊な例外構成要件を検査し，抵触する NATURA-2000 の利益に対して比較衡量しなければならない．**優先的な生育生息空間か生物種を有する NATURA-2000-地域**の場合には，申請者は，人間の健康，あるいは特に防衛および民間人保護を含む公的安全性との関連で，あるいはプロジェクトの環境に対する非常に良好な影響との関連で持ち出し得る理由が，自らの事業に対して適用できるかどうか，適切に確定する必要がある．

鳥類保護指令は，優先的鳥類を定めておらず，例外規則のこの部分は原則的に鳥類保護-地域には結びつけられない．

上記の諸条件のもとで **EU-委員会の見解**が必要となった場合，手続主導官庁はそれを連邦環境省を通して取得しなければならない（EU-Kommission 2000）．これについては，EU-委員会には，以下の事実関係，つまり：

- 関係する NATURA-2000-地域の名称とコード，
- この地域を侵害する計画かプロジェクトの概要，
- この地域に対する負の影響の概要見積，
- 構成国によって調査された代替解決案の概要，
- 管轄州官庁が代替解決案がないという結論に至った理由，
- なぜ，それでも，その計画・プロジェクトを実施してもよいのかという短い記述，
- 考えている保障採択と，実現に対する時間計画，

について教示する必要がある．

EU-委員会は，「見解」のために，標準書式を作成している（EU-Kommission 2000）．

もっとも，委員会の見解（枠-5.8 参照）には，手続主導官庁は，決定に際して拘束されない（LOUIS, ENGELKE 2000）．しかし，その官庁はそれを検討し，決定にその結果を取り込まなくてはならない．だが，EU-委員会は，構成国が見解を回避す

枠-5.8 ドイツの A20-アウトバーンの建設に対しての委員会の見解（EU-委員会の官報-1996 年 1 月 23 日の C19）

　1990 年のドイツ統一後、旧東独地域の失業者の増加は著しくなっている。メックレンブルク-フォアポンメルン州では、現在、それが 15％のところにある。旧東独地域での経済的飛躍を支援するために、ドイツ政府は、旧東独と旧西独の間の交通路の"失われた環"をつなぐ必要があると決定した。その結果、"統一ドイツ交通プロジェクト"を設けたが、そのなかで最大のものが 300 km の長さになるアウトバーン－ A20 である。
　A20 は、2 つの大規模の特別保護地域 (SPAs) を横断する：レクニック・トゥレーベル谷 [Recknitz- und Trebeltal] とペーネ谷 [Peenetal] がそれで、これらは、東北ドイツの大面積の極めて重要な、川の流れる石灰-低層湿原-複合地で、希少で絶滅危機下の鳥類の生息空間である高層湿原流域と湿原森林地域を擁している。当初の政府の計画は、この SPAs を避けるものであったが、もっともこれは全体で約 50 km の迂回につながり、最終的に批判に耐えることができなくなった。したがって、ハビタット-指令第 6 条 4 項に定められているように、EU 委員会の見解を求め、願いでて、「圧倒的な公的利益」が適用できるようにした。
　この両者の保護地域では、親和性検査により、土地消失および間接的侵害によってこの道路の横断が SPAs に深刻な影響を及ぼすだろうことが明らかになった。しかも横断、特にペーネ川の横断に関する最初の計画提案は、優先的な生育生息空間の直接の消失を意味するかも知れなかったので、EU 委員会はこの地域の横断の代替的提案を求めた。活用可能な科学的データ、およびドイツの官庁と一緒に実施した現地視察を基に、同委員会は 3 つの変種提案を、ヨーロッパ的に重要な生育生息空間と生物種に対する影響に関して、ならびに必要な相殺対策と保護対策に関して、慎重に検査した。ヤルメン [Jarmen] の側の既存の橋の近くにある SPAs を横断するという選択肢案が、侵害が最も少ないものと見なされた。
　相殺対策は、SPAs 内の総計 100 ha の土地で 7 つの生育生息空間の再自然化と再生を内容としている。ドイツの官庁側からも、A20 の建設時と建設後の阻害を可能な限り少なくするということが保障された。
　メックレンブルク-フォアポンメルン州の特に困難な社会-経済状況、ならびにちょうどこの状況の改善のための手段として与えられる意味、SPAs 内の自然消失の代償に向けて官庁によって定められた相殺対策を考慮して、EU 委員会は、このような状況下では、圧倒的な公的利益の理由から侵害が正当化され得ると判定した。

る内容の決定を行い、これを委員会がヨーロッパ法規違反と判断したときには、協定違反手続に持ち込むことができる。したがって、委員会との意見の相違を持つ中での決定は勧められない（GELLERMANN 2001）。

5.5.3　ナトゥラ-2000 の相互関連性の確保に向けての対策の確定

　計画かプロジェクトが、甚大な侵害にも関わらず、強制的な理由で例外手続で承認される必要がある場合、FFH-指令第 6 条 4 項によって、ナトゥラ [NATURA]-2000 の全体的な [global] 相関関連性が保護されていることを保障するために、"すべての必要な相殺対策をとる"義務がある。介入規則の相殺対策との違いを明確にするために、連邦自然保護法は、この義務を受入れた規則の中で"エコロジー的ネットの関連性の確保についての対策"と述べている。実際では、この対策に対して、通例、"**保障対策**"あるいは時に"**相関関連性対策**[Kohärenzmaßnahmen]"という用語が用いられている。

保障対策の実施の義務は必須であり，優先的な生育生息空間か生物種を有する地域が関わるかどうかとは無関係である．例外理由が存在し，代替解決案が検討対象とはならない場合ですら，適切な保障対策が不可能か，あるいは放置されている時には，そのことで事業が頓挫する可能性がまだある（HAMALA 2001, GELLERMANN 2001）．

保障対策の実施は，事業実施者の課題である（BAUMANN et al. 1999）．これは，その専門的なコンセプトづくりにも該当する．したがって，例外認可が追究されるのであれば，すでに FFH-親和性検査の枠内で環境鑑定家が適切な検討を行い，対策提案を考え出していくことが推薦される．対策の正式の確定は，事業許可の進行の中で保障対策の提案の検査の後で，手続主導官庁によって行われる．

5.5.3.1 鑑定家による対策提案の作成

保障対策の目標と目的は，侵害された地域の，**エコロジー的ネットである NATURA-2000 の相関関連性**に向けての失われた役割を再生し，保護地域システムの現状が適正に維持されるようにすることである．NATURA-2000-ネットの相関関連性は，したがって，保障対策を計る上での中心的な尺度となる．残念ながら EU-委員会は，FFH-指令で用いられている相互関連性の概念がどのように解釈できるのか明確に見解を出していない（EU-Kommission 2000）．

注意すべきは，「相互関連性」が2つの視点を含んでいることである：それは「**代表性**」と「**網状化**」の概念である（WACHTER, JESSEL 2002）．エコロジー的ネットは，ヨーロッパ的な意味を持つすべての生育生息空間と生物種を充分に代表しなければならず，ハビタットの網状化を保障しなければならない．両者の視点で，NATURA-2000-ネット内の侵害された地域の役割が，保障対策によって代償されなくてはならない．取るべき対策の種類と規模は，一方では地域に出現している生育生息空間タイプと生物種の代表性から，他方では NATURA-2000 内の地域のネットワーク化機能から導き出してくる必要がある．両者の視点は，地域の保全目標の中でもすでに述べられているべきであろう．

専門的な要求は保障対策の一般的目標から導き出せる．これは，介入規則での相殺対策に対する要求のように，実態的，機能的な等価性，および空間的な近さ，時間的な近さに関わるものである．原則的に，追加的な対策として行われている．この意味で，委員会は，例えば，定めた保障対策が：

"－侵害された生育生息空間と生物種を類似の程度で含んでいること，

－同じ構成国内で，同じ生物地理学的地域に結びついていること，

－本来の地域の選定の根拠づけとなった機能に類似する機能が想定されていること"，

を求めている（ZIESE 2001：73頁）．

適切な対策は，固有の状況に応じて以下のようなものとなる可能性がある：
- 関係地域内の対策で，例えば，地域の保護価値性を保持し地域に固有の保全目標を達成する目標をもった再生であるが，事業による消失と釣り合った形で行われるもの，
- 地域周辺の土地に（関係部分地域の外），あるいは，空間的な関連性の中で，プロジェクト・計画によって発生した消失に応じて行われる，残された生育生息空間の改善に向けての適切な対策による地域の拡大，
- 隣接する他の優先地域内での，あるいはこれとの関連での対策，
- 例外として可能なもの：侵害された機能を満たし，追加的に価値が向上する対策を実現するのに適した地域の NATURA-2000 への新規受け入れの申請．NATURA-2000 用の地域の単なる後からの申請はこの意味での対策にはならない，
- 他の地域での新しい生育生息空間の実現，あるいは当該地域の拡大（BAUMANN et al. 2000，EU-Kommission 2000 参照）．

これらすべての例に対して，自然保護専門的視点から，様々な内容的要求がまとめられている（BREUER 1999, WEIHRICH 1999, EU-Kommission 2000）：
- 対策は，甚大な侵害を受けた，保全目標あるいは保護目的に対する基準構成要素と直接的に関係しなければならない．
- 関係 NATURA-2000-地域の質は，NATURA-2000 の保障に向けての対策の面積規模に対して決定的である．質的差異は，場合によって，より大きな対策面積の形で考慮する必要がある．
- 対策が，それまで NATURA-2000 の構成要素ではない土地に行われる必要があるのであれば，この土地をネットの構成要素として事後通知する必要がある．
- 対策に対しては，明確に定義された実施目標とマネージメント目標を定める必要がある．
- 保障対策は，影響の緩和に向けての対策と厳格に区別する必要がある．
- 機能を隙間なしに適性に維持するため，そして，エコロジー的ネットの相関関係を護るために，プロジェクトによって抵触された地域での損傷が明確になったなら，保障対策をとらなければならない．したがって，通例，対策が損傷出現の時点ですでに機能発揮でき"タイムラグ効果"が起こらないように，早期の実現が求められる．
- ある地域の保障対策は，FFH-指令によって，普通の手入れ対策と発展対策にもともと必要な規模を超えなければならない．
- 本来の地域と保障対策のための立地との間の許容間隔は，エコロジー的ネット内の分担機能に従属している．

相関関連性の保障の義務は，介入規則からの代償要請である**相殺対策および代替対策**が同時に NATURA-2000 の全体の相互関連性の保障の要請を満たす場合には，原則として，これらの対策によっても果たすことができる（STOLLMANN 1999）．優れた計画は，両者の要請に役立つように，対策を多機能性をもたせて形づくろうとするものである．当該 NATURA-2000-地域の基準構成要素の具体的侵害に対して計画された対策の固有の保障機能は，いずれにしても，鑑定家から，分かりやすい形で示されなければならない．正確な対策記述ならびに地図表示（**LBP** に対する要求に応じて；2.1.6 項参照）は，理解しやすさと，後に行われる実施，そしてモニタリングに対して必ず必要である．これに対する例として，ブランデンブルク州の自然地維持的随伴計画についてのハンドブックに収められている対策シート集がある（MSWV Brandenburg 1999）．

5.5.3.2　官庁による対策の検査と確定

事業・計画実施者によって提案された対策は，上記で明確にした諸要求に沿って，官庁によって以下のこと，つまり：

- その地域に対して，そしてプロジェクト・計画によって引き起こされた消失に対して妥当であり，
- NATURA-2000 の広域的な相互関係性を保持し，あるいは改善できる状態にあること，
- 実行可能であること，
- 地域での損傷の発生の際に効果的であること（このことが状況を考慮した上で個別に必要ないことが明らかとなった場合は別である），

を確保するために検査されなければならない（EU-Kommission 2001）．

結果として，当該の生育生息空間と生物種の保全状態の悪化が起こってはならない．確定すべき保障対策の専門的保障に向けて，提案対策が，自然保護官庁に対し同官庁の見解表明のために提出されるべきであろう．一部からは，原則として担当の自然保護官庁と協調的に保障対策を調整すべきであると要求されている（RP Darmstadt 1999）．次に，対策の確定が，計画かプロジェクトの許可に関する決定の中で行われる．考えられる対策の種類と規模は，その際には，他の利益に対して比較衡量できず，必ず実施しなければならない．確定された対策では，必ず実施コントロールと機能コントロールを行うことを定め，合わせて拘束的に確定しておく必要がある（BERNOTAT 2003）．

手続主導官庁は，確定された保障対策について **EU-委員会**に最終的に**教示**しなければならない．その場合，委員会は，当該地域の保全目標が個々に追究される方法について，判定する立場に置かれる（EU-Kommission）．確定された保障対策に関する

教示は，委員会によって発行された標準に従って行うべきであろう（EU-Kommission 2001）．

例外手続のテーマについて，更に深めるために，以下の刊行物が推薦される：

Louis, H. W., Engelke, A. (2000): Bundesnaturschutzgesetz, Kommentar der §§ 1 bis 19f, 2. Aufl., Schapen Edition, Braunschweig.

Ramsauer, U. (2000): Die Ausnahmeregelungen des Art. 6 Abs. 4 der FFH-Richtlinie. Natur und Recht 22 (11), S. 601–611.

理解確認問題
- どのような条件下であれば，計画あるいはプロジェクトが NATURA-2000-地域の保全目標と親和的でなくとも認可され得るか？
- 選択肢案検査には重要ないくつかの作業段階があるが，それらはどのようなものか？
- どのような条件下で EU-委員会の見解を取得することが必要となるか？
- 誰が例外理由の検査を担当し，何が事業実施者あるいは鑑定家の課題となるか？
- 保障対策の確定に対してどのような専門的要求が存在するか？
- どのように，FFH-親和性検査の枠内での保障対策と介入規則の相殺対策・代替対策が区別されるか？

FFH-親和性検査　文献および出典

Amler, K., Bahl, A., Henle, K., Kaule, G., Poschlod, P., Settele, J. (Hrsg.) (1999): Populationsbiologie in der Naturschutzpraxis – Isolation, Flächenbedarf und Biotopansprüche von Pflanzen und Tieren. Ulmer, Stuttgart.

Apfelbacher, D., Adenauer, U., Iven, K. (1999): Das zweite Gesetz zur Änderung des Bundesnaturschutzgesetzes – Innerstaatliche Umsetzung und Durchführung gemeinschaftlicher Vorgaben auf dem Gebiet des Naturschutzes – Teil 2: Biotopschutz. Natur und Recht 21, 2, S. 63–78.

AG FFH-Verträglichkeitsprüfung (1999): Handlungsrahmen für die FFH-Verträglichkeitsprüfung in der Praxis. Natur und Landschaft, 74, 2, S. 65–73.

Baumann, W., Biedermann, U., Breuer, W., Herbert, M., Rudolf, E., Weihrich, D., Weyrath, U., Winkelbrandt, A. (1999): Naturschutzfachliche Anforderungen an die Prüfung von Projekten und Plänen nach § 19c und § 19d BNatSchG (Verträglichkeit, Unzulässigkeit und Ausnahmen). In: Natur und Landschaft 74, 11, S. 463-472.

Bayerisches Staatsministerium für Landesentwicklung und Umweltfragen (Hrsg.) (2000): Gemeinsame Bekanntmachung der StMI, StMWVT, StMELF, StMAS und StMLU – Schutz des Europäischen Netzes „Natura 2000". Ministerialblatt 13, 16, S. 544–559.

Bernotat, D. (2003): FFH-Verträglichkeitsprüfung – Fachliche Anforderungen an die Prüfungen nach § 34 und § 35 BNatSchG. In: UVP-report, Sonderheft zum UVP-Kongress 2002, S. 17–26.

Bezirksregierung Weser-Ems (2003): FFH-Gebiet „Bäche im Artland". http://www.bezirksregierung-weser-ems.de:80/master/0,,C1843304_N1714_I807_L20_D0,00.html#, Stand 30.06.2003

BMVBW (Bundesministerium für Verkehr Bau- und Wohnungswesen, Abteilung Straßenbau, Straßenverkehr) (1999): Hinweise zur Berücksichtigung des Naturschutzes und der Landschaftspflege beim Bundesfernstraßenbau (HNL-S 99) – Ausgabe 1999.

BNatSchG: Gesetz über Naturschutz und Landschaftspflege (Bundesnaturschutzgesetz – BNatSchG) vom 25. März 2002 (BGBl. I S.1193).

Breuer, W. (2000): Die Prüfung von Projekten und Plänen nach § 19c BNatSchG – Erfahrungen und Praxisbeispiele aus Niedersachsen. Referat anlässlich des Seminars des Landesumweltamtes Brandenburg zur Verträglichkeitsprüfung in der Landeslehrstätte Lebus am 04.12.2000. 8 Seiten + 2 Anlagen.

Brinkmann, R. (1998): Berücksichtigung faunistisch-tierökologischer Belange in der Landschaftsplanung. –Informationsdienst Naturschutz Niedersachsen18, 4, S. 57–128.

Bugiel, J. (1999): Die Änderungen des Bundesnaturschutzgesetzes und das Landes(naturschutz)recht. Schwerin.

Bundesamt für Naturschutz (2000): Liste der in Deutschland vorkommenden Arten der Anhänge II, IV, V der FFH-Richtlinie (92/43/EWG), http://www.bfn.de/03/030301_arten.pdf. (Stand 2003).

Burmeister, J. (1999): Die Verträglichkeitsprüfung im Land Brandenburg. Vortragsmanuskript zur Tagung „Natura 2000" in Frankfurt/Oder (unveröffentlicht).

BVerwG (1998): Urteil vom 21.01.1998 zur A20 – 4 VR 3.97 – (Natur und Recht 1998, 261 = Zeitschrift für Umweltrecht 1998, 28 mit Anm. von A. Fisahn).

BVerwG (1998a): Urteil vom 19.05.1998 zur A 20- 4 A 9.97 – (Natur und Recht 1998, 544 ff. = NVwZ 1998, 961 ff.).

BVerwG (2002): Urteil vom 17.05.2002 zur A 44 – 4A 28.01 – (NVwZ 202, 1243).

Doer, D., Melter, J., Sudfeldt, C. (2002): Anwendung der ornithologischen Kriterien zur Auswahl von Important Bird Areas in Deutschland. In: Ber. Vogelschutz 38, S. 111–155.

Eisenbahn-Bundesamt (Hrsg.) (2002): Umwelt-Leitfaden zur eisenbahnrechtlichen Planfeststellung und Plangenehmigung sowie für Magnetschwebebahnen (3. Fassung, Stand Juli 2002) (als pdf-Datei unter www.eba.bund.de verfügbar, Stand 2003).

EU-Kommission (Hrsg.) (1996): Natura 2000 newsletters – Naturschutz-Infoblatt der Europäischen Kommission, GD XI, 1. Ausgabe, Mai 1996, Brüssel. http://europa.eu.int/comm/environment/news/natura/nat1_de.htm#focus (Stand 2003).

EU-Kommission (Hrsg.) (1996): Natura 2000 newsletters – Naturschutz-Infoblatt der Europäischen Kommission, GD XI, 2. Ausgabe, Dezember 1996, Brüssel. http://europa.eu.int/comm/environment/news/natura/nat2_de.htm (Stand 2003).

EU-Kommission (Hrsg.): NATURA 2000 STANDARD DATA FORM (EU 15 version). http://europa.eu.int/comm/environment/nature/de-form.pdf (Stand 2003).

EU-Kommission: NATURA 2000 – Erhaltung unseres Naturerbes, http://europa.eu.int/comm/environment/nature/brochure-de.pdf (Stand 2003).

EU-Kommission: EC Biodiversity Strategy, http://biodiversity-chm.eea.eu.int/convention/cbd_ec/strategy (Stand 2003).

EU-Kommission (2000): Natura 2000 – Gebietsmanagement. Die Vorgaben des Artikels 6 der Habitat-Richtlinie 92/43/EWG, 73 S. Zugleich: http://europa.eu.int/comm/environment/nature/art6_de.pdf (Stand 2003).

EU-Kommission (2000a): Unzureichende Umsetzung der FFH-Richtlinie durch die 2. Novelle zum BNatSchG und das BauGB – Ersuchen der EU-Kommission um Stellungnahme der Bundesregierung, Schreiben der Kommission vom 04.04.2000. Natur und Recht 22, 11, S. 625–627.

EU-Kommission (Hrsg.) (2001): Prüfung der Verträglichkeit von Plänen und Projekten mit erheblichen Auswirkungen auf Natura-2000-Gebiete. – Methodische Leitlinien zur Erfüllung der Vorgaben des Artikels 6 Absätze 3 und 4 der Habitat-Richtlinie 92/43/EWG. Oxfort. Zugleich: http://europa.eu.int/comm/environment/nature/nature_2000_assess_de.pdf (Stand 2003).

Europäischer Gerichtshof (2000): Urteil vom 07.12.2000 - C 374/98 („Basses Corbbières-Urteil"). Naturschutz und Landschaftspflege in Brandenburg 10 (1), S. 43-45. Zugleich: http://europa.eu.int/cj/de/content/juris/index.htm

Europäischer Gerichtshof (1994): Urteil vom 02.08.1993 - C 355/90 („Santona-Urteil"). Zeitschrift für Umweltrecht 5 (6), S. 305-310.

Europäischer Gerichtshof (1992): Urteil vom 28.02.1992 – C 57/89 („Leybucht-Urteil"), Natur und Recht 1991, S. 249. Zugleich: http://www.tu-berlin.de/fak7/ForumVP/ForumVP-Dateien/rechtsprechung/.

FFH-Richtlinie: Richtlinie des Rates zur Erhaltung der natürlichen Lebensräume sowie der wildlebenden Tiere und Pflanzen (92/43/EWG).

Froelich & Sporbeck (2002): Leitfaden zur Durchführung von FFH-Verträglichkeitsuntersuchungen in Nordrhein-Westfalen. Erstellt im Auftrag des Ministeriums für Umwelt und Naturschutz, Landwirtschaft und Verbraucherschutz des Landes Nordrhein-Westfalen. 49 S. + 11 Anlagen, Literaturliste und Glossar.

Garniel, A., Mierwald, U. (2001): Wachtelkönig und geplante Bebauung Neugraben-Fischbeck 15 (Hamburg). UVP-report 15, 2, S. 93–95.

Gellermann, M. (1996): Rechtsfragen des europäischen Habitatschutzes. Natur und Recht 18, 11/12, S. 548–558.

Gellermann, M. (2001): Natura 2000: Europäisches Habitatschutzrecht und seine Durchführung in der Bundesrepublik Deutschland, 2. neubearb. und erw. Aufl., Blackwell, Berlin; Wien, 293 S.

Günnewig, D. (1999): Inhaltliche und Methodische Anforderungen an die Prüfung von Projekten und Plänen gemäß § 19c BNatSchG. Vortrag IWU-Seminar Verträglichkeitsprüfung nach FFH-Richtlinie am 10.05.1999 in Magdeburg, Manuskript (unveröffentlicht).

Halama, G. (2001): Die FFH-Richtlinie – unmittelbare Auswirkungen auf das Planungs- und Zulassungsrecht. NVwZ – Neue Zeitschrift für Verwaltungsrecht 20, 5, S. 506–513.

Iven, K. (1996): Schutz natürlicher Lebensräume und Gemeinschaftsrecht. Natur und Recht 18, 8, S. 373–380.

Jarass, H. D. (2000): EG-rechtliche Folgen ausgewiesener und potentieller Vogelschutzgebiete – Zugleich ein Beitrag zum Rechtsregime für FFH-Gebiete, ZUR – Zeitschrift für Umweltrecht 7, 4, S. 183–190.

Küster, F. (2001): Die FFH-Verträglichkeitsprüfung in der Verkehrswegeplanung auf den Ebenen Linienbestimmung und Planfeststellung als landschaftsplanerische Leistung im Sinne des § 50 HOAI. UVP-report 15, 2, S. 81–87.

Küster, F. (2002): FFH-Verträglichkeitsprüfung zum Bundesverkehrswegeplan

(BVWP) und zur Linienbestimmung im Straßenbau. UVP-report 16, 5, S. 201–206.
LAMBRECHT, H. (2002): Die Erforderlichkeit einer FFH-Verträglichkeitsprüfung für den Bundesverkehrswegeplan und die Bedarfspläne – unter Berücksichtigung der Anforderungen der Richtlinie über die UVP von Plänen. Natur und Recht 24, 5, S. 265–277.
LAMBRECHT, H. (2003): Die FFH-Verträglichkeitsprüfung in der übergeordneten Verkehrswegeplanung – Erfordernisse und Möglichkeiten am Beispiel der Verkehrswegeplanung des Bundes. In: UVP-report, Sonderheft zum UVP-Kongress 2002: S. 141–154.
LAMBRECHT, H. (im Druck): Wirksame Prüfung nach Art. 6 Abs. 3 u. 4 FFH-Richtlinie bzw. §§34f. BNatSchG – Effektive Umsetzung der Anforderungen der FFH-Verträglichkeitsprüfung und -Ausnahmeregelung im Spannungsfeld von UVP und anderen naturschutzrechtlichen Instrumenten. Zeitschrift für Angewandte Umweltforschung.
Länderarbeitsgemeinschaft Naturschutz (LANA) – Arbeitskreise „Recht" und „Eingriffsregelung" (Hrsg.) (1999): Muster-Entwurf einer Verwaltungsvorschrift zur Anwendung der Richtlinien 92/43/EWG (FFH-RL) und 79/409/EWG (Vogelschutz-RL). Manuskript (unveröffentlicht).
Länderarbeitsgemeinschaft Naturschutz (LANA) (Hrsg.) (1999): Hinweise zur Anwendung der §§ 19a bis 19f BNatSchG. Beschluss der 76. Sitzung der LANA im September 1999.
LOUIS, H. W. (1999): Die Änderung des Bundesnaturschutzgesetzes: Überblick und rechtlicher Einschätzung. Braunschweig.
LOUIS, H. W. (2001): Die Anforderungen an die Verträglichkeitsprüfung nach der Fauna-Flora-Habitat-Richtlinie in der Umsetzung durch die §§ 19a ff. BNatSchG". UVP-report 15, 2, S. 61–66.
LOUIS, H. W. (2002): Die Verträglichkeitsprüfung nach den §§ 32ff. BNatSchG. In: BDLA (Hrsg.): Chancen und Perspektiven des neuen Bundesnaturschutzgesetzes für die Landschaftsplanung; Dokumentation der Tagung vom 15. Mai 2002 in der Universität Kassel.
LOUIS, H. W., ENGELKE, A. (2000): Bundesnaturschutzgesetz, Kommentar der §§ 1 bis 19f, 2. Aufl., Schapen Edition, Braunschweig. 746 S.
Mecklenburg, W. (2002): Anmerkungen zur Rechtsfigur des potentiellen FFH-Gebietes. Umwelt- und Planungsrecht 22, 4, S. 124–129.
Ministerium für Umwelt und Naturschutz, Landwirtschaft und Verbraucherschutz des Landes NRW (Hrsg.) (2000): RdErl. v. 26.04.2000 – Verwaltungsvorschrift zur Anwendung der nationalen Vorschriften zur Umsetzung der Richtlinien 92/43/EWG (FFH-RL) und 79/409/EWG (Vogelschutz-RL) – VV-FFH – (SMBl.NRW. 791).
Ministerium für Landwirtschaft, Umweltschutz und Raumordnung des Landes Brandenburg (Hrsg.) (2000): Verwaltungsvorschrift der Landesregierung zur Anwendung der §§ 19a bis 19f Bundesnaturschutzgesetz (BNatSchG) in Brandenburg, insbesondere zur Verträglichkeitsprüfung nach der FFH-Richtlinie vom 24. Juni 2000 (ABL. 2000: 358ff).
MIERWALD, U. (2003): Zur Erheblichkeitsschwelle in der FFH-Verträglichkeitsprüfung – Erfahrungen aus der Gutachterpraxis. In: UVP-report, Sonderheft zum UVP-Kongress 2002: S. 134–140.
MSWV Brandenburg (Ministerium für Stadtentwicklung, Wohnen und Verkehr)

(Hrsg.) (1999): Handbuch für die Landschaftspflegerische Begleitplanung bei Straßenbauvorhaben im Land Brandenburg – einschließlich der Anforderungen der FFH-Verträglichkeitsuntersuchung. http://www.brandenburg.de/land/mswv/pdf/handbuch.pdf (Stand 2003).

MÜLLER-PFANNENSTIEL, K., WACHTER, T. (2003): Aufgaben des Fachgutachters im Rahmen der FFH-Verträglichkeitsprüfung. In: UVP-report, Sonderheft zum UVP-Kongress 2002: 116–119.

Niedersächsisches Umweltministerium (Hrsg.) (2002): Runderlass MU – Anwendung von § 19 a-f BNatSchG – Stand 19.06.2002.

PETERS, W. (2001): Einführung zum Schwerpunktthema ‚FFH-Verträglichkeitsprüfung von Plänen'. In: Informations- und Diskussionsplattform ‚ForumVP' der TU Berlin zur Unterstützung der Umsetzung der FFH-Verträglichkeitsprüfung. http://www.tu-berlin.de/fak7/ForumVP/ (Stand 2003).

PLACHTER, H., BERNOTAT, D., MÜSSNER, R. & RIECKEN, U. (2002): Entwicklung und Festlegung von Methodenstandards im Naturschutz. Schr.R. f. Landschaftspfl. u. Naturschutz 70, Bonn, 566 S.

Planungsgruppe Ökologie + Umwelt (1999): Die Prüfung nach § 19c BNatSchG: Konsequenzen und Umsetzungsvorschläge für die Straßenplanung. Forschungsvorhaben Gefördert durch die Dr. Joachim und Johanna Schmidt-Stiftung für Umwelt und Verkehr. http://www.planungsgruppe-hannover.de/informieren/ffh-bericht.pdf (Stand 2003).

RAMSAUER, U. (2000): Die Ausnahmeregelungen des Art. 6 Abs. 4 der FFH-Richtlinie. Natur und Recht 22, 11, S. 601–611.

RASSMUS, J., HERDEN, C., JENSEN, J., RECK, H., SCHÖPS, K. (2003): Methodische Anforderungen für Wirkungsprognosen in der Eingriffsregelung. Ergebnisse aus dem F+E-Vorhaben 898 82 024 des Bundesamtes für Naturschutz. Angewandte Landschaftsökologie 51, Bonn, 298 S.

Regierungspräsidium Darmstadt (Hrsg.) (1999): Informationen zur FFH-Verträglichkeitsprüfung. Darmstadt, 18 S. + Anhang.

RÖDIGER-VORWERK, T. (1998): Die Fauna- Flora- Habitat Richtlinie der Europäischen Union und ihre Umsetzung in nationales Recht. Analyse der Richtlinie und Anleitung zu ihrer Anwendung. E. Schmidt, Bielefeld, 319 S.

SCHMIDT, C. (2001): Die FFH-Verträglichkeitsprüfung für Regionalpläne und ihr Verhältnis zur Umweltprüfung nach der RL 2001/42/EG (Plan-UVP). UVP-report 15, 4, S. 204–208.

SIEDENTOP, S. (2001): Zum Umgang mit kumulativen Umweltwirkungen in der FFH-Verträglichkeitsprüfung. UVP-report 15, 4, S. 88–93.

SSYMANK, A., HAUKE, U., RÜCKRIEM, C., SCHRÖDER, E. (1998): Das europäische Schutzgebietssystem Natura 2000. BfN-Handbuch zur Umsetzung der Fauna-Flora-Habitat-Richtlinie und der Vogelschutz-Richtlinie. Schr.R. f. Landschaftspfl. u. Natursch. 53, Bonn, 560 S.

STOLLMANN, F. (1999): Rechtsfragen der FFH-Verträglichkeitsprüfung. Natur und Landschaft 74, 11, S. 473–477.

STÜER, B., HERMANNS, C. D. (2002): Fachplanungsrecht: Natur- und Umweltschutz – Verkehrswege, – Rechtsprechungsbericht 2001/2002. Deutsches Verwaltungsblatt 117, 4, S. 514–526.

SUDFELDT, C., DOER, D., HÖTKER, H., MAYR, C. UNSELT, C., LINDEINER V., A., BAUER, H.-G. (2002): Important Bird Areas in Germany – revised updated and completed list (state of 1st July 2002). Ber. Vogelschutz 38, S. 17–109.

TRAUTNER, J., LAMBRECHT, H. (2003): Ermittlung von erheblichen Beeinträchtigungen im Rahmen der FFH-Verträglichkeitsuntersuchung – Zwischenergebnisse aus einem F+E-Vorhaben des Bundesamtes für Naturschutz. In: UVP-report, Sonderheft zum UVP-Kongress 2002, S. 125–133.

Vereinigung umweltwissenschaftlicher Berufsverbände Deutschlands – VUBD (1999): Handbuch landschaftsökologischer Leistungen – Empfehlungen zur aufwandsbezogenen Honorarermittlung, Band 1, S. 95–107, Nürnberg.

VSchRL: Richtlinie 79/409/EG der Kommission vom 2. April 1979 über die Erhaltung der wildlebenden Volgelarten.

WACHTER, T., JESSEL, B. (2002): Einflüsse auf die Zulassung von Projekten im Rahmen der FFH-Verträglichkeitsprüfung. Naturschutz und Landschaftsplanung, 34, 5, S. 133–138.

WEIHRICH, D. (1999): Rechtliche und naturschutzfachliche Anforderungen an die Verträglichkeitsprüfung nach § 19c BNatSchG. Deutsches Verwaltungsblatt 114, 23, S. 1697–1704.

WEIHRICH, D. (2001): Rechtsprechung und landesrechtliche Regelungen zur Verträglichkeitsprüfung – Konsequenzen für die Planungspraxis. UVP-report 15, 2, S. 66–70.

ZIESE, A. (2000): Methodische Vorgehensweise der Verträglichkeitsprüfung gemäß § 19 c BNatSchG am Beispiel einer geplanten Elbquerung in Niedersachsen. Diplomarbeit im Studiengang Landschaftsplanung an der TU Berlin.

ZIESE, A. (2001): Die Auffassung der EU-Kommission zum Vollzug der Verträglichkeitsprüfung gemäß Artikel 6 der FFH-Richtlinie. UVP-report 15, 2, S. 71–74.

6 地区詳細計画図作成での介入規則と環境アセスメントの適用 －アーヘン市の事例－

6.1 はじめに

　自然的土地も重要な環境要素である．自然的土地は，環境要素である大気，水と並んで，諸生物の生育基盤でありまた自然浄化作用に重要な機能を果たす土地（空間と土壌）として，独自の大きな役割を持っている．更に，農業生産の場，身近なレクリエーション空間として，そして自然的景観のあり方も大きく左右するという意味でも独自の役割をもっている．

　日本の国土は，平地が約7割，山林が約7割という状況で，一般的な人間活動は非常に限られた範囲で展開している．しかし，有限な自然的土地の消費は限りなく進んでいる．最近でも，第4章で見たように年当たり数自治体の面積に当たる自然的土地が消失しており，決して開発の傾向が変わっているわけではない．実はドイツも同様の傾向にある．ドイツでは，例えばシュレーダー前首相によって招集された持続的発展審議会の報告書で，現在の一日当たり130 ha の市街地拡大を2020年には 30 ha に押さえる必要があること（Ziel-30-ha：**30 ha-目標**），土地取得税や通勤費定額税控除など税制面での見直しなどの提案が行われているが，その中でも介入規則には肯定的評価が行われている [1]．一日当たり 30 ha までの土地消費の減少は自治体の現場からは困難との見方もある．いずれにせよ，日本での自然的土地の大規模の消失も深刻であり，これに対して何らかの対応を必要としている．

　ドイツでは，1976年に設けられた連邦自然保護法の時点から，開発による農地も含む自然地の消失に対する代償対策（介入規則）が求められている（第2章）．当初，この実践は芳しくないようであったが，現在では，都市計画の**法的計画図**である地区詳細計画図の作成の段階で開発代償対策が検討され，相殺が実行されている．**予防原理**と**原因者責任原理**がここでも適用されている．「自然的土地の消失防止」の課題は，例えば，「廃棄物の発生の回避，抑制」に相当する．そのために，既成市街

地の活用を促し，それを抑制していくことが必要がある．しかし，開発がやむを得ない場合には－自然的土地の量的減少はあるものの－消失分に見合う自然を再生するという方法は土地独自の環境問題的対策として検討すべき課題と言え，おそらく，どこの国でもそれに見合った社会システムを構築していく必要があるし，ドイツではそれが実践されている．

ここで具体的に都市計画の分野で，どのように開発代償対策も含む環境保全対策が行われているかをみていきたいが，その前に，本書の他の箇所でも関係するドイツの空間計画（国土計画，都市計画）システムについて簡単に概観したい．

〈ドイツの空間計画システム〉

ドイツにおいては日本でも周知のように空間計画は国土計画（具体的には州計画）と都市計画（建設誘導計画図）の**階層的な計画システム**を持って行われている．

上位の空間計画である州計画では，法的に定められた計画原則を中心に公私の利益の比較衡量を行い，計画図が作成される．地域 [Region] に対しては，比較的詳細な地域計画図をもって，地域の空間的目標が，州の計画意図として大枠の形で示され，適合・遵守義務によって都市計画を誘導していこうとしている．

（法定）都市計画は，市町村（ゲマインデ）によって作成される2段階計画システムの建設誘導計画図によって進められている（非法定の計画として中間段階の枠組計画などがある）．すなわち，基礎自治体の行政区域全体を対象とし，①特にゲマインデの空間的発展像を示す準備的プログラム的な土地利用計画図 [Flächennutzungaplan：以下土地利用計画図]，および②土地利用計画図から展開され，街区レベルを対象にして，個々の建設活動を拘束する地区詳細計画図 [Bebauungsplan：以下地区詳細計画図] の2種の計画を基本として階層的に行われている．地区詳細計画図は建築基準法によるデザイン的確定内容や環境視点も含む，最下位の**空間的総合計画**と言える．土地計画整理や土地収用などは地区詳細計画図を実行する上での手段と考えられている（図-6.1）．

国の行政構成	空間計画レベル	法的基礎	計画手段		素材的内容	対応する自然地計画
連邦	国土計画	国土計画法（ROG）	—		国土計画原則（ROG 第2条）	—
州	州の国土計画（州計画）	ROG および 州計画法(州の法律)	総合的上位的計画図	→国土計画図 →空間的、課題別部分計画図	国土・州計画の目標	自然地プログラム
	地域計画			→地域計画図 →地域的土地利用計画図	地域目標	自然地枠組図
市町村（ゲマインデ）	建設誘導計画	建設法典（BauGB）（計画原則提示）	建設誘導計画図	土地利用計画図	土地利用の種類の表示	自然地計画図
				地区詳細計画図	都市建設の秩序の確定	緑地整備計画図(定めていない州もある)

図-6.1 空間計画の階層的な計画システム

6.1 はじめに

これらの計画（図）の間には上位計画が下位計画に目標を設定し，下位の段階は上位計画に自らの状況，要望を反映させるシステムができている．またこれらの計画が環境アセスメントの対象となったことは第4章で述べている．なお，自然地計画図でも類似の階層的構成をとっており，これらの計画とそれぞれのレベルで関連づけている．

〈地域計画と都市計画〉

自治体の都市計画との接点を持つ州の広域行政区を単位として作成される州の計画である地域発展計画図（巻頭口絵図-6.2；改定国土計画法によって**地域計画図**[Regionalplan] と言われるようになった；以下，地域計画図）は，ノルトライン-ヴェストファーレン州の場合1/5万の縮尺（他は1/10万が多い）により，一般的に，土地利用計画図（縮尺下記）との対比が行える．地域計画図は州の，各地域に対する計画意図，目標を示すもので，基礎自治体の考えるところとは必ずしも一致しない．その場合，ことによっては徹底的な議論も行われ，一定の結論が出される．結果も重要だが，この議論が行われることも非常に重要であろう．

例えばケルン市では土地利用計画図の作成に際して，NRW州広域行政区の地域発展計画図との間に，市のある工業地域指定と港湾地域を巡ってなどの対立があった．最終的に州の「工業地域指定は認めず隣接する建築地域の大気交換としての空地」として空け他地域に工業発展ポテンシャルを移転するという考えが受け入れられ，「港湾地域は用途未指定」という扱いになっている．

地域計画図も，例えばFFH-地域指定など，状況の変化に合わせて変更も行われている．また，例えば本章の対象地であるアーヘン市の都市計画には2010年までの住宅需要予測（1993年）が基礎に置かれているが，当時の地域計画図の表示によると住宅用地の大幅な不足があり，第6次地域計画変更手続の中で，後出のブランダー通/ブライトベンデン通の地域やリヒテンブッシュ地区などに関わる変更手続が行われている．最近ではFFH-地域の指定に関して，それに合わせた地域計画図の変更も行われている．この上位の地域計画は硬直したものではない．

ドイツの地域計画図の一般的な単位である広域行政区の規模（面積，人口とも）は日本の都道府県のスケールに当たると言える[2]．このスケールは計画単位として大きな意味があるように思える．日本ではスケールとしても，基礎自治体の上位計画という意味でも，土地利用基本計画が広域的地域計画[3]に相当すると考えられるが，これには地域機能を独自に捉えて（単に5地域を再現するのでなく）広域的な目標を与えるものにはなっていない．地域計画での"言葉"が必要なのだと思う．また逆に，都市計画区域や区域区分などは都道府県が行うという意味で地域計画的要素であるが，境界が一義的に分かる詳細度で定める形で，都市スケールあるいは街区

スケールのレベルにまで広域的地域計画の要素が直接入り込んできているとも言える．都道府県は独自の意志決定機関を持っており，基礎自治体とは異なる視点で独自の"言葉"をもった計画を行い，基礎自治体の求める空間目標と対照させて，合意を得ていくという形が本来の姿ではないのかと思う．

土地利用計画図の縮尺は 1/5 000 から 1/10 000 が一般的だとされているが，大都市では，例えばベルリン，ハンブルク，デュッセルドルフ市などで 1/20 000，ケルン市で 1/25 000 で，アーヘン市の場合 1/15 000 となっている．

アーヘン市の土地利用計画図（巻頭口絵図-6.3）は 1980 年に策定されたが，それ以降，90 の変更がなされている．変更に際して計画図の変更を行わず，地区詳細計画図の内容がそれを示すという形を取っている．大きな自治体では変更部分を含む小部分だけを表示変更を行い印刷している場合もある（例えば，フランクフルト市）．

自然の保護，保全の目標を示す計画として州レベルと自治体レベルで**自然地計画**が行われている．アーヘン市の位置するノルトライン-ヴェストファーレン州では州計画レベルの自然保護・保全の計画は地域計画図で行われる[4]．

アーヘン市の自然地計画の計画図である自然地計画図は 1988 年 8 月 17 日に発効となったものだが，発展図 [Entwicklungskarte；1/1 500] と確定図 [Festsetzungskarte；1/5 000] から構成されている（巻頭口絵図-6.4）．

土地利用計画図から展開する形で地区詳細計画図が作成され（展開命令），これが図面表示からはずれる場合には，土地利用計画図の変更を必要とし，そのために州の許可も必要とする．これに合わせて地域計画図も変更される．

計画・プログラム環境検査の制度導入を各国に求めている EU 指令によって，これら地域計画図，自然地計画図，土地利用計画図，地区詳細計画図は環境アセスメントの対象となった（第 4 章参照）．

〈介入規則の都市計画の中での扱い〉

介入規則についてみると地区詳細計画図の作成が結果的にもたらす自然地の減少に対する相殺対策は，計画地域内で行うことが好ましいとされているが，多くは外部の地でも代償をもって進められている．2.2.3.2 項でも述べられているように，現在，外部相殺の一種としてのエコ口座の形で，対策備蓄的な集団的相殺地で相殺を行う方法が広がっているようである．これは，一定の目標のもとに，地域の自然的な状況（自然収支，自然景観）を"新規再生"する方向でもある．

確かに，不動産広告では「相殺用地に最適」などとの説明で土地が市場に出されている状況もあり"相殺用地市場"がすでにできあがっているような印象を受ける．これは価格上昇を引き起こし開発費を間接的に増加させる．加えて，都市建設的契約の場合などで開発業者がこのような土地を取得し相殺を行うという形で，あちこ

ちで"偶然的に"自然の新規再生が行われても効果的ではない．すでにほとんどの都市，地域に存在する自然地計画図に沿った自然再生（創生）に結びつけていくということが効果的である．

備蓄的相殺地を土地利用計画図に示す場合もあるが（建設法典で可能性が認められている），アーヘン市のように土地利用計画図で表示はしない都市もある．土地利用計画図に示せば，民有地の場合には，地価の上昇を引き起こすからというのが理由である．

なお，この対策の費用（土地・手入れなど）は開発者の負担になる．ドイツでは生活道路や街区公園などの費用には開発分担金 [Erschließungsbeitrag] が徴収され，充当されるが，これと同じような考え方で開発代償対策も最終的には土地購入者が負担することになる．額は開発分担金とほぼ同じくらい，土地費の数%になるということである[5]．開発地の道路などの代償対策費用と建築地に関わる代償対策費とは個別に扱われる．前者は開発分担金と合わせて徴収される．

第4章で触れたように，全体的には把握できていないが，すでに建設誘導計画作成の中で計画の環境親和性検査を行っている都市がいくつかある（295頁参照）．アーヘン市もその例に含まれる．ここで同市の地区詳細計画図の開発代償と環境親和性検査の例を紹介し，その方法など見ていきたい．

個々での事例は地区詳細計画図を中心とするが，地区詳細計画図は，①図として確定する**図面そのもの**，②文書による確定（**文書確定**）から構成されており，加えて，③その計画の背景や上位計画との関係，確定の根拠，考え方などを記述する**理由文書**が必ず作成され，計画図作成手続の中で確定と合わせて必要な場合には内容を修正していき，地区詳細計画図の条例決議の一部とされる（地区詳細計画図の一部ではない）．そこからは比較衡量の内容が読み取れるようにしなければならない．また，地区詳細計画図で環境アセスメントが行われる場合には（これはこれからは通例になるが），独自の報告書とは別に，この理由文書の中に環境報告書を組み入れることが最近行われるようになっている．この中で介入規則の適用結果も扱われるようになっている．

本論はそれぞれの地区詳細計画図の上記①，②，③を中心的資料として使った．

6.2 アーヘン市の概況

アーヘン市はノルトライン・ヴェストファーレン州（以下，NRW州）の西端に位置し，オランダ，ベルギーと接する国境の都市である．面積は約 $161\,km^2$ で，人口は1993年末の25万5590を頂点に，2000年末で24万4400と減少を続けていたが，2003年末25万7348と，その後，上昇を見せている[6]．

ヨーロッパ統合の影響によって，隣国の都市との連携も大きな課題となっている．例えばオランダのマーストリヒトおよびベルギーのリエージュと連携をとって，3 都市を結ぶ三角軸に対し，それに挟まれる三国パーク [Dreiländerpark] の自然的条件を生かしながら発展を図っていく仕組みを構築しつつある．また，オランダの隣接都市であるヘールレン市 [Heerlen] と共同で事業所団地を計画，開発も行った（巻頭口絵図-6.5 の全体図左上端部の計画地域）[7]．このプロジェクトの環境影響評価は法律で求められる影響評価を実施したアーヘン市で唯一の事例だということである．これもヘールレン市と共同で行っている．

同市は 1992 年に NRW 州の「将来のエコロジー的都市」[Ökologische Stadt der Zukunft] の 3 モデル都市の 1 つとして選定され，10 年間の州からの助成（既存のものの優先配分）を受けて都市のエコロジー化の対策を進めていった．

1995 年にアーヘン市で始まった太陽光発電のための電力料金上乗せシステムは，2000 年に制定された更新エネルギー法によって全ドイツに適用されている．このように都市エコロジー化に向けていくつかの先進的な取り組みが行われている都市でもある．

以下で扱う地区詳細計画図の計画地域は図-6.5 の図-A～D に対応している．全市的にかなりの地域ですでに地区詳細計画図が掛けられていることが分かる．また必ずしも建築地域だけに掛けられているわけでもないことも理解できる（例えば図-C：計画地の南部のものは農地を含めた近自然的土地の保全の地区詳細計画図である）．

なおアーヘン市にも **FFH-地域** がある．そこは市の中心部から約 7.5 km 東にあるブランダー森（口絵図-6.3 参照）で，キバラスズガエル [Gelbbauchhunke] が生息していることにより指定されているが，更に優先的な生育生息空間としてマット草 [Borstgrasrasen] などの保護・発展目標が指示されている．

6.3 小さな住宅地開発の計画事例－アム・ラントグラーベン地区の事例 (Bebauungsplan Nr. 792 – Am Landgraben; 1995 年発効)

6.3.1 当該地区の一般的状況と上位計画での扱い

この地区（口絵図-6.5 の図-A）は，アーヘン市の西端に位置し，オランダとの国境がすぐ近くにある．この計画地が位置するファールサー・クヴァルティーア地区 [Vaalserquartier；以下，ファ-ク地区] はオランダのファールス [Vaals] と市街地連担状況にある．南には農地があり，400 m ほど離れて「アーヘンの森」が広がる（図-6.6）．

州の地域計画図（現在の呼称；これまでは地域発展計画図 [Gebietsentwicklungsplan；

図-6.6 当地区詳細計画図（上部右寄り）の周辺状況（航空写真：Landesvermessungsamt Nordrhein-Westfalen: aachen Luftbildatlas color 1:5 000, Ausgabe 2001 より；以下同）

年]）では，この計画地に隣接するファ-ク地区の市街地部は，居住市街地領域［Wohnsiedlungsbereich］の外部に位置しているが，市街地領域［Siedlungsbereich］の外部に位置する「建築連担した市街地構成部分［Ortsteil］」（BauGB 第 34 条）とされている．地域計画図の「市街地」の「目標 2」[8]によれば，市街地領域の「建築連担した市街地構成部分」では，市街地契機［-ansätze］は設けるべきでない，つまり市街地化を誘発する開発は避けるべきだと考えられている．しかし，建設誘導計画の枠内で，この地域の都市建設的な秩序を確保する形で行われる適切な開発であればやむを得ないというのが NRW 州の地域計画的立場である．

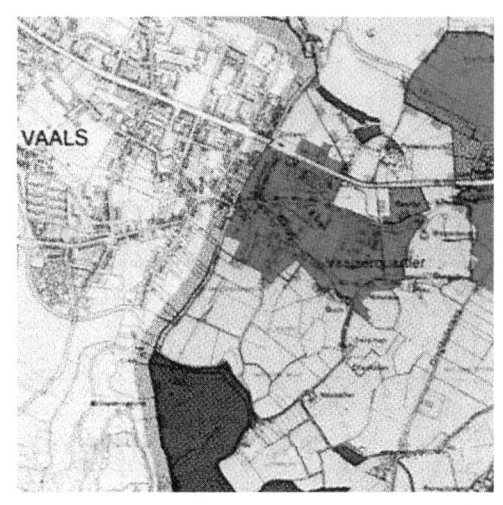

図-6.7 アム・ランドグラーベン地域の土地利用計画図（計画地域は中央-農地の突出した部分）（原図はアーヘン市提供．以下同）

　アーヘン市の土地利用計画図の表示（図-6.7）では，ファ-ク地区の市街地は建築地

域である．ここから当地区詳細計画図地域も含めた農地表示が南に向かって行われているが，この地区詳細計画図に合わせて変更が行われた．同市では地区詳細計画図の作成に伴う土地利用計画図の変更については改めて作図はせず，地区詳細計画図が土地利用計画図変更部分の表示の代わりをする．

アーヘン市の自然地計画図によると，この計画地には2つの発展目標が設定されている．つまり，発展目標3.1.1「近自然的な生育生

図-6.8 同地域の自然地計画図の状況（原図はアーヘン市提供．以下同）

息空間あるいはその他の自然地要素が，豊かにまたは多様に具わっている景域の保全」[9]と発展目標3.1.4.1（4e）「粗放的レクリエーションのための拡充」[10]がそれである．したがって，その意味に応じた自然的な形成が図られる必要があった．

確定では「樹木および生垣，水面の特別な保護」という地域として設定され，開発代償地部分は自然地保護地域となっていた（図-6.8）．

6.3.2 計画の内容

これは9戸の戸建て住宅の住宅地開発で，開発地は農地を中心とする自然地保全地域に接し近くには豊かな自然がある．そのため，この地域は，散歩など，自然の中での市民の日常レクリエーション地域として重視されている所で，自然地景観を損なわない開発が求められた．また外部地域[11]に地区詳細計画図を作成する新規開発の事例であり，建設法典の規則でも，介入規則を適用することが定められている[12]．

このような地域に，どのような計画的な対応がとられたのかを次に見ていく．

計画地は旧ファールサー通［Alte Vaalser Strase］に接道するが，この道路は自動車の対面交通が可能なように5m幅に拡幅される．一部，建物や樹木が迫っている場所では4mあるいは4.5mの幅を残して樹木保存を図り，旧ファールス通の雰囲気を残し，周辺の景観になじむように配慮している（図-6.9）．

住宅は平屋建て，戸建てで，勾配屋根（30°〜45°）を指定し，自然的土地に対しての景観的な影響を低くしている．棟の方向は指定していない．建蔽率は30%と低くし（容積率も同じ），この建築地域に設ける駐車場は透水性仕上げをすることで，

6.3 小さな住宅地開発の計画事例

雨水の地下浸透を促し，微気候の改善を考えている．

　緑地のネットワークのために，当該敷地と既存の建物敷地との間の既設植栽が，樹木や低木で補われる（樹木と低木の保全と植樹の地区詳細計画図での確定）．これ以外に，旧ファールス通沿いの生垣も地区詳細計画図確定によって確保される．また，南部の自然地（農地）に向けての垣根は生垣だけしか認められない．なお，この計画では単独の環境親和性検査の作業は行われていない．計画に環境検査が義務づけられたことにより，今後は，このような小規模の開発でも行われるようになる．

　この地区詳細計画図は1994年3月9日に作成決議が行われ，同年8月に条例として市議会で議決，その後，公示によって1995年5月18日に発効した．相殺対策はすでに行われており，子供の遊び場としてブランコを設置するなど居住環境そのものとして良好な状況をつくっている（図-6.10）．

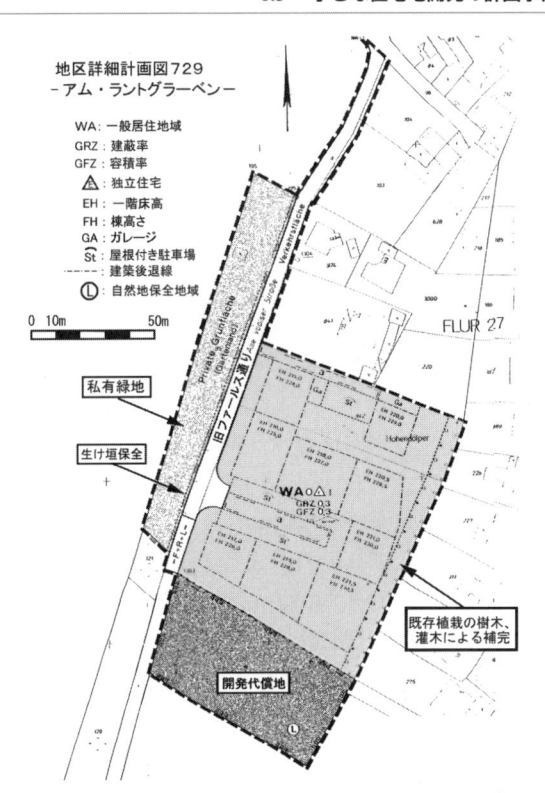

図-6.9 地区詳細計画図792（加工している）（地区詳細計画図の原図はアーヘン市提供．以下同）

図-6.10 相殺地の様子（南西角から撮影）（2003年夏；以下，地上写真は同年）

6.3.3 自然地への介入に対する開発代償

ここでの住宅地開発は，小さなものであるが，規則どおりに開発代償が求められた．地区詳細計画図作成の段階での相殺計画の事例としては初期のものとなる．本事例では，地区詳細計画図対象地は一戸の農家が保有していた．開発の条件として計画地域（5 200 m²）内での建築地に接する南部分の，自然地計画による自然地保護地域[Landscahftsschutzgebiet]に，草地と散在的果樹で構成される果樹草地[Obstwiese]を設ける（約 1 900 m²）という内容の代償対策が確定され実施された[13]（図-6.9）．当住宅地が自然地に向けての周辺部となるために，果樹草地が自然地への移行状況をつくり出し，自然地に対する景観的侵害を起こさないという効果も持たせされている．

この事例では果樹草地のみの代償対策をもって「自然と自然地への介入」は許容されると見なされている．その判定にはアーヘン市の作成した「作業・決定基礎」[14]があり，これに基づいて行われている．これは様々なビオトープ類型の自然度，希少性などに応じて 0.0〜1.0 までの基礎点数が与えられ，面積と掛け合わせることでそれぞれのビオトープの持つ点数が算定される（**ビオトープ価値手続**）もので，それらを合計すれば，「開発によって失われる」，あるいは特定の対策をとることで「創出される」自然的価値が算定され，それらを差し引きすると，計算上ではあるが，開発代償が完全に行われたかどうか判定できる．

この場合は，戸当り 120 m² の建築面積（計 1 080 m²）と道路，駐車場合わせて 1 620 m² の分の牧草地（0.4 点/m²）が消失し，648 点を失うが，100 m² あたり 1 本の果樹を植えた草地（0.4 点/m²）で相殺することで，760 点を獲得するため，数値上，完全代償ができるというものである[15]．この地区詳細計画図は計画地域内で計算上での完全（超過）相殺が行えた事例である．

この方法はビオトープ価値手続であるが，この地に果樹草地を設けることは**口頭論議決定手続**となる（89 頁参照）．

必要な手入れは，建設用地の土地所有者であった相殺用地所有者との**契約**によって，元の土地所有者が行う[16]ことになっている．

6.4 市街地内部の小さな再開発（住宅・事業所地区）の計画事例
　　－グート-レームキュルヒェンの計画事例
　　（地区詳細計画図 Nr.848 – Gut Lehmkülchen; 2004 年発効）

6.4.1 当地区の一般的状況と上位計画での扱い

当地区詳細計画図は市の中心部にほど近い，居住地域から事業所の多く立地する

6.4 市街地内部の小さな再開発（住宅・事業所地区）の計画事例

地域への移行する箇所に対して作成されたものである（図-6.5の図-B）．周辺には都市庭園[Stadtgarten]（図-6.11の南西一帯）やファールヴィク公園（同北西），クラインガルテン（同1時方向）といった緑が豊かな施設がある反面，交通量の大きな道路に面し，事業所も隣接するといった特徴がある．また北部2, 3階の集合住宅が，南部には3階から6階建ての都市的な集合住宅が続き，そして道路を挟んで5階建の集合住宅が立地しているという都市的機能の分節的な位置にある．

図-6.11 本計画地域の周辺の状況（中央が計画地）

ここでは，この地域を含むグリューナー通一帯の**枠組計画**が策定されており，その中で，この地区を事業所立地と家族向けの居住・生育生息空間の保障に向けてエコロジー的，デザイン的な形成という目標設定が行われている．また，後ろのクラインガルテンとファルヴィク公園の歩道接続も考えられている．

このグート・レームキュルヒェンという名称は，ここに立地する19世紀の農家屋敷[Gut Lehmkülchen]に由来している．この屋敷は中庭を挟んで2列に並んでいる

図-6.12 当地区詳細計画図地域（中央約5mm四方の範囲）と周辺の土地利用計画図の状況

もので，1981年に市の記念建造物リストに登録されている（図-6.14）．また，この計画地域土地の大部分は市の園芸所 [Gartenerei] として市有となっておりいくつかの建物があるがこれは除却される．

同計画地域は市の土地利用計画図では緑地として表示されており，一般居住地域（WA）への変更がなされている（図-6.12；88回目の土地利用計画図変更）．地域計画図（地域発展計画図）では一般市街地として表示されており，国土計画の目標に合致しているとされている．

6.4.2 計画内容

この立地を活かしながら，
- 一家族住宅と小単位の集合住宅によって，都心に近く，緑環境が豊かで，近くにルードヴィッヒ・フォーラム国際美術館（チョコレート工場で成功した現代美術作品の収集家であった Peter Ludwig の収集品をもとに展示している）も立地するという魅力ある住宅地（21戸）の建設，
- 保養地域から事業所地域への過渡的立地での住宅とサービス業の混合的立地の実現，
- クラインガルテンとファルヴィック公園との歩道による連結，
- 記念建造物のグート-レームキュルヒェン農家屋敷の，住宅と非阻害的な事業所への転換，
- LEG（州開発会社）の事務所をグリューナー通の端部に設けることで事業所地域への移行過程効果を持たせること，

などが目標とされている．

都市建設的特徴として，農家屋敷とLEG建物の2つの軸を活かして，事業所地域側と道路側の明確な縁を設けると同時に遮音に効果的な配置を行っている．計画地域の面積は1.7 ha で，想定敷地規模は $230\,m^2$ から $680\,m^2$ である．地域内道路は袋地状としている．同計画地は以下のようにWA，GE，MIの3用途地域に分けられている．

住宅地部分は一般居住地域（WA）で，法律上，この地域に認められる宿泊施設，管理事務所，造園業，ガソリンスタンドは，潜在的な環境負荷および交通量の増加を防止するため，立地適合性の不足により適用除外される．事業所に近い都市的居住という立地の質にふさわしい，職場と住まいの結合を可能にする阻害的でない事業所などが認められる．

ここの事業所地域（GE）では，法律的に例外的扱いが本来は可能な用途も認めていない．更に，ガソリンスタンドと倉庫のような同地域に阻害となる種類の事業所

図-6.13 南角の交差点方向からの当地区詳細計画図地域の様子

図-6.14 グート-レームキュルヒェンの屋敷（北西側から）

[Gewerbebetrieb] は除外し，商店，事務所，管理事務所のような"甚大な阻害を起こさない事業所"だけが認められる．

　グート-レームキュルヒェンの屋敷の敷地部分は，居住とそれを阻害しない事業所が認められている混合地域 (MI) として確定されたが，この部分でも法律的にはそこで認められている小売店，園芸業，ガソリンスタンド，娯楽施設は認められない．

　建築形態的には，独立住宅は勾配屋根（最大 45°；切妻，片流屋根）とし，そしてパス通沿いの住宅グループは陸屋根で統一して農家屋敷の高さを超えないよう，また LEG 建物の南端部分（Kopfbau；4階）に建築形態的に連続するようにし，全体のデザイン的関連性を図っている．なお建蔽率は全体的に 40%で，GE 部分が 80%と

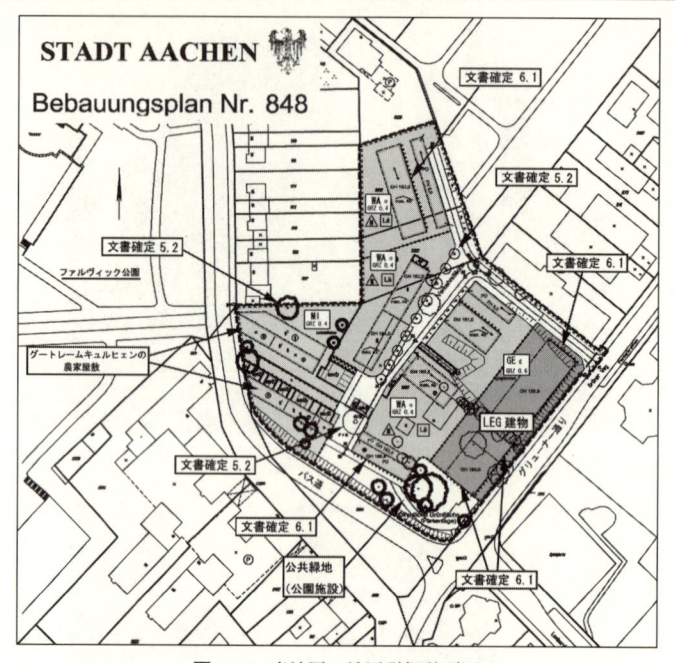

図-6.15 当地区の地区詳細計画図

なっている（以上．図-6.15）．

　文書確定は計画図を補うもので，地区詳細計画図の一部となっている．この事例では騒音問題，土壌汚染問題があり，この点で他の事例とは異なりを見せている．そこで文書確定の環境に関わる部分についてみると，次頁の表-6.1のようになっている．

　植樹について，樹木の質にまで触れ，きめ細かく条件を設定しているが，介入規則の相殺対策としての意味も含めて必要とされる対応である．これは他の事例でも同様である．

　騒音の面では建築配置（これは図面表示での確定）によって地域内の騒音を一定低減化するとともに，間取りやファサードでの遮音性能のような建物の計画にまで入り込んで指示している．都市計画が建築計画にまで関わっているということになる．

　また土壌についても特に身近に人が接する部分についての土壌交換が指示されている（この地に自家用給油施設があったことと交通量の大きい道路沿いであることの過去からの影響だろうが，環境親和性検査によると既存負荷として6地点で200 mg/kgの鉛が検出されている）．

6.4 市街地内部の小さな再開発（住宅・事業所地区）の計画事例 411

表 6-1 地区詳細計画図 848 番の文書確定の環境関連部分（Stadt Aachen: Schriftliche Festsetzungen zum Bebauungsplan Nr.848 –Gut Lehmkülchen, Aachen 2004, 3 頁）

4. 土壌・土地，および自然・自然地の保護と手入れ，発展に向けての対策
4.1　陸屋根は，雨水溜に接続していない場合には緑化すること．
4.2　テラスおよび通路，自動車アプローチ路，駐車場は透水性の材料で舗装し，この部分では土壌の受容能力に応じて地下浸透させるために雨水が開放地面に流れることが可能なように設置すること． 目地あるいは露地の部分は，最低，30％になるようにすること．
5. 樹木と灌木の植樹の土地（建設法典第 9 条 1 項 25 号）
5.1　建設法典第 9 条 1 項 25 号 a）による確定された土地の内部では地場の樹木で植樹し，長期に保全すること．
5.2　一般住居地域内の交通用地では，周長最低 18 cm の高木 [Hochstamm] を 10 本植樹し，長期に保全すること． －交通面の終端部の小面積の土地では，際だった単独樹木（例えばユリノキのような特に大きな間隔での 5 回移植の高木で，周長 35–40 cm，樹高 5–7 m，樹冠 2–3 m のもの）を植樹すること． －樹木列の所では特に大きな間隔での 4/5 回移植の高木で，周長 20–25 cm，樹高 5–7 m，小から中の樹冠のものを線的に 9 本植樹すること．（ここでは 5 種の樹種を指定している）
6. 連邦汚染防止法の意味での有害環境影響の保護に向けての特別予防（建設法典第 9 条 1 項 24 号）
6.1　地区詳細計画図で ▲▲▲ によって示されている線は，建蔽可能池では騒音防止鑑定書によるパッシブな騒音防止を行うこと． 以下の DIN1049 に基づく要求を満たすべきもの： パス通とグリューナー通と直接的に視覚的に結びついているファサードに対して，寝室には 45 dB の遮音を，居室には 35 dB の遮音を，そして事務所室には 30 dB の遮音が実現されるようにすること． 住宅施設の間取りは，騒音影響を受ける領域を中心に行うこと．長時間の滞在に利用される部屋は静かな側に配置すること． 事業所施設に直接に隣接しているファサードには，寝室に対して 37 dB の遮音，居室には 27 dB の遮音が実現されるようにすること． 騒音源に面している居室に対しては，横断換気あるいは騒音低減効果のある換気装置が推薦される．
7. 土壌・土地，および自然・自然地の保護と手入れ，発展に向けての対策（建設法典第 9 条 1 項 20 号）
〈計画の住宅建設の領域〉 　住宅庭の部分では全域にわたって土壌交換あるいは最低 60 cm の厚さの土壌被覆を無負荷の土壌素材で行うこと．土壌素材に対する要求は土壌保護法第 12 条の定めるところによる． 〈公共緑地および子供の遊びのための土地〉 　計画の公共緑地部分では，植物被覆（芝の播種）を行い保全することで，土壌の露出を避けることができる．子供の遊びに利用される土地では，土壌交換あるいは負荷のない土で最低 35 cm の厚さの被覆を行う．土壌素材に対する要求は土壌保護法第 12 条の定めるところによる． 注記：建設法典第 9 条 5 項 3 号に沿って，地区詳細計画図では環境に危険な物質でかなり負荷の掛かっている土地が示されている．

　この計画は 2002 年 9 月に早期の市民参加が行われ，2003 年 7 月 22 日に作成決議，2004 年 5 月 2 日に条例決議が行われている．

6.4.3 環境親和性検査の結果（地区詳細計画図理由文書による）

ここでは計画の環境親和性検査[17]が行われている（報告書作成は2002年8月）．ここでの環境問題は交通量の多い道路と隣接事業所からの騒音，市の園芸施設専用の給油所による土壌汚染である．環境検査結果は地区詳細計画図理由文書の中に「4.環境報告書」として含められており，それをもとに見たい．なお，同理由文書の内容を章構成で見ると，1.計画事業，2.計画の契機，3.計画の目標と目的，4.環境報告書，5.計画の影響，6.費用，7.計画データとなっている．

環境報告書の内容構成は検査された保護財に従っている．この場合の**保護財**は，2001年の環境親和性検査法，あるいは現行のそれが求めている項目にほぼ一致しているが，これらの「保護財の相互作用」についての言及はない．FFH-地域のチェックも行っている（表-6.2）．

以上，文書確定の環境対策に関わる部分と重複する内容が多いが，これは環境親和性検査でかなり具体的な環境影響を低減させる対策が示されており，それがほとんど計画内容として取り込まれているということを意味する．地区詳細計画図ではおおよその建物配置が示されるために，騒音に対する効果が計画時点ですでに検証される．この点も計画の環境検査の利点であろう．

6.4.4 自然地への介入に対する相殺対策（環境親和性検査の報告書による）

既成市街地内の土地ではあるが，一部を除いて外部地域に該当する部分について介入規則による相殺が検討されている．つまり全敷地約 $17\,000\,m^2$ から旧農場屋敷部分とLEG部分を建築連担している内部地域として相殺不必要として扱い，約 $11\,500\,m^2$ の土地が介入規則の対象となっている．詳細は環境親和性検査の報告書に記述している（このことは環境親和性検査の一部として介入規則が位置づけられていることになる）ので，これによって見ていきたい（表-6.3）．

開発代償の用地の評価は，面積もさることながら，代償対策の内容と密接に関連している．地区詳細計画図の介入によって失われるビオトープなどの価値とその相殺対策によって創出される価値が基本的に等価でなければならない．表-6.3は，それを比較するために喪失価値と創出価値を土地・点数対照表の形でまとめられたものである．

アーヘン市の介入規則についての「作業・決定基礎」（既出）を基に算定された介入前と介入後の地域内相殺も含めたエコロジー的価値点の差をみると，440点の不足となっている．そのために外部相殺が必要とされ，これを，貧種のフェット草地の価値上昇の形で，アーヘン市の相殺対策プールの土地に行うこととしている．

6.4 市街地内部の小さな再開発（住宅・事業所地区）の計画事例 413

表 6-2 地区詳細計画図 848 番の理由文書の環境関連部分（Stadt Aachen: Begründung zum Bebauungsplan Nr.848 –Gut Lehmkülchen, Aachen 2004, 8–11 頁）

1) 保護財「人間」
騒音/交通/事業所 　道路騒音と北側の隣接事業所からの騒音負荷がすでに大きく掛かっている．計画地域周囲の建物配置によって，住宅地内の騒音は，ほぼ，DIN18005（DIN はドイツ規格協会の略）による昼間 55 dB(A)，夜間 45 dB(A) の基準にまで引き下げることができる．道路が視覚的に目に入る建物ファサードについては部屋配置と同時に建物自体の騒音対策が必要である（DIN4109：寝室 45 dB，居間 35 dB，事務所 30 dB）．事業所建物についても同様の対策が必要である（DIN4109：寝室 37 dB，居間 27 dB）．
2) 保護財「動植物および自然地」
計画地はかなり地面遮蔽されている．大幅に人の手が入っており，動物相的にはいくつかの老木と樹木グループしか重要でない．FFH-指令と鳥類保護-指令の付録の表の生育生存空間や生物種，動植物，鳥類は出現していないことを前提にできる． 　介入規則による相殺については，介入前のエコロジー的価値の 3 842 点（約 11 484 m²）と介入後の 3 402 点の 440 点の不足を，アーヘンの森の 0.5 ha の代償用地での外部相殺で補うこととしている．交差点角の部分は緑地として保全し [図-10]，それ以外の場所にも植樹を行う．
3) 保護材「土地/土壌」
計画地全域の地面が搬入土壌で覆われている．既存の建物がある部分については後に調査が必要である．調査の結果，第 9 条 5 項 3 号の特記（環境に危険な物質で負荷が掛かっている土壌の土地）が必要である．既存の負荷は，以下の地域に対するように，詳細な付帯条件が守られる場合には，計画されている利用と適合する． ■住宅建設の計画地域 　　　　　－文書確定に同じ内容で受け継がれている－ ■公共緑地と子供の遊び場 　　　　　－文書確定に同じ内容で受け継がれている－ 　加えて，給油所の解体にも鑑定書を作成し，土壌保護官庁との協議の上で行うように求められている．
4) 保護材「水」
この地域は，非透水的な地層が特徴で，大幅の雨水地下浸透は実現できない．住宅建設によってあまり浸透割合は減少せず，強制的な雨水浸透対策は行う必要はない．地下水位は地表面下 5–7 m にあり，地下水には影響を及ぼさないと考えられる．表流水は計画によって大きな影響を受けない．雨水は充分な容量のある公共下水を通って排水される．ヴルム川の集水域にあるが地面遮蔽は計画では増加しないので，下流のための高水対策は必要ない．水法規的な相殺は必要ない．
5) 保護財「大気および気候」
気候，大気に負荷が掛かっている地域に位置し，大気衛生的負荷を低減する対策は重要である．遠隔暖房への接続，太陽光設備，屋上緑化による微気候の改善などが推薦される．

　なお，この環境報告書には，自然地保護の面で環境に重要な対策としていくつかの注意点をあげている．それらは，エコロジー的視点から，計画地域の南部角の公園に類似する構造要素は保全，あるいは地域の西側境界を拡大する必要があること（BauGB 第 9 条 1 項 25b 番による保全命令），関連する樹木は侵害から守り長期に保全する必要があること，そして，その際に全樹冠範囲とこれに 1.5 m を加えた範囲に該当する根張り部分では，いかなる土壌移入も移出も，地盤の硬化も行ってはならないことなどである．かなりきめの細かい対策が要求されている．

表-6.3 地区詳細計画図 848 番の環境親和性検査からの介入結果／相殺結果（Stadt Aachen: Umweltbericht zum Bebauungsplan Nr.848 "Gut Lehmkulchen" im Stadtbezirk Aachen-Mitte, Projekt-Nr.442, Aachen 2002, 8 頁）

介入前の計画地域のエコロジー的価値 [Wertigkeit]：

ビオトープ類型	面積（m²）	価値要素	合計
面遮蔽地	約 2 800	0.0	0
植物の生育なし，非遮蔽地	約 552	0.1	55.2
植物生育舗装	約 552	0.2	110.4
緑化施設，飾樹木	約 600	0.4	240
利用停止地，何本かの樹木	約 4 880	0.45	2 196
緑化，わずかの樹木	約 1 000	0.5	500
装飾樹木と果樹の樹木構造	約 250	0.5	125
繁み，10 年間の成長	約 150	0.6	90
樹木グループ，公園に類似，何本かの老木	約 700	0.75	525
総計	約 11 484		3 842

介入後の計画地域のエコロジー的価値：

ビオトープ類型	面積（m²）	価値要素	合計
交通用地（完全地面遮蔽）	約 963	0.0	0
交通用地（透水性 [wasseregebunden]）	約 419	0.1	41.9
建築地で地面遮蔽	約 1 730	0.0	0
建築地で非開放の地面，鑑賞庭	約 5 837	0.4	2 335
緑化，少数の樹木	約 700	0.5	350
新植樹（10 本）	約 1 135	15 価値点／	150
樹木グループ，公園に類似，老木	約 700	0.75	525
総計	約 11 484		3 402

（地面遮蔽は用途地域の面積でなく，具体的な計画による面積）

6.5 中規模の住宅地開発の事例−ブランダー通・ブライトベンデン通の計画事例（Bebauungsplan Nr.805 − Brander Straße/ Breitbendenstraße；1999 年発効）

6.5.1 当該地区の一般的状況と上位計画での扱い

　当計画地域（図-6.5 の図-C）はアーヘン市の中心から約 5 km の所に位置するアイレンドルフ地区（住宅を中心とし人口 1 万 4 500）の市街地の南端に位置している．土地利用計画図では，南部に農地表示がされている．

　計画地域の東，つまり図-6.16 の右側ではハールバッハ川が位置し，西はクレーバッハ川の支流（図-6.16 では南中央から続いている）とクレーバハ小学校に接し，南には農地が広がっている．東のハールバッハ川に沿う湿地部分の植生が重要な自然要素とされている．

6.5 中規模の住宅地開発の事例

　NRW 州の地域計画図（地域発展計画図）では，当地は居住市街地領域として表示している．アーヘン市の土地利用計画図では大部分が住宅建設地 [Wohnbaufläche] として指定されており，一部，南部で農地と重なっている（図-6.17）．全域について，従前の土地は農地で，フェット草地 [Fettwiese：豊土壌草地] や一般農地がある．

図-6.16 当地区計画地域の周辺状況

図-6.17 当地区詳細計画図地域の土地利用計画図の状況

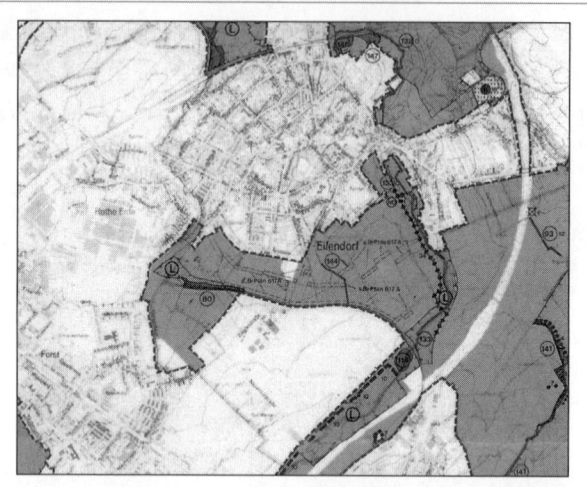

図-6.18 当計画地域の自然地計画図の状況

　自然地計画図では，全地域が，「樹木および木立，農地生垣 [Hecke]，沼，水面の保護が必要な土地」として確定されている．また，ハールバッハ川は自然地構成要素 (LB 133) として，また，この小川沿いの土地は自然保護地域として確定されている（同時に農地；図-6.18）．

6.5.2　計画の内容

　計画地の面積は 15.4 ha で，アイレンドルフ地区の市街地の輪郭を整える [Abrundung] 効果を持っている．宅地は規模も大きく（最多で 391 戸 [戸建て 228 戸，集合 163 戸]），高齢者施設と幼稚園，児童公園などが計画されている．

　目標は：
− 子供・家族に優しい住宅の建設，日照条件の良い庭の確保，
− 緑地・遊び場の確定，
− 自然地構成要素の住宅地内への取り込み，
− 2 つの住宅地部分を結ぶ歩道に沿って設けられる "遊びポイント [Spielpunkte]"，
− 緑地・空地が付属するゆとりのある敷地の "グループ居住用住宅 [Gurppenwohnen]"，
などである．また，エネルギーにこだわった，太陽エネルギー利用の建築が可能とされ，"将来のエコロジー的都市" に対する貢献として熱併電供給による近隣熱供給も考えられている．

　地区の用途は，公的施設を除き一般居住地域 (WA) となっている．基本的に南向きの住棟配置を行うが，純南，南東，南西の方向のいずれがよいかは議論のあると

ころで少し住棟列を波状に変化を持たせて入居者の希望に任せるとしている．その結果，図-6.19のように，全体的に南面しているが緩く曲線を描く住棟列と，それらの交通を2つの湾曲した住区の幹線道路で受けるという，特徴的な道路平面と住棟配置になっている．そこを開発代償地がオープンスペースとして貫入するかたちで配置されている．「緑のフィンガー」として市街地内に入り込ませるというのがここでの考え方である．

この住宅地は2階か3階建ての連棟式の住宅建設が行われる．3階建て住宅は，ハールバッハ川や南東の農地に面するなど眺望条件の良い位置を占めるので，多くの人に眺望が可能なように間隔を大きくとったポイント状建築（6棟）とし，同時に自然地との境界づけを明確にするということである．それ以外は2階あるいは2階以下という確定が行われている．建蔽率は40％と35％の指定が行われている．容積率については階数や高さが指定されているため指定されていない．

図-6.19 当地区の地区詳細計画図と相殺の状況

棟高さと軒高さが確定され，また大部分に32°あるいは35°の2種の屋根勾配（同時に棟の方向）が指定されている．これは，屋根高さの凹凸を防ぎ良好な景観を確保する目的である．当初は20°の屋根勾配（緑化の確定），20°を超えて40°まで（例えば太陽光発電の可能性）の2種の指定も考えられていたようだが，最終的には，上記のようになっている．太陽光発電の可能性は残している．

介入規則の相殺のための土地は，計画地域内では公的緑地（子供の遊び場）と西側の牧草地で，その土地が一般居住地域と共同施設，交通要地の相殺として（場合によれば一定割合を）対応配置している（図-6.19）．

なお，この地区詳細計画図は1998年11月25日に作成決議が行われ，1999年9月29日に発効となった．

6.5.3 地区詳細計画図作成手続の流れと市民・公益主体の参加

ここで，この計画についての作成手続をみてみたい（表-6.2参照）．

ドイツでは，通例，まだ地区詳細計画図の計画案が具体化していない段階で，行政側が計画主旨などを市民に説明し，意見を聞く早期の市民（公衆）参加が行われる（今回の戦略的環境アセスメントの導入で，環境検査からの視点でも法的にこの段階の重要性が増してくる）．本計画の場合にはこの早期の市民参加で複数の選択肢案の提示は行われていなかったようだが，複数の案の提示はこれまで好ましいものとされており，実践もされている（例えば425頁参照）．戦略的環境検査との関係では選択肢案の作成とその環境検査が求められるようになったために，このことはより当然のこととなったと言える．

早期の市民参加は，現況を担保するための地区詳細計画図など，周辺にあまり影響を及ぼさない場合などには，実施しなくて良いが，その次の公式の市民参加（縦覧）は必ず行う必要がある．そこでは，計画案が文書確定案，理由文書案も合わせて公にされ，それに対しての公衆や公益主体からの様々な意見が求められる．その後，それを検討し，必要と考えられる変更を行い，変更の重要性に応じて，場合によっては，改めて公式の市民参加が行われることになる．その際の疑念や見解については改めて提出を求めて，行政，議会で検討され，必要な修正を行って，最終的に条例としての決議が行われる．

本計画は**公式市民参加**を2度行った事例である（表-6.4参照）．ここで最初の公式市民参加でどのような意見が出されたのか行政の報告書からみてみたい[18]（要約は資料-1としてまとめている）．そこでは，13の意見が提出されて，内容は，営農者の立場からの要望，地権者としての立場から（計画地域隣接地も含め）の疑念や自分の利益に絡んだ内容の提案，近隣住民として主に通過交通の発生に対する懸念

6.5 中規模の住宅地開発の事例

表-6.4 当地区計画図作成の過程（関連資料からの作成）

年月日	内容
1994 年	早期の市民参加
1996 年 4 月	環境親和性検査報告書作成
1996 年 5 月 7 日	環境親和性検査報告書を市の環境委員会に提出
1998 年 11 月 25 日	市議会により当地域の地区詳細計画図作成と公式縦覧（Offenlage；建設法典第 3 条 2 項）の決議（地区詳細計画図，理由文書と文書確定のそれぞれの案はすでに用意されている；合わせて隣接の地区詳細計画図の関連変更の決議もされている）
1999 年 1 月 18 日～2 月 18 日	公式縦覧
1999 年 5 月 6 日	都市発展委員会における，縦覧結果と公益主体の見解と計画変更，再縦覧の推薦についての審議
1999 年 6 月 7 日	再度の公式縦覧
1999 年 8 月 18 日	地区詳細計画図を条例とする決議
1999 年 8 月 25 日	地区詳細計画図最終仕上げ
1999 年 9 月 27 日	公示により地区詳細計画図が発効

からの提案，介入規則に対する理解は示されているが，相殺地の大きさなどに対する疑問と提案，太陽光利用を促す立場からの屋根勾配なども含んだ提案などとなっている．しかし，内容的に自分の土地の扱いという（経済的）利害からのものもあるが，かなり専門的に立ち入った計画提案もあり，そこには計画を良いものにしていこうとする市民の姿勢が感じられる．周辺との調和の議論（資料-1 の意見⑩）にしても建設法典第 34 条が論点であれば正しいが，主旨には正当性はみられ行政側の議論は少し強引と思わせる（行政文書自体が要約なのでそう印象づけられるのかも知れないが）．つまり，周辺のとの調和思想は地区詳細計画図の性格そのものであり，例えば後出の地区詳細計画図 855 番では既存の建築形態との調和が強調されている（WA11 区，WA31～33 区）のをみると対応に一貫性に欠けているとの印象を受ける．

同時に提出された公益主体の側（4 つの機関や団体）からの見解では意思疎通の不備を感じさせるような意見のやり取りや，近隣の農家との環境面での関係，開発反対的なものなどいくつかの見解が出されている．本計画では，最終的に議会でいくつかの変更が採択されて，計画変更の上で再度の公式市民参加が行われた．

再度の縦覧では，初回の意見提出者であった 2 名と 1 公益主体から再び意見，見解が出されている．市民側からのデータの誤りの指摘もあったが，結果は些細なもので改めての変更にはつながらないということで，その時点での計画案が採決された．

この過程で**計画図**だけでなく**文書確定**，**理由文書**も変更されていく．結果的に早期の市民参加から 5 年ほどの期間を要して，1999 年 9 月に地区詳細計画図として

効力を得た．これ以降も土地区画整理手続に期間を要するので，工事着工までに期間を要している．土地区画整理は地区詳細計画図を基にして実施される．逆に言えば，地区詳細計画図の内容を実現させるために土地区画整理などの都市計画手法があるわけである．

6.5.4 環境親和性検査

この計画では環境影響評価が，早期の市民参加の後であるが，早い段階で作成されている．評価項目は，①土壌/汚染，②水/排水，③自然と自然地，④気候/大気衛生，⑤エネルギー，⑤騒音と，大きく5つとなっている．その結果からも，計画案に対していくつかの提案も行われている．問題視されているのは，土地の透水性との関わりで，地質の悪条件においても河川に流入する雨水量を可能な限り減少させようとする意図が読み取れる．地質条件から雨水地下浸透用の滞水池の位置変更や，局地気候との関わりで壁面緑化を求めていることなどがある．

興味深いのはエネルギーの項目で，負の影響でなく地盤の傾斜を活かして太陽光発電などの可能性を持たせることを要求している点である．環境影響にはポジティブに生かせていける要素も評価している（表-6.5の「エネルギー」の項）．

自然と自然地では散歩道といったレクリエーションの観点も入っている．追加用の相殺地に触れているが，この時点で計画地内では完全相殺ができないことが明らかになっていた．完全代償の方法の，より具体的な検討はもう少し後の段階になる．

なお当初の環境親和性検査では扱われなかった悪臭問題が州環境局から指摘されているものの，これは甚大なものとは見なしていないようである．

6.5.5 自然地への介入に対する開発代償

住宅地北東のハールバッハ川に面する部分，および南東部と南部の農地に面する部分の緑地，そして中央部東西軸の緑地帯が設けられている．これらは，公園，牧草地としてと同時に開発代償地として確定され，住宅建設部分と共同施設，道路建設部分に配分されている．

この地区詳細計画図地域は元外部地域の開発であり，開発代償が求められるが，結果的に開発代償は開発計画区域内では不足であり外部相殺用の1地区（図-6.20）と合わせた2箇所で行われることとなった．

開発代償計算の概要結果は早期に作成された環境親和性検査書で示されている．それによると計算上の代償措置を含む用地は，15.4 ha の介入地面積に対して 8.5 ha が必要とされていた．これに対する推薦として，計画地と関連する他の場所で追加的に開発代償地を求めることが述べられていた[19]．

表-6.5 当地区詳細計画図策定に当たっての環境親和性検査の概要（Umweltverträglichkeitsprüfung Projektnummer: 164 Eilendorf – Süd "BREITBENDEN" Aachen, April 1996, 4, 5 頁の概要表）

環境の領域	状況	計画の帰結／危険度	要求／推薦
土壌／汚染	土壌負荷の疑いのある土地はない		懸念なし
水／排水	水保護地域はなし	土地の非雨水地下浸透化	
	透水性の低い粘土	西部：水溜まり湿地の縮小，表面流水割合の増大	計画されている滞水–地下浸透溜め池の位置変更
	雨水の地下浸透は東部ではほとんど不可能で，西部では一部でのみ可能	東部：地下浸透水新既形成の減少	東部では窪地–溝排水[Mulden-Rigolen]システムを予定する
	ハールバッハ川（東部）と支流エラーバッハ川（西部）は水理的に条件付きで負荷可能	雨水の小川への流入－自然的流れ込みの変更（溢水の危険）	小川への雨水は流入絞り込みが必要
	排水技術的には整備されていないアイレンドルフ下水処理場の流入地域	支流エラーバッハ川沿いの土地の利用はない（保護領域）	支流エラーバッハ川沿いの土地は5mの幅で建築と地面遮蔽は行わない
自然と自然地	農業利用地 粗放的レクリエーション利用されている 外部地域から建築的内部地域への緑地帯連結の一部 ハールバッハ川とクレーバッハ川（エラーバッハ川の支流）は保護された自然地構成要素	自然地景観の阻害 近隣レクリエーション地としての機能の制約 緑地帯が狭められる 自然地法の意味での介入	表記された樹木と生垣の保全 緑地の発展とハールバッハ川岸に沿う散歩道の敷設 追加相殺用地の実現 南部では地区周辺緑化を予定 クレーバッハ川と建築地の間に最少20mの保護地帯を設ける 学校拡張の立地の変更
気候／大気衛生	冷気形成地および冷気流出地としての地域気候的意味	長すぎる連続建築による通気の部分的障害	クレーバッハ川の近隣では新鮮大気の経路を維持する
	大気衛生的には問題なしと見なせる		壁面緑化を予定すること
		高齢者施設の建物位置は気候的に好ましくない	地区詳細計画図で最大建物長さと充分な建物間隔の確定
エネルギー		計画建築がかなり南面しておりパッシブ・アクティブな太陽エネルギー利用の良好な前提	地域熱供給との強制接続・利用 太陽エネルギー利用に良好な屋根勾配の確定
騒音	地域の東部・南部境界では騒音値が夜間にDIN18005の指針値を若干上回る	予定されている建設では耳に感じるほどの騒音値の増加はない．	更なる保護対策は必要なし
	ブランダー通の競技場（学校スポーツとサッカー）による時々の侵害		州の環境局との協議が必要
	住宅地内の直接に接している道路では交通は非常に少ない		州の環境局との協議が必要

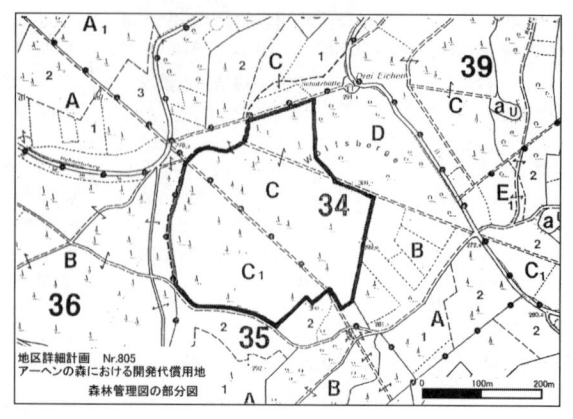

図-6.20 アーヘンの森の代償地（アーヘン市提供）

　その後，地区詳細計画図作成過程での市民参加や他部局や公益主体の参加があり，これらの意見検討も含めた最終結果では，開発地からかなり離れた森林内であったが，開発代償地の一部を外部に求める提案がなされた．それは計画地との関連はみられないが，建設法典の新しい規則が適用できることになったこと（1998 年）からの選択である．この対象地は 4.5 ha の松林で，代償対策は，単純な林相の森林を混合林化するためにブナを植林することになった [20]．つまり 34C の 4.1 ha の約 48%（1.97 ha）を交通用地の相殺地として，35C1 の 5.3 ha の約 48%（2.53 ha）を一般居住地域の相殺地として対応させるという結果になった [21]．

　最終的に総面積約 15.40 ha（うち，代償用地 2.36 ha：全体の 15.32%）とアーヘンの森での代償地約 4.50 ha をもって計画が作成された [22]．

　代償用地の機能は，まずは開発原因の自然機能喪失の代償（同質とは限らない）であるが，それ以外の機能も重層確定されている．計画地の北東のハールバッハ川沿いの 50 m 弱の幅の代償用地は同時に牧草地として使用され（牧草地周囲の緑化），中央部でほぼ東西に横たわる代償用地は公園として（全面が代償用地としてでなく，この場合はそれぞれの緑地面積の一定割合（10%と 40%）が交通用地用の相殺地とされている；図-6.19 参照）．

6.6　郊外でのコンパクトな市街地の形成の計画事例－アーヘン市コルネリンミュンスター/ヴァルハイムの 2 つの事例（図-6.5 の図-D）

　最後にアーヘン市の南部に位置し，アイレンドルフと同様に，1972 年まで独立した自治体であったコルネリミュンスター／ヴァルハイム区にあり位置的にも近くに

ある「リヒテンブッシュ内部地域」と「パスカル通」の地区詳細計画図の2事例を見てみたい．

　前者は住宅地開発で，これまで道路沿いの住宅によって囲まれていた緑地の開発の例で，後者は放牧などの農業的利用の土地を事業所地域に開発した例である．両者ともアウトバーンのインターチェンジに近く，交通の便が良い．前者の隣には最近の開発になる住宅地があり，後者の南には1983年に発効となった地区詳細計画

図-6.21 本2地区詳細計画図地域の状況（未建設時）

図-6.22 土地利用計画図のリヒテンブッシュ地域の一帯

424　6　地区詳細計画図作成での介入規則と環境アセスメントの適用

図-6.23　2 地区計画図地域周辺の自然地計画図部分

図による事業所団地が位置し，比較的，開発の続いている地域である．

　計画が進むと当地区は建築が連担し，一体となって，形態としてはコンパクトな地区を形成するようになる．周辺は広々とした自然地保護地域や豊かな牧草地が広がり，そこには樹木，農地生垣など自然的要素が多くあり（図-6.21），同地域の居住者にとってレクリエーションの場を提供し，あるいは良好な職場環境（例えばの窓からの景観）として労働のストレス解消などの効果も与えてくれると思われる．

A．"リヒテンブッシュ-内部地域" の計画事例（Bebauungsplan Nr.855 in Aachen Kornelimünster/Wallheim；2006 年 1 月時点では未発効）
A-1　当該地区の一般的状況と上位計画での扱い

　本地区詳細計画図は，当該地区は，ベルギー国境からわずか 400 m 程度の距離に位置する．北部の近い位置にベルギーのリエージュ方向に向かうアウトバーンが通っており，交通条件は有利である．

　アウトバーンと，当地区の東側のアウトバーン接続道路であるモンシャウアー通の開通によって，市は市街地拡大を誘導するために，1965 年，1981 年と何度か地区詳細計画図作成を試みた．しかし，住民の反対（自然環境保護，土地所有者の思惑，自然保全の技術的問題）にあって計画は進められなかった．この間に**枠組計画**で，開発代償の方法を含めた地域の開発の可能性や方向性が検討されてきたが（図-6.24），ここでの開発に弾みをつけたのは建設法典の 1998 年の改定による計画地外での外

6.6 郊外でのコンパクトな市街地の形成の計画事例

部相殺が可能となったことである．開発代償の考え方としては図の案4を中心とし，限定つきで案1も検討するという結果となった[23]．

当地区の計画に先行して，ケッセル通の西の部分の隣接敷地について，事業結合地区詳細計画図.18番が"容易に自らが建設する"という目標を実現するために，建築事務所に委託され，地区詳細計画図計画は1999年3月7日に条例決議が行われ，57戸の住宅が建設されている．

後続の計画である本リヒテンブッシュ内部地域地区詳細計画図855番は，2002年11月14日に作成決議が行われ，2004年9月6日から10月6日まで公式縦覧が行われている．

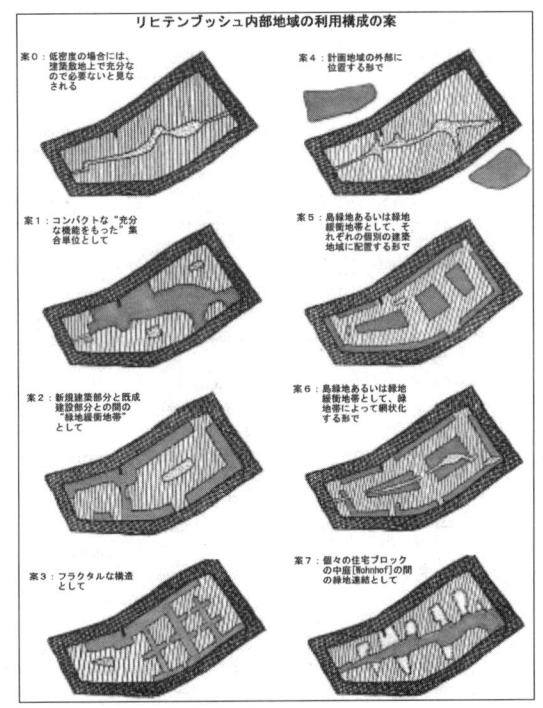

図-6.24 リヒテンブッシュ内部地域の枠組計画での緑地の検討（Bundeministerium für Verkeher, Bauwesen und Wohnungswesen: Leitfaden zur Handhabung der naturschutzrechtlichen Eingriffsregelung in der Bauleitplanung, Berlin 2001, 49頁）

当該地域を覆う地域計画図（アーヘン部分区）は，2003年5月27日に公示されたもの（GV.NW 2003, S.301）が有効で，このリヒテンブッシュの内部地域は，一般市街地地域（ASB）として表示されている．

土地利用計画図（1980年；図-6.22）では，スポーツ施設も取り込んだ緑地の北と南に住宅地建設地 [Wohnbaufläche] が表示され，将来の市街地開発に対して，それが可能なように計画することが求められていたが，この地区詳細計画図はその表示と矛盾しないとされている．

自然地計画の発展図（図-6.23）では発展目標「土地利用計画図に沿って計画された用途の実現まで現在の自然地状態を保全する」と表示されており，確定図では当該範囲は「樹木および生垣，水面の特別の保護のための土地」となっている．この確定は地区詳細計画図の発効で無効となる（NRW州の自然地法 (LG) 第29条4項）．その場合，自然地計画図は地区詳細計画図に適合させる必要がある．

A-2 計画の内容

計画の目標は，リヒテンブッシュのブロック内を開発することで，
- アーヘン市の住宅需要の増大に対して，比較的高密度の住宅地を実現し，住民の住要求，資産の実現（節約的建築によって；BauGB 第1条5項2番）に応えると同時に，
- 市からの転出の防止，利用の集中による南部での公私のインフラストラクチャー施設の強化，既存地域の更なる発展に役立つこと，

としている．

当地区の建築的用途は，全体が一般居住地域 [WA] とされ，西側の先行住宅地との建築形態の部分的な適合（WA11 区は勾配の2階建て片流屋根）と既存の低密度市街地への適応（WA31～WA33 区は切妻屋根の戸建て住宅；勾配は 27～45°）も図る必要がありとされている（その他，陸屋根）．全体で，連棟住宅と独立住宅，二戸連住宅の組合せの 75 戸～85 戸の住宅建設である．

土地利用計画図では上述のように，緑地帯の表示によって自然地と結びついた住宅地と考えられており，自然的与件が可能な限り計画に統合される必要があり，健康な樹木を計画緑地として取り込むこととしている．また，計画地の南のケッセル通と公共緑地を連結させ，住民のための緑のネットワークを形成する計画である．北部の緑地は新住区の住民に対する緑地空間として整備する．これには高密住宅建築

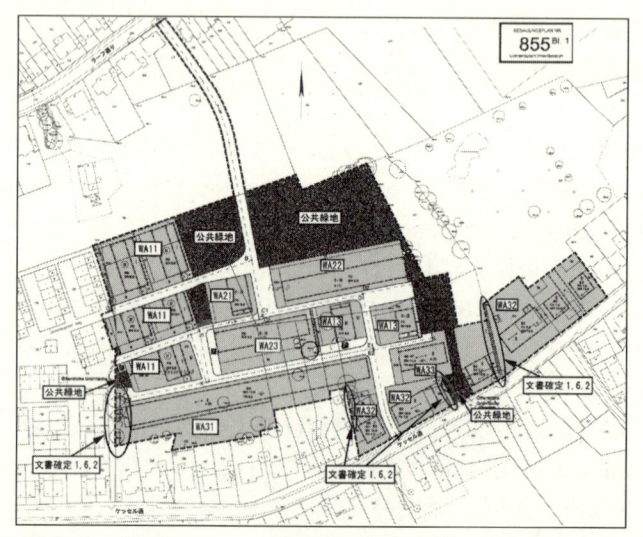

図-6.25 リヒテンブッシュ内部地域の地区詳細計画図と開発代償対策

の代替との期待がある．

　介入規則による相殺は，公共緑地と道路/駐車場の緑化，そして屋上緑化によって行うこととなっている．公共緑地では樹木20本と若木20本，灌木120本（文書確定1.6.5），道路と駐車場では樹木30本を植樹すること（文書確定1.6.6）が定められている（それぞれ文書確定の付録の樹木リストから選定）．更に，文書確定によると屋上緑化については次のようになっている．つまり，WA11区部分は，西側の先行開発地区の建築的様態に合わせ（つまり連棟住宅で勾配が9～11°の片流れ屋根とし），ここでも屋上緑化を行い，雨水の流出の遅れをつくり出すことが求められている（文書確定2.1.1，1.6.1）．

　これ以外にも，相殺として扱われないが，地区詳細計画図に条件づけられた介入を最小化するとして，生活道路および駐車場，個人の庭のアプローチ車路を透水性の材料であるいは工法でつくること，その際に目地を開けるなどして隙間部分を25％にすることが確定されている（文書確定1.7）．

A-3　環境親和性検査の結果（地区詳細計画図理由文書による）

　この計画でも環境検査が行われている（Projekt-Nr.353）．この地区詳細計画図の理由文書では，この環境検査を行う根拠について述べている．つまり，2001年の建設法典（第2a条）と当時の改定環境親和性検査法を根拠にして，環境親和性検査法の付録1の「18.7 都市建設的プロジェクト」の概念（170頁参照）に当該の地区詳細計画図は該当する[24]と判断し，これがその概念に当てはまるものの，2 haの建築面積という面積基準からすれば法的には必要はないが，自発的環境検査を行い環境報告書を作成するというものである．計画作成決議が行われたのは2002年であった．

　この地域にはスポーツ場があり，そこからの騒音（図-6.26，図-6.27）と光害が検討すべき課題であったが，地盤条件による排水問題も検討すべき重要な課題であった．騒音，光害とも結論的に問題ないとしているが，これには相殺地としての公共緑地も影響緩和の効果を持っている．地下水条件については地下室に対する建築的対策，つまり地下水浸入防止，建物近辺の地下水の下水管への排水の禁止が行われている．ドイツでは住宅でも地下室はほとんど備えており，このような要求が出されている．

　この場合の評価項目も，既出のグート－レームキュルヒェンと同様に新しいものにあわせている．各保護財の相互作用については触れていない点も同様である．これも自発的環境検査であって，法律の内容に厳密に従う必要はないのかも知れないが，例えば，騒音，照明による動物への影響，雨水処理と植物生育との関連などの視点があっても良さそうに思う．

　FFH-指令に関してのチェックも行われている．

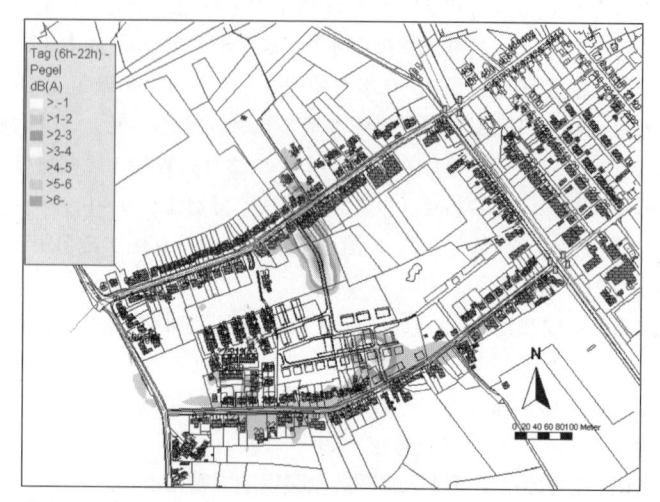

428　6　地区詳細計画図作成での介入規則と環境アセスメントの適用

図-6.26　道路騒音の検討（Stadt Aachen: Umweltbericht zum Bebauungsplan Nr.855 "Lichtenbusch-Innenbereich" in Aachen- Kornelimünster/Walheim, Projekt - Nr. 353, Aachen 2004, 5 頁）

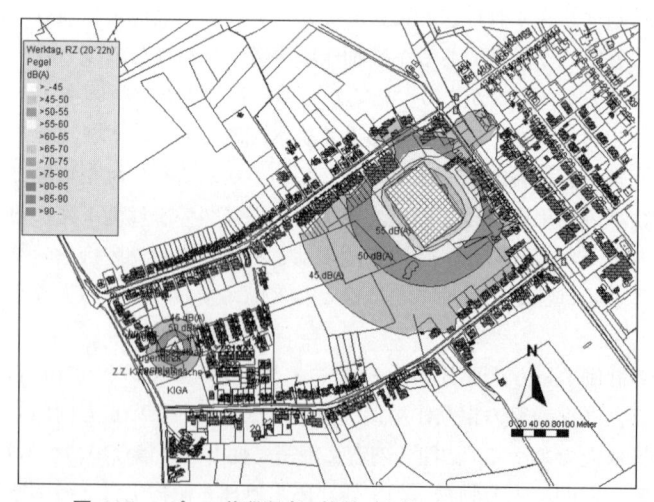

図-6.27　スポーツ施設騒音の検討（出典：図-6.26 と同じ）

6.6 郊外でのコンパクトな市街地の形成の計画事例

表-6.6 リヒテンブッシュ内部地域の地区詳細計画図の環境親和性検査の結果（出典：図-6.26と同じ；14–16頁）

保護財	現況	周辺からの影響/開発による影響	対策
人間 交通騒音	交通騒音防止令（16. BImSchV）に基づくと一般居住地域に対しては受害限界値の59/49 dB(A)を確保する必要がある.	計画されている内部道路の路傍で予測交通量（380台/24時間）51/44 dB(A) 日中/夜間の騒音領域が生まれる.	16.BImSchVに基づいた一般居住地域に対する限度値を超えないため, 特別な騒音対策は必要ない.
スポーツ騒音	第18連邦汚染防止法は居住地に対しては, 防止すべき建物の窓の前面で55/50/45 dB(A)を指定している.	侵害計算によって競技場の端から住宅用途（庭利用）までに必要な間隔が算定された. スポーツ施設の南部では約78 m, 西部では約95 mとなる.	必要とされる最低間隔が確保され, 認められる騒音水準を超えないため, 現状を超える対策を必要としない.
事業所騒音	可能な侵害として考慮すべき事業所地は近隣にはない.		
光害	例えば競技場の照明用のあらゆる種類の投光器のような光源は光の侵害を発生する施設となる.	競技場と計画建設地の間隔が比較的に大きいため, 競技場照明による照射はもちろん, まぶしさの恐れはない.	
動植物と自然地	この計画地域は, 集約的の行的に利用され, 種の多様性が低いにもかかわらず, 果樹草地とかつての農地生垣の一部によって, ならびに西から東に続く窪地によって, 際だった近隣レクリエーション価値のある貴重な自然景観を見せている. 鑑定的な調査に基づきそして自然地の全体状況によって, FFH-指令, あるいは鳥類保護-指令には関わらないことを前提とする.	土地の地面遮蔽による対象地域の長期的な侵害, この場合は自然地景観とリヒテンブッシュ集落の農村的な性格が改変される. 介入/相殺の比較均衡化によると, 7692点の不足が生まれる. 代償対策は, 計画地域内では, 一定限度内でしか行えない. そこで, 相殺不足は計画地域外で代償する必要がある.	ケッセル通43番の敷地で, 境界に接するクルミの木は保護価値のあるものと確定する必要がある. 地区詳細計画図地域内の土地では, 植栽面100 m² 当たり, 樹木1本, 若木7本, 灌木40本を植樹すること. 外部相殺はアーヘンの都市林で, 粗放化および果樹草地の設置, 森林変換によって行われる.
土壌	計画地域に対して既汚染の疑いのある土地, あるいは物質的土壌負荷の疑いのある土地は知られていない. 追加的には, 更に保護の必要のある土地は把握されていない.	定められている用途（住宅建設）に関して, 土壌保護法規的視点からは懸念はない.	
水 地下水	地下水面は地表面に近いところにある. 土地は透水性がわずかでしかなく, 場所によって強度の滞留水面がよく発生する. 土地はアイヒャー-シュトレンとブランデンブルクの新規指定の飲料水保護地域の外部にはあるが, ラーフ通, ケッセル通の向こう側で指定地に隣接している.	水文学的な条件によって, 意味のある水量の地下浸透は行えない. 地下水の侵害は, 地下室が地下水あるいは滞留地下水に入り込んでいる場合, 起こる可能性がある.	地下室あるいは地下の施設は, 地下水あるいは滞留地下水に入り込んでいる建物部分はDIN18195-6にそって水圧に対しての水密性を保有している場合にのみ, 認められる. 下水への導水を行う地下水排水施設の設置は認められない.

表-6.6 リヒテンブッシュ内部地域の地区詳細計画図の環境親和性検査の結果（出典：図-6.26と同じ；14–16頁）

保護財	現況	周辺からの影響/開発による影響	対策
地表面水/水面	土地には河川はない．計画地域はインデ川の集水域にある．インデ川はコルネリミュンスターを貫流しているが，そこは洪水の危険がある．	インデ川集水域の洪水防止には，廃水処理が合流式で行われ，雨水は南部汚水処理場を介してコルネリミュンスターの下流でインデ川に合流するため，影響を及ぼさない．	計画地域内の北部雨水は溝あるいは管で誘導してそこを横断する道路の上の方の地下浸透か蒸発ができる池に集めることが計画されている．極端な場合のために溢水を排水することが考えられている．
	ラーフ通とケッセル通の全体は，中央に向かって低くなり浅い窪地を形成している．地下浸透をしない雨水はこの窪地に流込みそこで地下に浸透する，あるいは蒸発する．	窪地の一部の土地では建築する必要がある．それによって，窪地への流れ込みが阻害される．	
排水	州水法第51a条によって，新規建設地域の場合には，雨水は可能な限り地下浸透させるか近辺の河川湖沼に流すことが義務づけられている．	雨水を地下に導くことも不可能で（地場の水文学的条件による），河川への導水も求めることができない（過大な出費のため）ので，州水法第51a条によって合流式下水道への導水を認める例外規則が設けられている．	
	土地は南部汚水処理場の流入域にある．汚水処理技術的視点からは，追加で建設地域を接続することに何ら問題はない．	都市下水道は，新規の利用も見越して設けられており，処理技術的に南部汚水処理場地域では制約はないので，汚水処理の面で土地は開発できる．	
大気と気候	建物列の間に大きな緑地があり，計画地域の位置と小高い土地のあるリヒテンブッシュの疎らな集落構造のために，大気交換の少ない天候でも比較的良好な地表沿いの大気交換が見られる．	保護財「気候」の甚大な侵害は予測できない．	

A-4　自然地への介入に対する開発代償（環境親和性検査の報告書から）

当計画では農地・放牧地の開発になる．介入・相殺の計算は環境親和性検査の報告書[25]で扱われているので，それを見ていきたい．高い住宅需要に応じるために，当計画地内では相殺は限られてしか実施できなく，代償欠損は地区詳細計画図計画地以外で実施する必要がある．この土地のエコロジー的価値は低くないが（つまりその分，代償の必要規模は小さくなる），計画地内部では部分的にしか行えない．内部での開発代償は主に公共緑地と屋上緑化となった．

(1) 内部代償

開発代償とデザイン的な検討から，BauGB 第9条1項 25a 番による新規植樹，第 25b 番による保全すべき緑構造（生垣および灌木，樹木）の確定が行われ，一部での屋上緑化の確定も行っている．

建設法典第 1a 条に基づく代償として，公共緑地（図-6.25）に全体で樹木 20 本，若木 30 本，灌木 120 本を，そして道路と駐車場には樹木 30 本を，文書確定の樹種リスト（樹種 7 種，灌木 13 種）から選定し，示された植樹要件（高幹木，3 回移植後のもの，根巻きつきで，1 m の高さでの周長は少なくとも 16〜18 cm）に応じて植樹され，長期に保全されるものとしている．植樹は，宅地開発工事の完了後，遅くとも 2 度目の植樹期（秋/春）に行うことも求められている[26]．これらの植樹については文書確定に受け継がれている．

内部代償の介入/代償対照計算は，介入前の計画地域のビオトープ類型に基づくエコロジー的総価値は 16 465 点（Wertepunkte）となる．介入後のエコロジー的価値は，上述の計画地域内の相殺を持ってしても 8 773 点となるので，7 692 点が不足している．これは外部相殺でしか行えない．

(2) 外部代償

これに対して代償地として 3 カ所が検討されている．まず，代償欠損の 50%（3 846 点）がはアーヘンの森で相殺することが検討されており，対象候補地である森林ではドイツトウヒからの広葉樹林への転換が考えられている．針葉樹林から広葉樹混合林への転換として 0.1 点の価値上昇があり，約 38 460 m^2 の土地が必要となる．

次に"パスカル通"の代償地（耕地番号 2259）南部で，500 点が相殺される．ここでは，水面近くに位置する集約利用の湿性放牧地（フェット草地：Fettwiese，0.4 点＝価値要素）は完全に経営から外され，垣根が取り払われて [abgezäumt]，適正立地の樹木と灌木が植えられる．この対策の上昇価値要素の 0.2 点では 2 500 m^2 を必要とする．

最後に他地域のハールブルクでは，貧種のフェット草地でのエコロジー的総合コンセプトの枠中で，果樹草地が設けられる．フェット草地（0.4 点）の地元に典型的な果樹種（新設の場合 0.6 点）による果樹草地への価値上昇の場合，0.2 点/m^2 の価値上昇要素が生まれる．ハールブルクには計画中の地区詳細計画図の代償用に，約 20 000 m^2 の用地が設けられており，この場合の 3 346 点の不足は相殺できると見ている．

なお，代償対策についての詳細は，条例決議に向けての環境報告書で，計算の明細を添えることとなっている．

自然保全として，既存の樹木と，その構造で健全なもの，例えば地区詳細計画図の境界に沿って生育している樹木と生垣は，BauGB 第 9 条 1 項 25b 番によって保存の確定

を行い（保全命令：Erhaltungsgebot），侵害から適切な対策で保護し，長期に保全するものとする（図-6.25「文書確定1.6.2」）．つまり，樹冠の全範囲 [Kronentraufbereich] と，更に1.5 m を加えた広さに該当する樹木の根の周りは，いかなる土盛りや除去，地盤の硬化も禁止される．またそのように確定された樹木が，例えば樹齢によって枯死した場合，同じ場所に新しい高幹の落葉樹を樹種リストに応じて植樹し，長期に保全することも求められている．このように樹木保全にも非常に気を配っており，これが都市計画的な扱いを受けているのである．

B．"パスカル通事業所地域"の計画事例（Bebauungsplan Nr.799 － Gewerbegebiet Pascalstraße; 1996年発効）

B-1 当該地区の一般的状況と上位計画での扱い

　当地区はアーヘン市南部に位置し，既設の事業所団地に隣接して事業所地域の拡大として開発されたものである．北部はオーバーホルストバッハ地区の住宅地と接する．既設事業所団地の南部には広々と田園風景も広がる位置にあり自然環境は良好で，また，近くにアウトバーンのインターチェンジがあって交通の利便性も高い．

　地域計画図（地域発展計画図）では，環境負荷がないか，あまり多くない稼働の「事業所・工業立地領域」（GIB）と表示されて，既存の事業所地域の輪郭整備として扱われている．

　現行の1980年土地利用計画図（図-6.22）では当該地は農地となっており，この地区詳細計画の実現の前提としての土地利用計画の変更が行われた．

　この計画地区は，自然地計画の該当範囲に含まれている（図-6.23）．L-Paln では，自然地計画の目標として，この地区は大部分が「保護された自然地構成要素」（NRW州の自然地法第23条）[27] および「環境汚染防止の目的のための自然地の装備」[28]

図-6.28　計画地域の北東側から見た様子．ほぼ建築されている．手前は果樹草地としての相殺地（A1）．

と2つのものが設定されている．多くの部分は同市の自然地計画図で，自然地保護地域（[Landschaftsschutzgebiet]；NRW州自然地法第21条）であり，「保護された自然地構成要素」のうちの「樹木と農地生垣，水面の特別の保護」の確定が行われている．

土地利用計画の変更に伴う自然地計画のそれへの適合（NRW州自然地法第29条4項）も実現前提とされていた．

B-2 計画の内容

当地区はすでに述べたように，事業所地域［Gewerbefläche］として既存の事業所団地の拡大を以下の目標によって狙ったものである．つまり：
− 様々な大きさの土地を用意し小中の事業所用地を確保する，
− 従業員，企業家，居住者にとっての魅力的で優れた環境（例：歩道網，公共緑地）の実現，
− 計画地域の地形への建築様態の適合，
− 既存の住宅地の環境侵害からの保護，
となっている[29]．

更に，自然環境について，環境親和性検査を考慮した上で，質的な緑化と現有の灌木の確保のために：
− 樹木と灌木の植樹の土地，
− 植栽のため，および樹木と灌木，その他の植栽ならびに水面［Gewässer］の維持の義務が設けられる土地，
− 代償対策のための土地発展，
の確定を行うとされた[30]．

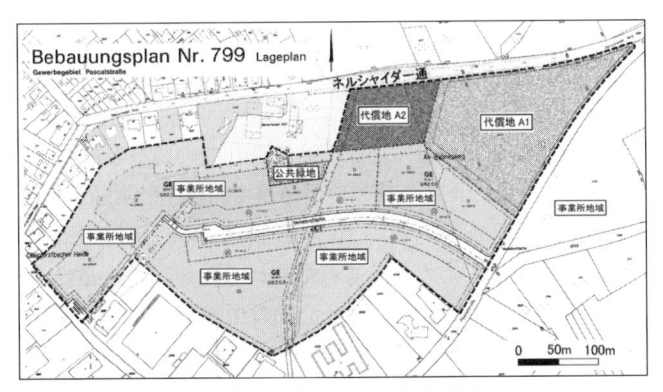

図-6.29 当地区の地区詳細計画図

地形は少し傾斜しており，地形と既存の自然地状況に適合させるように最高建物高さが確定され，また階数も，隣接住宅地に合わせながらも事業所敷地の利用を考慮した上3階指定，3階以下，2階以下の3つの指定の組合わせで確定している．3階指定は地区内の軸道路に沿った部分について，道路に沿って統一された景観をつくり出すために行われ，合わせて最高高さとして道路面から 12.5 m が指定されている．

また北西部の既存住宅地の環境侵害からの保護のために樹木列（緑地帯）を配置することも確定している．これは事業所の民有地で行われ，ネルシャイダー通の住宅地と間隔を設けて裏庭の騒音防止を図るとともに，事業所地域を他の緑地と合わせて公園のように連結する効果を持っている．これらの緑は，快適な労働環境と景観の向上の効果も期待されている．

地区内の用途は事業所地域となっているが，その他，用途に関して文書確定で以下のような確定が行われていることも特徴的である．つまり，小売店，その他最終消費者に販売する販売床を持つ事業所は認められないこと，そして，事業所地域でしか立地できない事業所については，最終消費者に対する小売りは，事業所の事業内容で従位にあり最大で事業面積の 20% までは認める（文書確定 4）という点である．これは，ここが市内に少ない事業所用地の確保を目的としており，市中心部の供給地域への侵害は除去し，他の場所で立地可能な施設と事業所はこの確定で阻止される必要があるからであるとしている（理由文書）．また，法的に例外として認められる可能性のある教会・文化・社会・保健の目的の施設，余暇施設は不許可としている（文書確定 5）．

この計画でも環境影響評価は行われているが（Projekt-Nr.073），ここでは自然地計画図で指定されている自然地保護地域での対策などを考慮した開発代償について少し詳しく見ていきたい．

B-3　自然地への介入に対する開発代償
(1) 開発代償の考え方

この地域は外部地域であり，自然地保全地域としての要請もあり，開発に対する代償が強く求められた．このために**簡易自然地維持的随伴計画図**が作成されている．このパスカル通の事業所地域だけでは，事業所地域での介入が，計算上，必要な相殺地の 19% しか実現できない．したがって代償用に土地を求める必要があったが，追加的に土地 A1 と A2 によって補うことで 45% の相殺を行い，更に，ほぼ完全な代償を図るため，加えて，当該地区から離れた地域（A3）を代償地として選定し（従前は市有地）た．結果的に開発代償地は全部で 3 カ所設定された（図-6.30）．

6.6　郊外でのコンパクトな市街地の形成の計画事例　435

表-6.7　代償対策の内容 (Stadt Aahen: Bebauungsplan Pascalstraße Kompensationsmalznahmen zum Ausgleich des Eingriffs vereinfachter landschaftspflegerischer Begleitplan, 6, 7 頁)

1. 介入	介入地の面積は交通用地の $4\,530\,m^2$ と事業所地域の 6 万 $5\,690\,m^2$
2. 道路のための価値上昇と代償対策	
2.1	周長 16/18 cm の道路用樹木 10 本を自然地維持的随伴計画の対策計画に従って植樹すること.
2.2	ネルシャイダー通近くの池のある公共緑地は，立地にかなった，地元の樹木で豊富化すること. ここでは, 移植する 6 本のトネリコ (Faxinus excelsior) をかつての農道に沿って植樹すること. 立地に不適切なドイツトウヒは除去するものとする. この土地は, 灌木 (ハシバミ [Hasel] とヒクヤナギ [Strauchweide]) で豊かにすること.
2.3	散在果樹草地の設置 (代償地 A1) 計画地内道路の代償として, パスカル通に沿って約 20 m 幅で設けられる.
3.1	植樹と手入れ対策は 3.2.1.1 の記述が該当する.
3.1.1	敷地での介入のための代償対策 介入敷地では, 指定された樹木地の中で, 樹木と灌木により, まとまりをもって設けること.
3.1.2	計画地内道路に沿った細幅の植栽帯は野草 [Wiesenkräuter] と 3 から 5 群の灌木で緑化を行うこと.
3.1.3	介入敷地では, 樹木と灌木 (遮蔽あるいは半遮蔽の地面の $600\,m^2$ 当たり, 樹木 1 本か灌木 5 本) を植樹すること.
3.2	代償地 A1, A2, A3 での代償対策
3.2.1	A1 内での代償対策
3.2.1.1	散在果樹草地の設置 (A1) 植樹時と生育時の手入れは 5 年間継続する. $100\,m^2$ ごとに中央部に高木の果樹を植えること. 場合によっては, 若木を養生し, 食害から保護すること.
3.2.1.2	果樹草地の西の敷地境界に沿った 3 列の農地生垣の設置 求められている農地生垣部分はビオトープ連結内にある.
3.2.1.3	果樹草地は, ネルシャイダー通とパスカル通に沿って, 1 列の混合植栽の農地生垣で緑化する.
3.2.2	A2 内での代償対策 $1\,500\,m^2$ の土地では疎らな雑木林を育成すること. この土地には 9 本のトネリコが移植される.
3.2.3	A3 内での代償対策
3.2.3.1	小川は, 両岸とも 8 m の幅の部分とスゲ生育地 [Seggenrasen] を垣根で囲うこと. この保護地帯では放牧を停止すること. 小川に沿って柳 8 本とハンノキ [Erle] を間隔を置いて植えること.
3.2.3.2	起伏線状地に沿って, 野草草地ザウムを設けることが指示される.
3.2.3.3	農道に沿って 3 から 4 列の農地生垣植栽が, ビオトープ連結として設置される. そこは自発生育地として残される.
3.2.3.4	植えられているドイツトウヒは除去すること. その代わりに現存の雑木林が補完される.
3.2.3.5	3 から 5 列の農地生垣が設けられる必要がある. そこは自発生育地として残される.

これらの開発代償地での対策の考え方（表-6.5）を見ていく．介入の原因となる事業所地域自体には西のポントシャイダー通とネルシャイダー・ホーフ（かつての周辺の農場を経営していた農家の建物群）の間の，部分的に枯損のある樹木列があり，これには保全の地区詳細計画図確定が行われている．また，ここでは公共緑地での植栽（文書確定の付録の確定2.2；なおこれらの番号は図-6.30，表-6.5のものと対応している），道路の並木（確定2.1）とその下部などの野草と灌木の植栽設置（確定3.1.2），事業

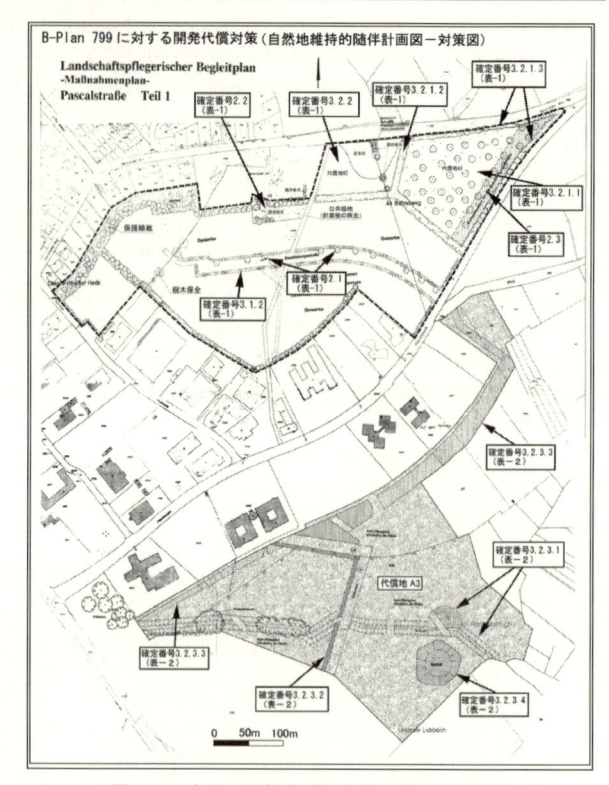

図-6.30 本地区詳細計画図地域の相殺の内容図

所地域での植栽指定地での植栽の方法（確定3.1.1），それ以外の部分で地面遮蔽・半遮蔽面に対する植栽（確定3.1.3）が求められており，これらは開発代償として位置づけられている．

計画地の北東に設けられる果樹草地［Obstwiese］（代償地 A1；確定 3.2.1.1；図-6.28）は代償地のみならず農業的に粗放的に利用され，その先にある農地への過渡地帯を形づくり，また自然地保護地域として更に位置づけていく必要があるとされた．そこで，ここでは，この代償地の南部に広がる農地などの自然地的特徴およびネルシャイダーホーフの近辺のかつての果樹草地の自然地的な特徴に応じて，傾斜のある土地に果樹草地の設置が考えられた．この代償地 A1 では，これに重層させる形で幅20mの植樹が東側に行われるが，これは**道路開発に対する代償**である[31]．自然保護的に重要なのは，ネルシャイダー通に接しネルシャイダー・ホーフの東側にある低湿地とそこにある2列の樹木列，低湿地に立つ3本の柳，南に位置する生垣の残り（A2）としている（これらは保全）．A2 の土地は，低湿地によって特徴づ

6.6 郊外でのコンパクトな市街地の形成の計画事例

けられるが，この形状に合わせて，遊水用地として利用される．この土地内の丘状部分は樹木群で植樹される（確定3.2.2）．代償地A1は，A2と合わせて開発地の北東部で，この事業所団地を北部において完結させる意味を持たせている．

介入の場の近隣にあるA3地区では，一部が自然地計画図で"樹木および生垣，水面の特別の保護"の指定が行われている（図-6.22）．これについて具体的にとられた内容は例えばビオトープ結合のために3から5列の農地生垣を設け（確定3.2.3.3），これが同時に建築地とその南部にある自然地との間の過渡地としての役割を意図している．また，自然状況にある部分などに補完的に植樹する，あるいは草地の真ん中にある小さな川に古い柳が立っているが，これも自然地景観を特徴づけているとされ湿地と合わせて保全される（確定3.2.3.1）．またこの内部では保護されている自然地構成要素（LB93：図-6.22）として指定されている起伏線状地［Höckerlinie］があり（これはかつて軍事的な軍事的防御施設として1930年代末に建設されたジークフリート線の線状埋込みコンクリートブロック群に樹木が生育している），これにそって野草を生育させることで自然的機能を豊かにしようとしている（確定3.2.3.2）．防空施設の上の植生と樹木による囲いもこの自然地空間を豊かにしていると考えられており，ここに自然的価値の少ないドイツトウヒに代えて雑木林の植栽をし自然的価値を高めようとしている（確定3.2.3.4）．これらの対策によって従来と比べ自然的価値を向上させることができると考えられ，それは表-6.6で「価値要素差」として示されている．

アーヘン南部地域のビオトープ結合についての市の委託の調査（鑑定書：IBL Fonk Kreisel Winkens）ではA3はフライエント森とブラント森の間のビオトープ結合を構成するとされている．結びつきからすると，ビオトープ結合の内部に大きな緑地が設けられるので，この対策は大きく評価されている．A3地域も外部相殺地として含めたことで，ほぼ100％の介入の相殺が考えられている．

この相殺対策が関わるのは農地であり，"利用"目的が限定されるため農用地機能が失われる．しかし，この土地には部分的に恒常的な湿地や保護された自然地構成要素があって，ほとんど農業的に利用できず，逆に疎な植樹という"質の低さ"が自生的な植生を促し，この場所の多様性と近自然的な景観を生み出す効果があると判断されている（これらの点は比較衡量の対象となっている）．また，建築地域では，他の要請，例えば住宅地に対して事業所からの影響に対する一定の保護効果の役割が期待されている．

なお，ここでの対策記述は開発代償の確定内容として扱われている（理由文書のIII「自然保護法第8a条による代償対策」）．

表-6.8 相殺対策の対照表（表-6.5 と同資料；4, 5 頁）

土地の用途	評価点による相殺土地区分	面積 (m^2)	価値要素差	評価数点
地区詳細計画図総面積		118 770		
交通用地		4 530	−0.4	−1 812
公共緑地		2 600		
	開発地道路（2.1）の代償用の路側樹木 10 本の植樹			+100
	開発地道路（2.2）の用の溜め池拡充 [Anreicherung]	901	+0.2	+180
	価値上昇のない牧草地の維持	1 040	0	0
	開発地道路（2.2）の代償用の樹木と灌木の植栽	650	+0.2	+130
事業所用地		80 290		
	建蔽率 50%の地面遮蔽地（1.2）	40 145	−0.4	−16 058
	透水性の床盤面:総事業所用地（1.3）の 20%	16 058	−0.25	−4 014.5
	樹木と灌木の植栽（3.1.1）	11 510	+0.2	+3 302
	開発地道路に沿う植樹帯（3 m 幅）(3.1.2)	3 090	+0.2	+618
	民有地のその他の土地．非遮蔽，植樹は定められていないが，自生植物か自発的植栽により部分緑化．	9 487	−0.05	−474
	樹木か灌木の植栽（遮蔽地面か部分遮蔽地面 600 m^2 につき樹木 1 本か灌木 6 本）（最大樹木 92 本）			+920
中間合計				−18 108.5
相殺用地 A1		25 350		
	牧草地果樹園（3.2.1.1）	18 695	+0.4	+7 478
	開発地道路の代償用の牧草地果樹園（2.3）	3 505	+0.4	+1 402
	3 列の生垣（200 × 8 m）のビオトープ連結（3.2.1.2）	1 600	+0.6	+960
	牧草果樹園の周りの 1 重の生垣設置（500 × 3 m）(3.2.1.3)	1 500	+0.1	+150
相殺用地 A2		6 000		
	雑木林の設置（3.2.2）	1 500	+0.6	+9 000
	自然的保留地 [Retentionsraum] の維持	4 500	0	0
	中間合計			+10 910
地区詳細計画図地域外での相殺				
相殺用地 A3				
	小川沿いの樹木列と単独植樹，スゲ場 [Seggenrasen]（3.2.3.1）	9 220	0.2	1 844
	凸状地に沿った草地-野草地帯（5 m 幅）(3.2.3.2)	1 500	0.2	300
	ビオトープ連結としての 3〜5 列の生垣植樹（3.2.3.3）	7 340	0.6	4 404
	防空壕の土地も含む野林の充実	2 500	0.2	500
合計				−7 048

(2) 開発代償の算定

ここで開発代償の確定について，見てみたい．以下の内容は，当地区詳細計画図についての簡易自然地維持的随伴計画 [landschaftspflegerischer Begleitplan] で述べられているものである．

表中のカッコ内の番号は，上記の対策内容の番号に対応している．なお，介入地の面積は 4 530 m^2 の交通用地と 6 万 5 690 m^2 の事業所地域の面積となっている．

A3 での対策によってほぼ完全な相殺・代替が行われる．ここは新規の事業所地域と合わせてまとまった単位となる既存の事業所地域に接する．

この計算には他と同様にアーヘン市の「作業・決定基礎」が用いられている．

これによると現在の土地利用の評価値（この場合，牧草地で，総面積に牧草地の価値点数である 0.4 を掛けたもの）は 118 770 m^2 × 0.4 = 47 508 点となる．

この表での開発による消失と代償対策による創出分の評価値の差は開発地自体（事業所地域）では −18 108.5 点であるが，開発代償地 A1，A2，A3 の分を加算すると 17 958 点で，その差が −150.5 点だけとなり，価値減少は些細と見ることができる．つまり，ビオトープ評価方式による計算上，ほぼ完全代償が行われたことになる．

ここでは近隣に自然地計画図による表示では NRW 州の自然地法第 21 条「自然地保護地域」による自然地保護地域と部分的に同法第 23 条「保護された自然地構成要素」の近自然的生育生息空間の特別保護が求められる地域がある（A3 地域も含まれる）．同法第 21 条では，①自然収支の機能実行力または自然財の利用可能性を，保全あるいは再生するため，もしくは，②自然地景観の多様性または独自性，美しさのために，③レクリエーションのための特別な意義のために自然地保護地域が指定されるとし，地域の性格を改変する可能性があるか保護目的に抵触する行為を禁止している（同法第 34 条）．また同法第 23 条では，①自然収支の実行力を確保する，もしくは，②場の景観，自然地景観を活性化または構成化するため，あるいは維持するために，③有害な影響からの保護のために，自然と自然地の構成部分が保護された自然地構成要素として定められるとしている．

この計画では自然地保護地域に部分的に重なり（A1 部分），これを破壊することになるので，近辺の自然地保護地域と自然地構成要素（図-6.23 の㉝ 15）に対する自然地法と自然地計画による目標の実現を補強する対策として相殺対策も位置づけられている（相殺対策は目標の実現そのものには用いられない）．生垣の植栽はそれに当たる．㉝ 15 は，アーヘン市の自然地計画図の解説では「パスカル通の南の起伏線状地」に対応し，この部分では灌木（ブラックベリー，ヨーロッパキイチゴ，スイガズラ，西洋ハシバミ，ニオイリンドウなど）の植栽を行い，給餌植物と合わせて，鳥類と昆虫のために豊富な植生にすることを求めている．現在，アーヘン市の自然

地計画で求められている対策は完了したとのことである（NRW州の助成を受けている）．表-6.5の確定対策は，これに沿って野草などの生育を促していくという**補完的なもの**と考えられる．

6.7 おわりに

　以上，アーヘン市の地区詳細計画図の5事例について，環境親和性検査と介入規則の方法について見ていった．都市計画分野での介入規則による相殺は，まだ道路など専門法規によるもの，および外部地域での例外的開発許可の場合と比べると，比較衡量が行われるという意味で緩くなっているが，それでも数値上ほぼ完全な相殺を行おうとしている様子がわかる．

　地区詳細計画図は，身近な環境に影響を与え，戦略的環境検査が直接に関わるものであり，また面的にも積分値として都市に大きな意味を持っている．環境影響評価については本稿の5例のうち4例で行っている．内容的に特に何か特殊なことを行っているわけではないが，20戸程度の住宅地でも実施しており，騒音，土壌の汚染，自然，景観などについて，生活の場に対してのきめの細かい環境配慮を行おうとしている．介入規則については環境影響評価を行わなかった9戸の住宅地開発でも厳格に適用している．

　同市では，すでに1987年から地区詳細計画図作成に当たっては，基本的に環境親和性検査を進めてきた．これは当時の政治状況（ドイツ社会民主党と緑の党が市議会で多数を得ていた）を反映したものである．土地利用計画図そのものについてはUVPは行っていない．また，現在検討しているオランダなども取り込んだ地域土地利用計画図として新しい土地利用計画図も視野に入れているため，行わないだろうということである．いずれにしろ地区詳細計画図についてはEU指令を先取りした形になっている．同市では，これまでに行った500以上の件数の環境アセスメントのうちの90％が地区詳細計画図に関わるもので，残りは道路の計画決定に関わるものがほとんどだと言うことである[32]．

〈地区詳細計画図の役割〉

　ドイツでは地区詳細計画図が基本的に開発の前提となっているために，これまでに見た実例を通して，開発の計画の早期の段階で周辺からの影響，そして開発が周辺に与える影響を検討し，計画内容に反映させることができることが，ありありと理解できる．建物の配置も騒音の低減に役立っている．また景観についても地域全体からの観点で検討されていることも分かる（計画縦覧に際しては基本的に模型も展示しているようである）．このように，建物の相互の"社会性"を考慮しているとも言える．

日本の場合，地区計画という地区詳細計画図に類似の計画手法がある．これは地区詳細計画図のように基本的な開発の前提とはされてはおらず，開発などの際の一つの選択肢として位置づけられているものである．なぜドイツでは，このように地区詳細計画図が開発の前提となっているのか．住宅政策分野でのある経済学者の言及であるが，住宅供給というのは市場でも基本的に満たすことができるものの，そのためには前提条件，つまり「建築基準法，地区詳細計画図，借家法，住宅の質の規定，それと結びついた住宅監視，住宅維持の対策，その他の規定のような妥当な法的規定を通じて市場経済的過程に枠組を与え，それによって住宅供給の際には社会的，衛生的要求，および美的観点を考慮すること」が必要であると述べられている[33]．これはドイツの国是とも言える，経済政策的理念である社会的市場経済の住宅政策的表現として理解してよいだろう．ここで地区詳細計画図を挙げていることは，意味深長である．そこには，住宅と住宅によってできる地域環境という物的な条件も一定の質を満たす機能は放置された市場経済そのものに求めることはできないこと，そのため市場経済の枠組として地区詳細計画図を必要としている（つまり経済が社会的機能を満足するために必要な，経済競争の共通の基盤である）という理解が読み取れる．

　地区詳細計画図の計画検討には2段階の市民・公益主体の参加が保障されており，場合によれば多くの人が強い関心を持って，多くの意見を持ち寄ってくる．これらが比較衡量の対象として処理され，行政はそれぞれに見解を持ち，回答する必要がある．これが機能するためには情報提供などで，透明性を保障する必要がある．またこれらのことは行政には強い緊張を強いる．しかし，計画され実現された地域の状況は，今後，少なくとも100年は継続していくだろう．道路状況などは半永久的に引き継がれるといえる．そのためにはこのように，市民の目に見える形にして，地域の将来像を決めていくことは当然とも言えるだろう．この市民（公衆）参加は，EU指令で制度として導入された計画の環境検査のためにも重視されている．

　アーヘン市の地区詳細計画図では，環境上の観点などから用途の追加的制限を行っている例もみたが，このように自治体には計画上の裁量が大きく与えられているように見える．画一的な用途規制の運用ではなく，地域に見合った運用がなされている．法律が計画するわけではなく，地域の個性をつくりあげていくものでもなく，考えれば当然のことである．

　このため，各基礎自治体は，自らの計画高権によって，都市の秩序ある発展を保障するという課題を持ち，都市計画の最も重要な柱である建設誘導計画図を作成する．基礎自治体に対しては，計画内容の質的担保を求めるものとして環境など視点も含む計画原則が設けられ，その視点で官庁・公衆参加，環境アセスメント，自然地

計画図,その他の既存環境情報など様々な情報に基づいて比較衡量し,計画がより合意度,安定度の高いものとして作成される.その際には同様に比較衡量の行われ広域での地域調整が行われた上位計画としての地域計画からの要請も重要視される.

そのように作成される地区詳細計画図では,その実現のために土地区画整理,土地収用,宅地開発,建築制限,自治体の先買権などの手法が役立てられる.これらの手法は地区詳細計画図を前提としている.

〈エコ口座など〉

これまでのドイツでの介入規則の実践は明確なコンセプトに基づいて行われていなかったという反省が見られる.つまり,代償地は開発事業実施者がたまたま持っていた土地で行われたり,本来は自然度の低い土地が選ばれなくてはならないがすでに保護下にある自然度が高い土地が選ばれるなど,有効な運用がなされていない事例が多く見られた.

そこで,最近,力が入れられているのがエコ口座 [Ökokonto] という方法である.これについては第 2.2.3.2 項で詳しく述べられているので重ならない内容で簡単に触れたい.

計画家から強調されていることとして,エコ口座は外部相殺になるが,外部相殺例一般と同様に,すべてを外部に求めることは必ずしも良くないという点がある.つまり,外部のみで行うと居住者の目に触れなくなり居住者にとって不満となることもあるし,一定の建蔽率などにおいて開発代償地でありながら建築敷地内に設けて建築面積を増加させたり,開発代償地と公園など他の機能と合わせて日常の生活の中で利用していける可能性も残すこと,つまり外部だけでなく内部にも内部相殺として開発代償地を位置づけることは重要であると言われている.本論の事例でも,相殺地をうまく活用して地域の緑環境を充実させようとする意図を示しているものもあった.営農との折り合いを見つけようとするものもあった.

しかし,相殺を地域のエコロジー的目標に合わせて実施していくことも重要で,エコ口座は本来的にそのような役割を果たすべきであろう.エコ口座(あるいは相殺用地)は,1998 年の建設法典改定で土地利用計画図にも示すことが可能となったが(資料-2 参照),これを先走って明示することで地価の上昇を招くことに結びつく可能性があり,慎重に構えている自治体が多いようである.実際,これによって地価上昇の問題を引き起こしている自治体もあるということである.アーヘン市でも現段階では否定的だが,供給が重要を上回れば表示できる可能性があるということである.エコ口座に当たるものは同市も準備中である(現在公表はしていない).

これについては,土地利用計画図で表示することにより,自治体が自ら自由度を狭めることになるという指摘もある[34].

〈予防・原因者責任原理の重視〉

　日本でも予防・原因者責任原理は汚染や廃棄物などで認知されたものであるが，開発による自然的土地の消失全般については，一部，保安林の場合を除いて，部分的，個別的な対応はあるものの何の法的な対応もとられていないと言って良い．ドイツで計画の環境影響評価の中で相殺が扱われている様子を見たが，これは自然地の消失も甚大な環境影響として原因者責任をもって位置づけているからに他ならない．

　これから EU で導入された計画アセスメントが EU 各国で制度化されている（はずだ）が，日本でもこれを検討する場合，（まず計画のあり方が問われてくるだろうが）評価項目としてこのような自然地の消失も評価の対象として捉える必要があるだろう．相殺を考える場合，農地も含め，開発し尽くされた国土で，ドイツのように低湿地で放牧程度にしか利用価値のない土地はほとんどないような国で技術的にも，より大きな困難があるだろう．しかし，竹林に侵食されつつある森林，休耕田や資材置き場や建設廃棄物置き場に化している圃場，失われた田園風景など知恵を出せば日本的な代償のあり方はいくらでも見つかると思う．そして，これが新しい市街地，集落景観，自然景観の創出につながれば良いと考えるし，その可能性はあると思う．

　自然破壊に対する相殺の思想は何もドイツ的，アメリカ的なものでもなく，例えば江戸時代の儒学者であった太宰春台が，例えば池をつぶして新田開発を行うならそれと同じ大きさの池を作らねばならないはずだと自然の機能に着目した相殺の重要性を訴えている[35]．これは時代や国を超えた普遍的な原理である．

注記：

1) Rate für Nachhaltige Entwicklung: Mehr Wert für die Flache: Das "Ziel-30-ha" für die nachhaltigkeit in Stadt und Land – Empfelungen des Rates für Nachhaltige Entwicklung an die Bundesregierung, Berlin 15. Juni 2004．例えば当時の野党であった FDP からは 30 ha 目標はむしろ不充分だとの批判が出されている．
2) ドイツの地域計画の空間単位は州によって異なり，場合によれば郡がその単位となっていることもある（ニーダザクセン州での一部地域）．日本の都道府県とドイツの一般的な地域計画単位（Planungsregion）を人口と面積で比較をすると，概要，以下のようになる．計画地域を州の広域行政区としている NRW 州では，例えば，デュッセルドルフ広域行政区／人口州内最多；人口 525 万；面積 5 290 km^2，デトモルト広域行政区／人口最少；人口 206 万；面積 6 518 m^2 となっている（2003 年 10 月 1 日推計）．他の州の計画地域は，バイエルン州を例にとると，ミュンヒェン地域／人口州内最多；255 万；面積 5 504 km^2，バイエルン下マイン川地域／人口最少；人口 37 万；面積 1 477 km^2 で（2005 年末），他に例えばニーダザクセン州のハンノファー地域／人口同州最多；人口 1 128 万；面積 2 291 km^2；2006 年 6 月末などとなっている．
日本の都道府県を幾つかあげると東京都／人口 1 237 万；面積 2 187 km^2，大阪府／人口 883 万；1 894 km^2，神奈川県／人口 869 万；面積 2 416 km^2 は別格としても，愛知県／

人口 716 万；面積 5 159 km², ……京都府／人口 265 万，面積 4 613 km²，宮城県／人口 237 万，面積 7 285 km², ……岩手県／人口 140 万，面積 15 278 km²，滋賀県／人口 137 万，面積 4 017 km², ……島根県／人口 75 万；6 707 km²，鳥取県／人口 61 万；3 507 km² となっている（2003 年 10 月 1 日）．
　人口および面積を比較してみると，国土全体の人口と面積，地理的条件の相違を反映しながらも，日本の都道府県とドイツの計画地域はほぼ類似していると言える．この規模が自治体間の諸々の調整などを課題とする地域計画（reigional plannning）の単位として，空間計画的に何らかの空間的意味を持っていることが確認できる．

3) ドイツ語の Region，英語の region などの用語は日本語では地域とも表現され得るが，地域そのものは都市内の地域も意味するため，明瞭性を持たせるためにここでは一般名詞的には広域的地域としておく．
4) このシステムの概要については，水原：「環境共生時代の都市計画－」，82 頁などを参照．
5) Aachen 市都市計画局ヒアリングによる（2004 年 8 月）．
6) Abteilung Statistik der Stadt Aachen: Statistisches Jahrbuch der Stadt Aachen für die Jahre 2003 und 2002, 18 頁
7) 国際コンペによるもので，地区詳細計画図は 1997 年 6 月に市議会で条例として議決されている．これは同市の唯一の法的なプロジェクト環境親和性検査を行った事例である．環境検査はオランダのヘルレン市と共同で行っている．ハムスターの生息が確認され，両国の環境保護団体などが抗議行動を展開し，EU 委員会も動き出すなどし，結果的に 120 ha の規模を 90 ha 程度に縮小し，ハムスターの生息地を確保した．いくつかの農地で粗放的営農を一定期間順番に行っていくという方法も採用している（2004 年 8 月アーヘン市でのヒアリング）．
8) Regierungspräsident Köln Gebietsentwicklungsplan Teilabschnitt Kreisfreie Stadt Aachen Kreis Aachen, Stand 1991, 20 頁．これは旧の地域発展計画図によるもので，新しい計画図では「一般的空地・農業領域」に位置づけられ，目標 5 として優良な営農を妨げる土地利用計画図の表示は避けることとされている．
9) Stadt Aachen: Landschaftsplan – textliche Darstellung und textliche Festsetzung mit Erläuterungsbericht, Aachen 1988, 19, 20 頁
10) 同上，24, 25 頁
11) 建築が連担しておらず，また地区詳細計画図も掛けられていない地域を指す．この逆は内部地域となる．内部地域に対する日本の類似概念を挙げれば，市街化区域となるが，ドイツの場合の建築連担は敷地単位で考えられているために，内部に大きく農地が存在するというような状況はない．当然ながら，外部地域にはそこでしか立地し得ないものや，内部地域にはふさわしくないもの，農家関連の施設など，例外的に建築が認められるものはある．
12) 地区詳細計画図の作成の際にすでに相殺対策が行えることは 1993 年改定の建設法典で定められている．
13) Begründung zum Bebauungsplan Nr.792 – Am Landgraben, 4 頁
14) 「現行条文におけるノルトライン・ヴェストファーレン州の自然地法を基礎とするアーヘン市域内でのすべての種類の許可手続に対する作業・決定基礎」: Die Eingriffsregelung – "eine Arbeits- und Entscheideungsgrundlage für Genehmigungsverfahren aller Art im Geltungsbereich der Stadt Aachen basierend auf dem Landschaftsgesetz Nordrhein-Westfalen in der derzeit gültigen Fassung (LGNRW)". これは筆者水原のホームページで翻訳を取得できる（http://www.ses.usp.ac.jp/lab/mizuhara/index1.htm）．なお多くの自治体では独自の手法を用意している．
15) Der OSTD-A36/40- an-A61-, Bebauungsplan "Am Landgraben" hier: Eingriffs-

Ausgleichs-Bilanzierung, Mein Schreiben vom 27.09.1993
16) Vertrag zwischen der Stadt Aachen -vertreten durch den Oberstadtsdirektor- und Frau K.V..
17) Umweltbericht zum Bebauungsplan Nr.848 "Gut Lehmkulchen" im Stadtbezirk Aachen-Mitte, Projekt-Nr.442, 2002 年 8 月
18) これは行政の側が議会の都市発展委員会の審議に向けて提出したものである.
19) Umweltverträglichkeitsprüfung Projektnummer: 164 Eilendorf – Süd "BREITBENDEN", Aachen April 1996, 13, 14 頁
20) Stadt Aachen: Vorlage für den Stadtentwicklungsausschuss, Betrifft: Bebauungsplan Nr.805 – Brander Straße/Breitbendenstraße–, hier Bericht über das Ergebnis der Offenlage und Empfelung zur erneuten Offenlage, 12. April 1999, 28, 29 頁
21) Schriftliche Festsetzungen zum Bebauungsplan Nr.805 – BranderStraße/Breitbendenstraße – vom 1999. 8.19, 10.8
22) Stadt Aachen: Vorlage für den Stadtentwicklungsausschuss, Betrifft: Bebauungsplan Nr.805 – Brander Straße/Breitbendenstraße–, hier Bericht über das Ergebnis der 2. Offenlage und Empfelung zum Satzungsbeschuluss, 7. Juli 1999, 1, 2 頁
23) Bundeministerium für Verkeher, Bauwesen und Wohnungswesen: Leitfaden zur Handhabung der naturschutzrechtlichen Eingriffsregelung in der Bauleitplanung, 2001 Berlin, 48–49 頁
24) 2001 年改定の建設法典第 1a 条 2 項 3 号, 同環境親和性検査法第 17 条 1 項
25) Umweltbericht zum Bebauungsplan Nr.855 "Lichtenbusch-Innenbereich" in Aachen- Kornelimünster/Walheim, Projekt - Nr. 353
26) 環境親和性検査の報告書 8〜9 頁
27) 9) と同文書, 196 頁, 3.2.4.2
28) 9) と同文書, 27 頁, 3.1.5, b)
29) Begründung zum Bebauungaplan Nr.799 – Gewerbegebiet Pascalstraße–, 2, 3 頁
30) 同上, 6 頁
31) ドイツでは開発に伴う道路, 公園などには開発分担金が土地所有者から徴収される. 道路の開発代償の費用は, この分担金に合わせて算定されるので道路用の代償対策は, 建物施設を伴う開発とは別に扱われている.
32) その理由はアーヘン市の土地利用計画図をオランダのマーストリヒトとベルギーのリエージュなどとの共同の地域土地利用計画図 [Regionaler Flächennutzungsplan] に解消していく方向が検討されているからである. 2001 年に開始し作成された地域共同計画 3 国隣接地域公園発展展望 [Entwicklungsperspektive Dreiländerpark] は, その方向に位置づけられるということである.
また, NRW の助成による都市エコロジー的寄与 [Stadtökologischer Beitrag] を現在作成中である (同市の環境局が担当し, 関係人数は 3 から 4 名；これまで 6 年を掛けている：2004 年現在). これは今までの保有データを基に, すでにある市の環境目標を軸に詳細な環境目標にまとめ上げていくもので, 現在, 作業中だが, 土地利用計画図, L-Plan, 地区詳細計画図などに対し環境目標を基礎づけるものと考えられている. (アーヘン市都市計画局, 環境局でのヒアリング：2004 年 8 月)
33) Urlich Blimenroth: Deutsche Wohnungspolitik seit der Reichsgründung – Darstellung und kritische Würdigung–, Munster Wetfalen 1975, 119 頁
34) Busse, Dirnbenger, Pröbstl, Schmid: Die neue Umweltprüfung in der Bauleitplannung, Heidelberg/München/Landsberg/Berlin. 2005, 52 頁
35) 富山和子：自然と人間の関係－国土変貌 100 年の歴史の教訓から；ジュリスト総合特集「開発と保全－自然・文化財・歴史的環境」, No.7, 1976 年 7 月, 32 頁

> **資料-1** 公式の市民参加（計画縦覧）での提出意見と公益主体の見解－ブランダー通・ブライトベンデン通の住宅地（Bebauungsplan Nr.805）の場合（Stadt Aachen: Vorlage für den Stadtentwicklungsausschuss, 12 April 1999 より）

　以下は，計画縦覧の結果と公益主体の見解に対する行政の見解と，その検討結果としての変更案，そして再度の縦覧の推薦として1999年4月12日の都市発展委員会に提出された報告にある内容を要約したものである．

　多くの問題は当地域の独自性を持ったものであるが，どのような関心を市民が持っているか，公益主体も含めたそれらの意見を行政はどう検討し，見解を出しているかなど，ドイツの地区詳細計画図作成に当たっての問題処理の様子がよく理解でき，

資料図 1.1 地区詳細計画図 Nr.805 の計画地域の道路配置

また同計画図についての理解も深めることができる．この縦覧結果の検討は公私の利益の比較衡量の一部になる．

　当計画については，1998年11月25日に地区詳細計画図 Nr.805 を縦覧することが決議され，1999年1月18日から2月15日の1ヶ月行われている．この縦覧結果の検討をふまえて多くの変更が必要との行政の考えで，議会に向けて更に短期間（2週間）の縦覧の推薦を行う提案を都市発展委員会に行っている．

A. 市民からの懸念，提案など

　市民の側からは，① J. Krg. 氏，② D. und K. Ko. 夫妻，③ H.-K. L. 氏，④ H. und M. Schr. 夫妻，⑤ H. Krz 夫妻，⑥ J. Wo. 氏，⑦ Dr. H. Frt.，⑧ R. H.，⑨ K. Frg. 氏，⑩ G. P. 氏，⑪ G. Bo. 氏，⑫ M. Ba. 氏，⑬ R. Wi. 氏が13件の提案を寄せている（氏名は水原が短縮し，住所は省略した）．以下の文は市民からの懸念，提案と公益主体の見解，そしてそれに対する行政の見解を要約し，説明的加筆を行ったものとなっている．提出文書では，市民からの懸念，意見の記述は，行政側が報告用に

資料-1　公式の市民参加（計画縦覧）での提出意見と公益主体の見解　447

整理したもので，その分，要約の度合は強くなっているが，重要な論点は明確にしているつもりである．なお文中の道路名は資料図-1.1を参照して欲しい．

①について：
　4名の署名が添えられ，地区詳細計画図への組込みに異議をとなえている．かつての営農者で，農用地として確保したいと希望している．営農者に対する仕事の保障を望んでいる．

行政の見解：
区画整理委員会の事務局［Geschäftsstelle］から，計画内容に関わるので，送付されたものである．学校予定敷地に当たるので，この敷地を市は必須のものとして必要としている．学校建設までの長期にわたって借地人は営農できる．行政は棄却を推薦する．

②について：
　建築を行おうとして区画を1996年に取得したが，これが地区詳細計画図用地内に含まれていないと述べ，当該地は相殺用地に位置するはずだとしている．購入前に"シュラック通とミューゼルター通の間のすべての土地が計画地に加えられる"と聞いていたということである．キリスト教民主同盟［政党］の地区代表者会議でこのテーマが扱われ，地区詳細計画図地域の色つき図面が配布されたが，そこでは相殺地域に該当するが，区画整理で不利点は生まれないと説明されている．しかし，自分の土地が計画区域に含まれていないために驚いている．

行政の見解：
代表者会議などでは先行の隣接地区詳細計画図617A番［当計画地区の南のもので工場などの間隔をとる目的で計画された；図-6.5の図-C参照］も提示されており，この人の土地はそこに含まれている．市民公聴会で出された発議は圃場区画170番を計画区域に取り込むことだけで，その他の異議は出ていない．これは地区詳細計画図617A番の作成時の検討事項であり，計画区域の輪郭を整えるために本計画地に取り込まれた．
　圃場区画170番を取り込んだのは，当地区詳細計画図作成開始が外部相殺が可能となった1998年1月1日の建設法典以前であり，計画地域の外部に相殺地が設けられる可能性は与えられていなかったのでその分の土地が必要だったからである．

③について：
　建築許可を受けている駐車場を計画に取り込み，そして駐車場と狭い農道までの通路をもうけて欲しいという要望である（農地区画373番）．

行政の見解：

まだ駐車場は建てられていない．駐車場設置は，建築許可申請 (1982 年)（3 住居）において建築基準法（BauONW 第 51 条；当時は第 47 条）で必要とされるものである．1 台分用に建築義務負荷［Baulast］が掛けられている．区画整理の中で考慮する必要がある．計画地に 2 台用駐車場を確保できるかも知れない．そうしたら出入り通路は不要となる可能性がある．1999 年 3 月に都市計画局は，今後の手続の中で，この要望者の同意のもとで，計画地の一般居住地域で 2 台用駐車場と共同駐車場の拡大割り当てを提案している．

④について：
　ミューゼルター通 61-77 番地の住民は，すでに 1997 年 5 月 6 日の時点で，裏に設けられる計画の共同ガレージの建築可能地の位置を，間に緑地を設けて，5 m ずらすことを願い出ている．他の箇所では個人の既存敷地との間に緑地を設ける計画だが，そこだけが境界から直にガレージが設けられるようになっていると言っている．緑地の保全の費用と作業を市から引き受けても良いと言っている．

行政の見解：

1997 年 4 月 29 日のアーヘン－アイレンドルフの区代表者会議と都市発展委員会でドイツ社会民主党とキリスト教民主同盟の議員が同様の提案をしたが，それはこの要望を支援するものなっている．計画では 4 m の緑地帯を設けた．その部分の価値が下がるが，土地価格をあまり引き下げずにガレージの所有者に売り渡すのに難点がある（区画整理事務局）．

⑤について：
　地区詳細計画図の手続地域にはない区画 75 と 172 の所有者が，計画に反対している．1996 年の計画案では区画 75 が計画地域に入っていたと言い，シュラック通を計画地域の境界とすることを求めている．

行政の見解：

計画地域に入っていないし，組み込まない．地区詳細計画図 617A 番では圃場区画 75 番を保護植樹，圃場区画 172 を農地として確定している．行政は計画区域を拡大しないことを提案する．

⑥について：
　計画から影響を受ける農業経営者が，ブルッフ通にある農家からミューゼルター通までの営農のために必要とされる道を保全することを発議している．内容は，農道を少なくとも 5 m に拡幅し，真ん中 3 m だけを自転車も通れるように舗装することの提案で，家畜は非舗装部分を好むので，舗装部分を汚すことはないとしている．また，ミューゼルター通とシルダー通の延長との交差部分を拡大し，農業交通が角部分を容易に曲がれ

るようにすることを発議している．
　また，相殺用地のエコロジー的質向上を営農が可能な形で行って欲しいと言っている（若干の制限が加えられても）．建設で農家に近い3 haの土地が失われるが，これは営農上の大きな脅威であるとして，相殺用地として指定された土地を，放牧が可能であれば借地したいと考えている．また植樹をしてエコロジー相殺地の質を上げることを提案している．

行政の見解：

行政は提案を検討し，道路交差部の角の状況は改善することを推薦する（その"鋭角部"は市有地となる）．

更に農道を拡幅し相殺用地を囲む生垣を道路から後退させ，家畜はその拡幅部分を通らせる提案がされているが，そのため道路を拡幅することを提案する．

相殺用地を営農可能なように変更する提案に対して，行政はその用地を分断する歩道を廃止するよう提案する．歩道網を組み替えて，約270 mの長さの農業可能な相殺用地をつくり出す．そこでは粗放的な利用をする必要がある（ラインラント農業会議所も提起しているように）．環境局は，通常の牧草刈取り作業を行うことでで酪農経営が可能なように設置することを確認している．

樹木，例えば果樹は，一般的牧草刈取りが可能なような間隔で植樹することは可能だということを環境局は明らかにしている．環境局によれば，刈取り用の牧草地としてしか認められず，放牧はできない．区画整理手続の中で刈取りについての規則が検討される．市有の区画（農地区画14番）が相殺用地，特に雨水滞水用地として必要なくなったので，そこを計画地域から除外し，この一定の条件で農家に提供しても良いかも知れない．

上記の範囲で発議を受け入れることを行政は推薦する．農業的利用によって相殺用地の維持手入れ費用が減少あるいは不要になり，市民に対して利益になる．

⑦について：
　ブライトベンデン通の住民の苦情：地区詳細計画図地域の交通接続の難点があり，再度の交通接続検討を願い出ている．住宅地内とフォン-ケルス通の交通静穏化のために当地区の東にあるシュトルベルク市方面などの交通をシュラック通を通らせる提案をしている．通過交通は交通静穏化対策によって防げるが，市はそれを考えていないとしている．

行政の見解：

シュラック通は通過交通の恐れのためだけでなく，ハールバッハ川の横断（つまり橋の付替え工事などが必要となってくる）とフロインダー通への合流のために避ける必要があると，計画の最初に検査し確定した．これは計画地の拡大とハールバッハ川両岸の自然へのかなりの介入を起こす恐れがある．シュラック通のハール川の

西側部分は農道として利用されており，魅力的なレクリエーション道としてアイレンドルフの居住者に利用されている．

市は近隣の道路の交通量調査を行い予測をしている．ブライトベンデン通，リンデン通など，特にブランダー通の交通量が明らかに多くなることは確認しているが，不適と判定されるほどではない．このことは，ここのアイレンドルフ区代表会議，交通委員会，都市発展委員会で審議され，公聴会（早期の市民参加）でも示されている．

提案が実現されると，ブランダー通などからこの住宅地に通過交通を呼び込むことになり，またフォン-ケルス通からフロインダー通の間も通過交通を引き起こす．

行政はこの発議を受け入れないことを提案する．

---

⑧について：
　屋根勾配を，日照の関係で，少なくとも瓦葺きで最低15°，セメント瓦で最低22°に押さえるべきとし，太陽エネルギー利用に際して助成が行われれば10 000 DMもの"金銭的贈り物"が取得できるとしている．

行政の見解：

公聴会以前にも日影問題について行政は指摘し，日影を可能な限り避けるために屋根形態の特別の確定を提案した．都市発展委員会は議会に対する議決提案に際して，これを受け入れず，小屋裏部屋を設けることが可能なように22°から40°の屋根勾配を希望している．

確定された屋根勾配と建物高さによって冬季には1階部は影ができることは考えなければならない．冬至前後の4ヶ月（11月〜2月）では年間日照量の15%強でしかない．小屋裏部屋を設けることで，冬季にも日照日にはそこの部屋の居住条件が改善される．行政はガレージ建築可能地面をもう少し道路方向に移動させることを提案する．これによって南の庭を大きくできる．異なる屋根勾配は住宅地の統一性に貢献せず，都市建設的にも当を得ていない．

助成について，環境委員会は「50の太陽エネルギー利用住宅地」という州のプロジェクトに全住宅地が受け入れられることは非現実的とみている．これ用に住宅地の一部が用いられ，各敷地所有者から建設について委託された建設企業がそのような考えに応える用意があるなら，住宅地の一部を州プロジェクトに盛り込むことは意味がある．州の要綱ではその太陽光エネルギー住宅地にするかどうかの決定は地区詳細計画図作成手続後でも可能である．環境局の見解では，「州イニシアティブ将来エネルギー」の提示条件による太陽エネルギー利用住宅地としての適性は，日影のために難しいとしている．

縦覧に際して行政が提案した屋根勾配の確定を都市発展局とアイレンフェルト区代表者会議が，意識的に変更したので，行政はこれに拘束されていると感じている．改めてこの⑧の発議を受けて屋根勾配変更の推薦をすることは不可能である．

⑨について：
計画地をシュラック通まで拡大し7区画を取り込むという発議であり，これによって同道路と相殺用地によって明確な境界が形成できる（同道路にそって相殺地を設ける）．同道路の北西の小さな農地を問題なく利用できるにかどうかは難しいが，発議はこれに対する利点を持っているとしている．
発議者は，圃場区画21番，273番と更に計画地に2つ区画を持っているということだ．

行政の見解：
本地区詳細計画図は地区詳細計画図617A番（シュラック通の主に南側を農業利用として確定し，南部の工業・事業所地域との間の緩衝地帯としている）によって境界が与えられている．当時，土地利用計画から同地区詳細計画図の北に当計画地域が指定されるだろうことは分かっていた．シュラック通までの拡大と相殺用地の確定は費用の増大を引き起こす．残っている土地でも充分に大きくて農業経営はできる．

区画273，272，271，75は地区詳細計画図617A番で，建設法典第9条(1)24号による保護植樹用の土地として確定されている．すでに相殺機能が与えられているので，計画地に取り込んでも大きな利用の向上ができるわけではない．

行政はこれを棄却することを提案する．

⑩について：
建設法典第34条「建築連担地域の内部の建設事業の認可」の要件が満たされていないという意見である．密度が高すぎて周辺の建築的利用の種類と規模に組み込まれていない．地域に一般的な敷地規模ではない．健全な居住・就労事情に対する要求を満たしていない．ガレージが離れすぎており買物品を車から家までの長い道のりを運ばなければならない．区画整理は，計画されている調整金支払／価値上昇調整をみると収用に近い．

行政の見解：
意見提出者－建築家－は計画手法を熟知していないようにみえる．地区詳細計画図によって計画地に新しく計画的基礎が設けられる．地区詳細計画図は敷地最低規模を確定しない．多くの場合（30mを超える）敷地の奥行きのみを確定している．
歩行移動は56mの3本の歩行者路を通るので最大28mとなる．ガレージ列（駐車場列の組合わせ）は交通用地を節約するために必要であった．そのために3カ所の歩行者路しか設けなかった．行政の側では大きな難点とは見なしていない．交通静穏化にも役立つ．そこ以外は直接に自動車で乗り付けできる．

特に建設法典第34条に関わる議論は，密度の指摘であろう．密度は建設法典の計画原則の「幅広い住民層に所有を実現する（偏った人口構造の回避），特に費用節約の建築で可能にする」ことに関わる．高密度化によってのみ，例えば"エコボーナス"（80％以上の容積率および/あるいは200 m^{2}以下の敷地を必要とする）が得られる．

区画整理は手法からして収用ではない．区画整理は，地区詳細計画図地域と地区詳細計画図の確定が行われて初めて具体的な拘束的意味を持ってくる．

大まかな内容で行われたこの苦言については棄却することを推薦する．

---

⑪について：

高齢者施設と幼稚園の確定に対する苦言である．地域にあるいくつかの緊急サービス施設と入居型高齢者施設も，この計画地を充分にカバーするとし，それ以上の需要があるかどうかは疑問であると述べている．また計画地域には近くに多くの幼稚園あるいは児童保育所があり幼稚園は必要ないとしている．適切な付加条件設定によってエコロジー的土地を地区詳細計画図で表示することの意味は認めているが，一家族住宅用の住宅地のための公園・遊び場の規模には苦言を呈している．1敷地の共有者であるので，計画から生まれる費用と分担金について確実な情報を希望している．

行政の見解：

高齢者施設は将来を見通してのものである．立地として，中心から外れ公共交通も整っていないという点の指摘は正しい．地区詳細計画図の実現後は人口の集中があるだろう．人口動態予測をもとに，地区詳細計画図地域内の高齢者施設は正当化できる．そのようにしてのみ，例えば居住地近隣の居住・介護施設に対する需要にも応えることができる．

"アーヘンで老いる"というアーヘン市の高齢者支援施設の示すところでは，高齢者施設の建設用地を事前に確保しておくことは緊急に必要であるとなっている．

幼稚園が近くにあることは当然承知している．更に幼稚園が必要かどうかの検査ではアイレンドルフ地区の幼稚園の立地が調べられたが，人口予測によると不足する．計画地の最大予測数の戸建て228戸，集合住宅163戸という前提では，700〜750人の子供が計算される．

懸念提出者の発議に対しては，"公的緑地（公園およびカテゴリーAの遊び場：13歳から18歳が対象）もエコロジー的相殺機能を引き受けることが指摘できる．地区詳細計画図に示される百分率の値は相殺用地に換算できる割合を示す．更に環境親和性検査の結果に合わせて，植樹すべき樹木数などが明確にされている．ハールバッハ川岸辺地域に対して土地利用計画で設定されている箇所では，集約的レクリエーション利用は適切でないので，"カテゴリーAの遊び場のための"大規模公共

緑地が地区詳細計画図地域に確定された．土地利用計画図の表示は土地区画レベルの精度をもっていないことを指摘しておく．公共緑地はエコロジー的相殺用地を差し引いても青少年局から求められている規模が保障できるように大きくとった．相殺用地と公共緑地を一緒にしたのは，自然への介入に対して計画地内で可能な限り大きな相殺が行えるように，可能な限り相殺用地と公共緑地に関わるすべての要求をまとめ上げるという努力の結果である（見解「⑥について」を参照）．

地区詳細計画図手続では，市民と土地所有者はほとんど区画整理に関わる質問を出した．公聴会の時に，これは地区詳細計画図の問題ではなく，区画整理事務局が的確に回答できることを指摘した．

以上の検討により，棄却を推薦する．

---

⑫について：
　計画の高齢者施設は，ここがアイレンドルフの中心部でないので，公共交通手段でも行きにくい．計画地でなくシュタイン通に設けてはどうかという発議．幼稚園も充実していると言っている．相殺用地が大きすぎるとし，相殺地を個々の敷地にあてがい適当な利用規則を設けてはどうかと提案している．確定されている共同所有では成功しないとし，過剰な社会的・エコロジー的要求を盛込み過ぎて所有者の正当な利益があまりにも考慮されなさすぎているという意見である．

行政の見解：
地域中心および商業地区からもかなり離れているが，人口増加により，この場所も近居住地サービスの意味で適切で妥当となる（見解「⑪について」を参照）．

シュタイン通の市有地には，66人の介護収容能力と10戸の世話付き住居の規模に拡大された聖フランツィスクス老人ホームがあり不適切である．幼稚園需要を再検討する発議については「⑪について」の見解で述べた．

公共緑地については，現段階で，相殺用地の割合を改善し，相殺地を"外に出す"ことはできる，つまり，計画地の縮小も可能かも知れない点は付加えておく必要がある．「②について」の行政の見解でも述べたように，計画地を小さくしないように行政は推薦する．

まとめて設けられた相殺用地の大きな効果はこれまでの計画に対して示されており，個々の敷地に相殺地を配備すること―市民公聴会ですでにこの発議は出されている―も行政は推薦しない．

行政はこの発議を棄却することを推薦する．

---

⑬について：
　なぜ計画地の道路を直接にシュラック通に接続し，少なくともフォン-ケルス通と地区詳細計画図805番の間の住宅地から通過交通を排除できるようにしないのか疑問を出し

ている．建設期間中もかなりのトラック交通とそれによる騒音と汚れが考えられるとして，一方通行規則を提案している．工事の最終段階で，住宅地を交通条件に合わせて分割する提案をし，その際に，○袋地によって道路を分離，○通過可能な緑地帯，○固定式／引抜き可能な杭式車止めにより道路を分離，○トラック（ゴミ回収車，消防自動車，救急車，公共交通）のための通過関門［Durchfahrtschleuse］を設けて道路を分離することを提案している（区画道路などの基準である EAE 85/95 を指示している）．アイレンドルフ中心部までの自動車道程は倍になるが，座っての運転は苦にならないし，通過交通を避けることで居住環境は良くなるとしている．

行政の見解：
　この問題には⑦の人が触れており，そこで基本的に扱っている．交通誘導対策は地区詳細計画図手続の中では規則づけられない（例えば引抜き可能な杭式車止め）．
　シュラック通を工事用道路として使用する発議は新しい．これはしかし地区詳細計画図の対象ではない．地区詳細計画図の実現の際の問題である．計画的に重要なのはシュラック通へのアプローチのしやすさで，この場合，計画地内の歩行者路，自転車路，農道を併せて考えなければならないだろう．これらは 3.5 m の幅で確定されており，一方通行道路として，その短時間の建設道路としての機能を引き受けることは可能かも知れない．
　建築工事現場の問題は地区詳細計画図が法的に有効になってから明確にさせる必要がある．工事完了後，この"慣習交通権"が禁止できるかどうかを明らかにする必要がある．「⑦について」で示した理由によって行政は棄却を推薦する．

B. 公益主体［Träger der öffentlichen Belange］の見解

公益主体の見解を求めるために，22 の公益主体に依頼文書を発送した．そのうち以下の 4 件は，完全には同意しないというものであった．不同意の公益主体は以下のとおりである：
I．ラインラント農業会議所
II．ドイツ環境および自然保護連盟 NW 州代表部
III．アーヘン市街鉄道およびエネルギー供給株式会社（ASEAG）
IV．アーヘン・州環境局（STUA）

> I．について：
> 　⑥の営農家に関わる件と推察できるもので，ほぼ同じ指摘．

行政の見解：
　「⑥について」で述べたとおり．

相殺用地は農業によって利用できる．"粗放的利用"を提案（放牧用地でなく飼料用地として）．歩行者路はこのエコロジー的相殺用地を横断すべきでない．このための代償歩行者路を"公共緑地（公園施設）"として確定することを提案する．このような範囲で農業会議所の発議に応えることを行政は推薦する．

> II．について：
> 　この連盟は 1994 年の市民公聴会で提出した自らの理由文書を再度提出し，この見解の現実性が今日的状況に照らして何ら変わっていないと述べている．更に，住空間を獲得するために，自然地計画が掛けられている地域を安易に建築用地に利用していると憂慮している．この地域では州の地域発展計画と土地利用計画ですでに長い間，建設を予定されていたと認めている；当該地が大きく当てはまるエコロジー的空間単位 32 に対する 1978 年の自然地計画的鑑定書*⁾ は住宅にとって中位～良好な適性に加えて，特に緑地利用と粗放的および集約的なレクリエーションを用途として提案していたことを指摘している．連盟はこれに依拠して，計画局の表示を批判している．総エコロジー的な理由で連盟は大幅の保留のもとでしか同意できない：なぜならエコロジー的な全体的釣合い（自然地の消失とエコロジー的相殺対策）がないからであるとしている．そのような段階では最終的見解は出せないと述べている．
> [*：これは土地利用計画図作成に当たって作成され自然についての情報基礎となったもの：水原]

行政の見解：

行政の見解は維持される．当時，土地利用計画に表示されていた住宅区域は，地区詳細計画図が掛けられると述べている．土地利用計画図作成作業の中で自然地計画的鑑定書は考慮され，環境保護と自然・自然地保護の利益は比較衡量に取り込まれた．実現がいつでもあり得ることは考えられたが，このように急に計画実現がされる点に憂慮することは理解できる．

地区詳細計画図地域に実現する相殺用地によって全体の建設規模が自然のために縮小されていると都市計画局は指摘しているが，このことと，連盟によって触れられている州道 L221n 号の建設がもう追求されない点を念頭に置いておく必要がある．最終的に行政は，連盟が計画の実現は予想しており，ただその実現が早すぎる点で残念がっていると理解している．

> III について：
> 　ASEAG は，道路は将来の路線バスの走行可能性が考慮される必要があると指摘している．車道の幅員を少なくとも 6m にし，路線バスの必要回転半径を考慮すべきであり，停留所の位置は適切な時期に ASEAG と調整する必要があると述べている（公共人員交通の路線が明確に分かる図面を添付している）．

行政の見解：

早期市民参加に ASEAG は参加した．そこで"ASEAG 側では懸念はない"と表明している．"既存のフォン-ケスル通の 2, 12, 22 路線の停留所から計画地域は 800 m

までの道程にあり公共交通での接続が充分でない"としていた．行政は，この見解からはASEAGが計画地域にバス路線を開こうとする意図を認識できなかった．そこで交通委員会で審議された道路配置も基礎に置き5mを基本にした．変更となると，かなりの計画への介入となる可能性がある．計画案は外部の計画事務所によって詳細に至るまで作成されたもので，他の道路幅が出発点となっている．他のもっと人口密度も規模も大きな住宅地域の計画でASEAGがバス路線を設けることを拒んだことがあり，そのこともあって，行政の側では早期の市民公聴会でのASEAGの見解に全く疑問を抱かなかった．

ASEAGの見解に関して協議を行い，その後，6m道路の代わりに普通のバス運行に充分な5.5m道路を提案した．例外は"公共緑地（公園とAカテゴリーの遊び場）の箇所の狭隘部分（4.5m幅）だが，位置や見通しのために問題ない．6.0mから5.5mの幅員縮小を行ったことで道路の幅員変更は必要ない．費用がかかる補完計画も必要なし．

以上の形でASEAGの発議を考慮することを行政は提案する；地区詳細計画図に表記されている道路面の配分は情報的なものであり，拘束するものではない．

> IVについて：
> STUAは，汚染防止に関しての懸念を持っており，改めて一般居住地域を侵害する可能性がある北東部に位置する営農部分について言及している．地下水は農場の下5m以上にあり，そのために，高い水位の地下水から建物を保護する対策がすでに計画の際に考慮されることを要請している．

行政の見解：

STUAの見解はすでに"市民公聴会"に当たって80m～100m離れた農家に言及している．それは，騒音と悪臭の問題があり得るというものであった．行政はこれに対して，侵害をなくすという計画的観点をもって建設を後退させ，ハールバッハ川に向けて北東部へ（つまり農業的農家に向けて）間隔を大きくした．

建築物については農家まで140mから150mの間隔（より不利条件の場合の変種案ⅠとⅡで）を定めていたから，行政はその提示された懸念はあまり重視していなかった．ミューゼルター通の建設（地区詳細計画図778番）ではその農家までの距離は20～25m少なくなっている（この場合は州の事業所監視局から懸念は出されていない）．見直し作業によって更に50m後退し，当該箇所の建物の間隔はほぼ200mになっている．

営農者は，現在，秋から春にかけての半年を悪臭のする盛上式の牧草発酵場を設けている．これは傾斜面に設けられ，下部でいやな臭いのする"ヘドロ"が流出す

るが，これはミューゼルター通から分岐する道で広がり，乾くまであるいは洗い流されるまで残る．この盛上げ式発酵場の設置に対する水法規的な懸念は存在しない．発生する発酵牧草汁の受け入れのために地下浸透溝が設けられているが，これは適正に手入れされてはいないものの，そうしなければ道に広がってしまう．3月現在では道の分岐点から約8〜9mの長さの発酵場が見られ，シートで覆われ自動車のタイヤの重しが掛けられている．この発酵場はその敷地にある機材置き場の北西にあり，北側の家からは約30mの間隔しかない．この家の住人から苦情は提出されていない（STUAにも環境局にも）．それでも牧草発酵場の移設は望まれる．それを移設することでその営農家と合意が成立しないなら，場合によってこの営農家の農地を地区詳細計画図に取り込まなければならないかも知れない．しかし，この土地が自然地保護地域であるということが，そのことを邪魔している（発酵場や機材庫があるにもかかわらず）．

法制局の見解では，このような近隣の住宅地との間の特殊な配置関係の場合は，農地でも牧草発酵が禁止できるような適当な確定が考えられる．

計画地域の拡大は，自然地保護地域であることにより，自然地審議会と環境委員会の参加が必要で，大きな時間的遅れなしには不可能である（特に不確定な出発点により）．行政は計画地域拡大をあきらめる．実情の比較衡量に当たっては，時間的な側面が重要な比較衡量の素材なのでこのことについて少なくとも触れる必要がある．

牧草発酵場は農業利用地の内部では一般的に認可され，ノルトラーン-ヴェストファーレン州建築基準法の第65条「許可不要の建築的事業」の第1項27号によって届出不要，許可不要である．計画地域外の農地のどこに設けても良い．

実態の判定に，以下の与件から出発する必要がある：
- 悪臭は健康障害をもたらすものではない，
- 連邦汚染防止法は設置，経営に許可が必要な施設を扱っている．副次・外部施設（例えば牧草発酵場）のある農場は汚染防止法規的に工場などと同じように判断されている．この近隣の農場はかなりの臭気汚染の原因となっている．これは邦汚染防止法あるいは関係するVDI（ドイツ技術者協会）要綱に従って評価され，敏感な用途との間の空間的間隔が推薦される．
- 市街地の周辺部は多くは農地となっている．農地に対する許容性から出発する．耕作，施肥などは農地の文化に属する．
- 計画地域の北東の牧草発酵場の位置は風の方向に関わって大きな意味を持っている．

  北東風は南西風と比べて少なく，風の15%だけであるが，15%が問題ないものとは言えない．無風状態の時は強度の悪臭がする．自然の冷気がハールバッハ川の

浅谷に流れ込むために悪臭は北側に運ばれ，計画地の侵害とならないことにも注意する必要がある．強く霜が降りるときも，液が凍って悪臭が減ることも考えておく必要がある．

最後に，行政は，この農業利用と居住利用の接近した所では，時間的にも限られているものの，上記のように侵害が起こる可能性があることを指摘する．しかし，そこに住むことになる人は良好な大気と大気交換，そして特に大きく開けた自然地という利点をもつことになるので，それを許容する必要がある．

地下5mの地下水については，文書確定の補完として受け入れることを行政は推薦する．

C. 全体まとめ

建設法典による相殺規則の変更で自治体内部での相殺が認められた．それによって「計画面積の縮小／外部での相殺」がどうしても不可能な場合に100%を下回る相殺が許される．これには特別の理由が必要である．自治体が優先的に扱う利益については詳細に記述しなければならない．優先的に扱う場合でも，相当性原則を考慮しなければならない．完全な相殺ができない利益については具体的に記述しなければならない．

つまり，自然保護・自然地維持の利益と投資的利益の最適の相殺が関係している．アーヘン市に相殺用の土地が全くないという証明は実際にはできない．完全相殺がこの建設計画でも行われなければならない．そこで，他の場所での安価な相殺可能性を探った．

（以下で，変更点の内容も議会に提出し，再度，短期間の縦覧（公式の市民参加）を行うことも提案するように行政は都市発展委員会に求めている．最後の太字が変更点の内容に当たる：水原）

❏ アーヘンの森での既存松林の下植えによる自然と自然地の介入の相殺についての対策の補完（図-6.20参照）

単相状態のアーヘンの森の土地を混合林として発展させることを行政は推薦する．アーヘンの森は市有でこの土地は植樹が必要で，ある土地にそれを予定する．樹齢116年の松が生育している土地にブナの下植えを行うことで最適になる土地として森林区画34C番と35C1番の4.5haが考えられている．植樹に際しての羊歯の除去の後では，3年後に維持費用が不要になる．個々に示される対策は後に費用分担が可能な開発出費として精算することができる．費用節約の対策であり，この手続の方法に同意し，この内容によって計画を補完することをことを行政は推薦する．地

区詳細計画図の理由文書はそれに応じて内容を追加しこの費用に関して補完するものとする．文書的確定では開発地と相殺地の対応配置が行われる必要がある．

☐ 農地（"刈取り草地"としての飼料用草地）としての確定との重複による北東部の確定，相殺用地での対策の補完と修正，および植樹によるこの土地の豊富化ならびに随伴的道路の修正（シルダー通の延長）

　農地としての相殺地を経済的に使用するために，用地は一定の大きさを必要とする．そのために，そこを横断する歩行者路が断念された．この土地に沿って続く接続路は，"公共緑地（公園）"として設計し，例えば茂みで通行が妨げられないようにする．隣接する一般居住地域の境界線の修正によって，これが実現しやすくできる．このわずかな一般居住地域の拡大は，そこでの建築線がなくなるために，間隔面に利点をもたらす．

☐ 地区詳細計画図地域の北東部と南西部の雨水貯留地のための供給用地の修正とこれと関連する管埋設用益権の削除

　地区詳細計画図地域では排水問題は詳しく検討された．北東部の市道に対する確定相殺用地は，"排水調節用の土地（雨水貯留地）"として重複させる形で変更することが安価で効果的であると確認された．そうすることで北東部の雨水貯留地は土地をあまり変更しない形で安価に建設できる．

　クレーバッハ川の支流へ非汚染水を合流させるために管理設権の掛けられた土地は必要なくなる．土地費の上昇を抑えられる．ウルメン通の雨水貯留地は"公共緑地"（子供遊び施設のある公園施設）の費用で拡大できる．

☐ "公共緑地（子供遊び施設のある公園施設）"の，隣接する地区詳細計画図 748 番の対応する変更に合わせた修正

　地区詳細計画図 748 番はヴァイスドルン通での戸建・二戸連住宅を確定している．この非常に有効な分割によって，地区詳細計画図 805 番の"公共緑地"の先に境界に接するガレージ駐車場を有す二戸連住宅の半分が建築できる．この住宅・ガレージのサービス用として市は 2.76 m 幅の細長い土地を保有している．ここを通って，この建築地域はこの公共緑地に連結できる．地区詳細計画図 748 番［図-6.5 の図-C，B-plan 805 の上部右端の計画図］の区画整理が完了したので，この道路区画が上述の緑地に配置される必要がある（歩行・自動車通行・埋設管用益権を掛けて二戸連住宅のためと供給サービスのために）．子供も危険なく緑地に行ける．この変更は同時に実施される地区詳細計画図 778 番の関連する変更を前提とする．この道路接続には，その時に精算できるので，追加的費用は発生しない．

□ **積層住宅が予定され植樹命令が掛かる一般居住地域に対する建築可能地の修正**

住宅列の軸がミューゼルター通に向けて配列されている，積層集合住宅に予定されている敷地の建築可能地を，4つの東部分の建築躯体のためにまっすぐな列が可能なように，変更することを推薦する．雁行配置は当初の2階，最高3階で確定された建築方式（他の間隔面に影響を及ぼすので賛同できるものであった）に対して都市建設的な正当性があった．現在の強制2階建てでは，雁行配置は意味がなく，ミューゼルター通の住民の見晴らしを大きく阻害する．庭の遮蔽のために幹線住宅地内幹線道路に向けての生垣用に植樹命令が確定される必要がある．

□ **地区詳細計画図地域の縮小と北東部の雨水貯水用地**

これまで計画地域の北東部に雨水貯水用として予定されていた土地（市有地）は計画地域からはずせる－エコロジー的相殺用として必ずしも必要でなくなったから．そこの農家に，汚染となる牧草発酵場の，必要となるかも知れない移設に対する措置として，利用に供しても良いだろう．

□ **わずかな修正と補完**

以上の重要な変更に対して，小さな変更を行う必要がある．費用低減，市民要望，計画の分かりやすさのために行うべきものである．
  －容積率と階数（幼稚園）
  －配管地役権（一般居住地域）
  －交通用地の変更（ミューゼルター通）
  －駐車場の拡大と交通用地の移動（グループ居住用住宅）
  －交通権の確定（ミューゼルター通81番地）
  －植樹命令用地の縮小（"公共緑地"）
  －ガレージ用地の拡大（一般居住地域）
文書的確定と理由文書における変更と補完
  －新しい位置の確定
  －相殺用地の配置
  －明確化のための修正と補完
  －指示の受け入れ

この推薦された変更は計画の基本に抵触するので，改めて公示することが必要である．行政は，計画の変更された部分についてのみ発議が行われることを決定することを推薦する．公示は2週間に制限する．夏季休暇の前に行える．

資料-2　地区詳細計画図による外部相殺の確定－ハンノファー市の例

　アーヘン市では開発の外部の相殺は主に市有の森林や草地のなどで行っており，地区詳細計画は相殺地には掛けていない場合が多そうだということが分かるが，外部相殺の場合，民間の土地で実行するときには，その場所に相殺地区詳細計画図（第2の地区詳細計画図）が作成される（123頁参照）．これを例えばハンノファー市の例でみたい．

　資料図-2.1はハンノファー市の既策定地区詳細計画図と外部での相殺対策の状況を示したものである．これを見ると，外部の相殺地区詳細計画図を特定の地域に集中して行う傾向が読み取れる（資料は同市旧ホームページなどによる）．

　集中している地区の一例を資料図-2.2に示したが，この例は貸し農園（クラインガルテン）が一帯に広がっている地域にある．この地に貸し農園を新たに設け，そ

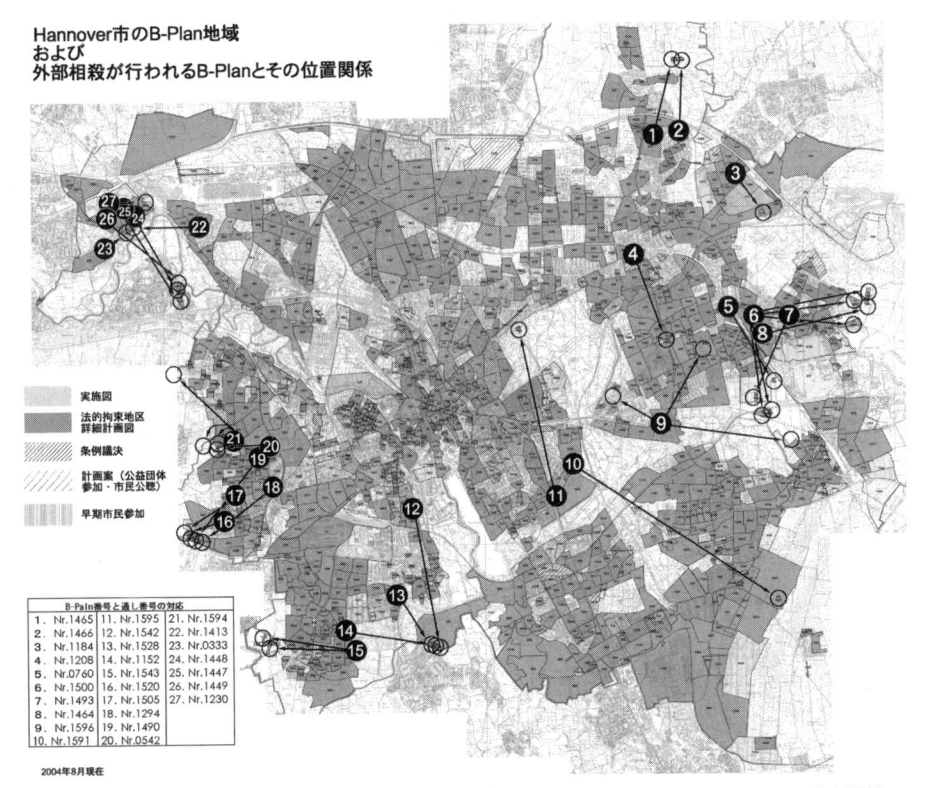

資料図-2.1　ハンノファー市の地区詳細計画図(B-Plan)策定状況と介入・相殺B-Planの対応関係

相殺地区詳細計画地区の集合化

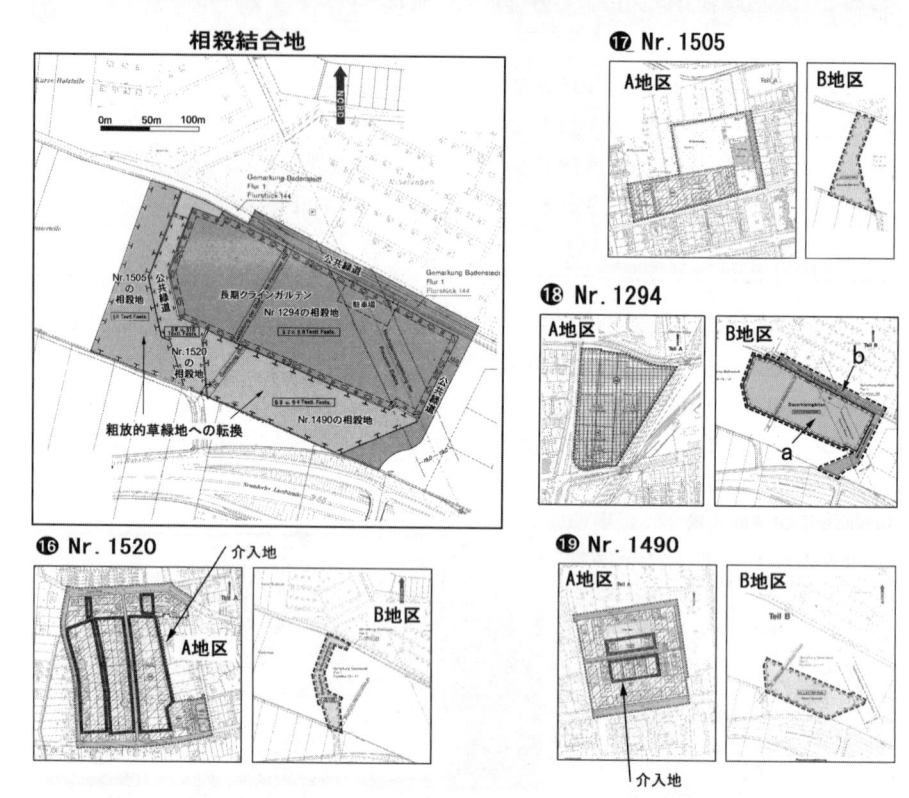

資料図-2.2 相殺地区詳細計画図地区の集合化の例

の脇に公共緑地，周辺の農地には粗放的草緑地（刈草用と考えられるが）を設け，近自然的な環境づくりによる市民のレクリエーション機会をつくり出していこうとしていることが伺える．

外部相殺には地区詳細計画も活用されている．それらは主に農地で，そこで粗放的な牧草地とする，または自然遷移に任せる，あるいは貸農園として計画し植生を豊かにするなどの対策がとられている．場合によっては，ガレキ性草地（Ruderalflache：建築残土の土砂やガレキなどで構成された土地で先駆ビオトープが発生している土地）として植物を生育させることも行われたり，既存施設の舗装の非透水化も相殺として位置づけている．

介入地区詳細計画図での相殺も外部相殺も，図面上の確定表記は建設法典の規則に基づいて行う必要がある（120，121頁，参照）．更に，樹木の種類，本数，植樹密

資料表-2.1 介入地区詳細計画図と相殺地区詳細計画図の相殺の確定内容概要（ハンノファー市）

		介入地での内部相殺	外部相殺地
16	地区詳細計画図番号	Nr.1520	1997 年発効
		用途：純住居・一般住居地域	用途：公共連結緑道
	注記	①建蔽地 100 m² ごとに立地適正で地元の広葉樹 1 本と立地適正の灌木 3 本の植樹，維持 ② a) 格子状樹木配列で構成．4 台分ごとに地元の広葉樹 1 本 植樹，維持．b) 一般居住地域では，総面積 100 m² を超える駐車施設は施設当たり，出入り道路を除き，公共交通路面に向けて，最低 2.5 m 幅で密に地元の灌木を植樹，維持 ③ガレージ等の外壁は，最低 50%，蔓性植物で継続的に緑化．	○集約利用耕地から転換 以下の対策をとること： －個々の樹木の植樹*), －野立ち樹木 [Gehölze]，自由生育の農地，生垣，森林マント群落 [1) －近自然的な草地と薬草類ザウムの設置 *) 期間も含む相殺，代償対策の仕方は「ハンノーファー市におけるBNatSchG 第 8a 条による費用支払分担金の徴収についての条例」の付則による．
	該当条項 BauGB 第 9 条 1 項	①～③：第 25 号	○：第 20 号
	連邦自然保護法	第 8a 条	第 8a 条
17	地区詳細計画図番号	Nr.1505	1999 年発効
		用途：純住居地域	用途：農地
	注記	○ 100 m² を超える屋外駐車場は，格子状樹木配列で構成．6 台分ごとに最低 1 本の地元の大樹冠広葉樹を植え，維持すること．	○放的利用の草緑地へ転換．
	該当条項 BauGB 第 9 条 1 項	○：第 25 号と 1a 項	○：20 号と 1a 項
	連邦自然保護法	なし	なし
18	地区詳細計画図番号	Nr.1294	1997 年発効
		用途：事業所地域	用途：a) 長期貸農園，b) 公共連結緑地
	注記	①樹木と灌木の植栽が定められている土地では 100 m² ごとに地場の樹木 1 本と灌木 10 本を植えること．灌木指定だけの場合は 100 m² ごとに 15 本の地場の灌木を植栽． ② 100 m² 以上の駐車場植樹，4 台ごとに植樹，手入れ． ③屋根勾配 20° 以下では最低屋根面の 25%を緑化	①：左①と同じ． ②：植樹指定の箇所ではあらゆる建築を禁止．
	該当条項 BauGB 第 9 条 1 項	①：第 20 号；②，③：第 25 号	①：第 25 号，②：第 10 号
	連邦自然保護法	第 8a 条	①：第 8a 条

資料表-2.1 介入地区詳細計画図と相殺地区詳細計画図の相殺の確定内容概要（ハンノファー市）

19			介入地での内部相殺	外部相殺地
	地区詳細計画図番号		Nr.1490	1996年発効
			用途：純住居・一般住居地域	用途：農地
	注記		○総面積 100 m² を超える駐車施設は施設当たり，公共交通路面に向けて最低 3.0 m 幅で密に地元の灌木を植え維持すること／屋外駐車場の 4 台ごとに地元の大樹幹の広葉樹を植え，維持すること	①集約農地から粗放草緑地へ転換，播種，竣工時と 1 年の手入れ ② 79％が介入土地（図面表示）の相殺に対応
	該当条項	BauGB 第 9 条 1 項	○：第 25 号	①：第 20 号
		連邦自然保護法	第 8a 条	①，②：第 8a 条

度や手入れなど具体的な方法については文書確定によって確定している（資料表-2.1）．地区詳細計画図 1490 番や 1520 番では既成市街地の内部の非建築地に住宅建設を計画するもので，その箇所だけに限定した相殺が行われる．なお表中の自然保護法第 8a 条は地区詳細計画図での相殺の扱いについて定めているもので，現在は同様の規定が建設法典に設けられたので（1998 年；同法第 9 条 1a 項），廃止されている．

図版出典

第 1 章から第 3 章，第 5 章の図版は，著者の提示した原図を引用文献からのものに従って，ヘルムート・フルバッシャーが作成した．

第 4 章，第 6 章の図版の出典は，各図版に示しているとおりである．加工は水原が行った．

索 引

【あ】

悪臭問題　*420*

【い】

ECE 協定　*168*
EU-委員会　*383–385*
異議（申立）(Einwendungen)　*241–243*

【う】

受入れ姿勢の向上　*239*
雨水地下浸透　*405, 420*

【え】

影響（建設工事・施設・運営によって引き
　　起こされる）　*218*
影響空間　*30, 204*
影響分析　*208, 212, 217, 223, 225*
影響要素　*28, 29, 53, 180, 181, 183, 196,
　　202, 224, 270, 349, 350, 353–359,
　　364–367, 372*
影響要素-侵害連鎖　*53, 367*
影響予測　*217, 223, 225, 367, 368*
影響連鎖　*13*
エコ口座　*11, 130–134, 138, 140, 315,
　　400, 442*
エコロジー的危機分析　*224, 225*
エコロジー的建設監視　*99*

エコロジー的利子掛け　*133*
エスポー協約　*168*
越境的影響　*164, 244, 302*
越境的協議　*301, 302*
越境的参加　*171, 235, 244, 308, 323*
HOAI　*168*
FFH-指令　*6, 303, 310, 333, 335, 336,
　　338–341, 344–346, 348, 350, 355,
　　359, 361–364, 366, 375, 378, 383,
　　386, 413, 428, 429*
FFH-親和性検査　*3, 4, 6, 7, 375*
FFH-親和性探査　*3, 364, 365, 367, 374,
　　380*
FFH-親和性調査　*3, 359, 360, 368, 375*
FFH-親和性調査書　*363*
FFH-地域　*315, 349, 399, 402, 412*
FFH-前検査　*352*

【お】

欧州委員会　*315*
欧州共同体に重要な提案地域　*336*
オーバーレイ手続　*224*
汚水処理施設　*185, 188*

【か】

階層的な計画システム　*398*
介入規則　*3, 4, 6, 18, 107, 397, 404, 419,
　　440*
介入結果　*10, 75, 95, 106, 108, 111,*

介入決定　12
介入（建設誘導計画による）　110
介入地区詳細計画図　133
開発分担金　401
回避　9, 11, 60, 106–108, 110, 112, 129, 225, 228, 229, 245, 259, 314, 346
回避原理　164
回避対策　11, 61–63, 65, 67, 74, 96, 108, 113, 114
回避費用　64
外部相殺　123, 315, 420, 425, 431, 437
加重的効果　222
果樹草地　406
風の公園　27, 59, 202
価値・機能要素　48–50
価値上昇ポテンシャル　128, 131, 139, 140
価値レベル　204, 214
間隔尺度　215
環境アセスメント指令（85/337/EWG）　294
環境影響　184, 412
環境影響調査書　171
環境影響評価　217, 402, 420, 434, 440
環境汚染防止　432
環境危機見積　174
環境質目標・標準　252
環境侵害防止法規　313
環境甚大性　180, 196
環境親和性検査　3, 4, 232, 401, 410, 412, 421, 429, 430, 440
環境親和性検査義務　4, 306
環境親和性検査-行政規則　6, 161, 162, 165, 167, 192–194, 196, 197, 218, 226, 231, 245, 246, 250–252
環境親和性検査書　420
環境親和性検査-指令　160
環境親和性検査法　160–162, 164, 166, 167, 169, 174, 176, 177, 179–181, 184–188, 190, 191, 198–200, 206, 217, 227, 230, 231, 235, 239, 244–250, 256, 257, 263, 293, 294, 304–306, 310, 325, 412, 427
環境親和性探査　3
環境親和性調査　3, 5, 166, 174, 193, 196, 198, 199, 201, 202, 204, 209, 212, 217, 221, 228–230, 233, 234, 238, 246, 247, 256, 354, 367
環境親和性調査書　168, 200, 231, 237
環境親和性調査報告書　190
環境団体　268
環境テスト（E-Test; オランダ）　274
環境報告書　171, 264, 267–269, 275, 296–300, 302, 305, 307, 308, 310, 311, 316, 317, 320–324, 412, 427, 431
環境法典　296
環境保護団体　236, 301
環境保護の利益　106, 313, 314
環境目標　269–271, 274
環境予防　161, 163, 173, 174, 186, 206, 207, 218, 247, 248, 255, 258, 263
環境利益　234, 304, 312, 315, 316, 322, 325, 326
監視　101, 265, 268, 269, 271, 302, 303, 308, 309, 316, 320, 322, 324
官庁決定　254
官庁参加　21, 166, 177, 187, 237, 244, 307, 309, 319, 320
官庁による評価　5, 217, 247, 368
関与権　265, 268
関連性（相殺の）　45
関連性（時間的——）　45

【き】

危機　56, 215, 219
危機度　46, 214
基準閾値　185
基準構成要素　349, 350, 352, 356, 358, 363–369, 371, 372, 374, 381, 388
既存負荷　32, 196, 205, 222, 410
機能・価値要素　103
機能コントロール　101, 102, 259, 389
機能的関連性　109, 112, 125, 128, 131
機能的・時間的な関連性　16
基本尺度　216
境界値　230, 248, 250, 251, 369
協議　244, 267, 268, 300, 302
教示（提出が必要と予想される資料についての）　177, 190–192

索　引　467

行政手続　　169, 190, 234, 236, 237, 254, 334
行政手続法　　168, 235, 237, 238, 240, 241, 246, 257
協調規則　　374
共働原理　　160
共同体的に重要な地域　　336, 360
許可手続　　106, 168, 169, 180, 243, 262, 365

【く】

空間親和性検査　　325
空間的関連性　　16, 76, 112, 125, 129, 131, 139
空間的な切離し　　109

【け】

計画確定　　21, 99–101, 103, 108, 168, 180, 237, 250, 254, 258, 311
計画確定決議　　235, 259
計画確定決議文　　258
計画確定手続　　21, 167, 169, 173, 174, 235, 237, 240, 254, 255, 258, 259, 346
計画-環境検査　　174, 179
計画原則　　312, 313
計画主導原理　　260, 375
計画資料　　239, 240
計画・プロジェクト（累積的に影響する可能性のあるすべての）　　358, 359
経済的妥当性　　95
結果克服　　9, 271, 333
決定留保　　259, 260
原因者義務　　11
原因者原理　　160
原因者責任原理　　397
原因者の法人格　　95
見解　　191, 235, 238, 256, 268, 273, 302, 307, 318, 383, 385
見解（欧州委員会の）　　386
見解表明　　163, 164, 236, 237, 254, 301, 302, 318, 389
厳格保護の生物種　　35
現況調査　　69, 111, 205, 217

現況把握　　233
現況評価　　204, 217
検査義務　　164, 181, 185, 186, 265, 267, 311, 344–346
検査義務のあるプロジェクト　　344
検査義務があるプロジェクト・計画タイプ　　343
検査義務のある計画（図）タイプ　　344, 345
検査項目カタログ　　181, 183
検査諸段階　　341
検査方法　　200, 217, 245
建設法典　　18, 106, 115, 117, 119, 135, 165, 171, 172, 293, 304, 306, 311, 315, 320, 326, 404, 411, 419, 422, 424, 431
建設法規的妥協　　108, 139, 315
建設誘導計画　　21, 86, 110–112, 116, 129, 131, 139, 160, 170–172, 252, 295, 299, 306, 307, 316, 401
建設誘導計画図　　117, 296, 304, 305, 311, 312, 314–317, 320, 325, 326, 398
現存負荷　　269
建築家および技術者の報酬規則（HOAI）　　23
建築法規的妥協　　106
建築利用令　　111

【こ】

公益主体　　133, 198, 236, 238, 241, 246, 319, 374, 418, 419, 422
公益主体の参加　　441
光害　　427
鉱業事業　　188
鉱業法規的手続　　166
公衆　　159, 163, 164, 168, 177, 180, 192, 194, 199, 235, 238–241, 243, 301, 302, 308, 323, 418
公衆参加　　166, 167, 171, 198, 231, 235, 238–240, 242–244, 266, 271, 273, 274, 307, 309, 312, 318–320, 323, 326
公衆参加（正式——）　　318
公衆参加（早期——）　　318
公衆統合　　159

索 引

高層建築　188
拘束的建設誘導計画　130
耕地整理　118
耕地整理手続　166
耕地整理法　9
公聴　239
公聴会　187, 308
公的利益　383
口頭議論決定的手続（手法）　79, 87, 89, 406
小売店（大面積の）　188
国土計画　306, 307, 398
国土計画図　322
国土計画手続　6, 21, 166, 167, 169, 173, 174, 187, 188, 193, 199, 235, 239, 247–249, 254–256, 305, 324, 345
国土計画の目標　408
国土計画法　293, 304, 306, 399
個々の事業タイプ　23
個別検査　4, 185, 267, 298, 382

【さ】

サービス業センター　188
最後の手段（ウルティマ・ラティオ）　19
最小生育生息空間　45
再生　66–68, 74, 85, 110, 112
再生可能エネルギー　313
再生可能性　369
最低調査カタログ　230
最適化対策　259
最適化提案　103, 104
先買権　118
参加　194, 196, 235, 254, 256, 268
参加（早期の）　240

【し】

仕上げ手入れ　96, 102
GIS →地理情報システム　233, 234
市街鉄道　208–210
視覚的影響空間　57
時間的関連性　95
時間的な切離し　109
事業記述　26, 27, 202, 351, 355
事業規模を縮小する可能性　380
事業最適化　163
事業実施者　5, 11, 22, 89, 90, 93, 100–103, 126, 127, 130, 134–136, 164, 166, 168, 187, 190–194, 196, 198–200, 234, 238, 239, 246, 247, 265, 349, 353, 354, 359, 375, 378, 381
事業実施者手続　169, 170, 178
事業所センター　188
事業タイプ　86, 166–168, 180, 188
事業の概念（環境親和性検査検討の対象としての）　179
事業の記述　201
事業の場所　204
資金回収　125, 133, 135
事後改善義務　103
事実上の鳥類保護地域　340, 341, 348, 349
市場経済の枠組　441
指針値　167, 218, 252
施設によって引き起こされる影響要素　203
施設の概念（環境親和性検査検討の対象としての）　179
自然収支　14
自然収支機能　33, 36, 90
自然収支の実行・機能能力　4, 5, 11, 13, 14, 23, 43, 75, 76
自然地維持団体　101, 132
自然地維持的実施計画　69, 96
自然地維持的随伴計画　5, 9, 22, 23, 25, 27, 33, 35, 126, 238, 365, 439
自然地維持的随伴計画図　3, 26, 174, 434
自然地計画　10, 18, 43, 47, 68, 109, 253, 297, 306, 307, 310
自然地計画図　21, 110, 111, 117, 126, 310, 313, 400, 404, 416, 424, 425, 433, 437, 439
自然地計画的専門鑑定書　110
自然地景観　4, 23, 25, 39, 43, 51, 55, 57, 67, 69, 71, 74, 87, 88, 404, 437, 439
自然地景観の把握　37
自然地（景観）要素　40
自然地構成要素　416, 432, 437, 439
自然地保護地域　424

索引

自然地要素　52, 63, 71, 404
自然保護団体　101, 132, 236, 268, 374
自然保護地域　416
自然保護の利益　314
自治体間プール　137, 138
自治体の土地備蓄　315
質確保　238
実態レベル　203, 214
湿地ミティゲーション　20, 136
地盤の硬化　413
指標　95, 206, 221
市民参加　418, 422, 441
尺度　47
尺度水準　30, 214, 215, 217, 223, 224
州環境親和性検査法　165, 187
州計画　398
重要鳥類地域　348
縦覧　21, 177, 240, 308, 318, 418, 419, 425
縦覧手続　171
主要影響と副次影響　221
需要予測　202
順序尺度　215, 216
詳細論議　237–239, 241, 268, 318
詳細論議会議　177
正味損失なし（政策）　20, 75, 136
植物相-動物相-ハビタット指令　266
ショッピングセンター　170, 188
諸媒体包括的　210
地理情報システム　232
指令 2001/42/EG　303
指令 85/337/EWG　303
侵害強度　58, 76
侵害予測　53, 270, 379, 380
申請会議　193, 256
申請資料　166, 187, 198, 200, 234, 240, 381
甚大性　48, 59, 184, 299, 362, 368, 369, 371, 374
甚大性（侵害の）　15
甚大性基準閾値　184
甚大性閾値　369, 372, 373

【す】

水面　122

水路　188
スクリーニング　180–184, 196, 273, 296, 298, 299, 319, 323, 343, 379
スコーピング　166, 167, 170, 172, 187, 190–194, 196, 197, 204, 230, 256, 264, 268, 273, 298, 300, 316, 318, 319, 323, 326, 352, 353

【せ】

生育生息空間　404
生育生息空間タイプ　185, 338, 349, 359, 361–363, 365, 367, 369
成果管理　77, 94, 96, 101–103, 231
制御手続　239
生成コントロール　101, 102
生成手入れ　136
生成費用　87
生成費用を基礎とする手法　86, 87, 89–91, 97, 112
生息生育空間　34
生物学的多様性　178, 219, 304, 313
生物種　349, 361, 363, 365
生物多様性条約　335
生物多様性戦略　335
生物地理学的地域　336, 387
背負い原理　169
背負いシステム　4, 12
背負い手続　334
ゼロ選択肢案　226
ゼロ変種案　226, 230, 254, 380
潜在的 FFH-地域　347, 349
選択肢案　7, 225–227, 230, 231, 245, 247, 269, 307, 357, 372, 375–381
選択肢案検査　264
選択的検査義務　267
専門的計画法規　105, 107, 377, 378
専門的法律　21, 177, 179, 197, 207, 251
専門法　165, 167, 169
戦略的環境検査　6, 161, 162, 172, 174, 179, 293
戦略的環境検査義務　273
戦略的環境検査-指令　262, 297
戦略的環境検査指令 2001/42/EG　293

【そ】

騒音　427
総括的解説書　302, 321, 322
総括的記述部分　200, 269
総括的記述部分（一般向けに分かりやすい）　231
総括的記述部分（非技術的な）　307
総括表示　198
相関関連性対策　376, 386
早期参加　190
早期実施（対策の）　109
相互作用　5, 59, 159, 163, 175, 197, 204, 206, 207, 210, 212, 213, 221–223, 304, 313
相互作用（エコシステム的な）　222
相殺　11, 106–108, 314, 418
相殺（敷地それ自体での）　122
相殺（自治体保有の土地での）　123, 124
相殺（第2の地区詳細計画図における）　123
相殺（地区詳細計画図区域内ののその他の該当範囲で行う）　123
相殺可能性　66, 67, 252
相殺対策　11, 16, 20, 65–67, 69, 75–78, 91, 100, 109, 111, 115, 117, 118, 129, 134, 141, 190, 230, 245, 247, 258, 438
相殺対策プール　412
相殺地区詳細計画図　124
相当性　380
相当性原則　61
相当性命令　34, 116
相補原理　167
遡及効果　346
訴訟　190, 261, 262

【た】

対応配置　123–125, 131, 133
対応配置（相殺地の）　109, 116
対策シート　71, 72, 258, 389
対策タイプ　78, 104
対策地図　26
対策提案　387
対策備蓄　130, 132, 133, 135, 140, 400
対策プール　128, 137, 138
代償　11
代償規模　75, 140
対照均衡化　77, 81, 112, 233
代替解決案　385
代替支払　19, 93, 94
代替対策　11, 16, 20, 67–69, 74–78, 91, 93, 94, 100, 107–109, 111, 115, 117, 118, 129, 134, 141, 200, 230, 245, 247, 258
代償空間　30
代償査定　79, 88
代償対策　19, 20, 68–71, 76, 93, 96, 99, 101–103, 120, 121, 127, 128, 130, 138, 141, 268, 397, 406, 412, 433, 435
代償地　122, 128
代償範囲　76, 79, 80, 89
代償費用　64
代償目標　103, 104
代償要素　88, 90
代償要素確定による手続　89
代償用地　100, 101, 116, 130, 135, 138, 422
台帳　101, 128
タイムラグ効果　76, 388
太陽エネルギー利用　416, 421
太陽光発電　418, 420
多機能性　77, 389
多重検査回避　187, 275, 299, 307, 310, 321, 323, 316
妥当性　378
段階的決定　16
段階的決定進行　10, 17–19

【ち】

地域計画図　109, 137, 399, 400, 402, 408, 415, 425, 432
地域リスト　336
地下浸透（雨水の）　411, 413
地区計画　441
地区詳細計画図　22, 107–109, 111, 112, 116, 119, 124–126, 129, 130, 166, 169, 171, 271, 294, 296, 311, 312, 314, 315, 318, 321, 344, 397, 398,

400–402, 404, 406, 410–412,
  419–421, 423–425, 429–431, 440,
  441
地区詳細計画図（介入）　122
地区詳細計画図（相殺──）　123
仲介手続　239
調査期間　35, 204
調査空間　29, 35, 197, 204
調査範囲　353, 354, 365
調査枠組　33, 36–42, 190–192, 194, 196,
  204, 275, 305, 354, 356, 359
聴取　261
鳥類保護-指令　6, 335, 336, 339, 349,
  413, 429
鳥類保護-地域（ヨーロッパ──）　313,
  333, 335, 336, 339, 340, 346, 348,
  364, 385
地理情報システム（GIS）　25, 101, 130

【つ】

通知　336, 338

【て】

低減　108, 110, 112, 225
低減化　163, 228
低減化（騒音の）　410
低減化対策　245
低減対策　61–63, 67, 225, 226
低減費用　64
提示義務　32
手入れ　95, 99, 104
手入れ契約　101
手入れ対策　94–96, 98–101, 124, 136,
  435
適用範囲（介入規則，または環境親和性検
  査，戦略的環境検査，FFH-親和性検
  査の）　3, 4, 166, 167, 179, 187,
  263, 296, 297, 304, 340
手続の流れ　342
手続の流れ（環境親和性検査の）　178
鉄道　12
手をつけない義務　347

【と】

等価性　75, 115, 116
等価費用　115
同種性　66, 75
初回処置　96
道路　55, 78, 79, 102, 168, 169, 181, 184,
  188, 194, 223, 346, 386
特別保護地域　335, 386
都市計画的計画理念　312
都市建設的契約　124, 126, 315
土壌交換　410
土地区画整理　118, 420
土地収用　100, 118
土地準備　117, 118, 138
土地消費　11, 397
土地・対策プール運営者　128
土地台帳　134
土地/土壌条項　314
土地備蓄　127, 133, 135
土地プール　11, 127–130, 134, 137, 138
土地マネージメント　130, 134
土地利用基本計画　399
土地利用計画　107
土地利用計画図　21, 108, 109, 111, 116,
  119, 124, 126, 129, 271, 294, 314,
  315, 318, 321, 398–400, 403, 408,
  414, 415, 423, 425, 426, 432

【な】

内部相殺　442
ナトゥラ 2000 (NATURA-2000)　6, 7,
  333, 335, 336, 386–389
NATURA-2000-地域　334, 353, 359,
  361, 365, 371, 377, 385
NATURA-2000-ネット　380

【に】

認可官庁　166, 238
認可手続　164, 187, 188, 192, 227, 255,
  263, 296, 341
認知係数　58

【ね】

ネガティブリスト　　13, 344

【の】

農業条項　　15, 344
農地生垣　　437

【は】

廃棄物処分場　　185, 188
媒体包括的　　163, 204, 222
配分基準　　126
発展期間　　133
発展手入れ　　96, 136
発展目標　　96, 404, 425

【ひ】

ビオトープ価値　　83–85
ビオトープ価値手続　　75, 80, 81, 87, 89, 90, 92, 94, 406
ビオトープ地図　　25
ビオトープ類型　　25, 44–46, 80, 81, 85, 90–92, 96, 99, 111, 215, 406, 431
ビオトープ類型地図　　32, 81, 349
ビオトープ類型リスト　　81, 83, 85
ビオトープ連結　　108, 130, 137, 139, 335
比較衡量　　16, 18, 21, 25, 65, 106, 110–112, 163, 170, 199, 245, 260, 304, 312–314, 316, 321, 322, 324–326, 377, 383, 385, 437, 441
比較衡量結果　　257, 260
比較衡量素材　　312, 317, 319
微気候の改善　　405, 413
必須の検査義務　　266, 267
費用　　74, 76, 86, 90, 93, 94, 107, 112, 116, 118, 126, 135
評価基準　　44, 46, 218, 248, 250, 252
評価尺度　　213, 218, 248, 251, 252, 270, 372
標準図面（自然地維持的随伴計画の）　　24
標準データ票　　336, 365
費用（対策の）　　72
費用返済金　　135, 136
比例尺度　　216
敏感度　　185, 196, 308, 349, 355, 356, 359, 363, 364

【ふ】

風力エネルギー施設　　31, 59
風力発電施設　　31, 57, 88, 185, 202, 350, 351
複合影響要素　　54, 356
部分許可　　187
部門別計画　　22
部門別計画手続　　169
プロジェクト情報　　27, 28
文書確定　　401, 410, 411, 419, 427, 431, 436
文書確定案　　418

【へ】

変種案　　27, 208, 225–227, 230, 231, 245, 247, 249, 378

【ほ】

報酬算定　　23
法的規範　　243
法的効果　　2, 3, 5, 7, 12, 171, 273, 334, 340, 359, 365, 375, 377
法的手段教示　　260
保護財　　3, 5, 14, 32, 38–42, 44, 47, 69–71, 80, 82, 83, 112–115, 120, 121, 129, 174–176, 178, 184, 196, 197, 201, 202, 204–206, 208, 209, 211–213, 219–222, 245, 248, 249, 269, 304, 310, 412, 413, 429, 430
保護目的　　353, 364
保持　　99
保持対策　　98, 101
ポジティブな効果　　95
ポジティブリスト　　13
星手続　　237
保障対策　　376, 386, 387, 389
保全手入れ　　96
保全度　　369
保全目的　　368

索 引 473

保全目標　340, 351, 353, 358, 360–364,
　　368, 387, 389
捕捉パラメーター　14, 33
ホテル複合施設　170, 185, 188

【ま】

前監査　349
前検査　182, 183, 185, 186, 236, 264,
　　296, 306, 335, 343, 350, 351
前検査（一般的——）　180, 185
前検査（立地関連——）　180, 181
前検査基準　179
前審査　167
前手続　171
マネージメント計画　338

【み】

緑のフィンガー　417

【め】

名義尺度　214

【も】

申立異議　243
目的拘束（相殺地の）　123
目標ビオトープ　81, 132
モニタリング　136, 265, 302, 389
問題移転　221

【や】

やむを得ない理由　7, 18, 376, 383, 384

【ゆ】

有限の人的な役権　100
優先的（な）生物種　346, 338, 346, 347,
　　387
優先的生育空間タイプ　361
優先的な生育生息空間　347, 386, 387,
　　402
優先的な生息生育空間生物種　338
優先的（な）生育生息空間タイプ　338,
　　346, 383

【よ】

ヨーロッパ鳥類保護地域　315
余暇村　169, 185, 188
予想侵害図　24, 25
予想侵害分析　23, 367
予測　269, 363, 366
予測技術　223, 224
予測不確実性　58
予測不確定性　225
予測方法　198
予防　9, 11, 59, 351
予防原理　160, 272, 397
予防値　248

【り】

立地選択肢案　191
理由文書　171, 308, 317, 321, 323, 324,
　　326, 401, 412, 413, 418, 419, 434
理由文書（地区詳細計画図の）　111
良好な専門的実践　15, 140
良好な保全状態　338, 360, 361, 364, 368,
　　371
緑地　122, 124, 418, 426, 430
緑地整備計画図　22, 110, 122, 126, 129,
　　171

【る】

類型レベル　14, 69
累積作用　264
累積的影響　212, 366
累積的効果　222
累積的に影響する計画・プロジェクト
　　349

【れ】

例外構成要件　358, 376, 384
例外手続　340, 346, 347, 368, 371, 372
例外理由　335, 347, 375, 385
連邦遠隔道路計画　174
連邦遠隔道路需要計画　173
連邦自然保護法　176, 306, 315

【ろ】

路線位置決定手続　167

訳者・著者紹介

水原　渉（みずはら・わたる）—工学博士
1972年　京都大学大学院工学研究科修士課程（建築学専攻）修了
現職：滋賀県立大学教授（環境科学部環境建築デザイン学科）

主要研究領域：住宅供給・政策・計画，都市・農村計画

主要著作：西ドイツの国土・都市の計画と住宅政策，ドメス出版，1985
　　　　　西ドイツの住文化と居住政策（共著・訳），横浜市企画財政局都市科学研究室，1989
　　　　　都市からの逃亡（翻訳），東京都企画審議室，1989
　　　　　賃貸住宅政策論（共著），法律文化社，1992年
　　　　　現代社会とハウジング（共著），彰国社，1993年
　　　　　環境共生時代の都市計画—ドイツではどう取り組まれているか（翻訳），技報堂出版，1996
　　　　　先進国の社会保障④—ドイツ（共著），東京大学出版会，1999
　　　　　世界の社会福祉—ドイツ（共著），旬報社，2000
　　　　　滋賀・21世紀初頭の論点（共著），自治体研究社，2002
　　　　　琵琶湖発　環境フィールドワークのすすめ（共著），昭和堂，2007

原書著者紹介

Johann Köppel（ヨハン・ケッペル）
ランドスケープ計画家でベルリン工科大学の大学教授，自然地計画専門分野主任，特に自然地維持的随伴計画と環境親和性検査を専門とする．長年にわたり，これらの分野で実務経験を積む．

Wolfgang Peters（ヴォルフガンク・ペータース）
ベルリン工科大学の自然地計画専門分野の共同研究者，および自由業的鑑定者；FFH-親和性検査および介入規則，環境親和性検査，ビオトープ多様性を専門とする．

Wolfgang Wende（ヴォルフガンク・ヴェンデ）
ベルリン工科大学の自然地計画専門分野の共同研究者；環境親和性検査および戦略的環境検査，自然地計画を専門とする．

進化する　自然・環境保護と空間計画
—ドイツの実践，EUの役割—

2008年2月15日　1版1刷　発行

定価はカバーに表示してあります．
ISBN978-4-7655-3420-8 C3052

訳者・著者　水　原　　　渉
発行者　長　　滋　彦
発行所　技報堂出版株式会社
東京都千代田区神田神保町1-2-5
〒101-0051　（和栗ハトヤビル）
電　話　営業　(03)(5217)0885
　　　　編集　(03)(5217)0881
Ｆ Ａ Ｘ　(03)(5217)0886
振替口座　00140-4-10
http://www.gihodoshuppan.co.jp/

日本書籍出版協会会員
自然科学書協会会員
工学書協会会員
土木・建築書協会会員

Printed in Japan

装幀／冨澤　崇　　印刷・製本／三美印刷

Ⓒ Wataru Mizuhara, 2008
落丁・乱丁はお取替えいたします．
本書の無断複写は，著作権法上での例外を除き，禁じられています．

● 小社刊行図書のご案内 ●

環境共生時代の都市計画 ―ドイツではどう取り組まれているか―

K.Ermer, R.Mohrmann, H.Sukopp 著/水原渉訳　　　　　　　　　　A5・186頁

"Stadt und Umwelt"(叢書「環境保護:基礎と実践」第12巻)の翻訳.ドイツにおける都市計画,自然地計画,自然への介入と相殺,環境アセスメント等の手法と自然環境保護とのかかわりについて論じる.都市計画・環境対策先進国ドイツの試みにふれるとともに,思考実験的体験のできる好著.【主要目次】日独の空間計画の中での自然環境保護の位置と相違(訳者解説)/環境政策的目標/環境状況およびその把握と判定/エコロジー指向の都市発展の手法/用語解説.

企業戦略と環境コミュニケーション ―ドイツ企業の成功と失敗―

K.H.フォイヤヘアト・中野加都子著　　　　　　　　　　　　　　A5・230頁

1990年代を境に企業の活動は質的変化をしいられ,経済成長を目指すことから「環境と社会に配慮した企業活動」へと方向転換してきた.企業が社会的責任を果たすことは,とりもなおさず企業の権利も拡大することにつながる.ドイツ産業界ではEU創立を契機に,自国のみならず広域な加盟国を念頭に方向転回がなされてきた.その過程における多くの成功例や失敗例を具体的に示しながら,日本における社会・環境配慮型企業へと変身するための基本的考え方を説き,「持続可能な社会」実現の方向付けを示す.

環境にやさしいのはだれ? ―日本とドイツの比較―

K.H.フォイヤヘアト・中野加都子共著　　　　　　　　　　　　　A5・242頁

環境先進国といわれるドイツと,日本の環境対応の現状を比較.理科系・文化系あるいは政策系・生活系など狭い縦割りの紹介ではなく,それぞれの国の地象・気象の違いまた歴史的な生活スタイルの違いが,環境活動への考え方の違いにどう現れるかを幅広く分析.森林・公園,生活用品,水,大気,エネルギー,温暖化問題,NPO活動など多方面にわたり,自らが環境問題に関わっていることの自覚と,循環型社会の実現に対する考え方の方向性を説いた啓蒙書.

都市の緑はどうあるべきか ―東京緑地計画の考察から―

真田純子著　　　　　　　　　　　　　　　　　　　　　　　　A5・206頁

「緑」には環境改善の役割が期待され,1970年代初めには法制化も行われ,都市内の緑地の確保や緑化が義務づけられた.しかし,その中で「緑」は無条件に良いものと見なされ,いかに増やすかといった量的側面だけが課題となっている.本書は,実現しなかった「東京緑地計画」の考察を通じて,緑は単に存在すれば意義があるのではなく,その自然の楽しみ,行楽の楽しみ,また風景として捉えることの重要さを論考する.

建築基準法令集〔平成20年版〕■三冊セット・函入り■ ■各編分売もいたします■

国土交通省住宅局・日本建築学会編　　　　　　　　　　　　　　A5・272頁

昭和25年初版発行の権威ある法令集.「法令編」「様式編」「告示編」の3編より成る.平成19年6月に大幅改正された建築基準法,建築士法から,平成19年11月14日公布の国土交通省令までを漏れなく反映.日本建築学会編の唯一の建築基準法令集.試験会場持込可.分売可.

[法令編]A5・1210頁
建築基準法・同施行令・同施行規則,関係省令,関連法令,高齢者等の移動移管する法律,建築士法,耐震改修法,その他を収録.

[様式編]A5・396頁
「法令編」に対応した待望の様式集.実務に必須の様式例を掲載.

[告示編]A5・1360頁
昭和39年以降の233告示を別表・様式を含め全文収録した圧倒的な内容.

●書籍の価格は小社ホームページ〈http://gihodobooks.jp/〉を御覧下さい

技報堂出版　TEL 営業 03(5217)0885 編集 03(5217)0881
　　　　　　FAX 03(5217)0886